上海普通高校"九五"重点教材　　中国高校科学技术二等奖

环境化学

（第四版）

何燧源 主编
上海市教育委员会组编

華東理工大學出版社
EAST CHINA UNIVERSITY OF SCIENCE AND TECHNOLOGY PRESS

内容简介

本书在前三版的基础上作了较大幅度修改。全书详尽阐述大气、水体、土壤和生物这四个环境圈层中的化学污染问题，重点介绍各类重要无机污染物和有机污染物的环境化学性质及其治理、分析技术，并对一些全球性的或具有普遍意义的环境化学问题作了专题性的论述。本修订版中增加了“环境分析与监测概要”、“环境激素”、“室内环境污染”等章节。为拓宽读者知识面，各章后均附有“知识链接”部分。

本书可作工科类大专院校有关专业（如环境、化学、化工、土木、安全、农林、生态等）的教材，也可供从事环境科学研究的人员和环境保护技术人员参考。

图书在版编目(CIP)数据

环境化学/何燧源主编. —4版. —上海：

华东理工大学出版社，2005.2（2019.6重印）

ISBN 978-7-5628-1620-1

Ⅰ. 环... Ⅱ. 何... Ⅲ. 环境化学 Ⅳ. X13

中国版本图书馆CIP数据核字(2004)第120274号

中国高校科学技术二等奖

上海普通高校“九五”重点教材

上海市教育委员会组编

世界银行贷款资助项目

环境化学

（第四版）

主编　何燧源

参编　金云云　何方　程里

出版　华东理工大学出版社	开本　787mm×1092mm　1/16
社址　上海市梅陇路130号	印张　26.5
邮编　200237	字数　668千字
电话　(021)64250306	版次　1989年12月第1版 2005年2月第4版
网址　www.ecustpress.cn	
印刷　常熟市华顺印刷有限公司	印次　2019年6月第9次

ISBN　978-7-5628-1620-1/O·121　　定价：38.00元

第四版前言

自 1989 年至今 15 年间，本书共出 4 种版本，印刷 10 次，并在国内获奖数项。取得这样的结果是与广大读者和有关各方面的支持帮助分不开的。同时我们也认识到，本书之所以需要修订再三，是因为书中内容和形式一直存在着许多不尽完美之处。

在新版书中，对前三版内容作了勘误、修改和少量删节。又鉴于环境化学学科在近期有着很强劲的发展势头，新的资料和新的题材层出不穷，所以在新版书中增补了以下几方面的内容：(1)“环境分析与监测概要”一章；(2)“环境激素”和“室内环境污染”两节；(3) 各章之内插入例题；(4) 为拓宽知识面，各章之后补加“知识链接”。

新版本编写工作由何燧源担任主编。程里执笔附录“环境管理”。其余分工情况悉如前几版前言所述。我们期待读者对本书中存在的错误与不妥之处提出批评指正。

何燧源

2004 年 7 月于华东理工大学

原序

在我的书桌上，放着一叠厚厚的书稿，是由华东化工学院何燧源和金云云两位老师编写的《环境化学》。这是近年来我所看到的一本内容丰富、结构严谨，具有特色的环境科学方面的好课本。

化学是重要的基础学科，环境科学则是一门多学科交汇的综合性边缘科学。环境化学作为环境科学的一个重要分支，兼具化学学科的通性，而且比其他任何一门化学分支学科具有内容更为丰富的特点。环境化学研究的是化学物质，特别是化学污染物在环境中的迁移、转化规律、污染物的各种状态特性及其对生态环境和人类的影响。它是环境科学的基础之一。从某种意义上讲，环境科学的众多学科都离不开环境化学这一基础，因而编写一本好的环境化学教材，无论对学校教学或干部培训，都是极有意义和极富紧迫感的工作。

《环境化学》共分十章，计 40 余万字。作者在本书中充分运用了化学学科的有关理论，从总体上阐述了污染物质在环境中的来源、迁移、转化等基本内容，既体现了《环境化学》的框架，又综合运用了有关的化学专门学科（如地球化学、生物化学、有机化学、无机化学、物理化学等）中的许多理论，并加以概括和论述。另一方面，又以不同环境介质为主体，将影响环境质量的几种污染物在这些介质中的环境化学行为进行专题性的阐述，以使全书主题突出。其中水体污染物化学、大气污染物化学和土壤污染物化学三大部分，内容翔实，重点突出，符合我国当前环境科学教学和研究实际，使本书具有较明确的现实指导意义。

在《环境化学》编写指导思想上，作者既注意了教科书的特点和需要，尽可能从理论上对有关基本内容进行简明的阐述，又考虑到理论与实践相结合的原则，以较大篇幅列举了一些典型污染物的治理原理和方法。作者在这方面的探索是很有意义的。我们期望有更多的教授、学者和环境保护工作者，结合我国环境保护工作十多年来的丰富实践，编写出更多适合我国国情的高水平的有关教科书和论著，为培养我国宏大的环境科学技术人才和管理干部，提供更多更好的精神食粮。

我们在此祝贺《环境化学》的出版，同时相信，经过进一步教学实践，本书在内容和形式等方面更臻完美，终将成为众所周知的一本好教材。

陆福宽

1988 年 7 月于上海

第一版前言

环境化学成为环境科学领域中的一门分支学科的历史还不到20年，但它的发展却是异常迅速的。环境化学又是一门边缘性和综合性很强的学科，其中所涉及的理论知识和实用技能的范围非常广阔，所以有关这一学科的定义和应该包含的内容迄今还没有十分一致的意见。但无疑，本学科的研究主题与许多理论性和实用性的化学学科及环境学科的其他分支有着最密切的联系。不妨说环境化学是一门研究环境中有关物质(特别是化学污染物)所发生的各种化学现象的科学。

在对工科类环境专业的环境化学课程进行多年教学实践的基础上，我们编写了这本书。书中主要介绍有关环境化学的基本知识和原理，并按环境的三个主要圈层(水体、大气、土壤)依次进行阐述。在最后一章还加入了有关环境中放射性的最基本内容。本书由金云云负责编写第二、三、四、七章和第九章一、二节，其余章节的编写及全书润色工作由何燧源负责。

在本书编写过程中，参照和引用了许多国内外近期文献资料，并得到了上海市环境保护局局长陆福宽等许多同志的大力支持和帮助，潘绢悌等同志为本书精制了全部插图，在此深表感谢。

由于时间仓促，水平有限，本书在内容和形式方面一定还存在着许多缺点和错误，热切期望广大读者不吝赐教。

编　者

1988年7月于华东化工学院

修订版前言

自本书第一版(1989年)问世以来,环境化学学科又在很多方面取得了新的进展,且在环境科学理论研究和环境保护实际应用方面愈发显示其独特的作用。鉴于这种情况,我们对第一版作了较大幅度修改。在新版书中拓宽了大气环境化学等方面内容,精简了某些污染物治理技术的过于详细的叙述,删去了土壤化学性质、放射性监测等章节。考虑到本书已为一些兄弟院校采纳作为有关专业教材,所以在内容深度方面基本维持原来水平,以适应本科学生学习之需。此外,通过教学我们深感加强学生独立思考能力和培养其基本计算能力的重要性,故在每章之后列出相当数量的思考题和计算题,并在附录中提供了为计算所需的基本数据表和计算题全部答案。读者还可从我们最近编写出版的《环境化学计算》一书(中国环境科学出版社1996年)中查获大多数计算题的详解过程。

与第一版相比,除增删部分内容外,全书基本框架不变,大体上仍按环境的三个主要圈层(水体、大气、土壤)依次进行阐述并在第10章中编入了有关环境放射性的内容。

本版编写时参考和引用了许多近期文献资料,因本书体例所限,不能在书中一一注明,仅在书后列出部分参考书目,以供读者查阅。本书习题由何方负责编写。陆福宽先生曾为本书初稿作序,在此番修订成书过程中又蒙赵庆祥、姚重华先生热情鼓励和支持,徐惠娟先生为本书出版作了大量工作,李宏秀等绘制了插图。在本书出版过程中还得到王吉风、张健、金锡标、童步清、董献芹、徐知音等同志的帮助,在此表示衷心感谢。

本书虽经修订,但限于编者水平,错误和不足仍在所不免,敬请读者批评指正。

编　者

1996年12月于华东理工大学

(本书修订版于2001年5月荣获"中国高校科学技术二等奖")

第三版前言

本书第二版(1996年)有幸被有关单位推举为“上海出版界50年500种精品图书”之一;旋又获得1999年第四届华东地区大学出版社优秀教材一等奖;稍前,更为荣幸地被忝列“上海市面向21世纪课程和教材”建设项目,并受到了世界银行的资助。在领受了多方面奖掖和鼓励之下,编者在前二版《环境化学》教材的基础上,费时约一年经再修订而成本书。

在新版书中删除了前二版内多量的缛节和繁文,重建了全书的章节构架,淡化了原有的有关大气、水体、土壤化学的一般性内容,安排了较大篇幅介绍有关重要化学污染物的环境化学性质及其治理、分析技术等方面的内容,意在凸现污染物环境化学行为及其环境效应,并提高本书实用意义和拓展专业使用覆盖面。新版书中删除了在一般化学教科书中多有载录的包括“国际原子量表”在内的9个附录,新增了为方便读者查阅外文专业资料而设的附录“常用词缩写和注释”。为了加强学生独立思考能力和基本计算能力的培养,仍保留第二版中原有的多量思考题和计算题,并在书后给出全部计算题答案。有必要了解计算题详解过程和专业用词诠释的读者可参阅书后所列“参考资料”中的3与4部分。

编者谨向奖掖和提携本人成书的上海市教委、本校教材建设委员会和教务处及为本书撰写原序的上海市环保局前局长陆福宽表示崇高敬意。编者衷心感谢世界银行为出版本书所提供的慷慨资助。感谢本校王郁、张大年两位博士生导师在百忙之中仔细审阅了全部书稿,为使本书增色而付出了有意义的辛勤劳动。编者还要对近期和长期以来指导、帮助和鼓励本人成书的以下各位女士和先生表示真挚的谢意:徐惠娟、焦家俊、张正清、姚重华、沈瑞祥、潘缉悌、李宏秀。

编者自知才疏学浅,初始涉足本学科领域时犹不知个中深浅,经过十多年教学实践和教材编写工作后,才有了“入之愈深,其进愈难”的体会,故时时生发自愧己幼和自悔少作之感。目下虽已倾力完成对本书前二版的修订任务,但其中一定还有许多错误和不足之处,恳请读者不吝施教、大力斧正。

何燧源

2000年10月于华东理工大学

目　录

1 绪论

1.1 环境和环境问题

1.1.1 地球环境

对某一生物主体而言，环境原是与遗传相对的名称，指的是那些影响该主体生存、发展和演化的外来原因和后天性的因素。在此，我们将围绕着某一有生命主体的外部世界称之为环境。例如相对于人这一主体而言的外部世界，就是人类的生存环境。广而言之，人类生存环境指的是围绕着人群的、充满各种有生命和无生命物质的空间，是人类赖以生存并直接或间接影响人类生产、生活和发展的各种外界事物及力量的总和。也可以说，人类的生存环境包容了人类以外的自然界中的一切事物。由此看来，它是一个有序的、广度可及至宇宙的无比巨大的系统。对于如此巨大的系统，人们是无从下手研究的。目前环境科学所研究的环境范围局限于包括自然环境和生态环境在内的地球环境系统。地球环境是人类活动的最基本范围，人和环境间的交互作用也主要发生在这一范围之内。

作为太阳系中九大行星之一的地球是目前唯一已知的可适合于人类和各种生物生息繁衍的星球。其平均半径约 6 371 km，质量约 5.977×10^{24} kg，其中所有构成物质皆由 92 种化学元素组成。如图 1－1 所示，所谓地球环境在地球中所占的空间范围包括地球大气圈（主要是对流层和平流层下部）、水圈、岩石圈（主要是其附属层土壤圈）及生物圈（相当于人类面对的生态环境）。表 1－1 和表 1－2 则分别列举了地球各圈层的质量和各圈层中的元素组成。

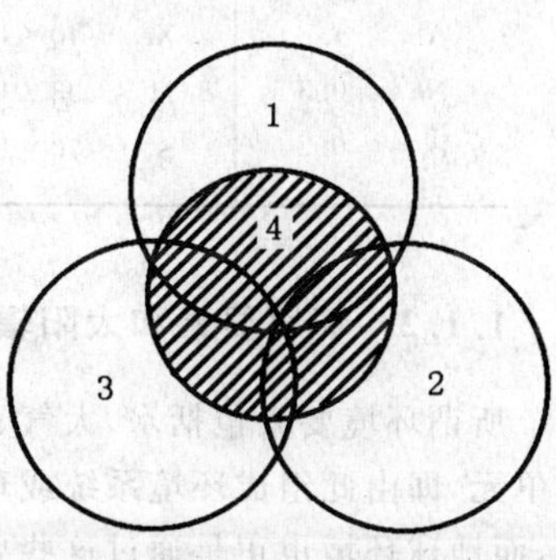

1. 大气圈　2. 水圈
3. 岩石圈　4. 生物圈

图 1－1　构成地球环境的圈层

与自然环境相对应的是人工环境。人类在长期生产实践、生活实践和人际交往过程中营造和构筑起来的这种人工环境包括社会环境、城市、农庄和居室环境及人造的森林、湖泊、水库、运河乃至物质和精神文明（历史文化遗产、风景名胜、人文遗迹），还有各种社会关系及由其产生的作用等等。应该指出，人工环境是一类经过人工改造的自然因素，它们一旦形成，就与自然环境融为一体，成为整个自然的一部分，并产生一定的环境效应。

作为环境化学主要研究对象物的化学物质几乎遍布整个地球环境，所以也可以将地球环境全体看成是一个“化学圈”，各种化学物质即在其中进行着不间断的物质循环。

表 1-1 地球各圈层的质量

圈 名	估计质量/10^{20}g	圈 名	估计质量/10^{20}g
1. 大气圈		3. 岩石圈	
对流层的质量(至 11 km 处)	40	沉积物	3000
总质量	52	沉积岩	29000
2. 水圈		变质岩	76200
河流和湖泊	2	火成岩	189300
地下水①	81	4. 土壤圈	16
两极冰帽、冰山、冰河	278	5. 生物圈	0.018(干物质)
海洋	13480		

注:① 地下水也可归入岩石圈。

表 1-2 地球及各圈层中元素的质量分数

(按元素丰度次序排列)

地 球(%)		大气(不含水汽)(%)		海 洋(%)		地壳(岩石圈上层)(%)		生 物 圈(%)	
Fe	35	N	75.5	O	85.8	O	46.6	O	53
O	29	O	23.2	H	11	Si	27.7	C	39
Si	14	Ar	1.3	Cl	1.94	Al	8.1	H	6.6
Mg	14	C	9.3×10^{-3}	Na	1.05	Fe	5.0	N	0.5
S	2.9	Ne	1.3×10^{-3}	Mg	0.13	Ca	3.6	Ca	0.4
Ni	2.4	Kr	0.45×10^{-3}	S	0.09	Na	2.8	K	0.2
Ca	2.1	He	72×10^{-6}	Ca	0.041	K	2.6	Si	0.1
Al	1.8	Xe	40×10^{-6}	K	0.039	Mg	2.1	P	0.1
Na	0.3	H	23×10^{-6}	Br	0.007	Ti	0.57	Mg	0.1
P	0.2	S	70×10^{-9}	C	0.003	H	0.22	S	0.07

1.1.2 环境要素和太阳辐射

所谓环境要素包括水、大气、岩石、土壤、生物、地磁、太阳辐射等。这些要素是组成环境的结构单元,即由此组成环境系统或环境整体。在这些要素间存在着互相联系和互相作用的基本关系,而地球环境也正是通过这些要素来显示出它对环境生物主体的各种功能,显示出它对进入环境的各种污染物的影响,以推动它们发生迁移和转化。有的学者认为太阳辐射并不包括在环境要素之内,并认为两者间的关系在于太阳辐射是环境要素发生演变的外来动力(另一内在动力是地球内部放射性元素的衰变能)。但不管怎么说,太阳辐射对于地球环境具有特别重要的意义,这一点是毋庸置疑的。

太阳是太阳系的中心天体,其半径约 70 万 km,平均密度 1.4 g/cm³。太阳是一个炽热的气体球,中心温度约 1.5×10^7 K,表面温度约 6000 K,距地球约 1.496 亿 km,是地球上光和热的主要来源。太阳上最丰富的元素是氢和氦,它们分别占 78.4%和 19.8%(质量分数),此外还含有碳、氮、氧和各种金属元素。在太阳中通过以下核聚变反应后产生光辐射能($h\nu$):

$$4\,{}_1^1\mathrm{H} \longrightarrow {}_2^4\mathrm{He} + 2\,{}_1^0\mathrm{e} + h\nu$$

氦核的质量约比 4 个氢核的质量之和少 0.7%,这一质量亏损即转化为辐射能(太阳光能)。在太阳中每秒钟约有 6 亿吨氢通过以上反应转化为氦,由此产生的累计辐射度为 7.22×10^7 W/m²,而地球的外层大气在日地平均距离处每单位时间、每单位面积内从准直方向接受到的太阳能平均值为 1 360 W/m^2（此值被称为太阳常数）。太阳的发射光谱中约 99％能量包含在 0.17 μm～4 μm 的波长范围内，相应于最大辐射度的波长值约是0.49 μm，在穿透宇宙空间和大气的过程中，被各种气体分子吸收后到达地球大气外层和地球表面的谱图分别如图 1-2 中两曲线所示，近地面处波长范围约为 0.29 μm～4 μm。

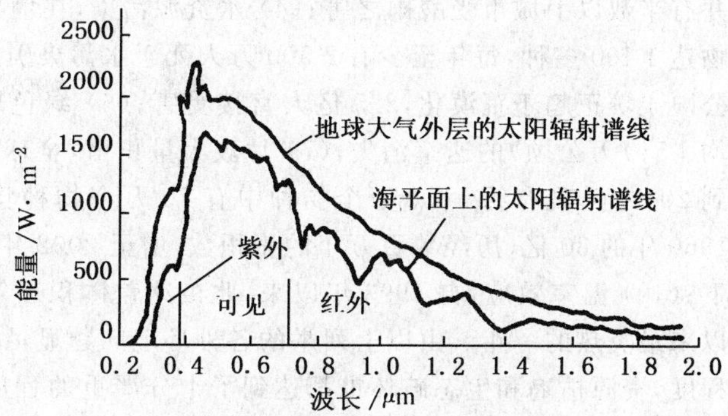

图 1-2 太阳发射光谱图

从地球看太阳犹如盘子般大，而从太阳看地球，则像在运动场上从百米跑道一端看另一端地面上一枚分币那么大。相距如此之遥，能达到地球的太阳能仅是太阳总能量的 25 亿分之一，但这仍相当于太阳每年向地球提供 90×10^{12} 吨优质煤。

按热力学第二定律，若无外界能量输入，则成为封闭体系的地球上的一切事物将随时间的推延而增大其无序性，地球上的一切将变得了无生机。幸亏由于太阳辐射不断向地球注入能量，才不至于发生这种情况。

如图 1-3 所示，到达近地面的太阳能总量的约 19％被大气层中臭氧、水汽、二氧化碳所吸收；约 34％被地面反射折回空间而被云层吸收；仅有约 47％辐射能到达地球表面后为地表吸收，而其中约半数又消耗在使地球表面水蒸发；能用于发生光合作用的太阳辐射能仅占总能量的 0.1％左右。

用于蒸发水分的太阳能又以动能和势能的形态重现。地表水经蒸发化为雨雪，再流入河海是太阳能转化为动能的表现；冰川的形成则是太阳能转为势能的表现。

由于纬度不同的地面受太阳光直射或斜射的情况不同，致使各地区吸收辐射的程度有所差异。这种地区间的不平衡又可通过风流和水流来抵消，以使太阳能的吸收在全球范围内达到平衡，从而使地球平均温度大致保持恒定。

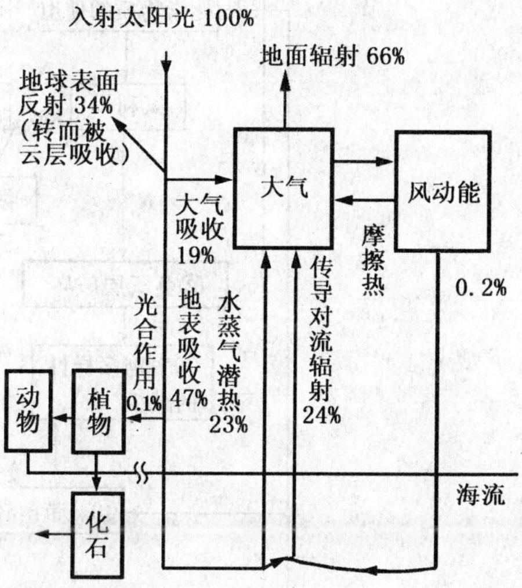

图 1-3 太阳能的流动

1.1.3 环境问题

所谓环境问题是指由环境受破坏所引起的后果，或是引起环境破坏的原因。大多数环境问题是因果兼而有之的问题。例如温室效应既是由环境破坏产生的后果，而其本身又是引起环境进一步破坏的原因。

当前人类全体面临的环境问题至少有以下 10 个方面。

(1) 大气污染，全球有 11 亿人口生活在空气污染的城市中。世界卫生组织于 1998 年公布的世界十大空气严重污染城市中，我国有 7 个，太原和北京分别名列第一和第三；(2) 臭氧层破坏，按 1998 年 9 月记录的南极上空臭氧空洞的面积已达 2 720 万 km^2，接近南极大陆面积的 1 倍；(3) 酸雨侵袭，世界各国皆程度不同地受其之害，当前我国酸雨覆盖率以国土面积计已近 40％，并有半数以上城市受酸雨之害;(4) 水资源污染,在世界范围已经确定存在于饮水中的有机污染物达 1 100 多种,每年至少有 2 500 万人死于水污染引起的疾病;(5) 土地荒漠化,全球有 19.6 亿公顷土壤正趋于荒漠化,2.5 亿人直接受害;(6) 绿色屏障锐减,全球热带雨林每年以 0.8%(平均 1 540 万公顷)的速率消失;(7) 垃圾大量积留,全球年积留量达 100 亿吨以上;(8) 物种濒危,到 2040 年,现有约 1 000 万个物种中有 70 万个物种将永远消失;(9) 人口激增,世界人口数由 1960 年的 30 亿(历经数百万年的累积数)增至 2002 年的 62 亿,有 12 亿人口处于贫困生活线以下;(10) 温室效应,自 1993 年以来,北极冰盖体积逐年缩减,1998 年成为自 1860 年有气象记录以来最炎热的一年。由以上列举的各种环境问题显示全球范围的环境污染问题已经达到了危险程度,资源枯竭和生态破坏也都达到了十分严重的程度。国外有人将这种种环境问题本质性地归结为(3P+3E)问题,即人口(population)、贫困(poverty)、污染(pollution)和能量(energy)、生态(ecology)、环境(environment)。这些问题互相串结成链,成为禁锢人类活动和制约社会进步的消极因素。

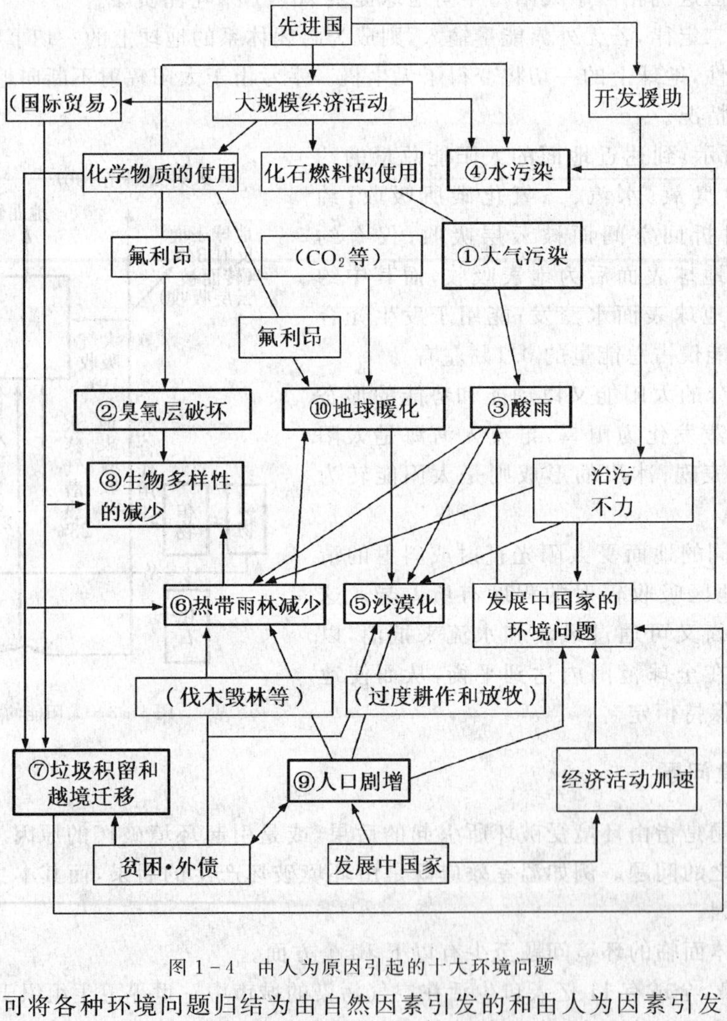

图 1-4 由人为原因引起的十大环境问题

按发生原因可将各种环境问题归结为由自然因素引发的和由人为因素引发的两类。从宏观来看,自然作用比人为作用强大得多,当前人类还无力抵御由各种突发性自然灾害(如火山爆发、地震、滑坡、洪水、风暴等)引发的环境问题。但若细察以上十大环境问题的成因,可发现人为因素在其中占据主导地位，即人为作用在局部环境范围内更加突出，并通常具有时间上的持久性。再则，近代涌现的大量的具体环境问题显示人祸与天灾常常结伴同行，互起推波助澜的作用。还应指出，由人为因素造成的环境问题通常也是可以通过人力来解决或缓解的。可用一张构图将各类人为原因与上列十类环境问题相联系起来(图 1－4)。

1.2 环境污染和化学污染物

1.2.1 环境污染

初期，人们将环境问题和环境污染联系起来。确实，从本质上看，大多数环境问题由环境污染、特别是化学物质的污染引起。就目前人们的认识水平来看，所谓环境污染，指的是由于自然的或人为的(生产、生活)原因，往原先处于正常状态的环境中附加了物质、能量或生物体，其数量或强度超过了环境的自净能力(自动调节能力)，使环境质量变差，并对人或其他生物的健康或环境中某些有价值物质产生有害影响的现象。环境污染的概念可以简要表述如下：

(自然因素或人类活动的冲击破坏)－(包括自净机能在内的自然界动态平衡恢复能力) = (环境污染造成的危害)

关于由物质(污染物)因素引起环境污染的概念可用图 1－5 示意。

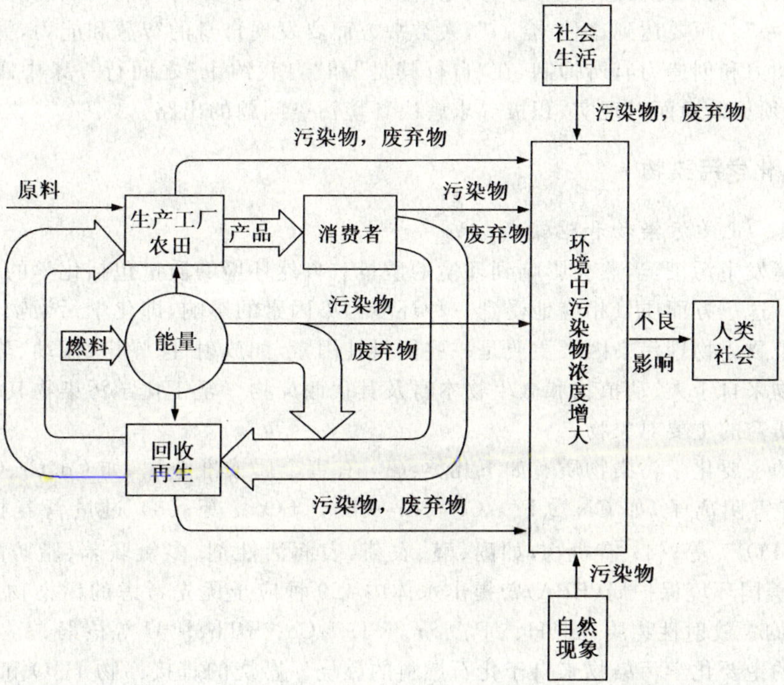

图 1－5 环境污染概念图

这里所说的自然原因即是指火山爆发、森林火灾、地震、有机物的腐烂等。以火山爆发为例，活动性火山喷发出的气体中含有大量硫化氢、二氧化硫、三氧化硫、硫酸盐等，严重污染了当地的区域环境；从一次大规模的火山爆发中喷出的气溶胶(火山灰)其影响有可能波及全球。首先，大量火山灰将遮蔽日光，使太阳光(能)反射，转回到宇宙空间，从而影响了那些需要阳光的地球生物类的生长。另一方面，火山灰在地球表层形成一层薄膜，使地面上各种形式的能量无法散发，这就如同二氧化碳造成的温室效应所起的作用一样。再则，大气中到处散满了火山灰，成为水滴的凝结核心，使雨云易于集结，造成某些地区降雨量"前所未有"地增多；由于地球表层进行循环的水量是大体恒定的，局部地区持久降雨，则必然造成另一些地区发生严重的干旱；有的地方大雨，有的地方大旱，这又扰乱了地球表层热能分布平衡状态，造成局部地区产生热流，另一些地区则产生寒潮。以上这些现象结合起来，就会严重影响人们正常生活，破坏农业生产，导致严重歉收。许多环境污染问题如同上述火山爆发情况一样，对于环境的质量能起"牵一发而动全身"的作用。

环境污染概念中所说的人为原因主要是指人类的生产活动，包括矿石开采和冶炼、化石燃料燃烧、人工合成新物质(如农药、化学药品)等。有关这方面的问题，将在后面的有关章节中陆续予以阐述。

近代，随着人类社会进步、生产发展和人们生活水平的不断提高，同时也造成了严重的环境污染现象，如大气污染、水体污染、土壤污染、生物污染、噪声污染、农药污染和核污染等。特别在20世纪的五六十年代，污染已成为世界范围的严重社会公害，许多人因患公害病而受苦难或死亡，许多人的健康受到环境污染的损害，环境污染已对人们生活和经济发展造成了严重危害。在对环境污染问题有了较深刻认识并经过痛苦反省后的人们逐渐认识到，作为自然一部分的人不应作为与自然对立的事物而存在，从而应该改变历来以自体为中心来审视客观事物的习惯。现在已有很多人认为：从终极意义上说，"人定胜天"是不可能的，人与自然间只能和谐相处，即只能做到"天人合一"。而要达到这种"合一"，人类一方面要发现自身的智慧和能力，另一方面又必须对自身的能动力和创造力有所抑制，在"自行其是"和"自我约束"之间行一条中庸之道。另一方面，人类又必须勇敢地面对现实，积极寻求解决环境污染问题的出路。

1.2.2 化学污染物

1.2.2.1 化学污染物和沾染物

由于环境发生污染，当然会影响到环境的质量。自然环境的质量包括化学的、物理的和生物的三个方面。这三方面质量相应地受到三种环境污染因素的影响，即化学污染物、物理污染因素和生物性污染物。物理污染因素主要是一些能量性因素，如放射性、噪声、振动、热能、电磁波等。生物性污染物来自于人、动植物和微生物本身及其代谢产物。至于化学污染物其种类繁多，它们是环境化学研究的主要对象物。

水体中的主要化学污染物质有如下几类：(1) 有害金属或准金属，如Cd、Cr、Cu、Hg、Pb、Zn、As等；(2) 有害阴离子，如CN^-、F^-、Cl^-、Br^-、S^{2-}、SO_4^{2-}等；(3) 过量营养物质，如NH_4^+、NO_2^-、NO_3^-、PO_4^{3-}等；(4) 有机物，如酚、醛、农药、表面活性剂、多氯联苯、脂肪酸、有机卤化物等。1978年美国环境保护局(EPA)曾提出水体中129种应予优先考虑的污染物，其中有机污染物占114种；(5) 放射性物质，如^3H、^{32}P、^{90}Sr、^{131}I、^{144}Ce、^{232}Th、^{238}U等核素。

大气中的主要化学污染物来自于化石燃料的燃烧。燃烧的直接产物H_2O和CO_2是基本无害的。污染物产生于这样一些过程：(1) 燃料中含硫，燃烧后产生污染气体SO_2；(2) 燃烧过程中，空气中的N_2和O_2通过链式反应等复杂过程产生各种氮氧化物(以NO_x表示)；(3) 煤炭粉末或石油细粒末及燃烧而散逸；(4) 燃烧不完全，产生CO等中间产物；(5) 燃料使用过程中加入添加剂，如汽油中加入铅有机物，作为内燃机汽缸的抗震剂，经燃烧后，铅化合物进入大气。1990年美国清洁空气法修正案(CAAA)曾提出空气中应予以关注的189种有害空气污染物(HAPs)，其中无机污染物占23种(类)，其余为有机污染物。

土壤中的主要化学污染物是农药、肥料、重金属等。

在图 1-1 中已显示出生物圈与其他三个圈层是交互重叠的，可以想见，存在于自然环境中的各种化学污染物都有可能进入各种生物的机体之内。现有生物物种有 1000 万种之多，又生活在环境条件各异的空域、水域或地域之中，所以存在于生物体内的主要污染物随物种及它们的生活地而异，不可一概而论。

化学工业在最近数十年来有了长足的发展，为人类文明和社会经济繁荣作出了贡献。目前已知化学物质总数超过 2000 万种，且这个数字还在不断增长，其中 6～7 万种是人们日常使用的，而约 7000 种是工业上大量生产的。到目前为止，在环境中已发现近 10 万不同种类的化合物。其中有很多对于各种生物具有一定的危害性，或是立即发生作用，或是通过长期作用而在植物、动物和人的生活中引起这样或那样不良的影响。进入环境的化学污染物数量也是惊人的，例如仅由于烧煤，世界范围内每年约有 3000 吨汞进入大气。

上述环境污染概念中所说的附加物质一般都是指有害的化学物质，所以称为污染物。但另有一些天然或人为产生的附加物质是无害于环境或生物体的。这些物质称为沾染物，例如由呼吸过程产生的有限量 CO_2，从蓄电池中漏出的少量 H_2 等。在污染物和沾染物之间并没有严格的界限，例如所谓 CO_2“无毒无害”，是有一定前提的，目前大气中 CO_2 平均浓度约 360×10^{-6}（体积分数），如不及时有效地减少其人为排放量，则预计在 21 世纪浓度水平会翻倍，由于它的温室效应，会使地球温度升高 1.5℃～4.5℃，由此会引起一系列的全球性环境问题（详见 9.1）。另一方面，如果潜艇或宇宙飞船座舱空气中 CO_2 浓度提高到 20%，那么其中工作人员也会因此“中毒”死亡。

1.2.2.2　化学污染物的环境行为及其危害

化学污染物的环境行为十分复杂，但可归结为以下两个方面：(1) 进入环境的化学物质通过溶解、挥发、迁移、扩散、吸附、沉降及生物摄取等多种过程，分配散布在各环境圈层（水体、大气、土壤、生物）之中。与此同时，又与各种环境要素（主要是水、空气、光辐照、微生物和别的化学物质等）交互作用，并发生各种化学的、生物的变化过程。经历了这些过程的化学物质，就发生了形态和行为的变化。(2) 这些化学物质在环境中形迹所到之处，也留下了它们的印记，使环境质量发生一定程度的变化，同时引起非常错综复杂的环境生态效应。对以上叙述可用如下图式表示。

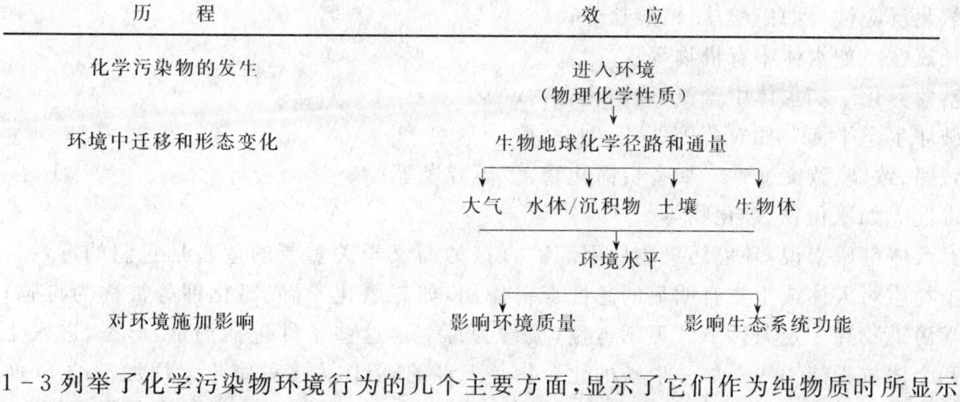

表 1-3 列举了化学污染物环境行为的几个主要方面，显示了它们作为纯物质时所显示的物理化学性质与其环境行为之间的关系。需要作说明的是表中的分配系数的概念。化学污染物的分配系数一般在正辛醇-水体系中予以测定，因为正辛醇分子中含有一个亲水基团—OH 和一个含有 8 个碳原子的直链烷烃疏水基团，结构规则，性质稳定，不易挥发，因此用正辛醇-水系统能较好地模拟生物系统。正辛醇/水分配系数常用字符 P_{oct} 或 K_{ow} 表示。

表 1-3　化学污染物的性质与其环境行为之间的关系

物理化学性质	环境中显示的行为①								
	迁移性			分解性			累积性		毒性
	大气/水	水/土壤	大气/土壤	光分解	土壤中	水中细菌	非生物	生物	
相对分子质量	○	○	○	○	○	○	○	○	+
波谱(分子结构)				△	+	+	+	+	+
熔点	○	○		○		○	○	○	+
沸点	○	○	○	○		○	○	○	+
蒸气压	○		○	+		+	+		+
水溶性	○	○	△	+	+	○	+	+	+
吸附/脱附		△	△	+	△		△		
分配系数(正辛醇/水)		+					△	○	+
挥发性	△		△	+	+	+			
生成配位化合物能力	+	△	+			+	+		
密度		△	△			+	+	+	
粒度和形状	+	○	△	+		+	+		△
水解	+			△	△	△	+	+	+
离解常数		+				△	+	+	○
存在稳定性	△		△	△	+	+	+		+
黏度		+			△		○		
表面张力		+		+	+			+	
脂溶性								△	+
膜透过性								△	△
腐蚀性							+		

① ○为一般参数；＋有助于研究环境行为的参数；△有助于预测环境行为的重要参数。

化学污染物的危害指的是它们对人、生物或其他有价值物质所产生的现实的或潜在的危险。其主要方面可列举如下：

可燃性　如低闪点液态烃类等；

腐蚀性　如强酸、强碱等；

氧化反应性　如硝酸盐、铬酸盐等；

耗氧性　如水体中有机物等；

富营养化　如水体中含氮、磷的化合物；

破坏生态平衡　如农药等；

致癌、致畸、致突变性　如有机卤化物、多环芳烃等；

毒性　如氰化物、砷化物等。

对人体健康来说，环境污染物所引起的直接的而又至关重要的危害是它们的毒性。某些化学污染物质对人体或生物有明显的急性毒害作用，如三氧化二砷、氰化钾等被称为毒物；还有一些化学污染物在一定条件下才显示毒性，被称为毒剂。这些条件包括剂量、形态、进入生物体的途径和个体抗毒能力等。如一般铁的化合物是无毒的，但作为多种维生素添加剂的 $Fe_2(SO_4)_3$，对小儿的死亡剂量为 4～10 g。Cr(Ⅲ)是人体必需元素，但高价的 Cr(Ⅵ)有很强毒性；与此情况相反，高价的 As(Ⅴ)毒性小于低价的 As(Ⅲ)；同是三价砷，其氧化物 As_2O_3(砒霜)是剧毒的，其硫化物 As_2S_3(古代术士炼丹的主要原料)却是低毒的；至于元素砷，现代瑞士山区居民还把它作为强身剂服用。以蒸气形态进入人体呼吸道的汞是剧毒的，按我国车间空气标准，汞浓度不超过 0.01 mg/m^3。与此相反，进入人体消化道的液态汞可通过粪便很快地全部排出体外，因而是低毒或无毒的。

由人为原因引起化学污染物滋事而产生的突发事件通常称为公害①。公害事件会在短期内引起公众生活环境恶化,常表现为人群大量发病和死亡的案例。有的公害事件还具有时间延续性,其影响可及数十年之久。在20世纪30至70年代世界上曾发生过著名的八大公害事件,其中由硫氧化物或氮氧化物引发的有五起,由甲基汞、镉、多氯联苯引发的各有一起。表1-4列举了近20多年来发生的有代表性的重大公害事件,从中可看出肇事物都是化学污染物,而且具有显著的人为性、突发性和区域性。

表1-4 20世纪70年代以来发生的重大公害事件

肇事污染物	事件名(地点,时间)	简 况
多氯代二苯并-对-二噁英类(PCDDs)	二噁英污染事件(意大利米兰,1976年)	由化工厂爆炸散发PCDDs,家畜大量死亡,自然流产和畸形儿增多,8个月后在法国某地检测到越界PCDDs
原油	海难事件(南美洲邻近特立尼达海域,1979年)	斯波莱士号大型油轮沉没,32.5万吨原油入海,造成大片水域生态灾难
钚(Pu)	核事件(英国威尔士,1983年)	温茨凯尔核燃料后处理工厂含Pu废液大量流出,当地小儿白血病患者激增
甲基异氰酸酯(MIC)	毒气泄漏事件(印度博帕尔市,1984年)	从贮罐泄漏46吨MIC,转为气体,20万人吸入毒气,约3000人死亡
核裂变产物(FPs)	核事件(前苏联乌克兰,1986年)	切尔诺贝利核电站运行中发生火灾和爆炸,放射性污染波及欧洲,约300万人受核辐照,由此死亡4000余人
农药	排毒事件(瑞士莱茵河,1986年)	沿河药品仓库失火,30吨农药等随灭火用水排入河中。50万尾鱼死亡,4000万人饮水受影响
原油	战事(中东,1991年)	伊拉克军队纵火焚烧700多口油井,将贮油库中大量原油排入海湾,引起天降黑雨,饮水源受污染,呼吸道疾病患者激增
甲氟膦酸异丙酯(sarin)	投毒事件(日本东京,1996年)	奥姆真理教教徒地铁投毒,约5500人患病,12人死亡,上百所学校停课
铀(U)	战事(南斯拉夫,1999年)	北约军事集团连续78天轰炸南联盟国土,弹头中所含23吨贫铀产生严重的放射性污染

1.3 环境化学学科的定义、内容和研究方法

环境化学能独树一帜,成为环境科学领域中的一门重要分支学科大约始于20世纪70年代初。在此之前,大气化学、土壤化学、海洋化学、生物化学等早已有了长足的发展,它们也都是以环境中的化学现象为其主要研究内容的。这些学科似乎都可归入环境化学范畴之内,但实际上这些学科的研究对象主要涉及资源利用而不在于环境。而环境化学则主要着重于研究在资源利

① 非化学性因素(如病原体、噪声)也可造成公害。

用过程中产生危及环境质量的诸多化学污染物的化学行为。由此看来，两方面所涉及的学科范围是不同的，但在它们之间无疑有着密切的联系。

有关环境化学的初期研究工作大多由非化学专业人员作出，他们是对生物化学、生态学、湖泊学等进行研究的专业人员。是生物学家首先发现和研究了施用农药后产生的种种不良的生态效应；是卫生工程技术人员发现和研究了污水处理工厂曝气池壁覆盖的厚层泡沫；也正是湖泊研究专家最早发现正常湖水突然萌生大量蓝绿藻并发生恶臭的现象，如此等等。由此看来，环境化学和环境生态、工程技术等方面也有着密切的联系。

目前，要对环境化学学科下一确切定义并明确划定其研究范围还是很困难的。一般似可将其定义为研究环境中危及环境质量的化学物质，特别是化学污染物的来源、迁移、分布、反应、转化、效应、归宿以及人类活动对这些过程可能发生的作用和影响。从实用观点来看，环境化学的主要任务是要研究环境质量、其变化规律和改善环境质量的技术等方面的有关化学问题。由此，我们可将环境化学的内容归纳为三个方面：(1) 环境污染物的分析监测；(2) 从分子级水平研究环境污染的化学机理；(3) 应用化学方法、物理化学方法和生物化学方法等防治污染的有关技术中所涉及的化学原理。在其研究领域中有时还旁及化学污染物(环境毒物)对生物体产生毒性的化学机理。以上几方面内容是互相联系而又互相沟通的，并可借以阐明环境质量的变化规律、控制污染的发生和发展，保持生态环境的良性循环。简而言之，环境化学是研究化学物质，特别是危及环境质量的化学污染物在环境中所发生各种化学现象的科学。图 1-6 显示了包括环境化学在内的环境科学的学科组成及其在自然科学中的地位。由此图可看出，环境化学是一门综合性很强的学科，它与众多的其他学科相邻、相关、相沟通。实际上，环境系统是一个有机整体，不是哪一门学科能够包容环境全体和单独地解决问题的，包括环境化学在内的有关环境的研究课题都需要各门基础自然科学(还包括社会科学)的合作和密切配合才能完成。

另一方面，为了便于研究，通常将宏大的地球环境整体分为大气、水、土壤、生物四个圈层来研究它们各自的环境化学性质，同时又将这四个圈层的问题分解为若干个环境化学专题，逐一地进行研究。如大气环境化学专题有温室效应、臭氧层破坏、酸雨、光化学烟雾、居室空气污染等；水体环境化学专题有水体富营养化、耗氧有机物生物降解、污染物形态分析等；土壤环境化学专题有农药和重金属对生态系统的破坏等；有关生物圈的环境化学专题有污染物的生物迁移、转化和生物毒理等。

环境化学与许多理论性和实用性的化学学科及环境学科的其他分支学科有着最密切的联系。大多数环境化学的研究工作还是袭用那些经典学科的研究方法。但应指出，环境化学还有如下与其研究对象特性相关联的独特的研究方法：(1) 由于被研究对象(主要是化学污染物)在环境中量微、浓度低、形态多歧，又随时随地发生迁移和形态间的转化，所以需要以非常准确而又灵敏的环境分析监测手段作为研究工作的先导。例如对许多结构不明的有机污染物，经常需要用强有力的结构分析仪(如红外光谱仪、色质联用仪)予以分析鉴定；对污染物在环境介质中的相间平衡或反应动力学机理研究常需用高灵敏度的同位素示踪技术等。(2) 实际的环境体系是自然体系，它所发生的一切过程都是自发进行的，不可逆的，体系中污染物与其所处介质间也往往处于不平衡状态，所以单用化学热力学来处理这类体系的有关问题就有可能远离实际情况。目前正在兴起的环境化学动态学针对热力学的不足，以研究化学物质在环境流体中迁移、转化历程为目标，取得了许多有意义的成果，已有很多专著发表。但还应指出，目前仍不能舍弃化学热力学方法，因为它是我们研究动态问题的出发点。再则，在前人工作基础上，化学热力学具备着充分的现成数据可资利用。(3) 由于体系组成的复杂性，所发生的多种过程又交互重叠，所以在研究问题时经常需要用简化手段，以单体系、单组分、单过程作为研究问题的起点，尽可能地把影响

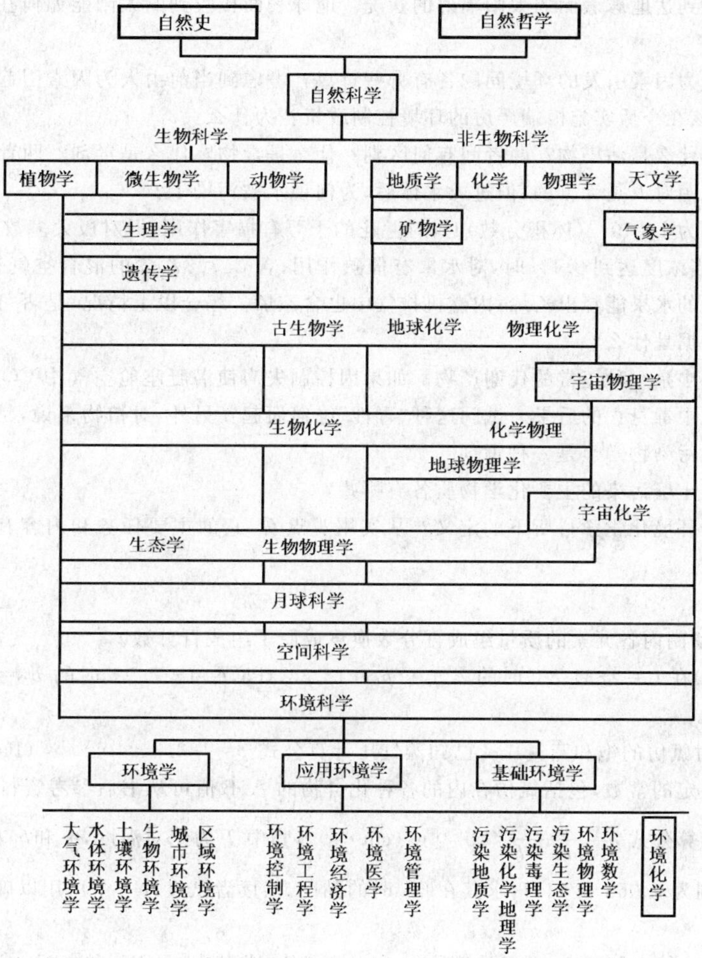

图 1-6 环境科学的学科组成及其在自然科学中的地位

环境质量的主要因素和次要因素分开，以便找出最本质的东西。在此基础上，再进一步考虑环境的整体性和相关性，使所得最后结果能与实际情况一致。(4) 环境体系是宏大、多元的，对化学物质造成环境污染的现象作综合的宏观研究，还需借助于物理和数学的手段。一般是在掌握了体系的有关结构、功能和性能数据之后运用物理图像作为模型，运用数学关系式作为模式，将化学污染物在环境中的种种宏观行为分别作出定性和定量的表述。在此基础上，再以模拟实验（实验室模拟、现场模拟、计算机模拟）来验证前面所提出的模型和模式。综上所述，在环境化学研究方法中需运用多方结合的手段，即多种学科结合、宏观和微观结合、静动结合、简繁结合，"软硬"结合等。

习　题

一、思考题

1. 什么是地球环境？其所及空间范围包含地球的哪些部分？什么是环境要素？化学物质释入环境后，与之相遇并发生作用的最主要的环境要素有哪些？可能发生的作用又有哪些？

2. 用文字简要描述到达地球表面的太阳辐射的状况。地球表面接收到的太阳能如何在地表和生物圈内进一步流动？
3. 由自然因素或人为因素引发的环境问题各有哪些特点？考虑到当前由人为因素引起的环境污染问题日益严重，是否应该在今后实施极端严厉的环境控制政策？为什么？
4. 什么是污染物？什么是沾染物？两者间有何区别？什么是毒物？什么是毒剂？两者间有何区别？
5. 消化道中大肠杆菌对人是无害的，但进入水体后，为何说水被污染了？
6. 空气中乙烯浓度为 1×10^{-9}（体积分数）时，对兰花的干萼有损害作用，但对极大多数其他生物无害，也不触发人的嗅觉，当浓度达到 0.1%时，对水果有催熟作用；含 2.7%乙烯的混合空气有爆炸性。此外，处于天然成熟过程的水果能释出乙烯；内燃机排气中也含乙烯。综合以上情况，是否可以断言乙烯是一种空气污染物？根据是什么？
7. 二氧化碳在人体中是一种正常的代谢产物。如果因控制失当使潜艇座舱空气中 CO_2 浓度达到 20%，则会引起工作人员中毒身亡的后果。试问这种"毒性"缘何而起？另外，对植物来说，是否可认为超常高浓度的氧气是一种污染物乃至是一种毒剂？
8. 引起水体、大气、土壤污染的主要化学物质各有哪些？
9. 怎样理解我们对环境化学学科所下的定义？从实用观点看，它的主要任务和内容有哪些？其研究方法有何特点？

二、计算题

1. 将表 1-2 中生物圈内各元素的质量组成百分数换算成原子组成百分数。
2. 甲硫醇（CH_3SH）在 $t_1=-34.8$℃时的蒸气压 $p_1=13.33$ kPa，$t_2=-7.9$℃时的 $p_2=53.32$ kPa。求它的正常沸点 T_b 值。
3. 求温度为 25℃时氯仿的饱和蒸气压。已知蒸气压计算公式 $p=133.3\times10^{(A-B/T)}$(Pa)，式中 A、B 是由化合物本身性质决定的常数，包括氯仿在内的各种化合物的 A、B 值可从书后参考资料 2 中查获。
4. 已知气体黏度计算公式 $\mu=\dfrac{T^{1.5}}{mT+b}\times10^{-6}$[g/(cm·s)]，其中 T 为绝对温度，m 和 b 为常数。又已知 CO_2 的 m 和 b 值分别为 0.065 和 14.7，求其在 0℃时的黏度。（读者试设计一个可用以确定 m 和 b 值的实验方案）
5. 在 25℃，pH=8.4 的水溶液中，总氰浓度 $c_T=10^{-3}$ mol/L，求其中[HCN]和[CN^-]浓度各为多少（读者可从3.6.4.1得到计算公式，并试自查资料以获得解题所需 HCN 离解常数的数据）？
6. 氯仿的水解反应速率常数 $K_h=7.13\times10^{-10}$ min^{-1}，求其以年为单位的半衰期。已知氯仿水解属于一级反应。

知识链接

人口与环境

现代人大约有 5 万年的历史，在此期间逝去者约有 850 亿人，现有 60 余亿人则是世代繁衍、生生不息的结果。原始智人的总数本来极少，更由于饥饿、疾病、人间争斗等原因，长时期内人口增长速度非常缓慢，人的平均寿命不足 20 岁，而当前已提升到 60 岁以上。表 1-1′显示了地球人口的历来递增情况。其明显的一个特点是世界总人口数正在以加速度方式增长。1999 年 10 月 12 日凌晨，在波黑首都萨拉热窝诞生了第 60 亿名地球村居民。当前世界上前 5 名人口最多的国家依次是（单位亿）：中国 12.95；印度 10.27；美国 2.78；印度尼西亚 2.12 和巴西 1.70。在 60 余亿人口中，发达国家约占 1/5，发展中国家约占 4/5，现今人口年增长数约 7 800 万。

表 1-1′ 地球人口递增情况

时　　期	人口总数/亿	增长 10 亿所经时间/年
BC8000	0.05	
AD1	2	
1650 年	5	
1804 年	10	
1927 年	20	123
1960 年	30	33
1975 年	40	15
1987 年	50	12
1999 年	60	12
2005 年	65	—

与人口数字不断胀大的同时，还出现了地球人口集结的现象：发展中国家的民众和战争难民及环境灾民向发达国家移民，农村人口迁居城市，城市居民又涌向高层建筑……

世界人口增多和集结都会引发种种不良的环境问题。首先，全球人口增多势必加大人群参与各种生产、生活活动的频率和强度，由此又会间接或直接地影响人类自身的生活环境。例如由经济建设（如农村城市化、围湖造田、兴建水坝等）引起对环境干扰；在资源开发过程中过度地向自然索取物质和能量（特别是化石燃料、矿物、木材等）引起对环境破坏；在物质生产和日常生活过程中向环境释出废物和废能（特别是化学污染物、辐射能等）引起对环境污染。

人口快速增长又会引起社会环境质量劣化，首先表现在作为环境主体的人在某些地域和某些方面质量下降。如当前世界上有约 12 亿人处于每人每天消费不足 1 美元的贫困生活线之下，却另有 12 亿人营养过度，其中不少人患上了高血脂、脂肪肝、糖尿病、冠心病之类的“富贵病”。全球现有文盲数达 8.8 亿，其中 2/3 是妇女。2000 年全球有 3 610 万人携带艾滋病毒，因病死亡者达 300 万。另一个突出的问题是全球人口老龄化。由于人口基数大，近半个多世纪来未发生过世界规模战争，加上医疗水平和社会福利保障水平的提高，使近代人趋于长寿。如 1972 年世人平均寿命为 49.5 岁，至今提高到 62 岁以上，且 65 岁以上老人有 3.9 亿之众。预计到 2050 年世界上 80 岁以上老人可达到 3.7 亿人。东南亚是世界上老人主要集居地区，2004 年日本国的老年系数已接近 20%（也就是在 100 个人中有 20 个人的年龄在 65 岁以上）。我国也已在 2001 年进入老年型人口国家（老年系数在 7%以上）的行列。庞大老年人群的出现意味着社会整体经济负担加重，同时也会对现有社会生产结构、文教卫生、社会保障体系等提出严峻的挑战。

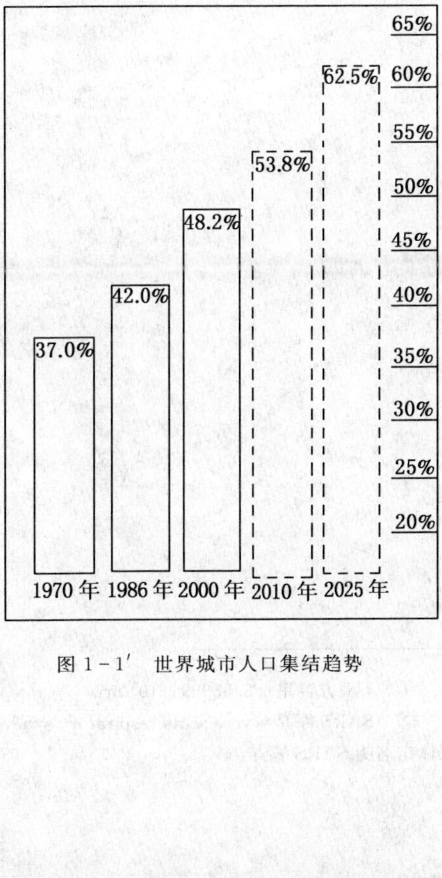

图 1-1′ 世界城市人口集结趋势

城市是人类社会经济和文化发展的产物，人类生活环境的恶化集中地表现在城市地区。如今已有 366 个百万人口规模的城市遍布全球，千万以上人口的城市也有 20 多个。图 1-1′显示了现代人口向城市集结的趋势。当前世界上约有半数人居住在城市，至 2025 年，这个数字可能超过 60%。我国现有设市城市 660 多座，城市的人口集中率约为 30%，而欧洲很多发达国家已达到 90%。看来今后包括我国在内的发展中国家的城市化趋势已很难逆转。现今世界上人口众的城市是东京(3500万人),人口密度最稠的是印度的孟买市(内城部分地区密度达100万人/平方英里①)。

世界城市化,特别是较贫困国家人口密度的相对集中趋势有其深层次的经济、政治等方面的原因,这或许是人类历史长河中不可避免的一个进程,但由于这一进程的日渐加速,对人们的生活环境产生了种种不良影响。其中最突出又最难遏制的是人口众多的大城市中的空气污染问题。例如地处环山高原谷地的墨西哥城始建于14世纪,初时曾享有"世界上最明净空气"的市民,而今却时时被严重污染的空气所困扰。由于这个城市在近代无秩序、无限度的恶性发展,致使墨西哥全境内约1/4的人口、23%的工业、28%的服务行业和400万辆汽车集中在这一谷地之中。由工业生产、生活设施等排放出来的各种各样的废气、烟雾所引发的严重空气污染常迫使市政当局采取一级紧急措施:工厂停产、学校停课、汽车停驶等。

人口集中且生活环境劣化的城市中也容易孳生、传播各种细菌和病毒。例如2002年11月首发于我国南方大城市广州的非典型性肺炎病系由一种新型冠状病毒SARS②引发。至2003年4月,即不到半年的时间内,这种病毒扩展至全球28个国家和地区。据世界卫生组织(WHO)统计,在此期间感染者5050人,死亡者321人,疫情最重的国家(地区)为中国(香港)、新加坡、加拿大等。

此外,人口高度稠密的城市中还会发生如饮水和噪声污染、垃圾堆积、交通拥挤、住房紧张、治安恶化等影响人们生活环境质量的诸多问题。

再者,由于每个国家占有的自然资源是有限量的,而且一经消耗又大多不可再生,所以随着一个国家人口的增多,自然资源的人均占有量必定会以更大速率减少。因此,各国当政者历来都将资源保障视为与国家安全相关的战略问题。历史上有很多次国与国、民族与民族间的战争都起因于资源争夺。在此,人口增长就是一个重要的内在原因。一旦战争硝烟漫起,战地及其邻近地区的环境状况也就会变得极其恶劣而不可收拾。

① 1平方英里$=2.58999\times10^{6}\ m^{2}$。

② SARS原是severe acute respiratory syndrom的缩写,可译为重症急性呼吸器症候群。2003年4月由WHO将病原体定名为SARS病毒。

2 大气圈和大气污染

包围在地球最外面的一层气体构成大气圈，厚度从地面到高空 1 000 km～3 000 km，总质量约为 5.2×10^{15} 吨。大气是人类赖以生存的最重要资源之一。它供给人们呼吸所需的氧气和植物光合作用所需的二氧化碳；由于它的阻挡，保护所有生物免受致命的太阳紫外辐照的伤害；它是水分循环的重要环节；它稀释各种排放的废气并通过降水过程不断净化自身……但是，大气资源是有限的，逐日增强的人类活动对大气圈的不良影响已引起了人们的普遍关注。

环境化学对于大气圈研究的主要空间范围是接近地面的对流层和平流层底部(合称空气层)。一般习惯是将供人类和动植物活动的某个场所的气体环境称为空气。而在大气物理学、大气气象学、自然地理学以及环境科学的研究中，常常以大区域或全球性的气流为研究对象，则常用大气一词。此外，目前各国在制订局部地区空气污染与区域性大气污染的标准和评价方法等方面仍然存在区别，因而对前者常用“空气污染”，而对后者常用“大气污染”之名。

2.1 大气圈的构成

大气层受重力吸引，最大密度紧靠地球表面，随高度增加，逐渐变得稀薄，最后与行星际气体没有什么区别。因此大气层没有明确的上限(顶)。如果从地球表面向上推移，可以划分出性质不同、物理现象和化学现象有很大差异的几个区域。就是近地面的空气，也可以按地面地理环境条件的不同而分区。所以我们要想了解大气，首先需要引用一种分区法，以有助于我们分别研究这些不同区域中发生的种种现象。

2.1.1 大气的垂直分层

2.1.1.1 垂直分层

大气在垂直方向自然分层的作用被称为层结作用。如图 2-1 所示，图中有一条温度随高度变化的典型曲线(高度坐标用的是对数标尺，所以上部各区域实际上比图的下部各区域要厚得多)，按这条曲线的转折情况，可以将大气层由下而上地分为以下各层次：对流层、平流层、中间层、热层和外逸层即外大气层。温度曲线止于热层而不再向上伸展，这是因为高层温度变化剧烈，兼以空气非常稀薄，热力学温度的含

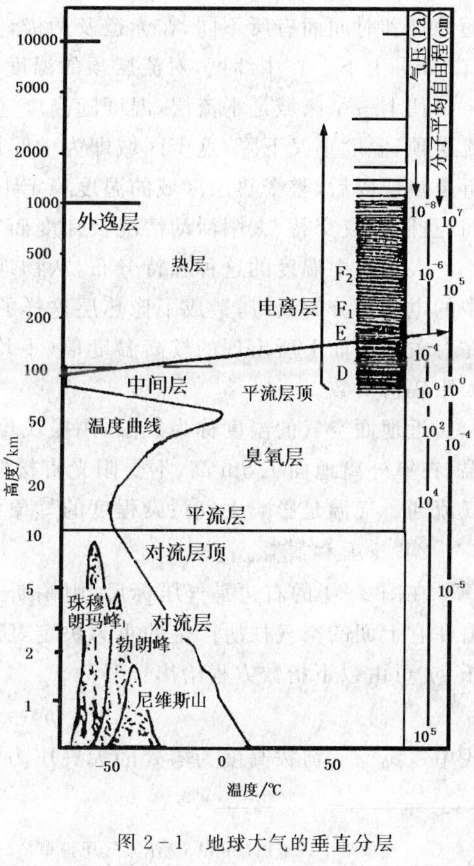

图 2-1 地球大气的垂直分层

义在此已显得非常不确切的缘故。

从地面到达约 80 km 的高度(即中间层顶)处的这一层又称作为均质层,由此向上到外逸层这一段又称作非均质层。非均质层的特点是:(1) 外来物质在这一层中不易分散均一;(2) 在此常发生较强的光化学反应,从而产生许多带电粒子;(3) 密度低,氮气和氧气之比例不等于 4∶1。

在中间层和热层之间还存在着一个电离层,是在 1902 年由马可尼(Marconi G.)作无线电通讯时发现的。电离层又被分为几个小层,其中电子浓度自下往上递增。

从地面到达约 10 km 高度的大气区域称为对流层,是主要天气现象发生及污染物活动的区域,从中又可划分出几个层次,即从地面到达约 10 m(乃至 100 m)高度的这一层为近地层,在此大气与地表间因地球自转而产生较大摩擦力;从地面到达 300 m～400 m(乃至1 000 m～2 000 m)高度的这一层称为边界层,在此大气表现出有较大内摩擦力;在距地面约 1 km 至 10 km(对流层顶)间,被称为自由大气层,这一范围内的大气可视作为热力学中的理想气体。

在距地面约 10 km～50 km 的层区称为平流层,其中距地面约 10 km～40 km 间的层区即称臭氧层。臭氧层平均温度为 -20℃、压力约 1.3 kPa,存在臭氧(O_3)的平均浓度约6.4×10^{-6}(体积分数)。这一薄层的臭氧滤除了来自于太阳辐射中的短波紫外光,起到了保护地球上所有生物的作用。

2.1.1.2　层间大气的物理性质

1) 温度

层间温度变化的情况已如图 2-1 所示。在对流层中,温度随高度通常以每千米 5℃～7℃比率降低,它又是随季节和纬度的不同而变化的。在对流层顶,温度发生突变。对流层顶的高度也随地点和时间而有所不同,在赤道及两极,其高度分别为 16 km 和 8 km,而同一地点日变化可能有 1 km 上下。在中纬度,对流层顶的温度为 -50℃左右。

往上一个区域是平流层,温度随高度递升,在 50 km 高度,温度最高值达零度左右。过了平流层顶,温度重又下降,这个区域即为中间层。到中间层顶时,温度降到最低值 -100℃左右。转折至热层以后,整个热层区域的温度稳定上升,在 500 km 高度上,温度可能在 400℃～2 000℃之间,且随昼夜交替、太阳活动情况及纬度而变,日变化达到 500℃～800℃。

大气层中温度的这种独特分布,从物理学的角度看,是与辐射吸收有关的,产生在高层大气中的电离和分解反应,造成了像热层这样的高温。平流层顶出现的温度最高值,与该处臭氧的存在有关。地面上所出现的较高温度值(平均 289 K),主要是由于地面大量吸收到达这里的剩余太阳辐射所致。

近地面空气的温度称为气温,用摄氏度(℃)作计量单位。一般需在以下限定条件下测定气温:在室外离地面 1.5m 高、不受阳光直接照射、不受建筑物遮蔽、不受降水和强风影响而保持空气流通。气温是影响大气污染程度的气象要素之一。

2) 气压和质量

在图 2-1 的右边是气压标尺,用帕斯卡(Pa)作计量单位①。某一高度上每单位面积的气压由在它上面的空气柱所产生的重力决定,所以气压随高度上升而下降。任一给定高度处(h)的气压 p_h 可由以下指数方程给出:

$$p_h = p_0 e^{-Mgh/RT} \tag{2-1}$$

式中　p_0——海拔高度为零处的大气压力(1.013×10^5 Pa);

① 气象学中以毫巴(millibar)作大气压强单位,1 毫巴 = 100 Pa。

M——空气的平均摩尔质量(对流层中为 28.97 g/mol);

g——重力加速度(可取 981 cm/s^2);

h——海拔高度/cm;

R——气体常数(8.314×10^7 erg·K^{-1}·mol^{-1});

T——温度/K。

气压也是影响大气污染程度的气象要素之一,水平方向上气压分布的不均匀性是产生空气运动(感觉为风)的直接原因。

全球大气和对流层大气的质量分别为 5.2×10^{15} 和 4.0×10^{15} 吨,所以对流层大气质量是总质量的 77%左右。通过计算可以知道:大气质量的 90%是包含在距地面约 20 km 高度之内,质量的 99.9%是在约 50 km 之内。在 100 km 高度以上,大气质量只有地面的百万分之一。

3) 湿度

大气中的含水量是可变的,湿度是大气中所含水汽多寡的度量。湿度大小关系到大气中水物质的相变,从而成为构成云雾、降水等大气现象的决定因素,也是污染物通过湿沉积从大气中除去的重要气象要素。湿度在中纬度区地面以上 3 km~28 km 大气层间的变化曲线如图 2-2 所示。这里定义湿度为每单位质量(kg)的干空气中所含水汽的质量(g)。作如此定义的优点是湿度值与气压变化及不包含凝结的任何过程无关。近地面空气的湿度常用绝对湿度或相对湿度(RH)表示。前者是指一定温度下空气中所含水汽的绝对量,以 g/cm^3 或 g/m^3 为计值单位。相对湿度则是空气中的水汽含量与该温度下的饱和水汽量间的百分比值。

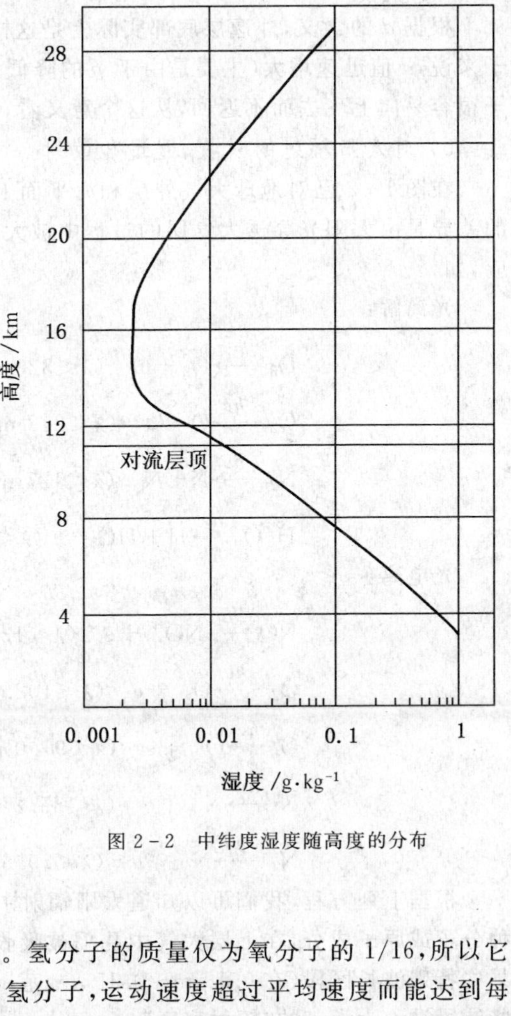

图 2-2 中纬度湿度随高度的分布

4) 气体分子运动速度 $\bar{u}_a$ 和自由程

气体分子运动速度符合统计规律,但其平均速度 $\bar{u}_a$ 可用下式计算:

$$\bar{u}_a=\sqrt{\frac{8RT}{\pi M}} \qquad (2-2)$$

式中 R——气体常数;

T——绝对温度;

M——相对分子质量。

以上公式系根据麦克斯韦-玻尔茨曼定律导出。

经计算,氧在室温下的平均速度是每秒 0.5 km。氢分子的质量仅为氧分子的 1/16,所以它的平均速度是氧气的 4 倍。活动在大气层中的氧和氢分子,运动速度超过平均速度而能达到每秒 11.2 km(称逃逸速度,具有此速度的分子能克服地球引力,离地球而去)的,只占一个极小的百分比。

在低层大气中,那些速度极高的分子实际上也是不可能逃逸的,因为它们在与速度较慢的邻近分子碰撞以后,运动就会慢下来。但在高层大气中,逃逸的机会就会大得多。首先,那里的太阳辐射没有受屏蔽,会把很大一部分分子激发到极高的能量和很大的速度;其次,在稀薄的空气中，碰撞几率也大大减少了。

分子平均自由程的意义是气体分子在发生两次碰撞间所通过的平均距离。图 2-1 中右边的标尺指明了分子平均自由程 d 的近似值。其计算式可从气体分子运动论中导出：

$$d=\frac{1}{\sqrt{2}}\cdot\frac{1}{\sigma n}=\frac{kT}{\sqrt{2}\sigma p} \tag{2-3}$$

式中 σ——分子碰撞截面(约为 0.4nm²)；

n——分子个数浓度；

k——玻尔茨曼常数(1.38×10^{-23} J/K)；

T——绝对温度；

p——气压。

在近地面和 600 km 高空，分子的平均自由程约分别为 10^{-5} 和 10^{6} cm。

根据 d 的含义，外逸层底部实际上是这样的一个高度，即在这个高度以上，对向上移动的分子来说，d 值迅速增大(主要是由于 p 的降低)，因而碰撞可能性已不大了。处于外逸层的气体分子很容易向上飞去而不返回，从这个意义看，可以说地球是“漏气”的。

5）对太阳辐射的吸收、透过和散射

在图 1-2 已对地球大气外层和海平面上的太阳光谱作了描述。实际上，这两种太阳光谱间的差异是由太阳光穿透大气层的过程中被大气组分部分吸收而引起的结果。其中发生了许多反应，如

光离解：

$$O_3 \xrightarrow{h\nu} O_2 + O \quad (\lambda < 320\ \text{nm})$$

$$O_2 \xrightarrow{h\nu} O + O \quad (\lambda < 242\ \text{nm})$$

$$N_2 \xrightarrow{h\nu} N + N \quad (\lambda < 127\ \text{nm})$$

$$H_2O \xrightarrow{h\nu} H + HO\cdot \quad (\lambda < 200\ \text{nm})$$

光电离：

$$NO \xrightarrow{h\nu} NO^+ + e \quad (\lambda < 134.1\ \text{nm})$$

$$O_2 \xrightarrow{h\nu} O_2^+ + e \quad (\lambda < 102.6\ \text{nm})$$

$$O \xrightarrow{h\nu} O^+ + e \quad (\lambda < 91.0\ \text{nm})$$

$$N \xrightarrow{h\nu} N^+ + e \quad (\lambda < 85.2\ \text{nm})$$

$$N_2 \xrightarrow{h\nu} N_2^+ + e \quad (\lambda < 79.6\ \text{nm})$$

根据上列方程，我们可以知道太阳辐射中的短波部分是高能的，能够分解或电离大气层中多种分子或原子成分，在上层大气中几乎被吸收殆尽，只有 0.3 μm～0.7 μm 的长波辐射和短波中某些特殊波长区段(在 0.1 μm～0.15 μm 范围)的辐射可分别透射到地面或距地约 70 km 处。这些波段被称为大气的“辐射窗区”。

大气中 N_2、O_2、O_3 和 H_2O 的浓度随高度变化的曲线如图 2-3 所示。这些组分“上低下高”的浓度变化趋势与它们在高处受太阳辐照而分解的实际情况相关联。

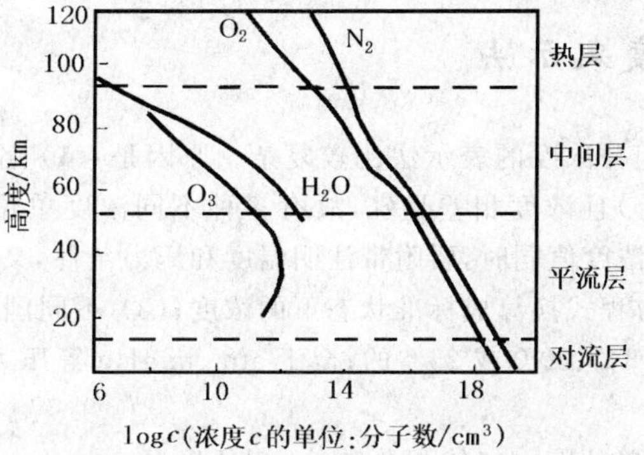

图 2-3 大气组分浓度随高度变化曲线

在穿透大气层的过程中,太阳光还可能遭遇存在于大气中的悬浮颗粒物而发生散射,或由于大气组分分子密度不均匀(密度涨落)而发生所谓的“分子散射”。在发生太阳光散射时,短波光的散射比长波光强得多,以此可解释无云的天空呈蔚蓝色,而在日出日落时看太阳,因红色光不易散射,太阳及其附近的云彩特别显红等天气现象。

天然光在大气中的上述光学现象已被用于大气污染物的近代监测技术,例如可利用地表之上散射光所汇聚而成的光源,通过相关吸收光谱技术来遥测大气中 SO_2、NO、NO_2 等污染物的浓度。

6) 近地层空气的物理性质

为简化叙述,现将有关近地层空气的物理性质的各项参数值列举在表 2-1 之中。

表 2-1 空气的物性参数

参 数	数 值
密度/$g\cdot cm^{-3}$	0.001 184(25℃,101.3 kPa) 0.001 293(0℃,101.3 kPa)
膨胀率/℃$^{-1}$	0.003 671(100℃,101.3 kPa)
定压比热/$J\cdot(℃\cdot g)^{-1}$	1.000(20℃~440℃平均,101.3 kPa)
蒸发热/$J\cdot g^{-1}$	~209
热导率/$J\cdot(cm\cdot s\cdot ℃)^{-1}$	2.23×10^{-4}(0℃)
折射率(—)	1.000 291 8(20℃,101.3 kPa)
介电常数(—)	1.000 585(20℃,101.3 kPa)
磁化率(—)	30.36×10^{-5}(20℃,101.3 kPa)

2.1.2 按地理条件划分区域

大气对流层是大气化学和大气污染物化学的主要研究区域。根据这一范围中各地区地理条件的差异,又可划分为 7 个区,以便我们就各个区的大气化学行为逐一进行研究(详见 2.3.5)。表 2-2 列举了这 7 个区的名称及它们在地面上所占据的面积。

表 2-2 在地球表面的对流层分区

区 域	面积/cm^2	占地球表面积的百分数	区 域	面积/cm^2	占地球表面积的百分数
沙漠	2.4×10^{17}	4.8	沼泽地	4.0×10^{16}	0.8
干草原、山脉	2.6×10^{17}	5.2	海洋	3.3×10^{18}	66.3
草地	3.8×10^{17}	7.6	都市	1.9×10^{17}	3.8
森林	5.7×10^{17}	11.4			

2.2 大气组分浓度表示法

与水环境相比，大气组分浓度的表示法比较复杂。原因是：(1) 各组分物理形态各异（有气体、蒸气、颗粒物、气溶胶等）且浓度相差悬殊，故有多种不同浓度单位；(2) 气体组分浓度随温度、压力变化，所以在表示浓度值同时，要附带注明温度和压力条件，又为了使计算出的浓度有可比性，通常要用理想气体方程式换算成标准状态下的浓度；(3) 不同国家制定的标准状态并不统一，如标准温度有取 0℃、18℃、20℃或 25℃的；至于 atm、mmHg 等压力单位，按我国现行法定计量制度，已被取消使用。

用于大气组分的浓度单位有：%（体积分数）、mol/L、g/L、mg/L、$\mu g/m^3$、个数/cm^3。此外还有 10^{-6}（体积分数）、10^{-9}（体积分数）和 10^{-12}（体积分数），分别相应于原先常用现已废止的 ppm、ppb 和 ppt 单位。对微量组分（如 SO_2、NO_x 等大气污染物），常用单位为 10^{-6}（体积分数）或 $\mu g/m^3$；对超微量组分（如 HO· 自由基）常用 10^{-12}（体积分数）或个数/cm^3 作单位。

再则，对大气中颗粒物成分来说，应用 $\mu g/m^3$ 计量单位较为方便。对于飘尘，还可用单位质量飘尘中所含某成分的质量来表示，即使用 $\mu g/g$ 或 ng/g 单位。最后，在某些特定场合要使用特殊的浓度单位。例如在大气臭氧层中臭氧浓度单位常用 STP(cm/km) 表示，也就是在标准条件下（STP，即 273K 和标准大气压力下）每千米高度内测到的以厚度(cm)表示的纯臭氧的质量。

上述几种常用单位间相互转换关系如下

$$10^{-6}(\text{质量分数})=10^{-6}(\text{体积分数})\frac{\text{对象物相对分子质量}}{\text{空气相对分子质量}} \tag{2-4}$$

$$10^{-6}(\text{体积分数})\text{浓度值}=\frac{RT}{pM}\times[\mu g/m^3\ \text{浓度值}] \tag{2-5}$$

$$\mu g/m^3\ \text{浓度值}=\frac{pM}{RT}\times[10^{-6}(\text{体积分数})\text{浓度值}] \tag{2-6}$$

在 298K 和 1.013×10^5 Pa 条件下，有

$$1\times10^{-6}(\text{体积分数})=2.46\times10^{13}(\text{个数}/cm^3) \tag{2-7}$$

例 1 汽车排气中含 1.5%（体积分数）一氧化碳，这相当于以“mg/m^3”为单位的浓度值是多少？（以 25℃和 1.013×10^5 Pa 条件下计）

解 浓度 1.5%相当于 $0.015\times10^6=15\,000[10^{-6}(\text{体积分数})]$
按式(2-6)转换单位，为

$$\frac{pM_{CO}}{RT}\times[10^{-6}(\text{体积分数})\text{浓度值}]=\frac{(1.013\times10^5)\times28}{8.314\times298}\times15\,000=17.2\times10^6\mu g/m^3,$$

或 $17.2\times10^3 mg/m^3$

例 2 用激光-荧光法测定大气中 HO· 自由基浓度，方法的检测限为 5×10^6[个[HO·]/cm^3]，这相当于多少[10^{-12}(体积分数)]浓度单位？（以 25℃和 1.013×10^5 Pa 条件下计）

解 在题给的温度、压力条件下，5×10^6 个 HO· 自由基相当的体积数为：

$$V=\frac{5\times10^6}{6.02\times10^{23}}\times(24.4\times10^3)=2\times10^{-13}cm^3$$

此值相当于以[10^{-12}(体积分数)]为浓度单位的值是

$$\frac{V}{V_0}\times10^{12}=\frac{2\times10^{-13}}{1}\times10^{12}=0.2\times10^{-12}(\text{体积分数})$$

例 3 在平流层顶(50km)高空处，大气压力为 80Pa，温度为 0℃，求此处的空气浓度为多少？

(用[分子数/cm^3]表示)

解 在低温、低压条件下,可对此处空气应用理想气体方程公式:

$$\frac{n}{V}=\frac{p}{RT}=\frac{80}{8.314\times 273}=0.035\ \text{mol/m}^3$$

这相当于$\dfrac{0.035\times 6.02\times 10^{23}}{10^6}=2.1\times 10^{16}$分子数/$cm^3$

2.3 对流层大气的组成和性质

从环境化学角度看问题,对流层大气有四个重要的组成部分:(1) 干空气的气体混合物;(2) 水物质;(3) 大气气溶胶;(4) 活性自由基。这些组成部分在大气环境化学性质方面有着各自的特点,现分述如下。

2.3.1 干空气的气体混合物

虽然干空气中有许多组分,但能将它们分为多量成分、少量成分和微量成分三类,如表 2-3 所示。表中列出的 4 种多量成分占了整体的 99.996%。

N_2、O_2 占干空气的 99%

N_2、O_2、Ar 占干空气的 99.96%

N_2、O_2、Ar、CO_2 占干空气的 99.996%

表 2-3 干空气的成分

成 分		浓 度[10^{-6}(体积分数)]	大气中滞留时间③(估计值)	性 质	
多量成分	N_2	780 840	$10^6\sim2\times10^7$ a	永久性气体	不可变成分
	O_2	209 460	$5\times10^3\sim10^4$ a		
	Ar	9 300	(随时间累积)		
	CO_2	360	5~10 a		
少量成分	Ne	18	(随时间累积)		
	He	5	10^7 a		
	Kr	1	(随时间累积)		
	Xe	0.09	(随时间累积)		
	CH_4	1.7	4~7 a	半永久性气体	
	CO	0.1	0.2~0.5 a		
	H_2	0.5	4~8 a		
	N_2O	0.31	2.5~4 a		
	$O_3$②	0.005~0.05	0.3~2 a		
微量成分①	H_2S	0.000 2	0.5~4 d	可变成分	
	SO_2	0.000 2	2~4 d		
	NH_3	0.006	5~6 d		
	NO_2	0.001	8~11 d		

① 微量成分的表列浓度值是大致的典型数据;② 应属可变成分;③ 其定义见 3.2。

少量成分和微量成分在大气中的比例小于 0.004%,然而它们在大气环境化学的研究中是很重要的。在表 2-3 中还将大气成分分为两组:可变成分和不可变成分。所谓可变性是指该组分具有浓度变化的倾向。组分的不变性是相对的，而可变性却是绝对的。大气中某组分的储量、反应性和滞留时间皆与其可变性有关。例如 CO_2 虽然有地方性发生源，但由于它在大气中储量大，化学性质又不甚活泼，地方性发生源不会使它的浓度发生很大变化，因此将 CO_2 归入大气中不可变成分。但这样的说法不是绝对的，从时间标尺看，大气中 CO_2 浓度实际上还是因一些人为因素而逐年缓慢增长的。某些反应性很强的微量成分，如 SO_2、NH_3 和 NO_2，其在大气中浓度很低，且由于它们在大气中反应快，因而属可变成分。与此相关的是它们在大气中的滞留时间也相对较短。如表 2-3 所示，滞留时间很长的成分是永久气体（例如氦的滞留时间约是 1 000 万年）；滞留时间从几月到几年的成分是半永久气体；而从几天到几星期的是可变气体。可变气体具有活泼的化学性质，而且它们的自然循环常与水的循环有关。

2.3.2 大气中的水物质和降水

大气中的水物质可能以液态（水滴）、气态（水汽）和固态（冰晶）存在。水汽的浓度是易变的，尽管它的总质量很大（约 1.4×10^{16} kg），但它的滞留时间很短，只有 10 天左右。

水物质在大气中的循环与以下一些重要过程相关联。(1) 水的凝结和蒸发对大气过程的热力学和大气的垂直稳定度有重要的影响。(2) 降水和云形成过程即水的相变过程。(3) 水在大气中的以下两种迁移过程对大气的净化至关重要：雨洗(rainout)——这种过程发生在云层之中，是雨滴将云中小颗粒物（云的凝结核）去除的一种作用；洗脱(washout)——这种过程发生在云层之下，是雨滴溶解气体或俘获气溶胶粒子，对雨滴所到之处大气进行净化的过程。(4) 与大气中所含其他物质直接发生化学反应，或者在形成水溶液之后，在溶液中进一步发生化学反应。(5) 太阳辐射贯穿大气层的过程中，水汽和云对辐射线的大量吸收起着重要作用。

大气中所含水汽的凝结上限可用饱和蒸汽压表征。根据热力学原理可导出用于表述饱和蒸汽压与温度间关系的克劳修斯-克拉珀龙方程：

$$\frac{\mathrm{d}\ln p_s}{\mathrm{d}T}=\frac{\Delta H_v}{RT^2} \tag{2-8}$$

式中 p_s ——水的饱和蒸汽压，Pa；

T ——绝对温度，K；

ΔH_v——水的摩尔蒸发热，$J\cdot mol^{-1}$；

R ——气体常数[8.314 J/(K·mol)]。

ΔH_v 随 T 变化，但变化很小，在一级近似中，可将它看成是常数，对上式积分可得：

$$p_s=常数\times e^{-\Delta H_v/RT} \tag{2-8'}$$

上式表明，p_s 是随温度升高而迅速增大的。

大气降水有多种形态，主要的是雨和雪。当云中水蒸气迅速发生凝结的时候，就形成降水。一般说来，雨水是含杂质少的较洁净的水体。但大气污染及当地地理和气象条件对水质有很大影响。如近海地区雨水中多氯、钠、钙、镁、锶等盐类，而人为污染物含量较少；城市上空的降水可能混入煤烟、工业粉尘等。

未经污染的雨水组成（示例）如图 2-4 所示。降水污染问题一般归入大气环境化学内容，在 9.3 中将对因大气污染而引起的酸雨作专题论述。

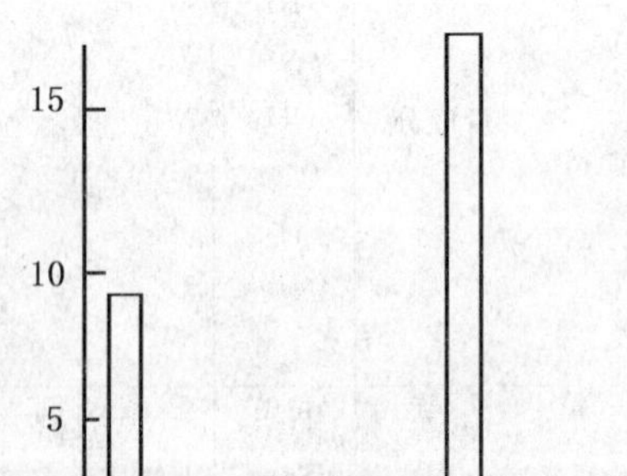

图 2-4 雨水的化学组成

（示例中未含溶解性气体）

2.3.3　大气气溶胶

大气中含有大量固体或液体的悬浮粒子，与承载它们的空气介质(气体组分)一起组成大气气溶胶体系。在该体系中可能包含数百种有碍环境和生物健康的污染物，其危害性可有以下几个方面：(1) 减弱大气能见度；(2) 引起地面或物体表面积尘；(3) 降落在金属器件上的尘粒成为强蚀点，加速器件腐蚀；(4) 与大气中 SO_2 等形成酸雾或酸性沉降物；(5) 细菌、病毒等“活”的颗粒物在气流中传播，引发感冒、支气管炎等人体疾病。大气气溶胶对人体危害程度的决定因素有颗粒物粒度、浓度和化学组成。由粒度决定颗粒物进入和滞留于呼吸道的能力，由浓度和化学组成决定颗粒物对人体生理的危害程度。另一方面，也应指出大气颗粒物的存在有其积极意义。例如作为凝结核促成雨、雾生成，增强云层对阳光反射能力以及控制地表温度升降幅度等。

在具有清新空气的乡间，大气中颗粒物浓度大致为 50 $\mu g/m^3$。在已发生过的一些严重污染事件中(例如 1952 年伦敦烟雾事件)，浓度可超过以上数值的 100 倍。

大气颗粒物的化学组成变化不定，化学性质、物理性质等方面都非常复杂，难以言状。一般地说，在采得样品后需对以下几个方面作具体测定和研究：(1) 化学组成；(2) 物理形态和化学形态；(3) 表面电性及表面对化学反应、吸附等方面的活性；(4) 毒性。

大气中颗粒物可分为细粒(0.1 μm～1 μm)和粗粒(1 μm～100 μm)两部分。气溶胶系统有一个粒径分布的特征曲线如图 2-5 所示。由图可见 0.1 μm～10 μm 大小的颗粒占据了相当大的比例数。一般，细的粒子由如下两种化学性凝结过程产生：(1) 通过大气中化学反应生成过饱和蒸气，随后又在温度不太高的空气中凝结为颗粒物，如硫酸盐气溶胶、光化学烟雾的生成。(2) 在高温燃烧中产生。如高沸点油类蒸气在转入相对较低温度空气中时，可凝结成液滴。粗的粒子一般由如下两种机械性分散过程产生：(1) 如岩石风化产生的颗粒、海洋喷沫产生的雾滴及火山灰尘埃可由自然界风力、水力、火山喷发力等因素形成。(2) 煤粉、水泥粉、石棉颗粒等可在工业生产过程中由碾碎操作产生。通常，细粒子表现为酸性，其中含较大比例的阴离子 SO_4^{2-}、NO_3^-、Cl^-；粗粒子含多量带碱性的金属离子 Ca^{2+}、Mg^{2+} 等。

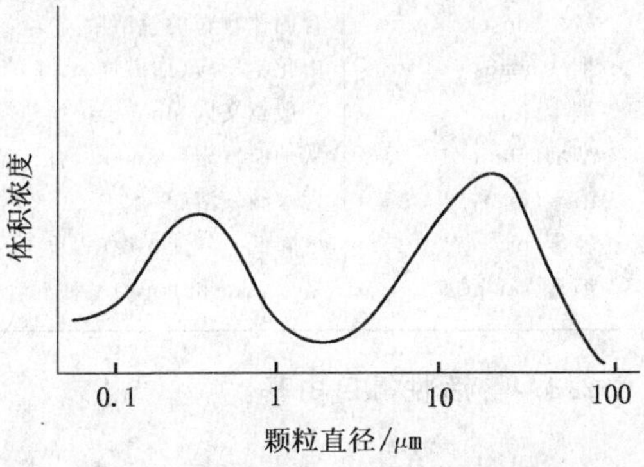

图 2-5　大气颗粒物依粒径分布的曲线

从环境监测角度看，大气中颗粒物又可分为降尘、可吸入颗粒物(IP)或飘尘①及总悬浮颗粒物(TSP)。它们都是涉及大气质量的有关颗粒物测定参数。降尘直径大于 30 μm，在大气中有很大沉降速度。可吸入颗粒物直径(严格地说是动力学直径)小于 10 μm。据研究，直径小于 2.5 μm 的颗粒能通过呼吸过程深入人体肺部，2.5 μm～10 μm 的颗粒又易沉积在上呼吸道，所以可吸入颗粒物对人体特别有害。不仅如此，这段粒度的颗粒还能导致大气能见度减弱及引发大气化学反应和光化学反应。至于总悬浮颗粒物，包括直径为 0.1 μm～100 μm 范围内的颗粒物。

① 小于 10μm 的大气颗粒物泛称飘尘，从卫生角度说，称为可吸入颗粒物，用 IP 或 PM_{10} 表示。国外还有 $PM_{2.5}$ 参数，其含义可由 PM_{10} 推知。

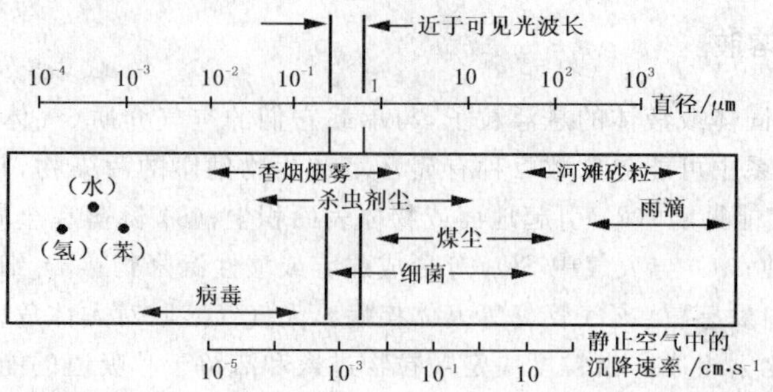

图 2-6　大气中颗粒物的大小和沉降速率

大气中常见的一些颗粒状物质的粒度及沉降速度如图 2-6 所示。各类大气气溶胶的含义和示例则列举在表 2-4 之中。

表 2-4　各类大气气溶胶

名　称	含　　义	例
气溶胶(aerosol)	泛指一般的悬浮颗粒物	
霭(mist)	含微小液滴气溶胶	硫酸挥发后的形成物
粉尘(dust)	含固体颗粒的气溶胶	谷物碾粉
烟(smoke)	由化学反应(如燃烧)产生的固体颗粒或固液颗粒混合气溶胶	香烟烟雾、垃圾焚烧
烟尘(fume)	一般意义同 smoke,特指热蒸气凝结而成的气溶胶	锌烟尘、铅烟尘
烟羽(plume)	从烟囱冒出的 smoke,有一定几何形状或形态	烟道气
浓雾(fog)	含水滴气溶胶	晨雾
轻雾(haze)	可降低大气能见度(程度不及 fog)的任何气溶胶	夏天松树林冒出物
烟雾(smog)	是 smoke 和 fog 的一种混合衍生概念	"伦敦烟雾"

2.3.4　活性氧自由基

2.3.4.1　自由基及其性质

自由基被定义为在外电子层有未成对电子的原子或基团。例如水分子在光照下可发生共价键均裂,从而产生成对的自由基:

$$H_2O \xrightarrow{h\nu} H\cdot + HO\cdot$$

处于自由基外层中的未成对电子对于外来电子有很强亲和力,故能起强氧化剂作用。在自然环境中,进入大气的微量气体多是还原态的,如 H_2S、NH_3、CH_4 等,在滞留大气期间,它们受自由基氧化,待到返回地表时,就转化为高氧化态物质,如 H_2SO_4、HNO_3、H_2CO_3 等。自由基的另一特点是它们有进行链式反应的倾向。因为自由基有未成对电子,它们与电子成对的分子发生反应后必然产生另一种自由基。因此自由基与分子间反应都是自行维持,不断进行的,即由此引起链式反应。一般地说,自由基链式反应历程包括:(1) 引发,在此过程中自由基由某种起因(在大气中通常是阳光辐射)而产生;(2) 传播,发生自由基-分子反应,并延续一段过程;(3) 终止,通常因自由基间复合、消失从而终止反应。以甲烷的光氯化反应为例,三阶段中发生的反应为:

引发　$Cl_2 \xrightarrow{h\nu} 2Cl\cdot$

传播　$Cl\cdot + CH_4 \longrightarrow HCl + CH_3\cdot$

$$CH_3 \cdot + Cl_2 \longrightarrow CH_3Cl + Cl \cdot$$

$$CH_3 \cdot + CH_3Cl \longrightarrow C_2H_6 + Cl \cdot$$

终止 $$CH_3 \cdot + Cl \cdot \longrightarrow CH_3Cl$$

$$Cl \cdot + Cl \cdot \longrightarrow Cl_2$$

$$CH_3 \cdot + CH_3 \cdot \longrightarrow C_2H_6$$

对于对流层大气化学有重要意义的一类自由基是活性氧自由基,包括氢氧自由基 HO·、烷氧自由基 RO·、过氧自由基 HO_2·、RO_2·和过氧阴离子自由基 O_2^-·等,它们都是大气光化学反应产物。一般,在未污染对流层,活性氧自由基中以 HO·自由基浓度相对较高,且与其他组分发生氧化反应的能力较强。

在对流层空气中 HO·浓度约为 8.2×10^{-14}(体积分数),在低纬度地区浓度较高。

HO·的基本性质如下:

电子构型 $1\sigma^2,2\sigma^2,3\sigma^2,1\pi^3$,不成对电子进入 $2p$ 轨道

平均核间距 0.097 06 nm

键能 4.621 eV(446 kJ/mol)

偶极矩 1.66 D

红外特征吸收 3 735 cm^{-1}

氧化还原电位 2.85V($HO\cdot + H^+ + e \longrightarrow H_2O$)

活性氧自由基在调节大气中微量组分浓度的过程中起着很大的作用。但因为这些自由基的浓度非常低,与各种大气组分发生各种反应的机理又非常复杂,所以我们的认识一般还只局限在它们之间所发生的均相反应。在实验室进行有关的研究工作也存在着许多难点,例如反应器壁效应的影响、反应产物和中间生成物的定性、定量测定等方面都是实验室工作难点所在。

2.3.4.2 HO·自由基在大气环境化学中的重要性

美国环境保护局(EPA)曾开发了一种名为 Models －3/CMAQ① 的模型。这种模型将大气视为一个整体(大气一体化),并以 HO·自由基为中心,将诸如微粒子($PM_{2.5}$)问题、地表臭氧问

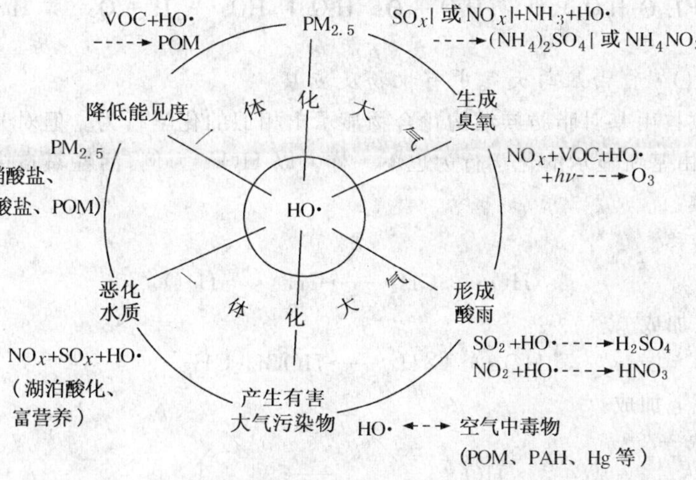

图 2-7 大气一体化模型略图

① CMAQ 是 Community Multiscale Air Quality 的缩写。暂且译为"多元空气质量的一体化"。

题、酸雨问题、有害大气污染物问题、湖泊酸化及富营养问题、空气能见度低下问题等串联在一起，进行综合性考虑(图 2－7)。利用这种模型可以明解许多有关大气环境污染的问题。例如，若将某一区域内 NO_x 排放量削减一半，就可以通过模型计算出，经过一个月后该地区大气中粒子状硝酸盐[NO_3^-(Part.)]浓度将降低到什么程度，同时粒子状硫酸盐[SO_4^{2-}(Part.)]浓度又将提升到什么程度，等等。

2.3.4.3 HO·自由基在大气中的生成和消除反应

在高层大气中 HO·生成反应为：

$$H_2O \xrightarrow{h\nu} HO\cdot + H\cdot$$

在未污染对流层中 HO·生成的主要途径是：

$$O_3 \xrightarrow{h\nu} O(^1D) + O_2$$

$$O(^1D) + H_2O \longrightarrow 2HO\cdot$$

在实验室中通常以如下两种反应途径获取 HO·自由基：

$$HONO \xrightarrow{h\nu} HO\cdot + NO$$

或

$$H_2 \longrightarrow 2H\cdot \text{(低压条件下)}$$

$$H\cdot + NO_2 \longrightarrow HO\cdot + NO$$

HO·在对流层中自然发生的主要生成反应和消除反应归纳如下：

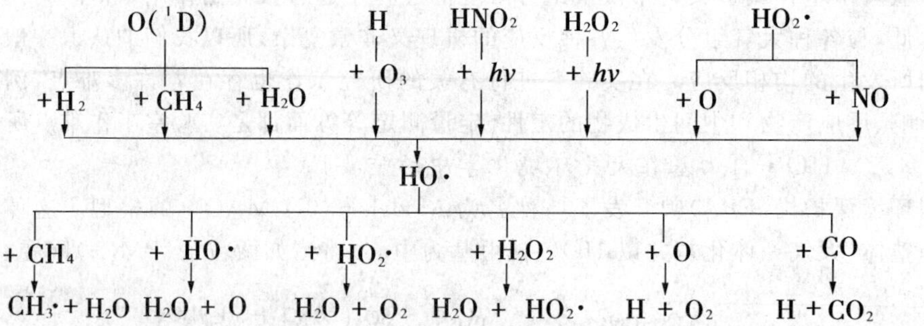

2.3.4.4 HO·自由基与大气中有机物反应①

大多数活性氧自由基对脂肪族结构化合物显示出相似的化学行为。但对芳香族和杂环化合物来说，不同的自由基所显示的化学行为也不一样。以 HO·为例，活性氧自由基氧化有机物的基本过程约有三类：

(1) H 原子转移

$$HO\cdot + CH_4 \longrightarrow CH_3\cdot + H_2O$$

(2) 在双键上加成

$$HO\cdot + C_2H_4 \longrightarrow HOCH_2CH_2\cdot$$

(3) 在芳香环上加成：

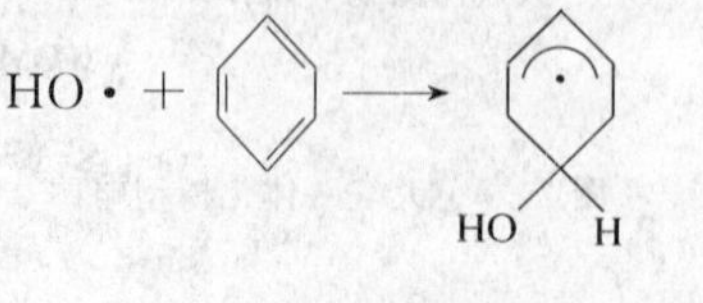

① HO·自由基与大气中 SO_2、NO_x 等无机组分间的反应见 9.3.3。

在反应式(1)中生成甲基自由基能进一步发生下列反应

$$CH_3\cdot + O_2 \xrightarrow{\text{快}} CH_3O_2\cdot$$

$$CH_3O_2\cdot + HO_2\cdot \longrightarrow CH_3OOH + O_2$$

HO· 自由基对大气中有机物的氧化反应速率 R_{OX} 可用下式表示：

$$R_{OX} \approx k_{HO}[C][HO\cdot] \tag{2-9}$$

式中 k_{HO}——氧化反应速率常数；

[C]——大气中被氧化有机物的浓度。

由于 HO· 在对流层中有相对浓度较高和氧化能力最强等特点，所以在此未考虑其他氧化自由基的作用。由 HO· 引发的各种有机化合物氧化反应的 k_{HO} 列于表 2-5 中。

表 2-5 大气中 HO· 氧化有机物的速率常数(25℃)

化合物	$10^{-9}\,k_{HO}$①/$L\cdot mol^{-1}\cdot s^{-1}$	$T_{1/2}$/d
正烷烃($C_3\sim C_8$)	1.3～5.0	1.3～4.3
异烷烃($C_6\sim C_{10}$)	0.6～2.9	1.9～9.4
环烷烃($C_4\sim C_6$)	0.7～4.1	1.4～8
卤代甲烷(1～3 个氟或氯取代)	1.2(−4)～0.065	87～47 000
卤代乙烷(1～3 个氯或 3～4 个氟取代)	6(−3)～0.23	24～950
丁酮	1.9	2.9
醚($C_2\sim C_6$)	2.5～1.0	0.6～2.2
烯烃(双键在端处)($C_2\sim C_7$)	4.6～34	0.2～1.2
内烯烃($C_2\sim C_5$)	29～90	0.06～0.2
苯	0.82	6.8
甲苯	3.5	1.6
二甲苯	5.9～12	0.47～1.0

① 速率常数栏中括号内数字为幂指数。

当需要深入研究某有机物在大气中被氧化的反应速率问题时，应着重考虑下列三个方面：(1) 大气中各种氧自由基或其他氧化剂的种类和浓度；(2) 对象有机分子上某一特定基团被每一种氧化剂氧化的反应速率常数；(3) 氧化过程中每一步的动力学机理。

例 4 空气中甲烷和 HO· 自由基反应属于二级反应，其速率常数 $k_2 = 8.4\times10^{-15}\,cm^3/(\text{个数}\cdot s)$，又知自由基初始浓度 $[HO\cdot] = 5\times10^5$ 个/cm^3，求 CH_4 的生存期。

解 甲烷氧化反应为

$$CH_4 + HO\cdot \xrightarrow{k_2} CH_3\cdot + HOH \qquad k_2 = 8.4\times10^{-15}\,cm^3/(\text{个数}\cdot s)$$

对于二级反应，按下式求算其反应物生存期 τ：

$$\tau = \frac{1}{k_2[HO\cdot]}$$

$$= \frac{1}{(8.4\times10^{-15})\times(5\times10^5)}$$

$$= 2.38\times10^8\ \text{秒(或 7.6 年)}$$

2.3.4.5 HO· 自由基的检测方法

确定大气中 HO· 自由基浓度的方法有三类，即计算法、化学法、物理法。现分述如下。

1) 计算法和化学法

已知大气中下列组分浓度：H_2O_2、HCHO、H_2O、O_3、CO、CH_4、NO 等，并已知温度和太阳辐射强度等参数的条件下，运用大气的光化学模型，可以通过电子计算机计算大气中 HO·的浓度。由于上述这些微量组分的准确浓度难以测得，所以人们对通过这样计算而得到结果的准确性也是怀疑的。但将由这种方法所得到的结果作为实验测定方法的佐证，还是具有一定意义的。

化学测定法是在烟雾反应器中充入空气及 10^{-6}（体积分数）浓度级的烃类化合物和 NO_x，在紫外光照射下，测定反应器中各种组分浓度随时间而变化的情况，由此来推算 HO·的浓度及浓度的变化。这种方法在研究光化学烟雾生成机理方面有实用意义。

2）物理法

在这里我们简单介绍能直接测定大气中 HO·浓度的激光荧光法和长光程吸收法。

激光荧光法的测定装置如图 2-8 所示。这种方法以激光为光源，激发 HO·自由基发射荧光，由荧光强度而求得 HO·自由基的浓度。如图 2-8 所示，使用可调染料激光器，光束经过晶体倍频，获得波长为 282.5 nm 的激光束，被 HO·自由基共振吸收后再发射出波长为 309 nm 的荧光信号，该信号的强度(s)与大气样品中 HO·浓度成正比：

$$s = An\sigma\eta \tag{2-10}$$

式中 A ——测量效率；

n ——HO·浓度；

σ ——HO·对外来光子的吸收截面；

η ——发射荧光的效率。

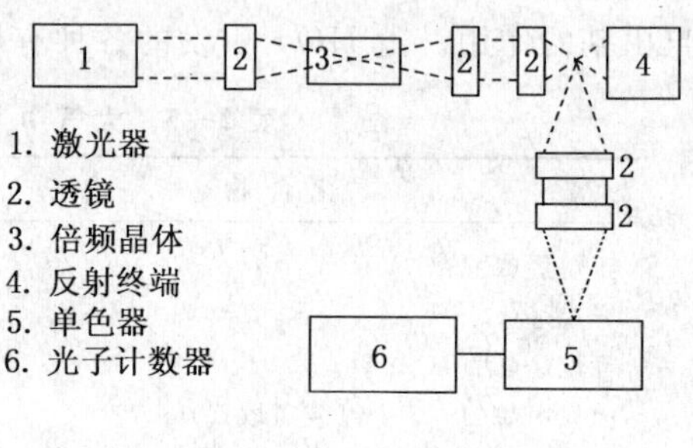

图 2-8 检测 HO·的实验装置示意图

应用这种方法，首次实测了大气中 HO·的浓度，检出限为 5×10^6 个 HO·/cm^3。

长光程吸收法是将波长为 307.995 1 nm、光束宽度小于 0.002 nm 的激光束，由实验室射入空气，经过近 10 km 射程并被 HO·自由基吸收衰减后，通过反射器返回实验室接收，由射出和返回的激光束强度变化，从而推算出大气中 HO·自由基的浓度。

2.3.5 各地理区域近地面大气的化学

虽然对流层中大气化学组成的非均一性比平流层显著得多，但永久性气体和半永久性气体的浓度趋于全球性一致。另一方面，每一个地理区域都会因其地理特点和环境特点而发生某些“土生土长”的气体，显示出该区域大气化学的特异性。在这一节中将介绍各地理区域近地面大气（对流层）中各个有“特色”气体组分的化学行为，特别是它们与自由基之间发生的化学反应，而后者又是大气光化学反应的产物。

2.3.5.1 森林大气化学

森林中的很多植物经常向大气散发大量的各种烃类。其中多数是不饱和烃，也包括各种各样的饱和烃和含氧的烃衍生物。这些化合物都能与 HO·自由基反应。例如烷烃经脱氢、加成氧分子后，能生成过氧自由基：

$$CH_3CH_3 \xrightarrow[\downarrow H_2O]{HO\cdot} CH_3CH_2\cdot \xrightarrow{O_2} CH_3CH_2O_2\cdot$$

不饱和烃的双键上能加成 HO·自由基，接着再加成 O_2 分子。例如，森林中多见的天然形成的乙烯能发生如下反应：

$$CH_2{=}CH_2 \xrightarrow{HO\cdot} HOCH_2CH_2\cdot \xrightarrow{O_2} HOCH_2CH_2O_2\cdot$$

所生成的过氧自由基在大气中可能有三种归宿:(1) 与其他自由基复合;(2) 参与大气气溶胶组成;(3) 被 NO 还原。

森林大气中所含臭氧与烷烃反应的速度非常缓慢,但臭氧分子对消除大气中的烯烃等不饱和化合物却是功效显著的。其中反应机理虽不太明确,但能生成羰基化合物这一点却是无疑的,以乙烯为例的反应如下:

$$CH_2{=}CH_2 \xrightarrow{O_3} (CH_2{=}CH_2 \cdot O_3)^* \longrightarrow HCHO + \begin{matrix} \cdot OO & & H \\ & \cdot C & \\ & & H \end{matrix} \quad (双自由基)$$

以上反应产生的双自由基被称为克里奇中间体,它可能进一步发生裂解而转成小分子产物或通过异构化转为羧酸,也可能以其特别强的氧化性能而参与大气中别的光化学循环,例如在酸雨形成过程中发生作用。

森林中针叶树、落叶松之类树木大量散发萜烯类化合物($C_{10}H_{16}$)和半萜类化合物(C_5H_8)等。这些化合物的名称和结构如下:

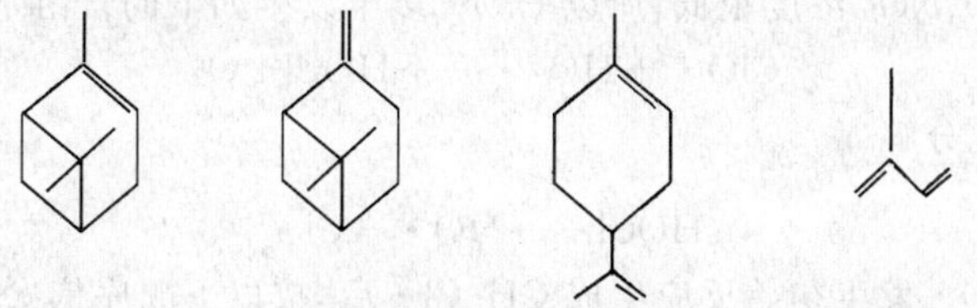

α-蒎烯　　β-蒎烯　　苎烯　　异戊二烯

在湿热气候条件下,这类化合物及其衍生物的分子容易由气相转移到气溶胶粒子上去,由此在松树林的上空形成轻飘的蓝色雾状物。

2.3.5.2 *沼泽地大气化学*

沼泽地是厌氧细菌活动的适宜场所。在此产生很多还原性气体 CH_4、NH_3、H_2 及诸如 H_2S、CH_3SCH_3、CH_3SSCH_3 等硫化物。所有气态硫化物都容易与 HO· 自由基反应,生成 SO_2。例如 H_2S 与 HO· 的反应:

$$H_2S \xrightarrow[H_2O]{HO\cdot} HS\cdot \xrightarrow[HO\cdot]{O_2} SO \xrightarrow[O]{O_2} SO_2$$

SO_2 能进一步发生反应:

$$SO_2 + HO_2\cdot \longrightarrow SO_3 + HO\cdot$$

$$SO_2 + CH_3O_2\cdot \longrightarrow SO_3 + CH_3O\cdot$$

$$SO_2 + HO\cdot \xrightarrow{M} HSO_3\cdot$$

SO_3 又立即溶于大气中的水,生成作为酸雨主要组分的 H_2SO_4:

$$SO_3 + H_2O \longrightarrow H_2SO_4$$

HSO_3· 自由基的最终归宿大抵也是介入酸性的气溶胶。沼泽地大气中发生的 H_2SO_4 和草地大气产生的 HNO_3 是降水中的天然酸性组分。

2.3.5.3 *海面大气化学*

海洋表面水是生物活性的。沼泽地面大气中所含大多数化学组分也可在海面大气中出现。此外,除还含有 CO(在一定季节产生)和少量烃类外,海面大气组成的最大特点是含多量的卤化物:CH_3Cl 和 HCl。这些化合物的大气化学循环始于与 HO· 的反应:

$$HCl \xrightarrow[\downarrow H_2O]{HO\cdot} Cl\cdot$$

$$CH_3Cl \xrightarrow[\downarrow H_2O]{HO\cdot} CH_2Cl\cdot$$

所生成氯原子能与大气中存在的很多化合物反应，并大多生成 HCl：

$$CH_4 + Cl\cdot \longrightarrow CH_3\cdot + HCl$$
$$H_2 + Cl\cdot \longrightarrow H\cdot + HCl$$
$$HO_2\cdot + Cl\cdot \longrightarrow O_2 + HCl$$
$$O_3 + Cl\cdot \longrightarrow ClO\cdot + O_2$$

在最后一个清除 O_3 的反应中所产生的 ClO· 虽然有可能与氮氧化物进一步反应：

$$ClO\cdot + NO \longrightarrow Cl\cdot + NO_2$$
$$ClO\cdot + NO_2 \xrightarrow{M} ClONO_2$$

但天然海面大气中 NO、NO_2 浓度很低，所以 ClO· 多半发生如下的自由基复合反应：

$$ClO\cdot + HO_2\cdot \longrightarrow HOCl + O_2$$

HOCl 可进一步发生光分解

$$HOCl \xrightarrow{h\nu} HO\cdot + Cl\cdot$$

氯代甲烷在与 HO· 发生初始反应生成 $CH_2Cl\cdot$ 后，按以下顺序依次发生反应：

$$CH_2Cl\cdot + O_2 \xrightarrow{M} CH_2ClO_2\cdot$$
$$CH_2ClO_2\cdot + NO \longrightarrow CH_2ClO\cdot + NO_2$$
$$CH_2ClO_2\cdot + HO_2\cdot \longrightarrow CH_2ClOOH + O_2$$
$$CH_2ClOOH \xrightarrow{h\nu} CH_2ClO\cdot + HO\cdot$$
$$CH_2ClO\cdot + O_2 \longrightarrow HCl + CO + HO_2\cdot$$

在这个反应链中，由起始物 CH_3Cl 最终生成了 HCl。

由海面产生的 CH_3Cl 有相当一部分经扩散进入大气平流层，为平流层提供了一个天然氯原子来源，从而对平流层中的臭氧分子产生有害的破坏作用。

2.3.5.4 都市大气化学

这里涉及的是无明显污染的都市上空大气。其中数量较多又具有突出环境化学特性的组分有 NO、CO、SO_2 和非甲烷烃（或称非甲烷挥发性有机化合物，包括除甲烷之外的众多脂肪烃和芳香烃，见 8.2.1）。

在各种燃烧过程中可能产生小的环烃。环烯类化合物可能在生成后，立即又转化为气溶胶组分。以环戊烯为例，起始反应是在其双键上加成臭氧分子，随即又发生开环反应：

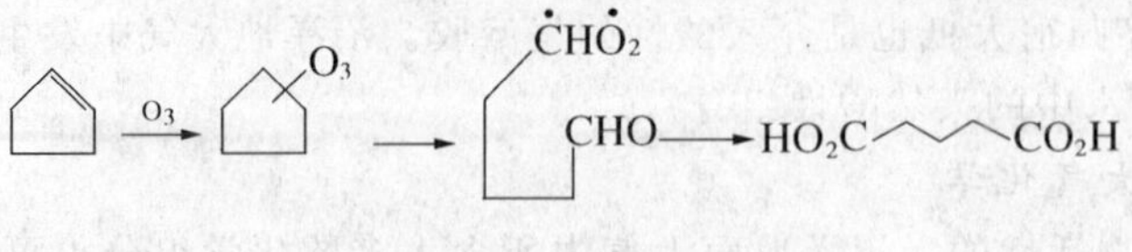

所得到的双自由基产物极不稳定，很容易再参与气溶胶的生成，并在气溶胶内部通过液相反应，最终转化为二元羧酸。

大气中的取代芳香化合物与 HO· 自由基反应后，可能有两种转化反应的途径。第一种反应途径是 HO・自由基加成到芳香环的位置上，最后产生酚。例如：

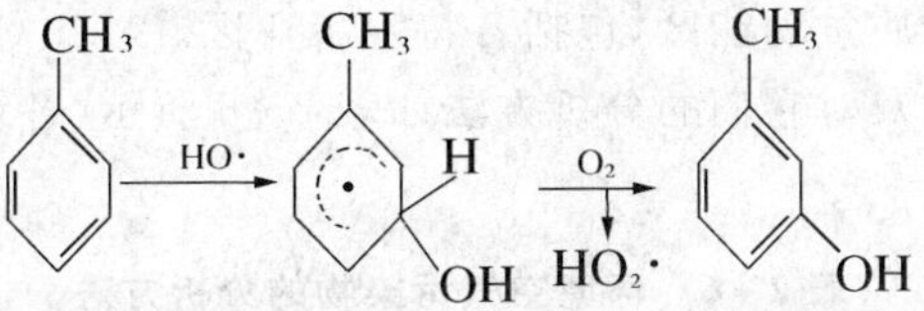

另一种反应途径是，如果自由基 HO・攻击苯环上的取代基，则最终能生成带羰基的化合物：

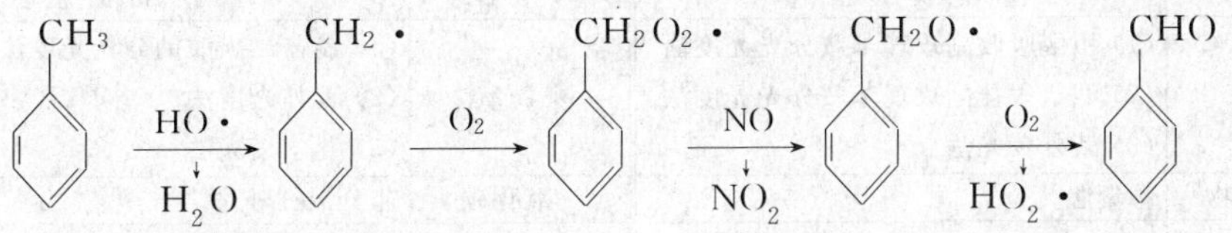

上述酚和醛等最终产物都已通过检测而证实其存在于都市大气之中，但对机理的描述仍还是十分粗略的，而且缺乏定量意义。

在大气污染严重的都市中，常由于有机烃类、光化学氧化剂、气溶胶等污染物的交互作用而产生光化学烟雾，关于这个问题将在 9.4 中予以详述。

2.3.5.5　其他区域的大气化学

沙漠地区上空的大气是一种最简单的大气光化学体系，因为沙漠中缺水少生物，又没有工厂和农田，所以需予以考虑的就只有那些全球分布均匀的气体（H_2、CH_4、CO 等）及由平流层扩散、渗透而下的 O_3。至于 N_2O 以及 CO_2 是化学惰性的，可不必考虑它们的化学变化。即便是这样简单的体系，也已归结出 20 多个气相反应，参与反应的有近 20 种化合物和自由基。物质循环的主要结果是 CH_4 和 CO 转化成 CO_2 和 H_2。这种过程在自然界 CO 的产生和消亡循环中有相当重大意义，来自于 CH_4 天然源的 CO 和来自于人类燃烧化石燃料而产生的 CO（后者的数量大大少于前者），最终都将转化为无毒的 CO_2。

草原和山脉地区中可能潜藏着许多高等哺乳动物，大气中含有较多作为动植物排泄物或代谢物的含氮化合物，如 NH_3、NO_x 等。其中 NH_3 能与 HO・自由基发生缓慢反应：

$$NH_3 \xrightarrow[\downarrow H_2O]{HO\cdot} NH_2\cdot$$

NH_3 和 NH_2・最终还将进入大气气溶胶组分或转入地面。NO_x 则将转为酸雨降落地面。

综合以上介绍，我们已经初步认识到大气光化学反应是决定大气中各种组分环境化学行为的最重要因素。光化学反应之所以在大气化学和大气污染物化学中有极大的重要性，是因为反应中能产生自由基，又能引发大量别的反应，使初级产物（或初级污染物）转化为次级产物（或次级污染物），甚至造成一些能首尾相联的环式反应系列。

2.4　环境空气的质量

2.4.1　环境空气质量标准

国家环境保护局于 1996 年发布了《环境空气质量标准》（GB 3095—1996）。在该标准中，将环境空气质量分为如下三级。

一级标准　适用于一类质量功能区，包括自然保护区、风景名胜区和其他需要特殊保护的地区。

二级标准　适用于二类质量功能区，包括城镇规划中确定的居住区、商业交通居民混合区、文化区、一般工业区和农村地区。

三级标准　适用于三类质量功能区,包括各特定工业区。

在标准中所涉及污染物及对它们的分析方法如表 2-6 所示(各级标准的规定浓度限值以及分析方法的来源从略)。

表 2-6　环境空气污染物的分析方法

污染物名称	分析方法	污染物名称	分析方法
二氧化硫	(1) 甲醛吸收副玫瑰苯胺分光光度法 (2) 四氯汞盐副玫瑰苯胺分光光度法 (3) 紫外荧光法	臭　氧	(1) 靛蓝二磺酸钠分光光度法 (2) 紫外光度法 (3) 化学发光法
总悬浮颗粒物①	称量法④	一氧化碳	非分散红外法
可吸入颗粒物②	称量法	苯并[a]芘	(1) 乙酰化滤纸层析——荧光分光光度法 (2) 高效液相色谱法
氮氧化物③ (以 NO_2 计)	(1) Saltzman 法 (2) 化学发光法	铅	火焰原子吸收分光光度法
二氧化碳	(1) Saltzman 法 (2) 化学发光法	氟化物 (以 F 计)	(1) 滤膜氟离子选择电极法 (2) 石灰滤纸氟离子选择电极法

① 英文缩写为 TSP;② 英文缩写为 IP 或 PM_{10};③ 包括 NO 和 NO_2,用 NO_x 表示。但从 2000 年 1 月 6 日起 NO_x 指标已被取消,而单列 NO_2;④ 原名重量法,依编者之见改名。

2.4.2　空气污染指数

近来,世界上许多国家和地区按照各自环境保护法规的要求和规定,相继开展了空气污染预报和污染警报的发布工作,且已成为政府环境保护工作的主要内容之一。

空气污染指数(API)就是定时通过新闻媒体向社会公众报告的一种定量反映和评定空气质量状况的尺度,即把常规监测的几种空气污染物浓度简化成单一的数值形式,并分级表示空气受污染程度和空气质量状况,具有简明、直观、通俗易懂的特点。表 2-7 和表 2-8 列举了空气污染指数及与之相应的空气质量等内容。借鉴国际上通用的做法,我国空气质量周报、日报和污染预报结果也都采用了空气污染指数的形式。由于我国城市空气污染以煤烟型污染为主,目前计入空气污染指数的项目定为二氧化硫(SO_2)、二氧化氮(NO_2)和可吸入颗粒物(IP)。这三种污染物各有一个分指数,并以分段线性函数形式将该分指数与其浓度相关联。若将表 2-7 列出的数据绘成分段直线图,即可由实测浓度在图上直接查获相应分指数。也可使用插值的方法通过以下计算式计得与三种污染物之一(i)的实测浓度 c_i 相应的分指数 I_i 值:

$$I_i=\frac{(c_i-c_n)}{(c_{n+1}-c_n)}(I_{n+1}-I_n)+I_n \tag{2-11}$$

式中　I_n 和 I_{n+1}——分别为通过表列数据可得的 n 和($n+1$)两相邻转折点处的分指数;

c_n 和 c_{n+1}——分别为通过表列数据可得的 n 和($n+1$)两相邻转折点处的浓度值。

一个城市的空气质量日报每天公布的三项指标的数据由该市通过国家认可的多个监测点提供,监测点的全自动监测仪定时(例如每半小时一次)记录一次(三个)数据,传至市环境监测中心汇总,最后从几百个数据中求得三种污染物各自的浓度平均值,并转换成各分指数后向公众报出。表 2-8 所示为劣质空气对健康的影响和可采取的措施。

表 2-9 则是一份通过媒体公布的上海市空气质量预报(2004 年 5 月 30 日)。

表 2-7 空气污染指数对应的污染物浓度限值

污染指数 API	污染物浓度/$mg \cdot m^{-3}$		
	SO_2（日均值）	NO_2（日均值）	IP（日均值）
50	0.050	0.080	0.050
100	0.150	0.120	0.150
200	0.800	0.280	0.350
300	1.600	0.565	0.420
400	2.100	0.750	0.500
500	2.620	0.940	0.600

表 2-8 空气污染指数范围及相应的空气质量类别

空气污染指数 API	空气质量状况	对健康的影响	建议采取的措施
0～50	优	可正常活动	
51～100	良		
101～150	轻微污染	易感人群症状有轻度加剧，健康人群出现刺激症状	心脏病和呼吸系统疾病患者应减少体力消耗和户外活动
151～200	轻度污染		
201～250	中度污染	心脏病和肺病患者症状显著加剧，健康人群中普遍出现运动耐受力降低的症状	老年人和心脏病、肺病患者应停留在室内，并减少体力活动
251～300	中度重污染		
>300	重污染	健康人运动耐受力降低，且有明显强烈症状，提前出现某些疾病	老年人和病人应当留在室内，避免体力消耗，一般人群应避免户外活动

表 2-9 上海市 2004 年 5 月 30 日空气质量预报

指标	2004 年 5 月 30 日实况		2004 年 5 月 31 日预测	
	API 指数	质量等级	API 指数	质量等级
可吸入颗粒物	63	Ⅱ级	60～80	Ⅱ级
二氧化硫	32	Ⅰ级	30～50	Ⅰ级
二氧化氮	34	Ⅰ级	30～50	Ⅰ级
说明	预计 5 月 31 日各污染物指数与 5 月 30 日基本持平，本市空气质量状况为良。			

2.5 大气污染

大气污染是由存在于大气中的一种或多种气体、气溶胶或颗粒状态的污染物引起的。这些污染物以其一定浓度和滞留时间存在于大气中，从而影响自然环境，对人和其他生物及社会的物质性财富造成伤害或反常的作用。

2.5.1 大气污染源分类

大气污染源可以简单地分为天然污染源和人为污染源两类。前者如我国北方大风所刮起的地面沙尘；由火山喷发所喷出的灰、二氧化硫等；森林起火所产生的大量二氧化碳、二氧化氮、二氧化硫及一些碳氢化合物等。后者来自于人类的生产和生活活动,如工业和交通运输等排出的废气以及家庭取暖和炊事中发生的废气等。当前引起大气污染广泛而又严重的乃是后一类污染。

对于大气污染源的一种较详细的分类法是将污染源分为五大类:(1) 固定的燃料燃烧源;(2) 流动的燃料燃烧源;(3) 工农业生产发生源;(4) 固体废物处置中的发生源;(5) 其他(如森林火灾、火山爆发)。

此外,还可按排污特点对大气污染源进行分类,即分为点源、线源、面源和区域源。工厂烟囱是典型的点污染源,其特性可用地理位置、烟囱高度和排烟量等予以确定,公路汽车排气和烟囱林立的工厂区排气可分别视为线源和面源。区域源的例子较少,典型的如布满汽车排气的某一空间区域,可将它看成是引生二次污染物光化学烟雾的区域源。

排污率一般用千克/秒(kg/s)(点源)、千克/(秒·米)[kg/(s·m)](线源)、千克/(秒·米^2)[kg/(s·m^2)](面源)表示。对由事故引发的一次性污染源的排污率通常要用千克/(一次事故)表示。

2.5.2 大气污染物

2.5.2.1 大气污染物分类

按照来源、状态、化学组成或影响范围等,可对大气污染物作不同的分类。

按照来源,可将大气污染物分为初生污染物和次生污染物两类。初生污染物是直接来自污染源的污染物,且在进入大气后,能长时间保持它们原有的化学形态。次生污染物是大气中发生化学反应的产物,这类化学反应可能在两种或多种污染物之间发生,也可能是在污染物与大气天然组分之间发生;可能是光化学反应,也可能是非光化学反应(如水解、催化氧化等);可能是均相反应,也可能是多相反应。图 2-9 显示了这两类污染物的产生和相互关系。

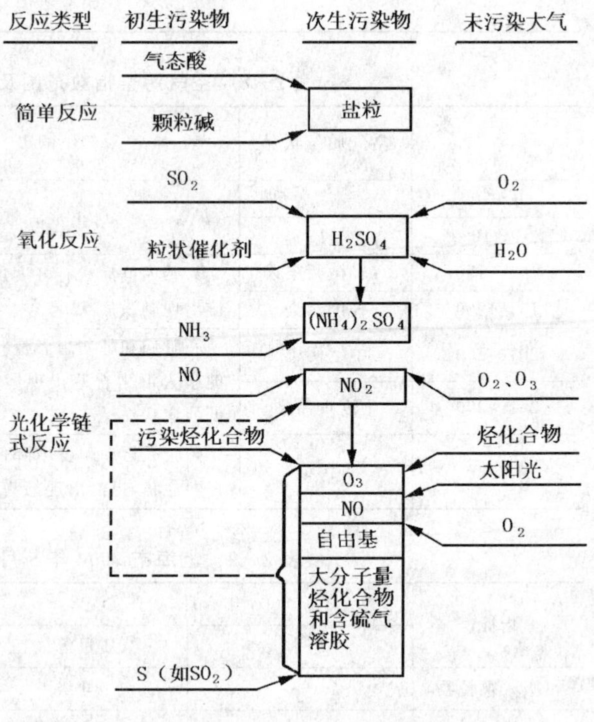

图 2-9 初生污染物和次生污染物的产生和相互关系

按照状态,可将大气污染物分为气态污染物和颗粒态污染物两类。气态污染物的性状与大气总体十分相似,在大气扩散过程中污染物不发生沉降。颗粒污染物是大气中高度分散的固态或液态污染物。大颗粒迅速沉降,并对污染源近邻空气质量发生影响。中等大小颗粒物在距离污染源相当远处才沉降到地面,最小的颗粒物与气态组分相似,它们能长时间悬浮于空中并随风飘荡。

按照化学组成,可将大气污染物分为有机污染物和无机污染物两类。有机污染物是碳氢化合物(有的还含有其他元素)。无机污染物是大气中最常见的污染物,包括最简单的碳化合物(CO 和 CO_2)和很多非碳化合物 NO_x、SO_x 等。

又如表 2-10 所示,可按污染域(污染影响波及范围)大小将大气污染物分为全球性的、区域性的、城市范围的和区段范围的四类,表中还同时列举了这几类污染物的环境特性。

表 2-10 大气污染物按污染域大小分类

污染域		全 球	区 域	城 市	区 段
范围(km)		$10^3\sim10^4$	$10^2\sim10^3$	$10^{-1}\sim10^1$	$10^{-2}\sim10^{-1}$
污染物		CO_2、CFCs	SO_2、IP	CO、SO_2、NO_x Pb、O_3、烃类、尘	CO、SO_2、NO_x Pb、O_3、烃类、尘
污染特点		高于本底	长距离迁移	高浓度	集中于路边、烟囱口
对环境影响		全球气候变化 O_3 层破坏	生成酸雨 广域污染	城市气候变化 危害人体及生物	危害人体及生物
污染物归宿①	扩散	○	□	○	○
	沉降	△	□	△	—
	转化	□	○	□	△

① ○为重要过程;□为次重要过程;△为次要过程;—为不发生。

在表 2-11 中将大气污染物分成三大类和九小类,这是一种简单且较有代表性的分类方法。

表 2-11 大气污染物按化学类列分类

大 类	小 类	典 型 污 染 物
有机气体或蒸气	烃 类	庚烷、苯、乙烯、甲烷、丁烷、丁二烯
	醛、酮类	甲醛、丙酮
	其 他	卤代烃、醇、酸、过氧乙酰硝酸酯
无机气体	氮氧化物	NO、NO_2
	硫氧化物	SO_2、SO_3
	碳氧化物	CO、CO_2
	其 他	H_2S、HF、NH_3、HCl、O_3
颗 粒 物	固体颗粒物	粉尘、烟雾、烟气、微生物
	液体颗粒物	轻雾、喷雾

全球范围普遍发生的大气污染物(按优先考虑顺序)有:飘尘、SO_x 和硫酸盐、O_3、NO_x、Pb、CO_x、石棉、反应性烃。我国大气污染主要特征是煤烟型污染,应予特别重视的污染物是燃煤排放的尘和二氧化硫。尘污染是全国性和全年性的。SO_2 污染多发生在我国西南地区、燃烧高硫煤地区和北方城市冬季采暖期。1998 年全国 SO_2、烟尘、工业粉尘排放量分别达 2100、1400 和 1300 万吨,成为世界上大气排污量最大的国家之一。

表 2-12 列举了一些常见大气污染物及其在发生区段性污染时的大致浓度(当然在许多严重污染情况下会超出表列浓度值)。

表 2-12 污染物典型浓度(区段性污染)

污 染 物	污染浓度[10^{-9}(体积分数)]
SO_2	~200
H_2S	~1
CO	~10000
CH_4	~2500
NO	~750
NO_2	~250
O_3	~500
HNO_3	~50
NH_3	~25
HCHO	~50
HCOOH	~10
HNO_2	~8
PAN[$CH_3C(O)O_2NO_2$]	~35
NMHC(非甲烷烃)	~1200

2.5.2.2 由各类产业部门产生的大气污染物

普遍使用的非再生性化石燃料在燃烧过程中产生的污染物是多种的和大量的。作为排污大户的发电厂和各种类型工厂中的燃烧装置通常以煤、石油或天然气作燃料，家庭用燃料则多数是城市煤气、煤炭、木材等。燃烧的主要产物是烟气(通过烟道排出者称烟道气)。烟气是由固体、液体、气体物质组合的多相气溶胶系统，组成非常复杂，主要有：(1) 在燃烧过程中未及发生反应的空气中的氧和氮；(2) 燃烧的最终产物二氧化碳、水和硫的氧化物等；(3) 不完全燃烧产物一氧化碳、一氧化氮和残余燃料等；(4) 由燃煤或燃油中的灰分、残分经燃烧后生成的烟尘；(5) 燃质分子在燃烧时因发生裂解、环化、缩合、聚合等反应而最终形成的烟黑和其他有机碳氢化合物。

各种燃料在不同燃烧过程中所排放烟气的主要污染物组成如表 2-13 所示。但表列数据不是十分确定的，因其还取决于燃料来源、燃烧温度等因素。

表 2-13 由燃烧产生的污染物

污染物	发电厂烟气 /g·(kg燃料)$^{-1}$			垃圾燃烧烟气 /g·(kg垃圾)$^{-1}$		未作处理的汽车排气 /g·(kg燃料)$^{-1}$	
	煤	油	气	露天燃烧	多室焚烧炉	汽油	柴油
CO	可略	可略	可略	50.0	可略	165.0	可略
硫氧化物(SO_2)	(20)x①	(20)x	(16)x	1.5	1.0	0.8	7.5
氮氧化物(NO_2)	0.43	0.68	0.16	2.0	1.0	16.5	16.5
醛酮	可略	0.003	0.001	3.0	0.5	0.8	1.6
总烃	0.43	0.05	0.005	7.5	0.5	33.0	30.0
总颗粒物	(7.5)y②	(2.8)y	可略	11	11	0.05	18.0

① x=燃料中含硫百分数；② y=燃料中灰分百分数。

燃料燃烧后残存的固体残渣泛称为灰，在烟气中所夹带的细小颗粒物称飞灰。表 2-14 列举了燃煤产生飞灰的化学组成(由数据显示，其组成是很不确定的)，内中大多是金属氧化物，有可能在非均相大气化学反应中起吸附、催化的作用。

表 2-14 燃煤产生飞灰的化学组成

组 分	含量范围/%
碳	0.37～36.2
铁(Fe_2O_3 或 Fe_3O_4)	2.0～26.8
镁(MgO)	0.06～4.77
钙(CaO)	0.12～14.73
铝(Al_2O_3)	9.81～58.4
硫(SO_2)	0.12～24.33
钛(TiO_2)	0～2.8
碳酸盐(CO_3^{2-})	0～2.6
硅(SiO_2)	17.3～63.6
磷(P_2O_3)	0.07～47.2
钾(K_2O)	2.8～3.0
钠(Na_2O)	0.2～0.9
其他	0.08～18.9

烟气排放量视燃料种类、燃烧炉类型和大小、燃烧方法及操作方式的不同而异。但可通过理论计算粗略估计。

燃烧后生成的烟气不但腐蚀燃烧设施的金属部分，影响热量的传递，更主要的是形成了数量大、危害严重的大气污染物。在表 2-6 中列举的对环境质量影响较大的多种污染物，它们在大气中的相当大的数量比例正是由烟气提供的。

几乎所有产业部门内诸多工艺装置（如化工反应器、焦化厂炼焦炉、钢铁厂高炉）及蒸汽锅炉也都是显在的大气污染源。表 2-15 中列举了化学、冶金等工业部门所排出空气污染物的种类。

表 2-15 各类工业部门排出的空气污染物

化学工业		冶金工业		其他	
工厂	排出污染物	工厂	排出污染物	工厂	排出污染物
合成氨厂	CO、NH_3	钢铁厂	CO_x、SO_x、氧化铁、硅酸盐、氟化物	鱼食品加工厂	H_2S、$(CH_3)_3N$
氯气生产厂	Cl_2、Hg	炼铝厂（粗炼）	HF、Al_2O_3、C 粒	制砖厂	HF、SO_2
硫酸厂	SO_x、NO_x	炼铝厂（精炼）	O_3、氟化物	水泥厂	Cr、粉尘
硝酸厂	NO_x	炼铜厂	CO、SO_x、NO_x、Cd	沥青生产厂	油雾、石棉、CO、苯并[a]芘
炼油厂	H_2S、Se、烃、氟化物	炼镁厂	BaO、氟化物		
油漆厂	醛、酮、酚、萜				
合成橡胶厂	羟、羰基化合物				

各类工厂在对溶剂和其他化学试剂进行加工、贮存、销售、应用过程中，会因挥发作用产生大气中的有机污染物。这类化学物质中主要的有氯仿、四氯化碳、氟利昂类化合物和汽油等。

在农业生产方面也会产生种类各异、数量可观的大气污染物。主要包括由使用农药、化肥、农用塑料薄膜等产生的化学污染物，贫瘠农田荒漠化而生成的尘粒，焚烧农业废弃物（麦秆、稻草等）产生的烟气等。

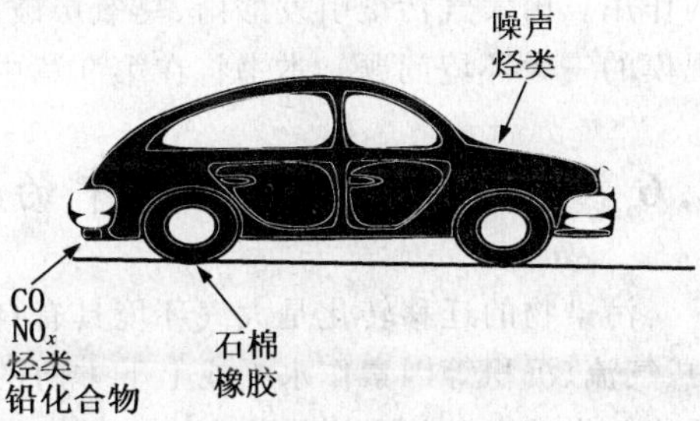

图 2-10 汽车引起污染的示意图

汽车排气是重要的城市大气污染源，特别对市民健康有害。从图 2-10 可以看出，一辆使用汽油的汽车有几个地方排出化学污染物。其中最主要的是尾部排出的废气。废气中主要含有一氧化碳、氮氧化物和碳氢化合物。一氧化碳是汽油燃烧产物，氮氧化物是助燃空气中所含氮和氧在高温条件下经链式反应后的生成物；碳氢化合物中含有烷烃、烯烃、芳香烃和油烟、醛等，有的是汽油原有组成成分，有的是不完全燃烧产物，有的是氧化产物。据统计，上海市空气中 96% 的碳氢化合物、86% 的 CO 和 56% 的 NO_x 来自机动车排放尾气。这些尾气组分不但降低城市空气质量，危及市民（特别是交警）健康，而且是酸雨、光化学烟雾等重大环境问题的肇事物。一辆汽车排出废气多少与负载大小、行驶速度等因素有关。至于随尾气排出的铅化合物将在 7.3.3.2 中再作介绍。

以柴油、重油、燃料油等为燃料的柴油机，以其较高的热效率，广泛应用于拖拉机、船舶、内燃机车、载重汽车、小型发电机和农田排灌机械。在柴油机排气中，除一氧化碳、氮氧化物、碳氢化合物等组分外，还含有多种有浓重臭气的化合物（表 2-16），成为大气中恶臭污染物来源之一。

表 2-16 柴油机排气中的恶臭化合物(部分)

类 别	含碳数	类 别	含碳数
呋喃类	$C_6 \sim C_{10}$	苯醛	$C_7 \sim C_{10}$
二烯类	$C_9 \sim C_{12}$	苯并呋喃类	$C_8 \sim C_9$
糠醛类	$C_6 \sim C_7$	茚满酮	$C_6 \sim C_{10}$
甲氧基苯	$C_8 \sim C_9$	萘酚	$C_{10} \sim C_{11}$
酚类	$C_7 \sim C_{12}$	萘醛	C_{11}

2.5.3 大气污染的危害

大气污染物可直接或间接地对人和其他生物、各种器物、气候等方面产生危害作用。

大气污染对人体或其他脊椎动物健康的危害主要表现为呼吸道疾病。突发性的高浓度污染物可造成急性中毒,甚至短时间内死亡。长期低浓度接触会引起支气管炎、支气管哮喘、肺气肿和肺癌等病症。此外,还会引起对病菌、疾病的抵抗力下降,生殖能力降低等。可能致癌的大气污染物中常见的有砷、镉、铬、镍的挥发性化合物、多环芳烃等化合物及石棉、苯、氯乙烯等。

大气污染对植物的危害主要表现为损伤叶组织和果实、抑制生长速率、对虫害及反常气候等因素反应敏感,从而造成产量下降,品质变劣。对植物危害较大的大气污染物有 SO_2、NO_2、O_3 和氟化物。

大气污染对金属制品、油漆涂料、皮革制品、纺织品、橡胶制品、建筑物、文物古迹等的损害也非常严重,造成很大经济损失。这种损害包括玷污性损害和化学损害两个方面。经化学损害的器物不能修复至原样,并且不同程度地失去使用价值。

由于大气污染,会使大气变得混浊,能见度降低,太阳光直接辐射减少,由此引起全球或局部地区温度、湿度、雨量等发生变化。其中全球暖化问题尤为突出,最引人关注的是温室气体 CO_2 的作用。由大气污染引发酸雨、臭氧层破坏,外加全球暖化是最早提出,也是当前最严重的全球规模的三大环境问题。本书将在第 9 章中作为专题分别予以详述。

2.6 大气污染物在环境中的迁移转化

污染物的迁移转化是大气环境具有自净能力的一种表现。进入大气中的污染物首先通过风力、气流、沉积等因素作水平或上下方向的动力迁移。迁移可发生在本圈层内,也可通过圈层间迁移转入地表。如果污染物在大气圈中有相当长的滞留时间,又有适宜的环境条件,那么它就会在大气圈内迁移的同时发生各种转化过程,其中具有主导性意义的是光化学反应过程。

2.6.1 扩散

2.6.1.1 风力扩散

在各种气象因子影响下,进入大气的污染物具有自然的扩散稀释和浓度趋于均一的倾向。风力即是此类气象因子之一。

由大气作水平运动而形成风。风力是以下四种水平方向力的合力:(1) 水平气压梯度力,其方向由高气压到低气压;(2) 摩擦力,包括运动空气层与其下垫面(即地面)之间的外摩擦力和运动空气层与流向或速度不同的贴邻空气层之间的内摩擦力;(3) 由地球自转产生的偏向力;(4) 空气的惯性离心力。这四种水平方向的力中,第一种力是引起风的原动力,其他三种系在空气始动之后才产生并发生作用。由外摩擦力介入而产生的风因流经起伏不平(即粗糙度不等)的地形而具有湍流性质，使由风力载带的污染物在较小范围内向各个方向扩散。

风力是有大小又有方向的一个矢量。风力大小用风速表示，是单位时间内空气团块所移动的水平距离，常用 m/s 作计值单位。风向与污染物走向直接有关，习惯上将风的来向定为风向，用16个方向表示之(如东风、东南风、南东南风等)。风力越大，污染物沿下风向扩散稀释得越快。

2.6.1.2 气流扩散

与水平方向的风力相对应，垂直方向流动的空气称为气流。它关系到污染物在上下方向间的扩散迁移。气流的发生和强弱与大气稳定度有关。稳定大气不产生气流，而大气稳定度越差，气流越剧，则污染物在纵向的扩散稀释越快。

设在空气介质的一定高度上有一气块，其温度、压力均与其周围空气相等，当受一外力扰动使其上升时，因周围气压和气温降低，气块会发生膨胀。假定膨胀是一绝热过程，则气块温度随膨胀而下降，又若此温度变化率 r_d(称为干绝热递减率，对于干空气块通常取 $|r_d|=1K/100m$)大于环境空气温度的降低率 r(称为气温垂直递减率，通常对流层空气的 $|r|$ 平均值为 0.65 K/100m)，则气块温度低于其周围温度，而其密度却大于周围空气密度，气块将呈现一种返回原位的趋势，这种情况下的大气被认为是稳定的。对以上所述过程可使用理想气体方程予以阐明：

$$pV=nRT \quad \text{或} \quad p=\rho RT \ (\rho \text{ 为空气密度})$$

对空气块及其周围空气分别使用上式，得：

$$p_s=\rho_s RT_s \quad \text{和} \quad p_a=\rho_a RT_a \text{(下标 s 和 a 分别代表气块和空气)}$$

由于气块在原先位置和上升过程中其气压与周围空气气压总是相同，则有 $\rho_s T_s=\rho_a T_a$。现由于气块上升而引起 $T_s<T_a$，则必有 $\rho_s>\rho_a$，即气块有降落到原先位置的倾向。

根据上述，并作举一反三的推论，可得出有关大气稳定状态的三种不同情况：

(a) $|r|<|r_d|$，这时气层对于气块而言是稳定的；

(b) $|r|>|r_d|$，这时气层对于气块而言是不稳定的，当气块离开原位后会逐渐加速运动，且加速方向与位移方向相同；

(c) $|r|=|r_d|$，这时气层对于气块而言是“中性”的，若气块离开原位达到某一高度后，就会保持静止，即既不加速也不减速。

相应上述三种情况还可提出：(1) 除 $|r|<|r_d|$ 条件外，凡符合 $r>0$ 条件的空气也总是稳定的。这时空气处于逆温状态，即空气层温度分布与正常状况下的分布相反(见2.1.1.2)。当在某一高度上出现气温分布上高下低的逆温层时，就像有一个盖子盖在下层大气之上，阻挡着下层污染物向上扩散，由此可造成严重的空气污染问题。如世界上几次有名的大气污染事件(见9.4.1)都是在这样的气象条件下发生的；(2) 处于不稳定状态($|r|>|r_d|$)的空气有利于污染物纵向扩散；(3) 当大气处于中性状态($|r|=|r_d|$)时，其扩散污染物的能力介于稳态与不稳态之间。

形成逆温的原因很多，由地表强烈的长波辐射引起的逆温较为普遍，且全年均可发生，但在冬季晴朗无风的夜晚发生可能性更大，因为在冬季原先地面及其上层空气间的气温垂直递减率就不大，到了夜间，地面强烈向上辐射热量，使地面及贴近地面的大气层迅速降温，而上层大气降温较慢，于是出现辐射逆温现象。辐射逆温的厚度可从几米到数百米。

2.6.2 干沉积

大气污染物通过重力沉降或被地面建筑物、树木等阻留从而淀积在地面的过程，或者是进入人或其他动物呼吸道(器官)并积留于该处的过程为干沉积。干沉积速度以在某一特定高度内污染物的降下速度表示，用“长度/时间”作为量纲。相应于该特定高度内污染物平均浓度与干沉积速度之乘积称为干沉积率,用"质量/(面积·时间)"作为量纲。对具有较大粒径的大气悬浮颗粒物,其干沉积速度可用斯托克斯定律表述;一般通过实测"灰尘自然沉降量"来求得主要是直径大于 30 μm 的颗粒物的干沉积率,即"降尘量"参数。

大气悬浮颗粒物重力沉降过程与其本身的密度和大小有关,最大的粒子有相当大的沉降速度(图 2-6)。对于直径范围 1.5 μm～100 μm 的粒子,若考虑其在空气中仅受互相平衡的自身重力和静止空气浮力的作用,则可用以下斯托克斯定律表达式来表述其重力沉降速度(末速度):

$$u=\frac{2(\rho_1-\rho_2)gr^2}{9\eta}\text{cm/s} \tag{2-12}$$

式中 η——空气黏度;

ρ_1——粒子密度;

ρ_2——空气密度;

g——重力加速度;

r——粒子半径。

对于大粒子来说,除沉降是一种重要的消除过程外,碰撞(例如与树叶碰撞)和作为云的凝结核也是很重要的。当作为凝结核时,这些粒子就会以夹带在雨滴或水粒中的形式被带至地面(雨洗过程)。大的粒子也能在降雨过程中通过云下洗脱作用被去除。相反,对小于0.1 μm的粒子不能通过上述这些作用被消除,但它们能依布朗运动或其他效应(扩散飘移或热飘移)依附在水滴上,因而也包括在被雨洗之列。凝结作用也能使小粒子汇集成大粒子。图 2-11 简要地描述了这些消除过程。由此图还可看出,中等程度大小颗粒的消除是较难发生的。上述的雨洗过程和洗脱过程实际上已涉及大气颗粒物所受到的湿沉积作用,有关颗粒物的湿沉积过程不拟在下文中再作论述。

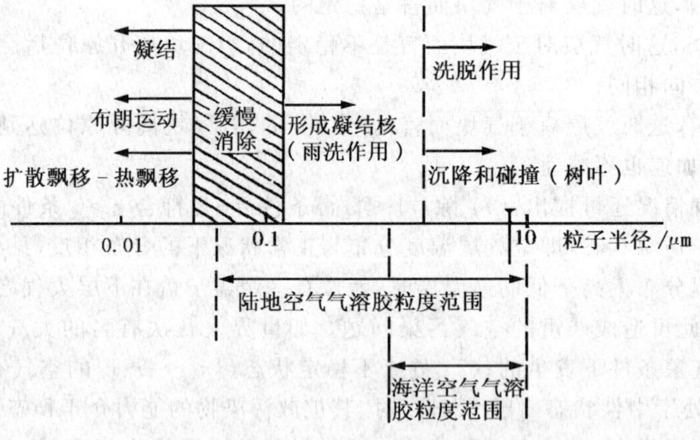

图 2-11 大气悬浮颗粒物的消除过程

干沉积是大气中悬浮颗粒物的主要消除过程。但对气体或蒸气来说,只有难溶于水者,如 O_3、烃类化合物才有可能在朝地表方向扩散迁移后被树木、建筑物等阻留。至于污染物在生物体内干沉积(摄取)的过程可见 5.5.2.1。

2.6.3 湿沉积

大气中所含污染气体或微粒物质通过雨洗、洗脱作用随降水降落并积留在地表的过程称为湿沉积。湿沉积是污染气体在大气中被消除的重要过程。这一过程始发于气体在大气水物质中的溶解，关系到气体在水中的溶解度。

2.6.3.1 气体在水中的溶解平衡

能溶于水并形成电解质或非电解质溶液的气体，它们的溶解度都可以用亨利定律来表述。亨利定律的内容是："在定温和平衡状态下，一种气体在液体里的溶解度和该气体的平衡分压成正比。"用公式表示为：

$$[A_{(aq)}]=K_{HA}p_A \tag{2-13}$$

式中 $[A_{(aq)}]$ ——代表某 A 气体在水中的溶解度；

p_A ——A 气体的分压；

K_{HA} ——A 气体的亨利系数，在一定温度下 K_{HA} 是常数。

存在于大气中一些无机物和有机物气体的亨利常数列于表 2-17。

表 2-17 气体在 25℃水中的亨利常数

气体	K_H/mol·(L·Pa)$^{-1}$	气 体	K_H/mol·(L·Pa)$^{-1}$
O_2	1.28×10^{-8}	C_6H_6(苯)	1.84×10^{-6}
NO	1.88×10^{-8}	C_6H_5Cl(氯苯)	2.90×10^{-6}
O_3	9.28×10^{-8}	$C_6H_5NO_2$(硝基苯)	4.55×10^{-4}
NO_2	9.87×10^{-8}	$C_6H_5CH_3$(甲苯)	1.68×10^{-6}
N_2O	2.47×10^{-7}	$C_{10}H_8$(萘)	2.17×10^{-5}
CO_2	3.36×10^{-7}	$C_{14}H_{10}$(蒽)	1.16×10^{-4}
H_2S	1.00×10^{-6}	$C_{20}H_{12}$(苯并[a]芘)	9.5×10^{-3}
SO_2	1.22×10^{-5}	C_6H_5OH(苯酚)	2.5×10^{-2}
HO·	2.47×10^{-4}	C_6H_4ClOH(2-氯苯酚)	1.8×10^{-2}
HNO_2	4.84×10^{-4}	C_6Cl_5OH(五氯苯酚)	3.6×10^{-3}
NH_3	6.12×10^{-4}	$C_6H_4NO_2OH$(2-硝基苯酚)	2.9×10^{-3}
HO_2·	1.97×10^{-2}	$CHCl_3$(氯仿)	2.3×10^{-6}
HCl	2.47×10^{-2}	$CHBr_3$(溴仿)	2.0×10^{-5}
H_2O_2	0.70		
HNO_3	2.07		

在应用亨利定律时须注意下列几点：

(a) 定律只适合于稀溶液，且溶质在气相和在溶剂中的分子状态必须相同，例如 SO_2 溶解在水中时，经水合、电离作用后，在水中有多种存在形态：$(SO_2)_{aq}$、H_2SO_3、HSO_3^-、SO_3^{2-}，除非另作注明，亨利定律表达式中$[A_{(aq)}]$只包含$(SO_2)_{aq}$这一形态。

(b) 对于混合气体，在压力不大时，亨利定律对每一种气体都能分别适用，与另一种气体的压力无关。

(c) 对于亨利系数大于 10^{-2} 的气体，可认为它基本上是能完全被水吸收的。

(d) 亨利系数作为温度的函数，有如下关系式：

$$\frac{d\ln K_H}{dT}=\frac{\Delta H}{RT^2} \tag{2-14}$$

式中，ΔH 为气体溶于水过程的焓变。一般 ΔH 为负值，所以随温度降低，亨利系数会增大，即低温下气体在水中有较大溶解度。对于溶解度非常大的气体，亨利系数还可能与浓度有关。

(e) 亨利系数的数值可以在定温下由实验测定，也可以使用热力学方法予以推算。

(f) 亨利定律有几种不同表达式，应用时要注意辨别。

例 5 按下列 30℃时的实测平衡数据，求算 SO_2 在该温度下的亨利系数。

p_{SO_2}/kPa	$kg(SO_2)/100kg(H_2O)$
10.532	1.0
6.933	0.7
4.800	0.5
2.626	0.3

解 亨利系数表达式为 $K_H=\dfrac{[SO_{2(aq)}]}{p_{SO_2}}$，对题给平衡数据作线性回归处理，则所得直线斜率即为亨利系数 K_H。令 $X=p_{SO_2}$，$Y=[SO_{2(aq)}]$，则直线斜率即 K_H 的计算公式为：

$$K_H=\frac{n\sum X_iY_i-\sum X_i\sum Y_i}{n\sum X_i^2-(\sum X_i)^2}$$

对计算式中各项数值列表如下：

	X_i	Y_i	X_i^2	X_iY_i
	10.532	1.0	110.92	10.532
	6.933	0.7	48.07	4.853
	4.800	0.5	23.04	2.400
	2.626	0.3	6.90	0.788
$\sum$	24.89	2.5	188.93	18.57

代入上式得

$$K_H=\frac{4\times18.57-24.89\times2.5}{4\times188.93-24.89^2}$$

$$=0.09\left(\frac{kg(SO_2)/100kg(H_2O)}{kPa}\right)$$

作单位转换

$$K_H=0.09\times\left(\frac{\frac{1\,000}{64}/100}{1\,000}\right)$$

$$=1.4\times10^{-5}\ mol/(L\cdot Pa)$$

例 6 根据热力学数据估算 NH_3 在 25℃时的亨利系数。已知热力学数据：

化合态	$\Delta_f H_m^{\ominus}$/kJ·mol^{-1}	$S_m^{\ominus}$/J·(mol·K)$^{-1}$
$NH_3(g)$	−46.11	192.3
$NH_3(aq)$	−80.76	109.9

解 以热力学方法求得亨利系数是无量纲的标准亨利系数($K_H^{\ominus}$)；量纲中包含帕斯卡(Pa)单位的称实验亨利系数(K_H)。

对于溶解过程： $NH_3(g)\rightleftharpoons NH_{3(aq)}$

$$\Delta_r H_m^{\ominus}=(-80.76)-(-46.11)=-34.65\ kJ/mol$$

$$\Delta_r S_m^{\ominus}=109.9-192.3=-82.4\ J/(mol\cdot K)$$

$$T\Delta_r S_m^{\ominus}=298\times(-82.4)\times10^{-3}=-24.6\ kJ/mol$$

则 $$\Delta_r G_m^\ominus = \Delta_r H_m^\ominus - T\Delta_r S_m^\ominus = (-34.65)-(-24.6) = -10.05\ \text{kJ/mol}$$

由此可得 $$\ln K_H^\ominus = \frac{-\Delta_r G_m^\ominus}{RT} = \frac{(-10.05\times 10^3)}{8.314\times 298} = 4.056$$

$$K_H^\ominus = 57.7$$

在此，$K_H^\ominus$ 是无量纲的标准亨利系数。将其转为实验亨利系数 K_H 为：

$$K_H = K_H^\ominus/(1.013\times 10^5) = 57.7/(1.013\times 10^5) = 5.70\times 10^{-4}\ \text{mol/(L·Pa)}$$

2.6.3.2　二氧化硫在水中的溶解平衡

SO_2 是一种重要的大气污染物，它的气液溶解平衡在形成湿沉积（酸雨）的问题上有很大意义。有关酸雨问题的进一步阐述见 9.3。

SO_2 被水吸收过程中，除物理性溶解外，还发生如下系列反应：

$$SO_2(g) + H_2O \rightleftharpoons SO_2\cdot H_2O \qquad K_{HS} = \frac{[SO_2\cdot H_2O]}{p_{SO_2}} \tag{2-15}$$

$$SO_2\cdot H_2O \rightleftharpoons H^+ + HSO_3^- \qquad K_{S_1} = \frac{[H^+][HSO_3^-]}{[SO_2\cdot H_2O]} \tag{2-16}$$

$$HSO_3^- \rightleftharpoons H^+ + SO_3^{2-} \qquad K_{S_2} = \frac{[H^+][SO_3^{2-}]}{[HSO_3^-]} \tag{2-17}$$

以上 K_{HS} 是 SO_2 的亨利系数，K_{S_1} 和 K_{S_2} 分别为酸的一级和二级电离平衡常数。K_{HS}、K_{S_1}、K_{S_2} 数值与温度有关，可按下列各经验式求值：

$$\lg K_{HS} = \frac{1376.1}{T} - 4.521$$

$$\lg K_{S_1} = \frac{853}{T} - 4.74$$

$$\lg K_{S_2} = \frac{621.9}{T} - 9.278$$

SO_2 在水中存在的各种形态的平衡浓度可表示为

$$[SO_2\cdot H_2O] = K_{HS}\cdot p_{SO_2}$$

$$[HSO_3^-] = \frac{K_{S_1}[SO_2\cdot H_2O]}{[H^+]} = \frac{K_{HS}\cdot K_{S_1}\cdot p_{SO_2}}{[H^+]}$$

$$[SO_3^{2-}] = \frac{K_{S_2}[HSO_3^-]}{[H^+]} = \frac{K_{HS}\cdot K_{S_1}\cdot K_{S_2}\cdot p_{SO_2}}{[H^+]^2}$$

根据电中性原理：

$$[H^+] = [OH^-] + [HSO_3^-] + 2[SO_3^{2-}]$$

将此式与上列 $[HSO_3^-]$、$[SO_3^{2-}]$ 等表达式相联，可得：

$$[H^+]^3 - (K_W + K_{HS}\cdot K_{S_1}\cdot p_{SO_2})[H^+] - 2K_{HS}\cdot K_{S_1}\cdot K_{S_2}\cdot p_{SO_2} = 0 \tag{2-18}$$

式中 K_W 为水的离子积。纯净去离子水与假想只含 SO_2 的空气达到平衡时，该含酸水溶液的 pH 值可通过解以上的三次方程求得。将解得的[H^+]浓度值代入上列有关方程，还可求得[HSO_3^-]和[SO_3^{2-}]的平衡浓度。

氧化态为+4的各有关含硫物质在水中的总浓度[S(Ⅳ)]的表达式为

$$[S(\text{Ⅳ})]=[SO_2\cdot H_2O]+[HSO_3^-]+[SO_3^{2-}]$$

$$=K_{HS}\,p_{SO_2}\left[1+\frac{K_{S_1}}{[H^+]}+\frac{K_{S_1}\cdot K_{S_2}}{[H^+]^2}\right]=K_{HS}^*\cdot p_{SO_2} \qquad (2-19)$$

后一个等式系将[S(Ⅳ)]浓度表达为类似亨利定律的形式。由于 K_{HS}^* 总是大于 K_{HS}，所以水中可溶解 SO_2 的实际量总是大于通过亨利定律计算所得到的数值。此外，由[S(Ⅳ)]表达式还可看出，其值取决于溶液的 pH 值、温度和 p_{SO_2}。通过计算得到的图 2-12 显示出这些变量对[S(Ⅳ)]值的影响程度。在给定温度下，[$SO_2\cdot H_2O$]浓度与 pH 值无关。但对[S(Ⅳ)]来说，随着 pH 值增大，[S(Ⅳ)]值会有很大的提高。

S(Ⅳ)三种形态各自的摩尔分数分别为：

$$\alpha_{SO_2\cdot H_2O}=\frac{[SO_2\cdot H_2O]}{[S(\text{Ⅳ})]}=\left[1+\frac{K_{S_1}}{[H^+]}+\frac{K_{S_1}\cdot K_{S_2}}{[H^+]^2}\right]^{-1} \qquad (2-20)$$

$$\alpha_{HSO_3^-}=\frac{[HSO_3^-]}{[S(\text{Ⅳ})]}=\left[1+\frac{[H^+]}{K_{S_1}}+\frac{K_{S_2}}{[H^+]}\right]^{-1} \qquad (2-21)$$

$$\alpha_{SO_3^{2-}}=\frac{[SO_3^{2-}]}{[S(\text{Ⅳ})]}=\left[1+\frac{[H^+]}{K_{S_2}}+\frac{[H^+]^2}{K_{S_1}\cdot K_{S_2}}\right]^{-1} \qquad (2-22)$$

由上述三式可计算溶液中 S(Ⅳ)三种形态摩尔分数随 pH 值变化而相互消长的情况。计算结果如图 2-13 所示。

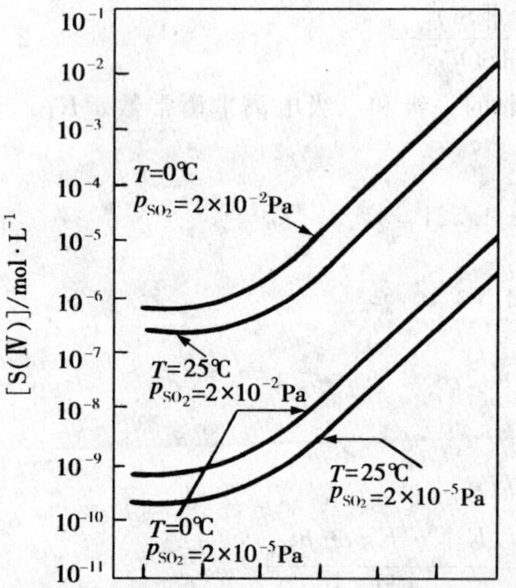

图 2-12 温度、pH 和 p_{SO_2} 对[S(Ⅳ)]值的关系

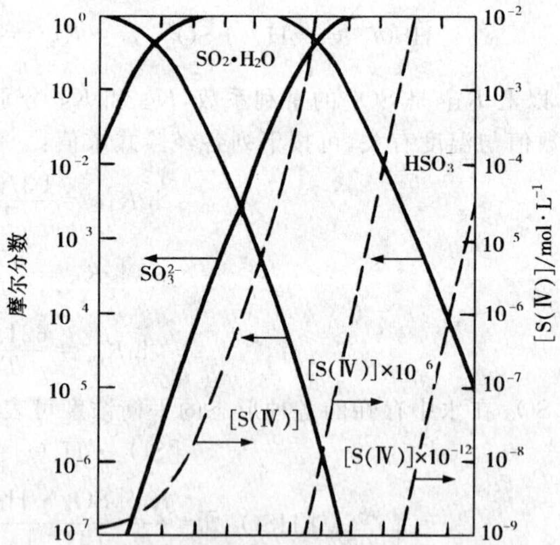

图 2-13 S(Ⅳ)三种形态的摩尔分数与 pH 间的函数关系(T=298K，$p_{SO_2}=1\times10^{-4}$ Pa)

S(Ⅳ)的三种形态有各自不同的反应性，如果 HSO_3^- 或 SO_3^{2-} 在溶液中发生了某种化学反应，很容易理解该反应的反应速率将取决于溶液的 pH 值。

2.6.3.3 一氧化氮和二氧化氮在水中的溶解平衡

一氧化氮(NO)和二氧化氮(NO_2)在水中溶解的系列反应为

$$NO_{(g)} \rightleftharpoons NO_{(aq)}$$
$$NO_{2(g)} \rightleftharpoons NO_{2(aq)}$$
$$2NO_{2(aq)} \rightleftharpoons N_2O_{4(aq)}$$
$$NO_{(aq)} + NO_{2(aq)} \rightleftharpoons N_2O_{3(aq)}$$
$$N_2O_{4(aq)} \rightleftharpoons 2H^+ + NO_2^- + NO_3^-$$
$$N_2O_{3(aq)} \rightleftharpoons 2H^+ + 2NO_2^-$$

对以上系列方程进一步合并可得：

$$2NO_{2(g)} + H_2O \rightleftharpoons 2H^+ + NO_2^- + NO_3^-$$
$$NO_{(g)} + NO_{2(g)} + H_2O \rightleftharpoons 2H^+ + 2NO_2^-$$

表 2-18 列举了各反应在 298K 温度下的平衡常数。在本系统中，硝酸根离子和亚硝酸根离子间平衡浓度之比的表达式可从表 2-18 中(7)、(8)两反应式推得：

$$\frac{[NO_3^-]}{[NO_2^-]} = \frac{p_{NO_2}}{p_{NO}} \cdot \frac{K_1}{K_2} \qquad (2-23)$$

在 298K，$K_1/K_2 = 0.74 \times 10^7$。由此可见，只要 p_{NO_2}/p_{NO} 大于 10^{-5} 时，就有 $[NO_3^-] \gg [NO_2^-]$。由此看来，即使 NO_2 在气相中存在比率很小(如由燃烧过程中所产生的氮氧化合物中 NO_2 只占很小比率)，与之平衡的溶液中含氮离子的主要形态还是 NO_3^-。

表 2-18 氮氧化物水相反应的平衡常数

反应分类	平衡反应	平衡常数(298 K)
气体溶于水	(1) $NO(g) \rightleftharpoons NO(aq)$	$K_H = 1.90 \times 10^{-8}\ mol \cdot L^{-1} \cdot Pa^{-1}$
	(2) $NO_2(g) \rightleftharpoons NO_2(aq)$	$K_H = 9.87 \times 10^{-7}\ mol \cdot L^{-1} \cdot Pa^{-1}$
水溶液相中发生化学反应	(3) $2NO_2(aq) \rightleftharpoons N_2O_4(aq)$	$K_{n1} = 7 \times 10^4\ mol^{-1} \cdot L$
	(4) $NO(aq) + NO_2(aq) \rightleftharpoons N_2O_3(aq)$	$K_{n2} = 3 \times 10^4\ mol^{-1} \cdot L$
	(5) $HNO_3(aq) \rightleftharpoons H^+ + NO_3^-$	$K_{n3} = 15.4\ mol \cdot L^{-1}$
	(6) $HNO_2(aq) \rightleftharpoons H^+ + NO_2^-$	$K_{n4} = 5.1 \times 10^{-4}\ mol \cdot L^{-1}$
气-液反应	(7) $2NO_2(g) + H_2O \rightleftharpoons 2H^+ + NO_2^- + NO_3^-$	$K_1 = 2.38 \times 10^{-8}\ mol^4 \cdot L^{-4} \cdot Pa^{-2}$
	(8) $NO(g) + NO_2(g) + H_2O \rightleftharpoons 2H^+ + 2NO_2^-$	$K_2 = 3.20 \times 10^{-15}\ mol^4 \cdot L^{-4} \cdot Pa^{-2}$

HNO_3 是强酸，在水溶液中基本上只以 NO_3^- 形态存在；HNO_2 是弱酸，它的电离程度由 pH 值所左右，在水溶液中通常有 NO_2^- 和 $HNO_{2(aq)}$ 两种存在形态。以下我们来考虑在气-液平衡条件下，水相中硝酸、亚硝酸以及它们离子形态浓度与 p_{NO_2}、p_{NO} 之间的函数关系。

根据电中性原理有：

$$[H^+] = [OH^-] + [NO_2^-] + [NO_3^-]$$

在酸性溶液中，近似地有 $[H^+] \cong [NO_3^-]$，并由此可得

$$[NO_3^-] = \left[\frac{K_1^2\ p_{NO_2}^3}{K_2\ p_{NO}}\right]^{1/4} \qquad (2-24)$$

由表 2-18 中平衡反应式(7)产生的 NO_2^- 很少，若考虑水溶液中 NO_2^- 形态全部来自于平衡反应式(8)，则有

$$[NO_2^-] = \frac{(K_2 \cdot p_{NO} \cdot p_{NO_2})^{1/2}}{[NO_3^-]}$$

将以上两式归并后可得

$$[NO_2^-] = \left[\frac{K_2^3\ p_{NO}^3}{K_1^2\ p_{NO_2}}\right]^{1/4} \qquad (2-25)$$

HNO_2 未离解部分的浓度为

$$[HNO_{2(aq)}]=\frac{[H^+][NO_2^-]}{K_{n4}}$$

联合以上$[NO_2^-]$、$[NO_3^-]$表达式及$[H^+]\cong[NO_3^-]$式并代入上式可得

$$[HNO_{2(aq)}]=\left(\frac{K_2\cdot p_{NO}\cdot p_{NO_2}}{K_{n4}^2}\right)^{1/2} \tag{2-26}$$

图 2-14 显示了作为 p_{NO} 和 p_{NO_2} 函数的$[HNO_{3(aq)}]$、$[HNO_{2(aq)}]$平衡浓度的变化情况。由图可见，在平衡条件下，$HNO_{3(aq)}$形态在本系统中占有极大的优势。

有关氮氧化物溶于大气中水物质后形成湿沉积(酸雨)问题的进一步阐述见 9.3。

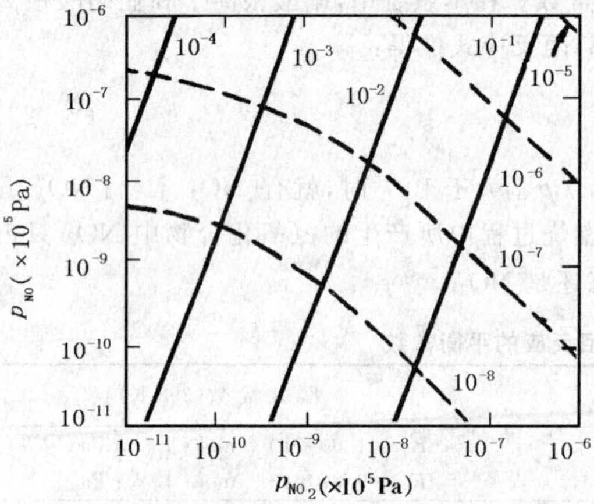

图 2-14 由 p_{NO} 和 p_{NO_2} 确定的溶液中 HNO_3(实线)和 HNO_2(虚线)的平衡浓度(mol/L)

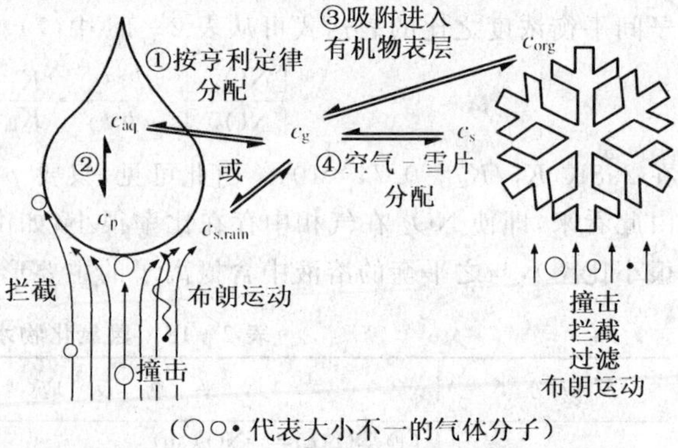

图 2-15 湿沉积的动力过程

2.6.3.4 湿沉积的动力过程

以上内容涉及大气中气体污染物(SO_2 和 NO_x)溶解于雨水的气-液平衡过程，及随之降落地面的过程。其实"湿沉积"一词的含义更加广泛和深刻。例如"雨夹雪"就是一种更加复杂的湿沉积动力过程，其过程模型如图 2-15 所示。图中，各字符分别代表：

c_g——气态污染物在空气中的浓度；

c_{aq}——气态污染物溶入雨滴后的液相浓度；

c_p——雨滴内所含颗粒中的污染物浓度；

$c_{s,rain}$——雨滴表面或雪片(内外)表面的污染物浓度；

c_{org}——雪片表层有机披覆膜中的污染物浓度；

(按空气中水汽冻结成雪片时，因其周围温度很低，致使同存于空气中的有机物冷凝、附着于雪片表面，形成披覆膜。)

在此湿沉积模型中，污染物通过如下 4 种动力过程从空气中去除：

(1) 通过气-液相间传质，污染物溶入雨水。过程符合亨利定律。如果气体污染物的水溶性很弱，则在降雨抵达地面之前，气液两相间来不及达到平衡，就会在雨滴表面形成浓度梯度；

(2) 若雨滴内部含有固体颗粒，则溶解在雨滴中的污染物会通过液-固界面间吸附过程作进一步分配；

(3) 空气中污染物通过气-固相间传质被吸附进入雪片的有机物表层；

(4) 污染物进入雪片内表面层，并进一步发生浓度均匀分布。

2.6.4 大气光化学反应

2.6.4.1 大气污染物的光化学转化

由自然因素进入环境大气的微量气体大多是还原态的，如 CO、CH_4、NH_3、H_2S 等。由人为因素造成的大气污染物也大多是化学价态相对较低的化合物，如 NO、SO_2 等。此外，存在于大气中的各种来源的有机污染物都可以看作为还原性物质。上述这些污染物在氧化性的大气层中很容易经化学氧化转化为高氧化态物质，如 H_2CO_3、HNO_3、H_2SO_4 等。在此过程中空气中的氧气固然起了很重要的作用，但从化学动力学看，$HO\cdot$ 自由基和 O_3 是对流层中最重要的氧化剂，而它们又大多是光化学反应过程的产物。表 2-19 中列举了大气中还原性污染物的源和汇及由源到汇的过程中所发生的转化反应，这些反应大多始发于 $HO\cdot$、O_3 等与污染物之间发生的间接光氧化反应①。表 2-20 中则列举了低层大气中一些污染物的直接光离解反应，即污染物分子在被光量子激发后，即刻在其激发态的振动周期(10^{-13} s)内离解为其构成原子或原子团(或它们的离子)的过程。上述间接或直接的光化学反应在大气污染物的化学性转化过程中起着主导性作用。

表 2-19 大气中还原性污染物的主要转化过程

污染物		源	大气中转化过程	汇
含硫化合物	H_2S	火山、硫酸盐生物还原、工业废气	$H_2S \xrightarrow{HO\cdot} \cdots \rightarrow SO_2$	大气
	SO_2	H_2S 氧化、燃烧、工业废气	$SO_2 \xrightarrow{HO\cdot} \cdots \rightarrow H_2SO_4$	地表
含氮化合物	NH_3	合成氨、硝酸盐生物还原、动物排泄物、工业废气	$NH_3 \xrightarrow{H_2SO_4} (NH_4)_2SO_4$；$NH_3 \xrightarrow{HNO_3} NH_4NO_3$	地表
			$NH_3 \xrightarrow{HO\cdot} NH_2\cdot$	(不明)
	N_2O	硝酸盐生物还原	$N_2O \xrightarrow{O(^1D)} N_2 + O_2$；$\rightarrow NO$	大气平流层
	NO	闪电、燃烧、NO_2 光分解	$NO \xrightarrow{O_3 \text{或} RO_2\cdot} NO_2$	大气
	NO_2	NO 氧化、燃烧	$NO_2 \xrightarrow{HO\cdot} HNO_3$	地表
含碳化合物	CH_4	天然气、有机物发酵	$CH_4 \xrightarrow{O(^3P)} \cdots \rightarrow CO + H_2$	大气
	CO	CH_4 氧化、燃烧、工业废气	$CO \xrightarrow{HO\cdot} CO_2$	大气
	C_2H_4 (NMHC)	化工生产、内燃机排气、生物代谢	$C_2H_4 \xrightarrow{O_3} HCHO + HCOOH$	大气

表 2-20 低层大气中一些污染物的光离解反应

污染物	反 应	污染物	反 应
NO_2	$NO_2 + h\nu \longrightarrow NO + O$	$HCHO$	$HCHO + h\nu \longrightarrow HCO\cdot + H$
O_3	$O_3 + h\nu \longrightarrow O(^3P) + O_2$		$\longrightarrow CO + H_2$
	$\longrightarrow O(^1D) + O_2$	CH_3CHO	$CH_3CHO + h\nu \longrightarrow CH_3\cdot + HCO\cdot$
HNO_2	$HNO_2 + h\nu \longrightarrow NO + HO\cdot$	$CH_3C(O)CH_3$	$CH_3C(O)CH_3 + h\nu \longrightarrow CH_3\cdot + CH_3CO\cdot$
H_2O_2	$H_2O_2 + h\nu \longrightarrow 2HO\cdot$	$CH_3CH_2C(O)CH_3$	$CH_3CH_2C(O)CH_3 + h\nu \longrightarrow C_2H_5\cdot + CH_3CO\cdot$
NO_3	$NO_3 + h\nu \longrightarrow NO + O_2$		$\longrightarrow CH_3\cdot + C_2H_5CO\cdot$
	$\longrightarrow NO_2 + O$		

① 按经典的概念，光氧化反应应是某物质分子经光激发或进一步光离解后得到的具还原性的产物与氧气间的反应。

2.6.4.2 分子受光激发和退激过程

存在于大气中的原子、分子、离子或自由基在吸收一个光子后可引发光化学反应。现以有机化合物分子(用字符C表示)为例,其光化学激发和各种可能的退激过程如下所示:

C

(有机化合物分子)

↓ $h\nu$

C^*

(激发态分子)

物理过程

* 以减少振动能方式释热,热量传递给另一物质的分子、离子或原子
* 以发生荧光或磷光方式释能
* 将能量转移给另一物质的分子、离子或原子,引起后者发生反应(光敏作用)

↓

C

化学过程

* 光离解或光分解
* 与另一物质的分子、离子或原子反应
* 光电离
* 分子内重排
* 脱去H原子
* 异构化
* 聚合
* 发生电子迁移

↓

新产物

在以上诸过程中,若舍去属于有机物分子所特有的过程及略显次要的过程,则有机物分子或无机物分子激发态(换用字符A^*表示)的四种主要退激过程可用反应式表示如下:

$A^* \longrightarrow B_1 + B_2 + \cdots$ (光离解或光分解)

$A^* + E \longrightarrow D_1 + D_2 + \cdots$ (与E发生反应,例如与氧气发生光氧化反应)

$A^* \longrightarrow A + h\nu$ (产生荧光或磷光)

$A^* + M \longrightarrow A + M$ (与惰性分子M发生碰撞并释热)

前两个反应导致化学变化,后两个反应导致A^*返回其分子基态能级。前两个反应,特别是第一个反应因与大气污染物光化学降解有关,所以是四个过程中的重要过程。

2.6.4.3 光离解(光分解)反应

光离解反应一般是由于光子能量超过分子中最弱结合键的键能而引起,且这种反应是瞬间完成的。同种分子接受不同能量光子后发生光离解的产物也有所不同,例如O_2和O_3分子的下列光离解反应从光子能量超过键能这一点来看,都是可能发生的。

$$O_2 \xrightarrow[\lambda=242\text{nm}]{h\nu} O(^3P) + O(^3P)$$

$$O_2 \xrightarrow[\lambda=175\text{nm}]{h\nu} O(^3P) + O(^1D)$$

$$O_3 \xrightarrow[\lambda=1\,180\text{nm}]{h\nu} O_2(^3\Sigma_g^-) + O(^3P)$$

$$O_3 \xrightarrow[\lambda=610nm]{h\nu} O_2(^1\Delta_g)+O(^3P)$$

$$O_3 \xrightarrow[\lambda=463nm]{h\nu} O_2(^1\Sigma_g^+)+O(^3P)$$

$$O_3 \xrightarrow[\lambda=310nm]{h\nu} O_2(^1\Delta_g)+O(^1D)$$

$$O_3 \xrightarrow[\lambda=260nm]{h\nu} O_2(^1\Sigma_g^+)+O(^1D)$$

光分解反应与光离解反应同义，但通常认为前者具有更复杂的反应机理，且其中机理因反应物不同而有很大差异。很多有机物和无机物皆能发生光分解反应，通常有自由基产生，并作为中间产物而参与后续反应，直到终产物生成。例如，乙醛在大气中发生光化学分解反应可能有以下两种历程：

$$CH_3CHO \xrightarrow{h\nu} CH_4+CO$$

$$CH_3CHO \xrightarrow{h\nu} CH_3\cdot+CHO\cdot \cdots\rightarrow CH_4+CO+H_2+C_2H_6$$

在后一历程中包括了光化学反应的初级过程和次级过程。在次级过程中发生了于初级过程反应物和产物之间的进一步反应。

假定由光激发产生的 A^* 随即通过前述(2.6.4.2)四过程之一退激，那么 A^* 生成速率（即光子吸收速率）应等于 A^* 消去的总速率，A^* 即处于浓度不变的“稳态”。

由此，将光化学反应过程中的量子产额 ϕ 定义为

$$\phi=\frac{A^*\text{产生或消去的分子数}}{\text{吸收光子数}} \tag{2-27}$$

ϕ 的数值表示所吸收光子在光化学反应中的利用效率，如果在光化学反应中包含有链式反应，则 $\phi>1$（某些反应中可达 10^6 以上）；如果在过程中发生光聚合或光缔合，则 $\phi<1$。但通常情况下，由于光化学反应是一个分子吸收一个光量子的结果，所以对上述 A^* 可能发生的四种退激过程来说有：

$$\sum_{i=1}^{4}\phi_i=1 \tag{2-28}$$

A^* 生成速率应等于 A 吸收光子的速率，且有

$$\frac{d[A^*]}{dt}=k[a] \tag{2-29}$$

式中 $[a]$ ——A 分子的浓度；

k ——对光子的吸收速率常数。

单考虑 A^* 的光离解反应时，A 在 $\lambda_1 \longrightarrow \lambda_2$ 光照波长范围内的一级光化学降解速率常数为：

$$k_A=\int_{\lambda_1}^{\lambda_2}\sigma_A(\lambda,T)\phi_A(\lambda,T)dF$$
$$=\int_{\lambda_1}^{\lambda_2}\sigma_A(\lambda,T)\phi_A(\lambda,T)I(\lambda)d\lambda \tag{2-30}$$

式中 $\sigma_A(\lambda,T)$ ——在温度为 T 时，A 分子对波长为 λ 的光子的吸收截面积，cm^2；

$\phi_A(\lambda,T)$ ——在温度为 T 时，A 分子吸收了波长为 λ 的光子，并转化为 A^* 后，A^* 的光离解量子产额；

F ——太阳光辐照通量，光子数·$(cm^2\cdot s)^{-1}$；

$I(\lambda)$ ——太阳光辐照密度，光子数·$(cm^3 \cdot s)^{-1}$。

对于某些可光化学降解的大气微量组分已在实验室中测得它们的 σ_A 和 ϕ_A 的数据，图 2-16 显示了 O_3 和 NO_2 对不同波长光子的吸收截面，图 2-17 则显示了 NO_2 光离解为 NO 的量子产额。

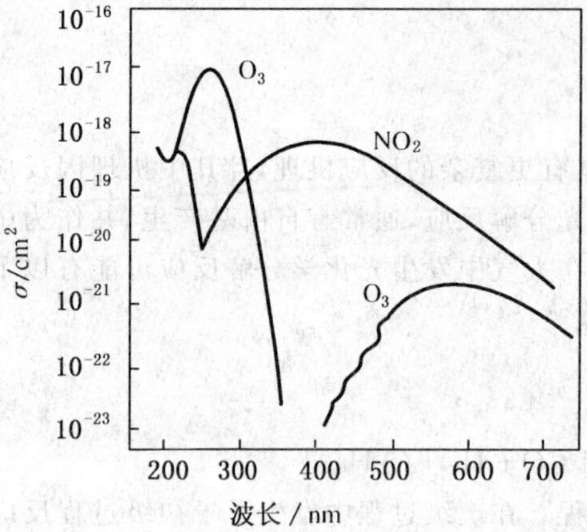

图 2-16 O_3 和 NO_2 对太阳辐射的吸收截面

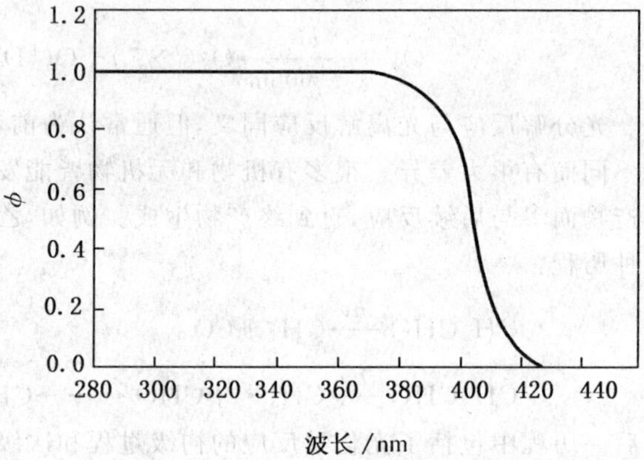

图 2-17 NO_2 光离解为 NO 的量子产额

作为分子光离解作用的外因，太阳光辐照通量（或密度）具有变动的数值，主要决定因素有纬度、季节、时刻、气象条件和空气污染状况（如气溶胶浓度）等。

NO_2 是大气光化学烟雾的主要起始物。已知 NO—O 之间的键能为 301 kJ/mol，这相当于波长约 400 nm 的光子被 NO_2 吸收后能引起键裂。从图 2-17 可见，在 300 nm～370 nm 光辐照下，NO_2 光离解的几率近于 100%，对于波长大于 370 nm 的光辐照，ϕ 值急剧下降，至420 nm不再发生光离解。

例 7 到达地球表面的太阳辐射最短波长为 290nm，问大气中 NO_2 分子在吸收该波长光量子后，能否引起分子中 N—O 键断裂？已知 N—O 键的键能为 3.01×10^5 J/mol。

解 使用 Einstein 能量公式可求得相应于 290nm 波长的光子能量为

$$E=h\nu=\frac{hc}{\lambda}$$

式中，h 为 Planck 常数，其值为 6.626×10^{-34} J·s，c 为光速，其值为 3.0×10^8 m/s。将这些数值连同 $\lambda=290\times10^{-9}$ m 一起代入上式，得

$$E=\frac{(6.626\times10^{-34})(3.0\times10^8)}{290\times10^{-9}}=6.85\times10^{-19}\ \mathrm{J}$$

或 $(6.85\times10^{-19})\times(6.02\times10^{23})=4.12\times10^5$ J/mol

与题给 N—O 键能数据比较后可知，290nm 波长光能引起 N—O 键断裂。

2.7 大气污染防治方法概要

自然界中局部的质能转换和人类所从事的各种生产活动都不断地向大气排放各种污染物，造成各种大气污染现象。大多数由人为因素引起的污染还是有可能用人力来控制和消除的。从大的方面看，人们可能采取的措施有：(1) 对排气施用某种工艺性方法手段，使污染物以有用物质形态得以回收或将其转为无害状态；(2) 改变生产过程中所用的原材料以避免或减少污染物

生成;(3) 改变生产工艺条件以减少排气或排污;(4) 稀释排放。一般说来,经济核算是考虑方法抉择的首要因素,别的因素还有所涉及污染物危及环境质量的紧迫性和决策管理部门对各方面利弊的权衡等。表 2-21 列举工厂治理生产废气的一些常用方法。

表 2-21 大气污染物的治理方法

	含颗粒物废气的治理方法	含气体污染物废气的治理方法
清洁生产法和预防污染法	减少或消除固体颗粒物生成: (1) 革除生产过程中可产生固体颗粒物的单元操作 (2) 将固体物转化为液态 (3) 将干的固态物转为湿态 (4) 固态粒子粗大化	减少或消除气体污染物的产生: (1) 革除生产过程中可产生气体污染物的单元操作 (2) 将气态污染物转化为固态或无害化学形态
终端污染控制法	除尘技术: (1) 重力除尘、离心力除尘、电除尘等 (2) 过滤 (3) 洗涤	净气技术: (1) 直接燃烧、催化燃烧或焚烧 (2) 吸附、吸收或冷凝

在对污染源的治理中,除尘技术常用干法(多为物理法),净气技术常用湿法(多为化学法),对于组成复杂的废气常需将几种方法组合使用,才能达到深度去污的目的。

现对表 2-21 中列举的除尘和净气技术择要作一简单介绍。

除尘 常用的有机械法(沉降室、挡板集尘室、旋风分离器)、过滤法(袋滤器)、洗涤法(文丘里洗涤器)和静电法(是效率最高的方法)。

电除尘法 如图 2-18 所示,利用高压直流电源造成电晕放电,使在放电电极(负极)附近的气体分子带上负电,并进一步向集尘极(正极)移动,在途中与尘粒相遇而使后者带上负电荷,然后依靠库仑静电力使这些带电尘粒在集尘极上被捕集下来。

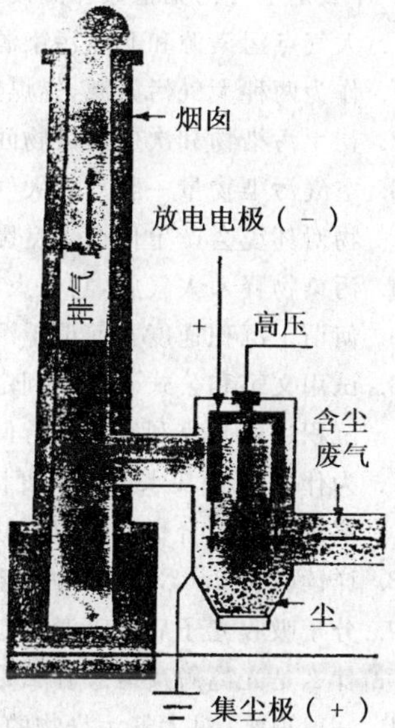

图 2-18 静电除尘装置

直接燃烧法 将含足够量可燃物的废气在密闭或露天情况下于空气中直接燃烧。适用于处理含高浓度 H_2S、HCN、CO、有机蒸气的废气。

焚烧法 用燃料燃烧产生热量将废气加热至高温,使其中污染物氧化和分解。通常用于含有机污染物(如烃)的废气处理。

催化燃烧法 在有催化剂存在的条件下,以相对较低温度燃烧处理废气中污染物的方法。工业废气中低浓度有机蒸气和恶臭物的处理多用此法。

吸附 利用固体吸附剂活性炭、活性氧化铝等吸附除去废气中污染气体组分(SO_2、NO_2、氟化物、臭气等)的方法。

吸收 用液体吸收剂将污染气体组分选择性分离出来的方法。适用对象物有:SO_2、H_2S、NO_2、NH_3、Cl_2、HCl、HF、SiF_4 等。

冷凝 将废气温度降到其中所含污染蒸气的露点之下,可使蒸气冷凝为液体而分去的方法。此法最适用于回收废气中有用的蒸气成分。

习 题

一、思考题

1. 定性解释从地面到外逸层底部气温随高度变化的规律。
2. 地面气温比对流层温度高,举出与此相关的三个原因。
3. 何谓“大气窗户”?对于地球长波辐射来说,是否也如太阳短波辐射一样存在着“大气窗户”?
4. 大气组分浓度表示法的复杂性表现在哪些方面?大气微量组分的常用浓度单位有哪些?
5. 存在于大气中的水物质有哪些方面重要的环境意义?
6. 试述大气中颗粒物的来源和归宿。大气颗粒物对环境产生什么不良影响?为什么大气中 $0.1\mu m$ 左右的气溶胶粒子比更小或更大颗粒物更难以消除?
7. 什么是自由基?它们有何特性?举例说明大气中 HO·自由基的产生和消除过程。为何在对流层中不能产生自由氧原子?
8. 森林、沼泽地、海面或都市大气中分别富有哪些特征性气体组分?又发生哪些主要的大气化学反应?
9. 什么是空气污染指数?阅读你所在城市报载的空气质量预报,并深切理解其中内容。
10. 大气点污染源和非点污染源在排污特点方面有何相异之处?它们中哪一类较易控制?举例说明之。
11. 作为两种大气污染源,燃煤和汽车可分别产生哪些污染物?它们又分别通过什么化学过程产生?
12. 初生污染物和次生污染物间有何区别和联系?举例说明之。
13. 空气污染物量一般只占大气总物量很小比例,为什么往往引起很严重污染问题?一般说来,大气污染物对环境会产生什么不良影响?
14. 污染物释入大气后,它在大气中的浓度受哪些因素影响?
15. 何谓干沉积速度?何谓干沉积率?两概念间有何区别和联系?
16. 试用文字和公式表述亨利定律的内容。在实际运用亨利定律时需注意哪些方面?污染物在大气中湿沉积过程与亨利定律间有何联系?
17. 为什么 SO_2 在水中溶解度比 N_2 或 O_2 大许多倍?如何理解像 SO_2 之类的能形成电解质溶液的气体溶解过程也符合亨利定律?共存于空气中的 NH_3 对 SO_2 在大气水中的溶解产生什么影响?为什么?
18. 详读教材 2.6.3.3,归纳出有关 NO_x 在水中溶解过程的若干要点。
19. 分子吸收光子后处于激发态,此后会有哪几种可能的退激过程?结果如何?
20. 什么是光离解反应?什么是光氧化反应?两类反应各有何特点?分别举例说明之。
21. 一般说来,对大气污染物的防治方法有哪些?举例说明这些方法所依据的原理。

二、计算题

1. 0℃、1.013×10^5 Pa 下的空气密度为多少?假定空气中含 N_2 79%,含 O_2 21%,不计其他组分,求空气的平均相对分子质量。
2. 已知 20℃时水的饱和蒸汽压为 2 337 Pa,水的摩尔蒸汽热 $\Delta H_v=4.5\times10^4$ J/mol,求 0℃时水的饱和蒸汽压。
3. 25℃和 1.013×10^5 Pa 条件下收集 12.0 L 空气样品并干燥之,此后精确测得其体积为 11.50 L,问原空气样品中水的质量百分含量是多少?
4. 按法规,对大气中 SO_2 的控制浓度为 365 $\mu g/m^3$,这相当于以[10^{-6}(体积分数)]为单位的浓度值是多少(以 0℃和 1.013×10^5 Pa 条件下计)?
5. 已知地球半径为 6.4×10^3 km,在距地面 20 km~40 km 的空间层内压力为 1317 Pa,温度为 −20℃(平均值),存在 O_3 的总质量为 2×10^{15} g,试计算 O_3 的以[10^{-6}(体积分数)]为计量单位的平均浓度为多少?
6. 大流量空气颗粒物采样器中过滤膜重量为 10.00 g,经过 24h 采样后,增重至 10.10 g,在采样开始和结束时的空气流速分别为 1.8 m^3/min 和 1.0 m^3/min，求采样点空气中的颗粒物浓度。

7. 在 25℃、1.013×10^5 Pa 条件下，有相对分子质量为 M、相对密度为 ρ(g/cm^3)、体积为 b(μL)的某低沸点纯试剂，将其放在容积为 V(cm^3)的真空瓶中气化后再充入空气，求由此制得标准试样的以[10^{-6}(体积分数)]为单位的浓度表达式。
8. 某种颗粒物在大气中的产生量为 200×10^6 t/a，滞留时间为 2 d，求它在大气中的浓度(已知大气总质量为 5.2×10^{15} t，有关滞留时间的定义见 3.2)。
9. 大气中 HO·自由基的主要发生反应 $O_{(g)}+H_2O_{(g)}\rightarrow 2HO\cdot_{(g)}$ 是一个二级反应，在 27℃时的反应速率常数 k=2.8×10^{-3} L/(mol·s)，反应活化能 E=77 kJ/mol，应用阿仑尼乌斯公式计算温度为−4℃、高空 3 km 处的速率常数。
10. 某城市可吸入颗粒物的日平均浓度值为 0.182 mg/m^3，求其污染分指数及空气质量等级。
11. 已知燃煤的质量百分组成为 77.2%C，5.2%H，1.2%N，2.6%S，5.9%O，7.9%灰分，求经燃烧后产生烟气的气体组成。假定 N_2 是烟气中唯一含氮物。
12. 按化学计量，气态的 C_xH_y 烃与空气(含 N_2/O_2 的摩尔比设定为 3.76)混合燃烧，且假定 N_2 不参与反应，问 1 mol 燃料完全燃烧需空气多少摩尔(用 F 表示)？生成的烟气又是多少摩尔(用 M 表示)？假定 f [用 10^{-6}(体积分数)为单位]是 1 mol 燃料经过不完全燃烧后燃料的残余摩尔数，则烟气中残余燃料浓度 λ[用 10^{-6}(体积分数)为单位]是 F、M、f 的函数，试写出 λ 的表达式。
13. 某厂锅炉每小时耗用 100 kg 含 18%(质量分数)不可燃灰分的煤，产出煤渣 16 kg/h，其中含燃料成分 6%(质量分数)。另有从烟道中逸出的烟气，内中烟尘部分含燃料成分 2.5%(质量分数)，求每小时排入大气的烟尘量为多少？
14. 已知温度为 273 K 时空气的黏度和密度分别为 170 μg/(cm·s)和 0.0013 g/cm^3，求粒径 d=1 μm 的细菌类颗粒物在空气中的沉降速度(颗粒物密度为 2.0 g/cm^3)。
15. 为测定某地区降尘量，一名学生取一面积为 40 cm^2 的敞口烧杯，放入半杯水并在烧杯口罩上滤片，放在空地上一个月后蒸去水，称量得残渣量为 20 mg，计算以 g/(m^2·a)为单位的降尘量。
16. 计算 25℃、pH=8.0 的 H_2SO_3 水溶液中，SO_3^{2-} 在[S(Ⅳ)]总浓度中所占的浓度分数为多少？
17. 到达地球表面的太阳辐射最短波长为 290 nm，问大气中 SO_2 分子在吸收该波长光量子后，能否引起分子中 S—O 键断裂？已知键能为 5.64×10^5 J/mol。

知识链接

1. 空气污染指数(API)的实测技术

按我国有关规定，计入空气污染指数(API)的项目为：可吸入颗粒物(IP 或 PM_{10})、二氧化硫(SO_2)和二氧化氮(NO_2)。

一、空气中 IP 浓度的自动测定

空气中 IP 自动测定方法的工作原理要点及其可测浓度范围列举在表 2-1′之中。与 API 相关且常用的方法是β射线吸收法。

使用本方法是将空气中 IP 颗粒捕集在滤纸上，根据滤纸和叠加其上的粒子层对于β射线的吸收程度，求出大气中 IP 的浓度。

由放射性核素辐射的β射线，其能量的一部分被滤纸和粒子层吸收，其余部分则从中通过。穿透的β射线的强度与滤纸上捕集得到的集尘之间存在如下关系式：

$$I=I_0\exp(-\mu_m X_m) \quad (1)$$

表 2-1′ IP自动测定方法的工作原理和测定范围

方 法	工作原理	可测浓度范围/$\mu g \cdot m^{-3}$
压电天平法	石英谐振元件因集尘而质量增加，使其振荡频率降低。降低程度与尘量成正比	0～1000，0～2000，0～5000，0～10000
β射线吸收法	滤纸上集尘后，β射线透过强度因之减弱。减弱程度与尘量成正比	0～1000，0～2000，0～5000，0～10000
光散射法	光照空气样品。因样品中含颗粒物而散射。散射光强度与粒子浓度成正比	0～1000，0～2000，0～5000，0～10000
光吸收法	滤纸上集尘后，光透过强度因之减弱。减弱程度与尘量成正比	0～1000，0～2000，0～5000，0～10000

式中 I——透过滤纸和IP的β射线强度；

I_0——仅透过滤纸的β射线强度；

μ_m——质量吸收系数/$cm^2 \cdot g^{-1}$；

X_m——IP的质量/$g \cdot cm^{-2}$。

设进气流量为 Q，m^3/min，取样时间为 t，min，滤纸面积为 A，cm^2，空气中IP浓度为 c，g/m^3，则IP实测质量可用下式表示：

$$X_m = \frac{Q \cdot t \cdot c}{A} \tag{2}$$

由以上两式，可得气样中IP浓度的计算式为：

$$c = \frac{A}{\mu_m \cdot Q \cdot t}(\ln I_0 - \ln I) \tag{3}$$

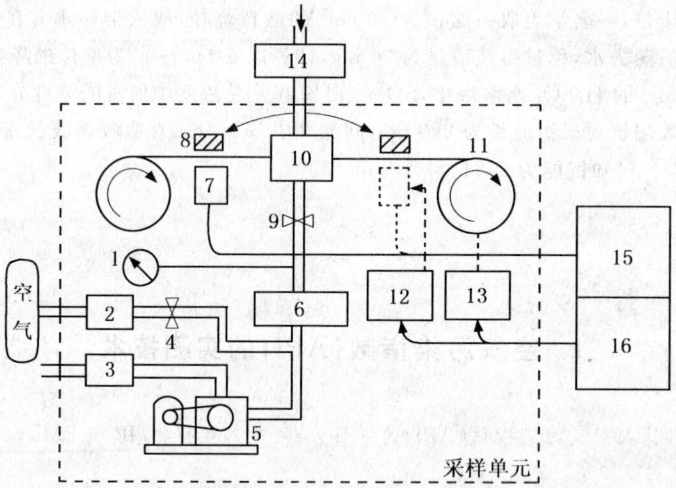

图 2-1′ IP自动测定装置(β射线吸收法)

1—真空计；2,3—过滤器；4—电磁阀；5—泵；

6—流量测定器；7—检出器；8—放射源；9—电磁阀；

10—捕集器；11—滤纸；12—检出器输送机构；13—滤纸输送机构；

14——切割器；15—监测记录器；16—程序控制器

所以，通过测定取样前后的β射线透过强度，就能确定空气中的IP值。

自动测定装置如图2-1′所示。由大粒子切割器、样品捕集器、放射源、程序控制器、监测记录器等部件组成。β射线源可根据测定范围和所要求灵敏度等因素加以选择，表2-2′列举了各种放射源的有关性质参数。其中^{14}C因其半衰期长、质量吸收系数大而被优先采用。由于这种测定大多在无人监测站或移动站中进行，所以除源的强度要按有关标准有所制约（一般不大于3.7×10^{4}Bq）外，还要予以密封和采取不被丢失的措施。常用的射线检测器有闪烁计数器、电离室和半导体检测器（见书后参考资料4中的15.4）。

表2-2′ β射线源的性质及适用范围

β射线源	半衰期	β射线最大能量/MeV	质量吸收系数/$cm^2\cdot mg^{-1}$	适用范围/$mg\cdot cm^{-2}$
^{14}C	5730y	6.155	0.28	0.01～10
^{35}S	87 d	0.167	0.20	0.02～15
^{147}Pm	2.6y	0.223	0.14	0.02～20
^{204}Tl	3.8y	0.77	0.03	0.1～100
^{95}Sr	28y	0.54	0.0076	0.4～400

二、空气中SO_2浓度的自动测定

空气中SO_2浓度自动测定方法及其可测浓度范围列举在表2-3′之中。与API相关且常用的方法是溶液电导率法，采用该法的装置常取间歇操作方式进行运作。

表2-3′ SO_2自动测定方法及可测浓度范围

方 法	可测浓度范围①
溶液电导率法	$0\times10^{-9}\sim50\times10^{-9}$至$0\times10^{-6}\sim1\times10^{-6}$
电量法	$0\times10^{-9}\sim100\times10^{-9}$至$0\times10^{-6}\sim1\times10^{-6}$
火焰光度检测法	$0\times10^{-9}\sim100\times10^{-9}$至$0\times10^{-6}\sim1\times10^{-6}$
紫外线荧光法	$0\times10^{-9}\sim100\times10^{-9}$至$0\times10^{-6}\sim1\times10^{-6}$
定电位电解法	$0\times10^{-9}\sim100\times10^{-9}$至$0\times10^{-6}\sim1\times10^{-6}$

①单位为体积分数

将空气样通入H_2O_2（兼含H_2SO_4）吸收液，则空气中所含SO_2几乎100%被吸收，并如下式所示生成硫酸：

$$SO_2 + H_2O_2 \longrightarrow H_2SO_4$$

因为溶液电导率的增值与所生成的硫酸量成比例，所以用交流电桥法检测电导率的变化，就可以求出空气中SO_2的浓度。在过氧化氢吸收液中加入硫酸使其呈酸性，是为了使吸收液具有一个较大的本底电导率，以便于正确地检出微小电导率的变化；同时又具有抑制过氧化氢分解等功效。

由于空气中的SO_2浓度很低，所以如采用连续测定方式，即将吸收液和空气按一定流量比混合，取连续测定电导率的方式，从仪器灵敏度来看是不易做到的。在间歇式方法中，取一定量的吸收液，再以一定流量向溶液中通入一定时间（1h）的空气，使生成的硫酸积聚起来，测定电导率变化的积分值，再求出这个时间内的SO_2平均浓度，取这样的测定方式容易与仪器固有的灵敏度相适配。

用于测定空气中SO_2浓度的自动间歇式电导率计的结构如图2-2′所示。

将吸收液用送液泵从吸收液储罐送至气体吸收瓶，当吸收液的液位达到液面检出器电极的前端时，关闭电磁阀，由此取得确定量的吸收液。随后，空气样的气流经粉尘过滤器和流量计，由喷嘴导入吸收液中，约1min后由测定电极测得电导率。在记录零点后，随即记录呈锯齿状的电导率变化曲线。

一般，溶液的电导率有随温度上升而增大的温度系数。在这种溶液中，温度每变化1℃，电导率的变化约为1.6%，如果对此不进行补偿，就要产生较大的测定误差。因此，要用热敏电阻检测吸收液的温度，并配置温度补偿回路，使之自动进行温度补偿，便可得到基准温度为20℃时的电导率。

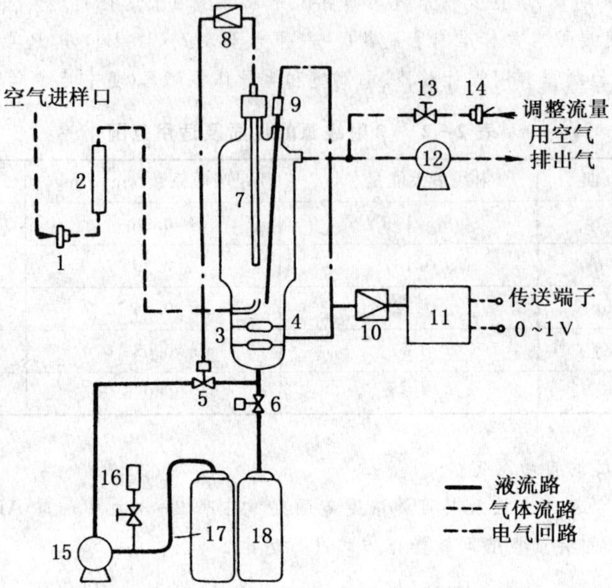

图 2-2′ 间歇式溶液电导率法 SO_2 计的结构

1—粉尘过滤器；2—流量计；3—喷嘴；4—测定电极；
5，6—电磁阀；7—气体吸收瓶；8—液面检出器；9—热敏电阻；
10—放大器；11—记录计；12—试样气吸收泵；13—阀；
14—过滤器；15—送液泵；16—隔膜泵；17—吸收液罐；18—排液罐

三、空气中 NO_2 浓度的自动测定

与 API 相关且常用的方法是化学发光法，该方法是一种能连续测定瞬时值的干式法。从方法原理来看，这种方法能直接测定空气中 NO 浓度，又可用于间接测定 NO_2 浓度。

化学发光法测定空气试样中 NO 是利用装置中臭氧发生器产生的 O_3 与气样中 NO 之间发生的化学发光反应的原理。在低压（100Pa～400Pa）和[O_3]/[NO]之比略大于 1 的条件下，发生如下反应：

$$NO+O_3 \longrightarrow NO_2+O_2$$

$$NO+O_3 \longrightarrow NO_2^*+O_2$$

$$NO_2^* \longrightarrow NO_2+h\nu$$

所产生光子的波长谱图如图 2-3′所示。如果需要测定气样中的 NO_2 浓度，则要预先将其通过由碳系催化剂参与的如下反应转化为 NO：

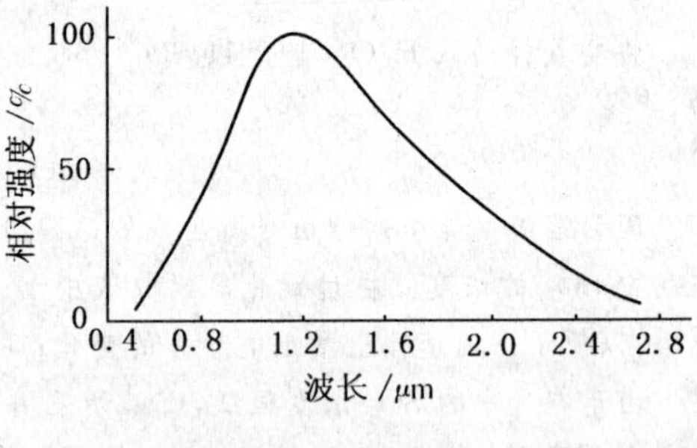

图 2-3′ NO/O_3 化学发光的波长特性

$$NO_2+C \longrightarrow NO+CO$$

$$CO+NO_2 \longrightarrow NO+CO_2$$

用图 2-4′所示的装置可以通过流路切换作两次进样来分别测定气体样品中的 NO 和（NO+NO_2）浓度，也就是可分别定量气样中 NO 和 NO_2 的浓度。

本方法对 NO 的检出限为 2×10^{-9}～5×10^{-9}（体积分数），若使光电倍增管在零下 25℃温度条件下工作，则其检出限可达 1×10^{-9}（体积分数）。

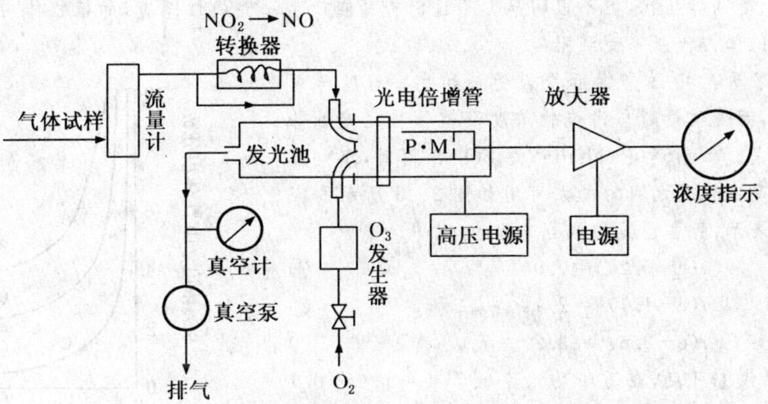

图 2-4′ 化学发光法测定 NO_x 的装置

2. 大气污染殃及植物

大气污染对植物的危害可分为急性的和慢性(或累积性)的两类。这两类危害作用都可能对植物的生长和生物量的产出引发不良影响。但在净化空气方面,植物又起了"代人受污"的作用。

当环境污染物浓度较高时,某些植物可在短时间内显示出坏死等不良症状的即是所谓的急性危害。表 2-3′列举了各种污染物对植物产生急性危害的临界浓度。图 2-5′则给出植物体受害后所显示的症状。

表 2-3′ 大气污染物对植物产生危害的临界浓度

污染物	产生急性危害的临界浓度①	敏感植物
氟化氢(HF)	0.005	唐菖蒲、郁金香、荞麦、玉米、杏、葡萄等
过氧乙酰硝酸酯(PAN)	0.003	矮牵牛、早熟禾、莴苣、斑豆、番茄、芥菜等
臭氧(O_3)	0.06	烟草、番茄、菠菜、马铃薯、燕麦、丁香等
二氧化硫(SO_2)	0.1	苜蓿、大麦、棉花、小麦、三叶草、甜菜等
二氧化氮(NO_2)	2.5	大豆、地瓜、番茄、茄子、芝麻、菠菜等

①近似值。其单位为:10^{-6}(体积分数)

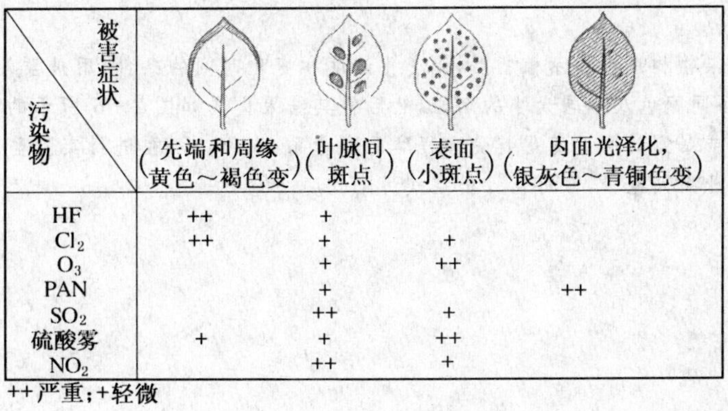

图 2-5′ 受害植物的被害症状

慢性危害是指植物在受到低浓度污染物间断而又长时间作用下的受害情况。在这种情况下,虽然也可能发生叶片黄化、萎凋等症状，但不很明显。不过仍有可能产生一些隐性障害，如植物体内光合作用、呼吸作用、酶活性作用、体内代谢等受到阻碍。

植物体吸收了大气中污染物后是否受害和受害程度与吸收量有极大关系，而吸收量则与污染物浓度及植物与之接触并受暴露的时间有关。如苜蓿花(alfalfa)受 SO_2 作用时，SO_2 浓度及暴露时间与受害程度之间的关系可用如图 2-6′所示的实验曲线(双曲线)表示，且各曲线的拟合方程为

$$t(c-0.24)=0.94 \quad ①$$

$$t(c-1.4)=2.1 \quad ②$$

$$t(c-2.6)=3.2 \quad ③$$

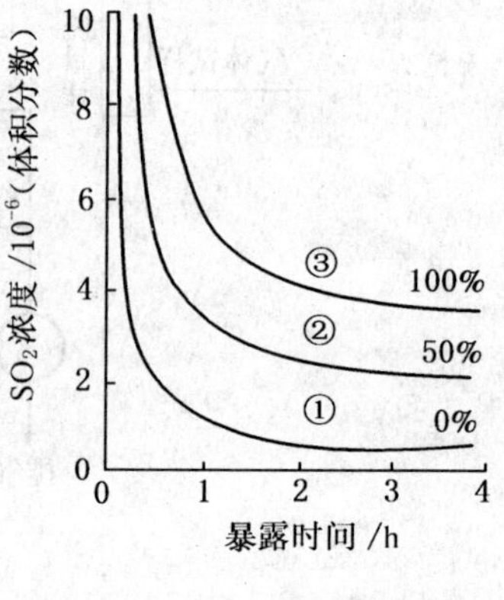

图 2-6′ 苜蓿花受害程度的关系曲线

由图 2-6′曲线①可见，在污染物浓度低于某一值(约 0.1×10^{-6} 体积分数，即临界浓度)时，任怎样长时间暴露也不会发生危害作用(危害程度 0%)。又，即使 SO_2 浓度再高，但在短时间(约 0.2h)暴露下，同样也不发生危害作用。曲线②和③则表明，只有在 SO_2 浓度足够高，而且植物受暴露时间足够长的条件下，才能出现相应程度的受害作用。上述内容对研究植物受大气污染物伤害情况具有一定的普遍意义。

影响植物受污、受害程度的其他因素尚有植物本身的性质(品种、养育期、气孔大小、体内组成等)和外环境条件(温度、湿度、光照、水分、施肥量等)。这些因素可影响植物对污染物的吸收速率。还由于污染物在大多数情况下，系通过植物气孔吸收进入其体内，所以气孔密度、大小、张开程度等对植物受纳污染物的吸收速率有决定性影响。

以下以大气污染物氟化氢为例，简述其对植物产生危害的情况。HF 是对植物毒性最强的一种大气污染物，与 SO_2 相比，其毒性要高出数十至数百倍。例如对 HF 最敏感植物唐菖蒲(gladiolus)在 HF 浓度为 1×10^{-9} 体积分数至 10×10^{-9} 体积分数并暴露 20 h 条件下，即会出现受害症状(图 2-5′)。存在于空气中的气态 HF 首先被植物叶子吸收，并溶解于其中所含水分而生成 HF 酸。随后，所生成的酸会通过叶片上细胞间隙流至导管，再流动、扩散遍及植物全身。尤易积聚在叶片尖端和边缘，到一定程度后原先是绿色的叶片会发生黄变乃至褐变。对于稻、麦等含硅酸盐的作物或大豆、油菜等含石灰质的作物，HF 则会与之分别生成(Si—F)或(Ca—F)键合的难溶物淀积出来。

植物受害于大气污染物的现象也有可资利用的方面。即利用这种现象和上述的一些规律性，以植物作为指示生物，对大气污染作生物监测①。现对一种最简单易行的生物监测方法作介绍如下

先选定一种指示植物，此类植物必须对所监测污染物具有明显的和良好再现性的反应。此外，这类植物应在被监测区容易生长和管理，且无病虫害干扰等问题。再则，植物应有同一种子来源，才能使监测结果具有可比性。

在确定被监测污染物和选定指示植物后，以变化浓度和变化时间的条件，用被监测污染物薰蒸指示植物的叶片，使之产生不同颜色及不同大小的烟斑，然后将其结果作成如图 2-6′所示的曲线或摄成照片，作成一个随污染物浓度或暴露时间而变化其受害程度的参考系列。此后，在进行实际监测工作时，将采集得到的植物叶片标本与此系列比较，即可估计出空气污染程度。

① 生物监测技术还可用于监测天然水、土壤等环境体系的污染物现状。除植物外，还可利用动物或微生物充作指示生物。

3 水圈和水体污染

水圈中所包含的天然水体有陆水和海水，合称地表水。除此之外，具有环境重要性的天然水体还有分属于大气圈和岩石圈的大气水和地下水，前者已在2.3.2中有所述及。有关地下水系的内容安排在本章3.3.6.4中作一简单介绍。

各类天然水体的总水量约为1.4×10^{18} t，它们既是地球上重要的生态系统，又是人类赖以生存的最重要资源之一，各种天然水系是工农业和生活用水的水源，又是受纳各种处理过或未处理过废水、污水的对象，还能借以发电和行舟等。近期世界范围内由于人口和经济快速增长，引起生活用水和生产用水量剧增，水污染问题日益严重，且灾难性气候变化频繁发生，使水资源匮乏已成为不容等闲视之的现实。

3.1 水的特性和水分子结构

水是最常见的物质，但它有许多异常特性。也正是由于这些特性，才使水在自然界和人类生活中普遍发生巨大作用，成为支配自然和人类环境中各种现象的主要因素。要研究水及其中杂质共同表现的水质特性，需先深入了解水本身的特性。表3-1归纳了这些特性。

表3-1 水的某些异常性质及其意义

性　质	特　点	意　义
状　态	一般为液态	提供生命介质，流动性
热　容	非常大	良好的传热介质，调节环境和有机体的温度
熔解热	非常大	使水处于稳定的液态，调节水温
蒸发热	非常大	对水蒸气的大气物理性质有意义，调节水温
密　度	3.98℃时极大	水体冰冻始于表面，控制水体中温度分布，保护水生生物
表面张力	非常大	生理学控制因素，控制液滴等表面现象
介电常数	非常大	高度溶解离子性物质并使其电离
水　合	非常广泛	对污染物是良好溶剂和载体，改变溶质生物化学性质
离　解	非常少	提供中性介质
透明度	大	透过可见光和长波段紫外线，在水体深处可发生光合作用

在地球表面的环境条件下，水可能呈三种物理状态，即液态、气态和固态。由于沸点和冰点间温度范围相当宽，且相变热很大，所以地球表面大量的水还是呈液态，于是构成了各种类型的天然水体。通常条件下呈液态这一点也正是水的最重要特点之一。

水的特性与水的分子结构相关。水分子中的氧原子受到四个电子对包围，其中两电子对与两个氢原子共享，形成两个共价键；另外两对是氧原子本身所持有的孤对电子。四个电子对间由于带负电而互相排斥，使它们有呈四面体结构的倾向，但因孤对电子占据的空间较小，与共享电子对相比具有更大的斥力，因此使 H—O—H 键角由 109.5°(几何正四面体)缩减到 104.5°。图 3-1(a)展示了单个水分子中四个电子对所形成的电子云形状。

氧原子具有比氢原子大得多的电负性，所以水分子中的两共享电子对趋向于氧而偏离氢，于是就在两个孤对电子上集中了更多负电荷，使水分子成为具有很大偶极矩的极性分子。这样的一个水分子就有可能通过正、负电间静电引力与近傍的四个水分子以氢键相联系。分子间氢键力大小为 18.81 kJ/mol，约为 O—H 共价键的 1/20，冰融化成水或水挥发成水汽，都首先需要外界供能破坏这些氢键。图 3-1(b)显示了水分子的一些结构参数。

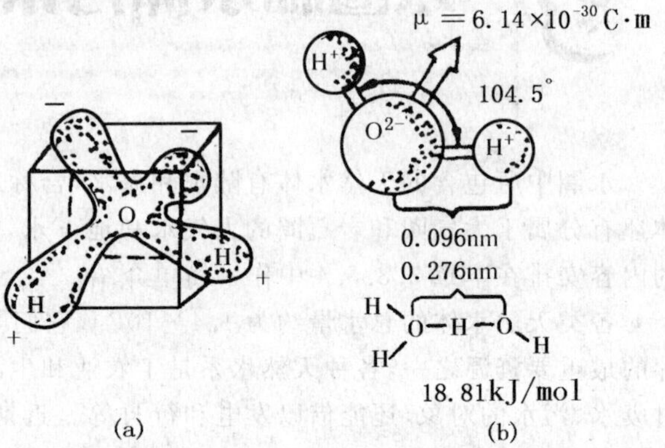

(a) 水分子的电子云 (b) 水分子的结构参数

图 3-1 水分子结构特点

冰和液态水的结构模型如图 3-2 所示。当冰开始融化成水时，冰的疏松的三维氢键结构中约有 15%氢键断裂，晶体结构崩溃，体积缩小而密度增大。如果有更多热能输入体系，将引起：(1) 更多氢键破裂，结构进一步分崩离析，密度进一步增大；(2) 体系温度升高，分子动能增加，由于分子振动加剧，而每一分子占据更大体积空间，所以这一因素又使密度趋于减小。上述两因素随温度升高而相互消长的结果，使淡水在 3.98℃时有最大密度。这种情况对水生生物越冬生活具有特别重要的意义。

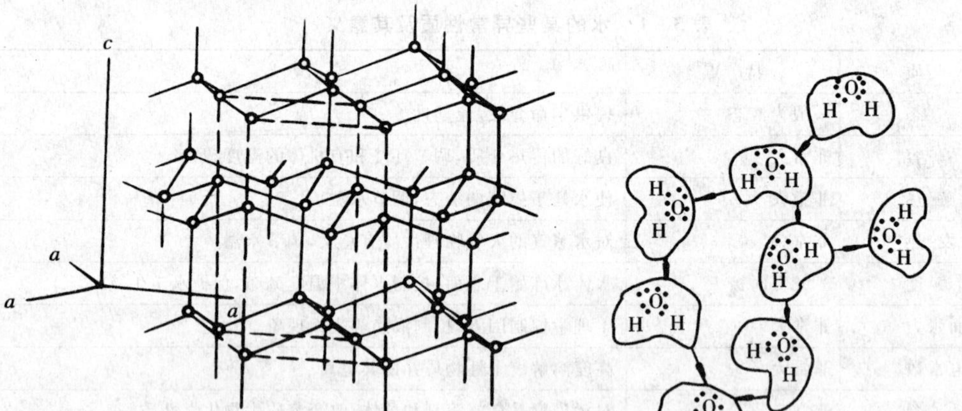

(a) 冰的结构 (b) 水的结构

图 3-2 冰和液态水的结构模型

在气相中的水极大多数以单分子形态存在，在一般温度和压力条件下，只有少量以二聚体或三聚体的形态存在。

从水的分子结构和水分子有形成较强氢键能力等基本性质出发，还可以解释表 3-1 中所列举的液态水的其他特性，如“热惰性”、大的表面张力等。

3.2 水的循环

地球上的天然水具有与地球几乎相同的年龄(约 46 亿年)。这么多的水又这样长久存在而不消散,这与水的性质、大气的化学组成、地球的质量及地球在太阳系中的位置(与太阳间距离适中)等因素有关。

图 3-3 所示为水在地球表层的循环,其驱动力是太阳能。图中方框代表储层,箭头所指代表水物质的迁移径路。水从某储层流出时,该储层被称为源;水自外流入储层时,该储层又被称为汇。为了定量描述水循环,还需要在方框内标出储层中水物质的总量(即贮存量),并在箭头处标出两储层间的通量。通量表示为在一定时期内(一般为一年)沿特定径路传质的数量。若某储层中水量保持恒定,这表示在流入量和输出量之间保持平衡,呈恒定状态。据此可定义恒定状态下水在该储层 i 中的滞留时间 τ_i① 为:

$$\tau_i = \frac{M_i}{R_i} \tag{3-1}$$

式中 M_i——水在储层 i 中的总质量;

R_i——水朝向储层 i 的流入速率(或输出速率,写作 P_i)

$$R_i = \frac{dM_i}{d\tau}$$

$$\left(或\ P_i = -\frac{dM_i}{d\tau}\right)$$

当体系处于恒定状态时,

$$P_i + R_i = 0 \tag{3-2}$$

即水在储层 i 中的流入速率恒定地等于输出速率。

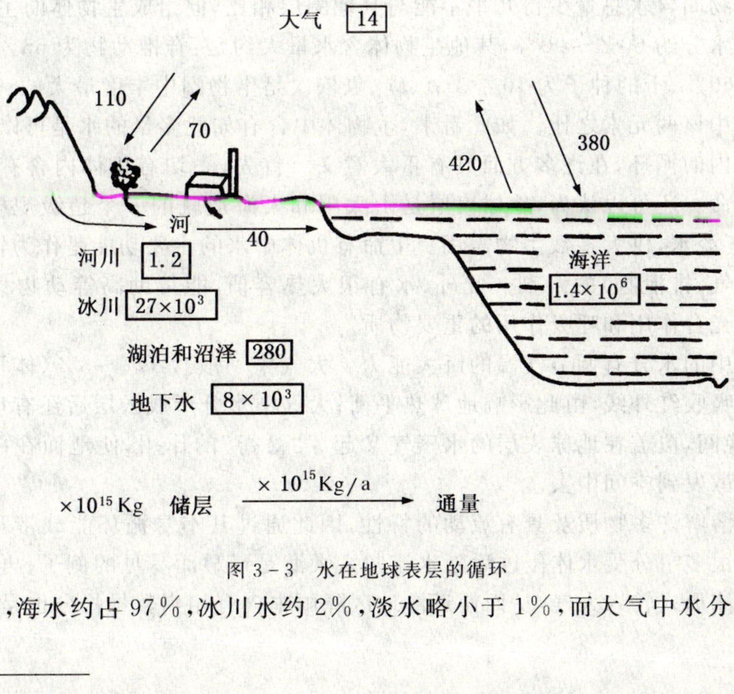

图 3-3 水在地球表层的循环

在地球表面,海水约占 97%,冰川水约 2%,淡水略小于 1%,而大气中水分远小于 1%。地

① 本书中多处出现“滞留时间”用词,对于水在各储层中滞留时间的定义同样适用于其他化学物质或化学污染物。

球表面水在各储层中滞留时间如表 3-2 所示。

表 3-2 水在环境中的平均滞留时间

区 域	平均滞留时间	区 域	平均滞留时间
大气	9～11 天	大陆	
		河川	2～3 周
海洋		湖泊	10～100 年
浅层	100～150 年	冰冠和冰川	10 000～15 000 年
最深层	30 000～40 000 年	深地下水	几千年
世界范围平均	3 000 年	浅地下水	几百年

例 1 正常情况下，大气层中含有水量 1.4×10^{16} kg。又已知地球表面积为 5.1×10^{18} cm^2，平均年降雨量为 90cm，求水在大气层中的滞留时间。(假定雨水密度为 $1.0g/cm^3$)

解 应用滞留时间的定义式(3-1)

$$\tau_i=\frac{M_i}{R_i}=\frac{M_i}{-P_i}$$

可计算得水在大气层中的滞留时间为：

$$\tau_{水}=\frac{1.4\times10^{16}\times10^3}{5.1\times10^{18}\times90\times1.0}$$

$$=0.03\text{ 年}\qquad\text{或 }11.0\text{ 天}$$

构成水循环的主要过程有蒸发、蒸腾、降雨和径流，多数属于相变过程。地球表面水经吸收太阳辐射热而蒸发，进入大气的水中有 83% 来自海洋，但通过雨雪而返回海洋的水量仅为 70% 左右；陆地水的情况正好与海水相反，也就是说，有一部分海水是通过河川归流入海而得到补足的。在河川水归海的过程中还有一部分渗入土壤或岩层，为植物吸收或转入地下水，缓慢流动后才归流海洋。生物圈含水总量少得几乎不能与其他圈层相比，但组成生物体的主要成分还是水。例如活细胞中含水分约 60%～90%，其他生物体含水量大约是：脊椎动物为 66%、哺乳动物平均为 85%、木材为 60%、干的种子为 10%。氧、碳、氢依次是生物圈中丰度最大的三元素，且氧和氢的比例接近于水中该两元素之比。如此看来，生物体中含有如此多量的水是可以理解的了。

水在生物圈内的循环，在许多方面具有重大意义。首先，一切有机体内含有大量水分，没有水就不可能有生命。还可以认为，地球表层是由太阳和大海造就的一个超级规模的蒸馏水制造装置，由此制得了淡水，供大多数生物需用。生命有机体中水的主要功能是作为输送和流通体内物质(如食物、氧气、排泄物)的溶剂。此外，水有很大热容值，能帮助高等动物身体维持平均体温。水还是参与光合作用和呼吸作用的重要物质。

流动于大气中的水分有调节气温的巨大能力。大气中一般含 1%～3%(体积)水蒸气，这部分水分子能强烈吸收红外线，由此影响地球热平衡；大气中水分形成云层后还有反射太阳光而降温的作用；到了晚间，覆盖在地球表层的水蒸气又起了“被褥”的作用，使地面在白天所吸收到的热量不至于大量散发到空间中去。

由于水具有溶解许多物质及具有流动的特性，因此通过其本身循环能载带和推动其他物质循环。岩石中的很多组分受水体侵蚀后随水流归入大海是最显而易见的例子；再如，海水中所溶解的盐分能以喷沫形式转入大气，从而使近海地区降雨中含有相当数量盐分也是一例。

3.3　天然水体系的组成和性质

3.3.1　天然水系的类别

各种类别的天然水系列举如下。

- 大气圈
  - 雨
  - 雪
  - 水蒸气
  - → 大气水
- 生物圈
  - 体液
  - 细胞内液
  - 生物聚合物中的结合水
- 岩石圈
  - 地下水
  - 岩浆水
  - 水合作用水
- 水圈
  - 陆水
    - 泉水和沼泽
    - 塘、湖、冰帽和雪帽
    - 河流、冰川
    - 河口海湾
  - 海水
    - 海洋
    - 海底沉积物中吸藏水
  - → 地表水

其中具有环境相对重要性的有地表水、地下水和大气水，它们分属于水圈、岩石圈和大气圈。

天然水在自然循环和被人利用的过程中受到污染，混入各种杂质，因此使各种水系具有不同水质。对某一天然水系，可以从地理、地质、物理、化学、生物等方面来描述它的性质状态，但从环境化学角度看问题，应突出这些方面与污染物性质之间的关系。

3.3.2　天然水体的构成及其组成物

天然水体是一种不可准确言状的复杂体系，在实验室根本无法获得与其毫无二致的模拟体系。所以对它们的任何描述都是简化的和粗略的。天然水体中存在着许多杂质（沾染物），且按其密度差异，可分别分散在上、中、下三个层次之中。例如与空气交界的河流表层富含脂肪酸、酯类等化合物，这些物质的分子大多是疏水性的，是造成这一层水表面张力增大的原因。因此，一些微小水生动物（如水蜘蛛）能在这类似绷床的表层水面上活动和生活。这一层之下还有一个含多糖、蛋白质等营养物质的薄层。在这里，溶解性有机物质浓度可达2 g/L～9 g/L，所以是河水中微生物的一个重要活动场所，每毫升水中可含 10^8 个细菌个体。在上层水面，还可能飘浮着各种生活垃圾（木片、纸屑等）和多种藻类。作为水体的另一个重要组成部分，在底层的沉积物中含有各种颗粒度不等的砾、砂、黏土、淤泥、生物的排泄物和尸体以及各种天然和人造的化学物质（金属、颗粒状有机物等）。

在占极大体积比率的中间层中所含的杂质主要是溶解性的分子和离子、胶体微粒和悬浮颗粒物，其种类之多达到不可计数的程度。溶解性分子和离子的粒度一般不大于10^{-3} μm，这类组分不可能通过过滤或沉降的方法从水中分去。胶体粒子可通过丁铎耳效应观察其在水体中的存在，这类粒子能穿过大多数过滤介质的孔目，且沉降速度甚慢，同样不能用过滤或沉降的方法从水中分去。直径大于 1 μm 的悬浮颗粒能被一般过滤介质阻留，也能在水中较快沉降，这些颗粒能阻碍日光透过，是造成水体外观浑浊的原因。水体中大多数微生物也属此类。悬浮颗粒物沉降、淀积在水底，即转为天然水体沉积物的组成部分。图 3-4 显示了存在于天然水中各种颗粒物的粒径大小及其在静水中的沉降速率。

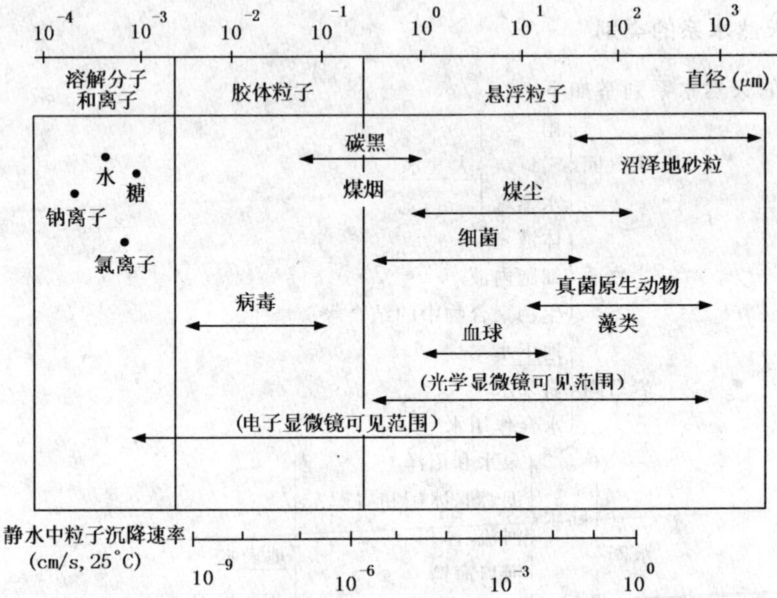

图 3-4 天然水中颗粒物质

天然水体中的生物种类和数量多得不可胜数，但可简单地划分为底栖生物、浮游生物、水生植物和鱼类四大类。生活在水体中的微生物是关系到水质的最重要的生物体，对此又可分为植物性的和动物性的两类。植物性微生物按其体内是否含叶绿素又可分为藻类和菌类微生物。一般的细菌(单细胞和多细胞)和真菌(霉菌、酵母菌等)都属于体内不含叶绿素的菌类。生活在水体中的单细胞原生动物以及轮虫、线虫之类的微小动物都是动物性的微生物。生活在天然水体中的较高级生物(如鱼)在数量上只占相对很小的比例，所以它们对水体化学性质的影响较小。相反，水质对它们生活的影响却很大。

根据上述可知，天然水体中除自然分层外，还含有包括生物体在内的种种异相物质。在考虑对一个污染水体作水质分析时，必须考虑待测污染物在水体中的分布状况，以期能采得有代表性的样品。表 3-3 列举了一些污染物在天然水体各部位的大致分布情况。

表 3-3 污染物在水体中分布的主要部位

污染物	主要部位			
	表层	中间层	颗粒物和沉积物	生物体
金属			○	○
氮、磷化合物		○		○
油、脂肪酸	○			
表面活性剂	○			
农药			○	○
卤代烃		○		
酚		○		○
单环芳烃			○	
多环芳烃			○	○

3.3.3 天然水体的化学组成及其存在形态

此处涉及的是地表水水体(海洋、河流、湖泊等)中间水层的化学组成。未污染地表水中存在的主要沾染物及其来源如表 3-4 所示。实际上,因为水是一种具有强溶解和强流动能力的溶剂,所以存在于地球上的一切天然物质或人类活动产物均有可能或多或少地出现在地表水水体中。杂质的浓度大小从几纳克每升(ng/L)到几百毫克每升(mg/L),取决于水体流域范围内岩石、土壤的组成以及该杂质的溶解度和其在水中发生的诸多物理化学过程。图 3-5 和图 3-6 分别为地表水水体中无机物和有机物的含有浓度范围。由于此图制作时数据有限,所以仅有有限的参考价值。但从图中仍可看出,溶于地表水中的主要杂质是:Na^+、Ca^{2+}、Mg^{2+}、HCO_3^-、SO_4^{2-}、Cl^- 及有机的木质素、腐殖质等。

表 3-4 天然水中杂质及其来源

来源	悬浮物	胶体	溶解性物质		
			分子	正离子	负离子
大气	←尘→		CO_2 SO_2 O_2 N_2	H^+	HCO_3^- SO_4^{2-}
土壤和矿物	←砂→ ←黏土粒→		CO_2	Na^+,K^+ Ca^{2+},Mg^{2+} Fe^{2+},Mn^{2+}	Cl^-,F^- SO_4^{2-},CO_3^{2-} HCO_3^-,NO_3^- PO_4^{3-},$P_2O_7^{4-}$ 等
生物体及其分解产物	藻类 硅藻类 细菌 ←土壤有机质→ 鱼和其他生物体	病毒 有机发色物	CO_2,O_2 N_2,H_2S CH_4 各种有机污染物	H^+ Na^+ NH_4^+	Cl^- HCO_3^- NO_3^-

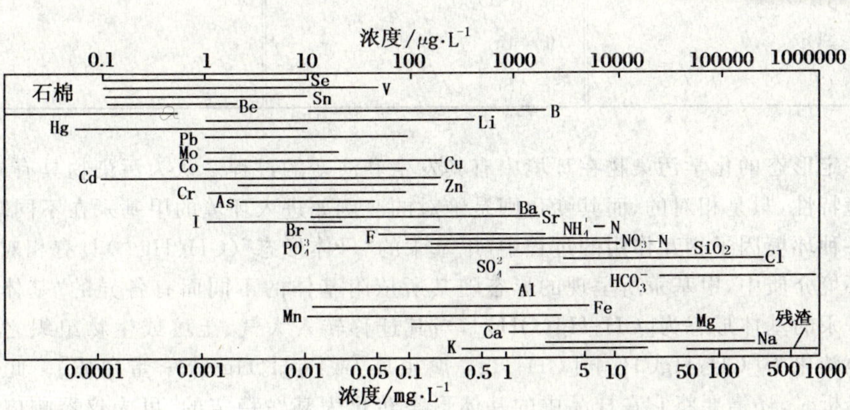

图 3-5 无机物在地表水中的平均浓度(可溶性气体不在其内)

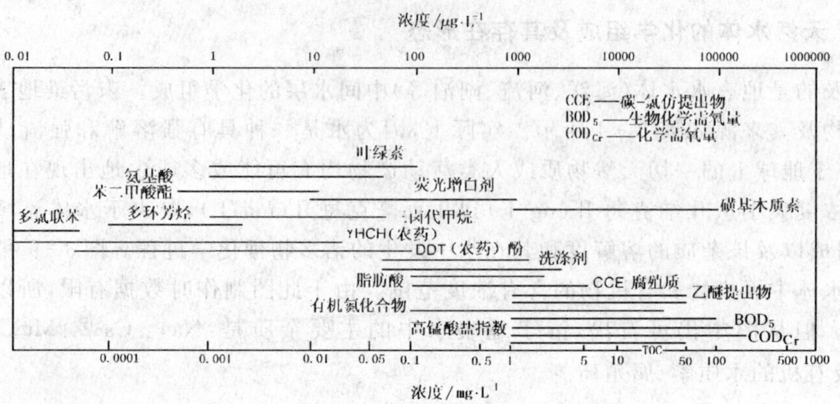

图 3-6 有机物在地表水中的平均浓度

化学物质在环境中有一定的赋存形态。广而言之,"形态"一词含义包括物理结合状态、化学态(有机的或无机的)、价态、化合态和化学异构态等多方面。表 3-5 列举了各化学元素在天然水体中存在的基本化学形态(元素的有机化合物形态没有包含在内)。

表 3-5 好氧条件下天然水体中可溶性无机物的基本存在形态

元素	基本形态	元素	基本形态	元素	基本形态
Li	Li^+	K	K^+	Mo	MoO_4^{2-}
Be	$BeOH^+$	Ca	Ca^{2+}	Ag	Ag^+
B	H_3BO_3,$B(OH)_4^-$	Cr	$Cr(OH)_3$,CrO_4^{2-}	Cd	Cd^{2+},$CdOH^+$,$CdCl^+$
C	HCO_3^-	Mn	Mn^{2+}	Sn	$SnO(OH)_3^-$
N	N_2,NO_3^-	Fe	$Fe(OH)_2^+$	I	IO_3^-,I^-
F	F^-	Co	Co^{2+}	Ba	Ba^{2+}
Na	Na^+	Ni	Ni^{2+}	Hg	$Hg(OH)_2^0$,$HgOHCl$,$HgCl_2^0$
Mg	Mg^{2+}	Cu	$CuCO_3$,$CuOH^+$	Tl	Tl^+
Al	$Al(OH)_4^-$	Zn	$ZnOH^+$,Zn^{2+},$ZnCO_3$	Pb	$PbCO_3$,$Pb(OH)_3^-$
Si	$Si(OH)_4$	As	$HAsO_4^{2-}$,$H_2AsO_4^-$	Bi	BiO^+,$Bi(OH)_2^+$
P	HPO_4^{2-}	Se	SeO_3^{2-}		
S	SO_4^{2-}	Br	Br^-		
Cl	Cl^-	Sr	Sr^{2+}		

具有一定形态的化学污染物在环境中有其发生和演变的过程。认为污染物具有确定的分子结构和环境特性,只是相对的,而其变化则是绝对的。例如进入环境的甲基汞在不同环境介质间迁移或与各种环境因子相互作用的过程中,甲基汞的"母体形态"(CH_3Hg^+)具有相对稳定性,但在不同的环境介质中,甲基汞所呈现的形态随其所依附基体的不同而有各异的"基体形态"。如在水中甲基汞的基体形态为[$CH_3Hg(OH)$],当其迁移转入大气、土壤或生物组织之后,它的形态就相应地转化为[CH_3HgCH_3]、[CH_3Hg—腐殖质]或[CH_3Hg—S—蛋白质]。此外,在作甲基汞浓度分析时,还需要将它在样品中的基体形态转化为某一稳定的、可为仪器响应的"分析形态"CH_3HgCl,而后送入仪器进行测定。

认定环境污染物在一定时限内的存在形态,并掌握它在环境因素影响下所发生形态变化,有关这方面的研究有很大环境化学意义。对此，列举三个例子略加说明。(1) 对于水体中浮游生物和鱼类来说，游离的金属离子形态可能是最富毒性的，稳定配合物或与胶粒相结合的形态则是低毒或无毒的。例如由酸雨引起湖水酸化，使原先存在于水体中的聚合氢氧化铝胶体转化为可与鱼鳃黏膜发生反应的 $Al(OH)_2^+$ 形态，从而破坏了生物膜的正常功能，导致鱼类大量死亡；(2) 存在于海水中铜的可能形态有 Cu^{2+}、$CuCO_3$、$Cu(OH)_x$、$CuCl_x$、$CuOHCl$、$CuSO_4$ 等，总浓度约 2×10^{-3} mg/L，用原子吸收分光光度法测定铜的总浓度和用离子选择性电极法测定离子态 Cu^{2+} 的浓度，两方面的结果显然是不可比拟的。通过这个例子可使我们认识到，在对水体中某些元素制订其监测方案和选定分析方法时，必须事先掌握有关研究对象存在形态方面的知识。(3) 用离子交换或螯合萃取等方法对含金属工业废水处理的效率，完全取决于废水中金属呈离子形态的含量分数。

3.3.4　天然水体作为碳酸体系的性质

3.3.4.1　碳酸平衡

在大气中含有一定分压的 CO_2，因此在所有的天然水体中都含有相应浓度的 $[CO_{2(aq)}]$、$[H_2CO_3]$、$[HCO_3^-]$ 和 $[CO_3^{2-}]$。考虑到 CO_2 在光合作用和呼吸作用中具有重大的意义，可知水中碳酸系统对于水体生物的正常生活有着非常重要的作用。除了源于空气中的 CO_2 外，水中碳酸化合物的来源还有岩石、土壤中碳酸盐和碳酸氢盐矿物的溶解、水生动植物的新陈代谢、水中有机物的生物氧化等。此外，水质处理过程中有时也需加入或产出各种碳酸化合物。

对于 CO_2-H_2O 系统作与 SO_2-H_2O 系统(2.6.3.2)类同的处理，可得到如表 3-6 所列的结果。在不同温度下 CO_2 的亨利系数 K_{HC} 和 H_2CO_3 的一级、二级电离平衡常数 K_{C_1} 和 K_{C_2} 的数值则列举在表 3-7 之中。

表 3-6　碳酸平衡系统

存在形态	$CO_{2(aq)}$、H_2CO_3、HCO_3^-、CO_3^{2-}	
各级平衡综合式	$H_2O+CO_{2(g)} \xrightleftharpoons{K_{HC}} H_2CO_3^* \xrightleftharpoons{K_{C_1}} H^+ + HCO_3^- \xrightleftharpoons{K_{C_2}} 2H^+ + CO_3^{2-}$	
电中性关系式	$[H^+]=[HCO_3^-]+2[CO_3^{2-}]+[OH^-]$	(1)
平衡常数	$K_{HC}=\dfrac{[H_2CO_3^*]}{p_{CO_2}}$	(2)
	$K_{C_1}=\dfrac{[H^+][HCO_3^-]}{[H_2CO_3^*]}$	(3)
	$K_{C_2}=\dfrac{[H^+][CO_3^{2-}]}{[HCO_3^-]}$	(4)
总无机碳	$C_T=[CO_3^{2-}]+[HCO_3^-]+[H_2CO_3^*]$	(5)
(总)碱度①	$[Alk]=[HCO_3^-]+2[CO_3^{2-}]+[OH^-]-[H^+]$	(6)
(总)酸度①	$[Acy]=2[H_2CO_3^*]+[HCO_3^-]+[H^+]-[OH^-]$	(7)

① 两者的数值单位分别是 mol$[H^+]$/L 和 mol$[OH^-]$/L，此外的常用单位还有 mol$[CaCO_3]$/L、mg$[CaCO_3]$/L 等。

以下对表 3-6 中所列的内容作若干必要的说明：

(a) 在水溶液中分子状态 CO_2 和 H_2CO_3 之间存在着如下平衡：

$$CO_{2(aq)}+H_2O \rightleftharpoons H_2CO_3$$

达到平衡时以 $CO_{2(aq)}$ 存在形态为主，而 H_2CO_3 形态只占游离碳酸总量中很小比例。如在 25℃ 温度下，$[H_2CO_3]/[CO_{2(aq)}]=10^{-2.8}$。因此将水中游离碳酸总量用 $[H_2CO_3^*]$ 表示时有

$$[H_2CO_3^*]=[CO_{2(aq)}]+[H_2CO_3]\doteq[CO_{2(aq)}] \quad (3-3)$$

在亨利定律表达式中也就可用$[H_2CO_3^*]$来替代$[CO_{2(aq)}]$，这样处理能为平衡计算带来方便。

(b) 一级电离常数 K_{C_1} 表达式中分母项用$[H_2CO_3^*]$代替$[H_2CO_3]$，K_{C_1} 被称为实用一级电离常数。

(c) 体系中能接受质子的各种组分相加合组成水样的碱度；能给出质子的各种组分相加合组成水样的酸度。按此定义，酸度和 pH 值间、碱度和 pOH 值之间，在概念上显然是存在区别的。

表 3-7　碳酸系统的平衡常数

温度℃	$-\lg K_{HC}$	$-\lg K_{C_1}$	$-\lg K_{C_2}$
0	1.11	6.58	10.63
5	1.19	6.52	10.56
10	1.27	6.46	10.49
15	1.33	6.42	10.43
20	1.41	6.38	10.38
25	1.47	6.35	10.33
30	1.53	6.33	10.29
40	1.64	6.30	10.22
50	1.72	6.29	10.17

以下将体系分为封闭的碳酸体系和开放的碳酸体系来作进一步的介绍。

3.3.4.2　封闭碳酸体系

假定将水中溶解$[H_2CO_3^*]$看作为不挥发酸，由此组成的是封闭碳酸体系。我们可在海底深处、地下水、锅炉水及实验室水样中遇到这样的体系。

在平衡体系中，$[H_2CO_3^*]$、$[HCO_3^-]$、$[CO_3^{2-}]$三种形态浓度比率的表达式如下：

$$\alpha_{H_2CO_3^*}=\frac{[H_2CO_3^*]}{C_T}=\left[1+\frac{K_{C_1}}{[H^+]}+\frac{K_{C_1}\cdot K_{C_2}}{[H^+]^2}\right]^{-1} \quad (3-4)$$

$$\alpha_{HCO_3^-}=\frac{[HCO_3^-]}{C_T}=\left[1+\frac{[H^+]}{K_{C_1}}+\frac{K_{C_2}}{[H^+]}\right]^{-1} \quad (3-5)$$

$$\alpha_{CO_3^{2-}}=\frac{[CO_3^{2-}]}{C_T}=\left[1+\frac{[H^+]}{K_{C_2}}+\frac{[H^+]^2}{K_{C_1}K_{C_2}}\right]^{-1} \quad (3-6)$$

由此三式并通过计算可了解 $\alpha_{H_2CO_3^*}$、$\alpha_{HCO_3^-}$、$\alpha_{CO_3^{2-}}$ 随 pH 值变化而消长的情况。其计算结果作成图 3-7。

由图可见，在低 pH 区内，溶液中只有 $CO_2+H_2CO_3$，在高 pH 区则只有 CO_3^{2-}，而 HCO_3^- 在中等 pH 区内占绝对优势。三种碳酸形态在平衡时的浓度比例与溶液 pH 值有完全相应的关系。每种碳酸形态浓度受外界影响而变化时，将会引起其他各种碳酸形态的浓度以及溶液 pH 值的变化，而溶液 pH 值的变化也会同时引起各碳酸形态浓度比例的变化。由此可见，水中的碳酸平衡同 pH 值是密切相关的。

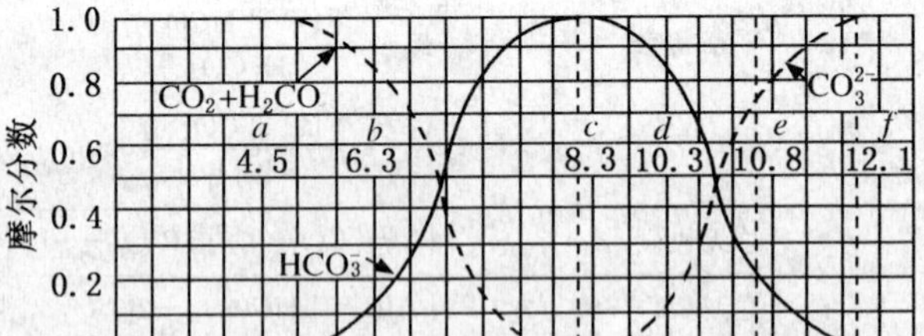

图 3-7　三种碳酸的摩尔分数变化曲线($C_T=2\times10^{-3}$mol/L，25℃)

在图 3-7 中，*a*、*b*、*c*、*d*、*e*、*f* 等特征点所对应的 pH 值已同时标在曲线上。这些 pH 值也可通过计算得出。如配制浓度同为 2×10^{-3} mol/L 的$[H_2CO_3^*]$、$[NaHCO_3]$、$[Na_2CO_3]$溶液，则三

种溶液的 pH 计算值分别相当于 a、c、e 三点所显示的 pH 值，具体计算如下：

a 点：$[H^+] \doteq [C_T \cdot K_{C_1}]^{0.5} = 2.98 \times 10^{-5}$，相应于 pH=4.5

c 点：$[H^+] \doteq [K_{C_1} \cdot K_{C_2}]^{0.5} = 4.57 \times 10^{-9}$，相应于 pH=8.3

e 点：$[H^+] \doteq \left(\dfrac{K_{C_2} \cdot K_W}{C_T}\right)^{0.5} = 1.53 \times 10^{-11}$，相应于 pH=10.8

b 和 d 的 pH 值则分别相当于：

b 点：$pH = pK_{C_1} = 6.3$

d 点：$pH = pK_{C_2} = 10.3$

f 点的位置可根据曲线对称性予以推算为 pH=12.1。在相应于 f 点的 pH 值下，$[CO_3^{2-}]$形态约占 99%，但因 CO_3^{2-} 还会发生水解，即中和的逆反应：

$$CO_3^{2-} + H_2O \rightleftharpoons OH^- + HCO_3^-$$

所以 2×10^{-3} mol/L$[Na_2CO_3]$纯溶液的 pH 值实际上移到了 e 点位置。

综上所述，对封闭碳酸平衡体系的特性归纳如下：

(a) 系统 pH 值范围约为 4.5～10.8 当水样中另外含有强酸时，pH 值将小于 4.5；或当另外含有强碱时，pH 值也可大于 10.8。

(b) 在图 3-7 中，pH=8.3 的特征点 c 可看作是一个分界点 当体系 pH 小于 8.3 时，可以认为 CO_3^{2-} 含量甚微，水中只有$(CO_2 + H_2CO_3)$和 HCO_3^-，可只考虑一级碳酸平衡即：

$$[H^+] = K_{C_1} \frac{[H_2CO_3^*]}{[HCO_3^-]} \tag{3-7}$$

$$pH = pK_{C_1} - \lg[H_2CO_3^*] + \lg[HCO_3^-]$$

当溶液的 pH>8.3 时，$[H_2CO_3^*]$的浓度就可忽略不计，认为水中只存在 HCO_3^- 和 CO_3^{2-}，应考虑二级碳酸平衡即：

$$[H^+] = K_{C_2} \frac{[HCO_3^-]}{[CO_3^{2-}]} \tag{3-8}$$

$$pH = pK_{C_2} - \lg[HCO_3^-] + \lg[CO_3^{2-}]$$

3.3.4.3 开放碳酸体系

这里所指的是与大气相通的碳酸水溶液体系。按亨利定律，水溶液中碳酸浓度随大气中 p_{CO_2} 分压而变：

$$[H_2CO_3^*] \approx [CO_{2(aq)}] = K_{HC}\, p_{CO_2} \tag{3-9}$$

且有
$$K_s = \frac{[H_2CO_3]}{[CO_{2(aq)}]} = 10^{-2.8} \tag{3-10}$$

将此两式与表 3-6 所列 K_{C_1}、K_{C_2} 表达式相结合，可导出体系内各组分随 pH 值变化而消长的关系式如下（为使关系式数值化，同时代入了 25℃下各平衡常数值和大气中 CO_2 实际分压值 p_{CO_2} =36 Pa）：

$$\lg[H_2CO_3^*] \approx \lg[CO_{2(aq)}] = \lg K_{HC} + \lg p_{CO_2} = -4.9 \quad \text{(斜率为 0 的直线)}$$

$$\lg[H_2CO_3] = \lg[CO_{2(aq)}] - \lg K_s = -7.7 \quad \text{(斜率为 0 的直线)}$$

$$\lg[HCO_3^-] = \lg K_{C_1} + \lg[H_2CO_3^*] + pH = -11.3 + pH \quad \text{(斜率为 +1 的直线)}$$

$$\lg[CO_3^{2-}] = \lg K_{C_1} + \lg K_{C_2} + \lg[H_2CO_3^*] + 2pH = -21.6 + 2pH \quad \text{(斜率为 +2 的直线)}$$

另有 $\lg[H^+]=-pH$

$\lg[OH^-]=pH-14$

将以上六方程作成如图 3-8 所示的开放碳酸体系各组分浓度与 pH 的关系图。在图中外加了总无机碳量 C_T 与 pH 的关系曲线，此曲线是上列四直线的叠加结果。从图中可以看出，在开放体系中，当 pH<6 时碳酸形态以 $[H_2CO_3^*]$ 为主，pH=6～10 时以 $[HCO_3^-]$ 为主，pH>10.3 时则以 $[CO_3^{2-}]$ 为主。

按与 SO_2-H_2O 体系(参见 2.6.3.2)类似处理，可得到计算开放体系碳酸溶液 pH 值的三次方程：

$$[H^+]^3-(K_W+K_{HC}\cdot K_{C_1}\cdot p_{CO_2})[H^+]-2K_{HC}\cdot K_{C_1}\cdot K_{C_2}\cdot p_{CO_2}=0 \quad (3-11)$$

假定气相中 CO_2 浓度为 33 Pa(约 1972 年全球大气平均水平)，在温度为 283 K 条件下，可通过解上列三次方程得到 pH≐5.6。这个 pH 值被用来判定雨水是否"纯净"，通常也将 pH 小于 5.6 的降水称为酸雨。

3.3.4.4 酸度和碱度

天然水体中存在着多量弱酸(如碳酸、硅酸、硼酸、乙酸等)，强酸弱碱盐(如硫酸铝、氯化铁等)，有时还可能出现某些强酸(如盐酸、硫酸、硝酸等)，它们都对水系统提供酸度，其酸度值决定于这些组分的数量和它们的离解程度。可以将总酸度分为离子酸度和后备酸度两部分，前者由 H^+ 质子提供并与水样的 pH 值相应，后者与水系统的缓冲能力相关。

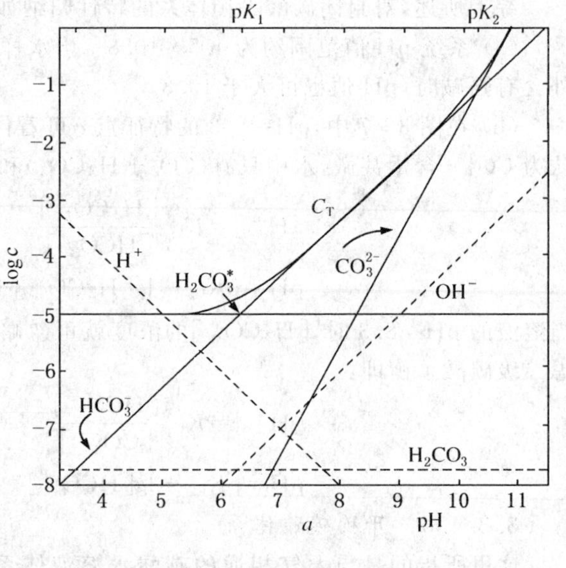

图 3-8 平衡的碳酸水溶液开放体系

天然水体中还存在着多量弱碱(如 NH_3、$C_6H_5NH_2$ 等)，强碱弱酸盐(如碳酸盐、碳酸氢盐及硼酸、硅酸、磷酸、乙酸、腐殖酸等的盐类)，有时还可能出现某些强碱(如氢氧化钠、氢氧化钙等)，它们都对水系统提供碱度，其碱度值决定于这些组分的数量和它们的离解程度。

碱度被定义为：凡在水中离解或水解后生成可与强酸(H^+)反应的物质总量称为水的碱度。相应地定义酸度为水中能与强碱(OH^-)反应的物质总量。考虑到水中很多物质(如 HCO_3^- 是其一)兼能与强酸和强碱发生反应，碱度和酸度在定义上有交互重叠部分，所以除了 pH<4.5 的水样外，一般使用了碱度就不再用酸度表示水样的酸碱性。

碱度和酸度是水体缓冲能力的测度，天然水体可受纳酸碱废水的容量受这类参数的制约。此外，各类工业用水、农田灌溉水或饮用水等都有一个适宜的碱度(或酸度)数值范围。

以下将天然水体近似看作纯碳酸体系，对它的酸度和碱度作进一步论述。

向含碳酸的清水中加入强酸或强碱，一方面可引起溶液 pH 值改变，另一方面也促使碳酸平衡综合式(表 3-6)向左或向右移动，这样就引起碳酸存在形态的转化，这种变化就是图 3-7 中反映的三种碳酸形态比例变化曲线。一般清水中含碳酸的总量约在 2×10^{-3} mol/L 左右，相应此浓度绘制中和曲线如图 3-9 所示。

如图，假定有一个 pH 小于 4.5 的水样，当以甲基橙作指示剂并用标准碱溶液进行中和滴定到 pH＝4.5(指示剂由红色转为黄色)时，所耗用标准碱液的体积数即相当于“无机酸度”。这时水样中的强酸成分全部被碱液中和。向水样加入酚酞指示剂后，继续中和滴定到 pH＝8.3(指示剂由无色转为红色)时，第二次滴定耗用的标准碱液的体积数相当于“游离 CO_2 酸度”。在这个过程中，由原水样中 $H_2CO_3^*$ 所提供的酸度按以下反应被碱液中和：

$$H_2CO_3^* + OH^- \longrightarrow HCO_3^- + H_2O$$

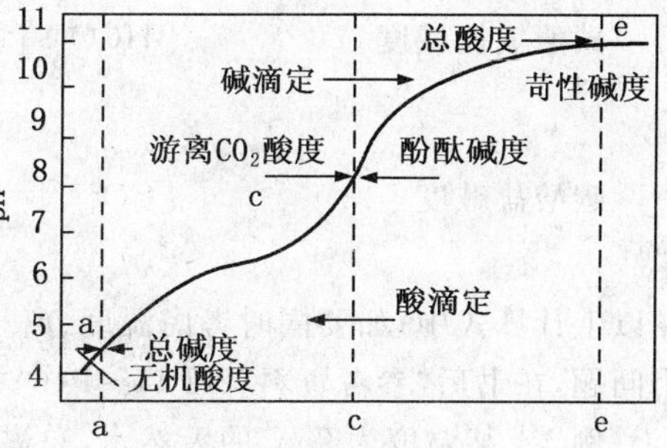

图 3-9 含碳酸水的中和曲线

无机酸度和游离 CO_2 酸度之和合称酚酞酸度。对原水样继续作第三次滴定，达到 pH＝10.8 时所耗用的标准碱液体积数与前两次滴定所耗体积数之和相当于水样的“总酸度”。在这个 pH 值下，水样中可与滴定碱液相作用的酸性物质全部被中和，但由于中和曲线在此点没有明显突跃，也没有适宜的酸碱指示剂可用于确定终点，所以这项“总酸度”只能是理论性的，一般并不进行这种测定。在第三次滴定中发生的反应为：

$$HCO_3^- + OH^- \longrightarrow CO_3^{2-} + H_2O$$

另假定有一个 pH＞10.8 的水样，当用标准酸溶液进行中和滴定到 pH＝10.8 时，所耗用的标准酸体积数相当于“苛性碱度”，这时水样中的强碱性成分全部被酸液中和。但由于同上述总酸度不可实测的同样原因，苛性碱度也是无法测定的。向水样加入酚酞指示剂后，继续中和滴定到 pH＝8.3(指示剂由红色转为无色)时，两次滴定耗用标准酸的体积数之和相当于水样的“酚酞碱度”。在第二次滴定过程中发生如下反应：

$$CO_3^{2-} + H^+ \longrightarrow HCO_3^-$$

向水样加入甲基橙指示剂后，继续中和滴定到 pH＝4.5(指示剂由黄色转为红色)时，则三次滴定耗用标准酸体积数的总和就相当于“总碱度”或称为“甲基橙碱度”。在第三次滴定过程中发生如下反应：

$$HCO_3^- + H^+ \longrightarrow H_2CO_3^*$$

到此为止，水样中可与滴定酸液相作用的碱性物质全部被中和。各国惯用的酸度和碱度单位不尽一致(参见表 3-6 注)，应用时要注意区分，并掌握各单位间的转换关系。

按以上定义，酚酞碱度、甲基橙碱度(即总碱度)是经采得水样后可实际测定的水质指标。但将对碱度有贡献的苛性碱度或称氢氧化物碱度(OH^-)、碳酸盐碱度(CO_3^{2-})和碳酸氢盐碱度(HCO_3^-)三者从总碱度中区分开来具有更大实用意义。为此，已提出多种可供使用的方法。这里介绍的是通过实测 pH 和总碱度 Alk 值后而求得这三种碱度的平衡计算法。现限定温度为 25℃，且以 mol[$CaCO_3$]/L 作碱度单位。由实测 pH 值首先可求得

氢氧化物碱度 $[OH^-]=10^{(pH-pK_w)}=10^{(pH-14.00)}$

以 mol[$CaCO_3$]/L 为单位的总碱度定义式为：

$$[Alk]=[CO_3^{2-}]+\frac{1}{2}[HCO_3^-]+\frac{1}{2}[OH^-]-\frac{1}{2}[H^+] \tag{3-12}$$

此外，由 K_{C_2} 定义式可得

$$[CO_3^{2-}]=\frac{K_{C_2}[HCO_3^-]}{[H^+]}$$

将以上两式归并整理后可得如下两计算式：

碳酸氢盐碱度　　$$[HCO_3^-]=\frac{2[Alk]-[OH^-]+[H^+]}{\frac{2K_{C_2}}{[H^+]}+1} \tag{3-13}$$

碳酸盐碱度　　$$[CO_3^{2-}]=\frac{2[Alk]-[OH^-]+[H^+]}{2+\frac{[H^+]}{K_{C_2}}} \tag{3-14}$$

在以上计算式中，如要同时考虑温度、离子强度等校正因素，则计算会变得非常复杂。为解决这个问题，在书后“参考资料”2(P44～P46)中提供了使用便利的列线图。

例 2　某温度为 25℃的天然水，总碱度$[Alk]=1.00\times10^{-3}$ mol$[H^+]$/L，pH=7.0，其表层经光合反应($HCO_3^-+H_2O+h\nu\longrightarrow\{CH_2O\}+OH^-+O_2$)后 pH 值增至 10.0，求(1) 这个过程前后水中总无机碳浓度的变化；(2) 经光合作用产生的相应生物量为多少？

解：除式(3-13)和式(3-14)外，从总碱度定义式(3-12)还可推得：

$$[H_2CO_3^*]=\frac{2[Alk]-[OH^-]+[H^+]}{\left[\frac{2K_{C_1}K_{C_2}}{[H^+]^2}+\frac{K_{C_1}}{[H^+]}\right]}$$

将 $K_{C_1}=10^{-6.3}$，$K_{C_2}=10^{-10.3}$，$[Alk]=\frac{1.00\times10^{-3}}{2}=0.5\times10^{-3}$ mol($CaCO_3$)/L 以及 pH=7.0 或 pH=10.0 代入以上三式，可得结果如下表

	pH=7.0	pH=10.0
$[H_2CO_3^*]$	2.0×10^{-4}	9.0×10^{-8}
$[HCO_3^-]$	1.0×10^{-3}	4.5×10^{-4}
$[CO_3^{2-}]$	5.0×10^{-7}	2.3×10^{-4}
$\sum=1.2\times10^{-3}$		$\sum=6.8\times10^{-4}$

所以，$\Delta C_T=(6.8\times10^{-4})-(1.2\times10^{-3})=-5.2\times10^{-4}$ mol/L

(2) 光合作用产生的生物量以$\{CH_2O\}$形态计量，其值相当于过程中总无机碳 C_T 的减少量。由于 $M_{(CH_2O)}=30$

所以，产生生物量$=30\times(5.2\times10^{-4})\times1000=15.6$ mg/L

解题结果表明，含有一定碱度的天然水在发生光合作用时，水的 pH 值上升，并有相当数量的无机碳转化为生物量，所以碱度可被看作为水体肥力(因而也是水生生物繁殖能力)的一种近似量度。

3.3.4.5　天然水体的缓冲容量

向共轭酸碱体系外加别的酸$[H^+]$或碱$[OH^-]$，并经过酸碱反应被体系消耗后，仅能引起 pH 值微小变化的事实引出缓冲作用的概念。酸碱体系的缓冲容量(β)被定义为：若使该水溶液体系的 pH 值升高一个单位所需加入强碱 NaOH 的摩尔数(c_B，mol/L)。β 总是取正值，所以若向溶液中加入强酸 HCl(c_A，mol/L)，则相当于取出了同样数量的强碱。由此，缓冲容量表达式为：

$$\beta=\frac{dc_B}{dpH}=-\frac{dc_A}{dpH} \tag{3-15}$$

或　　$$\beta=\frac{\Delta c_B}{\Delta pH}=-\frac{\Delta c_A}{\Delta pH} \tag{3-16}$$

天然水体的缓冲容量首先取决于其中所含碳酸浓度，其次因素是内含磷酸盐或腐殖质的浓度。富营养水体比贫营养水体具有更大缓冲容量。以下列举从两种不同天然水体采得样品的缓

冲容量实测值，虽然两者有相同 pH 值，但水样 2 中含较高[HCO_3^-]浓度，其 β 值也较大。

水样号	pH	[HCO_3^-] /mg·L^{-1}	总无机碳 C_T /10^{-3}M	$\beta\left(\frac{-\Delta c_A}{\Delta pH\times10^3}\right)$
1	7.0	74	1.49	0.5
2	7.0	277	5.56	1.92

对地表水来说，一般只有很小缓冲容量，不能随意多量受纳酸碱废水，否则将引起 pH 值很大变化，对水质和水生生物会产生很大影响。一般当地表水的实测 pH 值小于 4.5 或大于 10.8 时，表明水体必定已经受到强酸或强碱的污染。

3.3.5 天然水体中的颗粒物和沉积物

取一份水样，按图 3-10 所示的程序操作，可测得水样中有关悬浮固体物和溶解固体物的各种参数。

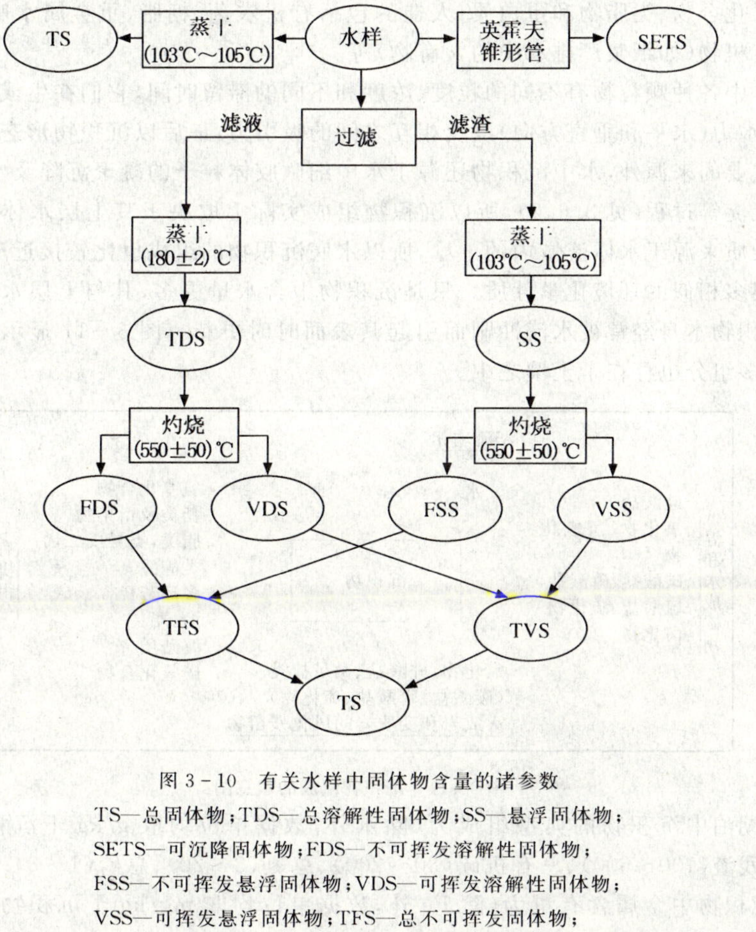

图 3-10 有关水样中固体物含量的诸参数

TS—总固体物；TDS—总溶解性固体物；SS—悬浮固体物；
SETS—可沉降固体物；FDS—不可挥发溶解性固体物；
FSS—不可挥发悬浮固体物；VDS—可挥发溶解性固体物；
VSS—可挥发悬浮固体物；TFS—总不可挥发固体物；
TVS—总可挥发固体物

总固体物 TS 包括总溶解性固体物 TDS(又称过滤性残渣)和悬浮固体物 SS(又称非过滤性残渣)，后者是表征多种地表水和废水水质的重要物性参数，成为水质监测中的必测项目。总固体物又可分为挥发性固体物和不可挥发固体物两部分，它们分别与水样中有机物和无机矿物质含量相关。

天然水体中颗粒物质的来源和相应的性质主要有如下五个方面。

(a) 陆生的岩石碎屑，包括性质稳定的石英(SiO_2)、刚玉(Al_2O_3)或赤铁矿(Fe_2O_3)等颗粒物，它们是由陆地岩石经各种风化作用碎裂以后，再经水流、风或海滩波浪作用进入水体。它们密度较大、容易沉降；颗粒的粒级范围较宽，但在某一窄小的沉积区域中有较整齐的粒度。

(b) 黏土矿物，原是土壤的主要成分铝硅酸盐经风化作用生成，再经风或水流载带进入各水体。其中所含水合金属氧化物是水解产物，可能通过凝聚作用而沉降。

(c) 碳酸盐和硅石，是由生物体残骸中"硬性"部分经分散而形成，在营养物供给充分的水体中含量较丰富。通过各种复杂的自然过程，这些颗粒物又常以珊瑚礁等形态聚集在水体浅底部位。

(d) 颗粒状有机物，是生物体残骸中"软性"部分，其中包含生物体碎屑和相当多数量细菌，由它们组成了水体中大多数的悬浮颗粒物。这一类物质中只有很小部分能构成水底沉积物，但在别的沉积物迁移和变化过程中起很大作用。

(e) 天然和人造的化学物质，这类物质种类众多，含量变化也较大。天然化合物多数是一些大分子的碳水化合物、类脂物和蛋白质；人造的包括有机农药、糖脂、重金属水解产物、放射性核素及颗粒状有机物(如纸浆厂排水中的含有物)等。

天然水体中各种颗粒物有不同的粒度、浓度和不同的滞留时间，它们在生成过程和迁移过程中受到重力、水力(水平和垂直方向)以及相互之间的吸引力，最后以沉积物形态汇集于水底。除颗粒物是一重要的来源外，水中沉积物还源于水中细微胶体粒子的凝聚沉降及水中分子、离子态物质的化学沉淀等过程(见 3.6.2)，所以沉积物组成实际上取决于其上层水体的组成。又由于水中大部分杂质来源于水体流域内的土壤，所以水底沉积物的组成也比较接近于土壤的组成，且两者间具有很多相似的环境化学性质。只是沉积物中含水量更多，其与上层水体间的相界面不甚分明，且沉积物本身经常被水流冲刷而引起其表面时时更新。图 3-11 显示了沉积物的组成示意，其中很多组分也存在于土壤之中。

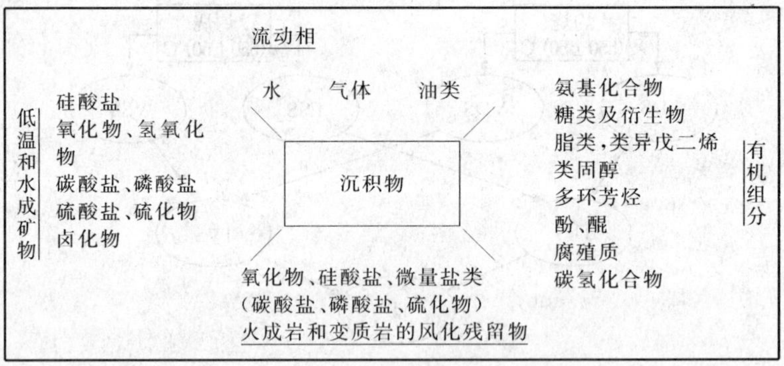

图 3-11 沉积物组成的示意图

据报道，湖泊中沉积物的典型组成为(除水外，数据单位均取 g/kg 干沉积物)：水 75%～95%、挥发性残渣(100～600)、总有机碳(30～200)、总氮(3～20)、总磷(1～3)。另有报道称，我国松花江的沉积物中金属含有量为(除 Fe 外，数据单位均取 mg/kg 干沉积物)：Fe 3.06%、Cu 21.0、Pb 7.4、Zn 89.6、Cd 0.26、Co 16.0、Ni 24.0、As 5.91、Hg 0.033、Cr 33.0、Mn 539。

水中悬浮颗粒物和沉积物都具有很大比表面，是水中众多污染物在水环境中迁移、转化的载体、储库和归宿，也正是环境化学和污染物化学的重要研究内容。

3.3.6 几种重要的天然水体

3.3.6.1 海洋

海洋覆盖着 70.8%的地球表面，总面积约 361×10^{12} m^2（图 3-12），平均深度 3 800 m，所以总体积为 $1\,370\times10^{15}$ m^3。

海水有很大含盐量，离子强度 I 约为 0.7，表现出强电解质溶液性质。与纯水相比，海水具有冰点下降特性，且有很大的密度、电导率、折光率、渗透压等。

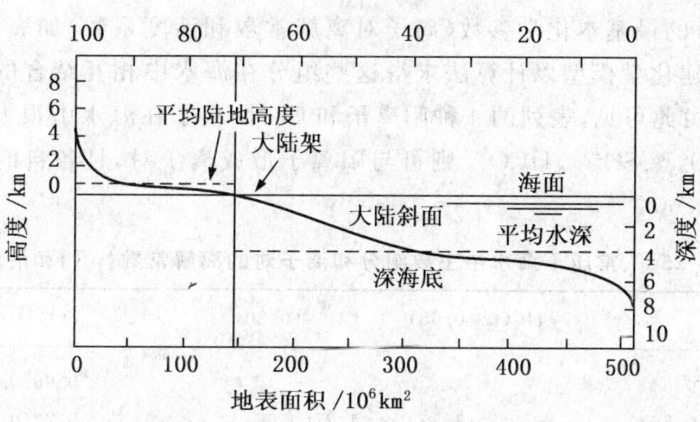

图 3-12 地球表面的陆地-海洋分布

温度和盐度是决定海水各种性质的决定性因数。海洋中的温度和盐度随深度而变化的情况如图 3-13 所示，同图还显示了溶解氧浓度及浅水区光透过度与深度之间的关系。就总体来说，海水的平均温度不超过 4℃，盐度可能达到 35‰，光透过性大约是数十米。海洋表层是富氧的，这起因于大气氧的补充和海中浮游生物的光合作用。在深水地区直到海底氧含量很低又很均一。

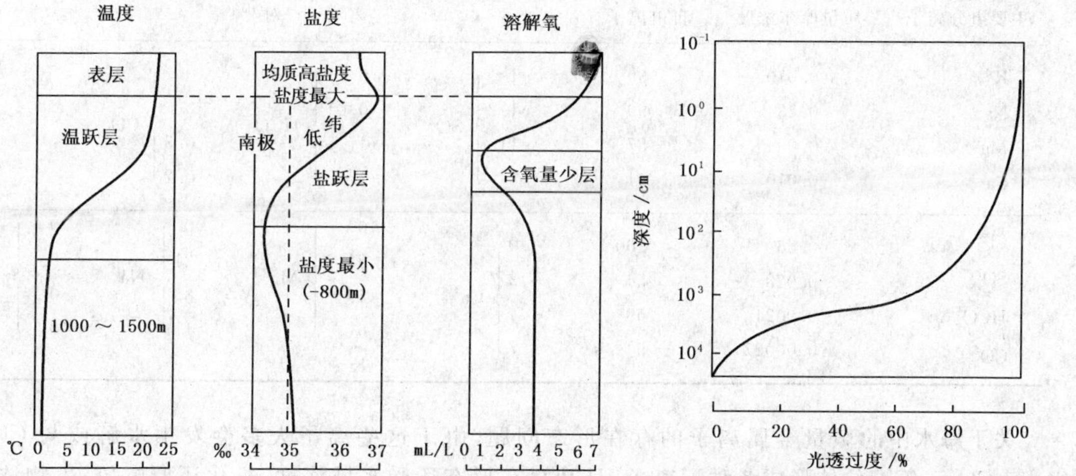

图 3-13 海洋中温度、盐度、溶解氧量和光透过度随深度变化情况示例

海水 pH 值在表层为 8.1～8.3，在深层可下降到 7.8。海水中溶解着大量盐类和气体，化学组成非常复杂，几乎包含了周期表中所有的元素。有关海水化学组成问题在此只能作一简述。溶解于海水中的物质按它们存在的数量可分为三类，即主要离子、少量物质和微量元素。占溶质总量 99%的主要成分依次为 Cl^-、Na^+、Mg^{2+}、SO_4^{2-}、Ca^{2+}、K^+ 和（HCO_3^- + CO_3^{2-}）。由于各大

洋水流相通，而且混合充分，因此这些主要离子中除（HCO_3^- 和 CO_3^{2-}）浓度变动较大外，其他离子的相对比例基本上是恒定的（但并不排除海水组成在水平和垂直方向上有规律的一定变化）。因此可通过含氯量来推算其他主要组分在海水中的浓度。

含氯量包括水样中氯化物、溴化物和碘化物总和（后两者被折算为氯化物）。盐度和含氯量之间的经验关系式为

$$盐度‰ = 0.03 + 1.805(含氯量‰) \tag{3-17}$$

盐度在此被定义为在水样中所有碳酸盐转化为氧化物，所有溴化物和碘化物被转换为氯化物以及所有有机物被氧化后计得的水中总固体物浓度。极大多数海水的盐度在33‰～37‰。

海水中主要组分的最基本化学参数（离子对离解常数和活度系数）如表 3－8 所示。由这些数据出发，可通过组建化学模型以计算法求得这些组分在海水中相互结合的形态分数。计算结果如表 3－9 所示。由此可见，表列的 4 种阳离子和 Cl^- 阴离子在海水中很大程度甚至全部呈自由离子状态存在；CO_3^{2-}、SO_4^{2-}、HCO_3^- 则可与阳离子形成离子对，且各自的离子对形成能力依次递减。

表 3－8　25℃、常压下海水中主要组分和离子对的离解常数（p*K*）和活度系数①

		HCO_3 (0.68)	CO_3^{2-} (0.20)	SO_4^{2-} (0.12)
K^+	(0.64)	—	—	0.96(0.68)
Na^+	(0.76)	－0.25(1.13)	1.27(0.68)	0.72(0.68)
Ca^{2+}	(0.28)	1.26(0.68)	3.2(1.13)	2.31(1.13)
Mg^{2+}	(0.36)	1.16(0.68)	3.4(1.13)	2.36(1.13)

① 括号外数字为 p*K* 值，括号内数字为活度系数值；设定含氯量为 19‰。

表 3－9　海水中主要元素存在形态的百分比

主要组分离子	质量摩尔浓度	自由离子/%	离子对/%			
			SO_4^{2-}	HCO_3	CO_3^{2-}	
K^+	0.010	99	1	0	0	
Na^+	0.48	99	1.2	0.01	0	
Mg^{2+}	0.054	87	11	1	0.3	
Ca^{2+}	0.010	91	8	1	0.2	
			Ca^{2+}	Mg^{2+}	Na^+	K^+
Cl^-	0.56	100	0	0	0	0
SO_4^{2-}	0.028	54	3	21.5	21	0.5
HCO_3^-	0.0024	69	4	19	8	0
CO_3^{2-}	0.00027	9	7	67	17	0

关于海水中的微量金属离子的存在形态问题，由于这些离子大多会发生水解或与 Cl^-、SO_4^{2-}、CO_3^{2-} 等配位体形成各种配离子，且其存在形态还受水域深度、氧化还原电位、生物浓集等因素影响，所以情况要比常量离子复杂得多。虽然在具备必要的数据基础上也能类似常量离子那样作计算处理，但需要再经分析手段予以验证。可想而知，有关这方面的分析技术也有着相当的难度和复杂性。

对海水中溶解性有机碳（DOC）的确切组成尚不了解，其浓度一般为 1 mg/L～5 mg/L，近海岸处可能达到 20 mg/L，而在 300 米以下深处可降低至 0.5 mg/L。表 3－10 列举了各种海水中

DOC的典型数据。为了比较，将河水的数据也一并列入。

表 3-10 海水和河水中 DOC 浓度/$mg \cdot L^{-1}$

系 统	正常值	最高值	系 统	正常值	最高值
海 湾	1～5	20	深层海水	0.5～0.8	—
海 滨	1～5	20	河 水	10～20	50
表面海水	1～1.5	—			

显然，海洋是一个开放系统，它时刻与外系统间发生物质和能量的交换。例如，每年有(3.3～3.8)×10^{13} m^3 的水由河流流入海洋，其中带入溶解盐类有38.5亿吨，悬浮物有32.5亿吨。此外在海洋-大气、海洋-海底间也都发生着物质和能量往返传输和交换的过程。在大气和海洋交界的海面能生成微粒气溶胶，湿度较高时，颗粒较大；湿度低时，可呈干的海盐微粒。这些颗粒物可经大气对流或风力运送达到数千米高空或内陆地区，在大气降水形成过程中起凝结核作用。这些颗粒物的化学组成与海水有很大差异，这是因为：(1) 海面上水泡破裂形成水滴时，因各种气象因素作用，其成分已与海水相异；(2) 海水滴蒸发干涸时，其中容易结晶的组分率先析出分去，结果成为两颗或两颗以上化学组成和性质相异的粒子。

有关海洋污染问题约有以下几个主要方面：

(a) 由汇入海洋的河水夹带的工农业废水以及投弃海洋的各种工业废物；

(b) 在由河水夹带入海的生活污水中含有很丰富的营养物质，可在河口、海湾地区引起赤潮；

(c) 依傍海岸建立的核电站、热电站排水中的放射性污染物和热污染；

(d) 由运输船只机房排出的机油，由海难事件中油轮倾翻的大量原油；

(e) 各种塑料制件(破碎鱼网、船上丢弃入海的废塑料制品)；

(f) 由旅游事业引起的海滨地区污染等。

3.3.6.2 河流

大气降水及来自地下的水向低洼处汇集，并在重力作用下沿泄水的长条形凹槽流动，且终年有水者称为河流。常年性流水和槽床(即河床)是形成河流的基本条件。有关河流水体的基本综合性质有受纳水量、水位、流速、流量、含固量、矿化度(即以 g/kg 表示的离子总浓度)等。

与地下水相比，河流是敞开流动水体；与海洋相比，河流只有很小的水量(占地球总水量的百万分之一)。所以河流水质变动幅度很大，因地区、气候等条件而异，且受生物和人类社会活动的影响最大。

一般说来，河水(还有海水)都是含碳酸型的水质系统，以平衡碳酸组分(见3.3.4)作为水质的基本调节因素，因此其化学成分也有一定的稳定性。在主要离子中，一般 Na^+、Ca^{2+} 占大多数，阴离子含量一般递减顺序是 HCO_3^-、Cl^-、SO_4^{2-}。河流的主要污染物是各种有毒金属和各类有机物。

世界上大多数工业城市都是依傍着大的河流建造发展起来的。生产用水和生活用水以及随后产生的废水、污水都以河流作为吞吐对象。也就是说，河流是人们汲取用水的源泉，也是藏垢纳污之处。虽然许多工厂，特别是造纸厂、食品加工厂、化工厂、钢铁厂、石油炼制厂等都设有废水处理系统，但这种系统的处理效率不可能是百分之百的，最终排水中仍还含有一定数量的有毒有害物质。

释入河流的重金属污染物(Hg、Cd、Pb 等)很容易被水中悬浮颗粒物吸附，随即沉入水底。所以中上层水体受金属污染的程度较轻微，危害性也较小。当富含有机物的城市污水经排污管释入河流水体后，随水逐流的污染物会引起上下游水段内溶解氧渐次降低的效应，造成种种不良环境后果。有关污水中耗氧性有机物降解过程及与之有关的水体自净过程将在 5.5.5 和 5.5.6 中详细介绍。

3.3.6.3 湖泊

由地面上大小形状不同的洼地积水而成湖泊。形成湖泊必须条件是要具有一个周围高、中间低的能蓄水的湖盆以及长期有水蓄积。图 3-14 所示是一个典型湖岸的剖面图。湖岸线形态自湖盆形成起就与时俱变，主要因为湖面受风力发生波浪而侵蚀湖岸，由此产生砂土，并沿湖岸流动，再通过湖岸流及下层湖水的返流被搬运到湖深处，从而形成湖棚和湖棚崖。经长期地质年代演变，湖盆还有可能被各种来源的砂土或湖内产物所埋没。

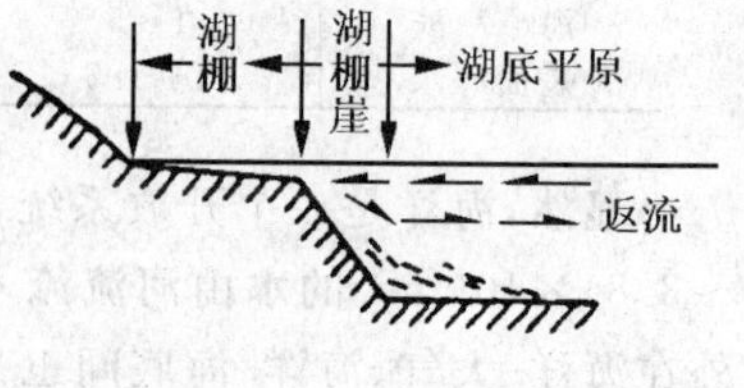

图 3-14 湖岸剖面图

湖水水流缓慢，蒸发量大，蒸发掉的水靠河流及地下水补偿。湖水中含钙、镁、钠、钾、硅、氮、磷、锰、铁等元素，其中氮、磷等元素引起的富营养化问题（参见 9.5）是湖泊的主要污染问题。呈低营养度的水体适宜于水体流动和水生生物游动，而中等营养度的水体最适宜藻类和鱼类等水生生物正常生活，但具有高营养度的水体反而造成藻类大量萌生，水中溶解氧浓度大为降低，因此进一步引起水道阻塞、鱼类生存空间缩小和呼吸需氧量不足、有害有毒的还原性气体 H_2S 的产生等一系列不良后果。还可以认为，富营养化是湖泊等水体的衰老表现，极端富营养化会使湖泊演化为沼泽或干地。近代，由酸雨引起湖水酸化是湖泊的另一严重污染问题。例如由火成岩基质构成湖盆的湖泊因缺少碱性物质而不能抵御酸雨侵袭，当湖水 pH 值降到 5.5 以下时，会发生鱼类大量死亡的后果。

3.3.6.4 地下水

地球表面的淡水大部分是贮存在地面之下的地下水。鉴于当前地表水污染日益严重，所以地下水成为宝贵的淡水资源。地下水的主要水源是大气降水。降水中一部分通过岩石和土壤的间隙而渗入地下形成地下水。严格地说，存在于地表之下饱和层的水体才是地下水，即是由水的重力克服了向上的毛细管力从而汇聚在此的水分（图 3-15）。

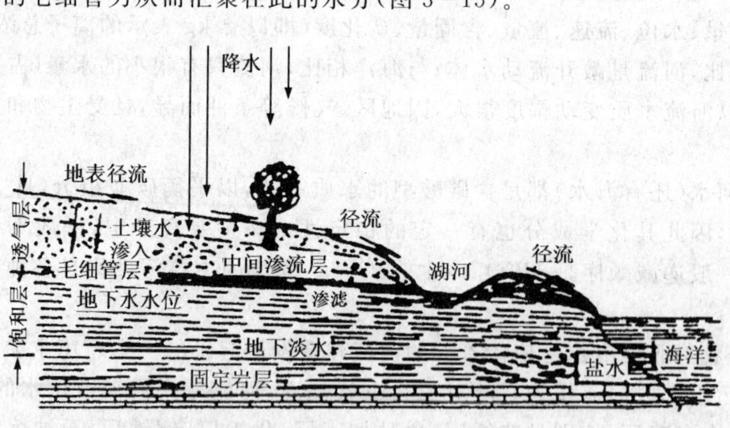

图 3-15 地下水体的形成

降水抵达地面之后，在与土壤、岩石物质及细菌等长久反复接触的天然过程中，发生了过滤、吸附、离子交换、淋溶和生物化学等作用，使原降水水质发生很大变化。归纳起来，地下水水质有如下特点：(1) 悬浮颗粒物含量很少，水体清沏透明；(2) 无菌、盐分高、硬度大、含较多量的有机物；(3) 不与空气接触，水体呈还原态，铁、锰等元素以 Fe^{2+}、Mn^{2+} 低价形态存在；(4) 水温不受气温影响；(5) 因有岩石等阻隔，流动速度很小，各部位水层的水质也可有很大差异。

地下水中污染物质主要来源于人们的生产或生活活动，具体有以下几个方面。

耗氧污染物　当某些生活污水、工业废水或固体废物的沥取液流过土壤表层时，其中一些耗氧物质被土壤过滤或者发生生物氧化而被除去，但其残留部分仍可能进入地下水水体。

病原体，如细菌、病毒、原生动物等　污水流过土壤层后，细菌和较大个体的微生物被滤除；病毒虽能穿透土层，但进入地下水水体后，经过长时间迁移会失去活性。但在一些选址不当的浅井井水中仍然有可能检出这些病菌。

植物营养物质　当降水流经富含肥料的土壤时，土壤中所含的氮、磷化合物可能被淋溶而穿透土层，随后归入地下水水体。

有机化学物品　例如在低浓度下就呈现较大毒性的杀虫剂、农药随农田灌溉水渗滤而进入地下水体。

放射性物质　随着原子能工业的发展，世界范围内积累了大量的放射性废弃物，其处置法之一就是深井投弃。经投弃的放射性废物经年长日久之后，难保不会渗入地下水水体，尤其是长寿命的放射性核素对地下水的危害性更大。

总的说来，地下水不如地表水那样容易受到污染，但因为地下水基本上属于封闭水系（深层地下水的滞留时间可达几千年），在地层之下不易挥发、不被稀释和不易发生降解，因此水系一旦受到污染，就非常难以通过自然过程或人为手段予以消除。除污染问题外，过量汲取和利用地下水将会引起海水倒灌入井和陆地沉降等问题。

3.4 天然水的水质

3.4.1 水质指标

各种天然水系是工农业和生活用水的水源，还能借以发电和行舟等。作为一种资源来说，水质、水量和水能是度量水资源可利用价值的三个重要指标，而与水环境污染密切相关的则是水质指标。由于一般水体兼作汲取用水的水源和受纳废水的对象，且用水水源经常受到污染，废水排放前一般都要先经处理，所以用水和排水两者在水质方面有愈相接近的趋势，也存在着许多共通的水质指标。所谓水质指标，指的是水样中除水分子外所含杂质的种类和数量或浓度。显然，天然水在环境中迁移或加工、使用过程中都会发生水质变化。从应用角度看问题，水质只具有相对意义。例如经二重蒸馏处理后所得纯水只是在精密化学实验室中才称得上是优质水。相反，对饮用水则要求其中含有一定数量的杂质（含相当数量溶解态二氧化碳，适量钙、镁和微量铁、锰及某些有机物质等）。

天然水（也兼及各种用水、废水）的水质指标，可分为物理、化学、生物、放射性四类。有些指标可直接用某一种杂质的浓度来表示其含量，有些指标则是利用某一类杂质的共同特性来间接反映其含量，如有机物杂质可用需氧量（化学需氧量、生物化学需氧量、总需氧量）作为综合指标（也被称之为非专一性指标）。常用的水质指标有数十项，现将有关这些指标的意义列举如下：

1）物理指标

温度	影响水的其他物理性质和生物、化学过程
臭和味	感官性指标，可借以判断某些杂质或有害成分存在与否
颜色	感官性指标，水中悬浮物、胶体或溶解类物质均可生色
浊度	由水中悬浮物或胶体状颗粒物质引起
透明度	与浊度意义相反，但两者同是反映水中杂质对透过光的阻碍程度
固体物（残渣）	见 3.3.5

2）化学指标

(a) 非专一性指标①

电导率	表示水样中可溶性电解质总量
pH 值	水样酸碱性
氧化还原电位	决定水中变价元素的形态
硬度	由可溶性钙盐和镁盐组成，引起用水管路中发生沉积和结垢
碱度	一般来源于水样中 OH^-、CO_3^{2-}、HCO_3^- 离子。关系到水中许多化学反应过程
无机酸度	源于工业酸性废水或矿井排水，有腐蚀作用

(b) 无机物指标

铝	影响水的可饮用性，对金属有腐蚀作用，对生物有一定毒性
铁	在不同条件下可呈 Fe^{2+} 或胶粒 $Fe(OH)_3$ 状态，造成水有铁锈味和混浊，形成水垢、繁生铁细菌
锰	常以 Mn^{2+} 形态存在，其很多化学行为与铁相似
铜	影响水的可饮用性，对金属管道有侵蚀作用
锌	很多化学行为与铜相似
钠	天然水中主要的易溶组分，对水质不发生重要影响
硅	多以 H_4SiO_4 形态普遍存在于天然水中，含量变化幅度大
有毒金属	常见的有镉、汞、铅、铬等，一般来源于工业废水
有毒准金属	常见的有砷、硒等，砷化物有剧毒，硒化物产生嗅感和味觉
氯化物	影响可饮用性，腐蚀金属表面
氟化物	饮水浓度控制在 1 mg/L 可防止龋齿，高浓度时有腐蚀性
硫酸盐	水体缺氧条件下经微生物反硫化作用转化为有毒的 H_2S
硝酸盐氮	通过饮用水过量摄入婴幼儿体内时，转为亚硝酸盐而致毒（见下项）
亚硝酸盐氮	是婴幼儿高铁血红蛋白症的病原物，与仲胺类作用生成致癌的亚硝胺类化合物
氨氮	呈 NH_4^+ 和 NH_3 形态存在，NH_3 形态对鱼有危害，用 Cl_2 处理水时可产生有毒的氯胺，又可引起水体富营养问题
磷酸盐	基本上有三种形态：正磷酸盐、多磷酸盐和有机键合的磷酸盐，是生命必须物质，可引起水体富营养化问题
氰化物	剧毒，进入生物体后破坏高铁细胞色素氧化酶的正常作用，致使组织缺氧窒

① 在有的书中将电导率、pH 值、氧化还原电位归入物理指标。

	息
(c) 非专一性有机物指标	
生物化学需氧量 (BOD)	水体通过微生物作用发生自然净化的能力标度。废水生物处理效果标度
化学需氧量(COD)	有机污染物浓度指标
高锰酸盐指数(PV)	易氧化有机污染物及还原性无机物的浓度指标
总需氧量(TOD)	近于理论耗氧量值
总有机碳(TOC)	近于理论有机碳量值
酚类	多数酚化合物对人体毒性不大，但有臭味(特别是氯化过的水)，影响可饮用性
洗涤剂类	仅有轻微毒性，有发泡性
石油类	影响空气-水界面间氧的交换，被微生物降解时耗氧，使水质恶化
(d) 溶解性气体	
氧气	为大多数高等水生生物呼吸所需，腐蚀金属，水体中缺氧时又会产生有害的 CH_4、H_2S 等
二氧化碳	大多数天然水系中碳酸体系的组成物
3) 生物指标	
细菌总数	对饮用水进行卫生学评价时的依据
大肠菌群	水体被粪便污染程度的指标
藻类	水体营养状态指标
4) 放射性指标	
总 α、总 β、铀、镭、钍等	生物体受过量辐照时(特别是内照射)可引起各种放射病或烧伤等

3.4.2 水质标准

本节内容涉及我国疆域内所有江、河、湖泊、水库等具有使用功能的地表水。国家环境保护局于 2002 年发布了《地表水环境质量标准》GB3838—2002(有关海水水质标准另列于 GB3097—1997)，在该标准中，依据环境功能和保护目标将地表水划分为以下五类：

Ⅰ类 主要适用于源头水、国家自然保护区；

Ⅱ类 主要适用于集中式生活饮用水地表水源地一级保护区、珍稀水生生物栖息地、鱼虾类产卵场、仔幼鱼的索饵场等；

Ⅲ类 主要适用于集中式生活饮用水地表水源地二级保护区、鱼虾类越冬场、洄游通道、水产养殖区等渔业水域及游泳区；

Ⅳ类 主要适用于一般工业用水区及人体非直接接触的娱乐用水区；

Ⅴ类 主要适用于农业用水区及一般景观要求水域。

相应以上五类水域的水质要求，提出 24 项水质指标并规定了它们的标准值以及相应的选配分析方法。有关内容参见表 3-11(限于篇幅，未列出标准值)。综合归纳金属类、非金属类和有机化合物类的分析方法大体有以下几种：

金属类化合物——比色法(或称分光光度法，下同)、原子吸收分光光度法；

非金属类化合物——比色法、离子选择电极法、容量法；

有机化合物——比色法、容量法。

表 3-11 地表水环境质量标准基本项目分析方法

序号	项 目	分 析 方 法①	最低检出限/mg·L⁻¹
1	水温	温度计法	
2	pH 值	玻璃电极法	
3	溶解氧	碘量法	0.2
		电化学探头法	
4	高锰酸盐指数	酸性(或碱性)高锰酸钾法	0.5
5	化学需氧量	重铬酸盐法	10
6	五日生化需氧量	稀释与接种法	2
7	氨氮	纳氏试剂比色法	0.05
		水杨酸分光光度法	0.01
8	总磷	钼酸铵分光光度法	0.01
9	总氮	碱性过硫酸钾消解紫外分光光度法	0.05
10	铜	2,9-二甲基-1,10-菲啰啉分光光度法	0.06
		二乙基二硫代氨基甲酸钠分光光度法	0.010
		原子吸收分光光度法(螯合萃取法)	0.001
11	锌	原子吸收分光光度法	0.05
12	氟化物	氟试剂分光光度法	0.05
		离子选择电极法	0.05
		离子色谱法	0.02
13	硒	2,3-二氨基萘荧光法	0.000 25
		石墨炉原子吸收分光光度法	0.003
14	砷	二乙基二硫代氨基甲酸银分光光度法	0.007
		冷原子荧光法	0.000 06
15	汞	冷原子吸收分光光度法	0.000 05
		冷原子荧光法	0.000 05
16	镉	原子吸收分光光度法(螯合萃取法)	0.001
17	铬(六价)	二苯碳酰二肼分光光度法	0.004
18	铅	原子吸收分光光度法(螯合萃取法)	0.01
19	氰化物	异烟酸-吡唑啉酮比色法	0.004
		吡啶-巴比妥酸比色法	0.002
20	挥发酚	蒸馏后 4-氨基安替比林分光光度法	0.002
21	石油类	红外分光光度法	0.01
22	阴离子表面活性剂	亚甲基蓝分光光度法	0.05
23	硫化物	亚甲基蓝分光光度法	0.005
		直接显色分光光度法	0.004
24	粪大肠菌群	多管发酵法、滤膜法	

① 参照有关国家标准或《水和废水监测分析方法(第三版)》,中国环境科学出版社,1989 年。

3.4.3　与水体中有机污染物相关的水质指标

在天然水体中本来就存在着相当数量的天然有机残体，属于水中需氧物之类。水体中需氧污染物的人为来源主要有生活污水、牲畜污水及食品、造纸、制革、印染、焦化、石油化工等工业废水。从排水的量上看，生活污水是需氧污染物质的最主要来源。目前国外不少城市的生活污水人均已达 600 L/d，也正是生活污水中的需氧有机物使流经世界上各大城市的河流遭受严重污染。

由于水体中有机污染物种类繁多，不可能逐一测定每一种有机物质的含量和耗氧量，又因为有机污染物的主要危害是消耗水中溶解氧的含量，所以在实际工作中一般采用下列"非专一性参数"来作为水中耗氧有机物的指标：(1) 生物化学需氧量(BOD)；(2) 化学需氧量(COD)；(3) 总需氧量(TOD)；(4) 总有机碳量(TOC)。对于单一化合物，则可以通过化学反应方程进行计算，以求得其理论需氧量(ThOD)或理论有机碳量(ThOC)，在这些参数中，BOD 和 COD 是天然水、用水、废水的经常性必测水质指标。

现考虑浓度为 1 mg/L 的邻苯二甲酸氢钾纯水溶液，从理论上计算该有机物被彻底氧化为 CO_2 和 H_2O 时需要消耗多少氧气。首先写出氧化反应方程：

$$2KHC_6H_4(COO)_2+15O_2 = 16CO_2+5H_2O+K_2O$$

由此可以算出水中所含该有机物全部被氧化后，水中溶解氧将降低 1.175 mg/L 这样一个浓度数值，也就是该水溶液的理论需氧量 ThOD 为 1.175 mg/L。由上列方程还可以计算出水中邻苯二甲酸氢钾内全部的含碳量，即理论有机碳 ThOC 值相当于 0.47 mg/L。我们还可以说，对浓度为 1 mg/L 的邻苯二甲酸氢钾的纯水溶液，有 ThOD/ThOC=1.175/0.47=2.5 的比值。

上述计算以邻苯二甲酸氢钾为例，是因为该化合物在 COD、TOD、TOC 测定中作为标准试剂使用，具有一定代表性的缘故。

在对各种有机物作 ThOD 或 ThOC 计算时，应考虑该化合物中各变价元素都被氧化为最高氧化数，即 $C \longrightarrow CO_2$、$H \longrightarrow H_2O$、$N \longrightarrow NO_3^-$、$S \longrightarrow SO_4^{2-}$、$P \longrightarrow PO_4^{3-}$。

对于有机化合物在水中发生的氧化反应，如果是借助生物作用进行的，则经实验测定的需氧量为 BOD(经 5 天试验时间所得测定值计作 BOD_5)；如果是借助强化学氧化剂通过化学反应进行的，则经实验测定的需氧量为 COD(以 $K_2Cr_2O_7$ 为氧化剂，也写作 COD_{Cr})或 PV(以 $KMnO_4$ 为氧化剂)；如果是借助于干法燃烧而进行的，则根据燃烧过程中消耗氧气量的测定值即可计得 TOD 值，根据燃烧过程中释出 CO_2 量的测定值即可计得 TOC 值。

各种天然水和废水的耗氧参数通常在数值上的关系是：

$$ThOD > TOD > COD_{Cr} > BOD_5$$

实测 COD 与 BOD_5 的差值可以粗略表示废水、污水中不可生化降解部分有机物的需氧量，而 BOD_5/COD 的比值可大致表示水中有机物的可生化降解特性。一般认为比值大于 0.2～0.3 时，水中有机物是可生化降解的，而大于 0.5 时为易生化降解的。

水体中微生物靠水中的有机营养物质营生，而营养物质在被微生物降解的同时，水体本身也获得了净化。BOD 值的测定就是模仿水体中这种自净现象发生的条件，在实验室测定水样的污染程度。对生化需氧量 BOD 发生过程进行研究，不但能反映出有机污染物的浓度水平，还能了解生物降解的动力学过程和该过程所能达到的程度(见 5.3.2.4)。

综上所述，表征污染水体中需氧有机物浓度的实用参数有两组，一组是氧参数，包括 BOD、COD、TOD 等；另一组是碳参数，主要是 TOC。

BOD被正式定为水质有机污染物指标始于1913年，当时英国皇家污水处理委员会确定了在65℉(18.3℃)和培养5天的条件下测定BOD值的方法。1936年美国公众健康协会将20℃、五日生化、稀释水样的方法列为水和废水中BOD值测定的标准检验法，此后这种方法在所用试剂和具体测定步骤方面经过多次改进，目前已为包括我国在内的许多国家所采用。最近10多年来，研究者们还陆续提出一些新的测定方法，包括自动测定法、快速测定法及最近几年出现的利用生物膜传感技术的BOD测定法。

以BOD值作为污染程度的水质指标还有许多不足之处。首先，测定时间需5天，所得数据对于了解水污染情况并进一步采取措施以控制污染已经失去意义；其次，单一的BOD数据往往不足以确定水体受污染的严重程度，例如受某些难降解有机污染物严重污染的水体样品，反倒测不到有很高的BOD值；此外，BOD测定实验技术要求较高，其准确度和重复性都很差，相对标准偏差通常大于±15%；最后，5天生化需氧量的测定只能表征水体受碳水化合物污染的程度。尽管如此，目前仍然被采用的BOD参数对于估量天然水体自净能力和待处理废水可生化程度等方面还是具有很大的意义。

目前已有的COD试验标准分析方法是以$K_2Cr_2O_7$为氧化剂，以Ag_2SO_4为催化剂，在(1+1)H_2SO_4介质和加热回流条件下进行试验测定。对有关COD值测定方法的研究，迄今未有间断，主要研究内容有：影响现有方法测定值的诸多因素，方法的改进，快速自动测定方法和仪器的研制等。

TOC和TOD的测定多采用仪器法，具有快速、准确等特点。

例3 求氧化1gC_nH_{2m}烃的理论需氧量ThOD。

解 烃的氧化反应方程为：

$$C_nH_{2m}+\left(n+\frac{m}{2}\right)O_2 \longrightarrow nCO_2+mH_2O$$

所求理论需氧量为：

$$ThOD=\frac{32\left(n+\frac{m}{2}\right)}{(12n+2m)}$$

$$=\frac{8(2n+m)}{6n+m}g$$

例4 求氧化1gCH_3COONH_4的需氧量。

解 对CH_3COONH_4(M=77)，按其中所含氮被氧化程度，可有不同的需氧量。

(1) 按方程 $CH_3COONH_4+2O_2 \longrightarrow 2CO_2+H_2O+NH_4^+ +OH^-$

$$OD=\frac{2\times32}{77}=0.83g$$

(2) 按方程 $2CH_3COONH_4+5.5O_2 \longrightarrow 4CO_2+7H_2O+N_2$

$$OD=\frac{5.5\times32}{2\times77}=1.14g$$

(3) 按方程 $2CH_3COONH_4+7.5O_2 \longrightarrow 4CO_2+5H_2O+2NO_3^- +2H^+$

$$OD=\frac{7.5\times32}{2\times77}=1.56g$$

通常，将有机化合物中所有变价元素都氧化为最高氧化数时，相应的需氧量计作该化合物的理论需氧量。所以题解(3)中的OD值实际上就是1gCH_3COONH_4的理论需氧量，即ThOD=1.56g。

例 5　以重铬酸钾标准法用回流装置测定水样的 COD_{Cr} 值，若水样中含 Cl^- 离子，将会干扰测定。试写出 Cl^- 在回流装置中参与反应的方程式；如水样中含 1 000mg/L Cl^-，计算水样 COD_{Cr} 将增值多少？

解：Cl^- 被 $Cr_2O_7^{2-}$ 氧化的反应方程为：

$$14H^+ + 6Cl^- + Cr_2O_7^{2-} \longrightarrow 2Cr^{3+} + 3Cl_2 + 7H_2O$$

假定取水样 25mL，其中含氯量为：

$$1\,000\times10^{-3}\times0.025=0.025\text{g}，或\frac{0.025}{35.5}=7.04\times10^{-4}\text{mol}$$

考虑到需要 2 个 Cl^- 供出 2 个电子才能发生 $O \longrightarrow O^{2-}$ 氧化作用

所以　需氧量为 $\dfrac{7.04\times10^{-4}}{2}\times16.0=5.63\times10^{-3}\text{g}$

即相当于　$\dfrac{(5.63\times10^{-3})\times1\,000}{0.025}=225.2\text{mg/L}$

3.4.4　水质类别和水质指数

各类天然水的化学组成是有差异的，即使同一类型天然水，其化学组成也是可变的。但这些差异和变化仍具有一定的规律性。在实际应用和科学研究中都要求对天然水按水质状况加以分类。然而现有各种分类法都不尽完善，未能在世界范围内得到普遍采纳和统一使用。例如已有按总溶解性固体物量（TDS）或总硬度（TH）大小进行分类的方法，但这类方法显得过于简单。在上一小节中述及的地表水分类法属于国家标准法定内容，有很高权威性，但其中涉及水质参数多达 30 项，致使监测部门面临相当繁重的分析工作任务。多年来，各国都在研究采用一种综合各单个水质参数的简单数字体系，用以表示水域的污染程度及相应的水质类别。如有人提出选用悬浮固体物量（SS）、溶解氧量（DO）、生物化学需氧量（BOD）和氨氮量（Amm－N）四个参数来统计得到水质指数（WQI）。根据四参数间相对重要性赋予它们不同加权值，并根据各参数的实测浓度值大小分别给予它们一个确定的分级值。于是水质指数被表示为

$$\text{WQI}=\frac{\text{各参数分级值总和}}{\text{各参数加权值总和}} \tag{3-18}$$

由此计得的 WQI 值范围在 0～10 之间，也就是将水质分为 10 级。当 WQI＝10 时表示最优级，WQI＝0 时表示水体被严重污染。（可进一步参见 Water Pollution Control 76(1)，113(1977)）

3.5　水体污染

3.5.1　水体污染源

水体污染物大体来源于两个方面：(1) 由自然过程（例如大气降落物、岩石风化、有机物自然降解等）产生。但一般认为，由缓慢自然过程产生者只算得是水体中的沾染物；(2) 在水的应用过程中产生，如由工农业生产等经济活动中产生的废水以及生活污水、城市污水等。

一般以天然水体作为应用水的水源，直接取自水源而未经加工或处理的水称原水，由原水、应用水、排水等所联成的用水循环系统如图 3－16 所示。

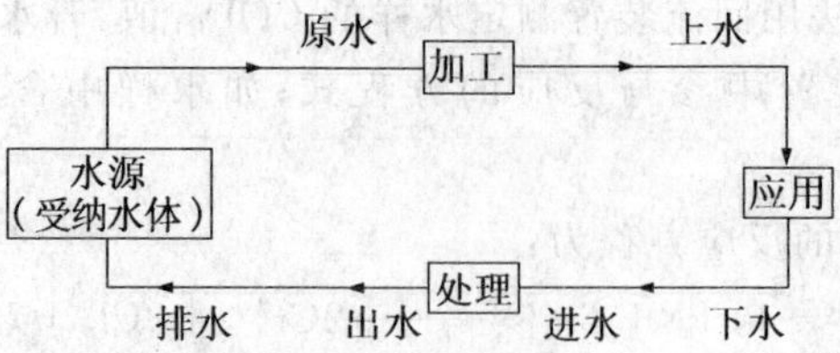

图 3-16 用水循环图

在水的应用过程中引进了众多的数量不一的污染物，虽在经过下水处理后才予以排放，但去污率不是百分之一百的，由此为废、污水的受纳水体提供了各种各样的污染物。

以下对第二类（人为）污染源作简单介绍。

3.5.1.1 工业废水污染源

于 1988 年 4 月完成的全国首次工业污染源调查结果指出，由国内 40 多个工业行业中 16.8 万家工矿企业所产生的工业废水年排放总量为 291.8 亿吨，其中仅有 28.8%是经过处理后排放的；工业废水中所含污染物的年排放总量为 2125.9 万吨。这表明我国由工业废水造成的水体污染问题已经相当严重。此后 10 多年来随着我国经济形势看好，乡镇企业崛起，而全民环保教育没有紧紧跟上，废水治理投入不足，以致水体污染有增无减，使废水治理已成为当前各行业不可回避的重要课题。

各种工业企业在生产过程中排出的生产废水、生产污水、生产废液等统称为工业废水。其特点是数量大、组成复杂多变。其中所含污染物包括生产废料、残渣以及部分原料、产品、半成品、副产品等。由于行业众多，废水组成复杂，所以对工业废水污染源作明确分类是很困难的。表 3-12系按废水中所含污染物种类列举了与其相应的各种污染源。

表 3-12 工业废水污染源

污染物	污染源	污染物	污染源
游离氯	造纸、织物漂洗业	镉	电镀、电池生产
氨	化工厂、煤气和焦炭生产	锌	电镀、人造丝生产、橡胶生产
氟化物	烟道气洗涤水、玻璃刻蚀业、原子能工业	铜	冶金、电镀、人造丝生产
硫化物	石油化工、织物染色、制革、煤气厂、人造丝生产	砷	矿石处理、制革、涂料、染料、药品、玻璃等生产
氰化物	煤气厂、电镀业、贵金属冶炼、金属清洗业	磷	合成洗涤剂、农药、磷肥等生产
亚硫酸盐	纸浆厂、人造丝生产	糖类	甜菜加工、酿酒、食品加工制罐厂
酸类	化工厂、矿山排水、金属清洗、酒类酿造、织物生产、电池生产	淀粉	淀粉生产、食品加工、织造厂
		油脂	毛条厂、织造厂、石油加工、机械厂
碱类	造纸厂、化学纤维、制碱、制革、炼油等工业	酚	煤气和焦炭生产、焦油蒸馏、制革、织造厂、合成树脂生产、色素生产
铬	电镀、制革业		
铅	铅矿矿区排水、电池生产、颜料业	甲醛	合成树脂生产、制药
镍	电镀、电池生产	放射性物质	原子能工业、同位素生产和应用单位

3.5.1.2 城市污水污染源

城市污水是指排入城市污水管网的各种污水的总合，有生活污水，也有一定量的各种工业废水、还有地面降水并夹杂各种垃圾、废物、污泥等，是一种成分极为复杂的混合液体。一般城市污水中含杂量约 0.05%。城市污水的受污染程度通常用固体含量和 BOD 参数表征。

由城市污水的发生、汇集、处理、排出等环节所组成的系统如图 3-17 所示。

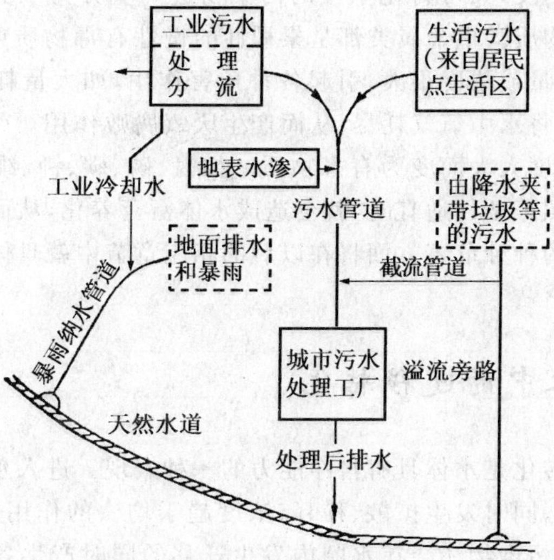

图 3-17 城市污水系统

生活污水是城市污水的重要组成部分,是人们日常生活中产生的各种污水的混合液,其中包括厨房、洗涤室、浴室等排出的炊事、洗涤污水和厕所排出的粪便污水等。生活污水中杂质组分主要是有机物,包括蛋白质、糖、油脂、尿素、酚、表面活性剂等,且多数呈颗粒物状态存在。生活污水水质参数的大体数值范围列举在表 3-13 之中。

表 3-13 生活污水的水质参数

参 数	数值范围/$mg \cdot L^{-1}$	参 数	数值范围/$mg \cdot L^{-1}$
BOD_5	110~400	总氮(TN)	20~85
COD	250~1 000	总磷(TP)	4~15
有机氮(Org-N)	8~35	总残渣	350~1 200
氨氮(Amm-N)	12~50	SS	100~350

3.5.2 水体污染物类别和危害

按污染物性质和形态,可将水体污染物分为化学性、物理性和生物性三大类,这种分类如表 3-14 所示。

表 3-14 水污染物分类

类 别	例
化学物质	
有 机	油、染料、合成洗涤剂、卤代烃、酚、羧酸、糖类
无 机	酸、碱、氯、重金属盐、硝酸盐、磷酸盐、硫酸盐、氰化物、硫化物、放射性物质
物理性污染	
漂浮物	泡沫、浮垢、木片、树叶
悬浮物	粉砂、砂粒、金属细粒、火山灰、橡胶粒、纸浆屑、固体污染物、细菌尸体
热污染	温排水
生物性污染物	
微生物类	细菌、原生动物、真菌、藻类、病毒

从环境毒理学的观点出发，又可将化学性的污染物进一步分为三类。(1) 对生物体有害的物质，如氰、酚是急性有毒物质。重金属类都是累积性的慢性有毒物质或致癌物。(2) 污染物本身对生物无毒性，但因其数量或浓度很大，引起各种危害作用，如大量耗氧性碳水化合物进入水体后发生生物降解，同时可将水中氧气耗尽，从而产生厌氧腐败作用。(3) 原先是对水体生态系统有益的物质，因数量或浓度太大而变为有害物质。如氮、磷、碳、钾、维生素等营养物质在水体中过于富足，加上水温、日照等条件适宜时，就会造成水体富营养化，从而对水中生态系统产生不良影响。有关水体污染物的种种危害方面将在以后的相应章节中就具体的污染物(类)作进一步详述。

3.6 污染物在水体中的迁移转化

污染物在水体中迁移转化是水体具有自净能力的一种表现。进入水体的污染物首先通过水力、重力等作流体动力迁移，同时发生扩散、稀释、浓度趋于均一的作用，也可能通过挥发转入大气。在适宜的环境条件下，污染物还会在水圈内发生迁移的同时产生各种转化作用。主要的转化过程有沉积、吸附、水解和光分解、配合、氧化还原、生物降解等。其中生物降解是决定有机污染物在水体中归宿的一种重要转化过程，此内容将在5.5.5中予以阐述。这些迁移转化过程有物理性的、生物性的，而更多的是化学性的过程。在诸多的化学过程中，有的是可逆的，有的是不可逆的，有的是快速进行的，也有的是存在着动力学方面阻碍的。这些过程又都与污染物在环境中的最终归宿有着直接或间接的关系。

3.6.1 水力迁移

进入水体的污染物，在水体中随着平流和对流而发生扩散迁移。天然水道中，各个水质点运动的方向和速度不断变化着，平流的流速就很不均匀，但可以用平均流速来表示。污染物在水体的上层和下层之间的扩散主要与平流的平均流速有关。对流扩散与湍流、浪涌、内生波流等现象相关，情况非常复杂而且是统计性的，建立污染物对流扩散模型要牵涉到很多水力学参数，但最基本的考虑问题出发点是将其看成分子扩散，以费克扩散定律为基础，舍去大多数较次要的水力学参数，从而建立对流的扩散方程和模型。

在一些水流相对静止的水体(如湖泊)中存在着温度沿垂直方向上的自然分布(温度层结作用)。如图3-18(a)所示的是一个湖泊在夏季的层结现象，即因温度分布不均，由湖泊表面垂直向下自然地分为三个水层：表水层、间水层(或称温跃层)和深水层。图3-18(b)中还给出了水的密度随温度变化的关系曲线。由此显示，淡水在3.98℃时有密度极大值。湖泊表水层的温度受太阳辐照强度左右，在夏季一般都有高于4℃的温度；间水层的水温则由上而下急剧下降，水的密度相应增大；深水层的温度和密度基本保持上下恒定。所以夏季湖水的上层密度小，下层密度大，从而阻碍水在垂直方向的对流，引起上下层水质(溶解氧、营养物，还包括污染

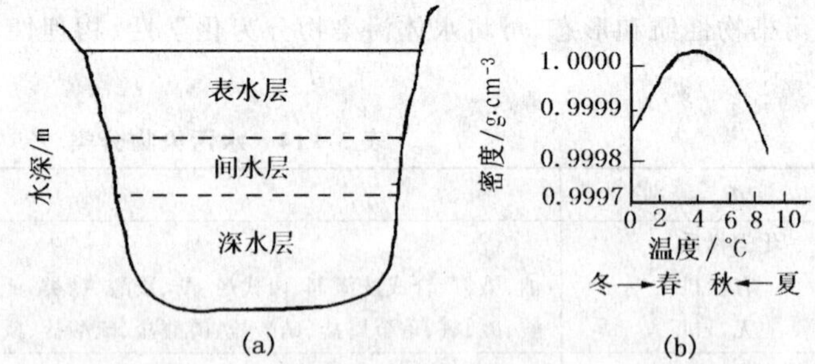

图3-18 湖泊的层结作用(a)及水的密度与温度间的关系曲线(b)

物等的浓度)差异。在由夏至秋(或由冬至春)的季节转换过程,表水层温度按密度增大趋势逐渐变化,由此促进上下水层对流,并造成上下水层中溶质浓度趋于均一的结果。

3.6.2 沉积

包括污染物在内的各类物质在天然水体中发生沉积的过程大致有这么几类:(1) 溶解性组分发生化学沉淀;(2) 胶体颗粒凝聚沉降;(3) 颗粒状物质发生物理性重力沉降;(4) 水体等温蒸发致使其中溶解性盐类过饱和析出。第四种情况比较复杂,不拟予以讨论。

3.6.2.1 化学沉淀

化学沉淀是形成水底沉积物的原因之一,以下是天然水体中发生化学沉淀的一些实例:

1) 富磷的废水进入硬性水体中,将生成羟基磷灰石沉积物。

$$5Ca^{2+} + OH^- + 3PO_4^{3-} = Ca_5OH(PO_4)_3\downarrow$$

2) 在富 CO_2 的水体中,如果排进大量 Ca^{2+},将生成碳酸钙沉积物,同时放出 CO_2。

$$Ca^{2+} + 2HCO_3^- = CaCO_3\downarrow + CO_2\uparrow + H_2O$$

在光合作用过程中也有类似现象发生,

$$Ca^{2+} + 2HCO_3^- + h\nu = (CH_2O) + CaCO_3\downarrow + O_2$$

夏季藻类生长茂盛,能加速反应进程,所以更容易在水底形成白色的 $CaCO_3$ 沉积层。

3) 微生物的作用也是生成沉积物的原因之一,有时这种作用还和化学沉淀协同发生。如当水体氧化还原电位因外来因素而发生变化时,水中溶解性 Fe^{2+} 可被氧化为 $Fe(OH)_3$ 沉淀物:

$$4Fe^{2+} + 10H_2O + O_2 = 4Fe(OH)_3\downarrow + 8H^+$$

在水底沉积区的厌氧条件下,又由不同种的厌氧微生物参与而引发如下两种反应:

$$Fe(OH)_3 \longrightarrow Fe^{2+}$$

$$SO_4^{2-} \longrightarrow H_2S$$

结果生成黑色的 FeS 沉积物:

$$Fe^{2+} + H_2S \longrightarrow FeS\downarrow + 2H^+$$

冬天水温较低,H_2S 不易从水中挥发,所以更容易在水底形成黑色的 FeS 沉积层。结合上例中 $CaCO_3$ 的沉积作用,可以解释为何在水底会出现黑白相间的沉积物分层现象。

3.6.2.2 胶体颗粒的凝聚沉降

水中胶粒大小约为 1 nm～100 nm,所以一般不能用沉降或过滤的方法从水中除去这些颗粒物质。胶体颗粒基本有两类,即亲水胶粒和疏水胶粒。亲水胶粒的受溶剂化程度高,颗粒被水壳层所包围,所以在水体中很难凝聚沉降。这一类胶粒多数是生物性的物质,例如可溶性淀粉、蛋白质和它们的降解产物以及血清、琼脂、树胶、果胶等。水体中的疏水胶粒成分一般由黏土、腐殖质、微生物等经分散后产生,这些胶粒的表面带电(正电或负电),较容易通过某些天然或人为因素的作用而凝聚沉降下来。

从化学热力学角度看,胶体系统是高度分散的,因而也是一种不稳定体系。这种体系有降低表面能,趋于稳定的自发倾向,而降低表面能又是靠胶粒(尤其是疏水胶粒)发生凝聚和吸附这两种基本过程来达成的。

胶体的凝聚有两种基本形式,即凝结和絮凝。胶体粒子表面带有电荷,由于静电斥力而难以相互靠拢,凝结过程就是在外来因素(如化学物质)作用下降低静电斥力,从而使胶粒合在一起。絮凝则是借助于某种架桥物质,通过化学键联结胶体粒子,使凝结的粒子变得更大。在用化学试剂处理废水的一种被称为化学混凝单元操作中,能同时发生凝结和絮凝作用,所产生的絮状颗粒又进一步吸附水溶性物质和黏附水中悬浮粒子,由此构成了一个相当复杂的物理化学过程。这种过程是去除废水中胶粒和细小悬浮物的一种有效方法，所加入的化学试剂称为化学混凝剂。以下我们来阐述胶体颗粒凝聚沉降的微观机理。

疏水胶粒表面带正电或负电主要取决于胶粒的本性。但水体的 pH 值则是具有决定意义的外因，高 pH 值可使胶核(图 3-19)趋向于带更多负电。例如作为黏土组分的水合 SiO_2 和 $Al(OH)_3$ 的等电点(IEP)①分别在 pH=2 和 pH=4.8~5.2，大多数细菌细胞胶体的等电点在 pH=2~3 之间，由于天然水体 pH 值大致在 6~9 范围内，所以水中这类胶核表面大多带过剩的负电。现在让我们来审视一个带着过剩负电荷的胶核。如图 3-19 所示，这个胶核与它周围的水体间构成了一个双电层。形成双电层的过程是：(1) 由于胶核表面带负电引起带正电的反离子被吸附在粒子表面。(2) 部分反离子因热运动而向外扩散。双电内层附着在固体颗粒表面上，而外层则位于液相之中，内外两层的界面在 AB。这个界面也就是胶体粒子在溶液中移动时的剪切面。在胶粒表面和 AB 面之间所形成的 ζ 电位(动电位)可用电泳法或电渗法予以测定，并可用下式表示其大小：

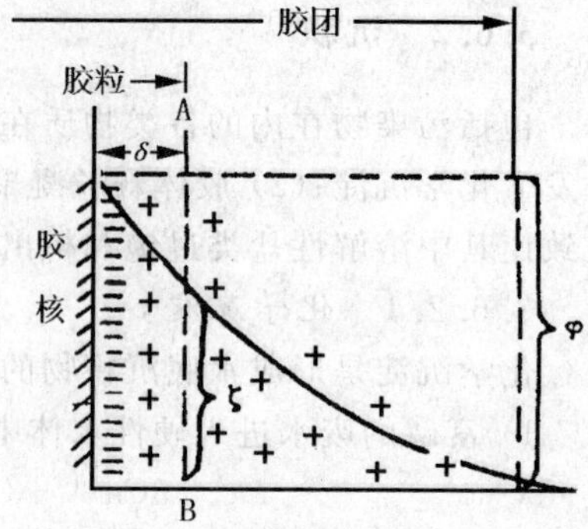

δ——双电内层厚度
AB——剪切面
ζ——动电位(ζ 电位)
φ——总电位

图 3-19 双电层和 ζ 电位概念图

$$\zeta=\frac{4\pi\delta q}{D} \tag{3-19}$$

式中 q——粒子表面电荷量；

δ——双电内层厚度；

D——水的介电常数。

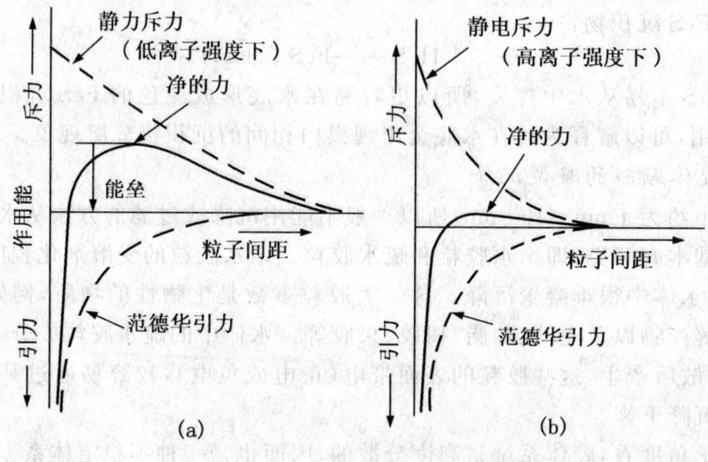

图 3-20 离子强度和粒子间距对胶粒间作用力的影响

另如图 3-20(a)所示，在两个相邻的胶体粒子间一方面受到与 ζ 电位大小相应的静电斥力，另一方面也受到一个相互吸引的范德华力。后一种力存在于任何两邻近胶粒之间而不拘于它们所带电荷的种类(正或负)，且力的大小主要取决于胶粒在水体中的密度，而与水相组成无关。此外，随着粒子间距离增大，范德华引力迅速衰减。当以上两种相异的力中斥力大于引力时，所产

① 等电点被定义为胶粒表面所带的正、负电荷相等而失去电性时相应的介质 pH 值。

生的净斥力就构成了阻碍粒子间互相凝结的能垒。在向胶体溶液加入某种电解质(如铁盐、铝盐等)后,可将反离子更多地驱入双电内层,并由内层压缩而使 ζ 电位降低,从而也就降低了粒子间的斥力,因此粒子能互相靠拢,范德华引力也就进一步得到增强,导致能垒消失(图 3-20(b)),并达到粒子间发生凝结的结果。上述胶体粒子凝结的机理可用于解释一些自然现象,如带有大量胶体粒子的河水流至河海交汇处(河口)时,由于海水中含盐较高,从而破坏河水胶体的相对稳定性,使大量胶粒经凝聚而形成河口沉积物。

当水体受纳了一些高分子聚合电解质后,也可能通过架桥絮凝作用而破坏胶体系统的稳定性。这种高分子化合物可能是天然的,例如淀粉、单宁(多糖)、动物胶(蛋白质)等;也可能是人造的,如聚丙烯酰胺及其衍生物等。水体中发生胶粒凝结和絮凝的实际过程如图 3-21 所示。

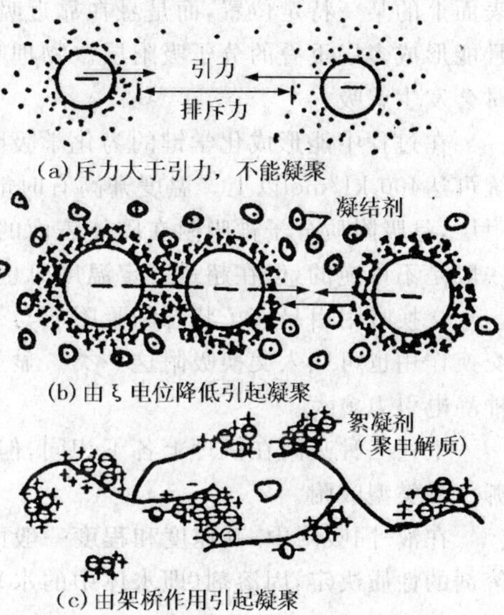

图 3-21　胶体凝聚的机理

3.6.2.3　重力沉降

对于球形颗粒体在静止水体中的沉降速率可用斯托克斯定律描述,

$$v=\frac{(\rho_1-\rho_2)gd^2}{18\mu} \qquad (3-20)$$

式中　v——沉降速率,$cm \cdot s^{-1}$;

ρ_1——颗粒的密度,$g \cdot cm^{-3}$;

ρ_2——水体的密度,$g \cdot cm^{-3}$;

g——重力加速度,980 $cm \cdot s^{-2}$;

d——颗粒的直径,cm;

μ——水体的黏度,$Pa \cdot s$。

应用斯托克斯定律时有很多条件限制。对于水体中粒径小于 2 μm 的小粒子,由于布朗运动的影响,它的沉降速率将小于上述公式计算值;反之,对于水体中的砂粒,由于在沉降时会产生湍流,它的沉降速率将大于上述公式计算值。

水体的密度和黏度随温度和盐分含量而变化,有关数据可从一些专业手册查得。对沉降速率大小有决定意义的是颗粒本身的密度、大小和形状。呈单一颗粒状的一般矿物密度近于 2.6 g/cm^3,也有很多重矿石的密度可达 5 g/cm^3～7 g/cm^3。有机物颗粒比较轻,密度可在 0.001 g/cm^3～0.1 g/cm^3 范围之内。由于天然水体中存在的颗粒物种类甚多,它们的密度大小又有很大差异,所以要用单一的斯托克斯定律来描述整体沉降情况也是有困难的。粒子的形状也是影响沉降速率的重要因素。在水体中经受长期磨洗的粗粒,其沉降速率与相同体积的球形颗粒相近。越是小的颗粒,其非球形状的因素越是显著,例如云母黏片的沉降速率比等体积球形颗粒小两个数量级。

3.6.3　吸附

3.6.3.1　吸附现象及其类别

天然水体是一个巨大的分散系统。其中的分散物质包括各种溶解状态的离子和分子,胶体粒子、悬浮粒子以及较大的粗粒子等。颗粒物质按组成可分为三类,即无机粒子、有机粒子以及无机与有机粒子的聚集体。这些粒子可以吸附水中的各种污染物质,明显地影响着污染物质在水体中的存在状态和迁移转化规律。此外,包含大量颗粒物组分的水底沉积物也可被看作为一个吸附剂的组合体。

从热力学观点考虑，由于吸附过程是自发发生的，自由焓变化 $\Delta G^{\ominus}$ 为负值；又因为吸附质的分子或离子在过程中增大了有序度，所以熵变 $\Delta S^{\ominus}$ 也为负值，因此按 $\Delta G^{\ominus}=\Delta H^{\ominus}-T\Delta S^{\ominus}$ 式，焓变 $\Delta H^{\ominus}$ 必须小于零，也就是吸附过程都是放热的过程。

一般可将吸附分为三种类型，即物理吸附、化学吸附和交换吸附。物理吸附中的吸附质一般是中性分子，吸附力是范德华引力，吸附热一般小于 40 kJ/mol。被吸附分子不是紧贴在吸附剂表面上的某一特定位置，而是悬在靠近吸附质表面的空间中，所以这种吸附作用是非选择性的，且能形成多层重叠的分子吸附层。物理吸附又是可逆的，在温度上升或介质中吸附质浓度下降时会发生解吸。

在过程中能形成化学键的为化学吸附。吸附热一般在 120 kJ/mol～200 kJ/mol，有的吸附系统可达400 kJ/mol以上。温度升高有时能使吸附速度加快。通常在化学吸附中只形成单分子吸附层，且吸附质分子被吸附在固体表面的固定位置上，不能再作左右前后方向的迁移。这种吸附一般是不可逆的，但在超过一定温度时也可能被解吸。

交换吸附由呈离子状态的吸附质与带异种电荷的吸附剂表面间发生静电吸力而引起。离子交换作用也可归入交换吸附这一类。显然，吸附质离子带电量愈大或其水合离子半径愈小，则这种静电引力愈大。

上述三种吸附在机理上各不相同，但对某一实际的吸附过程来说，我们很难判定它究竟属于哪一种类型吸附。

在液-固吸附中，其速度和程度一般由吸附剂性质（特别是它的比表面积大小）以及吸附质和溶剂的性质决定，因溶剂（即水体中的水）是大量存在，一般可将这方面的因素视为不变。

3.6.3.2 吸附等温线

用于阐明吸附平衡的吸附等温线方程有三种基本类型，即弗里德里胥方程、朗格缪尔方程和BET（布朗诺尔-埃麦特-特勒）方程。

基于许多实验结果归纳得出的弗里德里胥方程如下：

$$y=\frac{x}{m}=K_{a}\cdot c_{w}^{\frac{1}{n}} \tag{3-21}$$

式中 y——吸附剂的吸附容量；

x——处于吸附平衡时的污染物的被吸附量；

m——吸附剂的量；

c_w——水相中污染物的平衡浓度；

$\frac{1}{n}$——非线性系数（c_w 很小时，可近似取其值为 1）；

K_a——吸附平衡常数。

上列方程可以对数形式的直线方程表示

$$\lg y=\lg K_{a}+\frac{1}{n}\lg c_{w} \tag{3-22}$$

如图 3-22 所示，以 $\lg y$ 对 $\lg c_w$ 作图可得到一条直线，它可通过实验数据而标绘，并可由直线的斜率和截距确定常数 K_a 和 n。

常用于描述单分子吸附的朗格缪尔方程为

$$\frac{c_{w}}{y}=\frac{a}{y_{m}}+\frac{c_{w}}{y_{m}} \tag{3-23}$$

式中 c_w/y——吸附质在两相中的平衡浓度比；

y_m——单位质量吸附剂的最大吸附量；

a——常数。

当 y 接近于 y_m 时表示吸附剂表面覆盖率已近 100%。以 c_w/y 对 c_w 标绘时可得到一直线(图 3-23)，由直线的斜率和截距可估算常数 y_m 和 a 的大小。

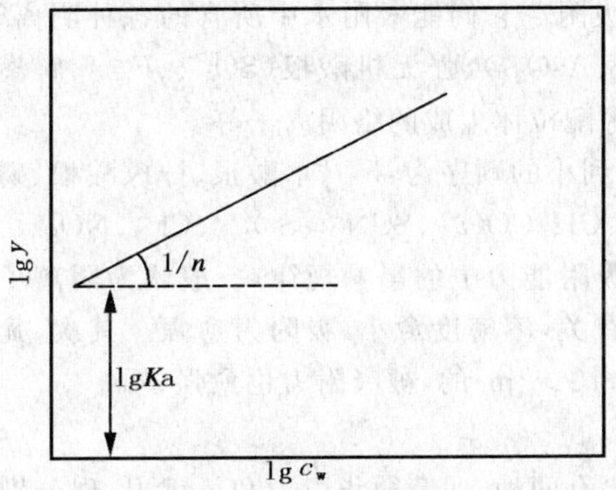

图 3-22 弗里德里胥吸附等温线

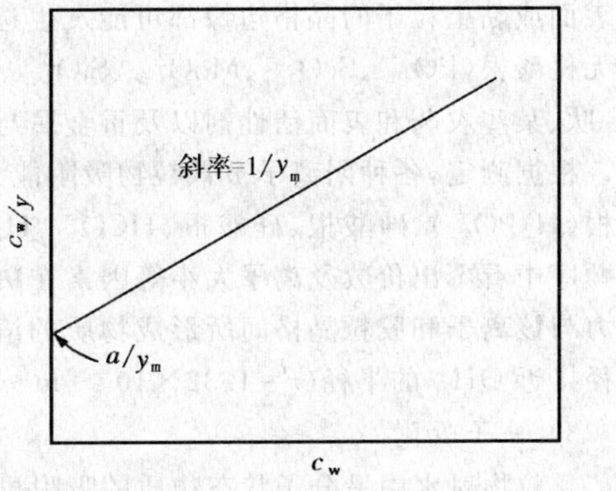

图 3-23 朗格缪尔等温线

BET 方程常用于多分子层吸附。其表达式也比上两种等温线方程复杂。由于环境污染物通常呈低浓状态，不大可能达到多分子层的吸附，所以在环境化学中应用不广。

3.6.3.3 吸附机理①

包含在水体颗粒物或沉积物中的细小胶体颗粒具有极大比表面积并带有大量表面电荷，它们是水中最具活性的吸附剂，其中包括硅、铁、铝、锰的各种水合氧化物和氢氧化物以及化学形态为铝硅酸盐的各种黏土微粒，还包括各种有机胶体物质(主要是腐殖质，还有少量木质素、纤维素、多糖类和蛋白质、肽等高分子有机化合物)。作为被吸附物的是大量存在于水中的呈离子或分子形态的沾染物或污染物。吸附剂和吸附质之间的吸附机理大略可分为阳离子吸附、阴离子吸附和分子吸附三类，现分述如下。

1) 阳离子吸附

颗粒物中无机或有机组分都可能选择性地或非选择性地吸附阳离子。非选择性阳离子吸附的主要机理是静电力的作用。例如颗粒物中层状铝硅酸盐组分就能非选择性地吸附碱金属和碱土金属的阳离子。这些离子被吸附的能力与很多因素有关。如果将被吸附阳离子的电荷看成点电荷，则价数越大者，受吸附力越大。如果各阳离子价态相同，则受吸附力与离子的结晶半径和水合半径有关。按库仑定律，离子结晶半径越大相应水合半径越小，则受吸附力越大。水中一些阳离子受吸附力按如下次序递减：Fe^{3+}、Al^{3+}、H^+、Ba^{2+}、Sr^{2+}、Ca^{2+}、Mg^{2+}、Cs^+、Rb^+、NH_4^+、K^+、Na^+、Li^+。半径小、水化能力弱、运动速度大的 H^+ 在颗粒物中受到很大吸附力。

有些阳离子能在颗粒物中发生结合力强得多的选择性(同晶或类晶)吸附。这种情况下，对象阳离子能穿透颗粒物构成物质原子的配位壳层，并进一步通过与 O 基团、OH 基团间形成的共价键，与构成物质的原子相键合。例如铝、铁、锰的水合氧化物和氢氧化物能选择性地吸附碱土金属离子(钡、钙、锶、镁)和重金属离子(铅、铜、锌、铬、镍、钒、镉、钴)。

颗粒物中某些有机物质也有吸附阳离子的能力；另一方面，存在于水中的呈阳离子状态的有机物也有可能被水中颗粒所吸附，这时的吸附机理可能是离子交换作用或是形成了氢键结合。

---

① 这一节内容大体也适合于土壤中发生的吸附作用。

2）阴离子吸附

这一类吸附也可分选择性和非选择性两种。在一定 pH 条件下且胶粒表面带正电时，Cl^-、NO_3^- 等阴离子能依靠静电力滞留在双电层的扩散层中，这种过程属于非选择性吸附。选择性吸附则是关系到胶粒表面作为配位体的 OH^- 或 H_2O 被外来离子交换的过程。铝和铁的水合氧化物表面或黏土粒子的晶格边缘都可能发生选择性吸附。它们能吸附水中所含的各种阴离子如：弱无机酸根（PO_4^{3-}、SeO_4^{2-}、MoO_4^{2-}、SiO_3^{2-}、AsO_3^-、AsO_2^-）、强无机酸根（SO_4^{2-}、F^-）、解离有机酸、肽、某些农药和表面活性剂以及重金属与 Cl^- 等配位体生成的络阴离子等。

根据测定，各种阴离子被颗粒物吸附能力由大到小的顺序为：F^-、草酸根、柠檬酸根、磷酸二氢根（$H_2PO_4^-$）、砷酸根、硅酸根、HCO_3^-、$H_2BO_3^-$、CH_3COO^-、SCN^-、SO_4^{2-}、Cl^-、NO_3^-。从以上顺序中看不出价数及离子大小等因素在决定被吸附能力中的影响规律，一般认为阴离子吸附能力与该离子和胶粒晶格间所形成物质的溶解度有关，溶解度愈小，吸附力愈强。其次，凡离子半径接近 OH^- 的半径（$r=1.32\times10^{-10}\,m\sim1.40\times10^{-10}\,m$）的，被吸附力也愈强。

3）分子吸附

颗粒物对水中呈分子状态物质的吸附机理主要有两种，即范德华引力和氢键力，现分别简述如下。

<u>范德华引力</u>　这种力相对较弱，但在沉积物表面吸附有机非离子型大分子并形成黏土颗粒-有机复合体的过程中，具有很大的作用。这种作用力发生在被吸附分子间，而不是发生在分子和颗粒物之间，所以在这种情况下，范德华引力以与其他键力加合的形式发生作用。

<u>氢键力</u>　这种力在形成黏土颗粒-有机复合体的过程中起着主导的作用。氢键键合可按下述各机理之一发生：

(a) 水桥。在第一层水合壳层中，极性有机分子通过水分子与交换性金属阳离子相连接。例如酮分子与水合的交换性阳离子（M^{n+}）相互作用：

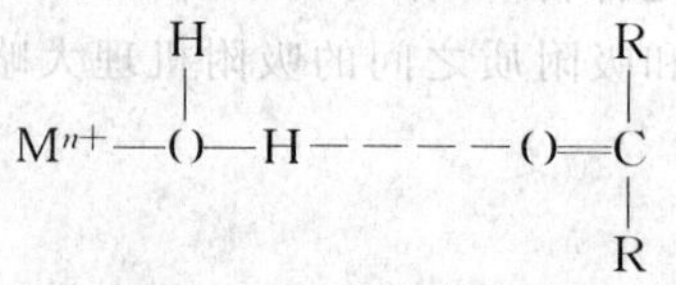

酮、胺、吡啶及有机聚合物等都可通过这种键在蒙脱土颗粒表面形成复合体。

(b) 有机-有机氢键键合。如果黏土粒子上可交换性阳离子是有机类的阳离子，则可通过氢键键合与其他碱性较弱的有机化合物分子相互作用。例如蒙脱土颗粒表面同时吸附嘌呤（$C_5H_4N_4$）和嘧啶甲胺（$C_5H_7N_3$）就是靠这类氢键键合的。

(c) 表层氧或羟基键合。这是黏土矿物粒子表层氧或羟基与有机物分子间发生氢键键合的一种方式。这种键合较弱，但在其他类型键合力较弱时，则此种吸附作用能显示其重要性。

3.6.4 水解和光分解

3.6.4.1 水解

很多无机或有机的污染物分子能在水中发生电离，且电离过程发生很快，常常使体系处于可逆而又平衡的状态。例如某酸类污染物 HA 在达到电离平衡时，其中未电离部分 HA 所占的数量比例为

$$\alpha_0=1/(1+K_a/[H^+])=[H^+]/([H^+]+K_a) \tag{3-24}$$

已电离部分所占的比例为

$$(1-\alpha_0)=K_a/([H^+]+K_a) \tag{3-25}$$

以上两表达式中，K_a 是电离常数。除 K_a 外，电离程度主要由水体的 pH 值决定。

盐类电离之后产生酸根离子和金属离子，它们都可能进一步水解。例如 $FeCl_3$ 溶入水中后，经电离、水合生成 Fe^{3+} 水合离子，后者可在水中进一步水解，引起一系列质子迁移反应，从而使水显示酸性。反应如下：

$$Fe(H_2O)_6^{3+} + H_2O \rightleftharpoons Fe(H_2O)_5OH^{2+} + H^+$$
$$\rightleftharpoons Fe(H_2O)_4(OH)_2^{+} + 2H^+$$
$$\rightleftharpoons Fe(OH)_3(H_2O)_{3(S)} + 3H^+$$
$$\rightleftharpoons Fe(OH)_4(H_2O)_2^{-} + 4H^+$$

这类水解反应实际上也就是 Fe^{3+} 离子的配位层中水分子被水中 OH^- 取代后生成了羟基配合物的过程。

氰化物或碳酸盐之类弱酸盐在溶于水中后即电离生成 CN^-、CO_3^{2-} 等阴离子，它们也能在水中进一步发生水解，从而使水显示碱性。反应如下：

$$CN^- + H_2O \rightleftharpoons HCN + OH^-$$
$$CO_3^{2-} + H_2O \rightleftharpoons HCO_3^- + OH^-$$
$$HCO_3^- + H_2O \rightleftharpoons H_2CO_3 + OH^-$$

很多有机化合物在水中也能发生水解反应。如酰氯 RCOCl，水解反应非常迅速，结果生成相应的羧酸 RCOOH。某些羧酸衍生物在酸性或碱性溶液中，比在中性溶液中更容易水解。例如醋酸苯酯的表观水解常数 K 随水溶液 pH 变化的曲线如图 3-24 所示，还可用数学式表述为

$$K = K_1[H^+] + K_2 + K_3[OH^-] \quad (3-26)$$

有机物水解反应可能是其在水中发生化学性降解的最重要过程。

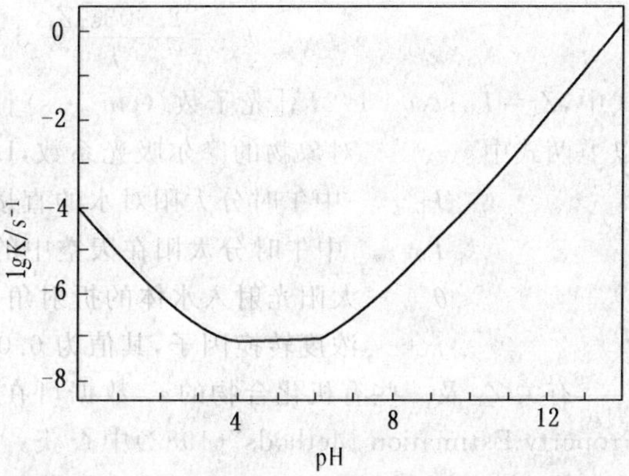

图 3-24　醋酸苯酯水解速率与 pH 值的关系

3.6.4.2　直接光分解

直接光分解是水中污染物分子吸收太阳光辐照并跃迁至某激发态后，随即发生离解或通过进一步次级反应而分解的过程。一些水中污染物直接光分解的实例如表 3-15 所示。

表 3-15　水中污染物直接光分解实例

污染物	光分解产物	可能机理
NO_3	$NO_2 + NO_2 + HO\cdot$	分解
NO_2	$NO + HO\cdot$	分解
Cu(Ⅱ)	Cu(Ⅰ)	还原，离解
含 Cu(Ⅱ)有机物	Cu(Ⅰ)	还原，离解
$Fe(CN)_6^{-4}$	$Fe(CN)_5^{3-} + CN$	还原，分解
含 Fe(Ⅲ)有机物	Fe(Ⅱ)，CO_2，胺	电子迁移，分解
有机汞化合物	Hg，Hg 盐	分解
$Pb(CH_2CH_3)_4$	C_2H_6，Pb 盐	分解
ClO	Cl ＋O；Cl＋O	分解
有机卤化物 RX	R·，X·	离解

水中污染物受太阳辐射的情况与大气情况有异，在此还要附加考虑如下一些特定因素：空气-水界面间的光反射、入射光进入水体后发生折射、光辐射在水中的衰减系数和辐射光程等。

现假定阳光只能穿透浅层天然水，而且仅有小于5%的光能被系统（水和光分解对象物）吸收，则对于水中对象物受直接光分解的平均速率可用以下动力学微分方程式表示：

$$-\left(\frac{d[c]}{dt}\right)_{\lambda}=\phi_{\lambda}k_{a\lambda}[c] \quad (3-27)$$

式中 c ——对象物浓度；

t ——时间；

ϕ_{λ} ——波长为 λ 的光辐射的量子产额；

$k_{a\lambda}$ ——波长为 λ 的光辐射的被吸收速率。

可以近似地认为 ϕ 与波长无关，则上列方程可改写为：

$$-\frac{d[c]}{dt}=\phi k_{a}[c] \quad (3-28)$$

式中，$k_a=\sum_{\lambda}k_{a\lambda}$。相应的反应半衰期计算式为：

$$t_{1/2}=\frac{0.693}{\phi k_a}\ \text{d} \quad (3-29)$$

为计得 k_a 所需吸收速率 $k_{a\lambda}$ 的值可按下式计算：

$$k_{a\lambda}=\frac{2.303\varepsilon_{\lambda}Z_{\lambda}}{j}\ \text{d}^{-1} \quad (3-30)$$

式中，$Z_{\lambda}=I_{d\lambda}\sec\theta+1.2I_{s\lambda}$[光子数/($cm^2$·s)] (3-31)

以上两式中 ε_{λ} ——对象物的摩尔吸光系数，L·(mol·cm)$^{-1}$；

$I_{d\lambda}$ ——中午时分太阳对水的直接辐射强度，光子数·(cm^2·s)$^{-1}$；

$I_{s\lambda}$ ——中午时分太阳在天空中的辐射强度，光子数·(cm^2·s)$^{-1}$；

θ ——太阳光射入水体的折射角；

j ——浓度转换因子，其值为 6.023×10^{20} 光子数/mol。

有关 Z_{λ} 及一些有机化合物的 ε_{λ} 数据可在 W. J. Lyman 等的著书："Handbook of Chemical Property Estimation Methods"(1982)中查获。

如表3-15中所示，NO_3^- 可受光直接分解，这一过程成为地表水中 HO· 自由基的重要来源（地表水中有较高浓度硝酸盐）。其中反应过程如下：

$$NO_3^- \xrightarrow{h\nu} NO_3^{-*} \nearrow NO_2^- + O$$

$$NO_3^{-*} \searrow \dot{N}O_2 + O^-$$

$$O^- \xrightarrow{H_2O} HO\cdot + OH^-$$

生成的 O 和 HO· 都具有很强活性，可引发进一步水相反应。如原子氧与水中 O_2 结合生成 O_3，并旋即参与氧化 NO_2^- 的反应。

3.6.4.3 间接光分解

通过光敏物质吸收光量子而引发的反应是间接光分解反应。如光敏物质能再生，那么它就起了光催化剂的作用。天然水体中普遍存在的腐殖质是水中光敏剂的主体，存在于海水或废水中的某些芳香族化合物，如核黄素虽然浓度很低，也可起光敏剂的作用。近期还有很多工作者致力于研究非均相的间接光分解反应。例如悬浮在水中的固体半导体物质微粒（TiO_2、ZnO、Fe_2O_3 和 CdS 等）能在光照条件下使卤代烃得以彻底催化光分解为 CO_2 和 HX，或能使水中存在的

CN^- 发生氧化。这类发现颇有实用意义，今后有希望被开拓成为一种处理水污染物的新技术。

上述 TiO_2、ZnO、Fe_2O_3 等光催化物质都具有半导体的性质，它们的颗粒表面有化学吸附水中分子氧并使之转化为 O_2^- 和 O^- 的功能。当以适宜波长的光照射这类吸附剂时，就会产生电子-空穴对，空穴经迁移到达颗粒表面时，就会与被氧分子或氧原子所结合的电子结合。随着捕获电子的失落而释出的 O_2 或 O 即可与近傍的同被颗粒物吸附的有机污染物分子作用，而使后者发生降解反应。

在天然水体中还存在着一些浓度很低的强氧化剂，如 HO・、O 等，它们本来就是直接光分解反应的产物(例如水中硝酸盐、亚硝酸盐直接光分解可产生 HO・)，通过它们与水中其他还原性物质之间发生的反应也可认为是一种间接的光分解反应。在浅层地表水中 HO・的浓度可能只有 10^{-16} mol/L，但其氧化分解多数有机污染物的二级反应速率常数可达 $10^9 L \cdot mol^{-1} \cdot s^{-1}$。

3.6.5　配合

大多数金属能与许多配位体形成各种各样的配合物，这些配合物可能是电中性的，也可能是带正电或负电的。某一金属的各种配合物，由于它们间大小、形状、荷电状态等方面的差别，引起环境行为很大的差异。例如有些金属离子会转成具有很强环境滞留性的某种配合物。此外，螯合型树脂能有效去除水中重金属；各种配合物还被作为试剂，广泛应用于环境分析。有关这方面的知识将有助于我们了解天然水体系统中金属的行为和归宿，有助于从废水中除去金属离子的工程设计等。

3.6.5.1　水体中常见的配位体和配合物类型

天然水体中常见的配位体可分为无机和有机两类。其中最重要无机配位体是 Cl^- 和 OH^-，它们是环境中金属迁移的重要因素；比较重要的无机配位体是 HCO_3^-、SO_4^{2-} 等；在某些特定水体中还含有 NH_3、PO_4^{3-}、F^-、S^{2-} 等配位体。对有机配位体又可分为两类，一类是水体中动物、植物、微生物的新陈代谢产物或它们的残骸的分解物，其中最重要的是腐殖质，此外还有泥炭、厩肥、植物残体、微生物代谢产物、动植物生活中分泌物等；另一类属于人为污染物，包括洗涤剂、农药、表面活性剂等。

天然水体中常见配合物可分为两类。一类是配位化合物(简称配合物)，如

$Cu(NH_3)_4^{2+}$ 为单核配位化合物

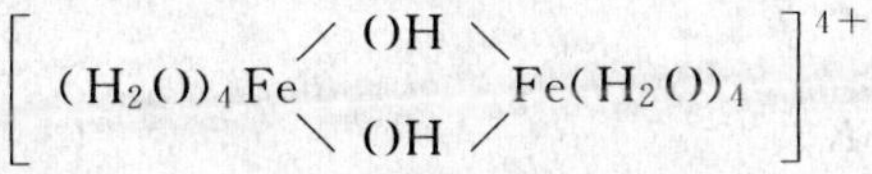
为多核配位化合物

单核配位化合物具有一个金属离子为核心外加配位体的结构形态；双核或多核配位化合物中，是将各单核配合物的金属离子结合了起来，成为具有桥联结构的化合物。配合物的另一大类是螯合物，是由多基配位体和金属离子同时生成两处或更多的配位键，构成了环状螯合结构的产物。大多数螯合剂都是用作试剂的有机化合物。无机螯合剂以多磷酸盐为例，其环状结构是由各相邻的 PO_4^{3-} 基团中的氧原子同金属离子形成的，其最基本结构形式为

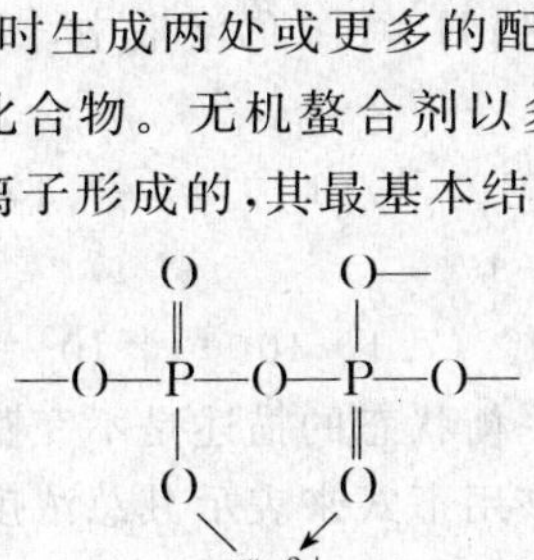

例 6　某河水中 Cl^- 的浓度为 10^{-3} mol/L，$HgCl_{2(aq)}$ 的浓度为 10^{-8} mol/L(近于饮水中可接

受的 Hg 浓度)，求水中 Hg^{2+}、$HgCl^{+}$、$HgCl_3^{-}$、$HgCl_4^{2-}$ 的浓度各是多少？已知 Hg^{2+} 和 Cl^{-} 各级配合物的稳定常数为 $K_1=5.6\times10^6$、$K_2=3\times10^6$、$K_3=7.1$，$K_4=10$。

解 单核配位化合物的逐级稳定常数 K_i 的表达式如下：

$$M\xrightarrow[K_1]{L}ML\xrightarrow[K_2]{L}ML_2\cdots\xrightarrow[K_i]{L}ML_i\cdots\xrightarrow[K_n]{L}ML_n$$

$$K_i=\frac{[ML_i]}{[ML_{(i-1)}][L]}$$

由此可逐次得以下结果：

$$[HgCl^+]=\frac{[(HgCl_2)_{aq}]}{K_2[Cl^-]}$$

$$=\frac{(10^{-8})}{(3\times10^6)\times(10^{-3})}=3.3\times10^{-12}\,mol/L$$

$$[Hg^{2+}]=\frac{[HgCl^+]}{K_1[Cl^-]}$$

$$=\frac{3.3\times10^{-12}}{(5.6\times10^6)\times(10^{-3})}=5.9\times10^{-16}\,mol/L$$

$$[HgCl_3^-]=K_3[(HgCl_2)_{aq}][Cl^-]$$

$$=7.1\times(10^{-8})\times(10^{-3})=7.1\times10^{-11}\,mol/L$$

$$[HgCl_4^{2-}]=K_4[HgCl_3^-][Cl^-]$$

$$=10\times(7.1\times10^{-11})\times(10^{-3})=7.1\times10^{-13}\,mol/L$$

由此计算结果可知，在水中的汞大多数呈中性 $HgCl_{2(aq)}$ 形态，游离的 Hg^{2+} 形态仅占极小份额。

3.6.5.2 单核羟基配合物

金属离子，特别是重金属和高价金属离子，很容易在水中生成各种氢氧化物，其中包括氢氧化物沉淀，也包括各种羟基配合物。显然，它们的存在条件和存在状态与溶液 pH 值有直接关系。

如果金属离子以 M^{n+} 表之，则其氢氧化物的溶解平衡为

$$M(OH)_n\rightleftharpoons M^{n+}+nOH^-$$

溶度积为

$$[M^{n+}][OH^-]^n=K_{sp} \tag{3-32}$$

故与氢氧化物沉淀共存的饱和溶液中的金属离子浓度为

$$[M^{n+}]=K_{sp}/[OH^-]^n$$

上式还可改写成

$$pM=npH+pK_{sp}-npK_w \tag{3-33}$$

式中 K_w 为水的离子积常数，25℃下为 1.0×10^{-14}。

应用这些计算式可以解决金属氢氧化物溶解和沉淀的一般问题。例如，$Zn(OH)_2$ 的溶度积为 $K_{sp}=7.1\times10^{-18}$，$pK_{sp}=17.15$，在 pH=7.0 的溶液中，$[H^+]=[OH^-]=10^{-7}$，可溶解的锌离子浓度为

$$[Zn^{2+}]=7.1\times10^{-18}/(10^{-7})^2=7.1\times10^{-4}\ mol/L$$

再作换算，

$$[Zn^{2+}]=65.4\times(7.1\times10^{-4})\times10^3=46.4\ mg/L$$

实际上，上述有关氢氧化物溶解平衡状态的描述是不完整的，因为金属氢氧化物还有各种配合形态存在，水体中可溶性金属锌应该用下式来表示其总浓度：

$$c_o=[Zn^{2+}]+[ZnOH^+]+[Zn(OH)_2]+[Zn(OH)_3^-]+[Zn(OH)_4^{2-}] \tag{3-34}$$

例如在处理食品工业中的酸性镀锌废水时，常用加碱提高 pH 值的方法使之形成不溶性的

$Zn(OH)_2$，但若加入的碱过量，则因形成 Zn 的各级可溶性羟基配合物而达不到预期目的。

锌在水体中的各种反应可归纳如下：

溶解平衡：

$$Zn(OH)_{2(s)} \rightleftharpoons Zn^{2+} + 2OH^-$$
$$Zn(OH)_{2(s)} \rightleftharpoons ZnOH^+ + OH^-$$
$$Zn(OH)_{2(s)} \rightleftharpoons Zn(OH)_{2(aq)}$$
$$Zn(OH)_{2(s)} + OH^- \rightleftharpoons Zn(OH)_3^-$$
$$Zn(OH)_{2(s)} + 2OH^- \rightleftharpoons Zn(OH)_4^{2-}$$

配合平衡：

$$Zn^{2+} + OH^- \rightleftharpoons ZnOH^+$$
$$ZnOH^+ + OH^- \rightleftharpoons Zn(OH)_{2(aq)}$$
$$Zn(OH)_{2(aq)} + OH^- \rightleftharpoons Zn(OH)_3^-$$
$$Zn(OH)_3^- + OH^- \rightleftharpoons Zn(OH)_4^{2-}$$

水电离平衡：

$$H_2O \rightleftharpoons H^+ + OH^-$$

上述反应的平衡关系为：

$$K_{sp} = [Zn^{2+}][OH^-]^2 = 7.1 \times 10^{-18}$$
$$\lg K_{sp} = -17.15$$
$$K_{s_1} = [ZnOH^+][OH^-] = 3.55 \times 10^{-12}$$
$$\lg K_{s_1} = -11.45$$
$$K_{s_2} = [Zn(OH)_{2(aq)}] = 9.8 \times 10^{-8}$$
$$\lg K_{s_2} = -7.02$$
$$K_{s_3} = [Zn(OH)_3^-]/[OH^-] = 1.2 \times 10^{-3}$$
$$\lg K_{s_3} = -2.92$$
$$K_{s_4} = [Zn(OH)_4^{2-}]/[OH^-]^2 = 2.19 \times 10^{-2}$$
$$\lg K_{s_4} = -1.66$$
$$K_1 = [ZnOH^+]/([Zn^{2+}][OH^-]) = 5 \times 10^5$$
$$\lg K_1 = 5.70$$
$$K_2 = [Zn(OH)_{2(aq)}]/([ZnOH^+][OH^-]) = 2.7 \times 10^4$$
$$\lg K_2 = 4.43$$
$$K_3 = [Zn(OH)_3^-]/([Zn(OH)_{2(aq)}][OH^-]) = 1.26 \times 10^4$$
$$\lg K_3 = 4.10$$
$$K_4 = [Zn(OH)_4^{2-}]/([Zn(OH)_3^-][OH^-]) = 1.82 \times 10$$
$$\lg K_4 = 1.26$$
$$K_w = [H^+][OH^-] = 1 \times 10^{-14}$$
$$\lg K_w = -14.00$$

实际上，K_{s_1}、K_{s_2}、K_{s_3}、K_{s_4} 的数值分别由以下公式算得：$K_{s_1} = K_{sp} K_1$，$K_{s_2} = K_{s_1} K_2$，$K_{s_3} = K_{s_2} K_3$，$K_{s_4} = K_{s_3} K_4$。

显然，锌的各种羟基配合物在溶液中存在的数量和比例都直接与溶液 pH 值有关。根据以上各平衡关系可以进行综合计算如下：

$$-\lg[Zn^{2+}]=2pH+pK_{sp}-2pK_w=2pH-10.85$$

$$-\lg[ZnOH^+]=pH+pK_{s_1}-pK_w=pH-2.55$$

$$-\lg[Zn(OH)_{2(aq)}]=pK_{s_2}=7.02$$

$$-\lg[Zn(OH)_3^-]=-pH+pK_{s_3}+pK_w=-pH+16.92$$

$$-\lg[Zn(OH)_4^{2-}]=-2pH+pK_{s_4}+2pK_w=-2pH+29.66$$

根据以上五式,可以标绘出如图 3-25 所示的五条直线。这些直线分别表示出饱和溶液中各种溶解性化合态的浓度,超过这些浓度时就会发生沉淀,因此它们也就是各种溶解化合态转入沉淀状态的分界线。综合这些直线可以得到如图包围着阴影区域的一条折线,它近似地代表饱和溶液中各种溶解化合态浓度的总和,也就是金属溶解物的饱和浓度 c_0,因此这条综合线也就是金属溶解和沉淀两种状态的分界线,它所包围的阴影区域就是发生固体沉淀物的区域。这种图可称为溶解区域图,纵坐标同时也表示溶解物总量。在某一 pH 值,总量超过分界线时就会发生氢氧化物沉淀。

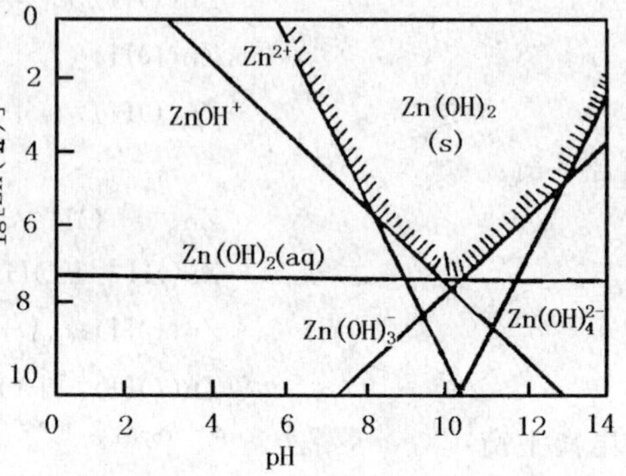

图 3-25 金属氢氧化物溶解区域图

根据上述,可知金属氢氧化物并不具有固定的溶解度,也不总是随 pH 值升高而降低其溶解度。

锌的氢氧化物称为两性物质,许多其他金属离子如 Cr^{3+}、Cu^{2+}、Fe^{3+}、Al^{3+} 等也都可显著地呈现两性氢氧化物性质。

在水质处理过程中,可提高水的 pH 值,利用化学沉淀法降低水中金属离子含量。此时必须控制 pH 值,使其保持在最优沉淀区段内。最好是根据溶解区域图,并以实际水样试验确定。此外,溶液中的 Cl^-、CN^-、S^{2-} 等多种配位体都可能与金属形成各级配离子,由此影响金属氢氧化物的沉淀过程。

3.6.5.3 *多核羟基配合物*

金属离子在溶液中生成氢氧化物或羟基配离子的过程,实际上是水解过程,例如

$$Al(H_2O)_x^{3+}\xrightarrow[{}^*K_1]{H_2O}Al(H_2O)_{x-1}(OH)^{2+}+H_3O^+$$

$$\xrightarrow[{}^*K_2]{H_2O}Al(H_2O)_{x-2}(OH)_2^++H_3O^+$$

$$\xrightarrow[{}^*K_3]{H_2O}Al(H_2O)_{x-3}(OH)_3+H_3O^+$$

$$\xrightarrow[{}^*K_4]{H_2O}Al(H_2O)_{x-4}(OH)_4^{-1}+H_3O^+$$

以上每步离解过程都是水中铝离子的酸性离解。$p{}^*K_4$ 的实验值为 12.4,若将前面的各级离解常数 ${}^*K_3$、${}^*K_2$、${}^*K_1$ 用 ${}^*K_m$ 表示,其数值可以很粗略地按下式计算:

$$p{}^*K_m=p{}^*K_4-3(4-m) \tag{3-35}$$

(其中 $m=3,2,1$)

由以上水解过程可知,水合离子本身可以看作是一种以 H_2O 分子作为配位体的配离子,因此上述过程也就是配离子中的配位体逐步由 H_2O 转化为 OH^- 的置换过程。这一水解过程或者

配离子转化过程，又是一种不断放出质子 H^+ 使溶液酸性加强的反应，所以它的进行程度和平衡状态与溶液的 pH 值直接有关。

铝和铁等金属离子的水解不只是到生成单核配合物为止，它们水解的最终沉淀产物实际上是具有多核形态的结构，即借羟基作为中介，把各单核配合物的金属离子结合起来成为多核配合物，例如：

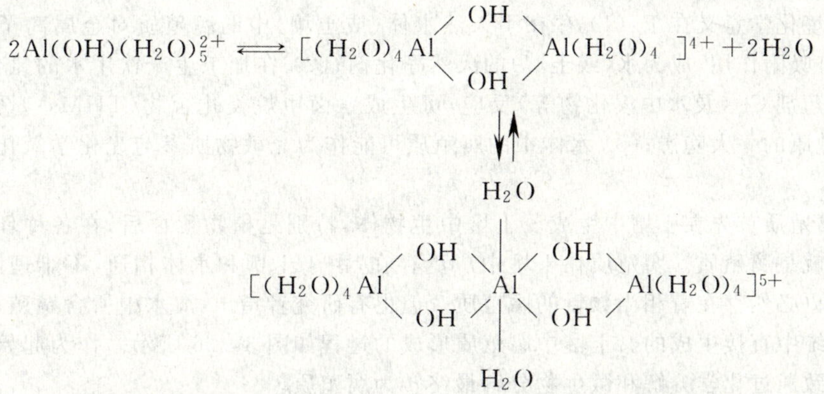

通过羟基桥联而生成多核配合物的过程中放出水分子，使生成物的配位水减少，这是由于羟基桥联后同时占用了两个金属离子的配位数。同时，生成物的电荷却增大了，由于静电相斥作用，这将会阻碍配离子的进一步结合。不过，多核配离子仍然会按水解方式继续反应，这种反应将使生成物的电荷降低，例如

$$[Al_3(OH)_4(H_2O)_{10}]^{5+} \rightleftharpoons [Al_3(OH)_5(H_2O)_9]^{4+} + H^+$$

$$[Al_4(OH)_6(H_2O)_{12}]^{6+} \rightleftharpoons [Al_4(OH)_8(H_2O)_{10}]^{4+} + 2H^+$$

配离子的电荷降低，并且羟基数目增多，都有利于进一步羟基桥联，生成更高级的多核配合物。这里的水解和羟基桥联两种反应交替进行，其最终结果则是生成难溶的氢氧化铝沉淀。

$$[Al_n(OH)_{3n}] \longrightarrow [Al(OH)_3]_\infty \downarrow$$

除 Fe^{3+} 和 Al^{3+} 外，许多金属离子如 Zn^{2+}、Cu^{2+}、Mg^{2+}、Pb^{2+}、Hg^{2+}、Sn^{2+} 等，也都具有生成多核配合物的特性。人们利用这种特性将一些金属盐类用作混凝剂进行废水处理，取得了很好效果。常用的无机金属盐类混凝剂列举于表 3-16 之中。

表 3-16 各种无机混凝剂

类别		名称	分子式	略记号	使用 pH 值
铝盐	低分子	硫酸铝	$Al_2(SO_4)_3 \cdot 18H_2O$	AS	6.0～8.5
		氯化铝	$AlCl_3 \cdot 6H_2O$	AC	6.0～8.5
		铵明矾	$Al_2(SO_4)_3 \cdot (NH_4)_2SO_4 \cdot 24H_2O$	AA	6.0～8.5
		钾明矾	$Al_2(SO_4)_3 \cdot K_2SO_4 \cdot 24H_2O$	KA	6.0～8.5
	高分子	碱式硫酸铝	$[Al_2(OH)_n(SO_4)_{3-\frac{n}{2}}]_m$	BAS	6.0～8.5
		碱式氯化铝	$[Al_2(OH)_nCl_{6-n}]_m$	BAC	6.0～8.5
铁盐	低分子	硫酸亚铁	$FeSO_4 \cdot 7H_2O$	—	8.0～11
		硫酸铁	$Fe_2(SO_4)_3 \cdot 2H_2O$	FS	4.0～11
		三氯化铁	$FeCl_3 \cdot 6H_2O$	FC	4.0～11
	高分子	碱式硫酸铁	$[Fe_2(OH)_n(SO_4)_{3-\frac{n}{2}}]_m$	BFS	4.0～11
		碱式氯化铁	$[Fe_2(OH)_nCl_{6-n}]_m$	BFC	4.0～11
其他	低分子	氧化镁	MgO	MO	9.5～14
		碳酸镁	$MgCO_3$	MC	9.5～14

3.6.5.4　由腐殖质形成的螯合物

1) 腐殖质的生成及其主要成分

约在1800年前后，人们方始在土壤和水体中发现有腐殖质存在。由于其组成和结构非常复杂，所以对它的化学性质等方面迄今还不十分了解。但长期以来，人们对它的研究兴趣却一直有增无减，目前腐殖质化学已经成为化学上的一个分支学科。

腐殖质的环境化学意义在于：(1) 存在于天然水体(或土壤)中的腐殖质对金属离子有螯合作用，对有机物有吸附作用，成为水(或土壤)的天然净化剂；(2) 在加工生产饮用水的氯化过程，原水中腐殖质与药剂 Cl_2(及水中溴化物等)反应，可生成三卤甲烷类化合物(THMs)，具有强致癌性，成为公众健康的一大隐患；(3) 水体中的腐殖质可能作为光敏物质参与光化学氧化还原反应。

一般地说，腐殖质首先在土壤中生成。土壤中生物体，特别是植物死亡后，在各种环境条件下分解后残留物就是腐殖质。腐殖质在土壤中广泛存在，由于土壤和水体相通，不难理解，在水体及其沉积物中也必然存在着相当数量的腐殖质。但也有研究者指出，海水中所含腐殖质，有部分是在该水体系统中直接生成的。土壤中腐殖质形成的过程如图 3-26 所示。作为起始物的植物和动物残体大致通过化学分解和微生物分解最终转为腐殖质。

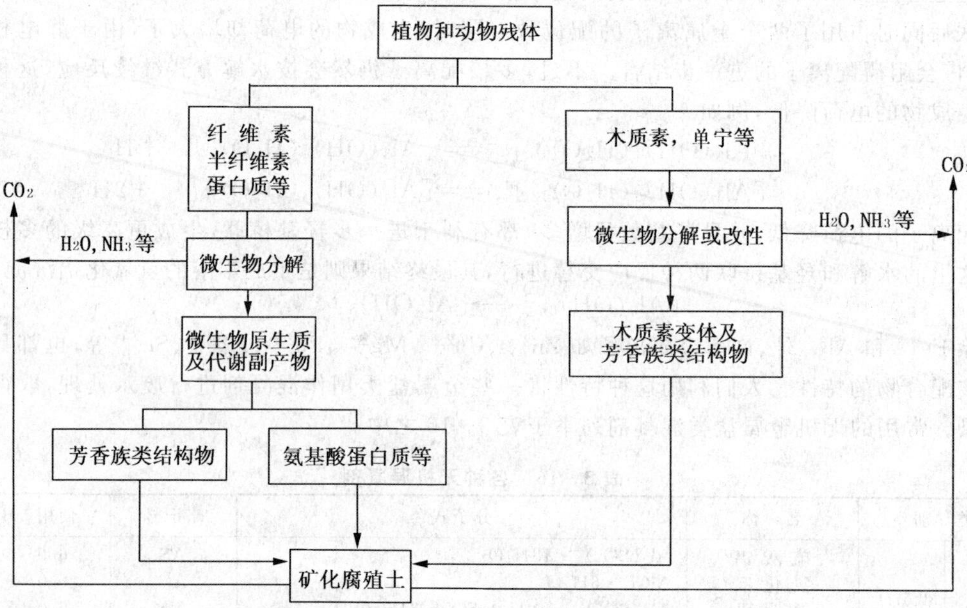

图 3-36　土壤中腐殖质形成的过程

海水中腐殖质含量约占有机物总量的 6%～30%，一般在 100 μg/L～300 μg/L 范围之内。海水中腐殖质经用高分子多孔聚合物 XAD-2 吸附浓集后，所得提取物再用酸碱按下列程序处理，即可获得腐殖质的三种重要组分：

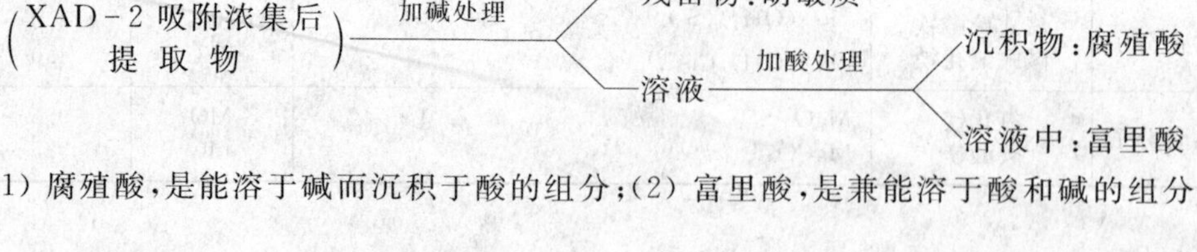

其中：(1) 腐殖酸，是能溶于碱而沉积于酸的组分；(2) 富里酸，是兼能溶于酸和碱的组分；(3) 胡

敏质，是酸、碱皆不溶的组分。

2）腐殖质的化学结构

腐殖质具有非常复杂的化学结构，而且结构还随其来源（如土壤、淡水、海水、褐煤、沉积物）而异。其中最简单的富里酸的结构如图 3－27(a)所示。图 3－27(b)中给出腐殖酸结构模型。据信，腐殖酸分子核心是一个含大量有机杂原子基团的高分子化合物，核心外围联结很多功能基团。

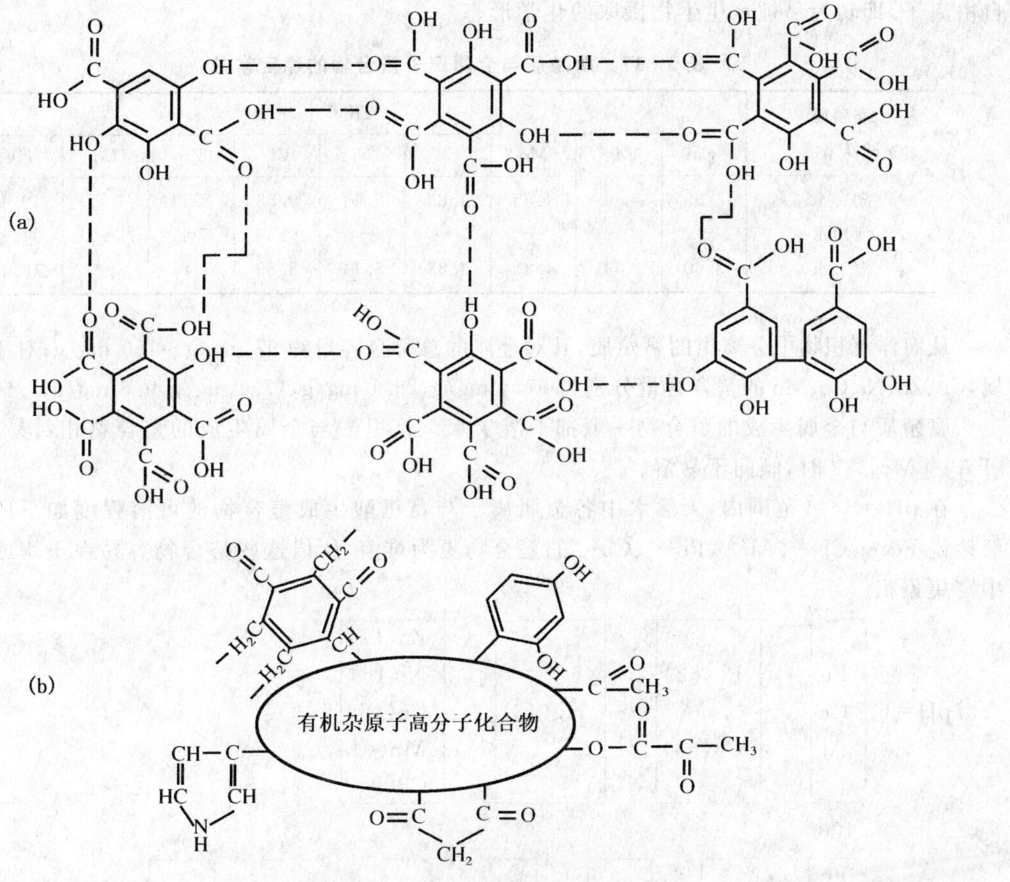

图 3－27 富里酸的结构(a)和腐殖酸的结构模型(b)

腐殖质三种组分间的区别在于相对分子质量和官能团含量的不同。如腐殖酸和胡敏质比富里酸有更高的相对分子质量和较少的亲水官能团。总的来说，腐殖质的结构中含有羟基、酚基、醇基、羰基等官能团，其结构特点是：

(a) 以碳链为骨架，以—O—，$-\overset{|}{N}-$ 为交联基团；

(b) 含氢键，带有很多含氧功能基；

(c) 相对分子质量大，如胡敏质、腐殖酸相对分子质量可达几万；

(d) 分子内多处带有电荷，高度极性；

(e) 分子内含蛋白质类和碳水化合物类的部分很容易发生水解；芳香核部分不易发生化学降解和生物降解。

3）由腐殖质形成的螯合物

腐殖质对环境中几乎所有金属离子都有螯合作用，对于过渡金属尤为如此。对金属螯合能力强弱一般符合欧文-威廉（Irving-William）次序即：

$$Mg < Ca < Cd < Mn < Co < Zn \approx Ni < Cu < Hg$$

表3-17列举了各种来源的腐殖质与金属阳离子螯合物的稳定常数。由表列 K 值大小可见，多数金属与腐殖质形成螯合物不够稳定。在某些环境条件下，螯合物发生离解而使金属转为自由离子，即转为易被水生生物摄取的化学形态。

表3-17 腐殖质与金属离子螯合物的稳定常数

腐殖质试样来源	lg$K$								
	Ca	Mg	Mn	Co	Ni	Cu	Zn	Cd	Hg
湖 水	3.95	4.00	4.85	4.83	5.14	9.83	5.14	4.57	19.4
河川水	—	—	—	—	—	9.59	5.41	—	21.1
海 水	3.60	3.50	4.45	4.83	5.14	8.89	5.27	—	18.1

从海洋沉积物中分离出的腐殖质，其对金属的总螯合容量约97 mg/g～150 mg/g；对于不同金属，Cu、Zn、Ni、Co、Mn的螯合容量分别为67.4 mg/g，26.1 mg/g，17.4 mg/g，9.6 mg/g，5.6 mg/g。

腐殖质与金属生成的螯合物一般都不溶于水。富里酸与金属生成的螯合物相对易溶些，当[FA]/[Me]>2时，倾向于易溶。

在pH=6～8范围内，天然水中各金属离子与富里酸生成螯合物的可溶程度如下所示。一般地说 Fe^{3+}、Cr^{3+}、Al^{3+}、Pb^{2+}、Cu^{2+} 的螯合物更为难溶，所以这些螯合物容易在土壤或沉积物中富集累积。

pH=6　[Fe, Cr, Al] > [Pb(82), Cu(83)] > [Hg(43)] > [Zn(17), Ni(16), Co(15), Mn(4), Cd(9)]

　　　　100

pH=7　[Fe, Al, Cr, Pb, Cu] > [Zn] > [Hg] > [Ni] > [Co] > [Cd] > [Mn]

　　　　>95　67　65　46　35　25　16

pH=8　[Fe, Al, Cr, Pb, Cu, Ni, Co, Zn] > [Hg, Cd, Mn]

　　　　>90　70　（数字表示沉淀百分数）

腐殖质与金属间的结合方式有以下几种：①

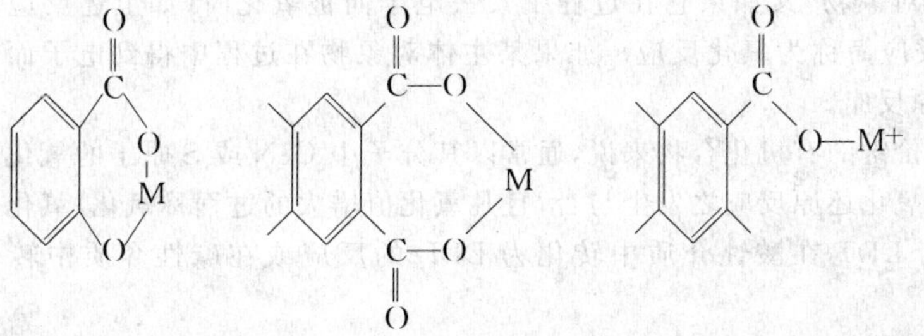

左边一种形式是以一个羧基和一个酚羟基螯合金属离子，中间一种形式是以两个羧基螯合金属离子，右边一种形式是以一个羧基与其配合。

3.6.6 氧化还原

地球各圈层都是富氧的，地球表面众多物质，如矿石、木材、有机物、金属及水体中各种溶解物都有通过风化、燃烧、酶促反应等过程而被氧化的倾向。同时有一个极为重要的与之相反的物质还原过程，这就是光合作用。由于这两方面作用过程，组成了自然界的基本氧化还原循环。本节中列举的许多例证也都表明，在天然水体中也时时刻刻地发生着氧化还原反应。

3.6.6.1 氧化还原反应的类别

水体中氧化还原反应约可分为三类：(1) 化学氧化还原反应；(2) 光化学氧化还原反应；(3) 生物氧化还原反应。第二类反应实际上在 3.6.4 中已有所述及，生物氧化还原反应将在 5.5.4.1 中予以详述。还可将反应分为均相氧化还原反应和非均相氧化还原反应。例如在水中 Cr(Ⅵ) 氧化 Fe(Ⅱ)的反应为均相反应；空气中氧气通过曝气作用氧化水中 Fe(Ⅱ)及在水合氧化锰颗粒表面的 Mn(Ⅲ)-OH 氧化共处于水体中的有机酚类化合物的反应都是非均相反应。但对后一类反应来说，实际的电子迁移过程还是发生在单相之内。在上述两例中，空气中氧在溶入水中后，才发生水相中的氧化作用，水体溶液中酚的分子被吸附在颗粒表面，才发生固相中的氧化作用。

3.6.6.2 氧化还原反应的意义

从本质意义说，氧化还原反应涉及均一相中电子迁移过程。其反应物中变价元素的价态发生了变化。经此变化后，物质的环境化学行为有异于原反应物，常表现为溶解度、配合物形成能力、酸碱反应性等方面差异。由此打破体系原有化学平衡，并进一步引起通常发生在变价产物与水(或 H^+、OH^-)之间的反应，从而形成更新的产物。

氧化还原反应关系到氧化剂和还原剂两方。在发生电子迁移的过程中，总是还原剂失去电子，氧化剂获取电子。要完成这个反应过程，两方缺一不可。例如下列反应中：

$$NH_4^+ + 2O_2 \longrightarrow NO_3^- + H_2O + 2H^+$$

NH_4^+ 中的 N(价态为-3)因失去电子而被氧化转为 NO_3^-－N(价态为$+5$)，O_2 因获得电子而被还原至(-2)价态，并进一步与 H^+ 结合成水分子。由于水溶液中不存在自由电子，所以在反应表达式中没有出现 e。

天然水体中常见的氧化剂有：O_2、NO_3^-、NO_2^-、Fe^{3+}、SO_4^{2-}、S、CO_2、HCO_3^-(氧化能力依次递减)。此外还有浓度甚低的 H_2O_2、O_3 及自由基 $HO\cdot$、$HO_2\cdot$ 等，它们大多是水中光化学反应的产物。

① 引自书后“参考资料”8 第 63 页中的内容。

天然水体中常见的还原剂有：有机物、H_2S、S、FeS、NH_4^+、NO_2^-（还原能力依次递减）。

若以某污染物作为主体对象物，又如果它在过程中失去电子而被氧化时（如上述反应中的NH_4^+），则可将该氧化还原反应简称为氧化反应。如果某主体对象物在过程中得到电子而被还原时，则可将该反应称为还原反应。

对于大量的分子中含共价键的有机化合物来说，通常以其分子中C、N或S原子的氧化值是否在过程中发生变化来判定氧化还原反应之发生与否，且凡氧化值增大的过程称氧化，氧化值减少的过程称还原。例如农药DDT在酸性介质中转化为DDD的反应或在碱性介质中转化为DDE的如下反应：

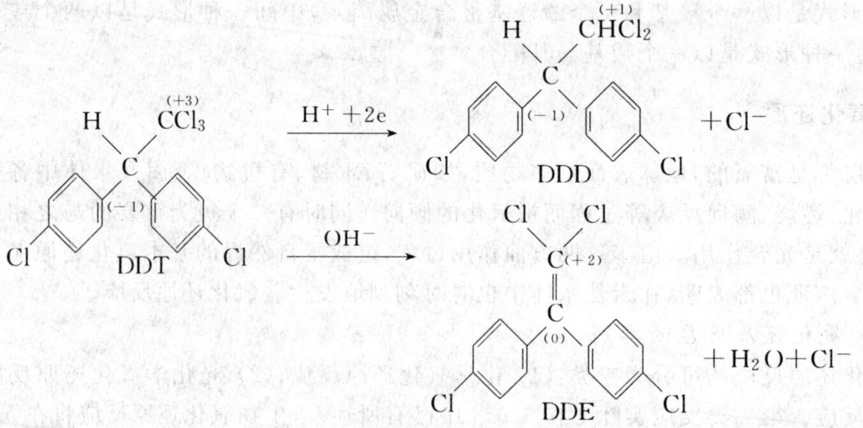

在前一反应，DDT分子中有一个C原子的氧化值由(+3)降为(+1)，所以发生了DDT的还原反应（称还原性脱氯反应）。在后一反应，DDT分子中有两个C原子分别发生了氧化值由(−1)升为(0)及由(+3)降为(+2)的变化，两相抵消的结果是DDT分子没有与外界发生电子迁移关系，所以该反应不属于氧化还原反应范畴。

各种有机污染物（或基团）在环境条件下可能发生的化学氧化还原反应示例性地列举在表3-18之中。在这些反应中有机污染物分子（或基团）中所含C、N或S原子的氧化值都发生了变化。

表3-18 有机化合物在环境条件下发生的氧化还原反应（示例）

氧化形	还原[①] ⇌ 氧化	还原形
碳原子氧化值发生变化		
R—COOH $+2H^+ + 2e$	⟵	R—CHO $+H_2O$
O=⟨苯醌环⟩=O $+2H^+ + 2e$	⇌	HO—⟨苯环⟩—OH
—C—X(X = Cl,Br,I) $+ H^+ + 2e$	⟶	—C—H + X⁻
—C(X)—C(X)—(X = Cl,Br,I) + 2e	⟶	C=C $+2X^-$
2—C—X (X = Cl,Br,I) + 2e	⟶	—C—C— $+2X^-$

续表

氧化形	还原[①] ⇌ 氧化	还原形
	氮原子氧化值发生变化	
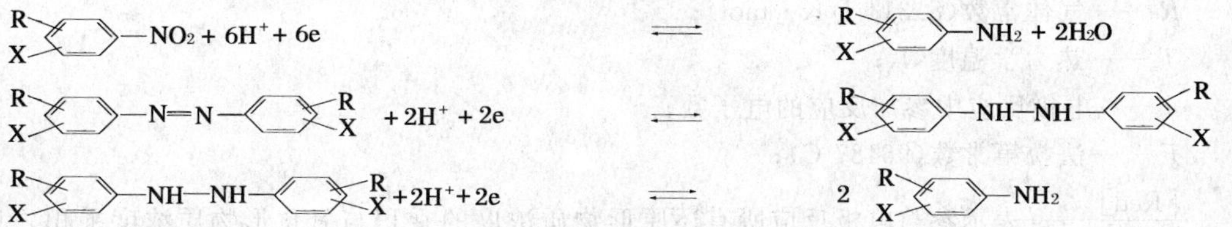		
	硫原子氧化值发生变化	
R—S—S—R $+2H^+ +2e$	⇌	2R—SH
R—S(=O)—R′　$+2H^+ +2e$	⇌	R—S—R′$+H_2O$

① 以虚线画出的箭头表示该反应仅有发生的可能性。

体系的氧化还原平衡有两方面的含义：其一，表示体系中电子给体和受体间处于相对平衡状态，电子势位发生无限小变化时，随即发生可逆性的电子迁移；其二，包含在系统中的所有氧化还原电对的电极电位都相等。应该指出，发生在天然水体中的氧化还原反应是存在着动力学阻碍的，其反应速度比酸碱反应慢得多，只是在有适当催化剂（包括生物催化剂）存在下，才能促使反应加快。尽管多数氧化还原体系都偏离平衡状态，但对水体中各氧化还原体系平衡的研究仍是我们研究这类过程的出发点，有助于我们更好理解水体中各种化学物质分布和迁移的过程。

以下列举几个有关污染物在水环境中转化的实例都关系到氧化还原反应过程。

有机污染物进入水体后即可被生物作用而发生降解，同时引起水体中溶解氧的降低，从而威胁水生生物体的生存，这种生物降解过程实际上就是一种有机物氧化过程。

进入水体的有机氮化合物在有氧条件下进行生物氧化，逐步降解、转化为无机的 NH_4^+、NO_2^-、NO_3^- 等形态，经过实际测定的这几种形态的含量都可以作为水质指标，它们分别代表有机氮转化为无机物的各个不同阶段。

对于有多种氧化态的变价金属，它们在水体中发生氧化还原反应关系到这些金属化合物的溶解和沉积。例如铬和钒，在高度氧化条件下，高价铬酸盐和钒酸盐易溶于水；但在还原性水体中，却倾向于生成难溶的低价金属盐。对于铁和锰的不同价态化合物，正好有与铬和钒相反的情况。

氧化还原平衡还关系到水层上下断面中某些化学物质的化学形态的差异。例如在湖的表面，碳、氮、硫、铁等常在富氧条件下分别呈 HCO_3^-、NO_3^-、SO_4^{2-}、$Fe(OH)_3$（悬浮颗粒）等形态；在湖底的水中它们又往往在缺氧条件下呈 CH_4、NH_4^+、SO_3^{2-}、Fe^{2+} 等形态。这种情况对水生生物的栖息、生存有很大意义。

3.6.6.3　能斯特方程及其电子活度表达式

任一氧化还原反应可被看成为由两个半反应构成。若以 Ox 和 Red 分别表示半反应中的氧化形和还原形，则此半反应可表示为：

$$Ox + ne \rightleftharpoons Red$$

此半反应的电极电位（或称还原电位，氧化还原电位）可通过如下能斯特（Nernst）方程表达式来计算：

$$E=E^{\ominus}-\frac{RT}{nF}\ln\frac{[\mathrm{Red}]}{[\mathrm{Ox}]} \tag{3-36}$$

式中 E ——平衡电极电位,V;

$E^{\ominus}$——电极体系的标准电位,V;

R ——气体常数(8.314 J/K·mol);

T ——热力学温度,K;

n ——电极反应中参加反应的电子数;

F ——法拉第常数(96487 C);

$\frac{[\mathrm{Red}]}{[\mathrm{Ox}]}$——表示参与电极反应所有还原形物质浓度的乘积与氧化形物质浓度乘积之比,而且浓度的方次等于它们在电极反应方程中的系数。

在 25℃下,式(3-36)可改写成:

$$E=E^{\ominus}-\frac{0.0591}{n}\lg\frac{[\mathrm{Red}]}{[\mathrm{Ox}]}$$

由以上半反应式,还可写出其反应平衡常数表达式为:

$$K=\frac{[\mathrm{Red}]}{[\mathrm{Ox}][\mathrm{e}]^n} \tag{3-37}$$

此式可改写为

$$-\lg[\mathrm{e}]=\frac{1}{n}\lg K-\frac{1}{n}\lg\frac{[\mathrm{Red}]}{[\mathrm{Ox}]} \tag{3-38}$$

现定义[e]为电子活度,并将$-\lg[\mathrm{e}]$写成 pE,将[Red]=[Ox]时的 pE 写作 p$E^{\ominus}$(表示此时的电子活度处于标准态下),则有

$$\mathrm{p}E^{\ominus}=\frac{1}{n}\lg K \tag{3-39}$$

和

$$\mathrm{p}E=\mathrm{p}E^{\ominus}-\frac{1}{n}\lg\frac{[\mathrm{Red}]}{[\mathrm{Ox}]} \tag{3-40}$$

若将此式与式(3-36)两相比较,可得

$$\mathrm{p}E=\frac{E}{0.0591} \tag{3-41}$$

$$\mathrm{p}E^{\ominus}=\frac{E^{\ominus}}{0.0591} \tag{3-42}$$

在确定了 pE 和 E 之间的数值关系后,就可以说 pE 和 E 同样地可用以表征某个半反应电对的氧化还原能力的大小。两者之间的关系与 pH 和氢离子在水溶液中活度(浓度)间的关系颇为相似。这两方分别涉及电子活度和质子活度,但应予指出的是 pE 与 pH 概念不同,pE 和 E 间的数值的关系不是负对数的关系,而是 p$E=E\cdot F/(2.3RT)$(25℃时,p$E=E/0.0591$)。在此还应该说明:(1) 与 pH 值能表示体系得失质子倾向这一点相似,pE 值能表示电对得失电子的倾向,即 pE 值越大,电子活度越低,氧化形相对浓度较大,有较强氧化性,容易从外界获取电子。若 pE 值越小,则情况正好相反;(2) 按热力学定义,标准氢电极处于平衡时,介质中的电子活度为 1.0,则 pE=0.0。(3) 在标准态(25℃,且电对各组分的活度皆等于 1)下,各电对氧化还原能力的相对强弱可用 $E^{\ominus}$ 或 p$E^{\ominus}$ 值的大小表征。表3-19列举了环境水体中常见电对的氧化还原能力顺序。

表 3-19 环境水体中常见电对的 $E^{\ominus}$ 和 $pE^{\ominus}$

强还原剂	弱氧化剂	$E^{\ominus}$	$pE^{\ominus}$
CH_3COO^-	CO_2	0.075	1.27
$H_2S_{(aq)}$	SO_4^{2-}	0.303	5.12
Fe^{2+}	Fe^{3+}	0.771	13.03
NH_4^+	NO_3^-	0.882	14.90
H_2O	$O_{2(g)}$	1.229	20.77
Cl^-	$Cl_{2(aq)}$	1.391	23.51
弱还原剂	强氧化剂		

以 $E^{\ominus}$ 和 $pE^{\ominus}$ 确定各电对氧化还原能力相对强弱后，同一体系中两电对间的反应按如下箭头所示方向进行：

$$\text{强氧化剂}+\text{强还原剂}\longrightarrow\text{弱氧化剂}+\text{弱还原剂}$$

实例如下：$2O_2+NH_4^+\longrightarrow NO_3^-+H_2O+2H^+$。

3.6.6.4 复合的氧化还原体系

自然环境是一个由水、土壤、大气、生物等环境要素构成的统一整体，也是一个由许多无机的和有机的氧化还原单一体系所复合的复杂体系。因此，在自然环境中氧化还原反应进行的方向和强度在很大程度上决定于整个复合体系的氧化还原电位。计算表明，复合体系的电位介于各个单体系的电位之间，而接近于含量较大的单体系的电位。如果某一单体系的数量较其他单体系大得多，则复合体系的电位将几乎等于存在量多的单体系的电位值，这一含量较多的体系被称为“决定电位体系”。对于自然环境这个复杂的体系而言，在一般情况下，氧体系是决定电位体系。在含有大量有机质的环境中，有机质体系可作为决定电位体系。

除氧体系与有机质体系外，铁、锰、硫等是自然环境中广泛分布的变价元素，在某些情况下，它们也可能成为决定电位的体系。至于微量的变价元素，如重金属铜、汞、钒、铬等，由于其含量甚微，对环境体系的氧化还原电位不起多大作用，相反地正是整个环境的电位制约着它们在环境中的行为。

根据环境中游离氧、硫化氢及其他氧化剂和还原剂的存在情况，有人将自然环境划分为氧化环境、不含硫化氢的还原环境、含硫化氢的还原环境三种基本类型。

氧化环境，指游离氧含量丰富的环境，有时也含有其他强氧化剂。这类环境体系在碱性条件下，E 略高于零，通常大于 0.15 V，最高达 0.6 V～0.7 V；在酸性条件下，E 大于 0.4 V～0.5 V。这类环境体系具有强氧化能力。在其中，钒、铬等处于高氧化态，形成可溶性盐，具有高迁移能力。铁、锰等则形成高价难溶化合物，迁移能力很弱。

不含硫化氢的还原环境，指缺乏游离氧和具有丰富有机质的弱矿化水环境。这种环境体系的 E 值在酸性条件下小于 0.4 V，在碱性条件下小于 0.15 V，在这种环境体系中，当氧化还原电位很低时，可使钒和铜还原至低价态（$V^{5+}\rightarrow V^{3+}$，$Cu^{2+}\rightarrow Cu^+\rightarrow Cu^0$）。

含硫化氢的还原环境，指不含游离氧和其他强氧化剂而含大量硫化氢的环境。这种环境体系的 E 值低于零，甚至达 −0.5 V～−0.6 V。在这里硫化氢的浓度有时可达 2 g/L，甚至更高，从而导致形成各种难溶的金属硫化物沉淀（如硫化铅、硫化铜、硫化汞、硫化镉、硫化镍、硫化钴等），阻止这些元素的迁移，使其富集于底泥之中。

在自然界，存在着一些氧化环境和还原环境的交界线，这种交界线具有重要的环境化学意义。由于这里氧化还原电位发生突变，使重金属在环境中的行为也发生剧变。例如，氧化性强的电镀废水中含有六价铬，当该废水排入还原性强的富含有机污染物的水体时，$Cr_2O_7^{2-}$ 便迅速地

还原为 Cr^{3+} 而被吸附或生成沉淀。又如氧化性很强的酸性含汞废水，当其排入富含硫化氢的还原环境水体时，即生成 HgS 沉淀而富集起来。

3.6.6.5　氧化还原平衡图示法

常用的氧化还原平衡图示法有两种类型。一是 E－pH 图或 pE－pH 图，在图中能显示出某元素各种化学形态间的平衡关系，即表明在各种条件下质子和电子怎样同时使平衡移动的，并且能够指出，在任何给定 E(或 pE)和 pH 条件下，何种化学形态会占优势。另一类型是 lg$c$－pE 图，能表现出在 pE 及溶液组成发生变化时，各种化学形态间的平衡关系。

1) E－pH 图

以纯水体系为例，考虑 E－pH 图的作图方法。

暴露于大气的水能按如下反应被氧化：

$$2H_2O \rightleftharpoons O_2 + 4H^+ + 4e$$

按能斯特方程：

$$E = E^{\ominus} + \frac{RT}{4F}\ln\left(\frac{p_{O_2}[H^+]^4}{[H_2O]^2}\right) \tag{3-43}$$

对于纯水：$[H_2O]=1$，在 25℃下，$E^{\ominus}=1.229$ V，于是

$$E = 1.229 + \frac{0.0591}{4}\lg(p_{O_2}[H^+]^4)$$

$$= 1.229 + 0.0148\lg p_{O_2} + 0.0591\lg[H^+]$$

由于地球表面氧浓度为 0.21 摩尔分数，代入上式得

$$E = 1.229 + 0.0148\lg(0.21) - 0.0591\text{pH}$$

$$= 1.220 - 0.0591\text{pH} \tag{1}$$

对水体底质中所含的水来说，可能在强烈的还原氛围中按如下反应被还原：

$$2H_2O + 2e \rightleftharpoons H_2 + 2OH^-$$

这个方程相当于在氢电极中发生的还原反应：

$$H^+ + e \rightleftharpoons 1/2H_2$$

$$E = E^{\ominus} + 0.0591\lg\frac{[H^+]}{P_{H_2}^{1/2}} \tag{3-44}$$

其中 $E^{\ominus}=0.00$ V，极限的边界条件是 $p_{H_2}=1$(即 1.013×10^5 Pa)，由此可得：

$$E = 0.0591\lg[H^+] = -0.0591\text{pH} \tag{2}$$

由以上(1)、(2)两式，可作出纯水体系的 E－pH 图，如图 3－28 所示。

正常天然水体的 pH 值范围受控制于 $CO_2/HCO_3^-/CO_3^{2-}$ 系统，大多在 6～9 之间。某些水体由于其中所含硫化物被氧化(硫化物接触了大气或受微生物作用)，其 pH 值可能低于 4；在某些沙漠地区的水体中，由于含多量碳酸钠，其 pH 值可能高于 9。

正常天然水体的 E 值范围可能介于 －0.6 V～＋0.6 V之间，表面水层约在 ＋0.2 V～＋0.5 V 之间。图 3－27 也显示了各种不同类型水体在 E－pH 图中所占据的区域。

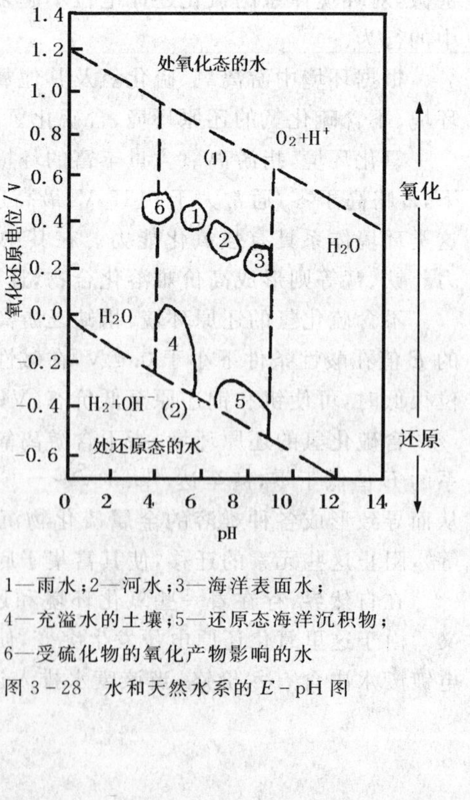

1—雨水；2—河水；3—海洋表面水；
4—充溢水的土壤；5—还原态海洋沉积物；
6—受硫化物的氧化产物影响的水

图 3－28　水和天然水系的 E－pH 图

2) pE－pH 图

以 Fe^{2+}－Fe^{3+} 体系为例，考虑 pE－pH 图的作图方法。

在需要建立某元素在水体中各化学形态间平衡关系的 pE－pH 图时，应将该元素的所有氧化还原形态和水体中所有配位体都考虑在内，由此得到的图形是非常复杂的。现在我们对问题作最大程度的简化，假定：(1) 在水体所含的配位体(OH^-、S^{2-}、SO_4^{2-}、CO_3^{2-} 等)中只考虑 OH^- 配位体的作用；(2) 体系中的铁只有 Fe^{2+}、Fe^{3+}、$Fe(OH)_2$、$Fe(OH)_3$ 四种存在形态；(3) 铁的总浓度为 1.0×10^{-5} mol/L。在这些假定的基础上，先写出各种形态间相互转化的反应如下：

氧化还原反应：

$$Fe^{3+}+e^-\rightleftharpoons Fe^{2+}$$

$$pE=13.03+\lg\frac{[Fe^{3+}]}{[Fe^{2+}]} \tag{3-45}$$

沉淀溶解反应：

$$Fe(OH)_{2(s)}+2H^+\rightleftharpoons Fe^{2+}+2H_2O$$

$$K_{s_2}=\frac{[Fe^{2+}]}{[H^+]^2}=8.0\times10^{12} \tag{3-46}$$

$$Fe(OH)_{3(s)}+3H^+\rightleftharpoons Fe^{3+}+3H_2O$$

$$K_{s_3}=\frac{[Fe^{3+}]}{[H^+]^3}=9.1\times10^{3} \tag{3-47}$$

以下对照已作成的图 3－29，来说明 pE－pH 图中各组成线的方程被列出的过程。

(a) H_2O 氧化的边界条件：$pE=20.64-pH$ (直线 1 的方程)

(b) H_2O 还原的边界条件：$pE=-pH$ (直线 2 的方程)

(c) 根据式(3－45)在$[Fe^{3+}]=[Fe^{2+}]$处有 $pE=13.03$(直线 3 的方程)

(d) 考虑 Fe^{2+} 在多大 pH 值条件下开始发生 $Fe(OH)_2$ 沉淀。根据式(3－46)可计算：

$$[H^+]^2=\frac{[Fe^{2+}]}{K_{s_2}}$$

假定溶液中全部铁呈$[Fe^{2+}]$状态、即$[Fe^{2+}]=1.00\times10^{-5}$ mol/L，代入上式即可计算得

pH＝8.95 (直线 4 的方程)

(e) 考虑 Fe^{3+} 在多大 pH 值条件下开始发生 $Fe(OH)_3$ 沉淀，与上述(d)的情况相似，计算得

pH＝2.99 (直线 5 的方程)

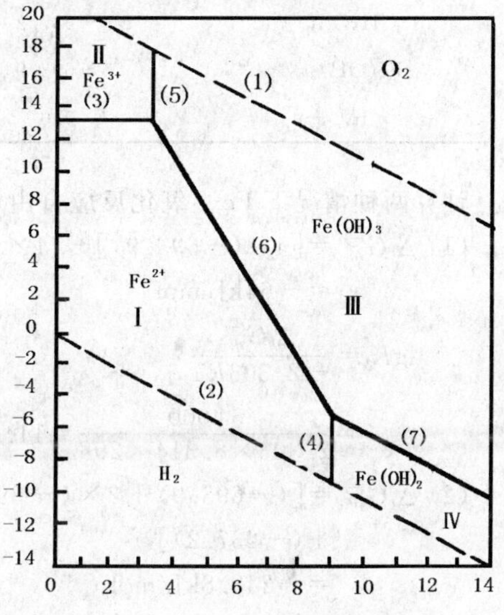

图 3－29 铁离子的 pE－pH 图

(f) 考虑 $Fe^{2+}\longrightarrow Fe^{3+}\longrightarrow Fe(OH)_3$ 的过程。由式(3－45)和式(3－47)可得

$$pE=13.03+\lg\frac{K_{s_3}[H^+]^3}{[Fe^{2+}]}$$

代入已知数值可得 $pE=22.0-3pH$ (直线 6 的方程)

(g) 考虑 $Fe(OH)_2$ 和 $Fe(OH)_3$ 之间的平衡

由式(3－45)至式(3－47)可得

$$pE=13.03+\lg\frac{[Fe^{3+}]}{[Fe^{2+}]}=13.03+\lg\frac{K_{s_3}[H^+]^3}{K_{s_2}[H^+]^2}=4.09-pH$$ （直线 7 的方程）

从图 3-29 可看出，在区域Ⅰ，即高$[H^+]$和高电子活度区，是酸性还原态介质，Fe^{2+}是主要存在形式。如有些地下水就含较多Fe^{2+}。在区域Ⅱ，即高$[H^+]$和低电子活度区，是酸性氧化态介质，Fe^{3+}是大量的。在区域Ⅲ，即低酸性氧化态介质中，$Fe(OH)_3$ 含量比较多。在区域Ⅳ，即碱性还原态介质中，$Fe(OH)_2$ 是很稳定的。

在天然水体中，pH 值一般在 6～9 之间。铁主要以 Fe^{2+} 和 $Fe(OH)_3$ 形式存在。在厌氧水体中，pE 较低，会有相当量的 Fe^{2+} 存在。当这种水一旦接触空气，pE 值升高，就会有 $Fe(OH)_3$ 悬浮颗粒物生成。

例 7 处于厌氧状态的地下水中，铁以 Fe^{2+} 状态存在。当这种地下水(1)暴露于空气中时，(2)通入氯气时，比较这两种情况下发生 $Fe^{2+}\longrightarrow Fe^{3+}$ 氧化反应的自发进行程度。

解 暴露于空气时发生氧化反应为

$$4Fe^{2+}_{(aq)}+O_{2(g)}+10H_2O_{(l)}\rightleftharpoons 4Fe(OH)_{3(s)}+8H^+_{(aq)}$$

通氯气时发生氧化反应为：

$$Fe^{2+}_{(aq)}+2HCO^-_{3(aq)}+Cl_{2(g)}+H_2O_{(l)}\longrightarrow Fe(OH)_{3(s)}+2CO_{2(g)}+2Cl^-_{(aq)}+H^+_{(aq)}$$

已知各有关化学物质的标准生成自由焓变 $\Delta_f G_m^{\ominus}$/kJ・mol^{-1}为：

$Fe^{2+}_{(aq)}$	−84.9	$HCO_{3(aq)}$	−587.1
$O_{2(g)}$	0.0	$Cl_{2(g)}$	0.0
$H_2O_{(l)}$	−237.2	$CO_{2(g)}$	−394.4
$Fe(OH)_{3(s)}$	−693.9	$Cl_{(aq)}$	−131.2
$H^+_{(aq)}$	0.0		

计算两种情况下 Fe^{2+} 氧化反应自由焓变化及反应平衡常数分别为：

(1) $\Delta_r G_m^{\ominus}=[4\times(-693.9)]-[4\times(-84.9)+10\times(-237.2)]$

$=-64\text{kJ/mol}$

$$\lg K=\frac{\Delta_r G_m^{\ominus}}{-2.303RT}$$

$$=\frac{64\,000}{2.303\times8.314\times298}=11.2$$ 即 $K=10^{11.2}$

(2) $\Delta_r G_m^{\ominus}=[(-693.9)+2\times(-394.4)+2\times(-131.2)]-[(-84.9)+2\times(-587.1)+(-237.2)]$

$=-248.8\text{kJ/mol}$

$$\lg K=\frac{\Delta_r G_m^{\ominus}}{-2.303RT}$$

$$=\frac{248\,800}{2.303\times8.314\times298}=43.4$$ 即 $K=10^{43.4}$

比较以上计算结果可知，两反应都能自发进行，但后一反应有大得多的进行趋势。

3) $pE-\lg c$ 图

以水体中氮体系为例，考虑 $pE-\lg c$ 图的作图方法。先假定 pH=7.00，总无机氮 TN=1.00 $\times10^{-4}$ mol/L(包括 NO_3^-、NO_2^- 和 NH_4^+，不考虑 N_2)。各形态间相互转化的反应式为：

(a) $1/6NO_2^-+4/3H^++e\rightleftharpoons 1/6NH_4^++1/3H_2O$ （$pE^{\ominus}=15.14$）

$$pE = pE^{\ominus} + \lg \frac{[NO_2^-]^{1/6}[H^+]^{4/3}}{[NH_4^+]^{1/6}} = 5.81 + \lg \frac{[NO_2^-]^{1/6}}{[NH_4^+]^{1/6}} \tag{3-48}$$

在 $pE=5.81$ 时，$[NO_2^-]=[NH_4^+]$

(b) $1/8NO_3^- + 5/4H^+ + e \rightleftharpoons 1/8NH_4^+ + 3/8H_2O$ （$pE^{\ominus}=14.90$）

$$pE = pE^{\ominus} + \lg \frac{[NO_3^-]^{1/8}[H^+]^{5/4}}{[NH_4^+]^{1/8}} = 6.15 + \lg \frac{[NO_3^-]^{1/8}}{[NH_4^+]^{1/8}} \tag{3-49}$$

在 $pE=6.15$ 时，$[NO_3^-]=[NH_4^+]$

(c) $1/2NO_3^- + H^+ + e \rightleftharpoons 1/2NO_2 + 1/2H_2O$ （$pE^{\ominus}=14.15$）

$$pE = pE^{\ominus} + \lg \frac{[NO_3^-]^{1/2}[H^+]}{[NO_2^-]^{1/2}} = 7.15 + \lg \frac{[NO_3^-]^{1/2}}{[NO_2^-]^{1/2}} \tag{3-50}$$

在 $pE=7.15$ 时，$[NO_3^-]=[NO_2^-]$

以下对照已作成的图 3-30 来说明 $pE-\lg c$ 图中各组成线的方程被列出的过程：

(a) 已知 $pE<5$ 时，$[NH_4^+]$形态占绝对优势，可假定$[NH_4^+]=1.00\times10^{-4}$ mol/L，$\lg[NH_4^+]=-4.00$

将此代入 pE 表达式(3-48)和式(3-49)分别可得：

$\lg[NO_2^-]=-38.86+6pE$ （直线 1 的方程）

$\lg[NO_3^-]=-53.20+8pE$ （直线 2 的方程）

(b) 已知在 $pE=6.5$ 左右时$[NO_2^-]$形态占绝对优势，可假定

$[NO_2^-]=1.00\times10^{-4}$ mol/L，$\lg[NO_2^-]=-4.00$

将此代入 pE 表达式(3-48)和式(3-50)分别可得：

$\lg[NH_4^+]=30.86-6pE$ （直线 3 的方程）

$\lg[NO_3^-]=-18.30+2pE$ （直线 4 的方程）

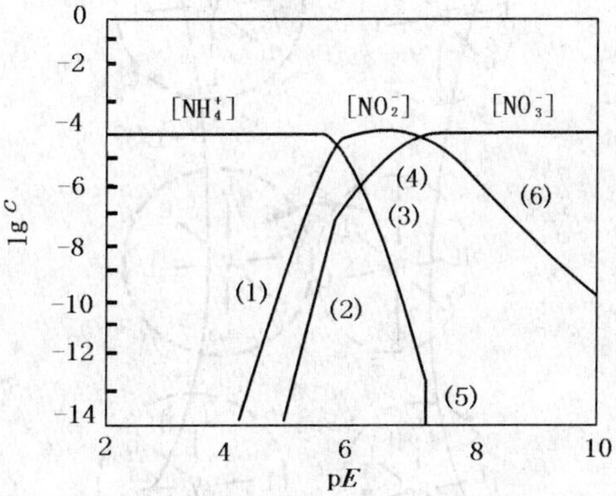

图 3-30 NH_4^+、NO_2^- 和 NO_3^- 浓度的对数值对 pE 作图（pH=7.00，氮化物总浓度为 1.00×10^{-4} mol/L）

(c) 已知 $pE>7$ 时$[NO_3^-]$形态占绝对优势，可假定

$$[NO_3^-]=1.00\times10^{-4}\ \text{mol/L},\ \lg[NO_3^-]=-4.00$$

将此代入 pE 表达式(3-49)和式(3-50)分别可得：

$\lg[NH_4^+]=45.20-8pE$ （直线 5 的方程）

$\lg[NO_2^-]=10.30-2pE$ （直线 6 的方程）

从图 3-30 中可以看出，NO_2^- 在很窄的 pE 值范围(6～7)内是稳定的，在这个范围内，可根据式(3-43)计算出氧的分压(设定 $pE=6.50$ 和 $pH=7.0$)：

$$pE = pE^{\ominus} + \lg\{p_{O_2}^{1/4}[H^+]\}$$

$$6.50 = 20.80 + \lg\{p_{O_2}^{1/4}\times10^{-7}\}$$

$$p_{O_2} \doteq 1\times10^{-24}\ \text{Pa}$$

可见含氧量相当低，是一个厌氧条件。因此说在水中产生 NO_2^- 是需要有厌氧条件。通常在水淹地的土壤中可出现 NO_2^-。

氮系统的 $pE-\lg c$ 图对了解受氮化合物污染的水体情况有一定的指导意义。例如在有机氮化合物排入水体之后即可能发生由微生物作用引起的降解反应和硝化反应：$Org-N \longrightarrow NH_4^+$

$\longrightarrow NO_2^- \longrightarrow NO_3^-$，根据水样的实测电极电位 E 值即可对照 pE－lg$c$ 图求得各种无机形态氮的浓度分布比例(也可用化学分析方法予以各个测定)，以此作为判断水质优劣的依据。

3.6.6.6 氧化还原反应机理和反应速率

由于氧化还原过程的本质是电子迁移，而电子迁移过程中通常存在着动力学上的障碍。例如在水介质中两种反应离子因溶剂分子阻隔及带相同电荷配位体间的库仑斥力而难以靠拢，及至发生接触，也需配位体层结构先作调整，然后才可能实行电子迁移。所以，实际的氧化还原过程需要从溶液中获得一定能量后，方始发生电子迁移。因此表观所见的反应速率是较慢的。但实验已经证实，电子确实可从一个离子迁移到另一个离子，以下提出均相氧化还原反应的两种可能机理。

1）电子直接迁移

在水介质中，$Fe(H_2O)_6^{3+}$ 和 $V(H_2O)_6^{2+}$ 两种离子间的氧化还原反应机理如图 3－31 所示，其中涉及电子直接迁移过程。

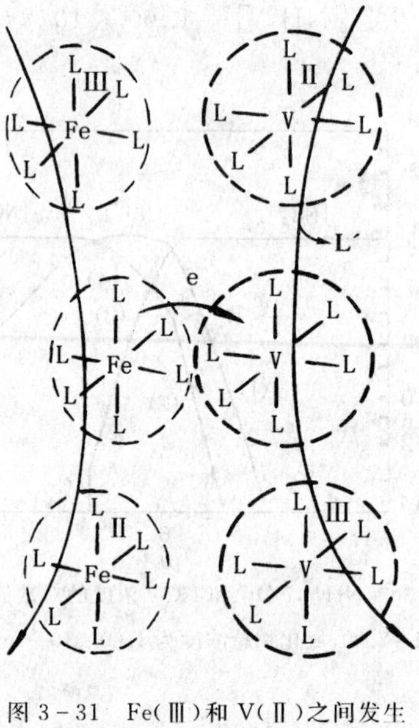

图 3－31 Fe(Ⅲ)和 V(Ⅱ)之间发生的外层电子迁移($L=H_2O$)

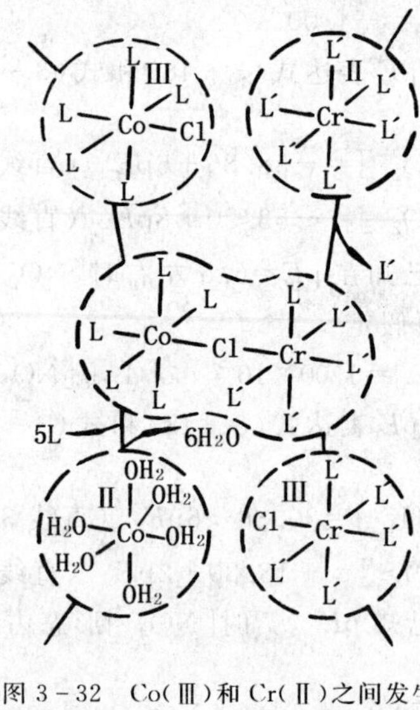

图 3－32 Co(Ⅲ)和 Cr(Ⅱ)之间发生的内层电子迁移($L=NH_3$，$L'=H_2O$)

首先，两种反应离子在溶液中扩散，并有机会发生接触，此时两种离子的半径发生了变化，随后发生电子从一个离子迁移至另一个离子且电子迁移很快，表现在反应速率与两电对标准还原电位的差值呈正比的指数关系。电子迁移完成之后，两个产物离子又通过扩散过程分散到溶剂中去，从而完成整个反应过程。这种电子迁移过程称为外层电子迁移。

2）通过原子或原子团传递电子

对有些氧化还原反应可用原子(H，O 或卤素)或原子团(OH)传递电子来解释，这类过程涉及中间桥接物的形成。

例如以 $Cr(H_2O)_6^{2+}$ 还原 $[CoCl(NH_3)_5]^{2+}$ 的反应方程如下：

$$[CoCl(NH_3)_5]^{2+}+[Cr(H_2O)_6]^{2+}+5H_3O^+ \longrightarrow$$

$$[Co(H_2O)_6]^{2+}+[Cr(H_2O)_5Cl]^{2+}+5NH_4^+$$

其过程以如图 3－32 所示方式进行。

首先两种反应离子在溶剂中扩散并有机会发生接触，随后通过配位体转移和取代过程形成中间桥接物，此例中即通过 Cl^- 配位体由 Co 向 Cr 的转移，并取代后者配位层中一个水分子而形成桥接物。也可看成是由于 Cl^- 在两配位层之间授受电子后而引起两金属的氧化态发生了变化。新生 Co(Ⅱ)不够稳定，很快与周围介质交换配位体。最后“桥断”，两产物离子又通过扩散过程分散到溶剂中去，从而完成整个反应过程。在这类反应中，由于通过 Cl^- 配位体桥接，可能使反应以明显速度进行，若两电对的标准还原电位差值越大，则反应速率越快。这种电子迁移过程称为内层电子迁移。

非均相氧化还原反应发生的机理可能更加复杂。较为简单的例子如水体中水合氧化锰颗粒物上有机酚类化合物(ArOH)的被氧化过程，系按如下顺序分步进行而完成：

(a) 形成前驱性复合物：

$$|\text{颗粒表面}|\equiv Mn(\text{Ⅲ})—OH + ArOH \rightleftharpoons |\text{颗粒表面}|\equiv Mn(\text{Ⅲ})—OAr + H_2O$$

(b) 电子迁移：

$$|\text{颗粒表面}|\equiv Mn(\text{Ⅲ})—OAr \rightleftharpoons [\,|\text{颗粒表面}|\equiv Mn(\text{Ⅱ}), ArO\cdot\,]$$

(c) 释出苯氧自由基：

$$[\,|\text{颗粒表面}|\equiv Mn(\text{Ⅱ}), ArO\cdot\,] + H_2O \rightleftharpoons |\text{颗粒表面}|\equiv Mn(\text{Ⅱ})—OH_2 + ArO\cdot$$

(d) 释出还原形 Mn(Ⅱ)：

$$|\text{颗粒表面}|\equiv Mn(\text{Ⅱ})—OH_2 \rightleftharpoons Mn^{2+}(aq) + |\text{颗粒表面}|\equiv(\text{空位})$$

原先位于次外层的氧化形 Mn(Ⅲ)因表面腾出了空位而显露出来，可以再次吸附水中另一酚分子后再从头发生固相氧化还原反应。生成的 ArO· 基可进一步被氧化生成醌或通过其他反应转成别的产物。整个过程算不得十分复杂，所以总反应速率还是较快的，而且 pH 是控制反应速率的一个重要因素。

多数氧化还原反应较为复杂，进行速率较慢。影响反应速率的因素很多，除需考虑反应物浓度、环境介质离子强度、温度、催化剂等一般性因素外，还有一些特殊的经验性规则，如：

(a) 两反应电对的标准还原电位差值(称为过电位)至少达到 0.6V 时才会产生显著的反应速率。

(b) 只有氧化剂和还原剂在过程中氧化值的变值相等(均为 1 或 2)时，过程才具有较快反应速率。若两氧化值变化不等，则按反应机理看，必不能通过单一电子迁移过程来完成反应。在分步进行的过程中可能有某一步骤进行较慢或产生某中间产物的浓度较低。例如 NO_3^-/NO_2^- 与 Fe^{3+}/Fe^{2+}(或与 Cu^{2+}/Cu^+、Co^{3+}/Co^{2+})电对间可发生反应，但因各自氧化数变化值分别为 2 和 1，所以它们之间的反应是较慢的。

(c) 含氧阴离子发生的还原速率由其中心原子氧化值不同而大不相同，氧化值越小，反应越快。例如：

$$ClO_4^- < ClO_3^- < ClO_2^- < ClO^-$$

$$ClO_4^- < SO_4^{2-} < HPO_4^{2-}$$

又中心原子半径越大，速率越快。例如：

$$ClO_3^- < BrO_3^- < IO_3^-$$

除上述者外，还可以举出另外一些经验性规律，但因环境条件具有相当复杂性，所以应用这些规律时应持慎重的态度。

3.6.7 挥发

挥发是水体中污染物向大气方向迁移的重要过程。特别引人关注的是水中有臭感的挥发性物质，它们主要是工厂废水和生活污水中的含有物，也可能是水生生物机体(植物、动物)的排泄物，或是微生物(藻类、放线菌等)活动的产物。表 3-20 列举了一些水体中常见的臭物质及其有关性质。由表列数据可见，它们的臭阈值是非常低的。

表 3-20　水体中常见的臭物质

臭物质	化学式	沸点/℃	臭阈值/10^{-6}体积分数①
氨	NH_3	−33.4	0.6
三甲胺	$N(CH_3)_3$	3.4	0.001
硫化氢	H_2S	−59.6	0.006
甲硫醇	CH_3SH	6.0	0.0007
二甲基硫	$(CH_3)_2S$	37.3	0.002
二甲基二硫	$(CH_3)_2S_2$	109.5	0.005
乙醛	CH_3CHO	20.2	0.02
苯乙烯	$C_6H_5CH=CH$	145.2	0.2
洋芫荽甘	②	245.0	$(0.01\sim0.13)\times10^{-3}$
2-甲基-异莰醇	②	208.0	0.005×10^{-3}

① 不同来源资料中所载数据不甚一致。

② 结构式分别为：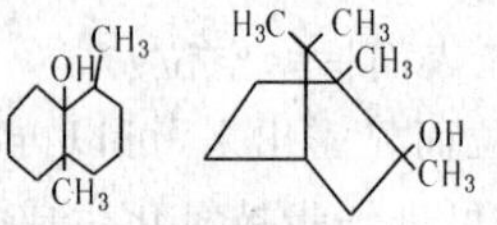

挥发迁移是在水和空气界面间进行的物质的物理迁移过程。一般情况下，相应于宏大环境体系的污染物浓度是很低的，而且发生在界面间的挥发过程所遇到的动力学阻碍还是较大的，所以在发生水体污染时，水体上方空气中污染物浓度一般小到可忽视程度。但对上述具有甚低臭阈值的物质来说，已经足以造成环境危害。水体中污染物通过挥发而发生迁移时，其阻力来自界面两侧的水相和空气相，而迁移速率取决于水体和空气的湍流程度、该污染物的蒸气压、沸点和水溶性及在接近界面区域的分子运动速度等。

从污染物本性看，蒸气压参数是决定其是否容易从水中向大气迁移的重要因素。乙酸丁酯在 20℃时的蒸气压为 1 333 Pa，由此定义任一溶于水中化合物的挥发率(ER)为：

$$ER=\frac{\text{对象化合物在 20℃时的蒸气压(Pa)}}{1\ 333\ \text{Pa}} \tag{3-51}$$

例如丙酮、乙醚、正戊烷的 ER 值分别为 22、44 和 42.6。

在衡量污染物挥发迁移能力时，仅考虑 ER 一个参数是不够的。例如乙醇的 ER 值较甲苯大(分别为 4.3 和 2.2)，但因乙醇的水溶解度甚大，所以实际挥发能力要比甲苯小。

3.7　水处理方法概要

水处理问题有两个方面。一是从天然水体中(河川水、湖泊水、地下水等)获得生活用水、工业用水等而必须进行的用水处理，二是为防止工业废水、生活污水等引起环境水体污染而必须进行的废水处理。实际上多数天然水体兼作为用水源和废水受纳对象，所以很多基本水处理技术在用水处理和废水处理中是相同的。

根据处理方法的原理，可将水处理技术分为物理法、化学法和物理化学法及生物法。根据被处理对象物质又可分为：悬浮物除去技术，溶解性无机物除去技术，溶解性有机物除去技术和杀菌、杀藻技术等。

按照以上分类法，将具代表性的水处理单元操作归纳在表 3－21 之中。

表 3－21　水处理方法类别和单元操作

方法类别	处理目的			
	去除悬浊物	去除溶解性无机物	去除溶解性有机物	消毒杀菌等
物理法	筛分 重力沉降 自然浮上 过滤 超过滤	电渗析 反渗透 气提	气提	超过滤 紫外线照射
化学法和物理化学法	凝聚沉降 凝聚浮上	电解 酸碱中和 离子交换 螯合吸附 氧化还原	臭氧氧化 氯气氧化 焚烧 萃取 活性炭吸附	加氯 加臭氧
生物法	活性污泥 生物滤池 接触氧化 生物转盘 厌氧消化	生物硝化/脱氮	活性污泥 生物滤池 接触氧化 生物转盘 厌氧消化	

表 3－21 列出的各种方法中比较常用的有下列几种。

重力沉降和自然浮上法　不施用药剂条件下，悬浮液中粒子依靠自重而沉降或依靠自身较小密度而浮上的方法。

凝聚沉降和凝聚浮上法　通过施用药剂（絮凝剂、浮选剂）使悬浮粒子发生沉降或浮上的方法，应用这种方法主要能除去废水中细微颗粒物和胶体物质。

过滤法　以砂、无烟煤、石英砂、塑料之类粒状物组成填充层，使水流通过，过滤除去悬浮杂质。

滤膜法　使用有机高分子材料制成的滤膜，并以压力作驱动的净水技术。常用的方法有反渗透（RO）、纳滤（NF）、超滤（UF）和微滤（MF）。

活性污泥法　用曝气法使水中好氧微生物类繁殖，形成絮状群体（活性污泥）并吸附、摄取和分解污染物，经增殖后的微生物群用沉淀法分去。

生物过滤法　利用碎石或塑料之类作滤料，使其表面形成一层微生物膜，以发挥其净化废水的作用。

厌氧消化法　又称甲烷发酵法，是利用厌氧菌使废水中有机污染物在厌氧条件下分解的处理方法。

生物硝化-脱氮法　以与活性污泥法相同的方法将有机氮化合物氧化到 NO_3^- 形态，随后通过反硝化作用将其还原成氮气。

电渗析法　使用离子交换膜，并以电能作驱动力分离水中离子态物质。

气提法　用惰性气体或水蒸气吹脱废水中挥发性污染物的方法。

中和法　以酸性药剂处理碱性废水，或以碱性药剂处理酸性废水的方法。

氧化还原法　施用药剂，通过氧化还原反应使污染物价态发生变化并转化成无害或低害的化学形态，或转化成易从水中分出的物理形态（固态或气体状态）。

螯合吸附法　使用螯合型树脂以高度选择性吸附重金属离子的方法。

活性炭吸附法　使用活性炭吸附有机物或重金属等的方法。

<u>加氯消毒法</u> 使用氯气或次氯酸盐作为药剂，杀灭水中有害细菌、病毒、藻类等微生物。

例 8 用氯气消毒某饮用水源，如用氯剂量(以 Cl_2 计)为 1mg/L 时，处理水的 pH＝7.0。为达到同样消毒效果且处理水的 pH＝8.5 时，问需用多大剂量的氯？假定 HClO 的消毒效力为 ClO^- 的 100 倍。

解：细菌在水中生活，其体表一般带有负电，与作为负离子的 ClO^- 相比，HClO 分子更容易接近细菌并发挥其触灭作用，从而产生良好的消毒效果。

当用氯气消毒时，在题目所给出的两个 pH 值下，水中 Cl_2 形态浓度为零。按 $HClO \rightleftharpoons H^+ + ClO^-$，$pK_a=7.5$ 及 $\alpha_0=\dfrac{[H^+]}{[H^+]+K_a}$，$\alpha_1=\dfrac{K_a}{[H^+]+K_a}$，可计得 pH＝7.0 时 $\alpha_{HClO}=0.76$，$\alpha_{ClO^-}=0.24$；在 pH＝8.5 时，$\alpha_{HClO}=0.09$，$\alpha_{ClO^-}=0.91$。

考虑到，消毒效力＝浓度×相对消毒效力，则 pH＝7.0 时，总消毒效力＝0.76×100＋0.24×1＝76 单位/(mg・L(Cl_2))同样剂量条件下，pH＝8.5 时，总消毒效力＝0.09×100＋0.91×1＝9.9 单位/(mg・L(Cl_2))。以上计算结果表明，为了达到同等消毒效力，在 pH＝8.5 时，需要 76/9.9＝7.7 倍于 pH＝7.0 时所用剂量，即 7.7mg/L 的氯。

一般废水或污水的组分复杂多变，只用某一种单元操作往往达不到预期的净化指标。因此在实际水处理中常将几种方法组合起来，典型的组合方式如图 3－33 所示。

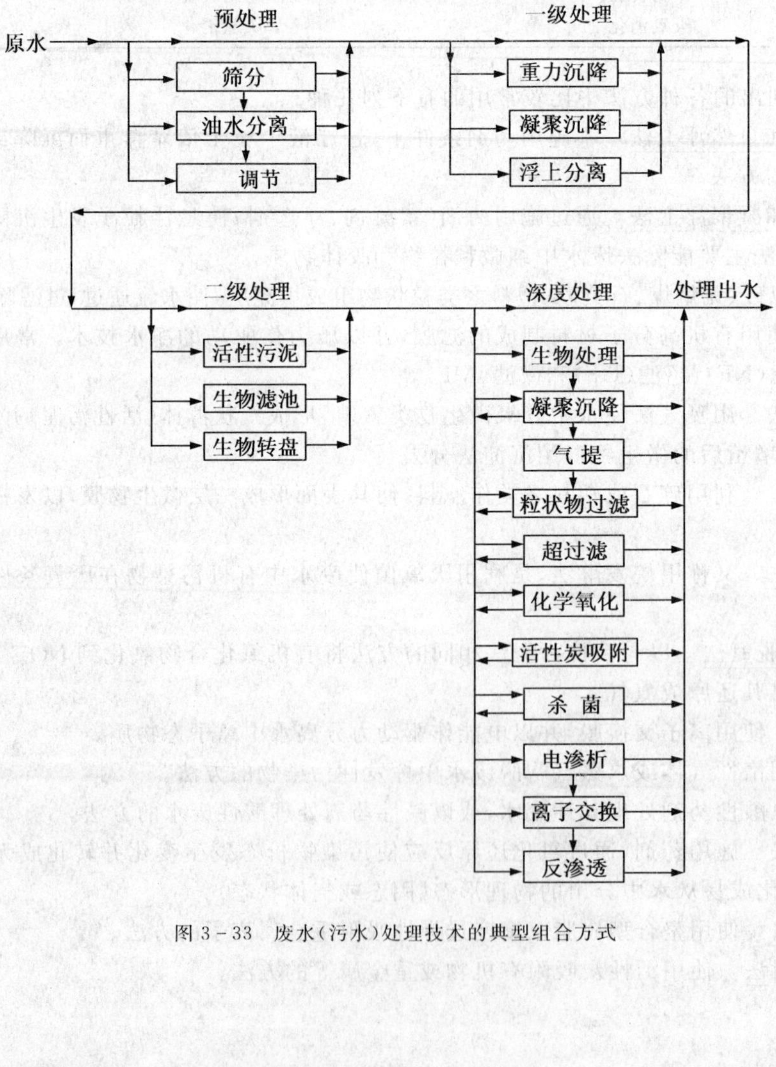

图 3－33 废水(污水)处理技术的典型组合方式

在预处理阶段以筛分法分去大粒固体物质，必要时还需作 pH 调节和油水分离等操作，此后的一级处理意在除去悬浮物，二级处理主要对象是可生化性有机物，此后若水中还有残存悬浊物或溶解杂质等可应用各种深度处理方法。

用水处理方法中最常用的组合方案是：重力沉降⟶凝聚沉降⟶粒状物过滤⟶消毒。处理要求较高时，还可加用活性炭吸附法。城市污水处理则多用：筛分⟶重力沉降⟶活性污泥⟶消毒。至于工业类废水处理，应视实际情况而确定各方法的组合方案。

习 题

一、思考题

1. 为什么水的分子结构特别牢固，以致在地球环境条件下长久存在而不分解？
2. 为什么在水分子间能产生氢键缔合？在数值上，水的氢键键能比起共价键键能不足$\frac{1}{20}$倍，为什么氢键的存在会成为水的诸多特异性质的决定因素？
3. 水本身化学性质稳定，构成自然循环的过程又大多是物理相变过程，为什么说水循环有特殊的环境意义？在自然环境和社会环境中反复循环的水为什么特别容易受到污染？
4. 对天然水体作分层研究有何实践意义？
5. 举实例阐明研究污染物在水体中存在形态的实践意义。
6. 封闭的和开放的碳酸体系有何异同？有何必要将同一体系分作两类进行讨论和研究？
7. 酸度与 pH、碱度与 pOH 的概念间有何区别和联系？在碳酸体系水溶液中，总酸度、总碱度和总无机碳量三参数间有何数值关系？
8. 在天然水水样（视作封闭体系）中，加入少量下列物质时：(a) HCl，(b) $NaOH$，(c) Na_2CO_3，(d) $NaHCO_3$，(e) CO_2，(f) $AlCl_3$，(g) Na_2SO_4，其碱度如何变化？
9. 与存在于天然水体中颗粒物相关的水质参数有哪些？它们各自的意义为何？
10. 查阅有关资料，概要地叙述海水水样中盐度和含氯量的测定方法。
11. 什么是地下水？试述地下水水质特点及形成这些特点的相应环境条件。
12. 为什么说地下水是一种十分宝贵的水资源？一般地下水不易发生污染，但一旦发生，又不如地表水那样易净化，为什么？
13. 试述海洋、河流、地下水中主要污染物的种类和来源。
14. 为什么说水质仅具有相对意义？以绝对纯水充作饮水，是否对人体健康有益无害？
15. 基层环境监测站的实验室分析人员应掌握哪些最基本的水环境污染物分析方法？
16. 什么是有关水质的非专一性参数？这类参数的测定与水质形态分析相比较，各具什么目的？什么情况下要考虑测定有关水质的非专一性参数？什么情况下要考虑进行有关水质的形态分析？
17. BOD 测定数据在实际应用方面有何意义和局限性？后来发展起来的 COD 测定参数是否能完全替代 BOD 参数？某工业废水经过光化学氧化处理后，测得 COD 值反而比原废水高，试分析其中原因。是否可以认为在某些场合中应用 COD 值来衡量水质也有其不当之处？
18. 河流底泥中有哪些常见的化学沉积物？它们是如何形成的？
19. 天然水体中有哪些物质通常呈胶体形态？亲水胶粒和疏水胶粒有何特征性区别？决定疏水胶粒表面电荷性质（正电或负电）的主要因素有哪些？
20. 外加电解质对胶体系统的稳定性产生什么影响？其中的机理是什么？试解释加入过量凝结剂或絮凝剂后，反而达不到预期凝聚目的的原因。
21. 天然水体中发生的吸附作用有哪几种类型？各自的吸附机理为何？表征吸附平衡的常用等温线方程有哪两种类型？如何设计实验程序以求得等温线方程的常数值。

22. 无机盐类污染物进入水体后会使水的酸碱性发生怎样的变化？举例说明之。
23. 分别举例说明什么是发生在水体中的直接光分解反应和间接光分解反应。
24. 如何利用有关配合平衡的知识来研究金属在天然水体中的存在形态问题？试举例说明之。
25. 天然水体中所含腐殖质来源何方？它的主要组分有哪些？在化学结构方面它有哪些特点？说明天然水体中腐殖质的环境意义。
26. 表征氧化还原平衡的能斯特方程改用电子活度参数表述后，有何应用上的便利？以表格方式列举 pE 和 pH 两概念的类同和相异之点。
27. 如何从氧化还原反应的机理来理解水体中所发生的这类反应一般都进行得比较缓慢？
28. 各级处理废水或污水的方法分别适用于去除水中哪一类污染物？

二、计算题

1. 体积为 V_s 毫升的水样在用滴定法测定酚酞碱度时，耗用了摩尔浓度为 M 的标准盐酸 V_p 毫升，求以 $CaCO_3$ 浓度(mg/L)为单位的酚酞碱度值表达式。
2. 用 0.02 mol/L HCl 滴定 100 mL 水样以测定其碱度。酚酞指示剂变色时，耗用了 3.00 mL HCl，再滴定至甲基橙指示剂变色时，又用去 12.00 mL HCl，求酚酞碱度、总碱度、碳酸盐碱度和重碳酸盐碱度的值(以mg/L $CaCO_3$ 计值)。
3. 总碱度[Alk]$=2.00\times10^{-3}$ mol[H^+]/L 的 25℃水样，其 pH=7.00，试计算水样中[$CO_{2(aq)}$]、[HCO_3^-]和[CO_3^{2-}]浓度值。
4. 对某水源作水样分析结果如下：

项　目	浓度/mg·L^{-1}	项　目	浓度/mg·L^{-1}
Ca^{2+}	70	HCO_3^-	187
Mg^{2+}	22	SO_4^{2-}	118
Na^+	14	Cl^-	17
K^+	2	pH	(7.5)

分别计算水样的碳酸氢钙、碳酸氢镁、硫酸钙、硫酸镁诸硬度值(以 mol[$CaCO_3$]/L 为单位)。

5. 某工业废水中含 150 mg/L 乙二醇，100 mg/L 苯酚，40 mg/L 硫化物(以 S^{2-} 计)和 125 mg/L 乙二胺合一水，试计算该废水的$\frac{ThOD}{ThOC}$比值。
6. 某水样的 COD 值为 252 mg/L，如果测定中取水样量为 25 mL，则需消耗多少毫克 $K_2Cr_2O_7$？
7. 含 95%水分的某湖泊沉积物中加入混凝剂，经沉降后，上澄液与沉降污泥的体积比为 1∶2，此时污泥中含水量的百分数为多少？
8. 球形粒子直径 0.06 mm，密度 2.5 g/cm^3，20℃时水的黏度为 1.005×10^{-3}(Pa·s)，计算该粒子在水中的沉降速度。
9. 对于含有机物的某天然水样作活性炭吸附试验，每次试验的水样量为 1 L，结果如下。试按弗里德里胥方程处理数据并求出方程中的常数值。

活性炭用量/g	水相平衡浓度/mg·L^{-1}	活性炭用量/g	水相平衡浓度/mg·L^{-1}
0.0	3.27	0.100	1.86
0.001	3.27	0.500	1.33
0.010	2.77		

10. 在地表水中，由 $Fe(OH)_{3(s)}$ 通过以下反应生成 Fe^{3+}：

$$Fe(OH)_{3(s)}+3H^+ \rightleftharpoons Fe^{3+}+3H_2O \quad (K=9.1\times10^3)$$

Fe^{3+}的水合产物进一步水解产生$[Fe(H_2O)_5OH]^{2+}$、$[Fe(H_2O)_4(OH)_2]^+$和$[Fe_2(H_2O)_8(OH)_2]^{4+}$，各分步反应的平衡常数分别为$8.9\times10^{-4}$、$5.5\times10^{-4}$和$1.6\times10^3$，试写出各水解反应方程并计算 pH $=7.00$的天然水体中这些含铁组分的浓度。

11. 在含$CaF_{2(s)}$的中性水溶液中，计算CaF^+和$CaOH^+$离子对的浓度。已知

$$K_{sp}=[Ca^{2+}][F^-]^2=5\times10^{-11}$$

$$K_1=\frac{[CaF^+]}{[Ca^{2+}][F^-]}=10$$

$$K_2=\frac{[CaOH^+]}{[Ca^{2+}][OH^-]}=25$$

12. 氧化还原反应中若发生一个电子迁移，问两个半反应间的标准电极电位值差应有多大才能使全反应在标准状态下趋于完全（设定全反应的反应平衡常数$K>10^4$时即可认为反应趋于完全）？

13. 有半反应$\frac{1}{8}NO_3^-+\frac{5}{4}H^++e \rightleftharpoons \frac{1}{8}NH_4^++\frac{3}{8}H_2O$，求其标准电极电位$E^\ominus$值及$pE^\ominus$值。

14. 从 pH=7.4 的水样中测得[Cr(Ⅲ)]=0.5nmol/L，[Cr(Ⅵ)]=0.3n mol/L，求处于平衡状态的pE值和$pE^\ominus$值。已知铬的两种形态间转换反应为：

$$CrO_4^{2-}+6H^++3e \rightleftharpoons Cr(OH)_2^++2H_2O \quad K=10^{66.1}$$

15. 氧气按下式还原为水：$\frac{1}{4}O_2+H^++e \rightleftharpoons \frac{1}{2}H_2O$ （$E^\ominus=1.229V$）。求pE、pH 和p_{O_2}三者间的关系式。

知识链接

1. 用于淡化海水的反渗透技术

地球上淡水资源的总量是极其有限的。如图 3-3′所示，除去地下水、湖泊水外，传统地被人们用作饮水或灌溉水水源的河水量不足地球表面总水量的百万分之一。与 1900 年比，当今世界各国对水的总需求量增加了约六倍，所以一些地处干燥地带或贫困地域的国家处于绝对缺水状态，连美、英、法等一些先进国家的缺水率也达到10%～20%。言及自身，我国也属于全球13个人均水资源贫乏的国家之一，全国600多座城市中约2/3供水不足，年缺水总量达60亿吨之多，现在有人将水资源视为21世纪的战略物资，认为水将成为日后国际纷争的火种。但实际上，如中东地区的水荒和对水资源的争夺早已使以色列和黎巴嫩、约旦等国久处敌对状态。

为了解决淡水供量不足的问题，世界各国相继开发了废水回收及海水淡化的技术。特别是反渗透海水淡化技术的发展，使人类可望获得取之不尽的淡水资源。

使用滤膜并以压力作驱动的净水技术常用的有反渗透(RO)、纳滤(NF)、超滤(UF)和微滤(MF)四种。这四种技术的膜材料不同，且滤孔尺寸依次递减，所以适用于不同的水处理对象。如图 3-1′所示，淡化海水的通用技术是反渗透(reverse osmosis)。

使用一张只能透过溶剂而不透过溶质的半透膜，将它安置在一个水槽内(图 3-2′(a))，并使水槽被分隔成彼此不通的两部分，一侧装有纯水，另一侧装有盐水。根据热力学理论，纯水的化学势高于盐水的化学势，因此在恒温恒压条件下，纯水就会向盐水方向自发流动，这种现象就称作为渗透。达到渗透平衡时，两相的化学势差等于零，且此时盐水一侧的液面上升到一定高度π(图 3-2′(b))，此π值即相当于该盐水的渗透压。当人为施压Pa于盐水相一侧，且Pa大于渗透压时，则盐水相的化学势增大到相应程度，使盐水相中的水分通过半透膜向纯水相一侧扩散渗透，这种现象被称为反渗透(图 3-2′(c))。

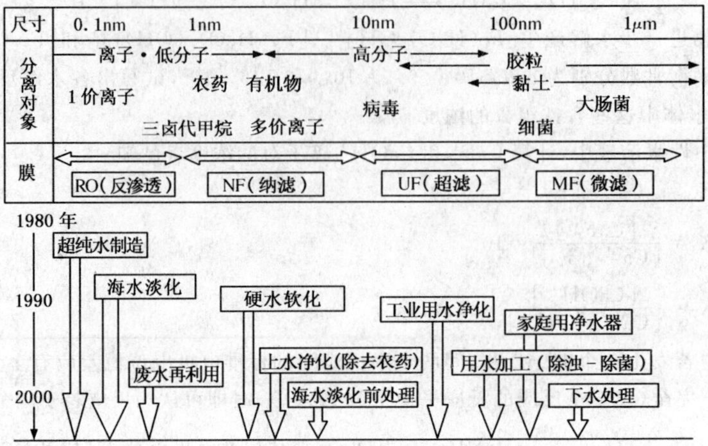

图 3-1′ 膜滤技术的种类、用途和市场开发

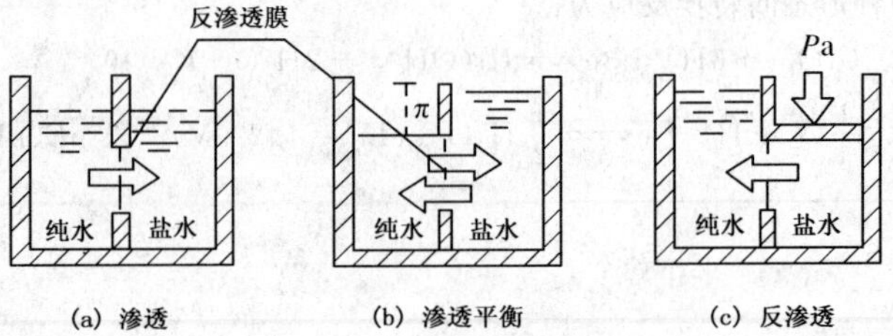

图 3-2′ 反渗透原理

一般,在水处理中对膜施加的外压都达到渗透压的若干倍。反渗透膜大多用乙酸纤维素或芳香聚酰胺纤维材料制成(海水淡化多用后者)。形成膜最大限度可截留被处理水中所含 0.1 nm～1 nm 大小的溶质分子。

为获得最高淡化海水效率,一般将反渗透膜制成薄片状,使多层薄片叠加一起后再做成卷筒型式,后而安装在压力容器内,在容器中心插入管子以导流产出的淡水进入储槽。使用这种装置的淡水回收率约 40%,另有 60%是相对密度很大的浓缩盐水。当前世界上最大的海水淡化工厂设在特立尼达和多巴哥共和国(拉丁美洲),该厂在 2002 年开始运行,目前日产淡水量达 136 000 吨。

反渗透淡化海水的技术虽然在可行性方面不存在问题,但当前仍面临两个重大制约因素。一是能耗大,采用此项技术的经济压力很重(历经技术改造后,当前产出淡水的国际市场价约 0.5 美元/m^3)。再则,大量产出的高浓盐水后处理问题颇难妥善解决。目前多采用海底排放,看来这种"放任自流"的方法也不是万全之策。

2. 地下水污染的现场净化法

地下水有很大蕴藏量,且在人们普遍感到用水匮乏的当代,地下水被视为相对洁净且有巨大利用潜能的淡水资源。但地下水一旦受到污染,就非常难以通过自然过程和人为手段予以去污。这里介绍一种消除地下水中污染物的方法,此法的特点是不需要将地下水汲取到地面后再进行净化,即属于现场去污技术。

本方法适用于含有如三氯乙烯(TCE)之类卤代烃的地下水净化。按三氯乙烯常态下为无色气体,在水中溶解度 1.100 mg/L(25℃),工业上用作金属脱脂剂和油脂类萃取剂,并可用作冷冻剂、杀菌剂和衣服干洗剂等。TCE 还具有一定的生物毒性。处理受 TEF 污染地下水的方法和原理如下所述。

将细粒金属铁(铸造切削业产出的废弃物)和粗黄砂搅合在一起,砌成一道"墙",安置在地下水流经的处所(图 3-3′)。金属铁和地下水中所含 TCE 可分别作为还原剂和氧化剂发生如下半反应：

$$Fe(s) \longrightarrow Fe^{2+}(aq) + 2e$$

$$\underset{(TCE)}{C_2HCl_3} + 3H_2O + 6e \longrightarrow C_2H_4 + 3Cl^- + 3OH^-$$

总的氧化还原反应为：

$$3Fe(s) + C_2HCl_3 + 3H_2O \longrightarrow 3Fe^{2+}(aq) + C_2H_4 + 3Cl^- + 3OH^-$$

在地下水中一般富含 Ca^{2+} 和 HCO_3^- 离子，则由上列反应产出的 OH^- 会与之反应并生成 $CaCO_3$ 沉淀，然后附着在“砂-铁墙”上。

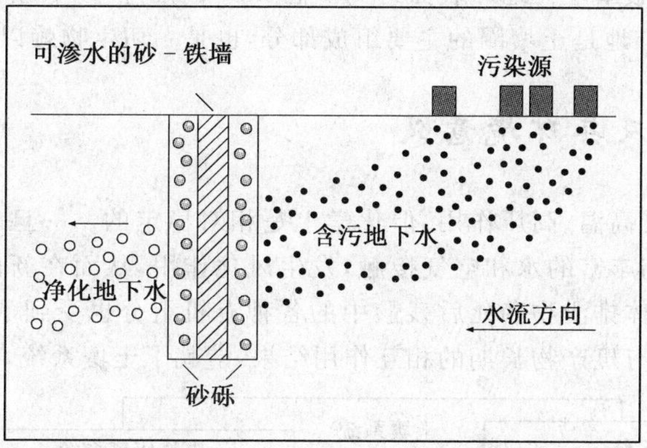

图 3-3′ 污染地下水的现场净化技术

这样的处理“墙”对于含 C_1 或 C_2 卤代烃的地下水处理均可适用，“墙”的使用期可长达数年之久。如果地下水中含有水溶性 Cr(Ⅵ)离子，则元素铁可将其还原并生成不溶性 Cr_2O_3 产物而被阻留在墙内。所以这种方法还能同时除去毒性很大的含铬化合物。此外，如果用金属镍代替铁组成“墙”，则上述反应还可加速 10 倍。

瑞士一家公司在近期发明了另一种地下水现场处理法，是在现有水井周围打几口辅助井，然后通过它们向地下水泵送氧气，让氧气激活地下水中微生物的活性，以加快其中所含有机污染物的分解。这种方法还可使水中铁、锰离子转为不溶物沉淀下来。

4 土壤圈和土壤污染

作为环境要素之一的土壤是地球陆地表面生长植物的疏松层。它以不完全连续的状态存在于陆地表面,可以称为土壤圈。在地球表面约 1.5 亿 km^2 的陆地中,农耕田、草地和林田分别占 9%、21%和 27%。这些陆地是土壤圈的主要组成部分,也是一切生物赖以生存的基础。

4.1 土壤的形成及其环境意义

地层内部的岩石经受高温、高压作用,但化学上是相对稳定的。一旦暴露在地表面,压力降低,温度有很大变动,且与丰富的水和空气接触,发生风化作用,从而在新的条件下,达成了新的稳定状态。相似地,生物体排泄物和死后残骸中的各种有机组分也受到了类似作用。这两种过程的组合以及各种无机、有机产物长期的相互作用结果,造就了土壤系统,如图 4-1 所示。

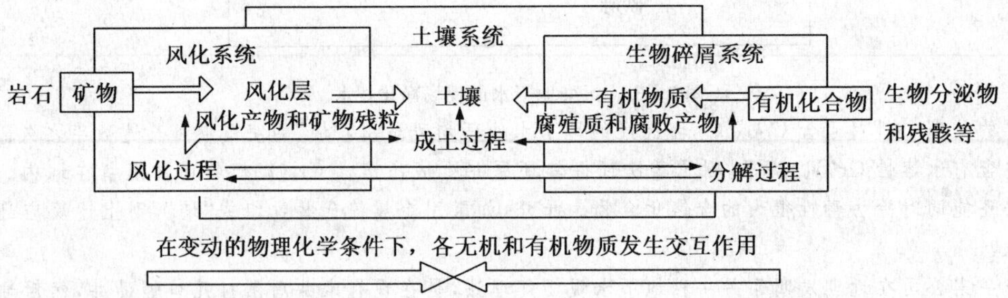

图 4-1 土壤的成土过程

土壤是独立的历史自然体,有着自身的生成发展过程。但在其发展过程中,又受到人类劳动深刻的影响,所以土壤是生物、气候、母岩、地形、时间和人类生产活动等成土因素综合作用下的产物。由于成土因素综合作用的不同,产生出多种类型的土壤。各种土壤形成过程的实质是地球表面物质的地质大循环与生物小循环的对立统一。

土壤的基本环境机能有以下几个方面。

培育植物 一方面土壤是能使植物挺立生长的支持体,另一方面土壤具有一定的肥力,能为植物生长提供水、空气和养分。因此,土壤是植物生长基体,也是庄稼和粮食的生产基地,从而成为动物、人类以及绝大多数微生物赖以栖息、生活、繁衍的场所。

推动物质循环 土壤是地球表层中介入元素循环的一个重要圈层,由岩石风化产生的所有物质都有可能进入大气和水系,又可能通过地球化学循环归入土壤。碳、氮元素在大气、海洋、土壤间以相当快的速度循环(硫的循环速度略慢些)。一般地说,这些元素及其化合物在土壤中的滞留时间相对较长,因为它们在土壤中受到诸如吸附、沉降、酸碱缓冲和植物摄取等多种作用。

保存水资源 土壤是大气和地下水之间的缓冲地区。土壤粒隙中储存的大量降水不会过快蒸发,它们或通过径流徐徐流向河流、湖泊,或渗入地下水体保存。水流中的杂质经土壤过滤、吸附及微生物降解等作用,可得到较纯净的水。

防止灾害 由于土壤蓄水量大,可防止洪水发生。土壤植物又可防止风雨侵蚀、水土流失或土壤荒漠化趋向，并兼有防风、消音等作用。

自净能力　土壤对外来污染物有一定的自净能力，因为土壤具有极大比表面和催化活性，兼以土壤中所含水、空气、微生物等都能使污染物降解脱活，从而将这些污染物的降解产物纳入天然循环轨道。

处于自然环境之中又受种种环境因素作用的土壤还有其退化的过程。其中主要的过程如下：由于风和水的侵蚀作用，引起土壤流失；由于受纳酸雨或过多使用氨氮肥料，引起土壤酸化；由于灌溉水中含过多盐分或深度风化作用，引起土壤盐碱化；由于干旱引起土壤板结、龟裂、结构单元破坏甚至荒漠化；由于水涝，引起营养物浸出和流失；由于污染，引起土壤中有毒物质累积，继而通过食物链辗转进入生物或人体。土壤污染问题是环境化学的一个重要组成内容，也正是本章要详加阐述的内容。

4.2　土壤的结构和组成

4.2.1　土体构型

土壤本体是由一系列不同性质和质地的层次构成的，故各类土壤都有一定的剖面构型。土体构型也是土壤分类的重要依据。土体内物质的迁移和转化过程，固然发生于土壤各组成成分之间，但宏观地看来，也发生于各土层之间。

图 4-2 所示为土体构型基本模式。土壤表层是有机质层。根据有机质的“熟化程度”，又可从中分出凋落物层(L)、泥炭层(H)和腐殖质层(A)。表层之下是淋溶层(E)，是指由于淋溶作用使物质下移所经过的土层，这一层也可称过渡层。淀积层(B)是指物质累积的层次。B层的性质依土壤不同而有很大差别，由此又可区分为腐殖质淀积层(Bh)、铁铝淀积层(Bs)、黏粒淀积层(Bt)等。再以下的母质层(C)和母岩层(R)均不属于土壤发生层，一般仅作为土壤剖面的重要成分列出。

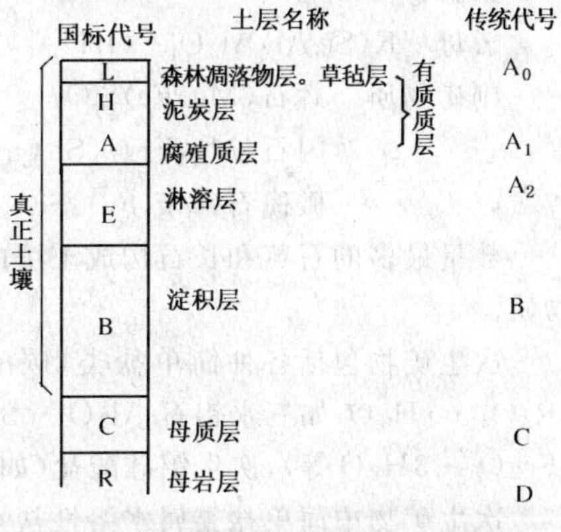

图 4-2　土体构型的一般综合图式

有机质层(包括 L、H、A 层)的特点是含有机物量最多，具有最大生物活性，金属离子或黏土粒子容易随土壤中水分往下渗透。淀积层(B)的特点是含有机物和空气量少，含无机物和水分量多。

4.2.2　土壤的化学组成

土壤是由固、液、气三相物质组成的疏松多孔体。固相物质包括矿物质、有机质和土壤生物。在固相物质之间，为形状和大小不同的孔隙，孔隙中存在水分和空气。

自然界里的土壤不论其为农地、草土甚至荒地，其基本物质组成如下：

- 土壤的组成
  - 固体部分
    - 无机体—矿物质
    - 有机体—有机质、土壤生物
  - 孔隙部分
    - 液体—水分(溶液)
    - 气体—空气

土壤三相物质的比率因土壤种类而异，并且经常变化着。图 4-3 所示为粉砂壤土的土壤组分的大致比例。

土壤中所含多量化学元素的丰度顺序如下：

O＞Si＞Al＞Fe≈C≈Ca＞K＞Na＞Mg＞Ti＞N＞S

这个次序与地壳组成大体一致(参见表1-2)，所不同的是由于土壤中集结了大量生物体，因此C、N、S的含量相对较高。

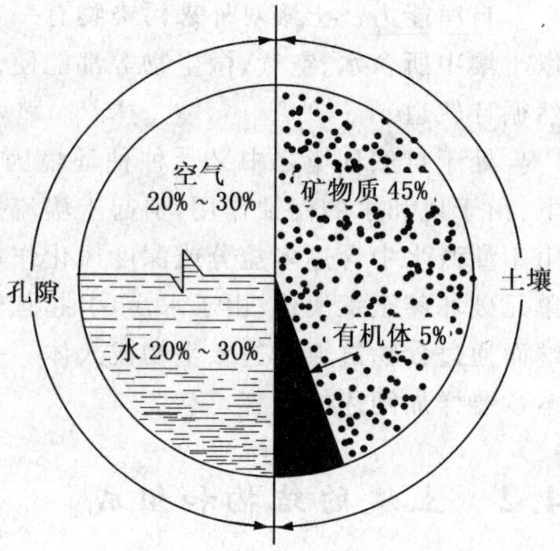

图4-3 土壤的组成

从环境污染角度来看，土壤还是藏垢纳污之处，内中含有各种生物的残体、排泄物、腐烂物；还含有来自大气、水体及固体废物中的各种污染物以及农药、肥料残留物等。

4.2.2.1 *无机矿物质*

土壤中无机矿物质，按其成因可分为原生矿物和次生矿物。凡在地壳中最先存在的、经风化作用后仍无变化地遗留在土壤中的一类矿物，称为原生矿物；而在土壤形成过程中，由原生矿物转化形成的新矿物，统称次生矿物。

原生矿物的主要种类有：

石英 SiO_2(是砂和细砂的主要成分)

长石 $KAlSi_3O_8$ } (存在于轻度风化的土壤中)

云母 $K(Si_3Al)Al_2O_{10}(OH)_2$

副矿物质 辉石$(Mg,Fe)SiO_3$

闪石$(Mg,Fe)_7(Si_4O_{11})_2(OH)_2$ } (在日后风化过程中转为黏土)

橄榄石$(Mg,Fe)_2SiO_4$ 等

数量最多的石英和长石构成土壤的砂粒骨架，而云母、副矿物质则为植物提供许多无机营养物质。

次生矿物包括各种简单盐类(碳酸盐、碳酸氢盐、硫酸盐、卤化物)，游离硅酸、水合氧化物($R_2O_3 \cdot xH_2O$，如三水铝石$Al_2O_3 \cdot 3H_2O$、水铝石$Al_2O_3 \cdot H_2O$、针铁矿$Fe_2O_3 \cdot H_2O$、褐铁矿$2Fe_2O_3 \cdot 3H_2O$等)，次生铝硅酸盐(如伊利石、蒙脱土、高岭土等)。

次生矿物中简单盐类属水溶性盐，易被淋失，一般土壤中含量较少。而水合氧化物和次生铝硅酸盐，是土壤矿物质中最细小的部分，一般将它们(或单将后者)称之为次生黏土矿物。土壤很多重要的物理、化学过程和性质，都和土壤所含的黏土矿物，特别是次生铝硅酸盐的种类和数量有关。

黏土矿物有多种类型，每一种又有几种变体，其中主要的有：

高岭土 $Al_2(OH)_4Si_2O_5$

蒙脱土 $Al_2(OH)_2Si_4O_{10}$

伊利石 $Al_{0.66}(OH)_2Si_{3.34}O_{10}$

以高岭土和蒙脱土为例的这类矿物的化学结构见图4-4。在这类矿物中含有两种基本结构单元，即四面体形的硅石单元和八面体形的水合氧化铝单元。高岭土类由一层硅石片和一层水铝石片组成一单位晶层，称为1∶1型晶格。这类黏土矿物的晶层间距离小，内部空隙不大。蒙脱土类是由两层硅石片夹一层水铝石片结合而成一单位晶层，称为2∶1型晶格。这类黏土矿物的晶层间结合不紧，内部空隙较大，可能有外来离子或水分子渗入其间。

一般土壤中铝硅酸盐矿物的粒径小于5 μm，由1 000多个层组所构成。

当黏土矿物形成时，晶格内的组成离子常被另一种大小相近而且电性符号相同的离子所替代，即发生同晶置换。例如硅石单元中的 Si^{4+} 被 Al^{3+} 置换，水铝石单元中的 Al^{3+} 被 Mg^{2+}、Fe^{3+} 置换。

发生同晶置换后，如果互换离子是同价的，晶体内部仍保持电中性；否则，在晶体内部会发生电荷不平衡现象，从而使晶体带电。常见的同晶置换是低价金属离子代替高价离子，所以产生的电荷以负为主，这样的土壤黏粒也就带有负电，因而具有吸附阳离子的性能。如果两对同晶置换分别产生一正一负的电荷，而产生的位置恰巧在同一晶格的贴邻位置，则它们所产生的正负电荷可以互相抵消，整个晶格的电荷维持中性；如果两对同晶置换分别产生一正一负的电荷而又位置相隔较远，则在同一个晶体上就会兼具两种电性。上述由同晶置换产生的电荷被称为永久性电荷。

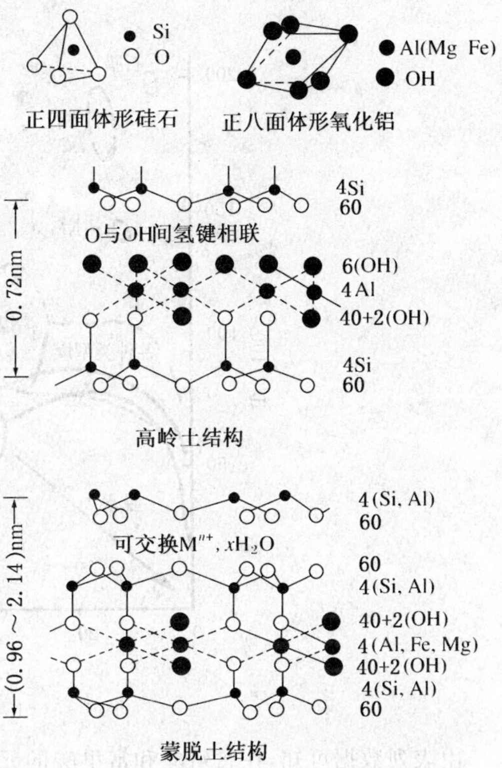

图4-4　黏土的结构示例

4.2.2.2　有机质

根据土壤中有机质的来源和存在状态，广义的土壤有机质可分为两大类：一类是活的有机体，包括植物根系和土壤生物；另一类是各种有机化合物，这就是狭义的土壤有机质，它又分为两类。一类是组成生物残体的各种有机化合物，称为非腐殖物质，约占土壤有机质总量的30%～40%；另一类是称为腐殖质的特殊有机化合物，包括腐殖酸、富里酸和胡敏质等，它们普遍存在于土壤、腐熟的有机肥料、各种地表水体的底泥和煤炭之中。土壤腐殖质占土壤有机质总量的60%～70%。综合上述，土壤有机质的构成如下：

土壤有机质
- 活体
  - 植物根
  - 土壤生物
- 非活体
  - 非腐殖质
    - 动物、微生物残体
    - 植物残体
  - 腐殖质

土壤中各种有机物质按其碳、氢、氧原子数之比进行分类如图4-5所示。其中腐殖质的元素组成和官能团组成如表4-1所示。

表4-1　土壤中腐殖质的组成

组　成		腐殖酸	富里酸	组　成		腐殖酸	富里酸
元素组成/%	C	56.2±2.6	45.7±5.0	官能团组成/mmol/g	羧基($-CO_2H$)	3.6±2.1	8.2±3.0
	H	4.7±1.5	5.4±1.6		酚羟基(—OH)	3.9±1.8	3.0±2.7
	N	3.2±2.4	2.1±1.2		醇羟基(—OH)	2.6±2.4	6.1±3.4
	S	0.8±0.7	1.9±1.8		醌/酮羰基(=CO)	2.9±2.8	2.7±1.5
	O	35.5±2.8	44.8±5.1		甲氧基($-OCH_3$)	0.6±0.3	0.8±0.5

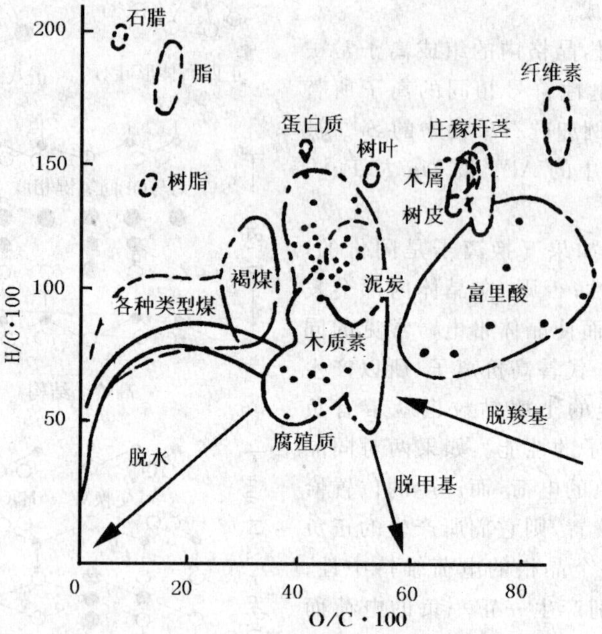

图 4－5　土壤中的各种有机物质

由表列数据可知，在腐殖酸和富里酸的元素组成中，除碳元素占据极大比例外，内中还含有氧、氢、氮、硫等元素。这些元素的组成比也是不固定的。两者比较起来，富里酸的羧基、醇羟基和总酸度量都要大得多。变动的环境因素对腐殖物质的结构有很大影响，由此就不难理解，不同地区和土层中所含腐殖质的化学组成何以会有较大差异。

土壤中腐殖质胶体是凝胶质的，呈球形并且具有三维空间的网状结构，胶粒直径约 2×10^{-8} m～4×10^{-8} m之间，比表面积高达 800 m^2/g～1 000 m^2/g。腐殖质属两性胶体，但通常以带负电为主。电荷来源主要是分子表面的羧基和酚基的离解以及胺基的质子化。例如：

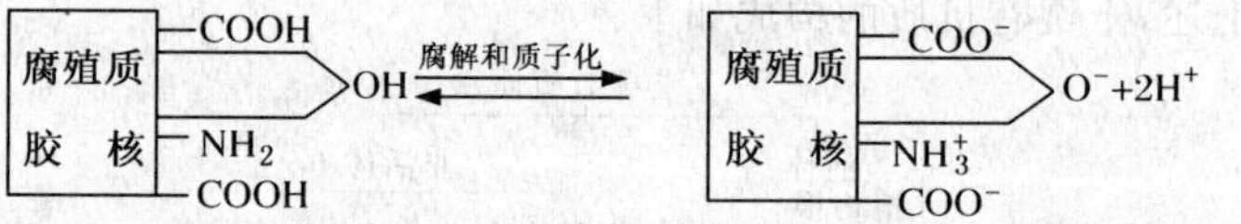

由于上述离解或质子化程度是随介质 pH 值而变化的，故腐殖质所带电荷属于受 pH 值制约的可变电荷。

土壤中腐殖质组分有很重要的环境意义。这些大分子化合物能通过毛细管作用和渗透作用保持土壤水分，且对土壤有断热保温作用。此外，它能螯合金属或吸附其他有机分子，如果这些物质是植物的营养物，则是有利的；如果是污染物，那便是有害的。

4.2.2.3　土壤水分和土壤溶液

地球表面全部土壤中含水量约 2.4×10^{13} m^3，不及水圈含水总量的 0.01%，这些水充当了土壤中所发生各种化学反应的介质，对于岩石风化、土壤形成、植物生长有着决定性意义。

由土壤水分和其中所含溶质组成了土壤溶液。土壤溶液的形成是土壤三相成分间进行物质和能量交换的结果。因此其组成非常复杂，常见的溶质有：

无机胶体　铁和铝的氧化物等；

无机盐类　碳酸盐、碳酸氢盐、硫酸盐、氯化物、硝酸盐、磷酸盐等；
有机化合物类　腐殖酸、有机酸、可溶性糖类、蛋白质及其衍生物等；
配合物类　如铁和铝的有机配合物等；
溶解性气体类　如 O_2、CO_2、N_2 等，它们的溶解度大小次序是：

$$CO_2 > O_2 > N_2$$

土壤溶液浓度和成分随土壤种类、使用情况和环境条件的不同而有很大差异。除盐碱土和刚施过化肥的土壤外，土壤溶液浓度一般约在 0.1%～0.4%之间。

4.2.2.4　土壤空气

土壤空气也是土壤的重要组分之一。它对土壤微生物活动，营养物质的转化以及植物的生长发育都有重大的作用。因此，土壤空气的状况是决定土壤肥力的重要因素之一。

土壤是多孔体系，土壤空气存在于未被水分占据的土壤孔隙中。这些气体主要来源于大气，其次是产生于土壤内发生的化学和生物化学过程。

土壤空气的数量，通常以单位土体容积中空气所占容积百分数来表示，称为土壤含气量。凡影响土壤孔隙率和含水量的因素，也都影响土壤的空气含量。

总体来看，土壤空气组成和大气的组成大同小异。土壤空气有异于大气之处是：(1) 土壤空气是不连续的，存在于土粒孔隙之间；(2) 有更高的湿度；(3) 由于有机物腐烂，使土壤空气中 O_2 含量较少，而 CO_2 浓度显著增加(比大气中 CO_2 浓度大 8 倍～300 倍)，但二者之和约为总量的 21%(体积)，与大气情况相近；(4) 土壤空气中还含有少量还原性气体，如 CH_4、H_2S、H_2 等，在某些情况下还可能产生 PH_3、CS_2 等气体，这些都是厌氧性微生物活动的产物，对植物生长有害。

4.2.3　土壤中的生物

土壤中生活着一个生物群体，它们不但积极参与岩石的风化作用，并且是成土作用的主要因素。此外，土壤生物还能促进土壤中物质和能量转化，具有净化土壤有机污染物和保持土壤肥力的作用。生物群体与其生活的土壤环境间构成了生态系统，在系统中各种生物间有着复杂的食物链和食物网的关系，但生物群体的组成都处在相对稳定的平衡状态。

按营养关系可将土壤中生物分为生产者、消费者和分解者，其中微生物和动物可按表4-2所示方式进行分类。

土壤中细菌可分为好氧、厌氧、自养、异养、光合等大类，最常见的有糖类分解细菌、氨化细菌、硝化和反硝化细菌、硫细菌和硫酸盐还原菌、铁细菌、固氮细菌、动植物病原菌等。细菌个体大小一般为 1 μm～5 μm，且有多种形状，有的细菌体上还附有纤毛或鞭毛。很多细菌能分泌多糖类胶质，可将小的黏土或氧化铁粒子黏结一起，对土粒的聚集有很大意义。还有许多细菌对氮、硫等元素的循环起着很大作用。

表 4-2 中列出的蚯蚓是腐生性动物，以植物残体和动物粪便为主食，故积极参与土壤中有

表 4-2　土壤生物的种类和数量

生物种类		表土层(15cm)中数量/个数/m^2	生物种类		表土层(15cm)中数量/个数/m^2
微生物	细　菌	10^{13}～10^{14}	动物	原生动物	10^9～10^{10}
	放线菌	10^{12}～10^{13}		线虫类	10^6～10^7
	真　菌	10^{10}～10^{11}		蚯　蚓	30～300
	藻　类	10^9～10^{10}		其他动物	10^3～10^5

机质的转化过程。蚯蚓的活动不仅能改变土壤的化学组成,而且改良了土壤的物理性质——结构性、孔隙率和透气性等。

此外,土壤中还生活着各类节肢动物(小虱、蜈蚣、蚁类、螨类等)、腹足动物(蛞蝓、蜗牛等)、脊椎动物(两栖类、爬行类和哺乳动物)和掘土动物(食草的啮齿类、兔类等)。

4.2.4 土壤胶体的生物化学结构

土壤整体是由许多颗粒黏合而成的松散结构物。这些由矿物质为主体而形成的颗粒,其形状和大小多种多样,且可以呈单粒,也可能结合成复粒存在。根据单个土粒的当量直径(假定土粒为圆球形时的直径)大小,可将土粒分为若干组,称为粒级(或粒组)。粒级划分的标准如表 4-3 所示。

表 4-3 我国土粒分级标准

颗粒名称		粒径/mm	颗粒名称		粒径/mm
石块		>10	粉粒	粗粉粒	0.05~0.01
				细粉粒	0.01~0.005
石砾	粗砾	10~3	黏粒	粗黏粒	0.005~0.001
	细砾	3~1		细黏粒	<0.001
砂粒	粗砂粒	1~0.25			
	细砂粒	0.25~0.05			

土壤胶粒一般指粒径在 1 nm~100 nm 范围的固体颗粒。这些胶体微粒分散在土壤溶液中,成为胶体系统。组成土壤胶体颗粒的主要成分有:层状铝硅酸盐、组分不定的凝胶类硅酸盐和氧化物以及与铁、铝结合或不结合的腐殖物质。层状铝硅酸盐是土壤黏粒的主要物质,而凝胶硅酸盐、氧化物和腐殖质通过物理的或化学的方式与层状铝硅酸盐相连结,并将它团聚起来。这就是土壤胶体的"有机无机复合体"的概念。同时,土壤中很多生物体也参与了土壤胶体的团聚作用。如真菌类微生物的菌丝、轮虫类所分泌的黏液都有维系无机矿物粒子的作用。由此提出的土壤胶体的生物化学结构如图 4-6 所示。只有将无机胶体、有机胶体和生物体三者联系起来,才能透彻理解土壤胶体的本质。

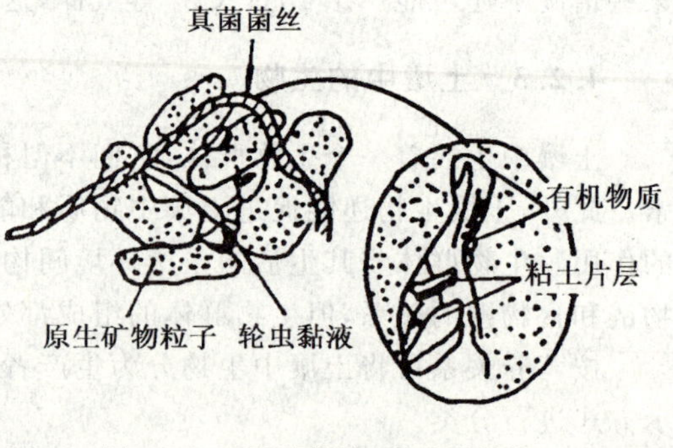

图 4-6 土壤胶体的生物化学结构

4.3 土壤环境的质量

国家环境保护局于 1995 年制订和发布了《土壤质量环境标准》GB15618—1995,其适用范围包括我国疆域内所有农田、蔬菜地、茶园、果园、牧场、林地、自然保护区等地的土壤。在标准中依据土壤应用功能、保护目标和主要性质,将土壤质量划分为以下三级。

一级标准 适用于Ⅰ类土壤区,包括国家规定的自然保护区(原有背景重金属含量高的除外)、集中生活饮用水源地、茶园、牧场和其他保护地区的土壤。土壤质量应基本上保持自然背景水平。为保护区域自然生态,维持自然背景而规定这些土壤区中污染物的最高允许浓度限制值。

二级标准 适用于Ⅱ类土壤区,包括一般农田、蔬菜地、茶园、果园、牧场等的土壤。土壤质量应基本上对植物和环境不造成危害和污染。为保障农业生产、维护人体健康而规定这些土壤区中污染物的最高允许浓度限制值。

三级标准 适用于Ⅲ类土壤区，包括林地土壤及污染物容量较大的高背景值土壤和矿区附近等地的农田土壤(蔬菜地除外)。土壤质量应基本上对植物和环境不造成危害和污染。为保障农林业生产和植物正常生长而规定这些土壤区中污染物浓度的临界值。

在标准中所涉及污染物及对它们的分析方法见表4-4(由各级标准确定的浓度限值从略)。

表4-4 土壤环境质量标准选配分析方法

序号	项目	测定方法	检测范围/$mg \cdot kg^{-1}$	注释	分析方法①来源
1	镉	土样经盐酸-硝酸-高氯酸(或盐酸-硝酸-氢氟酸-高氯酸)消解后 (1) 萃取-火焰原子吸收法测定 (2) 石墨炉原子吸收分光光度法测定	 0.025以上 0.005以上	土壤总镉	ⓐ、ⓑ
2	汞	土样经硝酸-硫酸-五氧化二钒或硫、硝酸-高锰酸钾消解后，冷原子吸收法测定	0.004以上	土壤总汞	ⓐ、ⓑ
3	砷	(1) 土样经硫酸-硝酸-高氯酸消解后，二乙基二硫代氨基甲酸银分光光度法测定 (2) 土样经硝酸-盐酸-高氯酸消解后，硼氢化钾-硝酸银分光光度法测定	0.5以上 0.1以上	土壤总砷	ⓐ、ⓑ ⓑ
4	铜	土样经盐酸-硝酸-高氯酸(或盐酸-硝酸-氢氟酸-高氯酸)消解后，火焰原子吸收分光光度法测定	1.0以上	土壤总铜	ⓐ、ⓑ
5	铅	土样经盐酸-硝酸-氢氟酸-高氯酸消解后 (1) 萃取-火焰原子吸收法测定 (2) 石墨炉原子吸收分光光度法测定	 0.4以上 0.06以上	土壤总铅	ⓑ
6	铬	土样经硫酸-硝酸-氢氟酸消解后 (1) 高锰酸钾氧化，二苯碳酰二肼光度法测定 (2) 加氯化铵液，火焰原子吸收分光光度法测定	 1.0以上 2.5以上	土壤总铬	ⓐ
7	锌	土样经盐酸-硝酸-高氯酸(或盐酸-硝酸-氢氟酸-高氯酸)消解后，火焰原子吸收分光光度法测定	0.5以上	土壤总锌	ⓐ、ⓑ
8	镍	土样经盐酸-硝酸-高氯酸(或盐酸-硝酸-氢氟酸-高氯酸)消解后，火焰原子吸收分光光度法测定	2.5以上	土壤总镍	ⓑ
9	六六六和DDT	丙酮-石油醚提取，浓硫酸净化，用带电子捕获检测器的气相色谱仪测定	0.005以上		GB/T14550—1993
10	pH	玻璃电极法(土：水=1.0：2.5)	—		ⓑ
11	阳离子交换量	乙酸铵法等	—		ⓒ

① 分析方法除土壤六六六和DDT有国标外，其他项目待国家方法标准发布后执行，现暂采用下列方法：

ⓐ《环境监测分析方法》，1983，城乡建设环境保护部环境保护局；

ⓑ《土壤元素的近代分析方法》，1992，中国环境监测总站编，中国环境科学出版社；

ⓒ《土壤理化分析》，1978，中国科学院南京土壤研究所编，上海科技出版社。

4.4 土壤污染

4.4.1 土壤污染源和污染物

土壤污染的发生特征主要是与土壤的特殊地位和功能相联系的。其主要污染源有如下四个方面:(1) 为了提高农产品的数量和质量,大量施用化肥和农药,它们的残留物在土壤中累积起来;(2) 土壤历来就作为废物(废渣、污水和垃圾等)的处理场所,而使大量有机和无机污染物质随之进入土壤;(3) 土壤是环境要素之一,因大气或水体中的污染物质的迁移、转化,从而进入土壤,使土壤随之亦遭受污染;(4) 在自然界中某些元素的富集中心或矿床周围,往往形成自然扩散晕,使附近土壤中这些元素的含量超出一般土壤的含量范围。

土壤中的污染物质与大气和水体中的污染物质很多是相同的,其污染物主要种类有:(1) 有机物质,其中数量较大而又比较重要的是化学农药。化学农药的种类繁多,主要的有有机氯和有机磷两大类;(2) 氮素和磷素化学肥料;(3) 重金属,如砷、镉、汞、铬、铜、锌、铅等;(4) 放射性元素如铯、锶等;(5) 有害微生物类,如肠细菌、炭疽杆菌、破伤风杆菌、肠寄生虫(蠕虫)、霍乱弧菌、结核杆菌等。此外,土壤中有机物分解产生 CO_2、CH_4、H_2S、H_2、NH_3 和 N_2 等气体(其中 CO_2 和 CH_4 是主要的),在某些条件下,这些气态物质也可能成为土壤的污染物。

对土壤的化学污染物进行归纳,主要有有机物、无机盐类、重金属类和农药。其中一般有机物容易在土壤中发生生物降解,无机盐类易被植物吸收或淋溶流失,两者在土壤中滞留时间较短。因此重金属类和农药类化合物成为土壤的主要化学性污染物。重金属中的汞、镉、砷、铅、铬等进入土壤后可以被作物吸收积累,间接危害人畜健康,同时也可使土壤中野生动物受害或转入水体危及鱼类。至于不合理地施用化学农药,在目前已引起人们的高度重视。如化学结构接近于多氯联苯(PCB)、多环芳烃(PAH)类的有机氯农药,由于化学性质稳定,不易为土壤微生物所降解,所以在土壤中残留时间很长,被作物吸收后,再经过各种生物之间转移、浓集和积累,可使农药的残毒直接危害人体的健康。

4.4.2 土壤的自净作用和污染防治方法

自然环境各种物质组成之间都存在着物质和能量的交换与循环,经常处于一种相对的平衡状态。如果污染物质进入土壤中,就会使其物质组成发生变化,并破坏物质原有的平衡,造成土壤污染。但另一方面,当各种物质进入土壤之后,土壤随即显示出自净能力,也就是通过在土壤环境中发生物理、物理化学、化学和生物化学等一系列反应过程,促使污染物质逐渐分解或消失。具体地说,土壤的自净能力主要来自于:(1) 土壤颗粒物层对污染物有过滤、吸附等作用;(2) 土壤微生物有强大的生物降解的能力;(3) 土壤本身对酸碱度改变具有相当缓冲能力;(4) 大量的土壤胶体表面能降低反应的活化能,成为很多污染物转化反应的良好催化剂;(5) 土壤空气中的氧可作为氧化剂,土壤水分可作为溶剂。这些都是土壤的自净因素。

在通常的情况下,土壤的净化能力决定于土壤的物质组成和土壤环境其他特性,也和污染物的种类和性质有关。不同土壤的净化能力不同,同一土壤对不同污染物质的净化能力也不同,而且土壤的净化速度是比较缓慢的。

在对土壤污染问题有了较深刻的认识之后,人们对土壤本身污染的治理也作出了很多努力,除制订相应政策法令以降低土壤遭受污染的可能和程度外,还提出了以下一些常用的方法:

沉降法 将取自于天然水体(如河水)的灌溉用水,先引入一沉降池,以除去水中吸附了有害物质的颗粒物。

稀释法　将污染灌溉水用清净的水稀释到无害程度的方法。对酸性强的灌溉用河水，同时使用稀释法和加药剂的方法可收到更好效果。

铺垫客土的方法　是对受污染的本土在其上层铺垫一层非污染客土的方法。

排土法　将污染土层移去，用作敷设道路路基、建筑物地基等的方法。

混层法和倒转层法　将表层污染土与下层清洁土经翻耕后两相混合。使用这种方法实际上是对污染土起了掺稀的作用。在表土污染程度较高的情况下，甚至可采用倒转层法，即将上下土层易位的方法。

土壤改良法　主要是用化学类方法，例如向土壤投加石灰、磷酸盐、硅酸盐等化学物质或增施有机肥，以达到改良土壤的目的。

生物修复法　向土中引进具有强活性微生物种，并提供良好的养分、温度、氧气等条件，以加速污染物质分解。对大面积重污染土壤还可用植树造林法。

4.5 土壤中的农药污染物

人们在20世纪30年代先后发现2,4－D(2,4－二氯苯氧乙酸)具有清除杂草的能力、DDT(双对氯苯基三氯乙烷)具有杀虫的功效，从此开始了使用农药的时代。有关专家指出，世界粮食产量之半被各类病虫害糟蹋在农田或粮库里。人们生产各种农药就是为了将其用于控制土壤中的有害生物种群，以保护庄稼作物。目前，世界范围年产农药约200多万吨，种类数达1 500种之多(大量生产又广泛应用的约有300种)。我国农药使用量居世界第2位，生产品种有120多种。农药自20世纪40年代被广泛应用以来，累计已有数千万吨散入环境，大部分进入土壤。

广义地说，农药包括杀虫剂、杀菌剂、除草剂以及其他如杀螨剂、杀鼠剂、引诱剂、忌避剂、植物生长调节剂和配制农药的助剂等。施用农药确实能对农作物的增产增收起重要作用。但也应看到世界范围内连年大量使用农药，会引起许多不良后果，如药效随害虫抗药性不断增强而相对降低；施用农药对抑制害虫的天敌也有毒杀作用，从而破坏了农业生态平衡。更为重要的是由施用农药而引起环境污染，并通过食物链使农作物或食品中的残毒引入人体，危及人体健康。所以各国都有现行的农药注册登记制度，要求对每一种生产、使用的农药进行一系列安全评价。只有做到确保安全，才能允许生产；虽无法根除其害，但力求将危害降至最低限度。许多种常用、多用的农药在这样的要求下已被逐渐淘汰，为各国所禁用或限用。

4.5.1 农药的分类

我国目前生产的农药品种有百种以上，新的品种每年都在增加，根据农药的成分及用途，可分为以下几类。

- 杀虫剂
  - 无机杀虫剂　砷酸铅、砷酸钙、机油乳剂等
  - 有机杀虫剂
    - 天然农药　除虫菊、尼古丁、鱼藤等
    - 合成农药
      - 有机氯杀虫剂　六六六、DDT、艾氏剂等
      - 有机磷杀虫剂　乐果、甲基对硫磷、马拉硫磷、敌敌畏等
      - 有机氮杀虫剂　异索威、涕灭威、西维因等
  - 微生物杀虫剂　苏云金杆菌、核型多角体病毒等
  - 熏蒸剂　溴甲烷、氯化苦、氢氰酸等

杀螨剂　二硝甲酚、三硫磷、三氯杀螨砜等

杀菌剂　稻瘟净、多菌灵等

杀线虫剂　二溴乙烷、二溴氯丙烷等

除草剂　2,4-D、2,4,5-T、除草醚、敌稗、西玛津等

在我国农药生产中杀虫剂的种类和数量占绝大多数，也是使用范围最广的一类。

4.5.2　农药在土壤中的环境行为

控制农药环境行为的主要因素有三，即吸附、迁移和降解。通过吸附过程，将使农药滞留在土壤中，减轻了因挥发引起大气污染和因淋溶引起地下水污染的程度；通过挥发、淋溶、径流及作物吸收等迁移过程，会促使农药转移到其他环境要素中去；通过降解过程，农药在土壤中逐渐转为小分子或简单分子化合物，乃至彻底无机化，转成为 CO_2、H_2O 等。农药的残留性又是上述这些过程的集中体现。从保持药效、药尽其用的角度看，农药应有相当的残留能力，但从无害化角度看问题，其在土壤中的滞留时间又不能太长。一些残留能力特别强的农药如汞、砷制剂、六六六和 DDT 等已被淘汰使用，原因即在于此。

4.5.2.1　吸附

土壤对农药的吸附是影响农药在土壤中动态行为的最重要因素之一。农药被吸附的能力主要与其分子本身性质相关，其他有关因素还有土壤的性质、类型以及介质条件。

农药的分子结构、电荷特性和水溶能力是影响吸附的主要因素。一般，几何尺寸大、伸展平直又有柔性的分子可与土壤胶粒表面以较大面积接触，吸附力也大；凡具有—NHR、—OCOR、—NH_2、—NHCOR、—OH、—$CONH_2$、—N^+R_3 官能团的分子都有较强的被吸附能力。其次，能离解为离子的农药被吸附力强；相对而言，极性分子电性较弱，被吸附能力也相应见弱；非离子型或中性分子可在电场作用下暂时极化，就此被吸附在带电荷的土壤胶粒上，但这种吸附力较弱。此外，正辛醇/水分配系数是分子疏水性指标，此值越大的农药其被吸附能力越强。

就土壤性质而言，影响吸附的主要因素是黏土矿物和有机质的含量、组成特征以及铝、硅氧化物和它们水合物的含量。这些物质或者经由电荷特性，或者借助含 O、N、S 的官能团，或者凭借其巨大比表面积对农药分子进行吸附。土壤有机质和各种黏土矿物对非离子型农药吸附能力的顺序是：有机质＞蛭石＞蒙脱土＞伊利石＞绿泥石＞高岭土。

在诸多介质条件中，土壤溶液的 pH 值是影响吸附的最重要因素。土壤胶粒表面通常带有电荷，且按电荷发生缘由可分为两类。一类是永久性电荷，发生在铝硅酸盐表面，由同晶离子置换引起（见 4.2.2.1）。另一类是 pH 制约性电荷，发生在腐殖质和细菌体表面，即当介质 pH 值小于其等电点时，它们的表面带正电，否则带负电（见 4.2.2.2 和 5.3.2.1）。又如黏土胶粒、铁和铝水合氧化物表面都带有 OH^- 基团，根据介质 pH 值的大小也会如腐殖质那样带上正电或负电，同属 pH 制约性电荷。由于上述土壤组分的等电点大多较低，在土壤溶液相对较高的 pH 值条件下，它们的胶粒表面大多带负电。因此，在土壤溶液中易离解为阳离子的农药，具有较强的被吸附能力。

土壤对农药的吸附平衡大抵符合弗里德里胥方程（见 3.6.3.2）：

$$\frac{x}{m}=K_a\cdot c_w^{1/n}$$

表 4-5 列举了一些常见农药的 K_a 值。经比较可知，2,4-D 在土壤中只有很弱的被吸附能力，DDT 等则是强吸附的（表列数值并不非常确定，实际 K_a 值还随土壤性质而异）。土壤含有机碳量（OC）是一个与吸附能力密切相关的土壤特性参数，考虑及此，以上方程可写作

$$\frac{x}{m}=K_{OC}\cdot c_w \tag{4-1}$$

式中 x——处于吸附平衡时农药在每千克土壤中的被吸附量，mg；

m——每千克土壤中所含有机碳量，kg；

c_w——土壤溶液中农药的平衡浓度，mg/L；

K_{OC}——吸附平衡常数，$L \cdot kg^{-1}$，其值大小与OC值有关。

表4-5 常见农药的吸附平衡常数 K_a 值

农 药	K_a	农 药	K_a
DDT	$(1-10)\times 10^4$	阿特拉津	26
林丹	7～50	西玛津	1～7
2,4-D	2	百草枯	200～5000

至于土壤吸附农药的机理，简略地说有如下四种。

异性电荷相吸 指带负电土壤组分与呈正离子状态的农药通过静电引力相吸引。

非专一的物理性键合 这是范德华引力起作用，这种作用力发生在被吸附的非离子型分子之间，而不是发生在分子和土壤组分之间。所以在这种情况下，范德华引力以与其他键力加合的形式发生作用。

氢键力 例如含—NH基的农药分子可通过生成氢键与黏土表面的氧原子或土壤有机物分子内的羰基氧原子结成一体。

配位键 指农药分子与土壤组分分子通过未共享电子对所发生的结合。

4.5.2.2 迁移

一般说来，田间施药后，附在作物上的农药只有其施用量的10%左右，其余则通过各种方式散入周围环境（黏附于土壤表面、溶解或悬浮于灌溉水后流入湖河、挥发进入空气后再溶于雨水降落地面等）。有些农药则可通过食物链进入人体。

农药在环境中的迁移能力与环境条件有关，但更大决定因素是农药自身的性质。一些农药的蒸气压（与挥发能力有关）、溶解度（与滞留在土壤溶液中的能力有关）及分配系数（与在气液两相间的扩散能力有关）数据列举在表4-6之中。由此可见，不同农药的性质相差悬殊。表中分配系数 D 被定义为平衡时农药在土壤溶液和土壤空气间的浓度比。一般物质在气相中的扩散能力约是在液相中的 10^4 倍，所以当 $D>10^4$ 时以液相扩散为主，当 $D<10^4$ 时以气相扩散为主。

表4-6 与迁移能力有关的农药物性参数

农 药	蒸气压/Pa （温度）	溶解度/$\mu g \cdot mL^{-1}$（温度）	分配系数 D
二溴乙烷	1466 （25℃）	4.3×10^3 （30℃）	40
氟乐灵	0.013 （25℃）	0.58 （25℃）	3.2×10^2
乙拌磷	0.024 （20℃）	15 （20℃）	5.5×10^3
乐果	1.13×10^{-3} （20℃）	3×10^4 （20℃）	2.5×10^8
西玛津	8.13×10^{-7} （20℃）	5 （20℃）	7.4×10^7

例1 为估计DDT在土壤中的挥发能力，做了如下试验：在容积为 $50m^3$、25℃的密封空箱子内，有一个盛有1L且浓度为1mg/L DDT的敞口容器，求达到平衡时箱子内DDT浓度为多少？已知25℃时DDT在水-气两相间的分配系数 $K_D=6.2\times 10^2$。

解：以 $[DDT]_{aq}$ 和 $[DDT]_g$ 分别表示该农药在水相和气相中的平衡浓度，则有

$$1\times[DDT]_{aq}+(50\times 10^3-1)[DDT]_g=1\ mg$$

按分配系数定义,有

$$[\mathrm{DDT}]_{\mathrm{aq}}=K_D[\mathrm{DDT}]_{\mathrm{g}}$$

结合以上二式可得

$$1\times K_D[\mathrm{DDT}]_{\mathrm{g}}+(50\times10^3-1)[\mathrm{DDT}]_{\mathrm{g}}=1$$

$$[\mathrm{DDT}]_{\mathrm{g}}=\frac{1}{(50\times10^3-1)+K_D}$$

$$=\frac{1}{(50\times10^3-1)+(6.2\times10^2)}=1.97\times10^{-5}\ \mathrm{mg/L}$$

4.5.2.3 降解

土壤中微生物的生命活动是农药降解的最主要因素。此外,包括蚯蚓在内的非脊椎动物对农药的代谢作用也是很重要的。还有些农药能在摄入植物体内后被代谢降解。农药生物降解的最终产物是 CO_2 和 H_2O,如分子中含 S、N、P,还能生成硫酸盐、硝酸盐和磷酸盐。

试验表明,经灭菌处理过的土壤中也会发生农药降解。这表明除生物降解外,还存在着诸如水解、氧化还原等化学降解作用。此外,在光照条件下,分布在土壤表面的很多农药都有可测得其降解速率的光分解作用。例如在图 4-7 中,农药狄氏剂在光照下有可能转化为生物毒性更强的产物(暂名"光化狄氏剂")。总之,土壤介质对于农药的纳污容量和自净能力都是很大的。

以下以含氯杀虫剂艾氏剂为例,简述其在生物机体内的代谢转化过程。如图 4-7 所示,在生物体内,艾氏剂于细胞色素 P450 和多功能氧化酶 MFO 的作用下,很快转化为狄氏剂,并进一步在环氧化结构上发生水解而转为二羟化艾氏剂。后者可能与体内某种组分结合而被排出体外。在体内某些微生物的参与下,由艾氏剂转为狄氏剂的上述反应还可发生逆转。参与作用的微生物包括合生孢梭菌(Clostridium sporogenes)、埃希氏大肠菌(Escherichia coli)、粪链球菌(Streptococcus faecalis)和乳酸杆菌(Lactobacillus rhammosus)等。这种逆向进行的生物反应的程度依这些菌群的名次而递减。狄氏剂生物降解的产物还有"酮狄"(暂名)和 9-羟基狄氏剂等。它们可能与体内葡糖苷酸相结合。

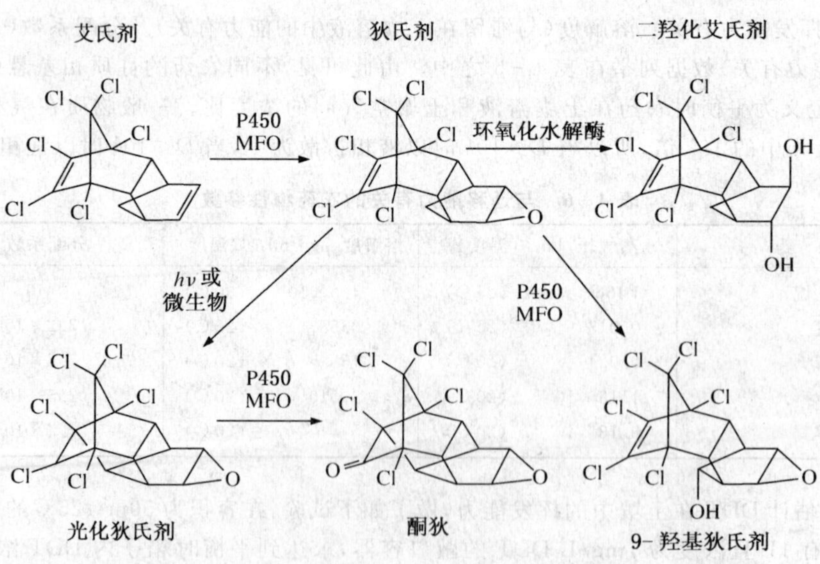

图 4-7 艾氏剂和狄氏剂的代谢过程及产物

4.5.2.4 残留性和危害性

农药污染土壤的程度可用残留性表示。各类农药在土壤中的半衰期如表 4-7 所示。由此可见,汞、砷制剂等农药几乎将永远残留在环境之中,DDT 等有机氯农药的残留期也是十分长久的。这些农药虽然早已被禁止使用,但在环境中的残留量还是十分可观。表中所列半衰期有很大的变动范围。这表示,决定农药在土中的残留能力除与其本身性质有关外,还取决于多种环境因素,如药剂用量、植被情况、土壤类型、酸碱度、土壤中水和有机质等的含量及微生物种类和数量等。

表 4-7 各类农药在土壤中的半衰期

农药种类	半衰期/a	农药种类	半衰期/a
含铅、铜、汞或砷等农药	10～30	有机磷农药	0.02～0.2
有机氯农药	2～4	氨基甲酸酯类农药	0.02～0.1

农药的危害主要表现在其所具有的环境持久性、远距离迁移性、甚强的被生物富集能力。但更重要的是大多数农药都具有很强的对生物(特别是对于人体)的毒性。著名美国女生物学家卡尔逊(R. Carlson)在 1962 年出版的《寂静的春天》一书中提出:与其将 DDT 之类的农药称为"杀虫剂",不如改名为"杀生剂"。这真是一种极具洞察力的真知灼见。

农药施用时,首先可通过人的呼吸道、皮肤等进入施药人员体内,并显示其毒性。其次,农药可就地杀死土壤中的大量微生物和许多种有益昆虫,破坏土壤系统的生态平衡。此外土壤中农药可通过如下途径进入各类生物体内:

土壤⟶陆生植物⟶食草动物;

土壤⟶土壤中无脊椎动物⟶脊椎动物⟶食肉动物;

土壤⟶水中浮游生物⟶鱼和水生生物⟶食鱼动物;

比较起来,随雨水径流、灌溉水排入水体的农药能对生物产生最直接的危害。

多数农药有很强脂溶性和很弱水溶性,可通过食物链在生物体中高度浓集。很多农药可使居于食物链末端的生物体内的蓄积浓度比最初环境所含农药浓度高出数百万倍,对机体构成危害。在剧毒农药所到之处,食物链上的鱼虾、禽、鸟也是非常危险的,常发生大批死亡的案例。这是因为这些小动物群体数量大,个体的致死剂量限值又很低的缘故。

当然,农药进入机体后,其生毒机理、症状和对生物体的毒害程度依农药种类而有很大差异。以常用、多用的有机磷农药为例,当其通过呼吸道、胃肠道或皮肤进入人体后,可干扰人体内乙酰胆碱的活性。在正常人体内,乙酰胆碱于酶的作用下按下式水解为乙酸和胆碱:

$$(CH)_3\equiv \underset{\underset{OH}{|}}{N}-CH_2CH_2-OCOCH_3 \xrightarrow[H_2O]{\text{胆碱酯酶}} (CH)_3\equiv \underset{\underset{OH}{|}}{N}-CH_2CH_2OH + CH_3COOH$$

乙酰胆碱 胆碱 乙酸

有机磷农药进入人体后可抑制胆碱酯酶的活性,致使乙酰胆碱因分解反应受阻而在体内积蓄起来,由此可进一步导致体内神经系统某些部位兴奋过度。当乙酰胆碱蓄积量进一步增多时,这些神经很快又会转入抑制和衰竭状态。一般,人体血中胆碱酯酶活力较正常人低百分之三十就会出现症状,若降低一半,则有明显中毒症状。由于受害部位是神经系统,所以受神经支配的心、胃、肠、支气管等内脏都会受伤害。有机磷农药中毒的表观症状轻者为头痛、恶心、呕吐、视力模糊,重症者表现为流涎、肌肉震颤、瞳孔缩小、精神恍惚和步态蹒跚等。

4.6 土壤中的重金属类污染物

土壤无机污染物中以重金属比较突出。主要是由于重金属不能为土壤微生物所分解，而易于在土壤中积累，甚至在土壤中可能转化为毒性更大的甲基化合物。有的通过食物链以有害浓度在人体内蓄积，严重危害人体健康。

4.6.1 土壤中重金属的源和汇

有资料表明，世界范围每年进入土壤的有害金属量(万吨)为：Hg 0.83、Cd 2.2、Cr 89.6、Pb 79.6、Ni 32.5、Cu 95.4、Zn 137.2，还有准金属 As 8.2、Se 4.1。

重金属的土壤污染源多数出自于人们的生产和生活活动。如冶金、农药生产等工业废物、汽车排气及城市污水都可使土壤中污染物浓度提高到有毒水平，对生活在该土壤地区的草食动物首先产生危害。

如表 4-8 所示，各重金属元素在土壤中的浓度具有显著差别，在不超出表列浓度范围情况下，这些重金属元素大概还不至于造成环境危害。

表 4-8 重金属元素在土壤和植物中的浓度范围

元素	土壤总体 典型值/$mg \cdot kg^{-1}$	土壤总体 范围/$mg \cdot kg^{-1}$	土壤溶液 /$mg \cdot L^{-1}$	植物 范围/$mg \cdot kg^{-1}$
镉	0.06	0.01～7	0.001	0.2～0.8
钴	8	1～40	0.01	0.05～0.5
铜	20	2～100	0.03～0.3	4～15
铅	10	2～200	0.001	0.1～10
锰	850	100～4 000	0.1～10	15～100
锌	50	10～300	<0.005	8～15
镍	40	10～1 000	0.05	～1
铬	20	5～1 000	0.001	—
汞	0.05	0.02～0.2	0.001	—
砷	5	1～50	0.1	—

进入土壤的重金属在日后的走向有多个方面：(1) 吸附在土壤中，且可分为溶解和不溶两种状态；(2) 被植物或其他生物吸收；(3) 进入排水，随之离开土体；(4) 因挥发进入大气。对重金属污染物在土壤中所发生的迁移及其在土壤固液两相间分配的主要控制过程是吸附，其主要控制因素是重金属本身的性质和土壤环境的性质。

4.6.2 土壤对金属的吸附作用

在自然环境条件下，土壤中原先就存在着很多被吸附金属，其中含量较多的是碱土金属和碱金属。呈阳离子形态存在于土壤中的金属按其被吸附机理来说，可分为选择性的和非选择性的吸附阳离子，或者分为不可交换性的和可交换性的阳离子。有关前一种分类的情况，可参见 3.6.3.3，这里不再赘述。

上已述及，土壤胶粒的键合位置原先就被各种吸附着的阳离子所占据，当作为污染物的重金属离子进入土壤后，就只能通过取代性的离子交换作用而被土壤胶粒所吸附。可将原先被吸附于胶粒的阳离子分为两类。一类是被牢固吸附的不可交换性阳离子，如处于 1∶1 型黏土晶层之间的某些被吸附阳离子；另一类是被宽松吸附的可交换性阳离子，如处于胶粒表面或碎裂晶体边缘处的被吸附阳离子及被吸附于 2∶1 型黏土晶层间的阳离子。一般用阳离子交换容量(CEC)来表征土壤胶体交换外来阳离子的能力。土壤中主要反应性组分的近似 CEC 值及与之相关的表面特性列举在表 4-9 之中。作为说明的一个例子,蒙脱土属于2∶1型黏土类,其电荷密度较小,硅层间结合不牢固,因而层间距大,外来离子容易扩散进入而发生交换吸附,所以有较大的 CEC 值。

表 4-9 土壤中反应性组分的表面特性(pH=7)

组 分	近似表面积 /$m^2 \cdot kg^{-1}$	表面电荷密度近似值 /$\mu mol(c) \cdot (m^2)^{-1}$	电荷性质	近似 CEC 值 /$mol(c) \cdot kg^{-1}$①
高岭土	$(1\sim2)\times10^4$	1～6	pH 制约性	0.02～0.06
伊利石	1×10^5	3	永久性	0.3
蒙脱土	8×10^5	1	永久性	1.0
蛭石	8×10^5	2	永久性	1.4
铁或铝的氧化物	3×10^4	0.2	pH 制约性	0.005
水铝英石	$(5\sim7)\times10^5$	1.5	pH 制约性	0.8
腐殖酸	9×10^5	3	pH 制约性	3.0

① mol(c)代表 6.02×10^{23} 静电单位

进入土壤溶液的呈阴离子状态的金属 Cr(Ⅵ)、As(Ⅲ)等可能取代土壤胶粒表面作为配位体的 OH^- 或 H_2O,从而发生选择性的交换作用,但这种作用较弱。其作用的能力可用土壤的阴离子交换容量(AEC)来表征。

在很多场合,土壤吸附重金属的平衡关系颇符合弗里德里胥方程式(3-21),由实验测得(因而也是经验性的)多种金属的 K_a 和 $1/n$ 值列举在表 4-10 之中。

表 4-10 各种金属的 K_a 和 $1/n$ 值

土壤组分	Hg		Cd		Pb		Cr(Ⅵ)		Cr(Ⅲ)		As(Ⅴ)		As(Ⅲ)	
	K_a	$1/n$	K_a	$1/n$	K_a	$1/n$	K_a	$1/n$	K_a	$1/n$	K_a	$1/n$	K_a	$1/n$
水铝英石	2.2	0.61	0.21	0.64	0.98	0.49	0.25	—	1.8	—	2.48	0.46	0.12	0.61
水铝英石(含 13%腐殖质)	0.60	0.43	0.15	0.44	3.6	0.40	0.07	—	1.9	—				
蛭 石	0.69	0.45	0.30	0.60	0.66	0.53	0.01	—	1.3	—				
蒙脱土			0.63	0.46	1.32	0.44	0.01	—	1.3	—	0.73	0.36		
高岭土			0.11	0.52			0.03	0.43			0.30	0.14		

例 2 在 1g 以蒙脱土为主要组分的土壤中,(1) 当水相中镉平衡浓度为 10^{-6} mol/L 时,镉的吸附量是多少?(2) 如果水相体积为 1L,其中镉初始浓度为 10^{-5} mol/L,则达到平衡时的浓度为多少?已知镉在水土两相间的吸附分配系数 K_d=210 mL/g。

解 镉在这类土壤中被吸附的等温线符合 Freundlish 方程式(3-21),但在解此题时可改用方程的另一种简化形式:

$$\frac{x}{m}=K_d c$$

式中,$\frac{x}{m}$的单位为 mol/g,c 的单位为 mol/L,K_d 的单位在命题中给定为 mL/g。

(1) 当 $m=1\mathrm{g}$ 时，$\frac{x}{m}=x=K_{\mathrm{d}}c$

$$=(210\times10^{-3})\times(10^{-6})=2.10\times10^{-7}\mathrm{mol}，或 23.6\mu\mathrm{g}(M_{\mathrm{Cd}}=112.4)$$

(2) 所考虑的吸附体系包含 1g 土样和 1L 溶液，达到平衡后溶液中镉浓度变化为 $(10^{-5}-c)$ mol/L，它在数值上相当于平衡吸附量 x，即有

$$x=K_{\mathrm{d}}c$$

$$(10^{-5}-c)=(210\times10^{-3})\times c$$

解得　$c=8.26\times10^{-6}(\mathrm{mol/L})$

土壤对重金属阳离子的吸附能力按以下次序递降：Pb＞Cu＞Zn＞Cd＞Ni，Hg 在序列中的位置依实验条件而异。对于呈阴离子状态的金属而言，Pb、Cu 被吸附能力较强而 Cr、As 较弱。

4.6.3 Hg、Cd、Cr 在土壤中的环境行为

Hg(0－Ⅰ－Ⅱ)和 Cd(Ⅱ)在土壤颗粒中滞留能力很弱，很容易在土壤中发生迁移并为植物所汲取，所以具有很大的潜在危险性。Cd^{2+} 的主要污染源是工业排放废水。从排放标准来看，进入土壤的 Cd 量是不多的，但从高度溶解性和强毒性来看，它又是非常危险的。汞在土壤中主要以 Hg(Ⅱ)形态存在，与 Cd(Ⅱ)比较，它在土壤中滞留能力略大，这是因为 $Hg(OH)_2$ 具有很小溶解度的缘故。但 Hg(Ⅱ)在土壤中也有可能被还原为 Hg(Ⅰ)和 Hg(0)。Hg(0)是挥发性的，可在土壤颗粒空隙扩散，从这个意义上说，汞在土壤中具有较大的迁移能力。一般说来，在土壤条件下生成甲基汞的情况是罕见的。

Cr(Ⅵ)在土壤中一般呈阴离子形态存在，CrO_4^{2-} 是强氧化剂，高浓度下易被还原，但在较高 pH 值和较低浓度(10^{-7} mol/L)条件下，这种形态在土壤中还是相当稳定的。而且在好氧和中等偏高 pH 值的土壤条件下有一定迁移能力。

Cd、Hg、Cr 等重金属在土壤环境中的归宿决定了它们具有很大的残留和危害性。但进入土壤毕竟比进入大气和水体的情况要好一些，因为在土壤介质中它们一般呈毒性较小的化学形态，也较容易被土壤颗粒滞留和从食物链中除去。例如这类金属在土壤中浓度增大 1 倍，则经植物吸收后，在植物中浓度仅增大 0.1 倍～0.5 倍。

习　题

一、思考题

1. 在自然环境中，土壤是如何形成的？土壤具有哪些基本环境机能？
2. 土壤的主要组分有哪些，这些组分是如何形成或产生的？试对土壤胶体的生物化学结构做一描述。
3. 土壤中的原生矿物和次生矿物间有何区别？在决定土壤性质方面，哪一类矿物更为重要？为什么？
4. 土壤中黏土类矿物(次生铝硅酸盐)具有怎样的化学结构？具有 1∶1 型和 2∶1 型结构的黏土矿物间有何不同特性？
5. 土壤中的腐殖质是怎样产生的？它们具有什么特性和环境意义？
6. 为什么含氮肥料多作成铵盐形态使用？多量施用 NH_4NO_3 肥料，对于翻耕情况良好且富有好氧细菌的土壤的酸度会发生什么影响？
7. 以下过程对土壤酸碱性分别产生什么影响？(1) 植物根部摄取金属阳离子；(2) 以饱和 CO_2 的水溶液沥取土壤样品；(3) 土中黄铁矿氧化。
8. 土壤保留水分的能力和消除污染物的能力由何而生？

9. 什么是同晶置换现象？土壤中黏土在什么条件下可发生同晶置换？其中有什么规律？
10. 土壤胶粒表面永久性电荷和 pH 制约性电荷是如何形成的？什么是等电点？土壤胶体系统中哪些组分的荷电性质与其等电点有关？
11. 土壤污染物有哪几类？比较起来，在污染程度和后果方面孰轻孰重？
12. 土壤中的黏土矿物通过什么力的作用吸附外来的金属离子或非极性的有机分子？
13. 影响农药在土壤中被吸附的主要因素有哪些？弗里德里胥吸附等温线方程用于土壤吸附农药的场合有何特异之处？
14. 影响农药在土壤中残留性的主要因素有哪些？既然农药污染环境的问题非常突出，为何农民不愿舍弃农药？在权衡利弊之下，你认为有哪些途径可能解决这方面矛盾？
15. 土壤胶体阳离子交换容量(CEC)的含义是什么？其值大小与哪些因素有关？
16. 试对汞污染物在土壤和水体中的迁移行为作一比较。
17. 土壤吸附呈阴离子状态金属的机理是什么？哪些有害金属的阴离子可通过这种机理被滞留于土壤之中？
18. 不在重金属之列的铝有很重要的土壤环境行为，查找和阅读有关资料，并就此论题写一份读书报告。

二、计算题

1. 某土壤样品中有机质的元素百分组成为碳 58%、氢 5%、氧 36%，求有机质的最简化学式。
2. 土壤中 200kg $NaNO_3$ 经反硝化作用脱氮后，消耗多少摩尔 H^+ 离子？
3. 土壤上方大气中二氧化碳分压 $p_{CO_2}=33.4$ Pa，土壤溶液的 pH=8.5，$t=25$℃，求土壤溶液的总碱度。
4. 土壤空气中二氧化碳分压 $p_{CO_2}=3\times10^3$ Pa，求土壤溶液的 pH 值。假定不考虑土壤溶液中其他组分对 pH 值的影响。
5. 根据表 4-6 中农药乐果($C_5H_{12}O_3NPS_2$ 相对分子质量为 299.26)的蒸气压数据和水中溶解度数据，计算其在液、气两相间的分配系数 D 值，并与表中列出值 $D=2.5\times10^8$ 比较。
6. 某杀虫剂在农田中一年一度使用的剂量为 5.0 kg/ha，已知该农药的半衰期为一年，且施药后 100% 进入农田，求经过 5 年后田中农药的累积残留量。
7. 下表给出了有关农药 2,4,5-T(2,4,5-三氯苯氧乙酸)在土壤样品中的吸附试验数据，以此作出拟合曲线，确定是朗格缪尔吸附方程还是弗里德里胥吸附方程适用于吸附试验数据，并求出方程参数。

初始浓度/μg/mL	平衡浓度/μg/mL	溶液体积/mL	土样质量/g
5	3	10	5
10	6	10	5
25	15	10	5
50	30	10	5
115	70	10	5

8. 考虑土壤组分针铁矿 FeOOH 吸附外来 Cu^{2+} 离子的能力。已知针铁矿表面总铁浓度和土壤溶液中总铜浓度皆为 10^{-6} mol/L，pH=7.0，又假定不存在 Cu—OH 形态物，且各有关平衡常数为：

$$K_{A1}=\frac{[\equiv FeOH][H^+]}{[\equiv FeOH_2^+]} \qquad pK_{A1}=6.0$$

$$K_{A2}=\frac{[\equiv FeO^-][H^+]}{[\equiv FeOH]} \qquad pK_{A2}=8.8$$

$$K_{SCu}=\frac{[\equiv FeOCu^+][H^+]}{[\equiv FeOH][Cu^{2+}]} \qquad pK_{SCu}=-8.0$$

求被吸附在 FeOOH 之上铜的浓度百分数。

9. 应用朗格缪尔方程计算森林土壤中镉的平衡吸附量。已知土壤溶液中镉的平衡浓度 $c=10^{-6}$ mol/L，方程表达式 $\frac{x}{m}=\frac{abc}{1+ac}$ 中 $a=47.19$ L/mg，$b=0.0024$ mg/g(土壤)。

10. 一份土壤试样在含 NH_4^+ 溶液中达成平衡，再用 Na^+ 将 NH_4^+ 置换出来后作分析。结果表明，结合在样品上的 NH_4^+ 总量为 33.8 mmol，经 Na^+ 置换并干燥后的试样重 87.2 g，求该土壤对一价阳离子的交换容量 CEC 值(用 mmol/100g 干试样作单位)。

11. 应用表 4-9 中有关数据计算含 10%伊利石和 3%腐殖酸的中性土壤的阳离子交换容量 CEC 值。

12. 土壤阳离子交换容量 CEC 值与土深有关。已知 0～6 cm 表土中可交换 Ca^{2+} 量为 1.13×10^{-2} mol/kg，求 1ha(10^8 cm^2)表土的 Ca^{2+} 交换容量(kg/ha)。设定土壤密度为 1.3 g/cm^3。

13. 已知土壤溶液中有如下两平衡反应：

$$Al(OH)_{3(s)} \rightleftharpoons Al^{3+} + 3OH^-$$

$$Al(OH)_{3(s)} + H_2O \rightleftharpoons Al(OH)_4^- + H^+$$

试用热力学计算方法求 pH 分别为 5 和 8 时土壤溶液中 $\frac{[Al^{3+}]}{[Al(OH)_4^-]}$ 的比值。已知 $Al(OH)_{3(s)}$、Al^{3+}、$Al(OH)_4^-$ 的 $\Delta_f G_m^{\ominus}$ 值分别为 $-1\,144.3$ kJ/mol、-481.8 kJ/mol 和 $-1\,302.5$ kJ/mol。

知识链接

1. 土壤分析样的采集和制备

一、环境分析样的取样方案

尽管环境分析的对象和要求各不相同，但在采集分析样品之前都需预先拟订一个包含如下所示各步骤的取样总体方案：

根据分析目的、对象、项目、方法
| 调查研究
确定采样点、采样时间、频度、采样量
|
样品采集
(方法、器件、方式、容器)
|
样品保存(或现场测定)
|
记录登记
|
输送至实验室
|
(样品制备和保存)

由此可见，样品的采集仅是总体方案中的一个步骤，但这一步对于获得正确的最终分析结果是至关重要的。

以上内容具有一定的普遍意义，土壤分析的取样问题亦应作如此考虑。

二、土壤分析样的采集

在充分考虑上述总体方案中的前两个步骤后，随即准备好必要的采样工具和器材。如土壤钻、土壤铲、平板铁铣、不锈钢刀、磨口玻瓶、防雨布袋、塑料袋、镊子、竹夹子、有机玻璃棒、广口瓶等。

一种简单的软质表土采样用具及其采样过程如图 4-1′所示。以直径为 5～10cm、深度为 10～20cm 钢制(或塑料制)圆筒为采样器，按如图过程采样完毕后加盖于采样器，即成为盛放样品的容器。

在土壤中还存在着多种有害污染气体如 CH_4、NH_3、H_2S、PH_3 及 VOCs 等。一种专用的土壤中气体采样器如图 4-2′所示。使用这种采样器，应预知地下气体密集点在何处，方能选准采样点。所以这种采样器适用于石油、天然气等地下管路泄漏的事故性监测。

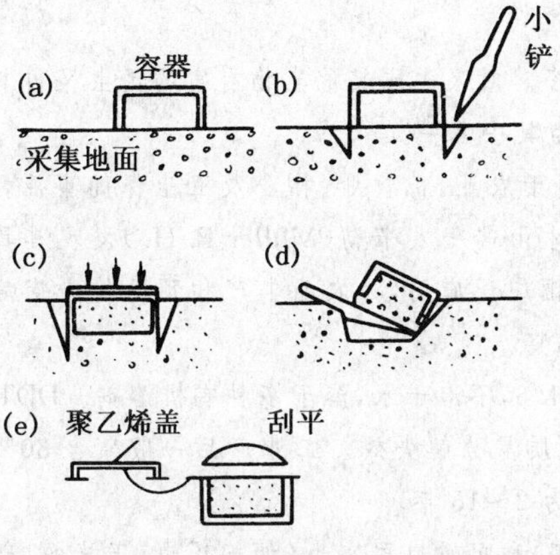

图 4-1′ 以钢制容器采集土样的过程

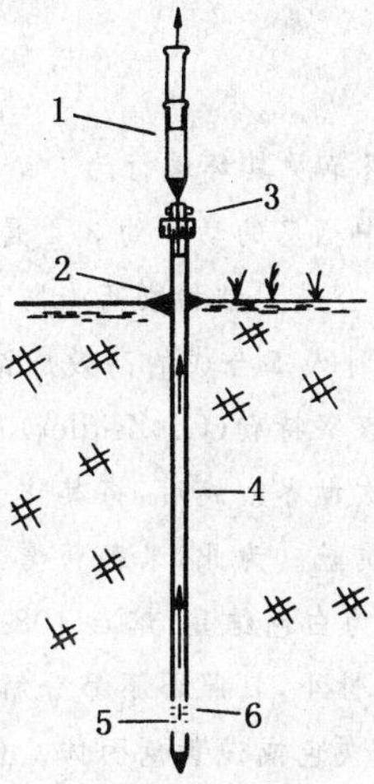

图 4-2′ 土壤中气体采样器(一)

1—玻璃针筒；2—密封胶；3—取样口；
4—空心不锈钢管；5—土壤中气体；6—进气筛孔

另一种气体采样装置及其使用方法如图 4-3′所示。在 20～30cm 土壤深处埋设如图所示的内装吸附剂采样器。在经历 2～3 周采样后取出，将各种气体分别加热到各自的居里点，使气体脱附后，即可进入分析仪器进行分析。

在作土壤采样时，应在现场作好采样记录并贴好标签。记录内容包括日期、地点、器件、方法、深度、采样量和共存作物种类等。

三、土壤分析样的制备和保存

土壤样品送达实验室后，随即称重。然后在塑料薄膜或搪瓷盘内摊开，用有机玻璃棒或木棒捣碎大块，并仔细混合。将非土壤成分(石块、玻璃、煤渣、植物根等)拣出后，再称重。

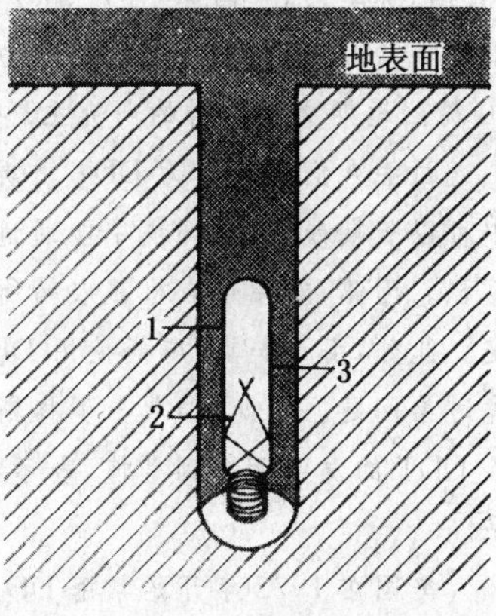

图 4-3′ 土壤中气体采样器(二)

1—玻璃管；2—磁铁和线圈；
3—活性炭

使用鲜样还是使用制成风干状的土样进行化学分析，则应根据研究土壤的目的和被测组分性质而定。在后一种情况下，应在低温度室内进行风干，时间在一周以上，并经常碎土和搅匀，此后用孔径为 1mm 的尼龙筛子过筛，四分法缩分，取出 100g～200g 土壤样品，放在玛瑙或玻璃研钵内磨细，进一步用孔径 0.25mm(60 目)的筛子过筛。若是以原子吸收光度法测定 Cd、Cu、Ni 等重金属的土样，应使其通过 0.147mm(100 目)的筛子过筛。最后装入已编号的玻璃或聚乙烯容器内，加盖，贴好标签备用，并按下表格式记录实验室待分析样本的有关情况。

编号 №	样本号码 №	样本名称	送入实验室的日期	取样深度	外貌	气味	夹杂物	标本质量	夹杂物质量	过筛号(60 或 100 目)

将风干土样贮存于洁净的玻璃或聚乙烯容器内，在常温、阴凉、干燥、密封条件下可以保存 30 个月。

2. 有机氯杀虫剂 DDT

一、历史沿革及其环境行为

在生物圈中栖息的动物约3/4是昆虫，种类有150万之多。对人类或其他生物有害的昆虫又占其中大多数，所以人们合成了种种农药来防治它们的危害，DDT即为其中之一。

DDT是一种人工合成的高效广谱有机氯杀虫剂，广泛用于农业、畜牧业、林业及卫生保健事业。1874年由德国化学家宰特勒(O. Zeidler)首次合成，直到1939年才由瑞士人米勒(Müller P. H.)发现其具有杀虫性能。第二次世界大战后，将其作为强力杀虫剂在世界范围广泛应用，为农业丰产和预防传染疾病等方面作出了巨大贡献。为此，米勒获得了1948年的诺贝尔医学奖。

DDT纯品为白色结晶，熔点108.5℃～109℃，相对密度1.6，不溶于水，溶于多种有机溶剂。DDT化学性质稳定，挥发性小，日照下不易分解，药效持久，但遇碱性物质易分解失效。工业产品一般兼含30%左右的异构体，为浅灰色或浅黄色固体。使用后在田间的半衰期为2～15年。

作为农药，DDT的主要防治对象是双翅目昆虫(始蚊蝇等)和咀嚼口器害虫(如棉铃虫、玉米螟、舞毒蛾等)，它是一种长效触杀药剂，也具有一定的胃毒作用。

说起DDT，几乎家喻户晓。自DDT问世以来，人们对它的研究迄今未有间断。即使在几个生产大国(美国、加拿大、中国等)停产、限产以来的30多年间，见诸美国化学文摘(CA)中的有关DDT文献资料的年平均数约800篇。作为比较，同为含氯农药的狄氏剂、艾氏剂、灭蚁灵的相应篇数分别为200篇、130篇和40篇。近期文献资料的研究主题集中在DDT的环境残留和环境影响等方面。

过去人们一直认为DDT之类有机氯农药是低毒安全的，后来发现它的理化性质稳定，在食品和自然界中可以长期残留，在环境中能通过食物链大大浓集；进入生物机体后，因其脂溶性强，可长期在脂肪组织中蓄积。因此，对使用有机氯农药所造成的环境污染和对人畜健康的潜在危害才日益引起人们的重视和不安。此外，由于长期、广泛使用DDT使一些虫类产生了抗药性，以致使用剂量越来越大，造成了全球性的环境污染问题。鉴此，瑞典卡罗林斯卡医学院的诺贝尔医药奖评委会于1997年公开表示，为当年将奖项颁发给DDT的发明而感到羞愧，表示在今后评奖中应将奖项颁发给那些经得起实践检验的发明创造和研究成果。

美国在1972年开始禁用DDT，其他许多国家也相继效法。但由于DDT对人体毒性相对较低、价格又便宜，所以在一些发展中国家仍不能禁绝DDT的使用。据统计，1998年全球年产DDT约4万吨。我国1999年DDT生产约6834吨，主要作为农药三氯杀螨醇的生产原料和一部分供出口。

一般地说，DDT具有很稳定的物理化学性质，由此造成了严重的环境残留问题。有资料报道，到1968年为止，估计在自然环境中已积存了3.7×10^8kg DDT。虽然DDT还具有一定挥发、降解和分解的能力，但在一般的环境条件下，过程进行得很慢，很不显著。例如一般环境条件下，残留在土壤中的DDT 95%分解需时约十年；经试验，在90℃～95℃水相介质中，紫外光照条件下，使DDT彻底降解(即最终生成CO_2)其总量的75%需120h。

土壤中某些微生物能较快分解DDT。在缺氧条件下(例如土壤灌溉后)，而且温度较高时，这种分解进行得特别快。土壤中的二价铁盐或氯化铬还能加速DDT的还原分解。例如，当土壤中DDT含量为200mg/kg，有二价铁离子存在和温度为35℃时，在28天之内DDT几乎全部分解。

DDT的生物代谢是按还原、氧化和脱氯化氢的机理进行的。如图4-4′示的是经多方简化的过程(各分子结构式中R为4-或2-ClC_6H_4)。

已知参与DDT生物降解的细菌有10个属，23个种。包括假单胞菌属(Pseudomonas)、黄单胞菌属(Xanthomonas)、欧文氏菌(Erwinia)、芽孢杆菌(Bacillus)等。这些都是土壤中常属菌类。此外，还有很多种真菌参与降解过程。

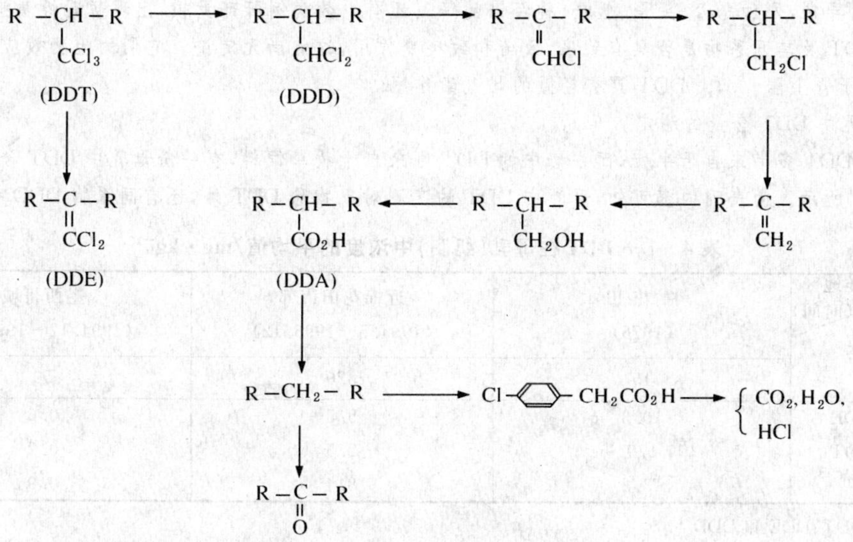

图 4-4′　DDT 的生物降解过程

我国早期使用过大量 DDT，对环境造成了严重污染。尽管现在已经禁用多年，但由于它具有极强的环境持久性，至今在我国部分沿海地区的水体和底泥中仍维持一定的残留水平。此外，由于三氯杀螨醇的使用，每年进入环境中的 DDT 类化合物总量估计为 200t 左右，造成某些蔬菜、水果、茶叶和禽蛋类食品中残留量超标。例如，在 2004 年五一节前上海的有关职能部门还从机场购物处查获 DDT 含量超标的茶叶。

由于 DDT 脂溶性极强，水溶性极弱（分别为 100000mg/kg 和 0.002mg/kg，相差 5000 万倍），它可以通过食物链在生物体中高度浓集，使居于食物链末端的生物体内的蓄积浓度比最初环境所含农药浓度高出数百万倍，对机体构成危害。在后文的图 5-29 中显示了 DDT 在某水生食物链中的浓集情况，人处在食物链最末端，受害也最重。1960～1970 年美国有关部门对人体脂肪中 DDT 及其代谢物含量作了调查，其浓度高达 100μg/kg 以上。这种测查还在经常性地进行，DDT 浓度水平未见有下降趋势。

DDT 远距离散布的能力也是惊人的。已经发现，在人迹罕见的南极地区的企鹅以及北极爱斯基摩人的体内已经检测到 DDT 的踪迹。

在美国停止生产和使用 DDT 后不久，即有专家估计，在全球范围内停止使用 DDT 后，大约还需经过 25～110 年，才能使地球环境回复到原先的状态。

综上所述，可将 DDT 的环境行为归结为：(1) 强大的环境持久力；(2) 极大的生物富集能力；(3) 在环境介质中远距离迁移能力。据此，再加上以下将叙述的生物毒性，DDT 被 2001 年联合国斯德哥尔摩公约圈入持久性有机污染物 POP 的名单（参见知识链接 8.1）。

二、进入人体的 DDT 及其毒性

DDT 被施用于土壤之后，其大部分可能以有机胶体溶液、悬浮物、尘粒等形式进入环境空气或水域，随后又可通过呼吸、饮水等途径进入人体，但不易为富蛋白质的皮肤所摄取。

进入人体的 DDT 易积聚在脂肪组织（如睾丸、甲状腺等，再转入肝脏、肾脏），并通过在肝脏内的代谢转成其同系物。人体内 DDT 大多代谢为 DDD 和 DDE。此外还有 DDA，但其在人体内生成较慢。DDT 和 DDA 均可从尿液或粪便中排出，而 DDT、DDD 和 DDE 尚可从乳汁中排出。DDE 和 DDA 在人体中的生物半衰期约分别为 8 年和 1 年。

DDT 属于中等毒性农药，对温血动物急性毒性较弱，对大兔或大鼠的致死量为 200mg/kg～500mg/kg。曾有一名志愿者受试摄入 750mg DDT 油剂，仅发生轻度中毒。未见有人体受毒 DDT 而死亡的案例报道。仅有一动物死亡的罕见案例在 1957 年发生于美国长岛：飞机喷洒 DDT 杀灭森林中蛾虫，有一条田野小沟受药污染，赛马场的马匹喝了沟里的水，10 小时后死亡。

多数 DDT 中毒病人的体征和症状表现为如下种种神经系统障碍：舌、嘴和鼻部位有刺痛感，触觉阈降低，肢端感觉异常，外加恶心、头晕、呕吐、神经错乱等。还有少数病例肝部受损，出现暂时性黄疸。

有关 DDT 及其同系物是否具有致癌、致畸和致突变作用，这点尚无定论。它们的生物效应涉及内分泌系统的仅限于肾上腺。o,p′-DDT 具有轻微的雌激素作用。

三、母乳中 DDT 含量的测定

母乳中 DDT 多半来自于牛奶，而牛奶中的 DDT 则来自于牧草饲料，有一份母乳中 DDT 含量实测的资料如表 4－1′所示。由表列内容可知，母乳中 DDT 的实测对象物除 DDT 外，还有同系物 DDD 和 DDE。

表 4－1′　DDT 在母乳(奶脂)中浓度的平均值/mg·kg⁻¹

取样地区(时间) / 样本数 / 化合物	棉花田 (1976)	近棉花田市郊 (1994.5—1995.12)	墨西哥城 (1994.12—1995.6)
样本数	15	320	50
p,p′-DDE	10.3	5.5	0.6
p,p′-DDT	1.9	2.5	0.2
∑DDT①	13.2	8.4	0.9

①包括 DDT、DDE 和 DDD

在此使用气相色谱(GC—ECD)分析法，但需预先将残留农药从母乳中分离出来，即用萃取法从母乳样品中分出奶脂。取 10mL 奶样于萃取分液漏斗，加 1g 草酸钾，使溶。再加 10mL 甲醇，25mL 乙醚，剧烈振摇，次加 25mL 石油醚再振摇，静止分层后，取出有机相再作同样的乙醚-石油醚萃取两次。合并三次萃取有机相，用三份 60mL 去离子水洗涤三次，弃去水相。有机相用无水硫酸钠脱去水分后，经浓缩和蒸干后转为奶脂。

此后，将奶脂加少量己烷，定量转入一支 2cm×25cm、装填合成硅酸镁和无水 Na_2SO_4 的层析柱中，用每份 50mL 的 6％乙醚-汽油淋洗两次，收集洗出液，蒸发至小体积，再加己烷配成 2mL，作为气相色谱的进样。进样量取 1μL。

色谱条件为：4mm×2m 玻璃填充柱，1.5％OV17/1.95％2401 载于 Chromosorb WAW，柱温 175℃～183℃，载气 30mL/min N_2。所得图谱见图 4－5′，借此进行定性和定量。

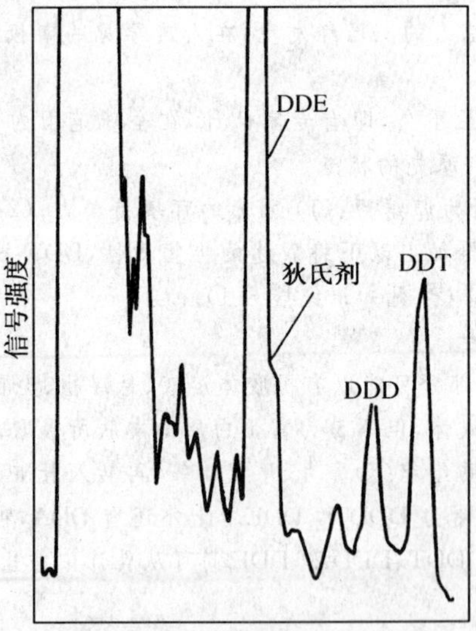

图 4－5′　母乳萃取物的电子俘获气相色谱图

5 生物圈和生物污染

对于作为环境主体的人类而言，其面临的生态环境就是生物圈。地球生物圈的总质量约为 1.8×10^{15} kg(干生命物质)，约相当于 3.6 kg/m^2(地球表面)。包括绿色植物、动物、微生物在内的物种数约有 1 000 万种之多。尽管生物圈质量仅占地球总质量的很小比例，但多姿多彩的生物群是人类赖以生存的最重要资源之一，它们又是推动自然环境中所有物质进行循环的主力。深刻了解由生物圈所包容的各类生态系统是研究和解决当前任何环境问题的出发点，生态危机的深化更是当前人类社会面临的最棘手的问题。

5.1 生物圈和生态系统

5.1.1 生物圈

生物圈，可定义为地球上所有生物体的总和，也可定义为由生活在大气圈、水圈、岩石圈和土壤圈(岩石圈的附属层)界面上的生物所构成的一个有生命的圈层。应用后一定义，便于显现出生物体与其周围非生物环境之间的相互作用。自从生命在地球上诞生之后，生物就在这个圈层上生存、发展和演化。生物圈也正是生物活动的最大环境。根据生物分布幅度，生物圈上界可达海平面以上 10 km，下界达海平面以下 12 km。也就是说，在地球表面包裹了 22 km 厚的一层生物圈。在这个广阔的自然界里，最活跃的是生物。

生活在生物圈某区域范围内某生物物种的所有个体总和被称为种群。在此范围内所有种群之和被称为群落。对某一确定种群来说，只能生活在变动幅度不大的环境条件下，但不同种群的生物可能在相差悬殊的环境条件下各自生活。例如极地动物和嗜热细菌间虽然有着共通的遗传密码和相似的蛋白质结构，但前者生活在 0℃以下的陆地，而后者却能在 80℃的热泉水中生长、繁殖。表 5-1 列举了对全体生物而言的生存环境的条件限度。一般说来，只有微生物类才能在极端环境条件下生存。

表 5-1 地球生物的生存条件

条件	下限	上限
温度	−18℃(细菌类)	104℃(反硫化细菌，10 km 深水下)
电极电位 E_h	−450 mV(pH=9.5)(反硫化细菌)	+850 mV(pH=3)(铁细菌)
pH	0(硫细菌等)	13?(织线藻属，念珠藻属)
水压	约为 0	140 MPa(深海细菌)
盐度	重蒸馏水(异养细菌)	饱和食盐水(好盐细菌等)

在考虑一个实际的生态环境时，生物圈还是一个过于巨大的系统。比这小的环境系统依次是区域环境、生境、小环境、微环境和内环境。

1) 区域环境

指的是某生物群落所处的生存环境。组成生物圈的各圈层是不均匀的，在物质的组成和分布方面有着很大差异，形成了彼此可相互区别的各种各样区域，即为区域环境。例如：湖、河、江海、沙漠、山地、平原以及热带、亚热带、温带和寒带等，都有各自突出的自然环境景观。不同区域环境中生存着与环境相适应的动物、植物和微生物。

2）生境

指的是生物群落中某一种群所处的生存环境。种群能有效地利用周围能源而得以良好生长和发育的环境就是生境。如盐沼是网茅的生境，干旱的石灰岩山坡是毛枝栎的生境，北方森林和苔原是驯鹿的生境等。

3）小环境和微环境

指的是生物个体所占据生境的一个特定范围。例如：居室是人们生活的小环境；根系表面的土壤环境，即为根系环境；叶片表面附近的大气环境及随温度、湿度变化所形成的小气候或微气候，就是植物的小环境。微生物形体微小，其所处生境被称为微环境。

4）内环境

指的是生物体内的环境，例如植物的细胞空腔、气孔、气室都是植物的内环境。生物体内光能的转化、光合作用的发生、呼吸作用过程等生理功能活动，无一不在内环境中进行。维持内环境的正常平衡就能促进生命的发展；相反，内环境的平衡失调，将导致生物死亡。

生物圈内活的生物体及其生产和废弃的集积物被称为生物质，生物质的计量值称为生物量，常用计量单位为kg（质量）、J（能量）、个数（活体）等。生物质是可利用生物资源的总称，并可按图5-1所示，分为三大类和许多小类。

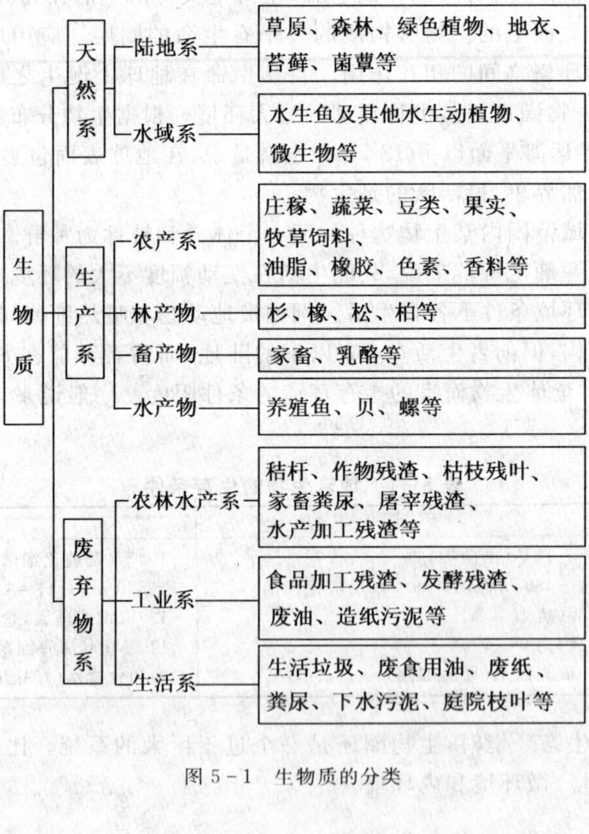

图5-1 生物质的分类

5.1.2　生态系统

5.1.2.1　生态系统构图

为了便于研究，常将环境作为“系统”考虑。在此，我们将“系统”定义为：由相互间存在着依赖和作用关系的许多组分所组成的完整实体。以一个水池为例，试静态地观察其中以一定时间和空间相组合的各种生态组分（生命的和非生命的），则我们所能见到的就是一个生态环境。如果要研究这个生态环境中各组分在结构和功能间的关系，那么我们所面临的就是一个动态的生态系统。生态系统具有一般系统的下列通性：(1) 它由物质组成，且具有一定的结构；(2) 是实际环境在一定程度上一般化、抽象化和理想化了的形式；(3) 它是活动的，所谓活动，指的是其中所包含的物质是流动的或不断迁移的；(4) 正因为系统是活动的，在其各组分间会发生功能性的或结构性的相互影响；(5) 需要外界向系统注入能量，这样才有可能推动其中物质流动或迁移。

按照现代生态学的观点，生态系统就是生命系统和环境系统在特定空间的组合。在生态系统中，各种生物彼此间以及生物与非生物的环境因素之间相互作用，且不断发生物质循环和能量的流动。目前人类所生活的生物圈内有无数大小不同的生态系统。在一个复杂的大生态系统中又包含着无数个小的生态系统。各种各样的生态系统组成了统一的整体，这就是目前人类面临的大生态环境。大而言之，整个生物圈是一个生态系统；小而言之，一滴天然水珠也是一个生态系统。

世界是物质的，物质又是恒久运动的，图 5－2 所示的正是这样的一幅图景。自然环境中的物质迁移或循环，又是以能量流动为推动力的（在地球范围内，极大多数形式的能量来自太阳）。正由于能量的不停流动，物质在自然环境中的不息循环，才构成了循环不已的自然史和生生不息的生物史。能量流动和物质循环过程又分别遵循着两条最重要的自然法则，即能量守恒定律和物质不灭定律。

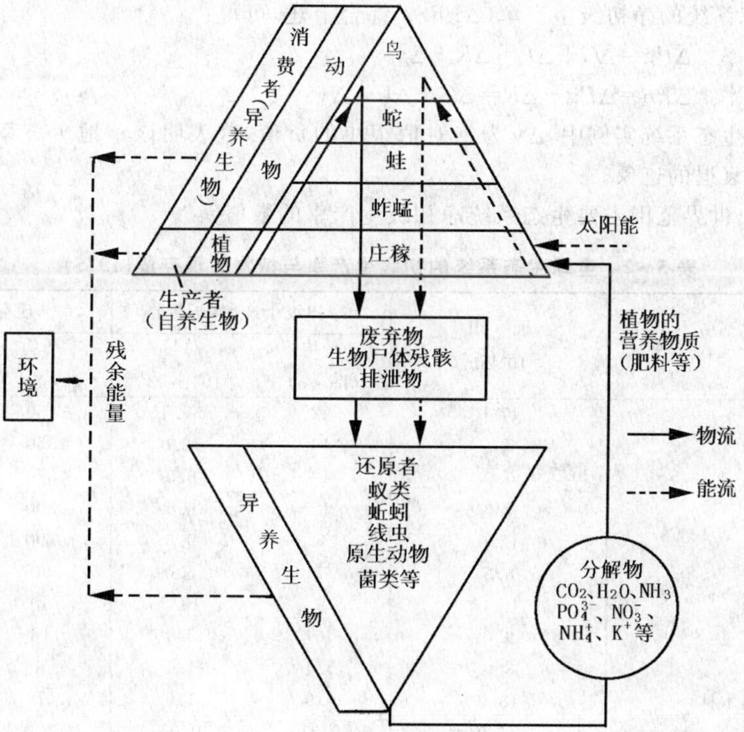

图 5－2　典型的生态系统构图

图5-2所示的是生物和环境(非生物界)之间一种宏观的循环体系,也就是自然界中由无机物合成有机物,而后又降解转化为无机物的基本过程。在图中,被称为生产者或自养生物的绿色植物,吸收太阳的光能,通过光合作用将二氧化碳和水等无机物合成为有机物,并将太阳能转化为化学能贮存于该有机物中。被称为消费者或异养生物的草食动物,以植物为食,取得养分而得以生活和生长;还有所谓的二次消费者即肉食动物,以草食动物为食,借以维持生命。动物的排泄物和尸体、植物的枯枝落叶和残骸等,在被称为还原者的低等动物和细菌微生物等作用下,腐败分解而又重新转化为无机物。这样就构成了一个循环体系,且可将它看作是一个有代表性的生态系统。在这里,推动循环的动力是太阳能。

5.1.2.2 生产率及其消费

在一个生态系统中由自养生物产出生物质的速率,即在单位时间和单位空间内生物量的增量被称为生产率。常用的生产率计量单位为 kJ/(ha·a)或 t/(ha·a)。由图5-3所示草地生态系统的生产情况可见,绿色植物只能有效利用不足2%的太阳光能来合成生物质。这部分生物质的产率被称为总初级生产率(ΔPg),大部分太阳能则在光合作用过程中被散发折返于周围环境。相应于总初级生产率的生物质中部分可被消费者充作食物(ΔG),另外部分被还原者分解、腐化为枯草乃至污泥(ΔL),其余部分则用作绿色植物自身呼吸之需(ΔR)和储存之用(Δy)。将总初级生产率(ΔPg)的数值减去植物呼吸所需的(ΔR)即为该生态系统的净初级生产率(ΔPn)。综合上述,可得:

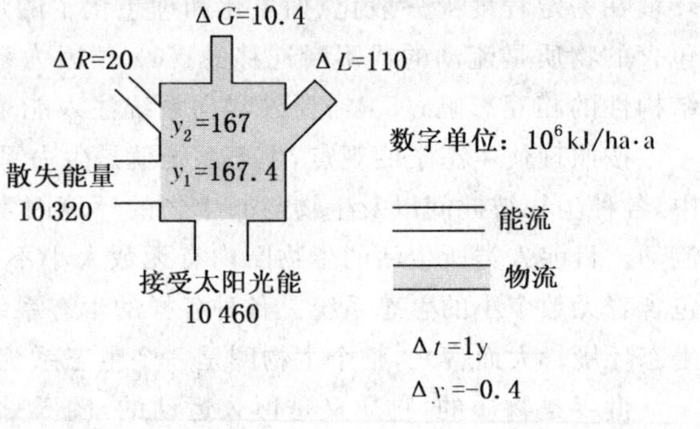

图5-3 草地生态系统总初级生产率分配

总初级生产率 $\Delta Pg=\Delta G+\Delta L+\Delta R+\Delta y$ (1)

净初级生产率 $\Delta Pn=\Delta Pg-\Delta R=\Delta G+\Delta L+\Delta y$ (2)

在上述草地生态系统实例中,Δy 为绝对值很小的负值,这表明该草地生态系统在这被考察的一年内有轻微衰退的迹象。

表5-2列出世界范围主要生态系统净初级生产率的数值。

表5-2 全球生态系统的初级生产率与植物的现存量(1975)

	面积 /10^6 km^2	净初级生产率(干量)		现存量(干量)	
		平均 /t(ha·a)$^{-1}$	总量 /10^9 t·a^{-1}	平均 /t·ha^{-1}	总量 /10^9 t
热带多雨林	17.0	22	37.4	450	765
热带季节林	7.5	16	12.0	350	260
温带常绿林	5.0	13	6.5	350	175
温带落叶林	7.0	12	8.4	300	210
亚寒带林	12.0	8	9.6	200	240
疏林·灌木林	8.5	7	6.0	60	50
热带、亚热带草原	15.0	9	13.5	40	60
温带草原	9.0	6	5.4	16	14
苔原·高山草原	8.0	1.4	1.1	6	5
沙漠和半沙漠的灌木林	18.0	0.9	1.6	7	13
荒漠(岩石,沙,冰碛)	24.0	0.03	0.07	0.2	0.5
耕地	14.0	6.5	9.1	10	14

续表

	面 积 /10^6 km^2	净初级生产率(干量)		现存量(干量)	
		平均 /t(ha·a)$^{-1}$	总量 /10^9 t·a^{-1}	平均 /t·ha^{-1}	总量 /10^9 t
沼地·沼泽	2.0	30	6.0	150	30
湖沼·河川	2.0	4	0.8	0.2	0.05
[陆地合计]	149	7.82	117.5	122	1837
外 洋	332.0	1.25	41.5	0.03	1.0
海流涌升区	0.4	5	0.2	0.2	0.008
大陆架	26.6	3.6	9.6	0.01	0.27
藻类·珊瑚礁	0.6	25	1.6	20	1.2
入海口	1.4	16	2.1	10	1.4
[海洋合计]	361	1.55	55.0	0.1	3.9
[地球总体]	510	3.36	172.5	36	1841

图 5-4 显示,被称为初级消费者的食草动物对于生物量的摄食和利用情况。最终这类动物又可被食肉动物(称为二级消费者)所掠食。

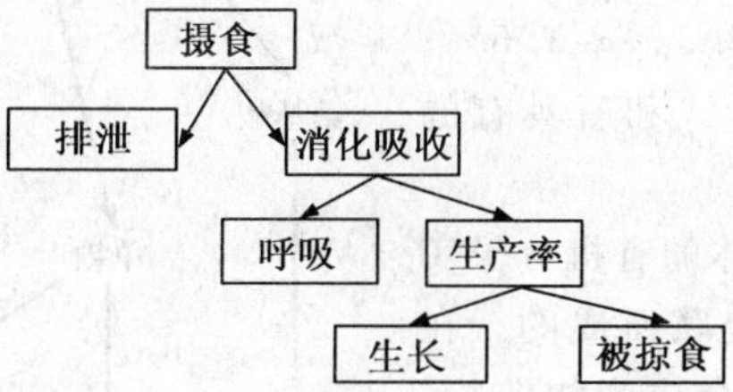

图 5-4 初级消费者对摄取食物的利用

在一个生态系统中,各种生物间存在着食与被食的生态关系,并由此形成一种固有的链状关系,即食物链关系。例如在上述的草原生态系统中,有食物链:绿草→食草动物→一级食肉动物→二级食肉动物……在一个复杂的生态系统中,因食者与被食者种类繁多而关系复杂,多条并存食物链互相交叉而形成食物网。在食物链(网)中的每一阶层称为营养级。在各营养级间生物量的传递率很低,一般高营养级对与其相邻低营养级的生物量利用率只有 10%左右(其余部分以能量形式或排泄物释入环境)。因此由低位到高位生物量逐级递减,形成了金字塔状的数量关系(图 5-5)。

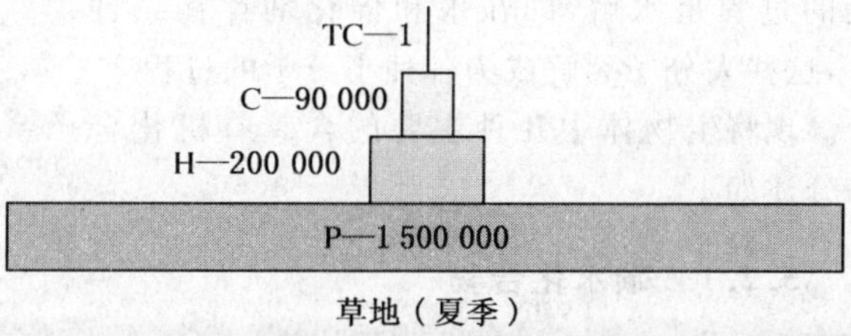

TC—顶级食肉动物 C—食肉动物

H—食草动物 P—生产者

图 5-5 生物金字塔(图中数字表示生物量的相对量值)

5.2 生物机体的组成

生命体的最小结构单位是细胞,组成细胞的主成分是原生质,可以说原生质是生命活动的物质基础。原生质的主要组成元素如下:

含量最多元素:碳、氢、氧、氮等约占总质量的 98%;

含量少的元素:磷、硫、氯、钠、钾、镁、钙、铁等;

含微量的元素:铜、锰、锌、硼、钼、碘等。

运用现代分析技术获知这样一个事实,即包括上述元素在内的自然存在的所有元素(共90余种)都或多或少地存在于有机生物体之中,这是生物界和非生物界统一性的表现,也恰恰说明了物质是在生物界和非生物界之间流动和循环的。

从化学元素组成和分子化学的观点来看有机生物体,人们可以发现,所有有生命的系统都由相对简单的无机分子(在生物体体液中常呈电离状态)和含碳的有机化合物所组成;非生物系统所遵循的所有物理的和化学的定律同样也适用于生物系统。从化学物质组成来看,生命有机体的原生质由下列化合物组成:

有机体组分
- 有机物
  - 一般组分:碳水化合物、脂类、蛋白质、核酸
  - 功能性组分:维生素、酶、激素
- 无机物:水、无机盐

以上所列举的各种化合物在细胞中的含量不同。一般情况下,这些化合物占细胞鲜重的比例是:水大约占60%~90%,无机盐约1%~1.5%、蛋白质7%~10%、脂类1%~2%,碳水化合物和其他有机物1%~1.5%。这些化合物在细胞中存在的形式和所具有的功能也各不相同。

如图5-6所示,组成生物体的有机分子实际上是通过小分子缩合反应交联而成的。在大量小分子存在下,就有可能合成诸如淀粉、纤维素、蛋白质、核酸等大分子物质。与此相反的过程是水解,即在水和催化剂存在条件下,这些大分子裂解成为各种小分子的过程。

现将生物体中几种主要的含碳有机化合物分述如下。

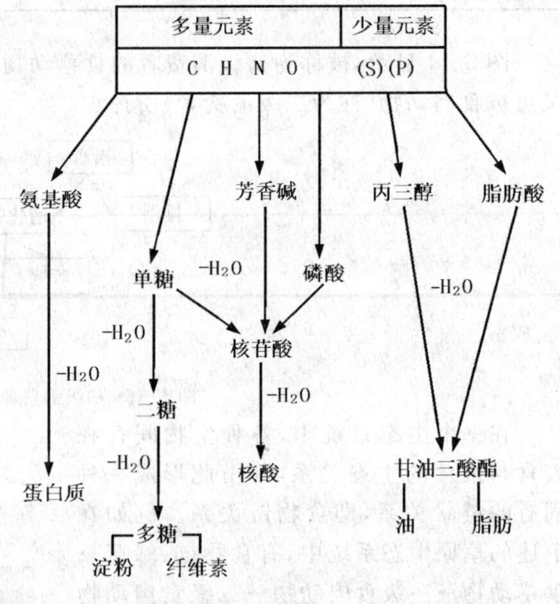

图5-6 生物体中某些有机物分子间的转化关系

5.2.1 碳水化合物

这里所说的碳水化合物即糖类,可用 $C_x(H_2O)_y$ 表示这类化合物的分子通式。糖类可分为单糖、二糖和多糖三大类。从化学结构看,碳水化合物是多羟基醛和多羟基酮;或者是通过水解能生成多羟基醛(或酮)的化合物。多羟基醛又称醛糖,多羟基酮又称酮糖,糖类广泛地分布在动植物的体内。

单糖 一般是能溶于水的无色结晶,是一类不能进一步水解成更简单的多羟基醛(或酮)的碳水化合物。按照其分子中含碳原子的数目又可分为三碳糖、四碳糖、五碳糖、六碳糖和七碳糖。在动植物的细胞中,最重要的单糖是五碳糖和六碳糖。核糖和脱氧核糖是五碳糖,它们都是组成核酸的必要物质。葡萄糖和果糖是六碳糖,它们的分子式是 $C_6H_{12}O_6$。葡萄糖是植物光合作用的产物,也是机体内的重要能量物质。

二糖 一般也是易溶于水的晶体。在植物细胞中最重要的二糖是蔗糖和麦芽糖;在动物细胞中最重要的二糖是乳糖。

多糖 在植物细胞里,最重要的多糖是淀粉、纤维素和半纤维素,动物细胞中最重要的多糖是糖元。淀粉的相对分子质量范围在20 000~1 000 000,是植物细胞中储藏能量的物质,在各类

粮食中富含淀粉。纤维素是地球上最丰富的一种有机化合物，相对分子质量范围在300 000～500 000。植物的细胞壁几乎全部由纤维素组成，借以支撑植物本体。由于它具有复杂的分子结构和不可溶解的性质，所以不能直接作为生物的食料。半纤维素的基本构成单元有六碳糖和五碳糖，大多数天然木材中除含纤维素外，还含相当多半纤维素。糖元的相对分子质量更大于淀粉，有更多支链，它在肝脏和肌肉中含量较多，是动物细胞中储能物质。

二糖和多糖的最重要的相关性质是它们能通过生物酶作用水解为单糖。如图5－7所示，所有二糖和多糖都能水解产生葡萄糖。

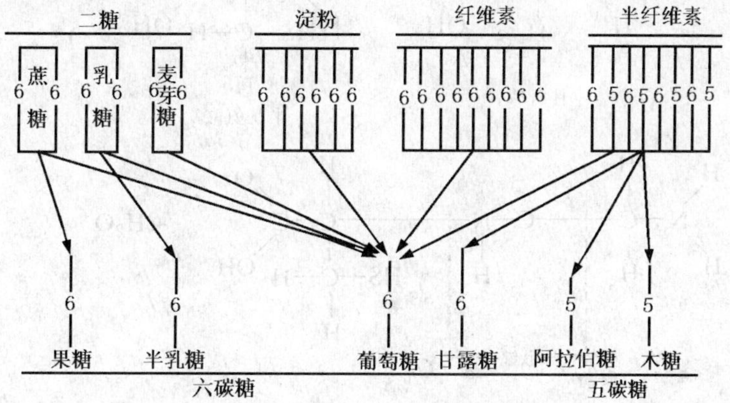

图5－7　二糖和多糖的水解产物

5.2.2　脂类

对脂类难以下一个确切的定义。简而言之，它们是动植物组织中能溶解于低极性溶剂（氯仿、四氯化碳、乙醚、苯等）的组分。在很多脂类物质中，除碳、氢、氧三种元素外，还含氮、磷等元素。脂类主要包括脂肪、类脂和固醇。

脂肪　是生物体内储能物质。动物和人体内脂肪具有减少身体热量散失、维持体温的作用。脂肪在室温下呈固态，纯脂肪是无色、无嗅、无味的物质，大多是丙三醇和脂肪酸相结合的酯类物质。

类脂　包括磷脂和糖脂。磷脂由甘油、脂肪酸、磷酸和一种含氮化合物总合衍生而成，是构成生物膜（细胞膜、内质网膜、线粒体膜等）的主要成分。糖脂的组成与磷脂相似，它是动物细胞膜重要成分。

固醇　主要包括胆固醇、性激素、肾上腺皮质激素和维生素D等，这些物质对于生物体维持正常的新陈代谢起着积极的作用。

脂类的重要化学性质有水解作用和加成作用。由于这类化合物分子中多含有不饱和双键，所以在水溶液中可能发生卤素加成作用。但因脂类大多难溶于水，所以在一般化学反应条件下，加成反应的速度很慢。

5.2.3　蛋白质

蛋白质存在于所有机体之中，在细胞中的含量仅次于水，约占细胞干重的50%以上。蛋白质的种类多、结构复杂，但每种蛋白质都含有碳、氢、氧、氮四种元素，许多蛋白质还常常含有少量的硫，有的还含有磷、铁等元素。蛋白质的元素百分组成如下：C(51～55)、H(6.5～7.3)、O(20～24)，N(15～18)，S(0.0～2.5)，P(0.0～1.0)。

蛋白质由几千甚至几十万个原子组成，相对分子质量从几万一直到几百万以上。氨基酸是蛋白质的基本组成单位，约有 20 多种。实际上，每个蛋白质分子就是由不同种类的、上百成千的氨基酸按照一定的排列次序连接而成的长链高分子化合物。每种氨基酸分子至少都含有一个氨基和一个羧基，当形成蛋白质分子时，一个氨基酸分子的羧基和另一个氨基酸分子的氨基相连接，发生缩合作用而脱去一个水分子，从而形成了连结两个小分子的肽键。由甘氨酸和半胱氨酸通过肽键连结生成高分子蛋白质的过程如下所示。

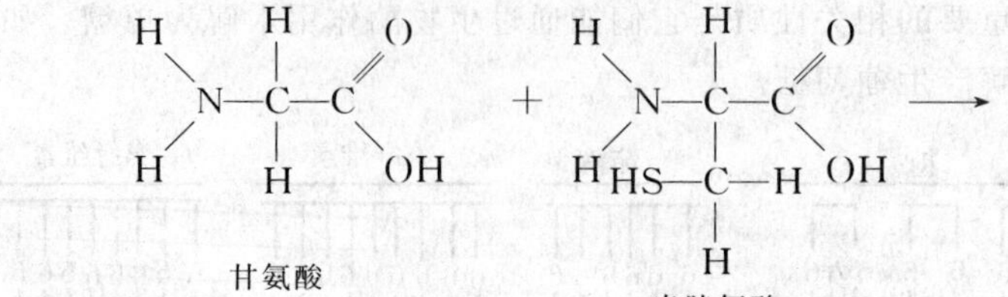

甘氨酸　　　　半胱氨酸

生成二肽：

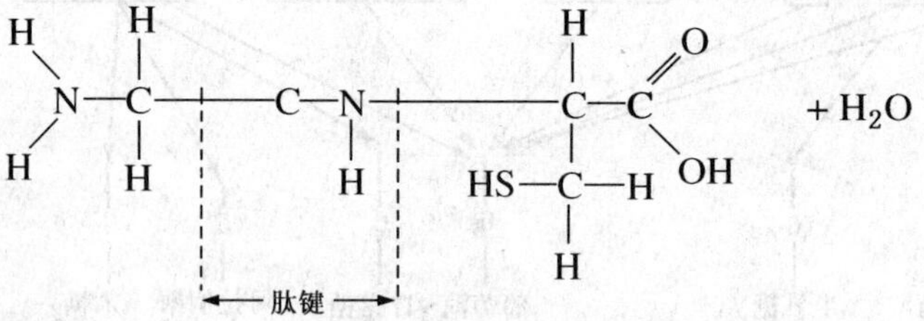

生成蛋白质（多肽）：

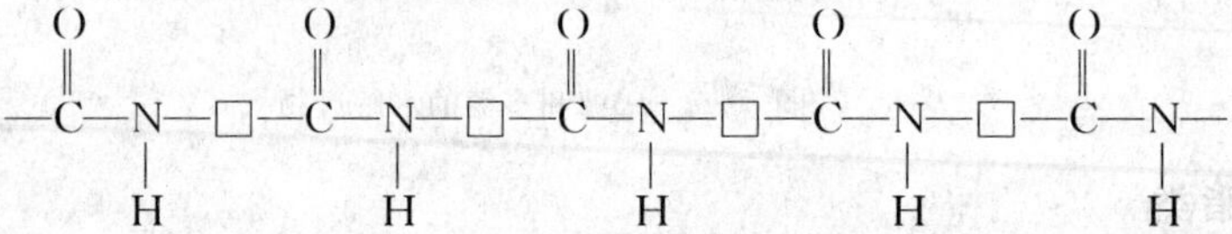

蛋白质分子结构的多样性，决定了蛋白质分子具有多种重要功能。作为结构材料，由蛋白质分子组成许多非骨骼性的机体物质（肌肉、皮肤、毛发等）；作为催化剂，蛋白质分子可起生物酶的作用；作为激素，能在生物体内起调节代谢过程的作用；作为抗生物质，又能抵御外来有毒物质和病菌的侵入。

5.2.4　酶和辅酶

酶是存在于活细胞中的分子中含有金属原子（锌、镁、锰、铁、钼、铜之类）且相对分子质量可达 10 000～50 000 的蛋白质或其衍生物。酶在活细胞中通过与底物形成不稳定中间化合物来降低系统活化能，所以是一类能加速代谢反应的生物催化剂。这种催化作用具有效率高、速度快、专一性强等特点，往往在一个细胞中可能同时发生由不同酶控制的数千种催化反应。

酶(E)与底物(S)的反应过程如下式所示：

$$E+S \underset{k_{-1}}{\overset{k_1}{\rightleftharpoons}} ES \xrightarrow{k_2} E+P$$

首先，酶在其活性部位与底物相结合，生成 ES 复合物。复合物可进一步分解，得到新产物 P 和复原的 E。ES 也可能反向分解，回复为 E 和 S。在以上各过程中酶的化学结构始终不变，显示出它的催化剂本性。

控制酶反应速度的因素有底物浓度、温度、pH 值和离子强度等。在有作为抑制剂的毒物存在的情况下，可能使酶失去活性。

在低底物浓度条件下，酶促反应的速率 v 正比于浓度[S]（一级反应）；在高底物浓度范围内，v 保持恒值（零级反应）。v 和[S]间关系符合米凯利斯-门顿（Michaelis-Menten）方程。

$$v=\frac{v_{max}[S]}{K_m+[S]} \tag{5-1}$$

式中 K_m 称米氏常数或半饱和常数，相当于 $v=v_{max}/2$ 时的底物浓度。方程(5-1)可直观地以图5-8(a)表示，也可转为下式并改用图5-8(b)表示。

$$\frac{1}{v}=\frac{K_m}{v_{max}}\cdot\frac{1}{[S]}+\frac{1}{v_{max}} \tag{5-1'}$$

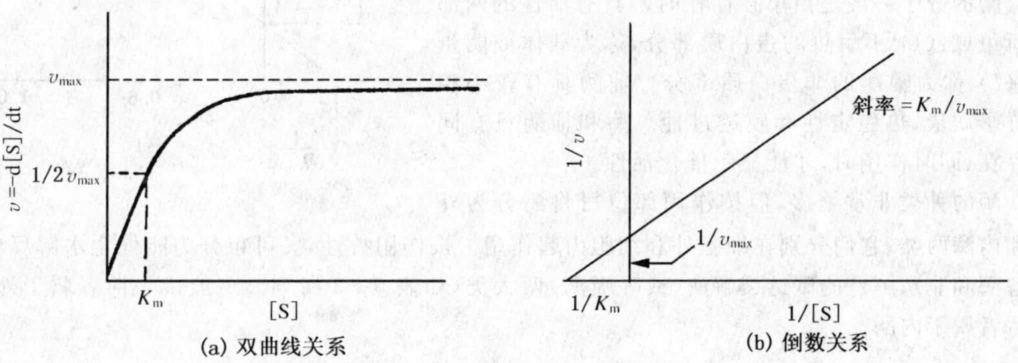

图5-8　米凯利斯-门顿方程的图示

温度也是影响生物化学反应的重要因素。一般说来，在限定的温度范围内，温度每升高10℃，反应速率约增加2倍～4倍，即两者关系遵循范特霍夫经验规则。影响速率另一重要因素是pH值。有些酶在低pH值能发挥最大效能，而另一些酶则需要高pH值，但大多数酶在中性溶液中最有效。此外，某一种酶能起有效作用的pH范围是非常狭窄的。

例1　对含一定浓度淀粉和1g淀粉酶的生活污水水样通过实验得到如下数据。由此求水中淀粉的氧化分解速率表达式。

淀粉浓度[S]/mg·mL^{-1}	12.56	6.33	3.56	2.34	1.00
反应速率 v/mg·d^{-1}	101	82.7	65.0	51.7	28.8

解　按式(5-1′)

$$\frac{1}{v}=\frac{K_m}{v_{max}}\cdot\frac{1}{[S]}+\frac{1}{v_{max}}$$

对题给数据重作计算，得

$\frac{1}{[S]}$	0.0796	0.158	0.281	0.427	1.00
$\frac{1}{v}\times10^2$	0.99	1.21	1.54	1.93	3.47

将 $1/[S]$ 对 $[1/v\times10^2]$ 标绘在坐标纸上，得到如下页图所示直线，并由此求得

$$截距为\ \frac{1}{v_{max}}=0.0078,$$

则 $v_{max}=128$mg/d

$$斜率为\ \frac{K_m}{v_{max}},$$

即实验所得直线与横轴应交于 $\left(-\frac{1}{K_m}\right)$ 点处，从图中可读出

$\left(-\frac{1}{K_m}\right)=-0.29, K_m=3.45\ \text{mg/mL}$

由上求得 v_{max} 和 K_m，则氧化分解反应速率表达式为：

$$v=\frac{128[S]}{3.45+[S]}\quad \text{mg/d}$$

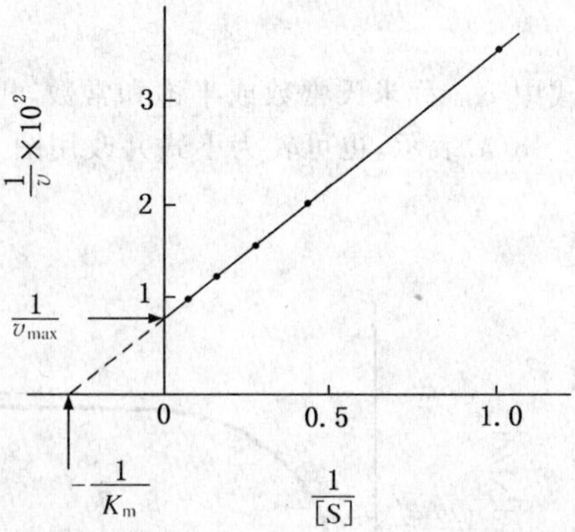

酶的分子一般是由单独存在时不具有活性的两部分所组成：(1) 不耐热的蛋白质部分，称为载体或酶蛋白；(2) 称为辅酶的非蛋白质部分。辅酶具有较小相对分子质量，热稳定性和膜透过性。酶和辅酶只有同时存在、同时作用时，才能显示催化活性。

酶的种类非常繁多，但按作用部位可将酶分为外酶和内酶两类，它们分别在细胞外和细胞内起作用。按作用特性，又可粗分为能催化水解反应的水解酶和非水解性的碳链裂解酶（或呼吸酶）两大类，如表 5-3 所列。一般说来前者属于外酶，而后者属于内酶。

表 5-3　酶的类别

水　解　酶		碳链裂解酶或呼吸酶
1. 糖酶类	2. 酯酶类	1. 氧化还原酶类
a. 糖苷酶：	a. 脂肪酶	a. 脱氢酶
蔗糖酶	b. 磷酸酯酶	b. 氧化酶
麦芽糖酶	3. 蛋白酶类	2. 基团转移酶类
乳糖酶	a. 蛋白酶	3. 裂解酶类
b. 淀粉酶	b. 肽酶	4. 异构酶类
c. 纤维素酶	4. 酰胺酶类	5. 连接酶类
	5. 脱氨基酶类	

已知的辅酶约有 12 种，其中最主要的是以下几种。

NAD　烟酰胺腺嘌呤二核苷酸的略名，以前称二磷酸吡啶核苷酸（DPN），也称辅酶 Ⅰ。它是一种载氢体，常与脱氢酶、还原酶、过氧化物酶配合反应。NADH 是它的还原形态，二者间通过氢传递过程而发生转化的反应如下：

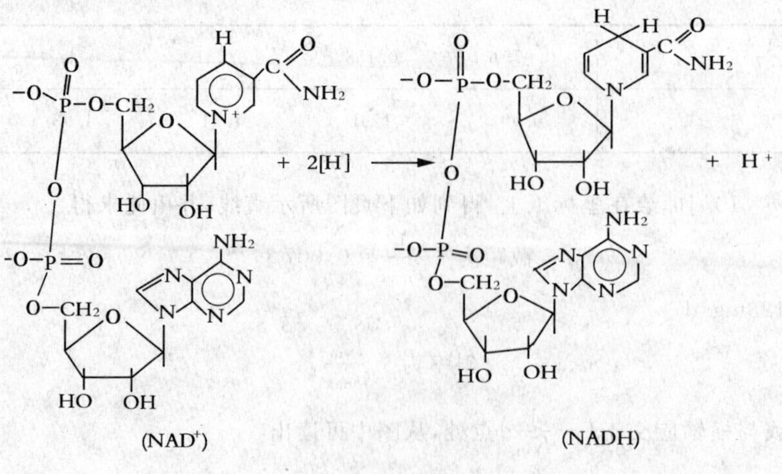

NADP　烟酰胺腺嘌呤二核苷酸磷酸的略名，以前称三磷酸吡啶核苷酸(TPN)，也称辅酶Ⅱ。它的结构和功能与NAD相似，只是在分子上含有三个磷原子而不是两个。还原形态是NADPH。

辅酶A　这是一种泛酸(B族维生素的一种)的衍生物，简写为CoA或CoASH。在脂肪酸的代谢和合成中，它能作为乙酰基载体参与三羧酸循环过程。

黄素蛋白　包括黄素单核苷酸(FMN)和黄素腺嘌呤二核苷酸(FAD)，它们在将代谢物中的氢(或电子)传递给氧的过程中起着重要作用。

辅酶M和辅酶F_{420}　属甲烷菌专有。在甲烷发酵过程中，两者分别起甲基载体和电子载体的作用。

5.2.5　核酸

核酸最初是从细胞核中提取出来的，呈酸性，由此而得名。核酸由C、H、O、N、P等元素组成，是细胞中的另一类高分子化合物，相对分子质量可达十万至几百万。核酸的基本组成单位是核苷酸。一个核苷酸分子由一个含氮的芳香族碱基、一分子五碳糖和几分子磷酸所组成。每个核酸分子是由几百个到几千个核苷酸互相连接而成的长链分子。

三磷酸腺苷(ATP)和二磷酸腺苷(ADP)组成了细胞中主要的能量转移系统，它们都是核苷酸单体，结构如图5-9所示。通过水解，ATP脱去一个磷酸分子就形成ADP，同时放出能量。

相反的过程是ADP获得能量发生磷酸化反应，即与磷酸基结合成ATP。所得到的能量就以ATP形式贮存起来。ADP-ATP之间相互转换的反应如下：

$$ADP + \underset{(Pi)}{H_3PO_4} \rightleftharpoons ATP + H_2O$$

(逆向反应：$\Delta G^0 = -30.5$ kJ/mol)

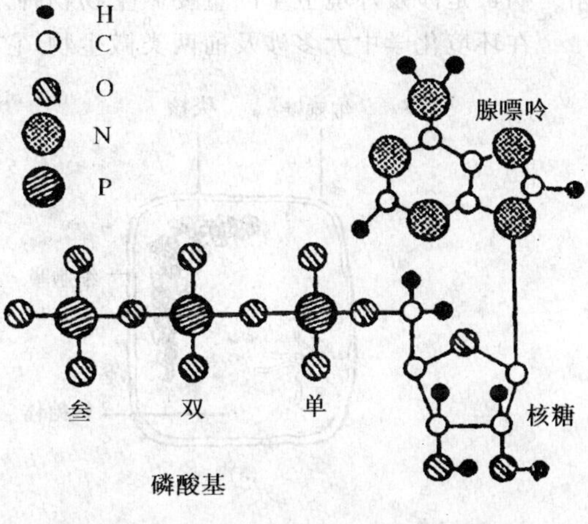

图5-9　三磷酸腺苷(二磷酸腺苷)的结构

核酸可分为两大类：一类是含脱氧核糖的称为脱氧核糖核酸，简称DNA；另一类是含核糖的，称为核糖核酸，简称RNA。DNA主要存在于细胞核内，是细胞中的遗传物质。此外，在线粒体和叶绿体中，也含少量DNA。RNA主要存在于细胞质中。核酸对生物体的遗传性、变异性及蛋白质的生物合成具有极其重要的作用。

对于细胞作分子级的结构研究，按其深刻程度，可有三个层次。以上所述的基本上还只是第一层次，即弄清单体(单糖、氨基酸、核苷酸)是如何形成聚合链的。第二个认识层次是深入了解聚合链是如何进一步通过卷合或叠合成为更加复杂结构分子的(例如蛋白质中某些氨基酸组分中S—S原子间的键合情况)。第三个认识层次应能描述某些聚合物是如何再度集聚成三度空间结构分子的，这种集聚后的分子应具有螺旋式的结构。

5.3　环境中的微生物

微生物在环境中几乎无所不在。以细菌为例，在15 cm表面土壤中的含有数约为10^{13}个/m^2～10^{14}个/m^2，在肮脏的天然水体中约10^5个/mL，即使是洁净的空气中也可能含有4 000个/m^3，而且很多种细菌能在极端的环境条件下生活(表5-1)。微生物形体微小、结构简单、在环境条件下分布广、繁殖快，就生态观点看，它们中多数是还原者。微生物具有甚大的比表面积，从环境中摄取化学物质的能力极强，还由于它们的细胞内含有各种酶催化剂，由此引起生物化学反应的速度也非常快。所以它们是强力推动生态系统中物质循环的一员。

微生物也能致病，人们时时刻刻与无所不在的微生物相处，其中有很多种微生物就是危险的病原体，特别是人群聚集的大城市是病原体的大好活动场所。传播疾病的介质和途径有污染的空气、不洁净用水、各类昆虫及人际交往、物体触摸等。

5.3.1　环境微生物的类别

微生物是一种原生性生物，它们体内不具备复杂的器官，也缺乏足够的组织分化，以至有时会难以判定其究竟是属于动物性的还是植物性的。

通常可将环境微生物分为三类。

原核细胞型微生物　主要是细菌，它们有其特殊的类群，如蓝细菌、放线菌、光合细菌等。这类微生物仅有原始核，核膜与核仁未分化，缺乏细胞器。

真核细胞型微生物　包括单细胞藻类、单细胞原生动物、真菌（霉菌、酵母菌等）。这类微生物体内细胞核的分化程度较高，细胞内有完整的细胞器（如叶绿体、线粒体等）。

非细胞型微生物　如病毒。这类微生物体积最微小，不具细胞结构，只能在活细胞内生长增殖。病毒是涉及环境卫生的重要微生物物种。

在环境化学中大多涉及前两类微生物，它们的机体结构如图 5-10 所示。

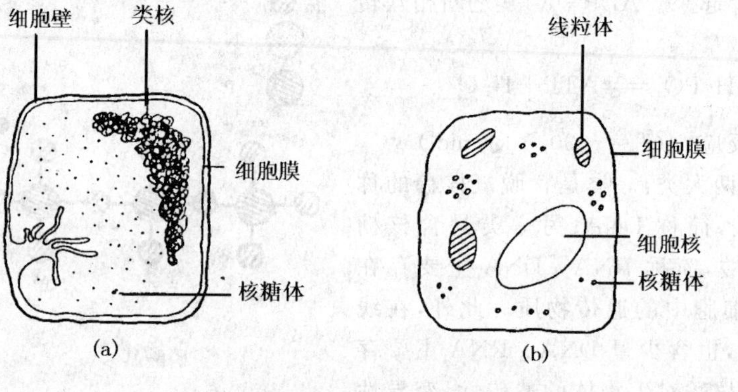

图 5-10　原核细胞(a)和真核细胞(b)的结构

此外，根据微生物在所处环境中的运动能力可将它们分为植物性微生物和动物性微生物两类，前者如细菌、藻类等，后者如原生动物等。以细菌和原生动物为例，它们的生活习性间的差异列举在表 5-4 之中。

表 5-4　细菌和原生动物间生活习性的差异

生活习性	细　菌	原生动物
能源	有机物	有机物或其他微生物
主要贮存物质	淀粉	糖元
食性	不食固形食物	可食固形食物
运动性	无（部分有）	有
细胞壁	有	无
细胞分裂形式	沿横轴二分裂	沿纵轴二分裂

以天然水体为例，其中主要微生物类群之间及它们与其他水生生物之间的生态关系如图5-11所示。

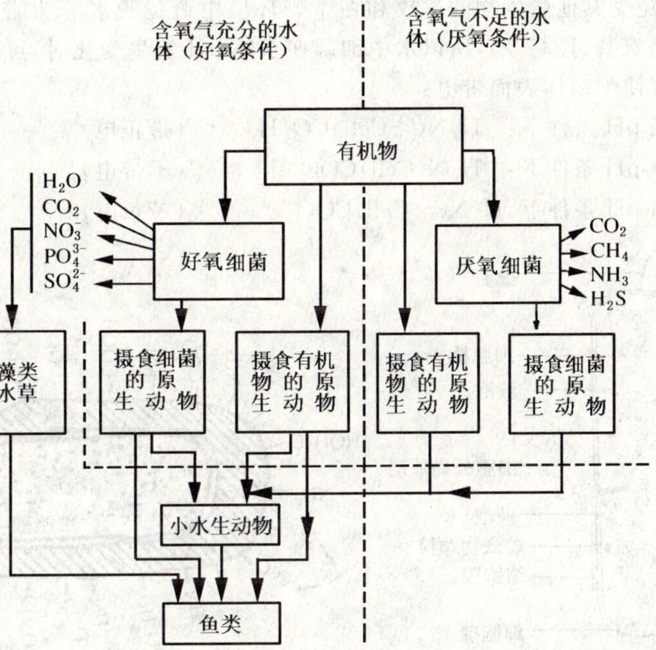

图5-11 水生生态系统中的微生物

5.3.2 细菌

5.3.2.1 细菌的类别及其机体的组成

按外型可将细菌分为：(1) 球菌，直径 0.5 μm～4 μm；(2) 杆菌，长度 0.5 μm～20 μm，宽度 0.5 μm～4 μm；(3) 螺旋菌，长度大于 10 μm，宽度约 0.5 μm。所说的菌体大小是就单细胞细菌而言的。实际上，细菌甚至可能以几百万个细胞的群合体形态存在。

按营养方式，可将细菌分为自养菌和异养菌两类。自养菌具有将无机碳化合物转化为有机物的能力，光合细菌（绿硫细菌、紫硫细菌等）和化能合成细菌（硝化菌、铁细菌、氢细菌、硫氧化细菌等）属于此类。大多数细菌属于化能异养型，它们合成有机物的能力弱，需要现成有机物作为自身机体的营养物。异养菌又分为腐生菌和寄生菌。前者包括腐烂菌、放线菌等，它们从死亡的生物机体中摄取营养物；寄生菌则生活在活的机体中，一些病原性细菌属于此类，它们还能以进入水体的生物排泄物为媒介，传播各类疾病。

按照有机营养物质在氧化过程（即呼吸作用）中所利用的受氢体种类，还可将细菌分为：(1) 好氧细菌，如醋酸菌、亚硝酸菌等。这类菌体生活在有氧环境中，以氧分子（大气中氧或水体中溶解氧）作为呼吸过程中受氢体；(2) 厌氧细菌，如油酸菌、甲烷菌等。这类菌体只能在无氧环境中（土壤深处、生物体内）呼吸、生长和繁殖，呼吸过程中以有机物分子本身或 CO_2 等作为受氢体；(3) 兼氧细菌，如乳酸菌、大肠菌等。这类细菌兼能在有氧或无氧条件下进行两种不同的呼吸过程。

如图 5-12 所示，细菌单细胞机体的结构系由以下几部分组成：黏质层（包括微胶囊、荚膜和黏质）、细胞壁、细胞膜、细胞核、细胞质（含多量的液泡、贮藏物颗粒、染色体、核糖体颗粒等）及鞭毛等。菌体的主要组成物质是水（约占 80%），其余部分为有机物质（蛋白质、核酸、脂质等）和少量无机物质(约分别占18%和2%),前者的化学组成可用近似经验式$C_5H_7O_2N$表示,所含无机物质包括磷、铁、硫等化合物。另如图5-13所示,细胞体表面荚膜层由多糖或多肽类化合物组成,具有保护自身免受其他微生物的进攻和在干燥环境中避免脱水等功能。在荚膜层上还连结着很多基团(羧基、氨基、羟基等),所以水中细菌在水体pH发生变化时,可通过这些基团的脱质子或质子化作用等使细菌体表面带电:

低pH条件下:$^{+}H_3N(+Cell)CO_2H$ (带正电)

中pH条件下:$^{+}H_3N(Cell)COO^-$ (不带电)

高pH条件下:$H_2N(-Cell)COO^-$ (带负电)

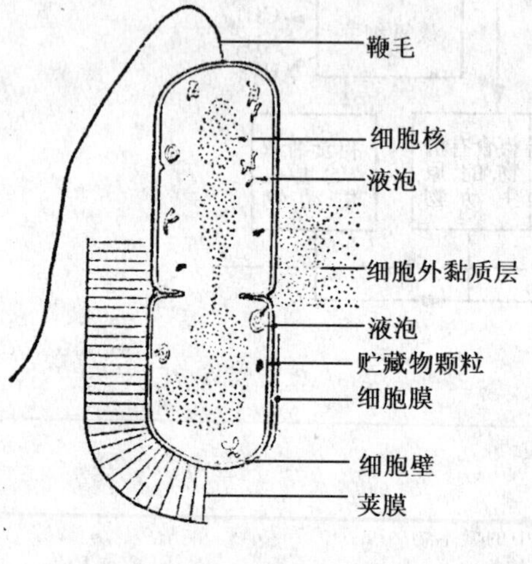

图5-12 细菌的细胞结构模式

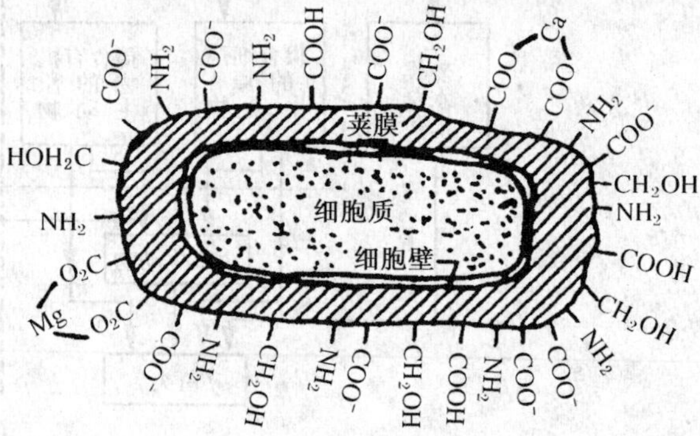

图5-13 细菌体表的结构

5.3.2.2 细菌的生境

在空气中由于缺乏营养物和水分,所以空气层并非是细菌的良好生境。其在空气中存在的种类和数量都很少。与之相反的是土壤中所具备的养分、水分、pH值、温度和通气条件等都十分优越,所以土壤是细菌的良好生境。土壤中存活细菌数因土壤类型、季节、土层深度与层次等不同而异。一般,在土壤表面,由于日光照射及水分不足等原因,使细菌不易生存。在表土10 cm~30 cm间菌数最多。深层土壤由于有机物含量少、缺氧等原因,菌数随土壤深度而减少。此外,土壤越肥沃,细菌数越多。

凡江、河、湖海、地下水以至温泉、下水道等几乎一切有水的地方均可有细菌生存,不过其种类和数量有所差异。水体微生物的各种生境列于表5-5之中。表面飘浮层是水体细菌麇集的地方。实际上,在水体中的各种相界面大多是营养物质富集之处,这些界面都可作为良好的细菌生长繁殖的生境。

表5-5 微生物在水体中的生境

生境	区域	种群	生境	区域	种群
漂浮层区	气液界面中水膜一侧	漂浮类	深水区	水底沉积物表面或间隙	底栖类
悬浮区	水层	浮游类	异养区	动物消化道,粪便	大肠杆菌类
浅水区	活体生物或非生物体表面	周从生物类			

细菌种群在水体中的层间分布图形可通过计数细菌或测定ATP等方法得到,示例性的实测结果如图5-14所示。所有生物体进行能量代谢的结果都会产生ATP,ATP测定就能提供群体中活的生物有机体的量。测定时,先将水样微生物细胞中ATP提取出来,然后测定其含量(具体

测定方法和步骤可参见美国公众卫生协会：《水和废水标准检验法》第 15 版中译本 906 页，中国建筑工业出版社，1985）。

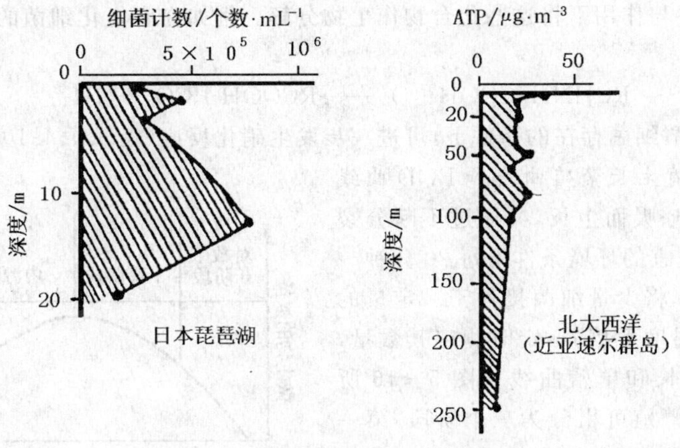

图 5－14 细菌在水体中的层间分布（示例）

5.3.2.3 细菌的生活特性

细菌从环境中获取有机物或由自身通过光合作用或化能合成作用（见 5.4.4.1）合成有机物，并以此有机物为能源物质，通过其呼吸作用分解有机物，从而获得可供其生长繁殖和活动所需的能量。

细菌的生活特性表现在一定环境条件下（如适宜的温度 20℃～40℃和 pH 值 6～8），摄取介质中有机食物以进行体内呼吸作用和同化作用。所谓呼吸作用，就是在内酶催化下进行生物氧化反应从而产生能量的过程，所得能量可供细菌活动和生长繁殖之需。所谓同化作用，就是细菌吸收化学能并将其转为自用形式的过程。后一种过程又包括：(1) 将外界食物通过细胞壁摄取进入体内的过程。对于不能直接摄取的固体物质或大分子物质，则先分泌出外酶，把细胞周围这些物质转化为可溶性物质，或水解为小分子产物后，再使之渗入到细胞体内；(2) 在细胞中将在呼吸过程中所产生的部分降解产物作为建造自身材料（蛋白质、糖类、脂肪）的过程。进入细菌体内的能量流及其分配情况如图 5－15 所示。

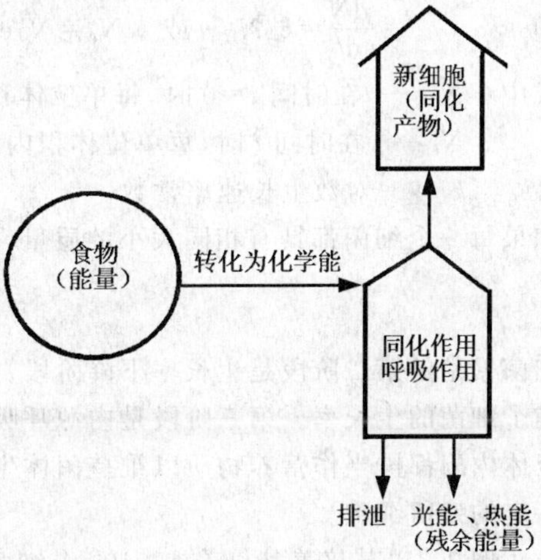

图 5－15 细菌体内能量流的分配

如前述，根据不同菌类对氧的需求情况，可将细菌分为好氧细菌（需空气中氧或水中溶解氧）、厌氧细菌（无氧条件下对有机物等进行发酵或其他厌氧分解）、兼氧细菌（在有氧、无氧条件下皆可生长）三类。这三类细菌都能对介质中有机物产生降解作用。显然，厌氧细菌的降解行为是不涉及耗氧问题的。

介质中含碳有机物（如糖类）是细菌的最好食料。经好氧细菌分解，最终产物是 CO_2 和 H_2O；经厌氧细菌分解最终产物有有机酸、乙醇、CO_2、CH_4、H_2 等。介质中含硫、氮有机物经好氧分解产物有 SO_4^{2-}、NO_3^-、CO_2 和 H_2O 等；经厌氧分解产物有 H_2S、硫醇、吲哚（$C_6H_4NHCH:CH$）

等。如在 20℃水体中，一般经过 5 天后，含碳有机物中约 70%数量被细菌分解，且数据稳定；经过 10 天后，可分解有机碳化合物约 90%。此后，水体中细菌以水中含氮有机化合物作为主要食料，在残留溶解氧参与作用下将这些化合物作生物分解。例如在有氨化细菌的情况下，水中氨基酸被降解为氨：

$$RCHNH_2COOH + O_2 \longrightarrow RCOOH + CO_2 + NH_3$$

在有亚硝酸菌和硝酸细菌存在的条件下，可进一步发生硝化反应(见 5.4.4.1 中反应式)。

5.3.2.4　细菌生长繁殖曲线和 BOD 曲线

细菌通过不断呼吸而生长，又通过不断分裂的方式而繁殖(在适宜的环境条件下每 20 分钟～30 分钟分裂一次)。将少量细菌接种于一定量的培养基内，在适宜温度下培养，定时测定其数量，则可得到细菌的生长和繁殖曲线如图 5－16 所示。细菌的生长和繁殖可粗分为三个阶段：第一阶段是对数生长阶段，即生长率上升阶段。其初期(也称诱导期)，细菌有一个适应新环境的过程，一般只生长不繁殖。此后细菌迅速繁殖，这时为繁殖所需的食料供应是充分的，而细菌的生长却受自身生理机能的限制。对数生长阶段临近结束时，细菌生长率最大，它们对培养基中有机物的分解速率也最快。在对数生长阶段中细菌数的对数与时间呈直线关系，

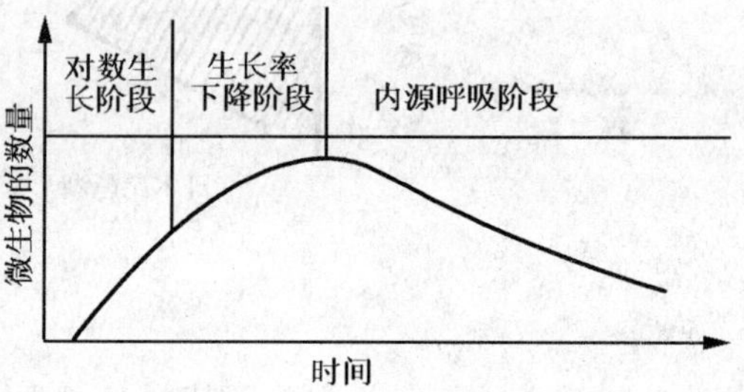

图 5－16　细菌生长率随时间变化曲线

即 $$\frac{dN}{dt} = k_0 N_0 \quad 或 \quad N_t = N_0 e^{k_0 t} \quad 或 \quad \ln N_t = \ln N_0 + k_0 t \tag{5-2}$$

式中　N_0——在时间 $t=0$ 时，每单位体积内细菌个数；

N_t——在时间 t 时，每单位体积内细菌个数；

k_0——对数生长速率常数。

如果每一个细菌都具有相同大小的质量，则单位体积内活性微生物总质量 M 符合下列关系式：

$$\frac{dM}{dt} = k_0 M \tag{5-2'}$$

细菌繁殖的第二阶段是生长率下降阶段。由于培养基中食料逐渐减少，细菌排泄物积累，从而影响了细菌的生长率。第三阶段是内源呼吸阶段，培养基中所含食料已所剩无几，菌体内贮存物甚至体内酶都被当作营养物质以维持菌体生命。最后细菌进入衰老死亡时期，但在体内还可保留一定的残留细胞。

例 2　以某培养基培养 4×10^5 个细菌，假定不存在诱导期，且在对数生长期的 6 小时末计数增加到 3.68×10^7 个，求细菌的平均增代时间。

解　按式(5－2)

$$N_t = N_0 e^{k_0 t}$$

可改写为

$$k_0 = \frac{\ln N_t - \ln N_0}{t}$$

平均增代时间 $$T_{1/2} = \frac{\ln 2}{k_0}$$

$$= \frac{\lg 2 \times t}{\lg N_t - \lg N_0}$$

$$=\frac{0.3010\times(6\times60)}{\lg(3.68\times10^7)-\lg(4\times10^5)}$$
$$=55.3\ \text{min}$$

BOD曲线用以表征水中细菌的需氧动力学过程。取实际水样，测定其随时间变化的BOD值，可得到如图5-17所示的BOD曲线。图中，BOD_5（五日生化需氧量）和BOD_u（最终生化需氧量，一般写作BOD_{20}，表示20天期间的耗氧量）代表细菌降解水样中有机碳化合物所需氧量，特用碳化需氧量CBOD表示。硝化需氧量NBOD则表示有机氮化合物被氨化细菌无机化为NH_4^+及随后又由硝化细菌将NH_4^+氧化为NO_2^-、NO_3^-的需氧总量。当存在诱导期时，BOD曲线起始处会出现一个少量耗氧区段（图中未显示），在这个生化反应预备阶段，因细菌生长所需而消耗少量溶解氧。此外，水样中含有一些无机还原性物质（如Fe^{2+}、S^{2-}、SO_3^{2-}等），对这一阶段的BOD值也有一些贡献。这两方面因素引起的耗氧被称为瞬时需氧量（IDOD）。为了在BOD试验中将CBOD和NBOD区分开来，可取另一培养瓶，外加10 mg/L 2-氯-6-（三氯甲基）吡啶试剂作同样的BOD测定，该试剂是NBOD测定的抑制剂，而对CBOD测定无影响，所以测得结果是单纯的CBOD值。

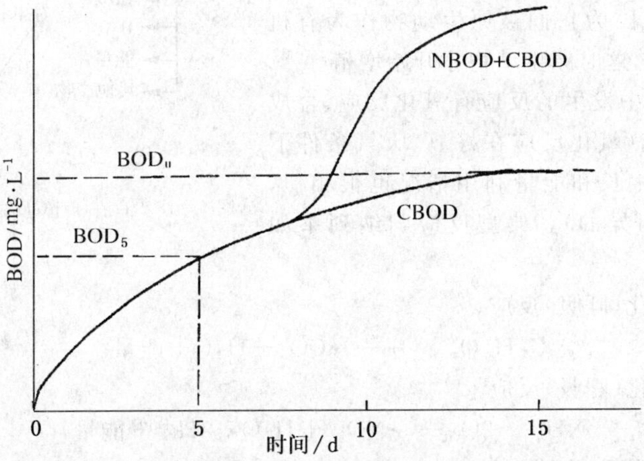

图5-17 BOD曲线

例3 有一个水样含硝基丙烷（$C_3H_7NO_2$）的浓度为200 mg/L。计算该水样的BOD、CBOD和NBOD值。

解 水中硝基丙烷按以下三步骤发生生物氧化：

① N和C转为NH_3和CO_2：$C_3H_7NO_2+3O_2\longrightarrow NH_3+3CO_2+2H_2O$

② NH_3氧化为NO_2^-：$NH_3+1.5O_2\longrightarrow HNO_2+H_2O$

③ NO_2^-氧化为NO_3^-：$HNO_2+0.5O_2\longrightarrow HNO_3$

(1) 总BOD为以上三步骤耗氧总量 即

BOD为 $3+1.5+0.5=5\ \text{mol}(O_2)/\text{mol}(C_3H_7NO_2)$

相当于 $5\times32=160\text{g}(O_2)/\text{mol}(C_3H_7NO_2)$

换算为惯用单位（硝基丙烷相对分子质量为89）后，得水样的BOD值：

$$\text{BOD}=160\times\left(\frac{200/1\,000}{89}\right)=0.360\text{g}(O_2)/\text{L}=360\ \text{mg/L}$$

(2) CBOD为以上第一步反应的耗氧量

$$CBOD=3\times32\times\left(\frac{200/1\,000}{89}\right)=0.216g(O_2)/L=216\ mg/L$$

(3) NBOD为以上第二、第三步反应耗氧量之和

$$NBOD=(1.5+0.5)\times32\times\left(\frac{200/1\,000}{89}\right)=0.144g(O_2)/L=144\ mg/L$$

5.3.2.5 生化需氧过程中的生物系统和生化反应

发生于水体中的生化需氧过程中的生物系统可用图5-18表示。从这个图中我们可以看到，在生化需氧过程中，细菌和原生动物（原生动物以吞食细菌为生）所起的主导作用，以及其他各组分之间的相互转换关系。一般，如水样中除细菌外没有别的微生物，则在24小时～48小时处细菌增殖达到极大，再维持数天后，老龄细菌逐渐死灭。在水样中有细菌和原生动物共存条件下，一般是细菌先增殖，到一定程度后，细菌数开始减少，因为它们被原生动物作为有机物之外的食料吞食了，这时原生动物才开始增殖。

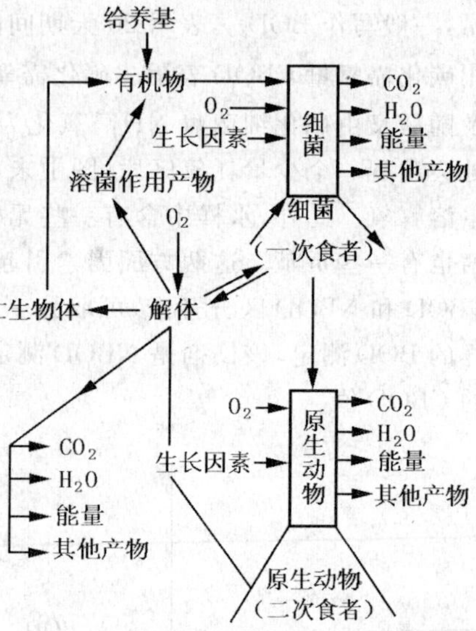

图5-18 存在于BOD过程中的生物组成系统

在生物需氧过程中发生的反应有氧化反应、合成反应和内源呼吸反应（氧化反应在好氧、厌氧条件下皆能发生，而且细菌生长和能量利用情况也很相似，但反应产物是十分相异的）。典型反应归纳列举如下：

(1) 有机物质氧化(呼吸)反应

$$C_xH_yO_z+O_2\longrightarrow CO_2+H_2O+能量$$

(2) 无机物质氧化(呼吸)反应

$$NH_4^++2O_2\longrightarrow NO_3^-+H_2O+2H^++能量$$

(3) 合成细胞原生质(合成)反应

$$C_xH_yO_z+NH_3+O_2+能量\longrightarrow C_5H_7O_2N+H_2O$$

$$C_xH_yO_z+H^++NO_3^-+能量\longrightarrow C_5H_7O_2N+N_2+CO_2+H_2O$$

(4) 细菌原生质氧化(内源呼吸)反应

$$C_5H_7O_2N+5O_2\longrightarrow 5CO_2+2H_2O+NH_3+能量$$

细菌的呼吸是在活的原生质中进行的一种生物化学过程，由此产生的能量可供细菌的各种生命活动之用；另一方面，细菌的内源呼吸导致细菌物质的自身破坏和内耗。实际上，细菌发挥正常活动功能（如在水体中运动、体内酶的激活）只需要很少能量，这一份额的能量单靠内源呼吸也已足够提供。按专业研究人员提出的假说，微生物的生长是以下两种相反过程竞争的结果：同化外来营养物质和内耗体内细胞物质。即使环境中所含营养物质并不缺乏，细菌体内破坏原生质的过程也还是发生着的。对外来营养物质发生同化过程的速率正比于细胞中原生质的质量和细胞的外表面积，内源呼吸的速率则首先取决于外界环境的条件。

研究表明，各种有机物的理论需氧量ThOD均由两部分组成，其中一部分是生物可降解的（以$ThOD_B$表示），另一部分是生物不可降解的（以$ThOD_{NB}$表示）。在微生物的代谢过程中，前者的一部分（以$a\cdot ThOD_B$表示）按上列反应(1)，经呼吸作用而分解为最终产物(CO_2、H_2O、无

机盐等)，同时释出能量；另一部分(以 $b\cdot ThOD_B$ 表示)则按上列反应(3)，通过能量吸收而合成新的细胞物质。

合成的新细胞物质在内源呼吸过程中，一部分(以 $b\cdot c\cdot ThOD_B$ 表示)按上列反应(4)被缓慢分解，并释出能量，另一部分(以 $b\cdot d\cdot ThOD_B$ 表示)则作为残留细胞被保留下来。所谓最终生化需氧量(BOD_u)即指分解代谢与内源呼吸两部分需氧量之和。

对上述理论需氧量和生化需氧量之间关系可归结如下：

$$ThOD\begin{cases}ThOD_{NB}\\ ThOD_B\begin{cases}a\cdot ThOD_B\\ b\cdot ThOD_B\left.\begin{cases}b\cdot c\cdot ThOD_B\\ b\cdot d\cdot ThOD_B\end{cases}\right\}BOD_u\end{cases}\end{cases}$$

$$BOD_u=\frac{BOD_5}{1-e^{-5k_1}} \qquad (5-3)$$

在以上图式中，a 为分解代谢系数，b 为合成细胞系数，c 为内源呼吸系数，d 为残留细胞系数，k_1 为生化反应速度常数。对一般生活污水来说，$k_1=0.23\text{d}^{-1}$(20℃)；对一般生活污水或接近于此的工业废水，它们的 a、b、c、d 近似值分别为 1/3、2/3、0.8 和 0.2。

可用实验方法求得 k_1 值。影响 k_1 数值的因素有水质类型和温度等。k_1 随温度 t 变化的关系式为

$$k_{1(t)}=k_{1(20)}\theta^{(t-20)} \qquad (5-4)$$

式中，θ 为温度系数。当 t=4℃～20℃时，θ 取值 1.135。

5.3.3 藻类

藻类是原生生物界中一类真核生物。体型大小各异，既有小至 1 μm 长的单细胞鞭毛藻，也有大至 60 m 长的大型褐藻。虽然藻类被归入植物或植物样生物，但它们没有真正的根、茎、叶，也没有维管束。藻类可由一个或数个细胞组成，也可由许多细胞聚合成组织群的结构。藻类以水生为主，但几乎无处不在，某些变种可生活于土壤中，兼能耐受长期缺水的沙土条件，也可能生存于雪中或温泉之中。浮游于水中的藻类是海洋食物链中非常重要的环节，所有高等水生生物的生存全靠藻类的存在。

按生态观点看，藻类是水体中的生产者，它们能在阳光辐照条件下，以水、二氧化碳和溶解性氮、磷等营养物为原料，不断生产出有机物，并放出氧。合成有机物一部分供其呼吸消耗之用，另一部分供合成藻类自身细胞物质之需。在无光条件下，藻类消耗自身体内有机物以营生，同时也消耗着水中的溶解氧，因此在暗处有大量藻类繁殖的水体是缺氧的。

一般河流中可见到的有绿藻、硅藻、甲藻、金藻、蓝藻、裸藻、黄藻等大类，它们的外观大多数有鲜明的色泽，这是因为在它们的体内除含叶绿素外，还含有各种附加色素，如藻青蛋白(青色)、藻红蛋白(红色)、胡萝卜素(橙色)、叶黄素(黄色)等。水体中藻类种类和数量可依季节和水体环境条件(底质状况、含固量、水速、水污染状况等)而有很大变化。藻类中某些种类的形体如图 5-19所示。

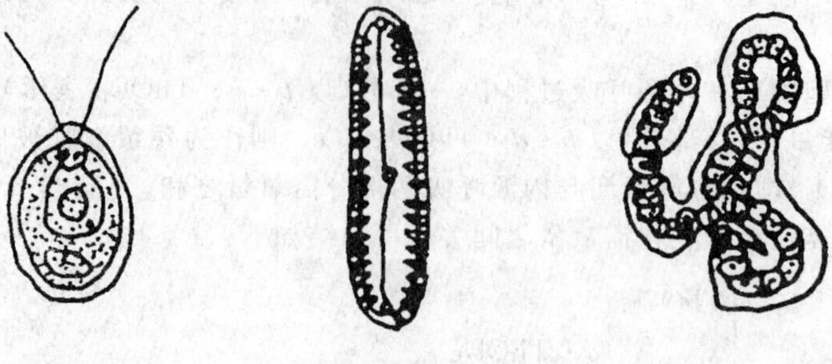

(a) 绿藻(衣藻属)　(b) 硅藻(舟形属)　(c) 蓝-绿藻(念珠藻属)

图 5-19　藻类的体形

藻类等浮游植物体内所含碳、氮、磷等主要营养元素间一般存在着一个比较确定的比例。按质量计 C：N：P＝41：7.2：1，按原子数计 C：N：P＝106：16：1。大致的化学结构式为 $(CH_2O)_{106}(NH_3)_{16}H_3PO_4$。藻类大量繁殖是水体富营养化的标志，由此可从多方面影响水体的水质。

5.4 生物圈中的物质循环

5.4.1 地球化学循环和生物地球化学循环

地球上物质的大多数循环过程是在生物和人类出现之前就发生了的。例如河流将悬浮物和溶解物从陆地搬运入海；地球板块运动引起海洋沉积物拔升并形成新的陆地过程；大气组分的循环和渐次演化过程等。这些过程都可归入地球化学循环。在地球化学循环中，虽然多种元素和它们的各类化合物往往同时参与同一循环，但为研究方便，常将某一元素或某一特定化合物在地球表面的迁移用一个特定的地球化学循环来描述。此外，由于迁移是连续的，物质又是守恒的(很少与地幔或外层空间交换物质)，所以物质在地球圈层之间的迁移是循环往复、不见始终的。物质的地球化学循环模型如图 5-20 所示。

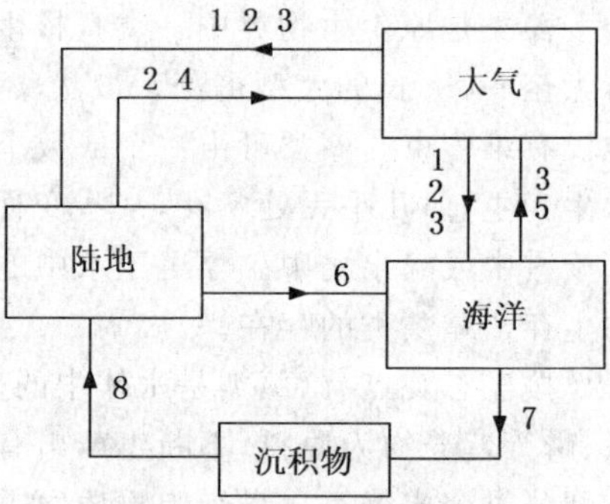

1. 湿降(雨，雪)；2. 扬尘或降尘；3. 海水喷沫；4. 脱气；5. 蒸发；6. 河流中溶解物和悬浮物迁移；7. 沉积；8. 拔升

图 5-20　地球化学循环最简模型

现以铜为例，说明其地球化学循环过程的详情。铜在各环境储层中的数量分布如下：

储层	质量(g)
大气(1)	2.9×10^{8}
海洋(2)	3.5×10^{14}
岩石(3)	1.3×10^{21}
沉积物(4)	6.9×10^{19}
土壤和植物(5)	6.0×10^{15}

铜可能在其中任何两个储层间发生质量迁移，这样的径路有 20 种，但只有如下 9 种是主要的：

源	汇	径路	流入速率 R_{ij} (10^9 g/a)
大气	海洋	1→2	13
大气	土壤和植物	1→5	6

海洋	大气	2→1	3.3
海洋	沉积物	2→4	833
岩石	大气	3→1	9.3
岩石	土壤和植物	3→5	824
沉积物	岩石	4→3	833
土壤和植物	大气	5→1	10
土壤和植物	海洋	5→2	820

按照质量守恒有：

$$R_{12}+R_{15}\approx R_{21}+R_{31}+R_{51}$$
$$R_{21}+R_{24}\approx R_{12}+R_{52}$$
$$R_{51}+R_{52}\approx R_{15}+R_{35}$$

基于以上数据和守恒式并使用式(3-1)，可以计算铜在各储层中的滞留时间：大气中为4.7天，海水中为420年，土壤和植物中为7 000年，海底沉积物中为10^7年，岩石中为10^9年。

将物质的地球化学循环和物质在生态系统中的循环加以综合考虑，就是物质在生物圈范围内的循环。这种循环中除地质系统、化学系统外，还包含着生物系统，所以称为生物地球化学循环。稳定有序的生物地球化学循环是生态系统存在和发展的必要条件之一。在自然条件下，这一状态是通过漫长的、互相协同的生物进化和环境演化得以达成的。由于人类各种不适当活动结果的长期累积，目前这种循环已偏离了原有的稳定性和有序性，从而导致了各种不良的环境后果。

为节省本节内容篇幅，除水循环已在3.2中作过阐述外，以下将分节介绍元素碳和氧的循环。至于氮、硫、磷的生物地球化学循环的内容从略(可参阅本书第1版中2.5—2.7的内容)。

5.4.2 碳循环

碳在各圈层中的浓度如下(括号内数字为元素的丰度次序)：

地球整体：350 mg/kg(14)

地　　壳：200 mg/kg(17)

海　　洋：无机碳 28 mg/kg(10)；有机碳 2 mg/kg(15)

大　　气：CO_2 360×10^{-6}(体积分数)(4)；CH_4 1.7×10^{-6}(体积分数)(7)

环境中碳(特别是含碳有机物)的存在形态非常多歧，这与碳元素的如下性质相关：(1) 碳元素具有四个共价性较强的价键，可通过各种各样的结合方式联结大量基团；(2) C—C 键具有很大强度，可形成非常长的长链结构；(3) 碳原子有形成双键和多重键的能力，更加增大了生成多种有机分子的可能性。

地球上的碳主要集中在岩石之中。石灰岩中的碳(约占岩石层中总碳的3/4)主要以石灰石($CaCO_3$)和白云石($CaCO_3\cdot MgCO_3$)形态存在；沉积性页岩中的碳(约占岩石层中总碳的1/4)主要以分散性有机物形态存在。散布在其他圈层(水体、大气、陆生生物、土壤腐殖质、化石燃料、海生生物等)中的碳大约只占地球上总碳的0.1%。

大气中碳的主要存在形态有二氧化碳、一氧化碳、甲烷等。在地球形成初期，作为大气组分之一的甲烷，随同氢、氨和水蒸气，通过发生在大气中的辐射或放电作用，导致了氨基酸等生命原始物质的形成。二氧化碳则逐渐被海水吸收，并以碳酸钙形式沉积海底，达成了目前二氧化碳在大气-海水-沉积物之间的平衡状态。

天然水系中碳的主要存在形态有组成平衡碳酸系统的各种组分：$CO_{2(aq)}$、H_2CO_3、HCO_3^-、

CO_3^{2-}。在水质测定中,这些形态的浓度之和构成了水样的总无机碳(TIC)参数。存在于水体中的有机碳组分可划分为溶解性有机碳(DOC)和颗粒有机碳(POC)①两类。一般以含碳组分能否通过 0.45 μm 滤膜作为区分二者的判据。水体中 DOC 来源主要是浮游生物排泄物中可溶成分和生物尸体细胞经胞溶作用产生的溶出物。水中 DOC 可进一步作为异养微生物的营养物料,在海水中还有部分可转化为高分子腐殖质。严格说来,在作水样中总有机碳(TOC)项目测定前,应先过滤除去 POC 组分,随之测得的结果实际上就是 DOC。组成水样 POC 的有难分解的和易分解的两部分。前者为生物尸体的骨骼碎屑,后者如生物粪便物等。

自然环境中碳循环景象如图 5-21 所示。

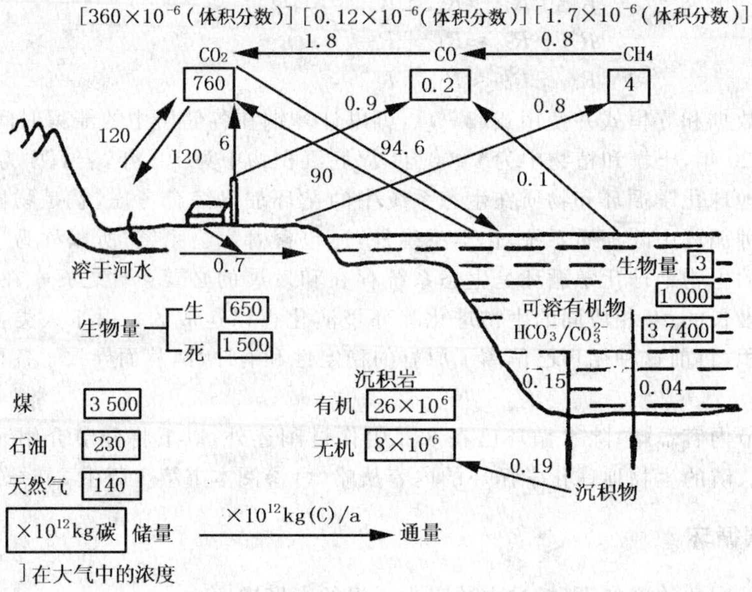

图 5-21 碳的循环

碳是构成生物体的主要元素,所以,碳循环特别是二氧化碳的循环对生物体有极大意义。环境中二氧化碳的行为至少与下列一些环境过程密切相关:(1) 大气和海洋的起源和演化;(2) 地球表层岩石的形成和变异;(3) 生命诞生;(4) 地球表层热量的收支状况;(5) 水体中碳酸平衡;(6) 绿色植物等自养者的光合作用和生产力;(7) 有机物氧化,包括呼吸作用、燃料燃烧、机体腐烂分解等。

5.4.3 氧循环

5.4.3.1 氧循环过程

氧在各圈层中的浓度如下(括号内数字为元素的丰度次序):

地球整体:28.5%(2)

地　　壳:46.6%(1)

海　　洋:总量 85.8%(1)

溶解氧量,15℃时为 6 mg/kg(13)

① POC 是 Particulate Organic Carbon(颗粒有机碳)的缩写,也可作为 Purgeable Organic Carbon(可吹出有机碳)的缩写。

大　　气：23.2%(2)

所有元素中，唯有氧是同时在地壳、大气、水圈和生物圈中都有着极大丰度的元素。因此，在生物界和非生物界，元素氧都有着极端重要的地位。

在地壳中，形成岩石的矿物质中约95%是硅酸盐，其主要结构单元是四面体的[SiO_4^{4-}]。其余5%的组分也大多含有氧元素，如石灰岩中碳酸盐(CO_3^{2-})、蒸发岩中硫酸盐(SO_4^{2-})、磷酸盐岩石中的磷酸盐(PO_4^{3-})等。地壳中存在的各种形态的氧可看成是化学惰性的。

大气中的氧主要以双原子分子O_2形态存在，并且表现出很强的化学活性。这种化学活性足以影响能与氧生成各种化合物的其他元素(如碳、氢、氮、硫、铁等)的地球化学循环。大气中的氧气多数来源于光合作用，还有少量系产生于高层大气中水分子与太阳紫外线之间的光分解作用。

$$2H_2O \xrightarrow{UV} 2H_2 + O_2$$

在此反应中同时产生H_2逸散到大气空间。

在紫外光作用下，大气中氧能转变为三原子分子臭氧。第一步是氧分子通过光解反应生成氧原子：

$$O_2 \xrightarrow{UV} O + O$$

随后，氧原子和氧分子结合生成臭氧分子

$$O + O_2 \longrightarrow O_3$$

通过以上反应，在距地面约10 km～40 km的大气层上空形成了臭氧层。正常情况下，臭氧分子的形成过程和随后的分解过程在臭氧层中达到平衡(详见9.2.2)。所以，臭氧层中的臭氧具有大体恒定的浓度；又由于臭氧的生成和分解都需要吸收紫外光，所以臭氧层成为地球上各种生物抵御来自太阳过强紫外光辐射的天然屏障。臭氧层对于地球生物，有着生死攸关的作用。

在组成水圈的大量水中，氧是主要组成元素；在水体中还有各种形式的大量含氧阴离子以及相当数量的溶解氧，它们无不对水圈或整个生物圈中的生物有着极为重要的意义。

各种含氧化合物在氧循环中发生迁移和转化的情况如图5-22所示。在图中所示的各种过程中，许多别的元素也随同氧元素一起进行着循环。

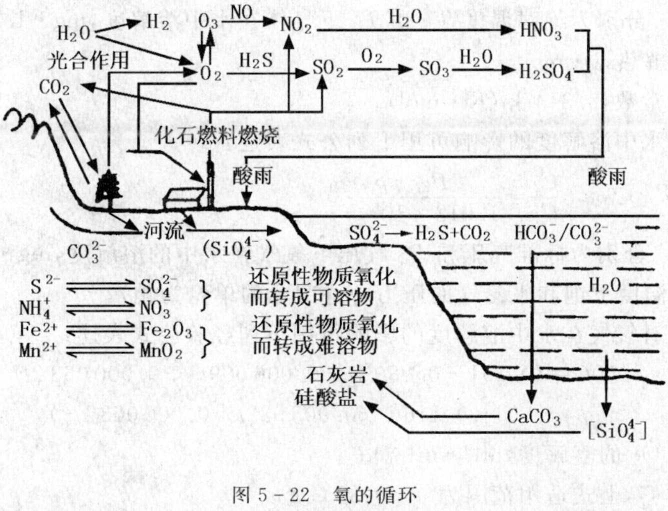

图5-22　氧的循环

在生物光合作用和呼吸作用的过程中，参与氧循环的物质有CO_2、H_2O等。化石燃料的燃烧和有机物腐烂分解过程则是与呼吸作用具有类似情况的一类氧化反应。对于光合作用和呼吸作用将在5.4.4中予以详述。

由于火山爆发或有机体腐烂产生 H_2S,能在大气中进一步被氧化为含氧化合物 SO_2,化石燃料燃烧及从含硫矿石中提取金属的过程中也都能产生 SO_2。这些 SO_2 在大气中被氧化为 SO_4^{2-},然后通过酸雨形式返转地面。相似地,由微生物或人类活动产生的各种氮氧化合物最终也被氧化为 NO_3^-,然后通过酸雨形式返回地面。

在陆地(也少量地发生在海洋中),有许多金属通过氧化过程转化为难溶性氧化物;也有一些还原性的非金属可能被氧化为溶解性更大的化合物。如:

$$\underset{(\text{易溶})}{4Fe^{2+}} + 3O_2 \longrightarrow \underset{(\text{难溶})}{2Fe_2O_3}$$

$$\underset{(\text{难溶})}{S^{2-}} + 2O_2 \longrightarrow \underset{(\text{易溶})}{SO_4^{2-}}$$

5.4.3.2 氧气在水中的溶解度和溶解氧

大气中的氧和水体中的溶解氧之间存在着溶解平衡关系(在图 5-22 中未显示)。氧在水中的溶解度和溶解氧是两个既相区别而又相联系的概念。氧在水中的溶解度指的是水体和大气处于平衡时氧的最大溶解浓度,它的数值与温度、压力、水中溶质量等因素有关。水中溶解氧值则一般是指非平衡状态下的水中溶解氧的浓度。它的数值还与水体曝气作用、光合作用、呼吸作用及水中有机污染物的氧化作用等因素有关。这两个概念之间的差异是由于大气和水体界面间氧气传质动力过程较慢而引起的。

1) 氧在水中的溶解度

若已知当25℃下水蒸气在空气中含量为0.0313摩尔分数以及干空气中含20.95%O_2,则可应用道尔顿分压定律和亨利定律算出标准条件下氧在水中溶解度[$O_{2(aq)}$]:

$$[O_{2(aq)}] = K_{O_2} \cdot P_{O_2} = 1.28\times10^{-8}\times(1.0000-0.0313)\times1.013\times10^5\times0.2095$$
$$=2.63\times10^{-4}\ \text{mol/L}(\text{相当于 } 8.4\ \text{mg/L})$$

由式(2-10)可导出在定压条件下温度对氧气在水中溶解度影响的关系式:

$$\lg\frac{C_2}{C_1} = \frac{\Delta H}{2.303R}\left[\frac{1}{T_1}-\frac{1}{T_2}\right]$$

式中 C_1 和 C_2——分别为绝对温度 T_1 和 T_2 下气体在水中溶解度,$mg\cdot L^{-1}$;

ΔH——溶解热,$J\cdot mol^{-1}$;

R——气体常数,8.314 J/(K·mol)。

压力对氧气在水中溶解度的影响可用下列公式表述:

$$\frac{C_2}{C_1} = \frac{P_2 - p}{1.013\times10^5 - p} \tag{5-5}$$

式中 C_1 和 C_2——分别为标准气压和 P_2 气压下氧气在水中的溶解度,$mg\cdot L^{-1}$;

p——确定温度下饱和水蒸气的压力(p 和 P_2 的单位为帕)。

水中盐分含量对氧气在水中溶解度的影响可用下列经验公式表述:

$$1000C = 10.291 - 0.2809t + 0.006009t^2 + 0.0000632t^3$$
$$-[Cl](0.1161 - 0.003922t + 0.0000631t^2) \tag{5-6}$$

式中 C——水中 O_2 的溶解度,$mL\cdot mL^{-1}$;

t——温度/℃,上式适用范围为0℃~28℃;

[Cl]——水中含氯浓度,$g\cdot L^{-1}$,上式适用范围为0~20 g/L。

氧气在水中溶解度的数据列于表 5-6 之中。制作该表的条件是水面上总压力为标准大气压,又平衡气相为水蒸气所饱和。

表 5-6 水中氧的溶解度

温度/℃	水中氯化物浓度/mg·L⁻¹				
	0	5 000	10 000	15 000	20 000
0	14.60	13.72	12.90	12.13	11.41
5	12.75	12.02	11.32	10.67	10.05
10	11.27	10.65	10.05	9.49	8.96
15	10.07	9.53	9.01	8.53	8.07
20	9.07	8.60	8.16	7.73	7.33
25	8.24	7.83	7.44	7.06	6.71
30	7.54	7.17	6.83	6.49	6.18
35	6.93	6.61	6.30	6.01	5.72
40	6.41	6.12	5.84	5.58	5.33

2）水中溶解氧(DO)值

水中溶解氧是鱼类等水生动物生存的必要条件，DO值又是一种重要的水质参数。由于各种环境因素的影响，水中DO值变化很大，即使在一天之中也不相同。主要的影响因素有：再曝气作用、光合作用、呼吸作用和有机污染物的氧化作用。再曝气作用与水中DO值有关，当DO值与水中氧的溶解度差值越大时，氧从空气进入水中的量也越多。澎湃奔流的河水由于与空气交界面积较大，再曝气作用的过程进行得较快。水中植物体的光合作用在白昼进行，由于过程中产生氧气，也使水中DO值增大。水中各类生物体的呼吸作用是全天不分昼夜地进行，并不断从水中耗用氧而使DO降低。图5-23表明一天内水体中DO值随上述三种作用而变化的情况。由图中曲线可知，早晨日出后，由于光合作用和再曝气作用同时发生，水中DO值不断上升；但过了午后，因DO值超过了溶解度，以致再曝气过程发生逆转，氧反而从水中释出，因而曲线开始下降。傍晚日落后光合作用停止，因此曲线继续下降。

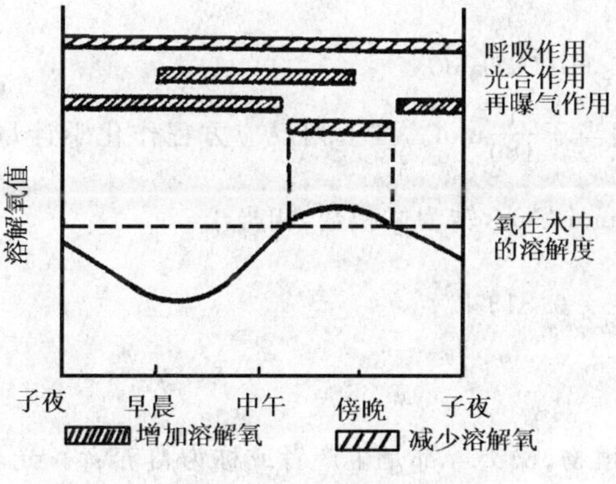

图5-23 水体中DO值随呼吸、光合和再曝气作用而变化的情况

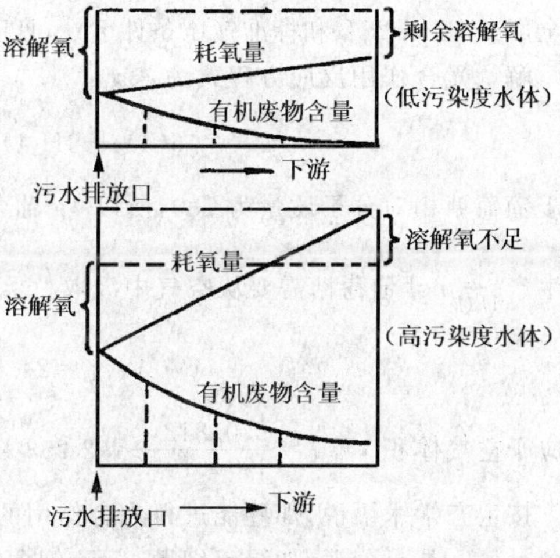

图5-24 水体中有机废物量与DO值的关系

图5-24表明有机污染物的氧化作用和水体中DO值的关系。当水体污染程度较低时，好氧性细菌使有机污染物发生氧化分解而逐渐消失，因此DO值降低到一定程度后不再下降。但如污染比较严重，超出水体自净化能力时，则水中溶解氧耗尽，从而发生厌氧性细菌的分解作用，同时水面常会出现黏稠的絮状物使与空气隔开，妨碍再曝气作用的进行。以上两种情况发生过程

中或过程后，空气中氧又会通过气-水界面缓缓溶入水体，使其溶解氧浓度逐渐恢复到正常浓度水平。有关受纳有机污染物水体中的DO变化问题将在5.5.6中作进一步阐述。

5.4.4 光合作用和呼吸作用①

光合作用和呼吸作用是生物圈内碳、氧两循环中最重要的两个作用环节。

5.4.4.1 光合作用和化能合成作用

生物体需要不断地从环境中获取碳源和能源。光合作用能使植物等自养生物在接受太阳光能的同时，将取自环境中的CO_2、H_2O和营养物质合成为有机的含碳物质，从而也就将太阳能以该有机物所含的化学能形式贮存起来，以备自身活动、生长之需。此外，在推动碳、氢、氧、硫、氮、磷等元素的自然循环和生物循环中，光合作用也具有相当重要的意义。

地球上的绿色植物制造有机物和释放氧的规模是很大的。据估计，地球上的绿色植物每年能结合来自CO_2中的碳1 500亿吨和来自水中的氢250亿吨，并释放出4 000亿吨氧气。这个巨大的作业，只有10%是陆地上田野森林中的植物完成的，其余的90%应该归功于海洋里的单细胞植物和藻类。

人们对光合作用的机制尚有许多不清楚之处，但一般可用以下简化了的方程式表示：

$$CO_2 + H_2O + \text{微量元素(P、N 等)} \xrightarrow{\text{光能}} \begin{bmatrix} \text{碳水化合物} \\ \text{蛋白质} \\ \text{脂肪等} \end{bmatrix} + O_2$$

其中最简单的是葡萄糖的生成反应

$$6CO_2 + 6H_2O \xrightarrow[\text{光能}]{\text{叶绿素}} C_6H_{12}O_6 + 6O_2$$

在标准条件下(25℃和1.013×10^5 Pa)，生产1 mol的葡萄糖需要输入2 880 kJ的能量。

例4 在植物叶子中由光合作用生成1g葡萄糖，试计算为此需多少升空气来提供出其中所含的全部CO_2(以25℃和标准气压条件下计，且已知空气中CO_2浓度为360×10^{-6}(体积分数))。

解 光合作用反应方程式为：

$$6CO_2 + 6H_2O \overset{h\nu}{\rightleftharpoons} C_6H_{12}O_6 + 6O_2$$

由于葡萄糖相对分子质量为180，所以1g葡萄糖相当于$\frac{1}{180}$mol。按上列反应方程作化学计量，为生产$\frac{1}{180}$mol葡萄糖需要从空气中汲取$\left(6\times\frac{1}{180}\right)$mol CO_2，转为体积数，相当于

$$V_{CO_2} = 24.4\times\frac{6}{180} = 0.813\ \text{L}$$

相应于空气体积$V_{\text{空气}} = \frac{0.813}{360\times10^{-6}} = 2\ 258\ \text{L}$

按生态学术语说，那些能进行光合作用的绿色植物、藻类等都是生产者或称为自养者。光合细菌是另一类自养者，如绿硫细菌、紫硫细菌类能利用光能和CO_2维持自养生活。光合细菌不直接利用水，而是利用某些无机物(如H_2S)或有机物(如醇、脂肪酸)，按与光合作用相似的反应过程参与CO_2还原，且在反应产物中不含氧气。以简略方式表示的反应方程为：

$$CO_2 + 2H_2S \xrightarrow{h\nu} (CH_2O) + 2S + H_2O$$

---

① 更详细的内容可参见本书修订版中2.3.3和2.4.2。

再有一类所谓化能自养生物，如生活在水或土壤中的硝化细菌（包括亚硝酸细菌和硝酸细菌）、硫氧化细菌、氢细菌、铁细菌等，体内没有光合色素，所以不能利用光能，而是依靠生活环境介质中发生的化学反应所释出的化学能来促成碳水化合物的合成反应。如：

$$NH_4^+ + 3/2O_2 \xrightarrow{\text{亚硝酸细菌}} NO_2^- + 2H^+ + H_2O + 271\ kJ$$

$$NO_2^- + 1/2O_2 \xrightarrow{\text{硝酸细菌}} NO_3^- + 75\ kJ$$

以上两反应中释出能量可供合成碳水化合物之需：

$$6CO_2 + 6H_2O \xrightarrow{\text{能量}} C_6H_{12}O_6 + 6O_2$$

以上三个反应可在暗处进行。为了与光合作用相区别，可将这种过程称为化能合成作用。

光合作用的机制非常复杂，其中包含着100多个反应步骤。按已经了解的情况来看，基本上可将光合作用过程分为光反应和暗反应两个阶段。光反应需要光合色素作媒介，将光能转化为化学能，其中包括水的光氧化分解反应和光合磷酸化作用。暗反应则主要是一些酶促反应，包括二氧化碳的固定和还原反应。综合其全过程，可归纳出光合作用中所发生的最简反应系列如下：

$$\boxed{2H_2O} \xrightarrow{h\nu} \boxed{O_2} + 4e + 4H^+$$

$$2NADP^+ + 4e + 2H^+ \longrightarrow 2NADPH$$

$$2H^+ + 2NADPH + \boxed{CO_2} \longrightarrow 2NADP^+ + H_2O + \boxed{CH_2O}$$

$$CO_2 + H_2O \xrightarrow{h\nu} CH_2O + O_2$$

$$(6CO_2 + 6H_2O \xrightarrow{h\nu} C_6H_{12}O_6 + 6O_2)$$

5.4.4.2 呼吸作用

生命的一个重要特征是它与环境的物理过程正好相反，环境趋向于从高有序状态逐渐变为无序状态，而生命以高度有序状态为其特征。它在产生、生长、壮大、死亡的过程中力图维持这种高度的有序性。因此，生命的连续存在取决于能量不断供应，以修复环境所引起的破坏。尽管能量的最根本来源是太阳的辐射能，但对于生物，能量要在呼吸过程中才能成为可供利用的形式。

呼吸作用是生物体参与碳、氧循环的一个重要过程，与光合作用把简单的无机物合成为复杂的有机物并且储藏能量的过程相反，呼吸作用是分解复杂的有机物，并且释放出能量。但是，不能把呼吸作用看成是光合作用的简单逆转。事实上，这两种作用都是生物体内生命活动中的复杂过程。

呼吸作用在生物的生命活动中有三方面意义：(1) 为生物的生命活动提供能量；(2) 在呼吸作用中产生各种中间产物，可作为合成核酸、蛋白质、酶、色素和生物激素等必须物质的原料，因此呼吸作用可以说是生物体内各种有机物相互转换的枢纽；(3) 能增强生物抗病能力。当有毒物质进入生物体时，生物通过强烈的呼吸作用，可以氧化分解这些有毒物质。呼吸作用对于环境的重要意义在于：各类呼吸过程是碳、氧、氮、硫等元素参与生物地球化学循环的重要环节；细菌呼吸关系到水体自净、污水治理等过程。

生物的呼吸有两种类型：好氧呼吸和厌氧呼吸，这两种类型的呼吸各有不同的过程。陆栖动物靠空气中的氧气进行呼吸；水栖动物则通常摄取水中的溶解氧，它们都是好氧呼吸的生物。还有少数厌氧生物需要在没有氧的地方才能生存，如昆虫的幼虫、软体动物、贫毛动物、原生动物及厌氧性细菌皆在此列。此外，兼气性细菌在有氧或无氧条件下都可生活。也还有这样的情况，即好氧呼吸的生物，在特定条件下能够进行厌氧或缺氧呼吸，这是生物体适应环境的表现。在此我们将依次简要介绍这两类呼吸过程。

有关好氧呼吸作用的最一般概念是：生物体从环境摄取氧气，然后由体液将氧气输送给组织并为细胞所利用，最终再由组织除去二氧化碳的生物物理化学过程。呼吸过程总的反应如下：

$$C_6H_{12}O_6+6O_2 \longrightarrow 6CO_2+6H_2O+2\ 880\ kJ$$

由上式可见，从外界环境吸入的氧参加了这个氧化分解过程，而放出的二氧化碳则是这过程的产物。在呼吸过程中，氧和二氧化碳的交换，是最明显和最易被研究的外部特征。但实际上整个呼吸作用是一个非常复杂的过程。

好氧呼吸作用(包括三羧酸循环、电子转移、氧化磷酸化作用)及其先期能量物质的消化作用，是维持好氧生物的生命所必须的两种功能。消化能量物质的功能很像一个代谢的“磨石”，能把大分子氧化成小分子并进一步发生代谢；如果生物不能对其有所利用，就将它们排泄掉。呼吸作用的功能恰如一个“发动机”，维持着细胞的活动，并保证细胞进行各种活动时能提供足够量的可利用的化学能。

能量物质指的就是淀粉、脂肪和蛋白质。以哺乳动物为例，在消化道内的各种消化酶作用下，将能量物质消化分解为可以吸收的小分子有机物。淀粉分解为葡萄糖，脂肪分解为甘油和脂肪酸，蛋白质分解为氨基酸。在分解大分子化合物的同时，将它们所含的大量化学能释放出来，供生命活动利用。对细菌来说，则是通过向介质(如水)分泌外酶，将存在于介质中的能量物质水解为小分子有机物，然后摄入体内，再进行内呼吸作用。

大多数动植物和微生物在有氧条件下进行好氧呼吸。但在缺氧或无氧条件下，这些生物也能适应环境条件，相应地进行厌氧呼吸。例如，人在激烈运动时的呼吸、根部入水的水稻或兼氧微生物所进行的呼吸即是。此外，厌氧性微生物本来就需要在无氧条件下才能生活。

有机物厌氧分解过程有一定的限度，即不能达到彻底无机化程度，这样的过程称为发酵。糖类在厌氧条件下受细菌发酵的过程包含了如下所示的多种可能反应途径：

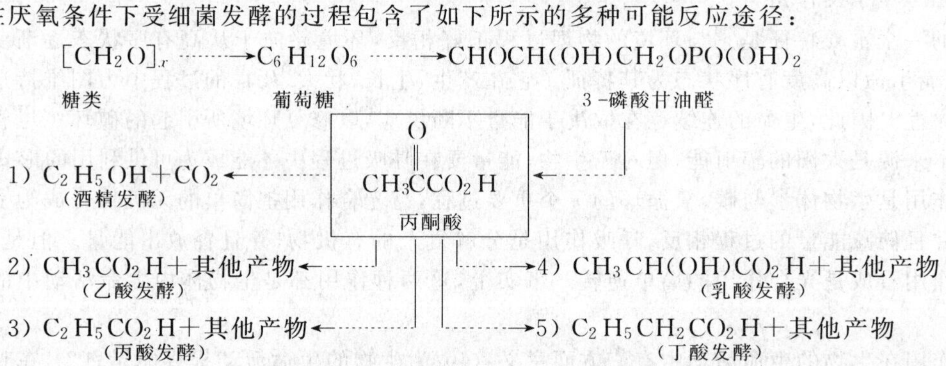

以上历程在虚线处已作了很多的省略，但从中仍可看出，糖类发酵的产物可能有酒精、乳酸和其他低碳一元羧酸。这类过程被称为酒精发酵和酸性发酵。过程实质是以葡萄糖酵解产物丙酮酸代替氧气作受氢体。过程中所产生的酸可使介质 pH 值降低，进一步引起细菌生命活动中断而停止降解过程。但如果条件适宜就可能发生另一类发酵过程，使有机醇、酸继续实行无氧氧化，最终产生 CH_4 气体，这称为甲烷发酵。

甲烷发酵是由专门的甲烷细菌促成的，这类细菌是绝对厌氧菌，在污水和污泥中广泛存在，可以分解低级的醇、酸以及醋酸。这些反应的实质是以 CO_2 或有机物分子本身作为受氢体的无氧氧化过程，可表示为：

$$2CH_3CH_2OH+CO_2 \longrightarrow 2CH_3COOH+CH_4$$

$$2CH_3(CH_2)_2COOH+CO_2+2H_2O \longrightarrow 4CH_3COOH+CH_4$$

$$CH_3COOH \longrightarrow CO_2+CH_4$$

甲烷发酵是在无氧条件下有机物降解的最终阶段,但它只能在适宜的条件下发生。无氧、有一定的菌种、一定的 pH 值和温度范围等都是必要的条件。甲烷细菌要求的最优 pH 值为 6.4～7.2,低于 6 或高于 8 则会停止生长繁殖。最优温度则在 32℃～70℃。

以上各种发酵过程也是在各种酶和辅酶作用下完成的,过程具有相当的复杂性。由于发酵主要产物仍是小分子有机物,所以过程中释放出来的能量是不多的。如上述乙醇发酵和乳酸发酵时产生的能量分别是 112.5 kJ/mol 和 97.5 kJ/mol(作为对比,葡萄糖彻底氧化释出能量为 2 880 kJ/mol)。

总的说来,有机物厌氧性降解大多发生在富营养湖及污染河流底部,这种过程在不同种类的细菌作用下,按如下所示的三个阶段进行,前两阶段合称液化阶段,后一阶段称气化阶段。

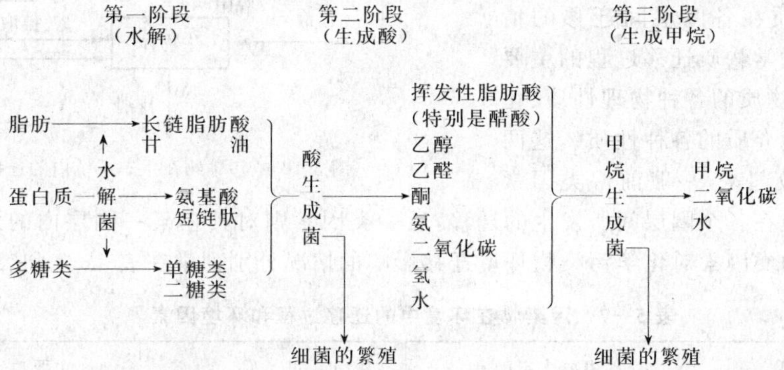

例 5 写出乙酸盐在好氧和厌氧条件下受生物降解的反应式,并分别计算其标准生成自由焓变 $\Delta_f G_m^{\ominus}$ 值。

(1) 好氧条件下反应式

$$CH_3COO^-_{(aq)} + 2O_{2(g)} \longrightarrow HCO^-_{3(aq)} + H_2O_{(l)} + CO_{2(g)}$$

$\Delta_f G_m^{\ominus}/kJ \cdot mol^{-1}$　-369.4　0　-587.1　-237.2　-394.4

$$\Delta_r G_m^{\ominus} = [(-587.1)+(-237.2)+(-394.4)]-(-369.4)$$
$$= -849.3\ kJ/mol$$

(2) 厌氧条件下反应

$$CH_3COO^-_{(aq)} + H_2O_{(l)} \longrightarrow HCO^-_{3(aq)} + CH_{4(g)}$$

$\Delta_f G_m^{\ominus}/kJ \cdot mol^{-1}$　-369.4　-237.2　-587.1　-50.8

$$\Delta_r G_m^{\ominus} = [(-587.1)+(-50.8)]-[(-369.4)+(-237.2)]$$
$$= -31.3\ kJ/mol$$

(对于所得结果,请读者自行作出讨论。)

5.5 化学污染物在生物圈内的迁移转化

在一般情况下,化学污染物经由受污染的大气或水或土壤圈迁移进入生物机体,即开始进入生物圈。此后在生物体内可能逐渐发生累积、浓集作用,并在生态系统各成员间的食与被食过程中发生生物放大作用。在发生以上诸过程的同时,污染物在生物体内发生转化。主要的生物转化过程有生物氧化还原、生物甲基化及生物降解等。有机物生物降解作用具有重大环境意义,因为这关系到众多有机污染物的环境归宿。

5.5.1 化学污染物在生态系统内的迁移

凡排放到环境中去的化学物质都将进入大气、土壤、水系或生物体内。离开排污源的化学物质可以发生化学形态转化或保持原有状态。它的转化产物或其本身可停留在排污源附近或迁移到别的相邻的圈层中去。只要化学物质对环境因素的作用有足够的对抗能力，它就可在整个生态系统的各环节间连续循环或相对牢固地滞留在某个环节上。

图 5-25 简略地显示了进入生态系统后的化学物质在各圈层间迁移的情况。关于影响化学物质迁移过程的主要因素，有该化学物质的各种物理性质、化学性质以及环境介质的各种性质。这两方面的因素比较起来，一般前一类因素着重影响该物质在各个圈层间所发生的迁移，后一类因素则对其在某一圈层内的迁移具有相对重要意义。这两类因素对化学污染物环境迁移影响的情况分别列举在表 1-3 和表 5-7 之中。

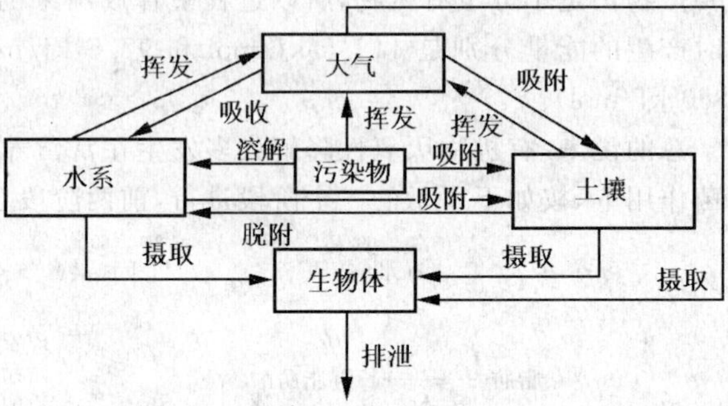

图 5-25 污染物在生态系统内的迁移

表 5-7 污染物在环境中的迁移过程和环境因素①

过 程	主要决定因素	过 程	主要决定因素
大气中扩散迁移	风速	径流	降雨速率
生物摄取	生物累积因子	淋溶	吸附系数
吸附	吸附质中有机物含量	干沉降	颗粒大小、浓度、风速
挥发	蒸气压，界面扩散系数		

① 表中也列出了少数具决定意义的非环境因素，如对象污染物的蒸气压。

5.5.2 生物摄取、蓄积、浓集和放大

5.5.2.1 生物摄取和排泄

植物在进行光合作用或汲取营养物质的同时，也从其叶片气孔和根部等摄入了环境污染物。动物通过呼吸、饮食或体表暴露等经呼吸道、消化道、皮肤等摄入污染物。微生物如细菌则是通过细胞膜将环境污染物摄入体内。

现以人体为例，简述污染物生物摄取的基本过程。

成年人每天约吸入 10 m^3～12 m^3 空气，空气中有害污染物一般通过呼吸道(其构造见图 5-26)进入人体，气体污染物可直接进入肺部而转入血液。通过呼吸道进入人体的可吸入颗粒物(PM_{10})中大粒子部分(粒径>2.5μm)会滞留在鼻腔、咽喉部位，易通过人体活动(如喷嚏、进食)从中排出。细小颗粒部分(0.5μm～2.5μm)可进入支气管部位，被黏结于支气管壁上的黏液层中，并由其中纤毛的向上活动一般在 2 h 之内随黏液(痰液)排出体外。小于 0.5 μm 的更细微粒子则可深入肺部而不易复出，其中可被体液溶出部分又可进一步由肺泡中毛细血管载带转入血液系统或淋巴系统或其他器官，因未经肝脏解毒而产生更大危害作用。

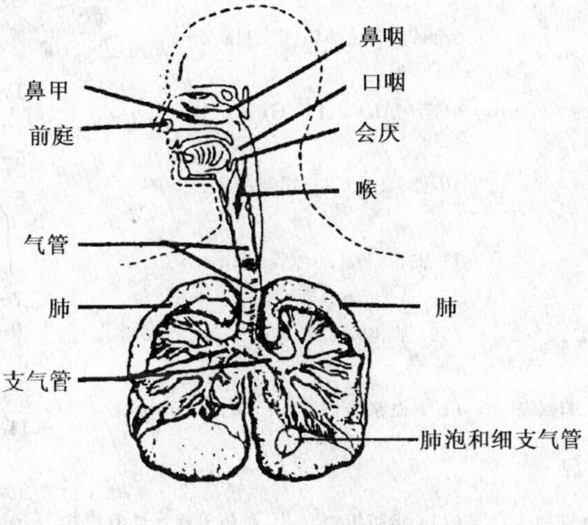

图 5-26　人体呼吸道构造

污染物随食物进入人体的示意图见图 5-27。在胃中,食物通过酶和胃酸消化后,以含水悬浮质形态进入可渗透离子的消化道。离子通过消化道吸收而进入血液,其中有少量可再返转回入消化道。不被消化或不被吸收的固体物则以粪便形式排到消化道末端,以至排出体外。

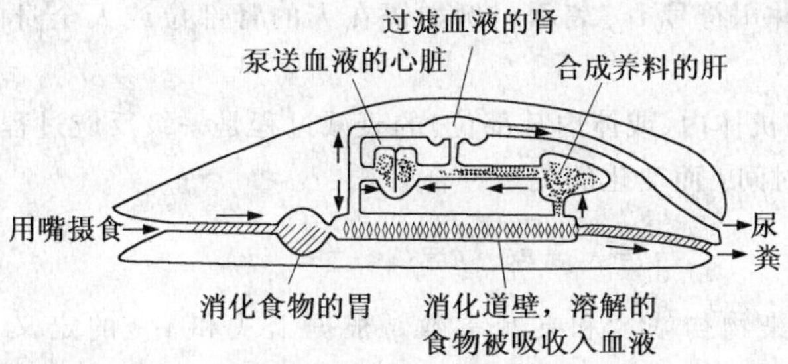

图 5-27　人体消化系统示意图

血液载带着经消化道壁吸收的物质,依靠心脏把它们泵送循环到全身。某些离子被肝或其他组织如骨骼排除,但纯化血液的主器官是肾,它大约每隔 50 分钟过滤人体血液一遍,血液内的废物经肾从尿液排出。

人体皮肤摄取环境污染物的能力很差。具有水溶性兼脂溶性的低分子污染物如酚、苯胺等较易通过皮肤进入机体。此外,人与其他高等动物都有另一种排泄废物的特殊方式,这就是通过出汗转移到皮肤或者转移到头发或指甲。从量上来说,这一排污途径是次要的。通过头发和指甲可排出诸如 As、I、P、S、Sb、Se 等非金属元素,或许还有 Hg、Au 等重金属。

5.5.2.2　生物蓄积和生物浓集因子

污染物被摄入生物体后,随时间推移而逐渐累积或在某些组织器官中获得富集的过程称为生物蓄积。蓄积量是摄取、分布、转化和排泄各量的代数和。人体内的不同部位蓄积污染物的种类也是不同的,这种情况如图 5-28 所示。

1 头发 As、Hg

2 脑 Hg、Pb、CO

3 鼻 Cr、Cu

4 齿 F、Pb

5 甲状腺 I、Co

6 呼吸道、肺 SO_x、NO_x、Hg、Pb、Cd、CN^-、IP

7 肝 Hg、Cu、Pb、多种有机物

8 肠胃 Ag、Mn、Pb、Hg、Zn

9 肾 Al、Cd、Pb、Hg、Cu、Br

10 骨 Pb、Cd、Mn、Zn、RE、F、P

11 皮肤 Zn、Ag、Cu、Hg、CN^-

(12) 肌肉 Zn、Si、Mn

(13) 血浆蛋白 Ag、Pb、Cr、As、CO

(14) 脂肪组织 苯、农药等疏水性有机物

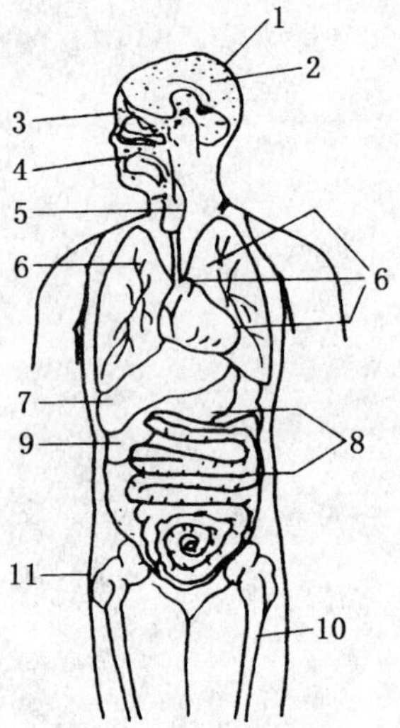

图 5-28 化学污染物(多数未标明化学形态)在人体中蓄积或毒性作用部位

某一污染物在机体或机体某部位蓄积的能力可用生物半衰期值的大小来衡量。一定量污染物一次性进入机体后，由于生物代谢和排泄等作用，引起污染物在生物体内的贮留量减半所需的时间就称生物半衰期，并用符号 $t_{1/2}$ 表示。例如镉在人的肾部位或人全身的 $t_{1/2}$ 值分别为 18 年和 13 年。

如果认为污染物在机体内(或体内某部位)的衰减过程是一级反应过程，则其在机体内(或体内某部位)的浓度 c 随时间 t 而变化的关系符合下式：

$$-\frac{dc}{dt}=\lambda c \quad 或 \quad c=c_0 e^{-\lambda t} \tag{5-7}$$

式中，c_0 和 λ 分别为污染物初浓度和衰减常数。根据上式和 $t_{1/2}$ 的定义，可推导得 $t_{1/2} \cdot \lambda = 0.693$关系公式。

如果污染物以恒定剂量率被连续摄入体内，则其在体内的蓄积量逐日增多，并会达到一个极限值，此极限值大小与剂量率成正比。此外，极限值百分率 $L\%$ 与半衰期个数 n 之间有关系式：

$$L(\%)=\left[1-\left(\frac{1}{2}\right)^n\right]\times 100\% \tag{5-8}$$

通过此式计算可知，经过 5 个半衰期，体内蓄积量已达到其极限值的 96.9%，可认为基本上已达极限。即污染物在生物体中的累积浓度 c_b 与其在环境媒体中的 c_e 达到了平衡。定义平衡状态下两浓度的比值为生物浓集因子(BCF)，即

$$BCF=\frac{c_b}{c_e} \tag{5-9}$$

5.5.2.3 生物放大

在 5.1.2.2 中已阐明，生态系统中各营养级对生物量的利用率呈金字塔状(底宽顶尖)关系，但进入生态系统的污染物在各营养级间的传递情况正好相反。即环境中污染物最初进入低营养级生物体内，且体内浓度很低，通过逐级传递，会发生污染物的生物放大作用，即传到高营养级生物体内时，其体内浓度会递增至极高水平。对居于食物链末端的高等生物的正常机体功能构成威胁。例如有机氯杀虫剂 DDT 几乎不溶于水，但有极强的脂溶性，可以通过食物链高度浓集于生物的体内，使居于食物链末端人体的累积浓度比最初环境浓度高出数百万倍，对机体构成很大

危害，如图 5－29 所示。

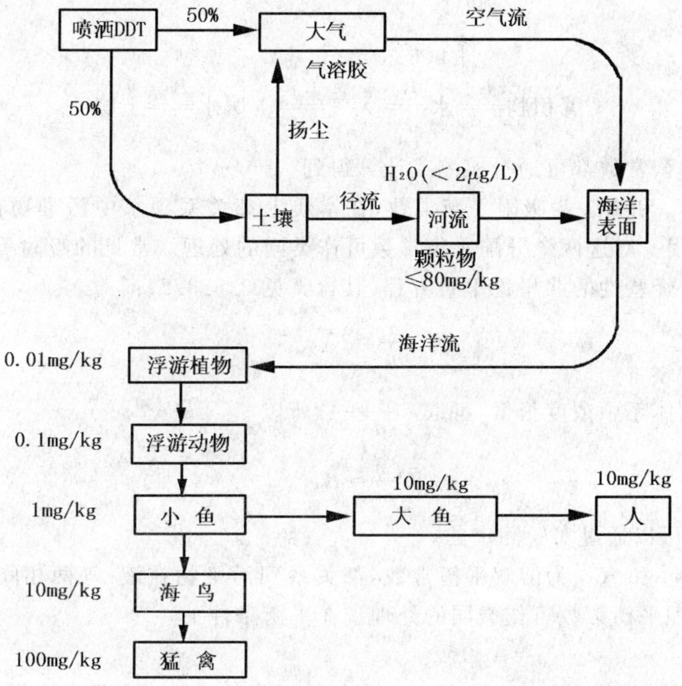

图 5－29 DDT 农药在环境中的迁移和生物放大作用

5.5.3 化学污染物在生态系统内的分布

对包括迁移和分布在内的化学污染物的各种环境行为很难作出可靠的预测，而现场实测工作又难以控制条件且耗资巨大，所以一般先提出一种迁移模型，然后通过实验室工作，对每个单一过程进行研究，并获得必要的参数，然后再反过来验证原先模型的准确性。

迄今已提出过许多种可用于阐明化学污染物环境分布的模型。现以某非极性有机污染物为例，介绍一种处理问题的最简模型。建立这种模型仅需具备污染物在各圈层间的相间分配系数数据，而这些系数可通过实验测定或从污染物的基本物理化学性质参数予以估算。虽然这种模型过于简化，但却可作为进行动力学模型研究的先导性工作。

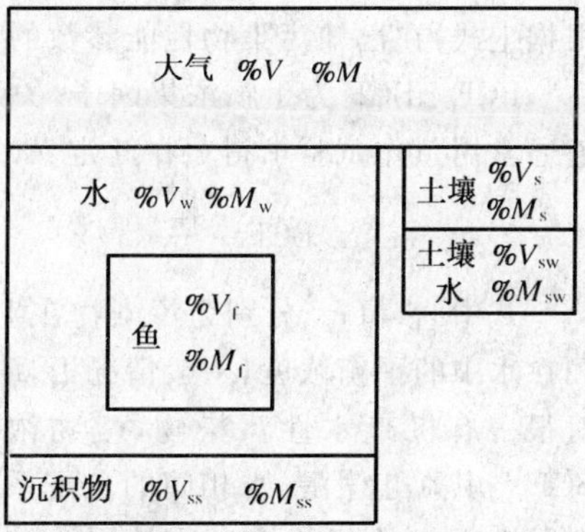

图 5－30 生态系统模型

图 5－30 所示的是一个简化的自然生态系统。V 代表限定空间的总体积，M 代表污染物总量，以%V 和%M 分别表示某一圈层相对于总体系的体积百分数和进入该圈层污染物的质量百分数。

在解决污染物于各圈层分布问题时先提出如下几个假设：(1) 每一圈层中的介质是均匀的，污染物在其中分布也是均匀的；(2) 污染物一旦进入系统，即迅速迁移，随后达到分配平衡；(3) 污染物在迁移过程中来不及发生降解，只是在达到分配平衡之后方始发生降解。

释入系统的污染物在各圈层中的分配情况表示如下：

$$
\begin{array}{c}
\text{鱼(f)} \\
\updownarrow \text{BCF} \\
\underset{(ss)}{\text{沉积物}} \overset{K_a}{\rightleftharpoons} \underset{(w)}{\text{水}} \overset{K_d}{\rightleftharpoons} \underset{(a)}{\text{大气}} \overset{K_d'}{\rightleftharpoons} \underset{(sw)}{\text{土壤水}} \overset{K_a'}{\rightleftharpoons} \underset{(s)}{\text{土壤}}
\end{array}
$$

以上各分配平衡常数都可通过实测或计算得到。

K_a 和 K'_a　K_a 和 K'_a 为吸附平衡常数，在本质上都关系到水中污染物在固相物质表面的吸附-解吸平衡过程。对这两个分配平衡常数可作类同的处理。常见的吸附等温线方程有多种，在此比较适用的是经验性的弗里德里胥方程(其含义见3.6.3.2)：

$$\frac{x}{m}=K_a c_w^{\frac{1}{n}}$$

污染物在环境体系中浓度很低，可取 $\frac{1}{n}\doteq 1$，所以

$$\frac{x}{m}=K_a c_w$$

这里的 K_a 是可以通过实验测定的。

K_d 和 K'_d　K_d 和 K'_d 为溶解平衡常数，都关系到污染物在液-气两相间的溶解-挥发平衡过程，对这两个分配平衡常数可作类同的处理。在平衡条件下，

$$K_d=c_w/c_a \tag{5-10}$$

式中，c_w 和 c_a 分别表示水相和大气中污染物的平衡浓度，c_w 实际上也就是污染物在水中的溶解度。

利用理想气体方程，很容易将上式转换为可供实际计算的下列表达式：

$$K_d=\frac{Tc_w}{120pM} \tag{5-11}$$

式中　T ——绝对温度；

p ——污染物的蒸气压/Pa；

M ——污染物的相对分子质量。

根据上式，在已知污染物性能参数的情况下，就可通过计算求得 K_d 或 K'_d。

BCF　BCF为生物浓集因子，关系到污染物在环境介质和生物体内摄取-排泄平衡过程，BCF值通常用鱼作试验求得。在此定义(对照式(5-9))

$$\text{BCF}=\frac{c_b}{c_w}$$

式中 c_b 和 c_w 分别为污染物在生物体内和在水中的平衡浓度，一般情况下，BCF>1。对很多有机疏水性污染物，生物浓集因子BCF与其在正辛醇-水相间的分配系数 Poct 之间有很好的相关性。这是因为这类污染物在生物体脂类中的溶解能力与在正辛醇中相接近的缘故。图5-31所示是四氯乙烯等7种化学物质对于鳟鱼的BCF-Poct 相关曲线，并可用以下公式表达：

$$\text{lgBCF}=0.542\text{lg}P\text{oct}+0.124$$

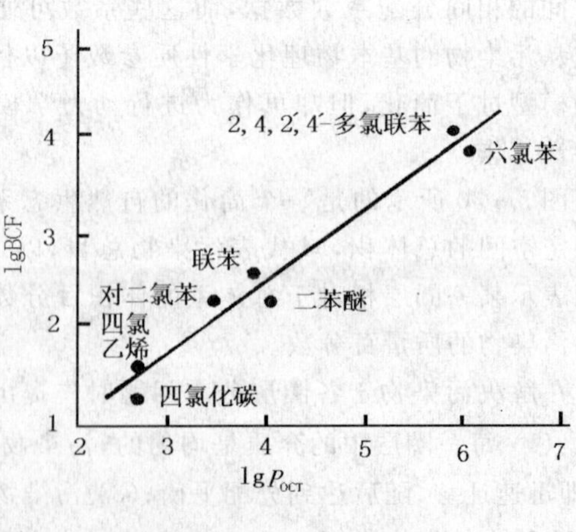

图5-31　一些有机污染物的 Poct 和BCF间的相关关系

污染物的 $Poct$ 很容易通过实验求得，再由以上相关公式求得 BCF 值。

在达到分配平衡时，上述各平衡常数可分别用以下公式表达（ρ 表示密度）：

$$K_a=\frac{\%M_{ss}/(\%V_{ss})\rho_{ss}}{\%M_w/(\%V_w)\rho_w}\ \frac{\mu g\ 对象物/g\ 沉积物}{\mu g\ 对象物/g\ 水}$$

$$BCF=\frac{\%M_f/(\%V_f)\rho_f}{\%M_w/(\%V_w)\rho_w}\ \frac{\mu g\ 对象物/g\ 鱼}{\mu g\ 对象物/g\ 水}$$

$$K_d=\frac{\%M_w/(\%V_w)}{\%M_a/(\%V_a)}\ \frac{\mu g\ 对象物/L\ 水}{\mu g\ 对象物/L\ 大气}$$

$$K'_d=\frac{\%M_{sw}/(\%V_{sw})}{\%M_a/(\%V_a)}\ \frac{\mu g\ 对象物/L\ 土壤水}{\mu g\ 对象物/L\ 大气}$$

$$K'_a=\frac{\%M_s/(\%V_s)\rho_s}{\%M_{sw}/(\%V_{sw})\rho_{sw}}\ \frac{\mu g\ 对象物/g\ 土壤}{\mu g\ 对象物/g\ 土壤水}$$

联立以上五方程，并假定 $\rho_s=\rho_{ss}=2.5$ 和 $\rho_{sw}=\rho_w=\rho_f=1$，可以求得在达到分配平衡后污染物在各圈层中的质量分布表达式，如污染物在水系中分配的质量百分数为

$$\%M_w=100\times\left\{K_a\left(\frac{\%V_{ss}}{\%V_w}\right)2.5+BCF\left(\frac{\%V_f}{\%V_w}\right)+\frac{1}{K_d}\left[\left(\frac{\%V_a}{\%V_w}\right)+K'_d\left(\frac{\%V_{sw}}{\%V_w}\right)+K'_a\cdot K'_d\left(\frac{\%V_s}{\%V_w}\right)2.5\right]+1\right\}^{-1} \tag{5-12}$$

相似地可导出用于计算 $\%M_a$、$\%M_s$、$\%M_f$、$\%M_{ss}$、$\%M_{sw}$ 的表达式。此外，如已知散入系统中污染物的总量，则还可以计算出污染物在各圈层中的浓度大小。

5.5.4 生物转化

生物转化是涉及化学污染物在生物圈中归宿的重要过程。一些重要的生物转化过程及各过程涉及的化学元素（化合物）列举在表 5-8 之中。微生物在污染物生物转化过程中起着最重要的作用。

表 5-8 涉及生物转化过程的元素（化合物）

过　程	元 素（化合物）
氧化还原	Hg、As、Fe、Mn、Sb、Te、Se、S、N
硫化物沉淀	Cu、Pb、Zn、Ag
甲基化	Hg、As、Se、Pb、Cd、Sn、Te、Pu
脱烷基化	Hg、Sn、As
降解	各类有机化合物

5.5.4.1 生物氧化还原和硫化物沉淀

就化学本质来说，光合作用、化能合成作用和呼吸作用都是生物氧化还原反应过程。化能自养细菌使无机物质氧化而获得能量，再利用所得能量将二氧化碳还原而得到能用于组建本身细胞组织的有机物。异养细菌则靠摄取水体中有机物并通过氧化有机物即呼吸作用而达到同样目的。由于水体中有机污染物在呼吸作用过程中被降解，所以这种过程对水质产生很大的影响。

细菌的呼吸过程由细菌细胞内部的各种氧化还原酶和一系列辅酶加以催化完成，被细菌所摄取的有机物质经降解的后期产物是生成各种有机酸。在有氧条件下进一步直达到无机化，其最终产物是 CO_2、H_2O 及 NO_3^-、SO_4^{2-} 等。在缺氧条件下则进行反硝化、反硫化、甲烷发酵、酸性发酵等各种过程，其最终产物除 CO_2 和 H_2O 外，还有 NH_3、H_2S、CH_4、有机酸、醇等。

在水体溶解氧充分的条件下，总是优先进行以 O_2 为电子受体的有氧呼吸，这时无机的或有机的电子给体被氧化。只是在 O_2 不足的情况下，才依次利用较弱的电子受体，它们是 NO_3^-、Fe(Ⅲ)、Mn(Ⅳ)、SO_4^{2-}、CO_2 等。以糖类为例，在不同条件下，发生不同反应的情况如表 5-9 所示。

表中的反应自由焓变按照每摩尔物质在反应中转移单位摩尔电子数来计算。它也反映了进行生物氧化时所释放的能量值，反应自由焓变值越小(绝对值越大)，放出的能量就越多，反应就易于进行。因此，生物氧化进行的顺序是，在有 O_2 时总是进行有氧氧化，在无 O_2 时，就依表中从上而下的顺序发生别的反应。但应指出，表列次序只是从热力学看来是如此，实际上，由有机物供出电子的速度一般比电子受体接受的速度快得多，所以前后相邻反应同时发生的情况也是常见的。

表 5-9 有机物生物氧化的电化学次序

反　应	$-\Delta G^{\ominus}$/kJ·(mol e)$^{-1}$	$E^{\ominus}$/mV
好气呼吸		
$[CH_2O]+O_2 \rightarrow CO_2+H_2O$	117.5	810
反硝化		
$[CH_2O]+4/5NO_3^-+4/5H^+ \rightarrow CO_2+2/5N_2+7/5H_2O$	112.0	750
锰还原		
$[CH_2O]+2MnO_2(s)+2H^+ \rightarrow MnCO_3+Mn^{2+}+2H_2O$	94.5	500
硝酸盐氨化		
$[CH_2O]+1/2NO_3^-+H^+ \rightarrow CO_2+1/2NH_4^++1/2H_2O$	74.0	360
铁还原		
$[CH_2O]+4FeOOH(s)+6H^+ \rightarrow FeCO_3+3Fe^{2+}+6H_2O$	24.3	−100
酒精发酵		
$[CH_2O] \rightarrow 1/3CO_2+1/3[C_2H_6O]$	23.4	−180
硫酸盐还原		
$[CH_2O]+1/2SO_4^{2-}+1/2H^+ \rightarrow CO_2+1/2HS^-+H_2O$	18.0	−220
甲烷发酵		
$[CH_2O]+1/2CO_2 \rightarrow CO_2+1/2CH_4$	16.3	−250
质子还原		
$[CH_2O]+H_2O \rightarrow CO_2+2H_2$	−3.8	−420

在表 5-9 所列的这些反应中，大多数反应的产物中都有 CO_2，而各反应中对氧的需求程度却大有差异。例如，反硝化反应只是在环境中氧的分压降到 0.5 kPa 之后才能发生，MnO_2 的还原反应需在缺氧条件下才能进行。在微生物作用下，MnO_2 的还原和 FeOOH 的还原反应通常是在还原性环境条件下同时发生的，这两个反应对在土壤中和水底铁锰结核中所发生的 Fe 和 Mn 的溶解-沉淀平衡起着很大的作用。发酵过程中有机物兼是电子给体和受体，因此被发酵的化合物具有同时产生可氧化和可还原中间介质的能力。发酵反应随氧分压降低而很快发生，并能与其他所有厌氧降解反应同时发生，由厌氧降解反应提供所需给养基。

在天然生境中，硫酸盐还原趋势是在硝酸盐还原的次序之后。关于表 5-9 中所列的甲烷发酵作用，已在 5.4.4.2 中作过叙述，不再在此重复。质子还原反应在标准条件下是吸热反应，但若生成的 H_2 能即刻地被移去，则反应可转化为放热反应。

例 6 欠氧条件下硝酸根离子可代替氧作为有机物生物降解中的一种电子受体，其半反应为 $2NO_3^-+12H^+ 10e \longrightarrow N_2\uparrow+6H_2O$。问在水中必须有多大浓度的 NO_3^--N 才能与水中平衡溶解氧(2.6×10^{-4} mol/L)具有同等的接收电子的能力？

解 氧气接受电子被还原的反应为

$$2.5O_2+10H^++10e \longrightarrow 5H_2O$$

将此与题中给出的反应比较后可知,同为电子受体的 2mol NO_3^- 与 2.5mol O_2 相当。所以水中 2.6×10^{-4} mol/L 的溶解氧相当于 NO_3^- 的浓度是

$$[NO_3^-]=\frac{2}{2.5}\times(2.6\times10^{-4})$$
$$=2.08\times10^{-4}(mol/L)$$

换算成硝酸盐氮浓度:$[NO_3^- \text{-N}]=(2.08\times10^{-4})\times14$

$$=2.91\times10^{-3}(g/L) \text{或} 2.91\ mg/L$$

在天然水体环境条件下,通过微生物(细菌、真菌、酵母菌)催化作用,引起各种无机化合物的生物氧化还原反应也是经常地大量发生的。许多含变价元素(Hg、As、Fe、Mn、Sb、Te、N、S 等)的化合物由此发生价态、毒性、环境迁移能力等方面的相应变化。例如河水中酵母菌有将 $HgCl_2$ 转为元素汞的能力。在此起作用的是辅酶Ⅰ(或辅酶Ⅱ)的还原形:

$$Hg^{2+}+NADH+H^+ \rightleftharpoons Hg^0+2H^++NAD^+$$

生成元素态汞以其高挥发性逸出系统,并使反应平衡向右移动。在沉积物或土壤溶液中,上述反应的逆向过程也是可能发生的。

在水中微生物参与下,可能发生 As(Ⅲ)和 As(Ⅴ)两种价态间的转换反应。例如发生在土壤溶液中的反应为:

$$AsO_2^-+H_2O+\frac{1}{2}O_2(g)\longrightarrow H_2AsO_4^-$$

反应在好氧条件下发生,且由毒性较大的亚砷酸盐转为低毒的砷酸盐产物。相反的还原反应过程可在厌氧条件下发生。

Fe(Ⅱ)在细菌的作用下被催化氧化为 Fe(Ⅲ)的反应如下:

$$4FeCO_3(s)+O_2(g)+6H_2O\longrightarrow 4Fe(OH)_3(s)+4CO_2(g)$$

反应中释出能量可被细菌用于新陈代谢之需。

在表 5-9 中列出的硫酸盐还原反应(生物反硫化作用)可在具备缺氧条件的淤泥、沼泽、排水池或土壤中进行。在适宜的介质及 pH 值条件下,硫酸盐将被还原转化为 H_2S 气体,从而在所在的环境介质中产生 Cu、Pb、Zn、Ag 等金属的硫化物沉淀,以至减弱了这些金属在所在介质中的迁移能力(见 7.1.5.1)。

5.5.4.2 生物甲基化和脱烷基化

表 5-8 中已列举了可形成甲基化产物的诸元素,其中具有代表性的是汞和砷的生物甲基化过程。

20 世纪 50 年代在日本曾发生过水俣病公害事件①,系含汞工业废水污染水域后经生物甲基化转化为甲基汞,使鱼中毒,人食鱼而受害。至 1987 年统计,患者近 3 000,总死亡人数近千。继此之后,1971 年在伊拉克也发生过有人误食经甲基汞(作为农药)处理过的谷物种子,导致 3 000 多人死亡的事件。类似事件还曾发生于危地马拉、巴基斯坦等国。在屡屡发生汞中毒事件的情况下,有关研究人员对甲基汞生成的生物转化机理作了深入的研究。

生活在受汞污染水中的鱼,其体内所含的汞几乎都是甲基汞。甲基汞有可能通过各种生物或非生物过程产生,但两种过程的必要条件都是需要有 Hg^{2+} 和甲基供体。在水体中存在着腐殖质和许多生物过程产物,它们是潜在的甲基化剂。

在酶催化过程(即生物甲基化过程)中,除甲基供给体外,还需要具备一个活性代谢基体及以

① 水俣是城市名。

下三个酶系统之一：(1) 甲硫氨酸合成酶；(2) 乙酸盐合成酶；(3) 甲烷合成酶。非酶催化过程只需要水中存在有甲基供给体。

生物甲基化可在地表水、沉积物、土壤、鱼体肠管黏液等介质中由好氧或厌氧细菌参与下进行，其效率取决于基体的代谢状态及有效汞离子浓度。转化的过程可表示如下：

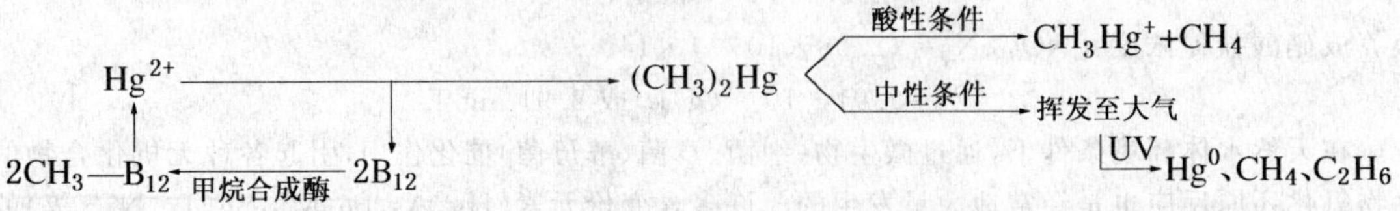

以上反应过程中所需的 $CH_3—B_{12}$（甲基钴氨素）在生物体中普遍存在，主要聚集在肝脏等器官之中。由无机汞离子转化为二甲基汞的反应在此是由甲烷发酵菌参与下的酶促反应，但已证明，只要有 $CH_3—B_{12}$ 存在，单纯的非酶化学反应也能按此过程进行。其他有机汞化合物（如苯基汞）也可在水体细菌作用下，先转化为无机汞离子，然后再通过以上过程由无机汞离子转为甲基汞和二甲基汞。

砷酸盐经细菌和真菌甲基化作用后会产生二甲基胂和三甲基胂。其中机理大致是在水体沉积物的厌氧条件下，通过微生物作用，以甲基基团置换砷酸盐中羟基，从而生成甲基取代物。反应的第一步是砷酸盐在细菌作用下还原为亚砷酸盐，反应过程中作为甲基给体的是甲基钴氨素，反应终产物可从沉积物迁移到水层和大气。其中生物转化的过程如图 5－32 所示。研究者认为甲基化对微生物而言乃是一种解毒的过程。

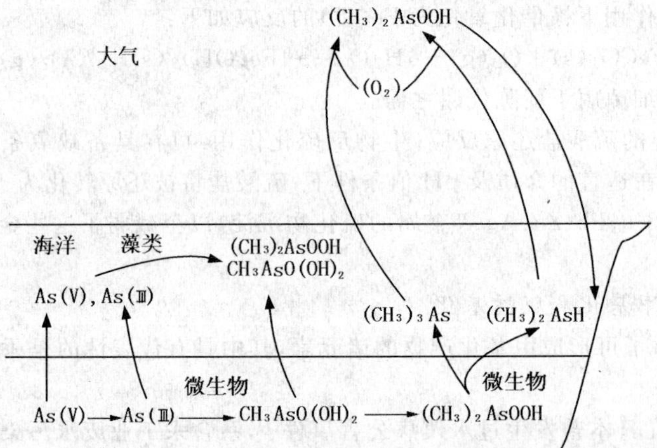

图 5－32　砷酸盐的生物转化过程

存在于土壤、污水和湖水沉积物中的好氧、厌氧、兼氧细菌皆有脱甲基的能力。如甲基汞在生物酶作用下会发生 Hg—C 键水解，结果产生甲烷和汞离子，后者进一步还原为元素汞形态。其中发生的反应可写成：

$$CH_3Hg^+ \xrightarrow{\text{细菌}} CH_4(g) + Hg^{2+}$$

$$Hg^{2+} \xrightarrow{\text{细菌}} Hg^0$$

因 Hg^0 具有高度挥发性，生成后很可能就从反应体系中逸出。脱甲基作用可能比甲基化作用慢得多，但仍有助于抵消水体中甲基汞的生成作用。

5.5.5　生物降解①

生物降解这一术语通常针对有机污染物来使用。各类生物降解反应普遍地发生在水和土壤环境介质之中。本节主要论述发生在水环境中的生物降解作用。细菌是引起有机污染物生物降解的主体，有关细菌生活特性内容已在5.3.2.3中作过简述。

5.5.5.1　降解和需氧污染物

含碳有机物在自然界中大量存在，它们都是在生命活动中通过负熵过程产生的，因而也都是还原性的和热力学不稳定的。通过各种环境因素作用，可能由大分子转化为小分子或由结构复杂的分子转化为简单分子，乃至彻底地转为无机物分子，这就是所谓的降解过程。一般所说的降解可依环境因素的不同而划分为三大类：(1) 生物降解——靠生物机体的作用；(2) 光化学降解——需要有光能介入的非代谢性降解；(3) 化学降解——靠化学物质起化学作用而发生降解。② 三类降解机理的相对重要性固然与有机物本性有关，但与其所在介质的性质也有密切关系。如光化学过程在大气中最为重要，但在土壤中发生的可能性最小；对存在于水体和土壤中的有机化合物来说，生物降解往往是决定该化合物最终归宿的最重要过程。各种有生命机体都有降解化学物质的能力，但由于微生物有着繁多的种类和很快的代谢速率，所以由这些还原者引起的生物降解作用具有特别重要的意义。

对化学物质降解行为进行研究，可以确定其在环境中是否有相当长的滞留时间，以使迁移过程得以发生；如果停滞在某一圈层之中，又是否可能因降解而产生毒性更大的中间产物等。总的说来，降解作用是关系到化学物质环境归宿的一个重要因素。

存在于水体中的有机物在发生生物降解过程中需要耗用水体中的溶解氧(需将氧分子作为有机物脱氢氧化过程中的受氢体)，故又将这类有机物称为需氧污染物(参见3.4.3)。

5.5.5.2　有机物生物降解反应及其机理

需氧污染物在水体中发生生物降解的问题可以从两方面来考虑：从微观看，就是考虑微生物的生活行为和污染物在微生物的作用下发生逐步降解的反应机理；从宏观看，也就是考虑水体本身如何通过生物因素而达到自净结果的。对这两方面的内容将在下文和5.5.6中分别予以阐述。

1) 对生物可降解性的影响因素

影响水体中有机物生物降解反应速度和限度的最根本因素当然是水中有机物组成、含量及这些组分的生物可降解性。其次，细菌的种类和性质也是一个相当重要的因素。天然水体中蕴藏着无数的细菌个体，它们降解有机物的能力随种群的不同而有很大差异。有的细菌能降解几十种有机物并能利用其中任何一种作为碳源和能源进行代谢；有的细菌，如甲烷细菌只能利用低级的醇和酸这两类有机物；而某些纤维分解菌只能利用纤维素作唯一的碳源和能源。除了有机物种类、细菌种类之外，影响降解作用的重要因素尚有有机物和细菌所处的环境条件如温度、pH值、盐度、溶解氧浓度、细菌活体浓度、营养物料的种类和浓度以及时间等。

对有机物的分子结构、物理性质、化学性质等与其生物可降解性之间的关系已作了很多研究，也发现了一些经验性的规律。对于分子结构与生物可降解性之间的关系可归纳如表5-10所示。在对表中所列出的内容作若干补充后，我们可以得到这样一些规律：(1) 对烃类化合物，

① "生物转化"内容应包容"生物降解"在内，但因后者篇幅较大，故从前者分列出来。

② 另有一类在较高温度下可发生的热降解，但在一般环境条件下难于发生。

一般是链烃比环烃容易分解，直链烃比支链烃易分解，不饱和烃比饱和烃易分解；（2）分子主链上的碳原子被其他元素原子取代后，生物氧化的阻抗一般会有所增强，其中氧原子取代的影响最显著（例如醚很难生物降解），其次是硫和氮；（3）碳原子上的氢被烷基或芳基取代的个数越多，取代物的生物阻抗越强；（4）官能团性质和数量多少对有机物可生化性影响很大；（5）某些结构坚实的高分子化合物，由于微生物及其酶不能扩散到化合物内部，袭击其中最敏感的反应键，因此使生物可降解性降低。

表 5-10 化学结构和生物降解的相互关系

生物降解容易（持久性低）	⟶	生物降解难（持久性高）
$R—CH_2—R$	$R—CH(R)—R$	$R—C(R)(R)—R$
$R—CH_2—OH$	$R—C(=O)—R$	
$R—CHO$	$R—C(=O)—OR$	$R—O—R$
$R—COOH$ $R—NH_2$		
$—OH$ $—COOH$	芳香取代物 $—SO_3H$ $—NH_2$ $—OCH_3$	$—Cl$ $—NO_2$

2）生物降解的基本反应类型

众多的研究工作者曾对由微生物参与的生物化学反应作过很多分类工作，属于生物降解反应的主要有这样一些基本反应：氧化、还原、水解、脱水、脱氢、脱氨基、脱羧基、脱卤、脱卤化氢等，实际上这些反应在很多场合下是叠加发生的，现将这几类基本反应及附加实例列举如下（参与反应的微生物种名略）。

<u>氧化</u>

饱和烃　　$CH_3—CH_3 \longrightarrow CH_3COOH$

乙烷　　乙酸

芳香烃

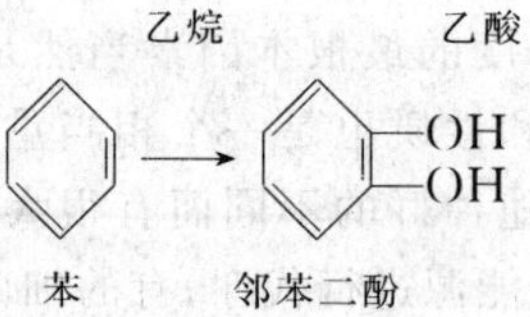

苯　　邻苯二酚

表面活性剂

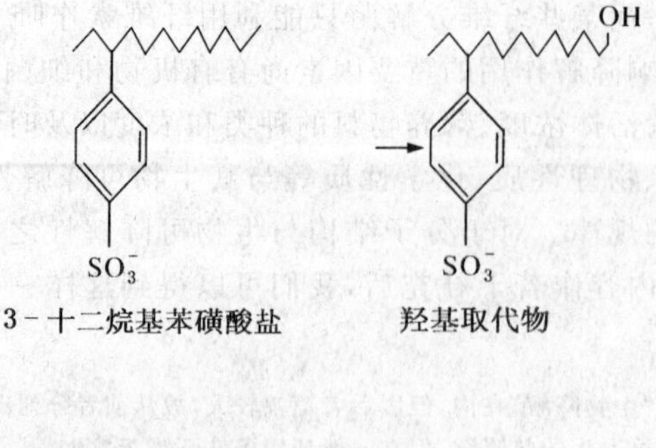

3-十二烷基苯磺酸盐　　羟基取代物

还原

醛 $CH_3CHO \longrightarrow CH_3CH_2OH$

乙醛　乙醇

醚 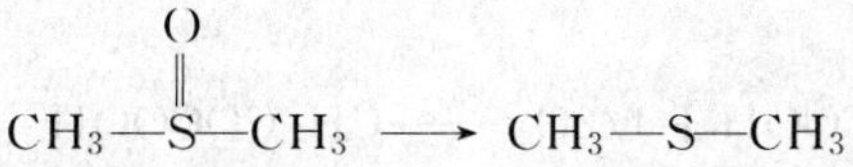

二甲亚砜　二甲基硫

农药 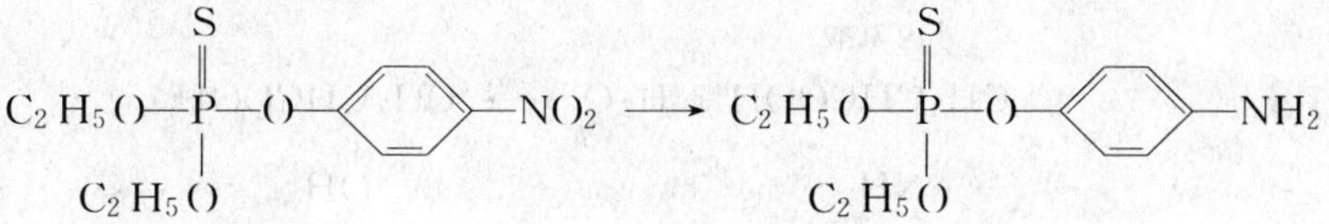

对硫磷　氨基对硫磷

水解

卤代烃 $CH_2Cl_2 + H_2O \longrightarrow HCHO + 2Cl^- + 2H^+$

二氯甲烷　甲醛

除草剂 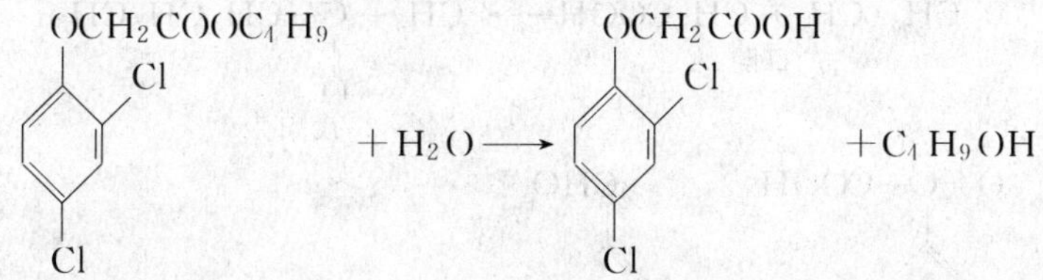

2,4-二氯苯氧乙酸丁酯　2,4-二氯苯氧乙酸(2,4-D)　丁醇

杀虫剂

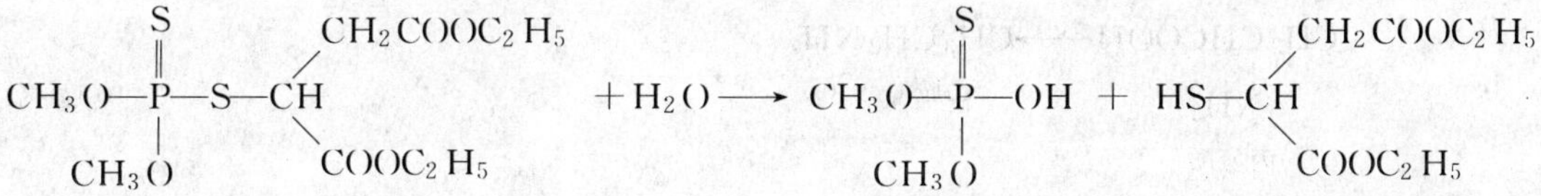

马拉硫磷　硫代磷酸二甲酯　2-巯基丁二酸二乙酯

脱水

醇 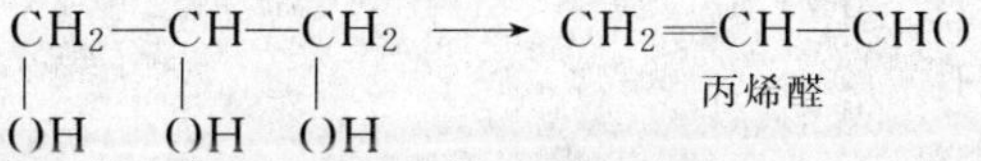

甘油　丙烯醛

酸 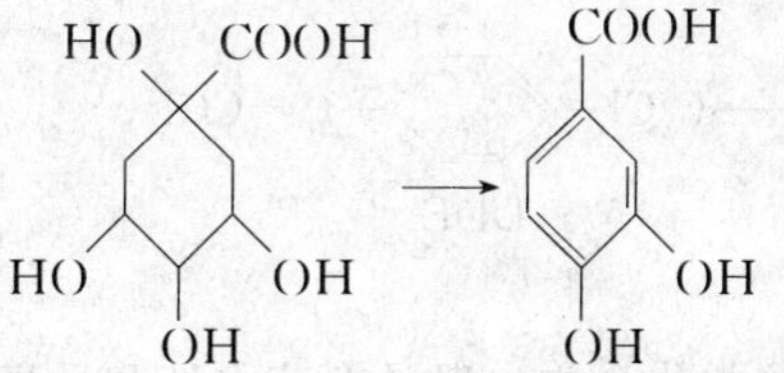

奎尼酸　原儿茶酸

脱氢

饱和烃 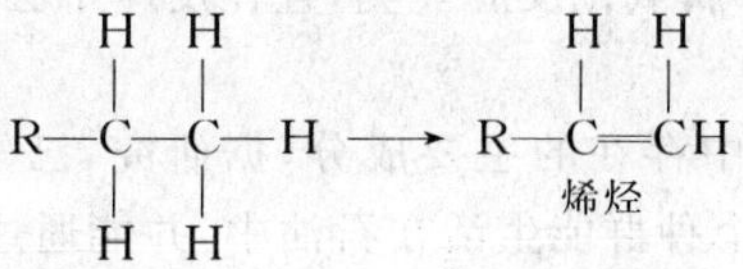

烷烃　烯烃

羧酸 $CH_3(CH_2)_{16}COOH \longrightarrow CH_3(CH_2)_7CH{=}CH(CH_2)_7COOH$

硬脂酸　　油酸

脱氨基

氨基酸 $CH_3CH(NH_2)COOH + 1/2O_2 \longrightarrow CH_3COCOOH$

丙氨酸　　丙酮酸

$CH_3CH(NH_2)COOH + H_2O \longrightarrow CH_3CH(OH)COOH$

丙氨酸　　乳酸

脱羧基

羧酸 $HOOCCH_2CH_2COOH \longrightarrow CH_3CH_2COOH$

琥珀酸　　丙酸

$CH_3(CH_2)_3CH_2COOH \longrightarrow CH_3{-}C({=}O){-}CH_2CH_2CH_3$

己酸　　2-戊酮

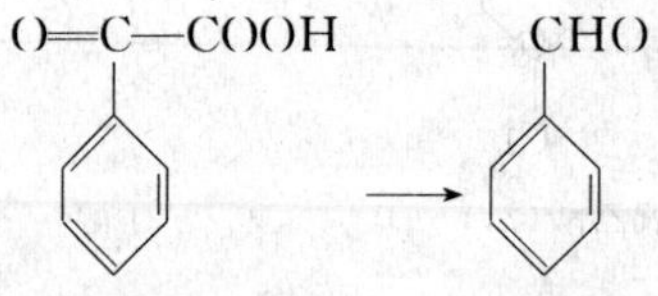

苯甲酰基甲酸　　苯甲醛

$CH_3CH(NH_2)COOH \longrightarrow CH_3CH_2NH_2$

丙氨酸　　乙胺

脱卤

卤代烃 $CCl_4 \longrightarrow CHCl_3$

四氯化碳　　三氯甲烷

$C_2H_4Br_2 \longrightarrow C_2H_4$

二溴乙烷　　乙烯

脱卤化氢

农药 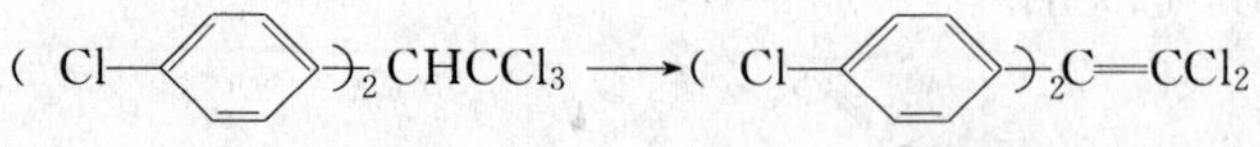

DDT　　DDE

3）降解反应的机理

这里主要介绍碳氢化合物的生物降解。这类化合物一般具有疏水性和呈高度还原状态这两方面特性，从而对分子渗入细胞过程及微生物生理特性、增殖动力学和氧化机构等产生很大影响。由于分子呈还原状态，所以降解反应都属氧化反应一类，且在反应中必须有氧存在并有氧化酶作催化引发。

烷烃类化合物　烷烃是石油化工废水中存在的主要成分，据研究，已知有 28 属细菌、30 属丝状真菌和 12 属酵母菌共计 70 属 200 多个种群能生活在石油中，并能通过生物氧化降解石油。

一般在酶作用下，正烷烃分子末端碳原子受到攻击而发生氧化，最初生成物是醇，以后经醛而生成酸，酸再经 β 氧化径路和三羧酸循环最后转成 CO_2 和 H_2O，整个降解过程可表示如下：

$$R—CH_2—CH_3 \xrightarrow{+[O]} R—CH_2—CH_2OH \xrightarrow{-2H} R—CH_2—CHO$$

$$\xrightarrow[+HOH]{-2H} R—CH_2—COOH \xrightarrow[\text{TCA循环}]{\beta\text{氧化}} CO_2 + H_2O$$

烯烃类化合物　一般说来，微生物对烯烃类化合物的氧化能力要比芳烃和烷烃强，这种氧化过程所包含的基本反应可能有三种：(1) 烯烃分子上双键端或饱和端碳原子被氧化；(2) 双键发生环氧化；(3) 生成二元醇。对很多研究工作进行归纳后，可得到烯烃类化合物生物降解的如下图示：

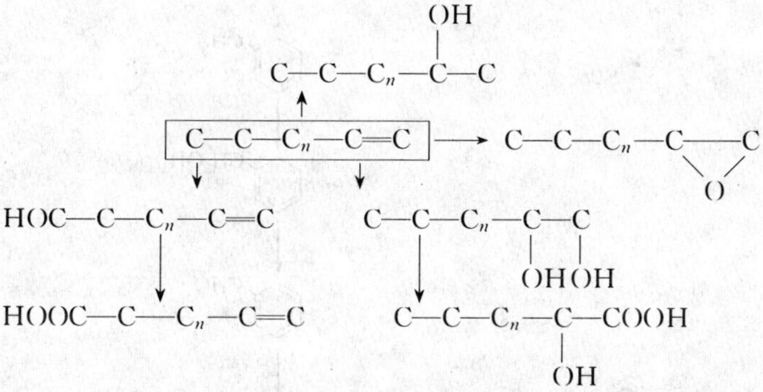

图中所示各种代谢产物中以饱和与不饱和脂肪酸为主，它们可再经 β 氧化径路和三羧酸循环而被完全分解。

环烷烃类化合物　有关这方面的研究还很不彻底，在此仅举几个典型例子如下：

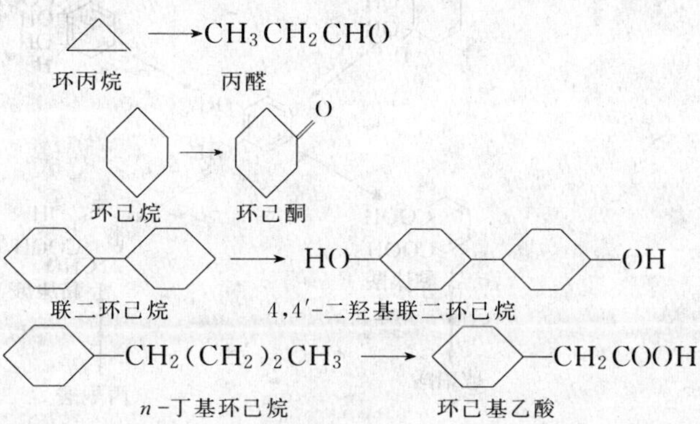

芳香烃类化合物　有些微生物种群以芳烃类化合物为唯一碳源和能源进行代谢。近来，作为重要水体污染物的酚和具有芳烃类分子结构的农药、合成洗涤剂等的生物降解行为已越来越受到人们的重视。从具有最简单结构的苯、甲苯出发来介绍这一类化合物的生物降解机理如图 5-33 所示。这两种化合物可从芳香环羟基化或甲基羟基化开始反应而生成苯二酚，以下就进入典型的芳烃化合物的氧化分解径路，即由苯二酚通过邻位开环或间位开环分别生成粘康酸（己二烯二酸）或粘康酸半醛，这两种产物再经过一连串反应径路分别得到最终可参与三羧酸循环的琥珀酸或丙酮酸。

萘是焦化废水中的重要成分，它的生物降解按与单环芳烃类似的径路进行，即羟基化⟶开环⟶生成苯二酚的途径：

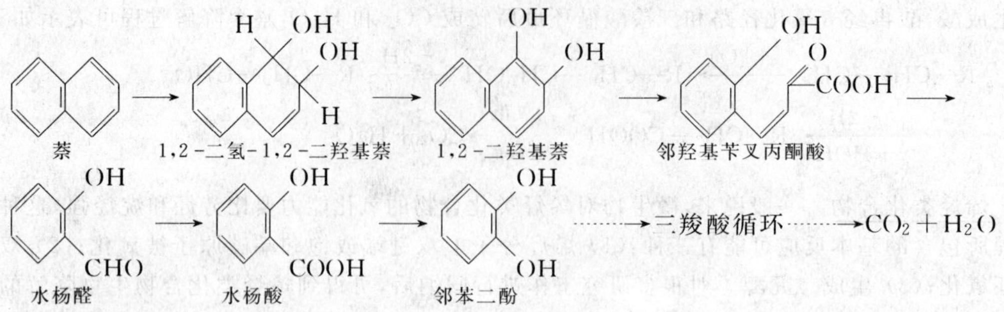

三环式芳香烃(蒽、菲)的降解途径与萘相似,不再赘述。

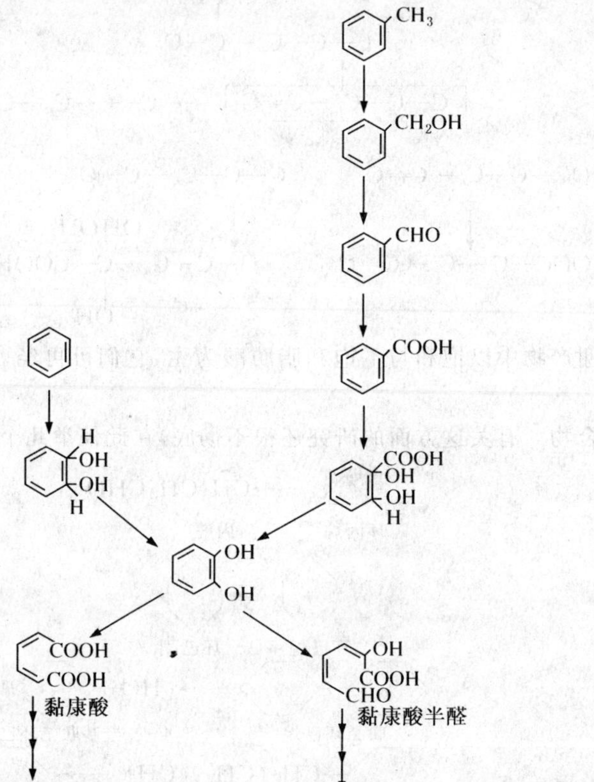

图 5-33 苯和甲苯的生物降解机理

5.5.6 水体对有机污染物的自净作用

以河流为例,有机污染物释入水体后,所引起的效应可归纳为两个方面。一是生态学效应,它是指生物在种类和数量上的变化;另一是溶解氧效应,它是指有机物经生物降解后使水体中溶解氧浓度降低。天然水体多是流动的,"流水不腐"的意义在于水体一旦受到污染,其本身有一定的自净能力,即通过其内部进行的一系列物理、化学和生物过程,使它能够部分地或逐渐地恢复到原来状态。物理自净过程包括稀释、混合、吸附、沉降等作用;化学自净过程包括污染物的分解与化合、氧化与还原、水解与聚合等作用。以下主要介绍与 BOD 参数相关的生物自净过程。

水体的生态学状况可用光合作用速率 P(即水体中自养生物通过光合作用合成有机物的速度)和呼吸作用速率 R(即生物通过呼吸作用消耗有机物的速度)的比值来表征。对于水质良好的正常水体,P 和 R 保持平衡即 $P \approx R$,水体发生富营养化或受到有机物污染后,这种平衡状态就被打破,分别引起 $P \gg R$ 或 $R \gg P$。如释入水体的是含营养物质类的有机物,则将为异养性微生物提供能促进其生长和繁殖的食料,于是就会导致 R 增大。在随河水顺流而下的过程中,水中有机物因受微生物降解,逐渐达到无机化,从而在河流下游地区为藻类等提供了富足的无机营养物料,结果就使下游地区 P 和 R 值又一次趋于平衡。这种变化过程可用图 5-34 表示。

在图中,上下两条曲线分别代表 P 和 R 所发生的变化,虚线则表示有机物对 $P-R$ 平衡发生影响的总效应,这总效应的大小可从虚线偏离横轴的程度来表示。

由耗氧性有机污染物引起水体溶解氧浓度低落,会对水中多数好氧呼吸的生物产生危害作用。如鱼类在 DO 小于 4 mg/L 的水中就会窒息而死。此外,当水体处于缺氧的还原状态时,水中各种高价态硫的化合物被还原为对大多数水生生物有害的 H_2S 状态,同时 NO_3^- 还原为 N_2 或 NH_4^+ 形态,CO_2 还原为 CH_4 形态。高度厌氧的水体还会因有机物发酵而严重污染水体,这时 P/R 值接近于零,藻类和绿色植物绝迹,动物中只有少数低级虫类存在。

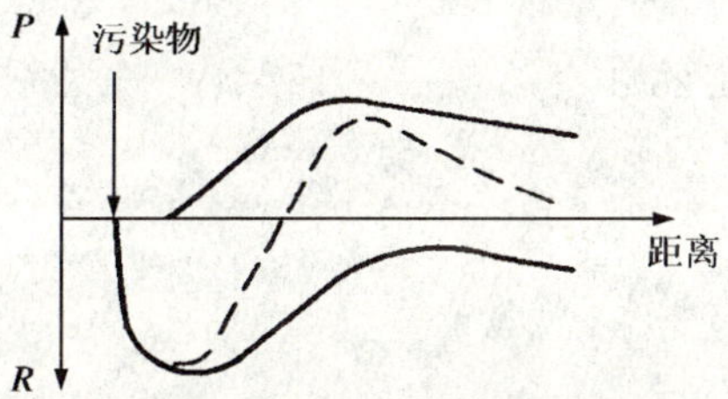

图 5-34 耗氧性污染物对水体生态状况的影响

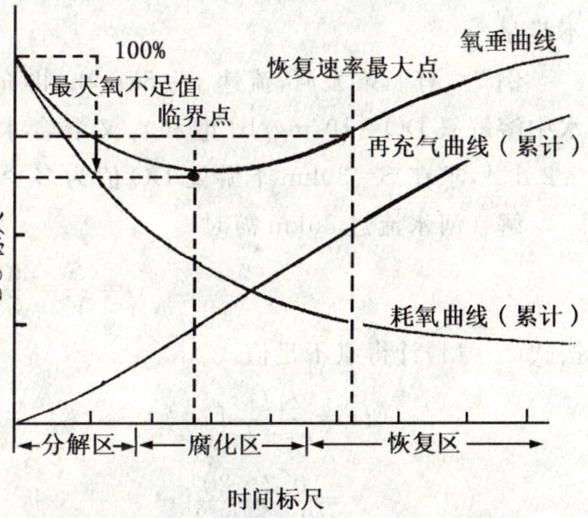

图 5-35 耗氧曲线、再充气曲线和氧垂曲线

对一条河流受有机耗氧物污染引起溶解氧降低的情况可以用一种数学模式来定量地予以阐明,使用这种模式处理的结果如图 5-35 所示。

图中包括随时间(即河水顺流而下的距离)变化的耗氧作用曲线、再充气作用曲线以及作为这两者加合结果的氧垂曲线。耗氧作用曲线随时间下降的速率直接正比于即时的有机物浓度(BOD_u 值),再充气作用曲线随时间上升的速率则正比于溶解氧浓度偏离平衡溶解度程度(下称氧不足值)的大小。在建立氧垂曲线数学模式之前还假定:(1) 在初始时间 $t=0$ 时,溶解在水中的氧气是饱和的;(2) 河流断面上每一点的流速都相等。由此,氧垂曲线可用下列微分方程表述:

$$dD/dt = k_1 L - k_2 D$$

式中 D ——即时的氧不足值;

L ——即时的 BOD_u 值,相当于当时的有机物浓度;

k_1、k_2 ——耗氧反应速率常数和再充气速率常数;

t ——河水从 $t=0$ 开始流动所经过的时间。

对作为时间变量的 BOD_u 值来说，有

$$\frac{dL}{dt}=-k_1L$$

由以上两微分方程，可得数学解如下：

$$L=L_0e^{-k_1t} \tag{5-13}$$

$$D=\frac{k_1L_0}{k_2-k_1}[e^{-k_1t}-e^{-k_2t}]+D_0e^{-k_2t} \tag{5-14}$$

式中 L_0——初始 BOD_u 值，相当于有机物初浓度；

D_0——初始的氧不足值。

在图 5-35 中耗氧曲线上每一点的纵坐标表示氧化有机物负荷所需氧的浓度，在 $t=0$ 时有最大值，到达曲线右侧底端时降低到零，因此曲线整体也就表示了水体中有机污染物浓度水平随时间的变化情况。同时，该曲线每一点上的斜率也就代表着该处水样的耗氧速率。

再充气曲线升降趋向正好与耗氧曲线相反，随时间推移由零而趋向饱和。当耗氧作用减弱时，再充气作用却有了上升的势头，在某一时间点（临界点）上两者速率相等（两曲线的斜率相等），且都与氧不足值成比例。此后再充气速率将超过耗氧速率，因此在临界点上具有最大的氧不足量。

例 7 有一条大河，流速 $v=5$km/h，再充气速率常数 $k_2=0.4\ d^{-1}$，在有机污染物受纳处河水中溶解氧 DO=10 mg/L（饱和），又混合水的初始 BOD_u 值为 20 mg/L，耗氧速率常数 $k_1=0.2\ d^{-1}$，求在 $S=30$km 下游处 DO 值为多少？

解 河水流过 30km 需时

$$t=\frac{S}{V}=\frac{30}{5}=6\ \text{h，或}\ 0.25\ \text{d}$$

按式(5-14)计得氧不足值

$$D=\frac{k_1L_0}{k_2-k_1}[e^{-k_1t}-e^{-k_2t}]+D_0e^{-k_2t}$$

$$=\frac{0.2\times20}{0.4-0.2}[e^{(-0.2)\times0.25}-e^{(-0.4)\times0.25}]+0$$

$$=1.0\ \text{mg/L}$$

由此，经 30 km 流程后，溶解氧值下降为

$$DO=10-1.0=9.0\ \text{mg/L}$$

例 8 某城市污水排水量为 1.33 m^3/s。受纳河流的流量为 8.5 m^3/s，流速 3.2 km/h。污水和河水温度分别为 20℃和 15℃；BOD_5 分别为 200 和 1.0 mg/L；溶解氧的饱和度分别为 0 和 90%。又已知耗氧反应速率常数 $k_1=0.3\ d^{-1}$ 和再充气速率常数 $k_2=0.7\ d^{-1}$（皆以 20℃条件下计，它们的温度系数又分别为 1.135 和 1.024）。求极限氧不足点的所在位置 x_0 及此处的溶解氧量 DO_c。

解 (1) 求未纳污河水中的溶解氧量：

已知 15℃时，饱和溶解氧浓度为 10.2 mg/L，则河水中溶解氧 DO=10.2×90%=9.2 mg/L

(2) 求混合液的温度、溶解氧、BOD_5 和 BOD_u 值：

混合液温度为 $\frac{1.33\times20+8.5\times15}{1.33+8.5}=15.7$℃

混合液中溶解氧为 $\frac{1.33\times0+8.5\times9.2}{1.33+8.5}=8.0$ mg/L

混合液的 BOD_5 值为 $\frac{1.33\times200+8.5\times1.0}{1.33+8.5}=27.9$ mg/L

混合液的 BOD_u 值为 $\frac{27.9}{1-e^{-0.3\times5}}=35.9$ mg/L(见式(5-3))

(3) 对速率常数作温度校正：

$$k'_1=0.3\times1.135^{(15.7-20)}=0.174\ d^{-1}$$

$$k'_2=0.7\times1.024^{(15.7-20)}=0.63\ d^{-1}$$

(4) 求初始(河流刚受纳污水)的氧不足量：

已知混合温度15.7℃时，饱和溶解氧浓度为10.1 mg/L，则

$$D_0=10.1-8.0=2.1\ mg/L$$

(5) 求极限氧不足点的所在位置：

如以 t_C 表示从受污点至极限氧不足点河水流经的时间，从对式(5-14)求导，并令 $\frac{dD}{dt}=0$ 可推得

$$t_C=\frac{1}{k'_2-k'_1}\ln\left\{\frac{k'_2}{k'_1}\left[1-\frac{D_0(k'_2-k'_1)}{k'_1L_0}\right]\right\}$$

代入已知值，得

$$t_C=\frac{1}{0.63-0.174}\ln\left\{\frac{0.63}{0.174}\left[1-\frac{2.1(0.63-0.174)}{0.174\times35.9}\right]\right\}$$
$$=2.46\ d$$

则极限氧不足点所在位置

$$x_C=vt_C$$
$$=3.2\times(2.46\times24)=188.9\ km$$

(6) 求极限氧不足点的溶解氧量：

在(5)中对式(5-14)求导的另一结果是得到如下关系式：

极限氧不足量 $D_C=\frac{k'_1}{k'_2}L_0e^{-k'_1t_C}$

代入已知值，得

$$D_C=\frac{0.174}{0.63}\times35.9\times e^{-0.174\times2.46}$$
$$=6.5\ mg/L$$

则溶解氧量 $DO_C=10.1-6.5=3.6$ mg/L

仍如图5-35所示，可将一条受有机耗氧物污染的河流按其流向分成三个区域：分解区、腐化区、恢复区。对在腐化区以下的恢复区又可顺次分为α-中腐区，β-中腐区和低腐区。在分解区，溶解氧降低，大气中氧又不能及时补足，氧垂

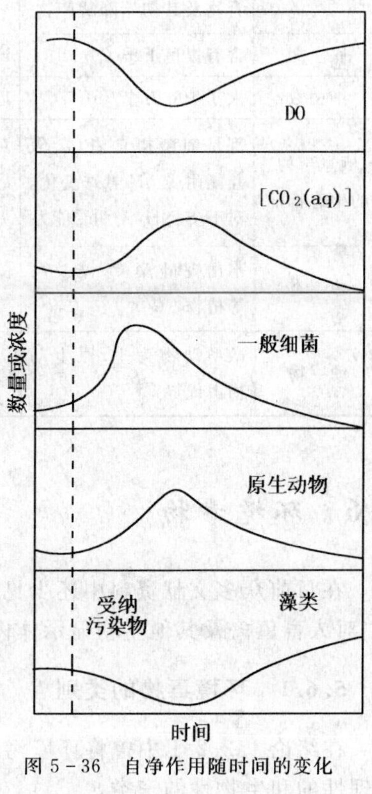

图5-36 自净作用随时间的变化

曲线开始下垂，在开始区段还进行着好氧分解，但在水体底层逐渐转入厌氧分解状态，产生NH_3、H_2S、CH_4 等还原性气体。这种情况进一步向中层和表层发展，遂使整个水体水质恶化。同时由于 P 值低下（水藻类的光合作用因生长条件恶化而减弱）R 值增大（细菌大量繁殖），使 R 远大于 P，由此又使水体中生物的种类和数量发生相应变化。为避免冗长的阐述，对分解区以下的区段的环境特性以表格形式予以阐明，对此可参见表 5-11。与 DO 变化相应的[$CO_{2(aq)}$]及生物体数量变化的曲线如图 5-36 所示。

综上所述，由有机物引起水体污染的两种效应即生态学效应和溶解氧降低效应是互相关联的。河流水体的自净能力表现为在两种效应的交互作用下，河水经过一段流程之后能恢复到污染之前的状况。

表 5-11　水体中腐化区和恢复区的环境特性

区域 / 环境特性	腐化区	恢复区		
		α-中腐区	β-中腐区	低腐区
化学过程	由还原分解作用引起全水体腐败现象	水中和底泥中发生氧化过程	氧化过程进一步进行	完成氧化、达到无机化
DO 值	近于零	小	略大	大
BOD 值	非常大	大	略小	小
生成 H_2S	大多有 H_2S 臭	略带臭味	无	无
水中有机物	含高分子碳、氮有机化合物及其初始降解产物	丰富的氨基酸	含氨基酸	有机物分解完成
底泥	含有黑色 FeS	FeS 氧化产生氢氧化铁	多数氢氧化铁	近于氧化状态
细菌数	大于 100 万个/mL	近 10 万个/mL	小于 10 万个/mL	小于 100 个/mL
栖息生物的生态特征	都是细菌摄食者，厌氧并能耐受 pH 悬殊变化，对 H_2S、NH_3 有耐受能力	对 pH 和 DO 变化有大的适应性。对 NH_3 有耐受力，但对 H_2S 耐受力弱	不能耐受 pH 和 DO 变动，不能长时间耐受 H_2S、NH_3	不能耐受 pH 和 DO 变动，不能长时间耐受 H_2S、NH_3
藻类	不出现硅藻、绿藻及高等植物	藻类大量发生，出现蓝藻、绿藻、硅藻	出现多种类的硅藻、绿藻	少藻，个别种属数量增多
动物	微型动物为主，原生动物占优势	微型动物占优势	种类多样	种类多样，有鱼

5.6 环境毒物

在目前众多文献资料中还少见有“环境毒物”用词。作为本节叙事主题，姑且将其含义界定为“对人畜鱼禽及其他生物显示体内毒性的环境污染物”。环境毒物大多是环境污染的产物。

5.6.1 环境毒物的类别

在绪论 1.2.2.1 中曾将环境污染因素分为三类，与此相应，对环境毒物也可分为化学性的、物理性的和生物性的三类。

5.6.1.1　化学性环境毒物

这是指那些对生物体产生毒性的存在于环境中的化学物质。在本书的多数章节中几乎随处可见到有关它们的种种叙述。它们通过受污染的土壤、空气和水体进入各种生物体，又可通过食物链进入人体之内，从而显示出它们的生物毒性。这样的过程是自然发生的，几乎是悄无声息的。但在现实生活中也有一些人体摄入毒物的非自然过程，系由不良社会环境所造成。例如，在市场经济大潮的推动下，有见利忘义者为牟取高额利润，在食品生产或加工过程中加入了种种化学毒物。如在圈养生猪的饲料中加入瘦肉精，在各种肉食中超量加入人工合成色素，为催熟促壮瓜果使用各种植物生长激素，在大米加工中添加工业石蜡油，在面粉中掺滑石粉，味精中掺尿素，用甲醛液（福尔马林）浸泡加工海鲜，用敌敌畏防火腿生虫，用硫磺熏蒸白木耳……花样百出，不一而足。

在食品加工行业酌量添加法规许可的色素、香料、甜味剂、防腐剂等化学原料原无不可，但滥用或过量添加都会对人体产生毒害作用。常有这种情况发生，即当前许可使用的某种食品添加剂，在经过一段时期后被明令禁止使用。这正表明此类人工合成的化学性添加物有着潜在的食用不安全性。

5.6.1.2　物理性环境毒物和毒性因子

典型的物理性环境毒物是放射性核素，典型的物理毒性因子是电磁波的致电离辐射。

不稳定的原子核有自发改变其核结构的倾向。在这种情况下，从原子核（母核）内部放出带一定能量的粒子（α射线或β射线），或放出电磁波（γ射线），由此降低核能级水平，从而转为结构稳定的核（子核）。这种自然过程被称为核衰变，在过程中发出射线的现象称为放射性。X射线也是一种电磁波，是生活中常遇的物理毒性因子。在用词不太严格的场合，常将X射线同α、β、γ射线同称为放射性。

存在于环境中的放射性物质所发出的放射线或由某些器械（如电脑显示器、电视机屏幕、X光机）发出的X射线照在人体会产生有害的外辐照作用。一旦放射性物质进入人体之内，就会产生更强、更有害的体内辐照作用。放射性对机体的毒性主要表现为其对组织细胞的组成物产生电离作用，并进一步显示为致癌、致畸和致突变等作用。

人体经受环境放射性电离辐射的概略情况如图5-37所示。所谓辐射损伤是由人体组织吸收电离辐射能量所引起的人身伤害。

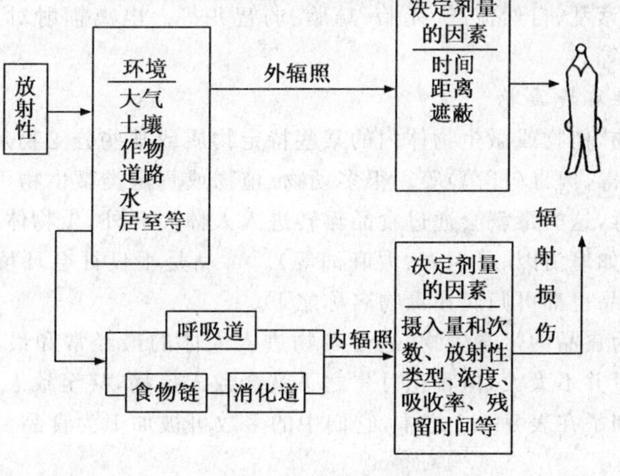

图5-37　人体所经受的外辐照和内辐照

在自然环境(大气、水体、土壤乃至生物体内),放射性物质悄无声息而又无所不在,而且它们在46亿年地球"创世"之日起就已存在。但由于数量甚微,被称为本底放射性。它在人类诞生后的数百万年间,并没有危及人类的生存和进化。

在表5-12中列出了现代英国人群所受天然本底放射性的(年平均)剂量,其计量的单位是毫希(mSv)[①]。在同表中还列出了由人为放射性造成的对人体的剂量。

表5-12 人群所受到的年平均辐射剂量

放射性来源		剂量/mSv	所占百分数/%	放射性来源		剂量/mSv	所占百分数/%
天然放射性	^{222}Rn	1.175	47	人为放射性	生活	0.01	0.40
	^{220}Rn	0.1	4		核试验	0.01	0.40
	饮食	0.3	12		核电站	0.001	0.04
	宇宙线	0.25	10		医用	0.3	12
	建筑材料和地面（氡不计在内）	0.35	14		职业	0.005	0.20
	合计	2.175	87		合计	0.326	13.04

总和:2.501mSv(毫希)。

很多日常生活用品中都含有或多或少的放射性。例如夜光表中可能会含^{3}H,^{147}Pm涂料;日光灯起辉器或气灯纱罩可含有^{232}Th;烟草和茶叶中可含有^{40}K、^{210}Pb、^{210}Po。此外,家用自来水中所含微量放射性系来自于天然水体中原水所含的放射性元素。又由于各类岩石中都含有微量的铀、钍系列放射性元素,可以想象,煤炭、石油、天然气、玻璃、陶瓷、建材,乃至宝石饰物等都会带有数量不多的放射性。由这些放射性元素产生的剂量约为对人体总剂量的1/250。

近期,由以空气作为传播介质的各种不同频率电磁波所产生的电离辐射已引起人们的高度重视,并对此作了很多研究。在大量使用电脑及相关设备的研究所、寻呼台、银行、邮电和通讯部门的职工(多数以办公室为其工作场所)最易受到此类电离辐射之害。即便在家庭中,电脑、电视机、微波炉、移动电话等家用电器所传出的电磁波也不容忽视,长期接受低剂量电离辐射会引起人体疲劳乏力、四肢酸痛、心悸、头胀、失眠、白细胞减少、免疫功能下降,甚至诱发癌变。妇幼保健专家和环保专家特别指出,电离辐射对孕妇及胎儿有更大危害作用,已收集到的很多个案类型包括月经不调、内分泌紊乱、自然流产、死胎、畸胎、弱智儿等。电离辐射对人体作用的敏感部位有眼、心脏和生殖系统等。

5.6.1.3 *生物性环境毒物*

天然地存在于动物、植物或微生物体内的某些特定物质或某些分泌物是有毒的,也通常被称为毒素。如蛇毒、银杏毒、肉毒(杆菌)等。很多动物、植物或真菌类微生物可被加工为食品,如果这些食品原料原先含毒,这类毒就会通过食品辗转进入人体。此外,生物体内含有的某些毒素还可经人为加工成毒品(如海洛因、可卡因、大麻油等)。毒品是不良社会环境的产物,对人类的危害性特别大。毒素、毒品也都可归属在毒物名称之下。

日常进食被加工为食品的带毒生物,这是毒物进入人体的最经常和最直接的通道。或许由此引入人体的毒物剂量并不太大,但日积月累之下就会致人疾病,甚至致人死命。一些常见的带毒生物及其所含毒物列举在表5-13之中,它们中的多数可被加工为食品。

① 单位的含义见7.4.3.2

表 5-13 常见的带毒生物

植物(果实)	毒素	动物	毒素
杏仁	含氰苦杏仁苷	牛肝	胆酸
木薯	含氰木薯苷	河豚	河豚毒素
大麻籽	大麻酚	贝类	贝类毒素(共生藻类)
蓖麻籽	蓖麻毒蛋白	蜈蚣	溶血蛋白、组织胺
巴豆	巴豆毒蛋白	蜗牛	嗜血线虫
棉籽	棉酚、毒蛋白	蜜蜂	梫木毒素、神经毒素、组织胺
马铃薯	茄碱	斑蝥(甲虫)	斑蝥素
麦类	麦角毒碱,麦角胺(寄生麦角菌)	鱼(如金枪鱼)	组织胺
蘑菇	毒伞素、毒蝇碱		
花生、玉米、大豆	黄曲霉素(黄曲霉菌)		
菠菜	草酸、硝酸盐		

除天生含毒外,处于生态环境中的很多野生生物在其生存过程中不免从环境(空气、水、土壤)中摄入现有的各种毒物。并通过食物链发生生物放大作用而最终危及人类。

致病性微生物是人类的宿敌,也是存在于环境中的主要生物性毒物。常见的微生物病原体及由其引发的疾病如表 5-14 所示。

表 5-14 致病微生物

微生物种类	代表种属	传播和感染途径	引发疾病和症状
细菌	霍乱弧菌	污水和含菌食物	霍乱病:吐泻、脱水、虚脱
	伤寒杆菌	含菌食物、肠道	伤寒病:发烧、便血
	痢疾杆菌	含菌食物、肠道	菌痢:腹肌痉挛、便血、腹泻、休克
	破伤风杆菌	家畜、土壤、皮肤破伤	破伤风病:抽搐、肌肉痉挛、呼吸困难
	炭疽杆菌	病畜、皮肤感染	炭疽病:炭疽痈、恶性水肿
	鼠疫杆菌	鼠蚤叮咬	鼠疫:高热、出血、淋巴结炎、败血症、肺炎
真菌	黄曲霉素	带菌饲料、食物	黄疸肝炎、肝癌:呕吐、发烧、腹水、肠胃出血
病毒	流感病毒	呼吸道	流感:高热头痛、咽痛,并发肺炎
	肝炎病毒	不洁食品、血制品、昆虫媒介、注射器	肝炎:发热、乏力、厌食、黄疸、肝肿
	人类免疫缺陷病毒	体液、血液传播、性接触	艾滋病:晚期表现为极易感染各类疾病
	脊髓灰质炎病毒	粪便、呕吐物	小儿麻痹症:发热、肢体疼痛、软瘫
	SARS 病毒	人、鸟、猪间传播	非典型肺炎:发热、呼吸器症状
	狂犬病毒	狂犬咬伤、抓伤	狂犬病:怕风、兴奋、瘫痪、喉头痉挛
原虫	痢疾变形虫	污染食物或饮水	阿米巴痢疾:肝、肺、脑等处脓肿
多细胞寄生虫	蛔虫	含虫卵食物	蛔虫病:腹痛、厌食、肠梗阻
	血吸虫	含粪污水、水生钉螺	血吸虫病:发热、咳嗽、肝肿肝痛、肝硬化癫痫、儿童侏儒症
藻类	腰鞭毛虫	污水、水生生物	皮炎、记忆丧失

鉴于由细菌、病毒等微生物引起的各种疾病越来越多地在全球范围流行,我国卫生部于 2004 年 2 月份起,每月定期对外公布有关传染病与突发公共卫生事件总体情况的法定报告。列

为法定报告内容的有鼠疫、霍乱、病毒性肝炎等27种传染病。首期报告称：2004年2月份全国27种传染病的报告病例数207 555例，死亡报告总数234例，报告发病数居首位的病种是乙型肝炎，病死率居首位的是狂犬病。

据分析，是外界环境的变化因素将微生物类病原体磨练得具有更强的生命力。例如，自抗生素问世以来，由于人们对其功效理解的片面性，导致迷信和滥用抗生素的现象比比皆是。但越是低等的生物其顺应环境变化的能力越强，很多细菌能通过自身变异而变得具有抗药性。通常，一种抗生素能杀死病人体内的几乎所有种类的致病菌，但总有某种细菌的少数个仍能顽强地存活下来，并萌发出对抗抗生素的能力。在国外已经出现一类甚至依靠抗生素以营生的"超级细菌"。

全球性环境污染加剧是促进新型传染病施虐的另一重要原因。例如天然水体(河湖江海)是微生物的良好生境，受禽畜类废弃物(特别是粪便)日益加剧污染的水体就成为流行性传染病传布的良好载体。

此外，由于现代交通的日益便捷，国际间人员交往的迅速增多，全球食品(粮食、蔬果、副食品等)国际贸易的广泛开展，都会加快引发各种流行疾病。此时，新的病原体不断脱颖而出；老的病原体致病性更强，而且毒性变得更烈。再者，由日益加剧的全球温室效应也会引起原先蛰伏的病原体蠢蠢欲动。

更有甚者，世上时有一些好战分子和恐怖分子将细菌和病毒作成生物武器散向人间，殃及无辜。生物武器的使用历史最早可追溯到公元前600年，当时亚述人用黑麦麦角菌来污染敌人的水源。在20世纪40年代日本对华侵略和50年代美国对朝鲜侵略期间也都曾施行过细菌战。2001年10月前后，恐怖分子将炭疽病毒洒向美国政府的一些职能部门，致使19人受感染(其中5人死亡)。从理论上讲，每1g炭疽病毒足以"杀伤"三分之一的美国人口，所以事发之后，引起美国朝野上下一片惊慌。

5.6.2 环境毒物的生物毒性

环境毒物可能对所有生物产生毒害，甚至微生物也可能成为受毒和中毒者。例如噬菌体就是一种能入侵细菌体的"细菌病毒"，它能在细菌体内大量繁殖，并引起菌细胞裂解。限于篇幅，本节将主要论述化学性毒物对人体的毒害作用。

5.6.2.1 环境毒物对人体的毒害作用

对于生物机体来说，有些物质是有害(毒)的，有些物质虽然无害(毒)或甚至有益，但其中大多数在其被超常量摄入时，也会转化为有害(毒)物质。在表5－15中对人体中常见元素作了毒性分类，但这样的简单分类不是十分严格的。这两类物质的剂量对机体生长的影响关系如图5－38所示。

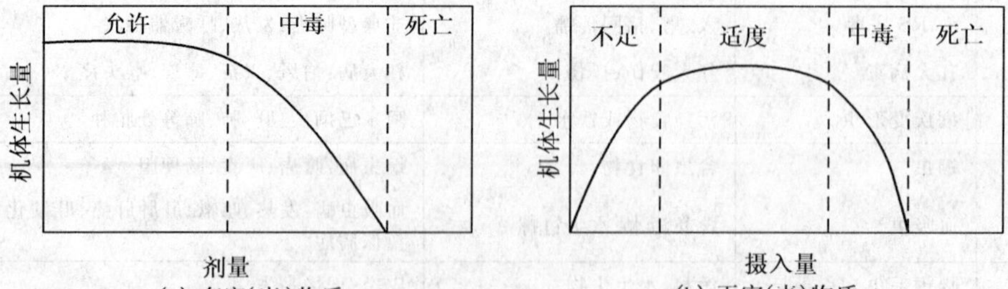

(a) 有害(毒)物质　(b) 无害(毒)物质

图5－38 有害物质或无害物质的剂量或摄入量对机体生长量的影响

表 5-15 元素按毒性分类

毒性	毒性程度	LD_{50} /mg·kg^{-1}	经路	元素
有毒	强度毒性	<1～10	经口	As(Ⅲ),P_4(黄磷),Pu(Ⅳ,Ⅵ),Se(Ⅳ),Te(Ⅳ),Tl(Ⅰ)
			静注	Pu(Ⅳ,Ⅵ),Te,Be,Cd,Cr(Ⅵ),Hg,Pb,S^{2-},U(Ⅵ),V(Ⅴ)
	中度毒性	10～100	经口	Cd,Cu,F,Hg,Pb,Sb,U,V
			静注	Au,Ba,Ca,Ce,Co,F,Ga,K,Mg,Mn,Mo,Nb,Ni,Pr,Pt,Sb,Sn,Ta,Th,Xe(Ⅷ),Zn
	微弱毒性	100～1000	经口	Al,B,Ba,Fe,In,Mo,Ta,Th,W,Zn,Zr
			静注	B,Cr(Ⅲ),Ge,La,Li,Re(Ⅶ),Sr,Y,Zn
无毒	比较的无害	>1000	经口	Br,Cl,Cs,I,Na,Rb,Ca,K,La,Re(Ⅶ),Sr

注:强慢性毒性 Cd,Hg,Pb,Tl,Pu; 强毒性气体 F_2,Cl_2,Br_2,O_3;

致癌 As,Be,Cr,Ni; 肺中沉积 Al_2O_3,BeO,SiO_2,SnO_2。

当进入体内的毒物发作毒性时,就会使组织细胞或其功能受损,发生健康障碍和各类病理现象乃至即刻死亡。根据经历时间的长短和症状发作的缓急可将毒物之毒性表现分为急性中毒、亚急性中毒、慢性中毒和远期性中毒(致癌、致畸、致突变作用等)。

5.6.2.2 急性中毒和亚急性中毒

在毒理学中,通常将由一次性或在一定时间(如48h)内多次作用于人或试验动物所引起的明显损害作用称为毒物的急性中毒。又将一次以上染毒(对于人)或给毒(对于试验动物)、且受损害作用时间相对较长的毒性显示,称为毒物的亚急性中毒。亚急性中毒介于急性中毒和慢性中毒之间。

当具有强毒性的环境毒物以高浓度污染了空气、水体、食物等,就会通过相应途径进入人体,引起急性中毒或亚急性中毒。自20世纪30年代以来,世界范围内曾发生过无数次公害事件,其中最严重的几起事件就是由于毒物污染环境造成公众生活条件恶化,并在短期内引起大批人群急性中毒、发病和死亡(参见表1-4)。

毒物的急性毒性主要源于其本身特定的化学结构,其毒作用相当于该毒物所具有的生理作用,而生理作用的强度又与其进入机体的量之间呈正相关的关系(图5-38(a))。即当毒物在机体内的浓度相当低时,则不显示任何作用。当达到一定浓度时,就会开始出现该毒物所固有的生理作用,且随量的增大,其毒效应加强,其作用时间也延长。当浓度再进一步加大时,机体的正常功能就难以维持,继而威胁生命,导致死亡。另一方面,若原先进入人体内的物量不大,且可能在体内被代谢酶所代谢,转化成为高度水溶性物质而及时排出体外,这时中毒症状会趋向好转。

为比较各种毒物急性毒性的强弱,常引用其半致死剂量(LD_{50})、半致死浓度(LC_{50})等毒理数据,其值越小的毒物,其急性毒性越强。这类毒理数据一般都是通过确定条件下对动物作试验来确定的。例如取一组大鼠作为试验动物,经口喂食被试验物,当一次喂食量不大于50mg/kg(大鼠体重),而在食后48h内有半数试验动物死亡时,则将该试验物定为毒物。如果试验中实际喂食量为30mg/kg,就说该毒物对大鼠的半致死剂量LD_{50}为30mg/kg。对于气体或蒸气状态的被试验物,如果它与空气混合后的浓度不大于2mg/L,而通过呼吸道引入被试验动物体内后48h内,有半数动物死亡时,则可判定该试验气体或蒸气为毒物。在试验中实际施用的浓度被称为半致死浓度(LC_{50})。同类的试验还可用家兔、犬、猫等作为对象。试验方式除直接喂食或吸入外,还可以用肌肉注射、静脉注射、皮下注射，或将药剂溶于饮水、添加饲料后以饮食方式使之摄入。试验对象或方式的改变当然会引起毒物界定值和 LD_{50}、LC_{50} 值的变动。在一般载录有关数据的文字资料中都会将试验对象和方式注明在册。表 5-16 列出了一些毒物的 LD_{50} 值。

表 5-16　一些毒物的 LD_{50} 值(大鼠，口摄)

毒　物	$LD_{50}/mg \cdot kg^{-1}$	毒性等级
阿特拉津	1 870	无毒
马拉硫磷	1 200	
阿司匹林	1 000	微毒
咖啡因	130	
DDT	100	中毒
砷	48	
对硫磷	3.6	强毒
马钱子碱	2	
尼古丁	1	
黄曲霉素 B	0.009	
二噁英(TCDD)	0.001	
肉毒杆菌	0.000 01	

一些典型环境毒物引起的急性中毒症状如表 5-17 所示。这些症状表现为人体皮肤、肠胃、肝脏、心脏、肾脏、神经及呼吸等组织器官的功能严重失调乃至死亡。

表 5-17　典型环境毒物的急性中毒症状

毒　物	主　要　中　毒　症　状
汞	消化道黏膜被腐蚀、呕吐、腹泻，重症者失水虚脱致死
砷	口腔和咽喉发干、呕吐、腹泻、重症者失水虚脱致死
一氧化碳	恶心、疲乏、心跳加快、血压上升，重症者瘫痪与昏迷、血压下降、大小便失禁，以致死亡
甲醛	腹痛、呕吐、腹泻(口服)；眼痛、流泪、咳嗽、胸闷(蒸气吸入)；致敏、发疹、组织坏死(皮肤接触)
有机氯农药	恶心、呕吐、兴奋、肌肉震颤、呼吸困难、昏迷、痉挛
吗啡	初时兴奋，继则嗜眠、血压下降、全身发绀、昏迷、最后因呼吸中枢麻痹而死
盐酸克伦特罗①	心悸胸闷、肌肉震颤、心慌、颤栗、头痛、恶心、呕吐
毒鼠强②	同盐酸克伦特罗。兼有心动过缓、小便失禁、神志不清等

① 即瘦肉精，是一种猪饲料的非法添加剂。

② 化学名：四亚甲基二砜四氨

5.6.2.3　慢性中毒

慢性中毒的特点是毒性显示与其在体内的代谢过程有关。从环境毒理学看，存在慢性中毒危险性的有机毒物多数有此特点。由于污染物排放受到国家制定法规的控制，又由于环境介质(水、空气、土壤)容量大，兼有一定的自净作用，所以环境毒物在环境中的浓度一般是很低的，更多的情况下是引起人体慢性中毒。另一方面，毒物进入环境后会在各种环境条件下发生扩散、迁移，所以污染波及地区广，受害者众，且可及污染地区的整个年龄组，包括老、弱、病、残，甚至婴幼儿和胎儿。例如近年内发现的孟加拉国砷中毒事件，源于恒河水底黄铁矿中所含砷化物缓慢溶出并散入居民生活用水井，使恒河沿岸 7 千万人慢性中毒。环境毒物的慢性作用潜伏期长，比较隐蔽，容易被人们忽视。实际上，孟加拉国恒河沿岸约 400 万个井台系于 1960 年前后开掘用水，至发现中毒现象已历经了数十年之久。

根据上述，可以说毒物在人或动物全生命期的大部分时间内或整个生命期内持续作用于机体所引起的损害作用就是慢性中毒作用。这种毒性的特点是小剂量，多次摄入，作用的持续时间长，引起的损害缓慢细微，易呈现耐受性，并有可能通过遗传殆害后代。

环境毒物对人体的慢性作用，是个很复杂的问题，尤其是毒物在低浓度下长期影响机体的作用机理尚不清楚，要确定机体受毒的阈剂量殊非易事。

5.6.2.4 远期性中毒

由三致性(致癌、致畸和致突变)毒物等可引起远期性中毒。有关内容详见第8章后“知识链接”8.2。

5.6.3 毒物对机体组织的毒效应

进入人体的某特定毒物可在某相关组织或器官中获得富集，由此对该体内部位产生最严重伤害。

1) 皮肤和肺组织

一些强刺激性毒物(如强酸、强碱、氯、甲醛等)与皮肤直接接触，可使皮肤产生炎症、红斑、湿疹、发疱等，还可能因长期感染而诱发皮肤癌。肺部组织受毒物或有毒颗粒物较长期侵袭，可形成各种名目的创伤。如硅肺、煤肺、石棉肺，其主要病变表现为肺组织的弥漫性纤维化。轻者影响呼吸，重者诱发肺癌。

2) 呼吸系统

有毒刺激性气体、蒸气或粉尘对呼吸中枢的抑制和麻痹，或对呼吸道的直接机械性阻塞都会引起气道窒息。此时，氧气输入变慢或停止，二氧化碳排出困难而在体内蓄积，到严重程度而不及时抢救时，会引起窒息死亡。由一氧化碳、硫化氢、氰化氢等气体吸入体内可经起直接性窒息，即这些气体与血液或肺组织成分直接反应而阻碍氧气的摄入而致害。由一些惰性气体如纯氮、甲烷、二氧化碳等气体吸入体内可引起间接性窒息，即缺氧性窒息。

水溶性较大的刺激性气体(如氨气、氯气等)可引起上呼吸道黏膜水肿、充血，导致化学性肺炎；水溶性较小的气体或蒸气(如臭氧、光气、溴甲烷等)会引发肺水肿。

3) 神经系统

神经系统主管人体的各种活动，系统对毒物的感受性很敏锐，一旦受到破坏就难恢复。麻醉性毒物(如醚、氯仿等)及有机氯农药、重金属等会阻断能量代谢离子透过细胞膜的迁移，从而影响神经系统在正常状态下的生理活动。有机磷类或有机氮类农药会抑制乙酰胆碱酯酶的正常作用，从而阻碍神经细胞与受控器官或组织(如肌肉)之间神经信号的传递。受毒物损伤的神经系统包括由脑和脊髓构成的中枢神经系统和周围神经系统。外观症状表现为头晕、头痛、运动失调、知觉异常、语言障碍、步行障碍、战颤、痉挛、流涎、昏迷等。

4) 消化系统

毒物，特别是口服重金属毒物对肠胃有强刺激作用，进而破坏局部组织，引起恶心、呕吐、腹痛和腹泻。大多数毒物进入体内后都经过肝，对肝脏造成损害。如肝肿、肝细胞性黄疸等。慢性中毒时肝脏损害较显著；急性中毒导致死亡的，往往来不及出现症状就已死去。

5) 心血管系统

砷、磷、四氯化碳等中毒可引起急性心肌炎；苯、汽油等有机溶剂中毒可出现心动过速或心动过缓；无机汞化合物会引起微血管收缩，使血流速度减慢。

多数毒物中毒会引起血细胞增多或减少,血红蛋白变性及溶血等。大多数急性中毒发生时,体内发生应激反应,随即引起血细胞总数和中性颗粒细胞比例增大。如苯、放射性物质、抗癌药物等可毒害体内白细胞,引起白细胞数锐减和颗粒细胞缺乏症。中毒引起的血红蛋白变性,以高铁血红蛋白症为多,偶尔还有硫血红蛋白症。砷化氢、苯胺、硝基苯中毒会引起溶血性贫血。

6) 生殖系统

被称为环境激素的多种化学毒物如二噁英、多氯联苯及避孕药物、激素制剂等进入生物机体后会引起生殖腺内分泌失调,造成内分泌系统紊乱,引起诸如幼童性发育异常、成人性功能减弱等后果。

7) 泌尿系统

在急性中毒时,有许多毒物可引起肾脏的损害,其中以汞、四氯化碳等所引起肾小管坏死性损害最为严重。肾脏为人体主要排毒器官,肾脏功能受损,会引起体内积毒不除,继发更进一步的肾脏疾患。

5.7 生物污染及其防治

综上所述,可以认识到:生物污染可有两种不同含义。其一是指生物体作为一种被化学性污染物(或毒物)所侵入的对象物,生物体是这些污染物的受害者。对这类生物污染的最根本防治方法是"清源"。即依照有关法规尽量减少各类"三废"排放,净化生物的生活环境。生物污染的另一种含义是将有害有毒生物视为一种环境污染体,由其产生的生物性污染源头上来自于人、动植物和微生物本身及其代谢产物(这也就是在5.6.1.3中所论及的生物性环境毒物或污染物)。这类生物体是对人或其他生物的施害者。

对后一种含义的生物污染其防治方法是一个内容十分广阔的议题,在此仅作一提纲性的揭示:

1) 隔离,断绝生物污染的传播途径

如通过加强国内立法和国际合作,以防止外来生物入侵;各大城市要设立专业机构和企业,从事收集、处理和综合利用生物类垃圾的工作。又如在医院中设立传染病隔离病房,其中所用各类医疗器具甚至进出人员都作严格消毒等。

2) 运用消毒剂杀灭病原体

除传染病人所接触的物品必须消毒外,还有许多日常生活和工作的场所常需消毒。如餐具、公共交通工具、幼儿园里小朋友的玩具、桌面和地面,及一些空气不够流通的室内公共场所等。常用的消毒剂有过氧乙酸、二溴海因、过氧化氢、碘伏消毒液、酒精等。

3) 正确使用抗生素和疫苗

自1929年英国细菌学家弗莱明(Fleming A)发现青霉素,1798年英国医生詹纳(Jenner E)发明牛痘疫苗以来,人们运用各类抗生素和疫苗来与细菌和病毒对抗,但长久以来的经验表明:大多数抗生素本身就有毒性反应、过敏反应、二重感染、细菌耐药性改变等不良作用。病毒基因的快速变异能力也可能使原先具有针对性的疫苗立即失效。因此在运用抗生素和疫苗防病治病时应注意趋利避害。

4) 不食和少食野生动物

专家指出,野生动物是自然疫源病原体的巨大"天然储库",是多种疾病的主要来源。统计表明,已知的可由动物传染的人类疾病有100多种,在许多国家普遍存在的人兽共患疾病也有50

余种。在各类国内外新闻媒体中屡屡可见因贪食野生动物而中毒的案例。

习 题

一、思考题

1. 以一个天然水池为生态系统实例，通过观察列举其中生物和非生物的各种组分，描述这些组分间是如何互相依赖、互相作用的。
2. 酶在活的生物体中起什么作用？对种类繁多的酶可作怎样的分类？控制酶催化反应速度的因素有哪些？Michaelis－Menten 方程的表达式和含义为何？
3. 在水生生态系统中细菌是怎样生活的？细菌与其他有生命物体及无生命物质间存在怎样的关系？
4. 在利用水体环境中食物进行好氧呼吸的过程中，细菌体内发生哪些生化反应？这些反应间的能量供需关系是怎样的？
5. 阐述以下各概念之间的区别和联系：BOD_5、BOD_u、BOD_{20}、CBOD、NBOD、IDOD。
6. 试通过推导求得如下关系式：$BOD_u=\frac{BOD_5}{1-e^{-5k_1}}$。
7. 影响耗氧生化反应速率常数 k_1 的主要因素有哪些？这些因素的变化如何影响 k_1 值的大小？
8. 地球化学循环对生物圈维持其功能有何意义？生物群体对循环又产生什么影响？
9. 试举例说明大气环境系统中某物质的输入量大于输出量所引起的环境后果。
10. 分布在地壳、大气、水体和生物体内的碳分别有哪些主要化学形态？其中哪些又是具有较强环境活性的？
11. 呼吸作用和光合作用在碳循环和氧循环中起什么作用？
12. 自然环境中生产者(或自养者)有哪几类？它们各自通过何种方式进行生产？
13. 研究微生物的呼吸作用有何环境方面实际意义？试全面比较微生物的好氧呼吸过程和厌氧呼吸过程。
14. 影响化学污染物在生态系统中迁移和分布的主要因素有哪些？举例说明之。
15. 用你自己的语言来定义生物摄取、生物蓄积和生物半衰期、生物浓集和生物浓集因子、生物放大、生物转化、生物降解等概念，并与书中所作的定义相比较。
16. 有机物的生物氧化反应次序由哪些因素决定？其中哪一个是主要因素？
17. 解释：(1) 为什么在厌氧条件下的水体中不易产生甲基汞？(2) 为什么具有低 pH 值的水体中容易产生甲基汞？
18. 什么是降解作用？它有哪些类别？为什么说微生物降解对有机污染物在环境中的归宿有重要意义？有机物分子结构与生物可降解性之间有哪些规律性的相关关系？除此之外，影响生物降解的因素还有哪些？
19. 判断以下化合物中哪一个最易生物降解：$CH_3(CH_2)_{10}CO_2H$、$(CH_3)_3C(CH_2)_2CO_2H$、$CH_3(CH_2)_{10}CH_3$ 和 $\Phi-(CH_2)_{10}CH_3$(Φ 表示苯环)？
20. 人工合成有机物通常不如天然有机物容易降解，为什么？某化学污染物在大气中难以发生生物降解，那么在土壤或水环境介质中是否较易发生生物降解，为什么？
21. 生物降解反应大致有哪几类？各举一个书中未载入的例子阐明之。
22. 写出正辛烷逐步达到彻底降解全过程中的各反应方程式。正辛烷在过程中脱去几个氢原子？又产生几个乙酸分子？
23. 天然水体具有自净能力的含义是什么？为什么说溶解氧是河流自净中最有力的生态因素之一？在受纳有机物的河水中，其溶解氧的变化规律如何？氧垂曲线的形状由哪两个主要因素决定？简述曲线形状变化的内含意义。
24. 试由书中(5－14)式出发，推导求得如下计算式：

$$t_c=\frac{1}{k_2-k_1}\cdot\ln\left\{\frac{k_2}{k_1}\left[1-\frac{D_0(k_2-k_1)}{k_1L_o}\right]\right\}$$

式中 t_c 表示一条河流从有机物受纳点至氧不足极限点间河水流经的时间。

25. 何谓环境毒物？环境毒物与环境污染物两者间含义上有何异同之处？

二、计算题

1. 在有机污染物浓度相当高时，l g 细菌酶通过细菌作用分解污染物的速率极大值 $v_{max}=20$ g/d。当污染物浓度为 15 mg/L，同样细菌酶为 l g 的条件下，分解速率为$\frac{1}{2}v_{max}$。求当污染物浓度为 5 mg/L，细菌酶量为 2 g 时，污染物被细菌分解的速率。
2. 求算单位质量的酶催化生物反应的反应速率为 $0.8v_{max}$ 和 $0.2v_{max}$ 时所需底物浓度比。
3. 在葡萄糖铵培养基中培养 5×10^5 个大肠杆菌 300 min，对数增殖期即告终结，此时菌数为 3.5×10^7 个。已知平均增代时间为 40 min，求诱导期为多少分钟？
4. 大肠菌最大增殖速率 k_0 与温度的关系如下，试利用阿仑尼乌斯关系式 $k_0=Ae^{-E/RT}$，通过作图来确定该系统中的生化反应活化能 E。

温度 t/℃	22	27	32	37	42
k_0/h^{-1}	0.34	0.56	0.73	1.05	0.81

5. 废水水样在 20℃条件下测得 $BOD_5=200$ mg/L，求 BOD_u 和 BOD_1。已知耗氧速率常数 $k_1=0.23$ d^{-1}。
6. 有一股 20℃的生活污水，其耗氧反应速率常数 $k_1=0.23$ d^{-1}，求经过 3，5，20 天后水中有机物量的剩余百分数各为多少？
7. BOD 试验中得到如下数据，求 BOD_u（用 L_0 表示）及生化反应速度常数 k_{10}（其值与式（5-3）中 k_1 值相关，有 $k_{10}=k_1/2.3$）。

时间 t/d	L_t(BOD,mg/L)	时间 t/d	L_t(BOD,mg/L)
2	10	6	20
4	16		

解题时可用 Thomas 斜率法，有关系式：

$$(t/L_t)^{1/3}=(2.3k_{10}L_0)^{-1/3}+\frac{k_{10}^{2/3}}{3.43L_0^{1/3}}t$$

8. 试求标准状态下（25℃和 1.013×10^5 Pa）葡萄糖厌氧发酵生成 1 mol 乙醇时放出多少热量？
9. 假定水中有机物{CH_2O}厌氧发酵产生 15.0 L CH_4（以 25℃和正常气压条件下计），求进行需氧呼吸时，同样数量{CH_2O}被氧化时所需氧量。
10. 在一条被空气中氧饱和的水温为 25℃的小河中，不慎掉入一个包装 10 kg 葡萄糖的布袋，此后发生生物降解作用，引起河水中溶解氧降低。问这些葡萄糖彻底降解引起耗氧量相当于几升水中的全部饱和溶解氧量？
11. 有一流量为 20m^3/s 的河流，河水的 BOD=0.5 mg/L。在河旁有相邻的 A 厂和 B 厂，A 排放 BOD=40 mg/L的污水 10 000m^3/d，B 排放 BOD=25 mg/L 的污水 5 000 m^3/d，现假定 A 厂 BOD 排放浓度减半，则二厂污水与河水完全混合后的 BOD 值将降低多少？
12. 人体一次性摄入某重金属 100 mg，假定生物半衰期为 10 天，求 100 天后机体内重金属残留量。
13. 为进行某重金属毒理试验，每天喂食小鼠 $D=1.0$ mg，连续喂给 $n=100$ d，若吸收率 $f=5\%$，生物消除常数 $k=6.93\times10^{-2}$ d^{-1}，求 100 天后该金属在小鼠体内的累积量 A_n $\left(计算公式：A_n=fD\frac{1-e^{nk}}{1-e^{-k}}\right)$。

知识链接

1. 病　　毒

在地球上人群密集点总会周期性地爆发战争和由病毒、细菌等微生物引起的流行病。这是由于密集的人群对社会环境加大了政治性的压力，或对自然环境加大了生物性的压力。例如，人与人靠得越近，感染疾病的机会越多。

病毒(virus)一词最初源于拉丁语，在很长一段时期内用以表示一种有害有毒的物质。现代人们所说的病毒是指一类没有完整细胞结构的、体积微小(只及细菌的千分之一)，但又具备一定形状的微生物(图5-1′)。它们的基本化学组成为核酸和蛋白质，只能在其他生物机体内的活细胞中增殖，多数只是在电子显微镜下才能观察到它们的形体，且一般能通过细菌滤器。病毒能引起人的各种病害，如麻疹、艾滋病、流行性感冒、流行性肝炎等，也能使动植物致病。可使细菌灭活的抗生素对病毒也无能为力，只有靠注射疫苗来防止病毒致病。

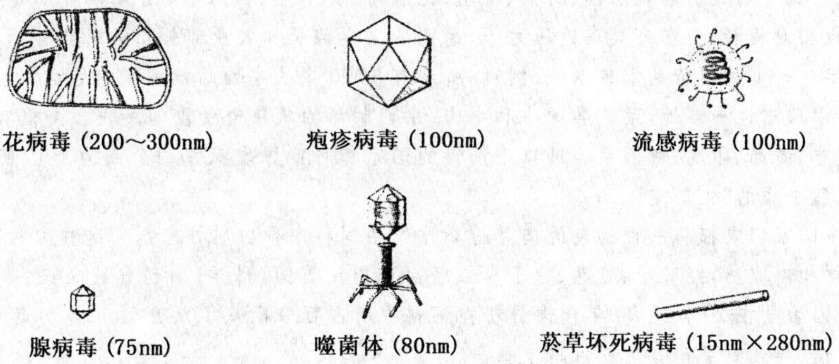

图 5-1′　病毒的形状和大小

病毒又是最能适应新环境而应变的生物体。例如引发艾滋病的 HIV-1 基因组会以每年 1%的速度发生变异(须知人类在经历 500 万年之后，才发生 1.6%的基因差异)。道高一尺，魔高一丈。改头换面后的病毒能使原先具有针对性的疫苗立即失效。

流感病毒是人类的宿敌。古希腊医师、西方医学奠基人希波克拉底(Hippokrates-Chios，约 BC460～377)曾对流感作出过首次描述。近代乃至今日，在世界范围内还时时爆发大规模的流行性感冒。1580 年某日一天内罗马市民一万人因流感患病致死。1918～1919 年，全世界范围因病毒引起流感，是历史上最严重的一次流行病，5.5 亿人受感染，死亡人数超过 4 000 万。时值第一次世界大战发生期，这场战争死亡人数 850 万，不及流感疾病死亡人数的 1/4。在 2003～2004 年间，亚洲突发禽流感疫情并迅速在韩国、日本、越南、泰国、柬埔寨、印尼和中国(香港、台湾和内地多省)多国间蔓延，甚至连美国也拉响了禽流感的警报。病毒“由禽及人”，病死人众多。

除流感病毒外，现在流行并危害甚剧的病毒可点名蛋白病毒(或称朊病毒)和艾滋病毒等。

一、蛋白病毒

蛋白病毒比一般病毒的结构更简单。它不含核酸，只是一种有生命的蛋白质颗粒物。它的形体小得在电子显微镜下也看不到，但是有非常强的生命力和感染力。用传统的福尔马林消毒方法不能将它杀灭，经 120℃～130℃高温加热 4h 仍不失其感染性。近代在世界各处发生的羊痒病、疯牛病和人的克-雅氏病的肇事者大体就是这样的同一类病原体。蛋白病毒潜入羊、牛或人的脑组织后，黏附其间、繁殖自身，并破坏脑部的蛋白质结构，使正常脑细胞变为异常，由此产生脑海绵状病变。

(一) 羊痒病

美国在1947年发现首例绵羊患疾羊痒病。1952年和1954年又先后二度爆发羊痒病，展开过对羊群大规模屠杀计划。科学家们在研究中发现，得病羊群脑部神经大幅度退化，出现星形神经胶质，并且在脑组织上布满了小孔。得病绵羊感觉身体发痒，使它们磨蹭墙壁、篱笆、树干等以图痛快。同时病羊步态不稳，颈部颤抖，容易摔倒，直至死亡。后来证实，这种病毒性的瘙痒症其病源正是一种慢性和恶性的浸染神经的蛋白病毒，从感染到出现症状需时甚长（绵羊可超过两年），此后就会在短时内死亡。

至20世纪80年代，在美、英等国家该病再度流行，羊群中病羊比率一直维持在很高水平。

（二）疯牛病

第一个已知的疯牛病案例发生在1985年4月。英国某奶农的庄院内，一头原本性情平和的母牛突然变得神经紧张、举止怪异、行走时脚步东倒西歪，富有攻击性。这种异常情况持续数周后，这头牛被主人宰杀。

1986年，这种发生在牛身上的怪病在英格兰和威尔士各地发现多起。科学家在病牛的大脑里发现了一种原纤维，与羊痒病患疾的羊脑内容物极为相似。1987年在英国《兽医记录》期刊上发表了第一份有关的简短报告，将这种出现在牛身上的新生疾病称为"牛脑部海绵化病"，后又被简称为疯牛病。

1998年英国再度流行疯牛病。至当年8月，英国已用焚烧等方法处理了病牛及可疑病牛240万头，但疫情并未止息。疯牛病还扩展到法国、荷兰、瑞士、比利时、奥地利、西班牙、德国等国。虽然在德国疫病发生较迟，程度也相对较轻，但在公众舆论压力下，德国的卫生部长和农业部长相继引咎辞职。亚洲地区的疯牛病于2001年9～11月间始见于日本（三例）。随后有5000余头牛面临被屠宰的厄运。

由于疯牛病肆虐世界各地，致使各国牛和牛肉、牛奶制品的销售遭受重创。联合国粮农组织认为：除欧洲外，中东、北非、澳洲、印度、新西兰等进口牛饲料的国家都可能爆发疯牛病。因为业已查明，动物性蛋白饲料乃是传染疯牛病的"主渠道"。

早先，很多国家奶农都将一种褐色的肉骨粉充作奶牛饲料中蛋白质补充剂。这种肉骨粉是将有病或死亡的牛、羊的骨和肉取出，经磨粉、煮熟、晾干等工序后产出。美国《科学》期刊曾载文说：事实上，英国疯牛病散布的一个因素是在20世纪80年代肉骨粉在饲料中所占百分比从1跃升到12。引起这一变动的主要原因是英镑贬值，导致黄豆粉与鱼粉价格上扬。

将羊痒病与后来的疯牛病作病因对照，人们现在趋向于认为，引发这两种流行病的原因在于，因染该病而死动物的尸体不是被掩埋或焚化，竟是加以再利用制成甚至是同类动物的饲料！

（三）克-雅氏症①和库鲁病

1985年一位美国医生首创了一种激素治疗方法，以促进儿童身高增长。该疗法系从死去病人的脑垂体中提取生长激素后制成药剂，在孩子青春期到来之前，每周注射一次。这种方法具有极好疗效，并很快被作为一项成果推广应用（在此前甚至还允许在人体内使用从牛尸中提取的牛生长激素）。但不久就发现4例（美国3例、英国1例）接受生长激素治疗的孩子患上了克-雅氏症。这种病与羊痒病或疯牛病的症状相似，即在人脑中出现了海绵状病变。在此之后又在法国发现了具有同样病因和同样症状的病孩50名，其中40人在短时内死亡。

近期研究表明，克-雅氏症原是一种人畜共患疾病，感受部位多为脑部，还有脊椎和眼。如果人类食用患病动物的肉制品，就可能被病毒感染而患病。在某些场合这种病的潜伏期很长，因而初期很难觉察。此外，近几年来，英国曾有16人通过输血而感染克-雅氏症死亡，这表明这种疾病也可能通过血液在人际传播。

属于海绵状脑病一类的人患克-雅氏病与曾在巴布亚新几内亚当地土著中流行的一种库鲁病相似。1950年美国学者盖都塞克（D. C. Gajdusek）对当地库鲁病作了为期10年的实地深入考察，终于弄清了这种疾病的来龙去脉。

① 或称新型克-雅氏症，1920年由克罗伊茨菲尔德和雅各布（Creutzfeldt-Jakob）发现和提出的克-雅氏症，其病原体及病症状与此相似。

居住在新几内亚西部原始森林里的福鲁部族中流行一种致人死命的"库鲁病"(或称"笑病")。初时患者(多数是女性)抑制不住地震颤发抖,精神错乱,而且不时发出阵阵痛苦而又可怕的"笑声",最后失去吞咽能力,瘫痪而死。当地人口总数约3万,在一些病症严重的部落,患病死亡率达5%~10%。

盖都塞克通过深入生活和实地调查,与当地土著人建立了互相信任的关系。他用斧头和土豆等实物换取死者尸体,再将脑部等解剖物运往华盛顿实验室,进行病理学、微生物学和毒理学等方面的研究。通过如此的长期深入研究,盖都塞克和他的同事们发现了患者身上有一种有毒的新陈代谢产物,即在脑部有一种非常微小的和异常的蛋白质结球。他将当时对库鲁病的研究与稍前他人对羊痒病研究的结果两相对照,发现人和羊所患病的病症有许多类似之处,特别是对脑部的损坏状况极为相似。

盖都塞克在对库鲁病的病症作深入研究的同时,也对病源和疾病传播方式作了刻意的调查研究。原来,在时值科学昌盛的20世纪中叶,在当地原始部落里居然还世代继承一种野蛮的丧葬仪式:人死后由亲属将尸体剖开,用死者的血和内脏等往自己身上涂抹,而后津津有味地生吃死者的肉和脑子,以此来祭奠和悼念亡灵。当地妇女日常吃素,只在此时以死人作为荤食。而当地男子单以猎获的动物作肉食,而基本上不食死尸。盖都塞克将当地妇女生食死尸脑子和惟女子容易患上库鲁脑病这两点连成一线,追索到了库鲁病的病源和传播方式竟然是"同类相食"的陋俗。

在真相大白之下,当地食人陋习从此断绝。库鲁症也随之销声匿迹。盖都塞克于1976年获得诺贝尔生理学及医学奖,以表彰他在这方面的研究实绩和成果。

二、艾滋病毒

12月1日是世界艾滋病日。2000年艾滋病日防治宣传运动的主题是:"预防艾滋病,你我同参与。"其中含义十分明确,即希望世上的健康人也都来关心有关艾滋病的种种问题。

艾滋病毒(即人类免疫缺陷病毒,英文缩略语HIV)是一种损伤人体免疫系统的病毒。一个体内免疫机制受到破坏的艾滋病人会对任何疾病失去抵抗力,从出现症状起,其平均预期寿命只有1~3年。目前世界上大部分国家和地区都已发现艾滋病疫情。

世界上首宗艾滋病病例发现于1981年。当年6月5日,美国亚特兰大疾病控制中心所发布的《患病率和死亡率周报》中称,在洛杉矶有5名同性恋者死于一种罕见的"肺炎"。死者生前体内白细胞数极少,T淋巴细胞(简称T细胞,在机体免疫功能中起非常重要作用)的个数几乎等于零。在次年年底,这一种疾病被正式命名为艾滋病(即获得性免疫缺陷综合症,英文缩略语AIDS)。目前,有"世纪瘟疫"之称的艾滋病正在世界范围迅速传播,并成为全球性灾难,其罪魁祸首正是艾滋病毒。

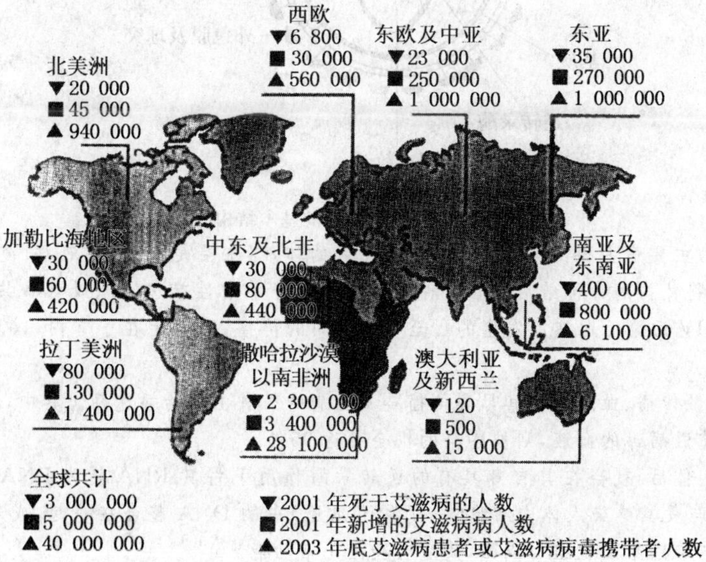

图5-2′　全球艾滋病人群分布

自发现首例艾滋病以来至2000年的20年间，全球有5 600多万人感染了艾滋病毒，由此而死亡者达2 180万人(其中儿童占430万)。2001年全球艾滋病人群的分布情况如图5-2′所示。其中撒哈拉沙漠以南非洲受艾滋病病毒感染者约占全球总数的70%，其中又以博茨瓦纳的感染率为最高，15～49岁年龄组的平均感染率为36%。而南非是全球艾滋病病毒感染人数最多的国家，约有420万感染者。世界上的其他"重灾区"还有印度、柬埔寨、缅甸、泰国、前苏联等。在中美和加勒比海地区，当前艾滋病的感染率也正在上升。在我国，2000年底艾滋病毒感染者已超过60万人，至2004年又骤升至84万人。年龄构成上以15岁至49岁的青壮年为主，性别构成上以男性为主，男女比例为5∶1。经静脉吸毒或有偿采供血感染艾滋病毒是该病在我国传播的两种主要途径。

有一种假说认为人类的艾滋病源于非洲黑猩猩。其主要依据是非洲某些部落早先有将非人灵长类动物(黑猩猩、猴)的血输入人体的陋习。再则，近代非洲人口迅速增长，为开拓耕地而大量砍伐森林，使人与黑猩猩接触机会增多，就有可能将黑猩猩体内的HIV病毒转入到人体，随之又在人群之间反复转移。

时下已鉴定出2种主要病毒株和8种亚型病毒株，它们在基因结构和致病能力上有所差异。两种主要病毒株中，HIV-1型几乎遍布全球，而HIV-2型主要在西部非洲流行，且致病能力较弱。

如图5-3′所示，艾滋病毒呈球形或卵圆形，直径为120nm～140nm，是由以蛋白为主体的酶类和两个单链的核糖核酸(RNA)分子所组成。其核芯外面包一双层球形膜，在外膜上还附有72个糖蛋白球突。外膜的基本成分是脂质，取自它所感染宿主的细胞膜。这种包膜十分脆弱，一旦受损，便不易为病毒自身修复。所以艾滋病毒原本娇弱，在人体体外的即便是正常的环境条件下也极难成活。因此，人际间的通常交往或公共活动(如当面会话、握手、拥抱、聚餐、公用电话、马桶或浴池等)都不会发生艾滋病毒的传播和感染。但是在某些特定条件下，例如在吸毒和卖淫两大犯罪群体人员的体内，这种病毒却享受着恒温箱式的呵护。加上这类病毒具有极强的变异性，经人体间传播后会变得越来越凶险。

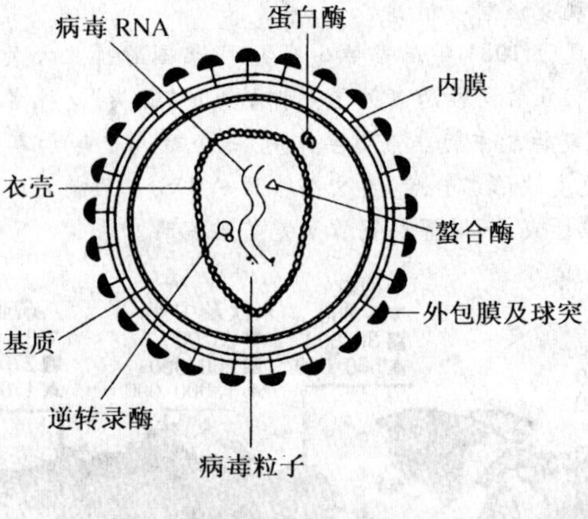

图5-3′　HIV病毒的基本结构

人是艾滋病毒的主要宿主和传染源。当艾滋病患者的体液(主要是血液、精液、阴道液)与受染者的血流直接接触时，就会将体内病毒传给后者。这种过程通常是经不洁性交、鸡奸、吸毒者共用受HIV污染的针头，或是传输受HIV污染的血液而发生的。至于母婴间的传播，可发生在子宫内，以及阴道分娩或乳房哺乳等过程。

归结起来，性接触传播、血液传播和母婴传播是艾滋病的三种主要传播途径。其中，经血液传播的危险性最大。若输入含艾滋病毒的血液，则被感染的机会可达95%。

艾滋病毒进入人体后，就会在其自身具有的逆转录酶作用下将其RNA转为DNA(脱氧核糖核酸)。DNA形式的病毒可与受其感染人体内细胞(一般为T细胞)中的DNA整合在一起，或破坏宿主的淋巴细胞；或释出毒素；或与未感染细胞结合成团，使后者丧失正常功能。

一个健康人从感染上艾滋病毒到死亡，大体可分为3个阶段。第一阶段为急性感染期。其间一些感染者会出现类似流行性感冒的症状(发热、咽喉发炎、淋巴结肿大等)，在2～3周内，这些症状会自然消失。第二阶段为潜伏期(无症状期)。潜伏期长短因人而异,一般经血液感染者为4～5年,经不洁性交感染者为11～13年。此外,5岁以下儿童或60岁以上老人受染后潜伏期较短。在此第二阶段,大多数感染者与正常人无异,只是其体内的免疫系统正在与病毒进行着无休止的抗争。第三阶段为有症状期。此时受感染者体内的免疫细胞已无力对抗病毒,表现出患者非常容易受到普通疾病威胁。在这种情况下,患者一般在6～24个月内死亡。

按照当前的科学和医疗水平,一般认为艾滋病是一种可防而不可治的疾病。其病之所以可防,一则,艾滋病毒有其与生俱存的弱点,即很难在人体体液之外的环境条件下存活;再则,如果人们能通晓厉害、洁身自好,使卖淫、吸毒等社会丑恶现象在全球范围销声匿迹,以至截断艾滋病毒在人体间传播的3条通道(见上文),这样就可使其无藏身之处而彻底灭活。

由于艾滋病毒的繁殖必须在合适的人体细胞中完成,在实验室内就很难培养出足够的病毒来制备疫苗。再说,即使成功地制得了能针对某种艾滋病毒的疫苗,由于病毒的变异性强,这种疫苗也会很快失效。因此目前对于艾滋病还只能暂时使用除疫苗法之外的药物治疗法。美国食品与药物管理局(FDA)已批准可临床使用的药物有21种,其中有叠氮胸苷、双脱氧次黄苷等。还由于病毒对于单种药物易产生抗药性,所以常采用“鸡尾酒”疗法,即取几种药物协同使用。现有的药物治疗法尚不尽如人意,一方面疗效欠佳,难以根治疾患;再则药价昂贵,令一般患者在经济上不胜负担。

2. 黄曲霉素

霉菌又称丝状真菌,与酵母菌同属真菌类。很多种霉菌对人类有益,可借以生产工业原料,进行食品加工,制取抗生素等。但另一方面,由霉菌产生的毒素又是遍布世界各地。已发现至少有150种霉菌,其在适当条件下于某些食物中生长时,会产生对人畜有毒的霉菌毒素。这类毒素是霉菌在新陈代谢过程中所产生大量化学结构各异的活性物质,其中许多对人畜有毒,又称为真菌毒素。黄曲霉素即是由黄曲霉和寄生曲霉两种真菌菌株产生的真菌毒素。它是一类化学结构相似的二呋喃香豆素的衍生物,有10余种之多,常见的几种黄曲霉素的化学结构式如下(将下列三式左侧杂环中的双键改为单键,即分别是黄曲霉素 B_2、G_2 和 M_2 的结构式):

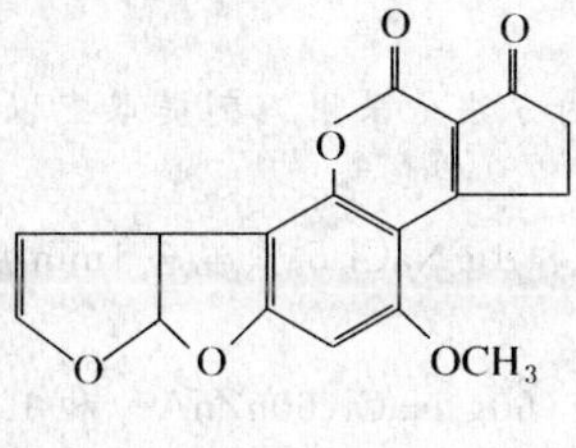

黄曲霉素 B_1

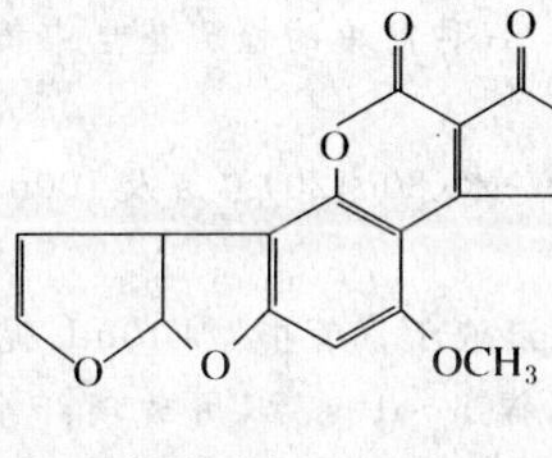

黄曲霉素 G_1

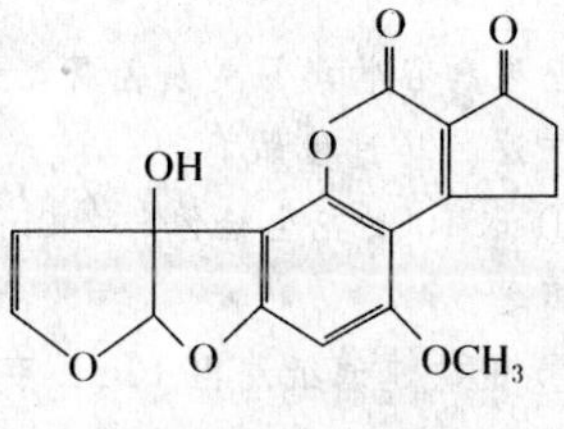

黄曲霉素 M_1

字母B和G分别表示该霉素能显示蓝的或绿的荧光,字母M则表示其为B型黄曲霉素在牛体内经代谢转化后的产物,这种产物又是可在牛乳(milk)中积聚的黄曲霉素。

在众多的已知致癌物质中,黄曲霉素与多环芳烃和亚硝胺被列为最重要的3类致癌物质。而在上述的几种霉素中,黄曲霉素 B_1 又是食物污染中最常见的一种,也是致癌作用最强烈的一种。

1974年近年末的最后两个月内,在印度西北部曾发生过一桩大规模的黄曲霉素食物急性中毒的案例。流行性黄疸肝炎波及150多个村庄,发病者397人,106例死亡。后查明系由黄曲霉素污染的玉米引起。当年恰逢雨灾,新收获玉米储存不当,受检玉米中黄曲霉素 B_1 含量为0.25～15.6 mg/kg,而世界卫生组织(WHO)等规定玉米中的最大允许含量仅为1.5μg/kg。

1960年,英国一家农场发生了10万只雏火鸡突然死亡的事件。尸检结果表明,这些火鸡的肝脏已严重坏死,起因是这些火鸡食用了含黄曲霉素的花生粉。

黄曲霉素对食物和食物原料的污染是一个具有普遍性的问题。在东南亚、印度、美国和我国南方(如广西扶绥县、江苏启东市)都有很多肝癌高发区,因为在这些热带、亚热带、兼气候潮湿的地区更适宜于霉菌的生长和毒素的产生。此外,一些油料种子(花生、胡桃、杏仁、棉籽)或谷物(如大米、玉米)等都是黄曲霉素的良好生长基质,很容易受污染,且通常含黄曲霉素的浓度很高。

黄曲霉素微溶于水,易溶于油脂和一些有机溶剂,在通常的食物烹饪条件下不易破坏,只是在达到280℃熔点时才产生裂解,在碱性条件或在紫外光照下也容易分解。

黄曲霉素主要通过食物摄入后经消化道吸收,大部分分布在肝脏,但在肾脏、血液、肌肉和脂肪组织中也有分布。黄曲霉素在体内的主要代谢过程为羟基化、去甲基化和环氧化等作用,其主要代谢产物也大多是有毒的或是致癌、致突变的。如黄曲霉素 B_1-2,3-环氧化物是具有如下化学结构的代谢产物:

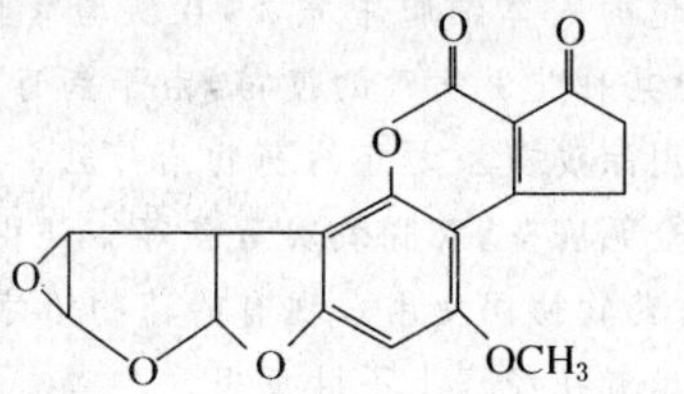

它可在肝微粒体内生成,虽然只能短暂存在,但活性强,可与 DNA 结合(是 DNA 的烷化剂),被认为是黄曲霉素的最终致癌物,在体外细菌试验系统中还具有引起基因突变的作用。

黄曲霉素 B_1 的成人半致死剂量 $LD_{50}=10.0$ mg/kg,急性中毒的临床表现为:以黄疸为主,并有呕吐、厌食、发烧等症状。其后,在 2~3 周后会出现腹水、下肢水肿、肠胃道出血等症状,以至死亡。黄曲霉素 B_1 作为一种强三致性毒物,其对小鼠的经口致癌剂量为 100 μg/d(另一强致癌物二甲基亚硝胺的相应剂量是它的 75 倍)。经对动植物做试验的结果表明,黄曲霉素 B_1 能引起细胞染色体畸变及 DNA 断裂。

预防黄曲霉素中毒的措施可归结为以下一些方面:(a) 对容易染毒的作物,改良其选种、种植和贮存的方法、技术和条件。例如应在低温、低湿度和通风良好的条件下贮存有关的农产品;(b) 不食用已被黄曲霉素污染的食品,也不要将染毒饲料喂食牲畜;(c) 化学法去毒,用氨水或过氧化氢溶液处理有关农产品或动物饲料,这是去除其中所含黄曲霉素的最有效办法;(d) 高温去毒,如用大火炒过的花生中黄曲霉素含量显著降低;(e) 吸附去毒,对一些受污食物油,可用活性炭或活性白土作吸附处理,去除其中所含黄曲霉素等毒物。

坚果和谷物类易受黄曲霉素玷污。一种简单的检测花生中黄曲霉素的方法是采用溶剂提取配以柱层析的方法。其过程如下:

① 取 100g 花生检体与 200mL 甲醇-水(80∶20)溶液及 100mL 环己烷和 4g NaCl 剧烈混合 1min 后,离心分离之。

② 用快速滤纸滤出 10mL 甲醇-水溶液于试管中,加 10mL 混合盐溶液(60g NaCl、60g $ZnAc_2$ 和 1.5mL 冰醋酸于 400mL 蒸馏水中),加盖剧烈摇 5~10s 后,用玻璃纤维滤纸滤出 15mL 溶液于另一试管,加入 3mL 氯仿,加盖,摇动 10s 后静置分相。

③ 在一根装填总厚度为 15mm 的层析柱中,由下至上分装吸附剂硅酸镁和氧化铝。吸取上述步骤②中所得的氯仿 1mL,加到层析柱顶,用 12mL 甲醇在真空泵抽引下进行洗脱。洗完后再抽 2min,直到柱内不复有甲醇存在。

④ 在紫外灯($\lambda=360$nm)照射下观察层析柱,若在硅酸镁和氧化铝交界面上有蓝色荧光带,示有黄曲霉素存在。

黄曲霉素的浓缩物有更强毒性,分析人员应穿戴防护服并配以通风橱进行操作,以防不测。若有散落物玷污器件等情况发生,可用 5% NaClO 溶液擦洗去污。

6 环境分析与监测概要

环境化学学科中很多研究性课题都需仰仗环境分析监测助力，并将其作为研究问题的先导，所以有关专家习惯于将环境分析监测划归环境化学学科范畴。但实际上，环境分析监测技术还有其更广泛的实践意义和社会意义。

6.1 环境分析与环境监测

环境分析监测技术[①]，在内容上包含既相区别又相关联的两部分，即环境分析技术和环境监测技术。两者在技术水平上有高低之分，但在环境保护功能的重要性方面却不相上下。从时间上看，环境分析开展在先，环境监测则是这方面技术的现代发展产物。

6.1.1 环境分析

环境分析是环境分析化学的略称，其主要任务是应用化学分析法和仪器分析法对水、空气、土壤、生物等环境要素中的化学污染物作定性检测(detection)和定量测定(determination)或称测量(measurement)，间或还需对出现在环境中的未知污染物作出定性鉴定(identification)，或对于由污染源排放物的浓度或总量水平对照排放标准作定量检定(verification)。从学科归属来看，环境分析是环境化学学科的一个重要分支，环境化学中很多研究性专题(如酸雨、大气光化学烟雾等)都需要环境分析技术提供准确的分析数据，并借此作为研究工作的先导。

在国外，环境分析技术的发生约始于20世纪50年代，我国则起步于70年代。数十年来，由于环境保护事业的迫切需要，作为监视环境质量耳目的分析技术在各国获得了迅速发展。

20世纪30～70年代，一些工业发达国家相继发生严重公害事件，因危害性大而震惊世界的八大公害事件都是由化学污染物引起的。其中有 SO_x(包括 SO_2、SO_3)、NO_x(包括 NO、NO_2)、HC(有机烃类)等引起的化学烟雾事件，汞污染物引起的神经性疾病，镉污染物引起的骨痛病，多氯联苯类化合物引起的肝中毒等。其中四起又是发生在当时处于工业发展途中的日本。进入80年代，世界范围内大小公害事件也不断发生。典型的例子有印度博帕尔农药厂甲基异氰酸酯溢出事件(1984年)和苏联切尔诺贝利核电站爆炸事件(1986年)。前者造成几千人死亡和20多万人中毒的严重后果；后一事故则使原苏联及其邻近的各国遭受普遍核污染，很多人因受核辐射而受伤或死亡，各类经济损失不可估量。

在上述情况下，环境分析技术应运而生，并且发展迅速，成为人们鉴别环境是否被污染，并判断污染程度的重要手段。在一些突发性化学污染事件始发之时，人们急切需要知道肇事者究竟为何物，此时环境分析总能以其特有的化学鉴定手段一施其长，使之真相大白。环境分析以间歇采样、现场或实验室分析为主要工作方式，对象是水、空气、土壤、生物诸环境要素中的各种化学污染物。由于环境体系相当复杂，对象物又是为数众多、形态多歧、含量极微并且不断随时间和空间发生质和量的变化的物质，所以环境分析虽源于化学分析和仪器分析，但两者间在技术水平

① 时下很多中文专业书中略称为环境监测技术。

方面毕竟不可同日而语。

图 6－1 所示为环境分析的一般工作程序。其中包括取样、样品前处理和保存、定性和定量的分析及数据处理四个基本步骤，这四个步骤在为最终获得可信分析结果所表现的重要性方面没有轻重之分。也正因为如此，需对全过程中的每一步骤都提出如下的质量保证要求。

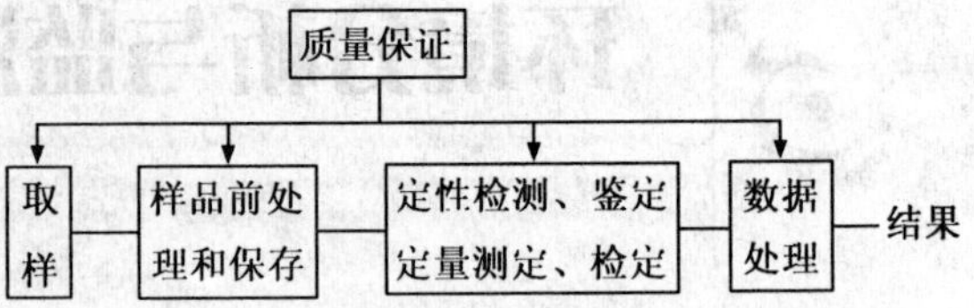

图 6－1 环境分析的一般工作顺序

取样环节 代表性、有效性

样品前处理环节 回收率、预浓集系数、分离度

分析测定环节 准确度、精密度、检出限、有效测定范围、选择性

数据处理环节 （按规范化的统计方法处理数据）

例 1 以荧光分析法测定试样中微量铀，为此，先用一系列标准溶液经测定后得到如下数据：

铀浓度 $c_i/\mu g \cdot L^{-1}$	荧光强度 $y_i/\%$	c_i^2	$c_i y_i$
0.000	0.0	0.0000	0.00
0.100	5.8	0.0100	0.58
0.200	12.2	0.0400	2.44
0.400	22.3	0.1600	8.92
0.800	43.3	0.6400	34.64
$\sum c_i = 1.500$	$\sum y_i = 83.6$	$\sum c_i^2 = 0.850$	$\sum c_i y_i 46.5$
$(\sum c_i)^2 = 2.250$		$(n=5)$	

求分析标准曲线的数学表达式。

解 一般借助数学上最小二乘法原理处理数据，配出线性方程 $y=ac+b$，然后绘制在坐标纸上，这样得到的标准曲线被称为回归线，其与各实验点之间的方差和为最小。直线方程中斜率 a（称回归系数）和截距 b 可分别按下式计算。

$$a=\frac{n\sum c_i y_i-\sum c_i \sum y_i}{n\sum c_i^2-(\sum c_i)^2} \tag{1}$$

$$b=\frac{\sum c_i^2 \sum y_i-\sum c_i \sum c_i y_i}{n\sum c_i^2-(\sum c_i)^2} \tag{2}$$

由此可计算出：

$$a=\frac{5\times 46.5-1.500\times 83.6}{5\times 0.850-2.250}=53.8$$

$$b=\frac{0.850\times 83.6-1.500\times 46.5}{5\times 0.850-2.250}=0.6$$

所以标准曲线的一次方程表达式为：

$$y=53.8c+0.6$$

以上结果还可用直线图像表示如右图。

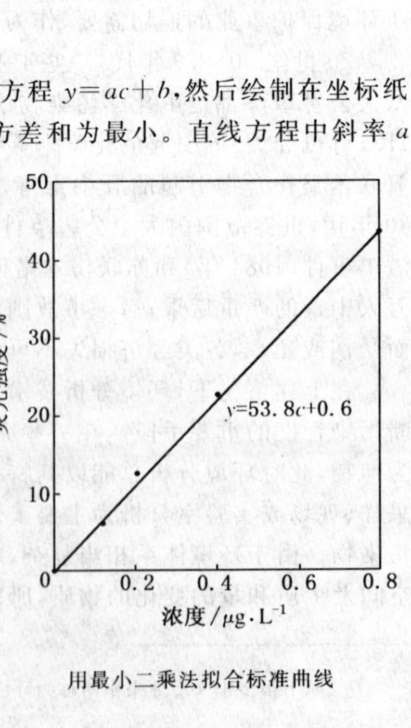

用最小二乘法拟合标准曲线

例 2 用硝酸银容量法测定同一水样中氯化物含量

得到一组 7 个分析数据：15.2，14.7，15.1，15.0，15.3，15.2 和 14.9 mg/L，试依此进行数据处理后报出分析结果。

解 对同一试样作 n 次重复测定，如平均值为 $\bar{x}$、标准偏差为 s、相应于自由度 f 为 $(n-1)$ 和置信水平 CL 为 95% 的统计量记作 t，则最终分析结果的表述式为

$$x=\bar{x}\pm\frac{ts}{\sqrt{n}}\quad(CL=95\%)\tag{3}$$

上式中 t 值可从以下数理统计表查得，s 值可从以下计算式求得：

统计量 t 分布表（部分）

f \ t \ CL	95%
1	12.706
2	4.303
3	3.182
4	2.776
5	2.571
6	2.447

$$s=\sqrt{\frac{\sum_{i=1}^{n}(x_i-\bar{x})^2}{n-1}}\tag{4}$$

由题给 7 个数据求得平均值 $\bar{x}=15.06$，算出 $s=0.207$。

再计算置信区间：

$$\pm\frac{ts}{\sqrt{n}}=\frac{2.447\times0.207}{\sqrt{7}}=\pm0.1914\quad(CL=95\%)$$

报告的结果为：

$$x=15.06\pm0.19\quad(CL=95\%)$$

例 3 为检验分析方法的准确性，取某种离子浓度真值 $\mu=9.67$ mg/L 的标准试样，用待检验的方法平行测定 $n=6$ 次，得平均值 $\bar{x}=9.97$ mg/L，标准偏差 $s=0.140$ mg/L，试判断该方法中是否存在系统误差（CL 取 95%）。

解 以 $\frac{|\bar{x}-\mu|}{s/\sqrt{n}}$ 的计算值与统计量 t 值作比较，即可判定方法中是否存在系统误差。对于上项代入已知值：

$$\frac{|\bar{x}-\mu|}{s/\sqrt{n}}=\frac{9.97-9.67}{0.140/\sqrt{6}}=5.25$$

查上例中列出的 t 表，得

$$t_{(5,0.05)}=2.571$$

将此与 5.25 相比，可得结论：在置信水平 $CL=95\%$ 下，该方法有严重的系统误差。

例 4 对一个稳定的河水水样，在 2 周内测得其 20 个子样中含镉浓度为（单位 μg/L）

9.8	9.7	9.6	9.7	9.6	9.6	9.6	9.5	9.2	8.7
8.6	8.6	8.4	8.4	8.2	8.6	9.1	9.1	9.4	9.8

试检验分析测定是否有足够的精密度。

解：为检验精密度，由以上 20 个数据先求得

差方和 $S=\sum x_i^2-\left(\sum x_i\right)^2/n=1683.7-\frac{183.2^2}{20}=5.588$

方差　　　　$s^2 = S/n-1 = 5.588/19 = 0.294$

运用 χ^2 检验,总体方差 σ^2 应满足下式:

$$\frac{S}{\chi^2_{\{(n-1,\alpha/2)\}}} \leqslant \sigma^2 \leqslant \frac{S}{\chi^2_{\{(n-1,1-(\alpha/2))\}}} \tag{5}$$

如显著性水平 α 值取 0.05,从 χ^2 分布表中查得:

$$\chi^2_{(19,0.025)} = 32.9 \text{ 和 } \chi^2_{(19,0.975)} = 8.91$$

代入以上不等式,得:

$$\frac{5.588}{32.9} \leqslant \sigma^2 \leqslant \frac{5.588}{8.91}$$

或

$$0.170 \leqslant \sigma^2 \leqslant 0.627$$

实测 $s^2=0.294$,正在 σ^2 数值范围内,表明分析测定有足够的精密度。

χ^2 分布表(部分)

f \ α	0.995	0.99	0.975	0.95	0.05	0.025	0.01	0.005	α / f
1	0.0^4393	0.0^3157	0.0^3982	0.003	3.84	5.02	6.63	7.88	1
2	0.0100	0.0201	0.0506	0.103	5.99	7.38	9.21	10.60	2
3	0.0717	0.115	0.216	0.352	7.81	9.35	11.34	12.84	3
4	0.207	0.297	0.484	0.711	9.49	11.14	13.28	14.86	4
5	0.412	0.554	0.831	1.145	11.07	12.83	15.09	16.75	5
6	0.676	0.872	1.237	1.635	12.59	14.45	16.81	18.55	6
7	0.989	1.239	1.690	2.17	14.07	16.01	18.48	20.3	7
8	1.344	1.646	2.18	2.73	15.51	17.53	20.1	22.0	8
9	1.735	2.09	2.70	3.33	16.92	19.02	21.7	23.6	9
10	2.16	2.56	3.25	3.94	18.31	20.5	23.2	25.2	10
11	2.60	3.05	3.82	4.57	19.68	21.9	24.7	26.8	11
12	3.07	3.57	4.40	5.23	21.0	23.3	26.2	28.3	12
13	3.57	4.11	5.01	5.89	22.4	24.7	27.7	29.8	13
14	4.07	4.66	5.63	6.57	23.7	26.1	29.1	31.3	14
15	4.60	5.23	6.26	7.26	25.0	27.5	30.6	32.8	15
16	5.14	5.81	6.91	7.96	26.3	28.8	32.0	34.3	16
17	5.70	6.41	7.56	8.67	27.6	30.2	33.4	35.7	17
18	6.26	7.01	8.23	9.39	28.6	31.5	34.8	37.2	18
19	6.84	7.63	8.91	10.12	30.1	32.9	36.2	38.6	19
20	7.43	8.26	9.59	10.85	31.4	34.2	37.6	40.0	20

6.1.2　环境监测

6.1.2.1　环境监测的定义

近期,人类社会面临日益复杂和严重的环境污染问题,相应地对环境分析提出了更高的要求。当前该技术已发展成为连续自动监测和用计算机进行控制的实时监测体系,其监测范围不仅由点及面而且扩展到一定的空间范围(甚至全球范围);在时间上,由间断而连续并延伸为长期监测;其方式则由手动发展到自动的或在线的;而其对象则由单纯的化学物质而遍及各种物理参数(如噪声、振动、电磁波、放射性、热污染等)和生物参数(如生物量测定、细菌鉴定和计数等)。在获取环境信息方面,监测技术已经具备了实时性、连续性、完整性等特点,而它所涉及的学科范围已遍及化学、物理、生物、仪器仪表、自动化、传感器、计算机、遥感遥测等许多方面。由此可以认为,环境监测是由多种学科和技术交汇渗透而形成的一门综合性技术。

据查考,在专业文献中最初出现监测(monitioring)一词是在1972年召开人类环境国际会议(斯德哥尔摩会议)之后。目前要为环境监测这一新崛起的环境科学分支从学科角度下一个确切的定义,并明确划定其研究范围仍是困难的。至于环境监测技术,我们从文献中查见的几种定义也不很一致。例如,按中国大百科全书环境分册(1983年),定义环境监测技术为"间断或连续地测定环境中污染物的浓度,观察、分析其变化和对环境影响的过程。"美国海洋和大气管理署(1979年)则将其定义为"在时间上连贯地检测某些环境质量影响参数的变化,并随时为环境保护和管理部门提供这方面有意义的信息。"另据有人①(1986年)援引联合国环境规划理事会所下的定义为:"为了评定现时的和预报日后的环境质量,对于与环境质量相关的一个或多个要素,在时间上和空间上按照预定的方案和具有可比性的方法进行重复观察的过程。"比较这些定义,并从环境监测技术现有的总体内容来看,这几种定义似各有其不完美之处。我们认为,将上列3种定义综合在一起或许能得到一个足以反映环境监测技术现状的较完美的定义,并借此提出环境监测工作的一般顺序,如图6-2所示。

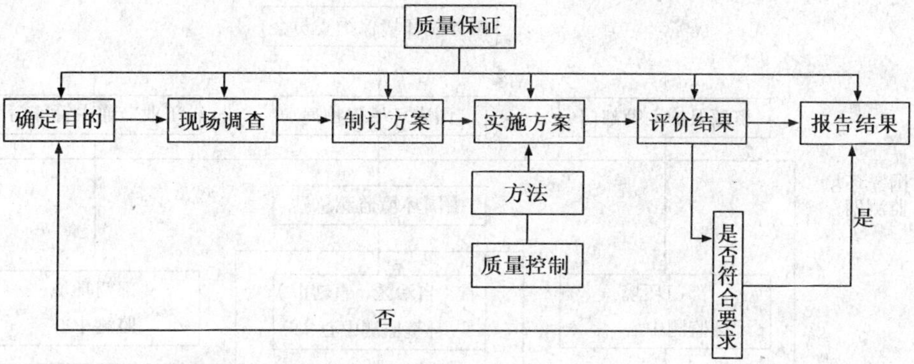

图6-2 环境监测的一般工作顺序

在完成如图6-2所示工作全过程基础上,即可提出污染扩散模式和规律,为预测、预报和控制污染及治理环境提供依据。

定义的主要作用在于它能为众人讨论和研究问题划定一个范围。实际上,属于形式逻辑范畴的定义尚有其不确定性和保守性,所以对任何发展中的事物都不可能作出一个完美无缺的定义。还由于环境监测技术是一门实用性很强的技术,所以在考虑某些实际问题时,往往需要我们从实际出发,而不是从定义出发。

实际上,目前被广泛使用的"环境监测"一词涵盖着多种的环境分析含义,例如承担大量环境分析任务的政府下属职能机构被普遍称为环境监测站。通过上述内容便于读者了解两者间既相区别又相联系的关系。

6.1.2.2 环境监测的功能及其发展动向

目前环境监测的功能早已远远超过以前环境分析的含义范围,它要解决的问题计其大者有:(1) 对污染物及其强度作时间和空间方面的追踪,掌握其来源、迁移、分布、反应、转化、影响、归宿等情况及其对环境质量的影响程度,并在此基础上,对环境污染作出预测、预报和预防;(2) 了解和评价环境质量的过去、现在和将来,掌握其变化规律;(3) 在收集环境背景及趋势数据、积累

① E. M. J. Meijers: Environmental monitoring and Assessment. 7(1986). 158

长期监测资料的基础上，为制订和修订各类环境标准提供依据；(4) 在监测污染源并对照控制排放标准的基础上，为环境执法部门提供执法依据。由上列工作内容来看，运用环境监测技术虽不能直接减轻或消除污染，但它是环境保护工作总体中的一个重要环节，在控制污染、保护环境方面起着非常重要的作用。所以环境监测又是一门实用性和社会性非常强的技术。

当前世界各发达国家都对环境监测工作极为重视，不惜斥资巨万、广纳人才、集成最先进的仪器和技术，以求得监测水平的不断提高。但由于监测所面临的体系和对象极为纷繁复杂，所以由极优条件武装起来的监测技术仍有其相对落后的一面。例如对土壤等复杂体系，目前在世界范围内尚未能建立起完善的自动监测系统。至于水和大气等环境体系，真正达到全自动连续水平的监测也只能施技于少数简单的环境参数。由此可见，环境监测技术目前还处于待发展的幼弱状态。估计环境分析技术在监测中占据重要地位的现状在相当长时间内还要继续下去。

我国环境监测工作虽起步较晚，但发展非常迅速。在 1978 年前仅有一个独立的专业机构，发展至今，遍布全国的各级监测站(所)的总数已逾 4 000，从业人员 6 万余人。我国现有行政管理型监测网络的整体结构如图 6－3 所示。

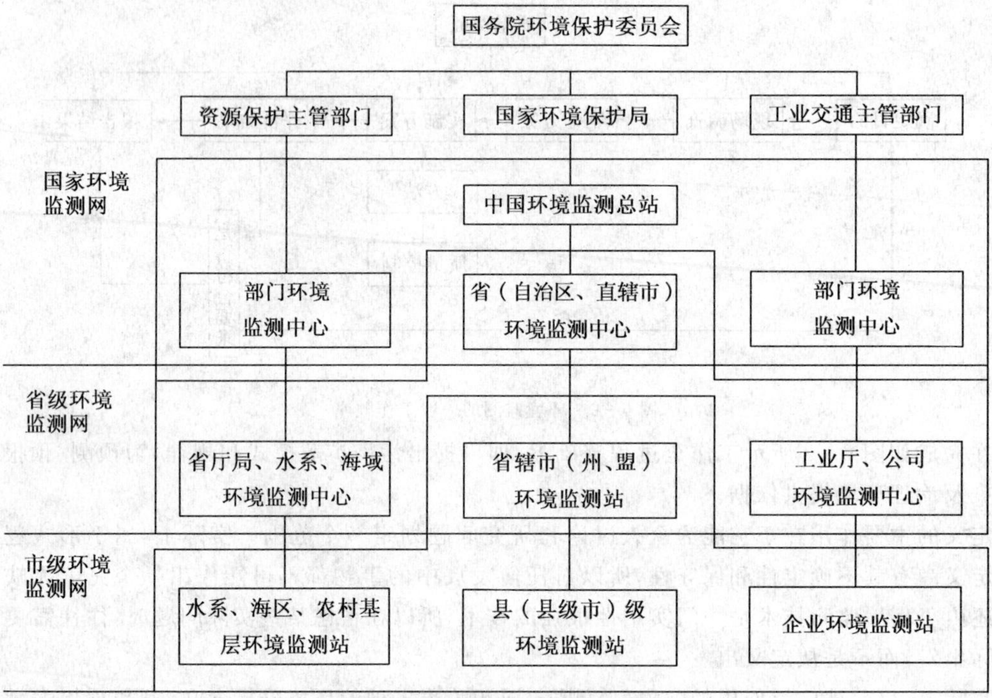

图 6－3　全国环境监测网络示意图

如图 6－3 所示，各有关部门根据各自环境保护工作的需要而组建了自上而下的纵向监测网络。如环境保护部门建立的从中国环境监测总站—省(自治区、直辖市)—市(地)—县环境监测网络，将全国四级(国家级、省级、市级、县级)环境保护行政主管部门所属的 2 131 个监测站联成网络，再从 2 131 个站优化出 178 个站组成国家环境质量监测网(简称国控网)。优化站报出的环境质量监测数据被直接输送到中国环境监测总站数据库中。由环境保护部门和其他部门(如农业部、水利部、国家气象局、国家海洋局及各个工业部等)构成的全国性网络整体每年可提供有关环境质量信息数据约 3 000 万个，借此编写环境质量年报、季报、快报、通报和重点污染源的排放动态报告，对于防止和控制环境污染起着重要的积极作用。

从另一角度看,破除行政边界限定的各种专业性监测网络也已陆续建立,且初具规模。现已建成的国家级监测网络有空气质量监测网、地表水质量监测网、近岸海域环境监测网、环境噪声监测网、酸雨监测网等。此外,还建成作为全球环境监测系统(GEMS)网点站的中国大气监测点5个(位于沈阳、北京、西安、上海和广州),以及中国地表水监测点四个(位于济南、武汉、肇庆、无锡,分别作为黄河、长江、珠江和太湖监测点)。

从事业的质量来看,我国的监测专业工作已由零星分散的手工分析提高到装备现代化、技术规范化、数据处理计算机化的新水平,初步具备了对环境质量的整体状况进行评价的能力。

在看到20多年来我国在环境监测事业上所取得成绩的同时,我们也应认识到,与先进国家相比,我国的环境监测能力和水平还很低。表现在可监测环境要素数和可监测项目数不够多,监测手段和监测质量保证等方面还相对落后。目前在全国范围内广泛施行的监测要素仅有大气、地表水、重点污染源和噪声四个方面,而诸如生态、固体废弃物、土壤、放射性、振动、电磁波、地面沉降和恶臭等的监测都还没有普遍开展。目前美国有能力作环境监测的项目有1 600多个,而在我国还不足200个。在美国已被确定为标准的监测方法有900多种,而我国各种方法总数仅400种左右。此外,我国现有的自动化监测系统和大型仪器也大多仰仗国外进口,且由于经费不足,管理水平不高等原因,不但数量少,而且能全年正常运行的也只是其中的一部分。

6.2 环境分析监测技术的分类

按照对象、目的、方法或方式的不同,可对环境分析监测(略称监测)技术作不同的分类。

首先,按监测对象不同可分为大气监测、水质监测、土壤监测、生物监测、生态监测和能量监测等;或可分为化学污染物监测、物理污染因素监测和生物污染体监测等。顺便指出,通常所说的生物监测可包含两种意义,一则表示将生物体作为监测对象,即对生物体本身(如水样中大肠菌群总数)或生物体所受物理污染因素影响程度(如放射性剂量)或进入生物体内化学污染物的数量等进行监测;再则表示以生物体作为监测手段,即利用所谓指示生物的机体对某种污染物所特有敏感性、反应性或变异性来判断环境是否发生了污染以及污染的程度。相似地,放射性监测也包含了以放射性作为监测对象和监测手段两种含义。例如,用中子活化法测定化学污染物、用β射线源监测大气中粉尘等即属于后一种含义。

按目的不同可将监测技术分为例行的监视性监测、研究性监测、事故性监测和自卫性监测等。大量的监测工作是例行性的,如对环境背景参数、环境质量参数的长期连续监测以及对污染源的控制排放监测等都属此类。研究污染物的发生及其环境行为等所需进行的监测为研究性监测。事故性监测指的是自然灾害(火山爆发、森林火灾等)发生或人为污染扩散时,为确定污染程度和危及范围等所施行的监测。对此常使用监测船、监测车等作流动监测,或采用遥感遥测等手段。为个人防卫目的而进行的监测为自卫性监测,例如放射性企业中操作人员佩带襟章式剂量计,以此作为监测个人被辐照剂量的手段。

按方法不同可将监测技术分为化学法、物理法、物理化学法和生物法等。由于监测对象组成复杂,对监测要求又越来越高,通常只使用一种方法往往不能解决问题或满足要求,而是需要多种方法结合才能完成实际监测任务。此外,还可将监测方法按权威性或成熟程度的高低分为标准法、参考法和试行法等。

最后,按方式的不同,还可将环境监测技术分为手动的和自动方式的监测;仪器的和简易方式的监测;现场的、实验室的和遥感方式的监测等。

6.3 环境分析监测的对象

6.3.1 环境分析监测的对象和项目

环境分析监测的主要对象是大气、水、土壤中的化学污染物。大气监测①的主要对象是正常大气、污染大气和各种大气污染源。对前两者来说，一般在近地面进行监测。由污染源释入大气中的各种污染物因对流、扩散而可能到达距地面的最大高度为2～3km，所以这一高度区段也可能成为监测对象区。此外，在距地面约25km上下的臭氧层中，含有浓度水平很低的臭氧，虽不能将其视为污染物，但这里的臭氧具有重大的环境化学意义，也经常被作为监测的对象。

由国家环保局颁布的《环境监测技术规范(大气和废气部分)》(1986年)中规定了将大气污染的例行监测点按工作方式分为实验室分析系统和自动监测系统两类。这两类监测点中所需进行的例行监测项目列举在表6-1之中。

表6-1 对大气污染的例行监测项目

分 类	必 测 项 目	选 测 项 目
实验室分析系统	二氧化硫、氮氧化物、总悬浮颗粒物、硫氧化物、灰尘自然沉降量	一氧化碳、可吸入颗粒物、光化学氧化剂、氟化物、铅、汞、苯并[a]芘、总烃、非甲烷烃
自动监测系统	二氧化硫、氮氧化物、总悬浮颗料物或可吸入颗粒物、一氧化碳	臭氧、总烃

表6-1中列出的化学污染物按其化学形态可分为无机金属化合物和非金属化合物，以及有机化合物3类。按其物理形态则可分为气体、蒸气和气溶胶(颗粒物)。

对大气降水需做的监测项目有：pH值、电导率、K^+、Na^+、Ca^{2+}、Mg^{2+}、NH_4^+、SO_4^{2-}、NO_3^-、Cl^-等。

表6-2 水质监测项目

物理和化学性项目	生物性项目	微生物性项目
浊度、透明度、色度、臭、味、电导率、盐度	植物性、动物性悬浮生物(生物量、物种多样性指数等)	细菌总数
pH值、酸度、碱度	叶绿素	大肠菌群总数
水温	大型植物	粪便大肠菌群数
溶解氧值(DO)	腐生指标	形成嫌气孢子的生物
H_2S	生产力研究	致病生物
非专一性有机化合物(BOD、COD、TOD、TOC)	底栖动物	病毒
主要元素(K^+、Na^+、Ca^{2+}、Mg^{2+}、CO_3^{2-}、Cl^-、SO_4^{2-})		
固体物质(总残渣、过滤性和非过滤性残渣、挥发性残渣和固定残渣)		
营养物质(氮、磷、硅等化合物)		
金属(铁、镁等)		
特定污染物(重金属、有机物、农药、洗涤剂等)		
放射性(总β计数率等)		

① 严格地说大气和空气以及相应的大气监测和空气监测的用词意义是有差异的。在某些场合则按照习惯遣词。

应施以例行监测的大气污染源有两类，即固定污染源（主要是工厂烟囱）和流动污染源（主要是汽车）。对烟囱类固定污染源的例行监测项目主要有烟气的温度、流量、含湿量；烟气中所含 CO_2 及其他有害气体（CO、NO_x、SO_x、H_2S 等）的浓度；尘粒排放浓度和排放量。对汽车类流动污染源的监测项目主要有 CO、烃类、NO_x 和烟度（柴油车）等。

水质监测的主要对象是各类天然水、工农业废水、饮用水和生活污水等。对于江湖河海等天然水体，一般可划分为 3 个断层，即上层（含油、漂浮物等）、中层（含悬浮颗粒和溶解性化学物质等）和下层（沉积物、底泥等）。对于很多污染物对象来说，需要对这 3 个断层分别进行监测，才有可能针对该水系的环境质量作出全面而又正确的评价。

对水质进行监测的主要项目列举在上页表 6-2 之中。

有关各类地表水、工业废水、生活废水和医院废水的各监测项目，已由国家环保局在《环境监测技术规范（地表水和废水部分）》(1986 年）中作出规定，可供参照。

对土壤监测的主要对象有：(1) 污水灌溉用地的土壤；(2) 工矿企业周围的土壤；(3) 施用大量化学农药（包括含有害物质的化肥和废渣肥料）地区的土壤；(4) 大量堆集有害工业废渣地区的土壤；(5) 城乡居民区的土壤；(6) 主要交通干线两侧的土壤等。

对土壤监测的主要项目有：(1) 一般项目，有土壤基体组成、水分、pH 值、有机质、灼烧减重、阳离子交换容量等；(2) 有害金属，如汞、镉、铬、砷、铅、铜、锌、镍、铍等；(3) 有害有机物和农药，如烷基汞、酚类化合物、苯并[*a*]芘、亚硝胺类化合物、有机氯化合物中的滴滴涕、六六六等；(4) 其他化学物质，如氟化物、氰化物、硫化物、钡、硼、含氮化合物（亚硝酸盐和硝酸盐）等。

生物材料检测的对象物有植物的根、茎、叶、穗壳、种子及动物的体液、脏器、粪便、毛发、指甲等。其部分检测项目与土壤或水体大致相同。与水质相关的生物监测项目已被列举在表 6-2 之中。

在我国，以定期现场采样、实验室分析为主要特征的常规监测工作日趋完善。目前，对于水和废水、空气和废气、土壤等各类监测对象的必测、选测项目已发展到近 200 个，并对很多项目的监测制定了全面完整的技术规范，纳入了国家标准的范围。

6.3.2 环境分析监测对象的特点

关于环境分析监测对象的特点可列举如下。

1) 体系复杂且项目繁多

实际环境体系大多是流动的非热力学平衡体系，样品中组分复杂而且可能随时发生变化。即使是样品中同一元素，也可能有多种不同的赋存形态（如物理结合形态、化学异构形态、化合态、价态），要逐一地测定样品中每一组分及每一形态，虽然不无可能，但却是一个既繁难又艰巨的任务，实际上也是行不通的。针对这种情况，监测工作者可按下述原则选定监测项目：(1) 本着主要与次要相分开、需要与可能相结合的原则来选定监测项目。即对那些毒性大、数量多、环境影响恶劣的对象物作优先监测考虑。如美国环境保护局曾在 1978 年提出水体中应予以优先考虑的污染物计 129 种，其中有机物 114 种。我国于 1988 年由环境监测总站等单位立题筛选研究水环境中优先污染物，为期仅 1 年，于 1989 年 2 月完成该课题。经选定我国第一批环境优先污染物共 14 类 68 种，其中有机毒物 56 种，占 85.3%。对于为数还嫌众多的优先考虑污染物可进一步将那些经国家规定并已具有相应环境标准和已制定标准监测方法者列为必测项目。其余则因地、因时、因经济能力等因素通过筛选确定选测项目。选测项目过多会造成人力、物力浪费，过少则不足以反映环境质量的真实状况；(2) 以表征一组物质在环境中总数量水平的非专一性参数来代替该组物质的各单一性的监测项目，由此减少监测工作量。例如有关水质监测的某些非专一性参数列举在表6-3中。在进行非专一性参数测定时，特别需要严格控制实验条件，并使之标准化。

表6-3 水质监测中的某些非专一性参数

物理性项目	化学性项目	生理性项目
过滤性残渣	硬度、盐度和碱度	臭
电导率	COD、BOD、TOC	味
浊度和色度	可萃取有机物量	对鱼类毒性
总β放射性计数		

2）被测对象微量低浓

由于实际环境体系非常宏大，很多人为污染物的排放又受到严格的规约控制，所以滞留在环境中的污染物通常是微量低浓的，试样中的量值经常为毫克、微克、纳克数量级，浓度数量级相应地为10^{-6}、10^{-9}甚至是10^{-12}，且含有多种干扰物，这样就大大提高了监测工作的难度。所以对环境样品一般都需要作预处理，使其中对象组分经分离、浓集后达到分析检出限以上的浓度或量值。

3）被测对象的有害性

环境污染物、特别是那些化学性污染物大多是有害物质。对人、生物或其他有机物质会产生即时的或潜在的危险，其主要表现为有毒性、致癌、致畸、致突变性、可燃性、腐蚀性、爆炸性、耗氧性、氧化性、富营养作用及破坏生态平衡等，这就要求环境监测工作人员具有高度责任感，同时还要求技术本身具有高度准确性。否则，错误的监测结果会直接贻误环境保护和环境治理工作。对监测数据持"宁缺毋滥"的方针是专业监测人员公认的准则。

4）被测对象的易变性

由于环境因素十分复杂，致使大多数化学污染物的环境行为变化多端。研究性监测工作要求掌握污染物在环境介质中的即时行为，这就为监测工作者提出了特殊的更高要求，在很多场合下需要运用自动、在线等实时性监测技术。

6.4 环境分析监测的方法

目前人们手头所具备的环境分析监测方法和手段是与当代生产力发展水平相关联的。依现状来看，它还袭用了分析化学所用的大部分方法，但同时又要求它具有各种别开生面的新的方法和手段，以适应环境监测对象的种种特殊要求。例如，在很多情况下，要求分析方法具有更高的准确度和灵敏度；对环境样品中所含同一元素要求作进一步细致的形态分析；对河流污染和大气污染要求提供能进行连续自动的、区域范围内的、跟踪式的监测方法；对飘尘监测或土壤本底值的调查中要求提供有效的干式分析方法等。

对于污染物分析监测技术可按使用的方法分为化学法、物理法、物理化学法和生物法。

化学法（主要是滴定分析法）是以化学反应为其工作原理的一类方法。其特点是准确度较高，相对误差一般小于1%；灵敏度较低，仅适用于样品中常量组分的分析；选择性较差，在测定前常需要对样品作繁复的前处理；方法简便，操作快速，所需器具简单，分析费用较低。

物理法和物理化学分析法都是使用仪器进行监测的方法，前者如温度、电导率、噪声、放射性、气溶胶粒度等项目的测定，需要具备专用的仪器和装置。后者又通称仪器分析法，适用于定性和定量分析及大多数化学物质。这两类方法的优缺点正好与化学法相反，表现在准确度相对较低、灵敏度很高、选择性尚佳以及仪器成本高、维护保养较复杂等。物理化学分析法种类繁多，大体上可分为光学分析法、电化学分析法和色谱分析法3类。光学分析法(表6-4)是利用光源照射试样，在试样中发生光的吸收、反射、透过、折射、散射、衍射等效应，或在外来能量激发下使试样中被测物发光，最终以仪器检测器接收到的光的强度与试样中待测组分含量间存在对应的定量关系而进行分析。环境分析中常用的有分光光度法、原子吸收分光光度法、化学发光法、非分散红外法等。特别是紫外-可见分光光度法是环境分析中最广泛应用的方法。原子吸收分光光度法则是对环境样品中痕量金属分析最常用的方法。表6-4中列举的其他方法所用仪器多数价格昂贵，只有现代化高级实验室才有条件购置。电化学分析法(表6-5)是仪器分析法中的另一个类别，是通过测定试样溶液电化学性质而对其中被测定组分进行定量分析的方法。这些电化学性质系在原电池或电解池内显示出来，包括电导、电位、电流、电量等。环境分析中常用的电化学分析法有电导分析法、离子选择性电极法、阳极溶出伏安法(该方法应用范围在近期有缩减的趋势)等。在表6-5中列举的各种电化学分析法中，大多可实施自动化分析，很多方法被国家标准所采纳而成为标准法。色谱分析法(图6-4)可用于分析多组分混合物试样。即利用混合物中各组分在两相中溶解-挥发、吸附-脱附或其他亲和作用性能的差异，当作为固定相和流动相的两相作相对运动时，使试样中各待测组分在两相中反复受上述作用而得以分离后进行分析。在环境分析中常用的有气相色谱法、高效液相色谱法(包括离子色谱法)、色谱-质谱联用法等。色谱分析法承担着对大多数有机污染物的分析任务，也是对环境试样中未知污染物作结构分析或形态分析的最强力的工具。在图6-4中所显示的各种色谱分析法还仅限于柱色谱，没有将属于简易分析法一类的纸层析和薄层层析等方法包括在内。此外，在图6-4中还显示了这些方法的大致适用范围。

表6-4 光学分析法分类

光 吸 收	光发射	光散射
原子吸收分光光度法①	原子发射光谱法	浊度测定法①
紫外-可见分光光度法①	火焰光度法①	拉曼光谱法
红外光谱法(包括非分散形)①	化学发光法①	
核磁共振谱法	荧光光度法①	
电子自旋共振谱法	磷光光度法	
穆斯堡尔斯谱法	中子活化法	

① 环境分析中常用或多用的方法。

表6-5 电化学分析法分类

分 析 方 法	测定量(关系)	分 析 方 法	测定量(关系)
电位滴定法① pH值测定法① 离子选择性电极法①	原电池中电动势随被测物浓度变化关系	电解分析法②	电解池中析出物量
定电流电位滴定法 计时电位分析法 伽伐尼电池法①	原电池中电动势随时间变化关系	电流滴定法	电解池中待测物浓度与电流变化关系
极谱法 阳极(阴极)溶出伏安法	电解池中电流随电压变化关系	电导滴定法 电导率测定法①	电导池中电阻值
定电位电量法 电量滴定法	电解池中电量		

① 环境分析中常用或多用的方法；② 原名电重量分析法。

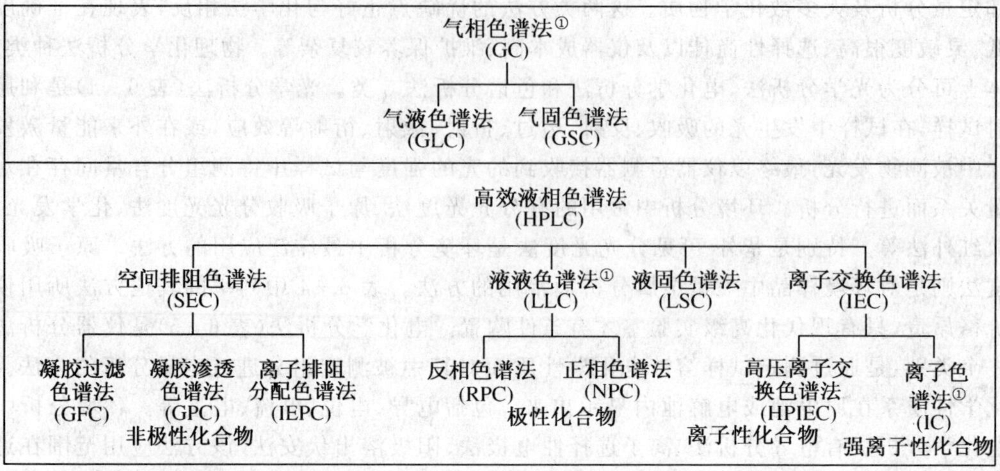

① 环境分析中常用或多用的方法。

图 6-4　各种色谱法及其适用对象

为了更好解决环境监测中繁难的分析技术问题，近来已越来越多地采用仪器联用的方法。例如气相色谱仪是目前最强力的成分分析仪器，质谱仪是目前最强力的结构分析仪器，将两者合在一起再配上电子计算机组成气相色谱-质谱-计算机联用仪(GC-MS-COM)，可用于解决环境监测中有关污染物特别是有机污染物分析的大量疑难问题。表 6-6 列举了环境分析中常用的联用技术。

表 6-6　环境分析中的联用技术

联用技术	应用示例
GC-MS	普遍应用(挥发性化合物，衍生物)
GC-FAAS	石油中的乙基铅化合物，鱼体中汞化合物
GC-FAES	有机锡化合物，甲硅烷化醇类
GC-FAFS	四乙基铅
GC-ETA-AAS	生物中的有机铅，有机砷，有机汞
GC-DCP-AES	石油中的锰化合物
GC-MIP-AES	烷基汞化合物，血液中的铬
GC-ICP-AES	烷基铅，有机硅化合物
HPLC-FAAS	有机铬化合物，铜螯合物，氨基酸配合物
HPLC-FAFC	生物样品中锰的形态，金属的氨基酸配合物
HPLC-ETA-AAS	四烷基铅化合物，有机锡化合物，铜的氨基酸配合物
HPLC-DCP-AES	各种金属螯合物
HPLC-ICP-AES	维生素 B_{12} 中的钴，蛋白质中的金属，四烷基铅，铁钼的羰基化合物

注：GC—气相色谱；MC—质谱；HPLC—高效液相色谱；FAAS—火焰原子吸收；FAES—火焰原子发射光谱；FAFS—火焰原子荧光光谱；ETA—电热原子化；AAS—原子吸收光谱；AES—原子发射光谱；DCP—直流等离子体；MIP—微波诱导等离子体；ICP—感应耦合等离子体。

生物监测法是利用生物个体、种群或群落对环境污染及其随时间变化所产生的反应来显示环境污染状况。例如，根据指示植物叶片上出现的伤害症状，可对大气污染作出定性和定量的判断；利用水生生物受到污染物毒害所产生的生理机能(如鱼的血脂活力)变化，测试水质污染状况等。生物监测法具有如下一些优点：能直接反映生态系统受环境污染影响的程度；可以在大区域范围内密集布点和采样分析；技术难度和费用较低。其缺点是因为环境影响因素众多，所以监测精度和专一性较差，需要与物理、化学类监测方法结合起来，方能取得更好结果。

在当前的技术水平条件下，对每一环境监测项目都可能提出可供选择的多种不同方法（例如对大气中 SO_2 污染物的测定方法就有10多种，包括比色法、电导法、气相色谱法等），对此，监测工作者应根据对象样品的特点（需测哪些项目、可能浓度范围、可能存在的干扰物等）和任务提出者的要求（分析结果的最大容许系统误差和标准偏差、完成任务所需时间等）来选择分析测定方法。考虑方法选择时，当然还要从本实验室现有的技术和装备水平出发，且择先选用现有的标准方法。分析测定方法的选定对于获取准确监测结果是一件举足轻重的事项，必须权衡多方面的因素后再决定。对于一些尚未制定标准的项目来说尤为如此。

习　题

一、思考题

1. 名词解释（并阐明同一题中两概念之间的异同处）

(1) 取样和采样；(2) 样品和试样；(3) 直读式分析仪器和间读式分析仪器；(4) 准确度和精密度；(5) 灵敏度和检测限；(6) 系统误差和偶然误差。

2. 简述环境分析对象物的特点。在制定分析工作方案时应针对这些特点分别作何考虑？
3. 国家标准分析法中最常用的测定金属的方法有哪几种？测定非金属或有机物的常用方法又各有哪几种？
4. 为测定某一环境质量参数是否应择先采用国家标准法？为什么？据你看来，国家标准法可能存在哪些局限性？
5. 对某确定分析对象和分析方法来说，如果方法的灵敏度不足，可采用哪些实用的方法予以弥补？
6. 将适配的上下两事项用直线联结起来。

水样组分	氟化物	酚	镉	油脂
前处理方法-分析方法	萃取-原子吸收	蒸馏-离子选择性电极	萃取-非分散红外	蒸馏-比色

二、计算题

1. 用原子吸收分光光度法测定某水样中铜的浓度、平行测定四次的结果为0.1021mg/L，0.1025mg/L，0.1019mg/L，0.1023mg/L，求标准偏差、相对标准偏差以及95%置信度下的置信区间。
2. 为用分光光度法分析废水中 Fe^{3+} 而需制作校准曲线，实测结果为：

标准溶液浓度 c /mg·L^{-1}	吸光度 A	标准溶液浓度 c /mg·L^{-1}	吸光度 A
0.5	0.127	3.0	0.668
1.0	0.241	4.0	0.876
2.0	0.458		

试求直线回归方程，又若测得某实际试样的吸光度为0.492，试求其中含 Fe^{3+} 的浓度为多少？

3. 某实验室分析人员对含1g/L吡啶（C_5H_5N，MW=79.1）的去离子水溶液作 COD_{Cr} 值测定，测得结果 COD_{Cr}=36.4mg/L。试通过计算求其氧化率（%）。并就 COD_{Cr} 水质参数的特点，对结果进行讨论。

知识链接

1. 水样总有机碳(TOC)测定法

TOC 是表示废水中所含全部有机碳量的一种非专一性水质参数。在这项指标中兼容了废水中难生物降解及不易发生化学氧化的那部分有机污染物。它的测定方法是将所有有机物以高氧化率氧化为二氧化碳和水，然后通过实测生成的二氧化碳来求出废水中所含的总有机碳量。测定的可靠性、重现性高，分析时间短。对于组成较固定的废水，TOC 与 TOD、BOD 及 COD 诸参数间有较确定的相关关系。

TOC 测定法大致可分为两种。第一种方法是干式燃烧氧化方式，是使水样在有氧气和催化剂存在的条件下高温燃烧，以测定燃烧产物 CO_2 的量来定量水样中有机物的含碳量。第二种方法用湿式氧化方式，是在水样中加入化学氧化剂($K_2S_2O_8$)，并在加热条件下，或在附加紫外线辐射条件下，使水样中有机物分解为 CO_2，再通过定量 CO_2 来求得 TOC 值。以上两种测定方式的实施过程如图 6 - 1′所示。

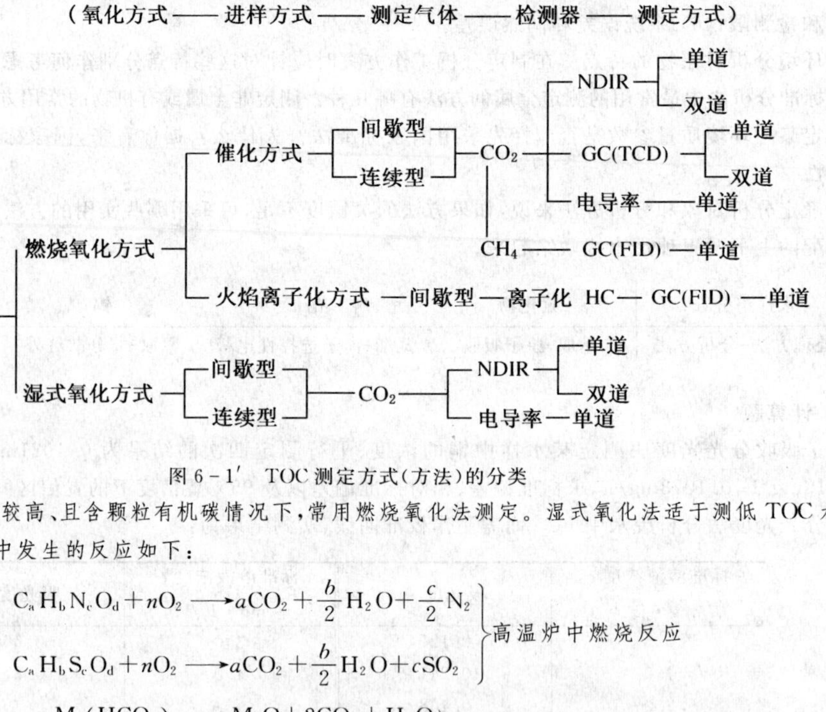

图 6 - 1′ TOC 测定方式(方法)的分类

在水样 TOC 值较高、且含颗粒有机碳情况下，常用燃烧氧化法测定。湿式氧化法适于测低 TOC 水样。

燃烧氧化过程中发生的反应如下：

$$\left.\begin{aligned} C_aH_bN_cO_d + nO_2 &\longrightarrow aCO_2 + \frac{b}{2}H_2O + \frac{c}{2}N_2 \\ C_aH_bS_cO_d + nO_2 &\longrightarrow aCO_2 + \frac{b}{2}H_2O + cSO_2 \end{aligned}\right\} \text{高温炉中燃烧反应}$$

$$\left.\begin{aligned} M_e(HCO_3)_2 &\longrightarrow M_eO + 2CO_2 + H_2O \\ M_eCO_3 &\longrightarrow M_eO + CO_2 \end{aligned}\right\} \text{低温炉中燃烧反应}$$

湿式氧化过程中发生的基本反应如下：

$$K_2S_2O_8 + H_2O \longrightarrow 2KHSO_4 + O^{\cdot}\ (\text{新生态氧})$$

$$C_nH_{2n+2} + (3n+1)O^{\cdot} \longrightarrow nCO_2 + (n+1)H_2O$$

燃烧氧化或湿式氧化产生的 CO_2 通过如下几种方法得以定量：(1) 非分散红外(NDIR)检测(大多数仪器采用这种方式)；(2) 气相色谱热导池检测(GC-TCD)；(3) 将 CO_2 化学转化为 CH_4 后，用气相色谱火焰离子化检测(GC-FID)；(4) 使 CO_2 选择性地透过膜元件，在膜的另一侧被纯水吸收后，测定其电导率。此外，在图 6 - 1′中所示的燃烧氧化-火焰离子化方式测定法，系使用 HCl 酸化水样，并将由水样中无机碳酸盐或碳酸氢盐生成的 CO_2 用氮气驱赶殆尽后，再用火焰离子化气相色谱仪(GC-FID)分析测定该水样中的有机碳量。

一种常见的燃烧氧化式 TOC 测定仪如图 6-2′所示，是将水样中含碳物通过燃烧后，再用 NDIR 气体分析器检测由燃烧产生的 CO_2。其操作过程如下所述。

取一份水样，注入 950℃ 的高温燃烧炉（燃烧管中充填氧化钴催化剂）。在此，水样中所含有机化合物和无机碳化合物都通过燃烧氧化为 CO_2。将其引入 NDIR 分析器测定之，所得结果相当于水样中总碳含量，用 TC 表示。

取另一份水样，注入 150℃ 的低温燃烧炉（燃烧管中充填以 85%磷酸浸渍过的石英片，以此作催化剂）。在此，水样中含有的碳化合物中仅有碳酸盐、碳酸氢盐转化为 CO_2，将其引入非分散红外分析器中测定之，所得结果相当于水样中无机碳含量，用 IC 表示。

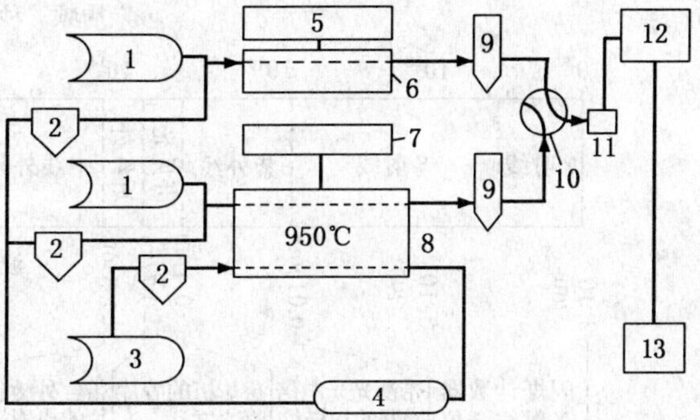

图 6-2′ TOC 测定仪

1—水样；2—调整阀；3—空气压缩机；4—气体吸收器；5—湿度控制器；6—150℃加热燃烧器；7—温度控制器；8—加热燃烧炉；9—冷却器；10—流路切换装置；11—过滤器；12—NDIR；13—记录计

经测定 TC 和 IC 之后，两结果之差即为水样的 TOC 值。在 TC 值测定中用邻苯二甲酸氢钠配制标准溶液，在 IC 测定中可用碳酸钠或碳酸氢钠配制标准溶液。试样体积为 20～50μL，测定范围通常为 1～300mg/L。含盐量过多的试样会引起催化剂失效，需要做适当预处理。

以这类仪器测定水样 TOC 时，氧化率较高，干扰因素也较少。表 6-1′列举了一些有机物的氧化率数据。

表 6-1′ TOC 测定有机物的氧化率

有机物	ThOC	TOC	氧化率/%
乙酸	40.0	40.1	100.0
甲醛	40.0	36.0	90.0
淀粉	44.4	37.0	83.3

2. 环境遥测技术

遥测技术可被定义为利用监测仪器或设备定性地或兼定量地对远距离的研究对象传感其有关物理参数的特殊技术。环境遥测一般借助传感器对电磁波的探测而实现其目的。遥测技术可按所利用电磁波辐射源的不同而分为两大类：主动的和被动的技术。主动技术以向监测客体或对象物发射特定的辐射为其特征，一般用激光作为该辐射源，观测激光束与对象的相互作用（散射、吸收、产生荧光）来推断监测对象中的某些环境参数。被动技术则利用环境介质中现成的天然辐射源（如果太阳辐射、电磁波在地球表面的发射或反射），观测这些辐射与所研究的对象物的相互作用（吸收、散射），或者直接地观测对象物质的热发射，从而推断有关的环境参数。被动技术比较经济实用，因而应用较广泛。图 6-3′显示了电磁波谱的谱段以及能在各谱段成像的各种传感器。在环境监测过程中，工作于紫外波段区的传感器一般有光电倍增器等；工作于可见波段区的有常规航测相机和新发展的多波段照相机及激光雷达等；在可见至红外波段区使用的有多波段扫描仪等。

图 6-4′为遥测系统的组成结构示意图。如图所示，遥测系统基本上由数据采集和数据分析两部分构成。数据采集部分及其过程包括：a 辐射源；b 能量通过大气介质传输；c 能量与监测对象物相互作用；d 能量再次通过大气介质传播；e 能量讯号被以飞行器等携带的传感器所接收；f 讯号在传感器中被转换为

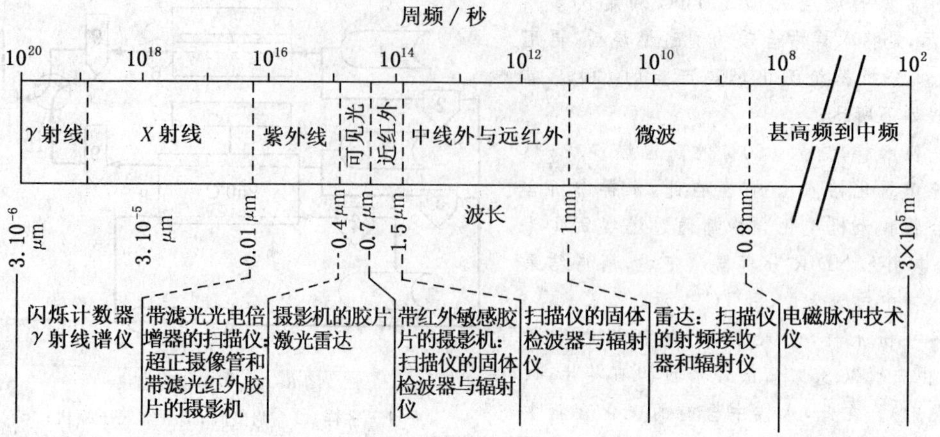

图 6－3′　电磁波谱和在各谱段成像的传感器

以图像或数字表现的数据。以上数据采集的六个步骤可归结为利用传感器记录从监测对象发射或反射的电磁波。

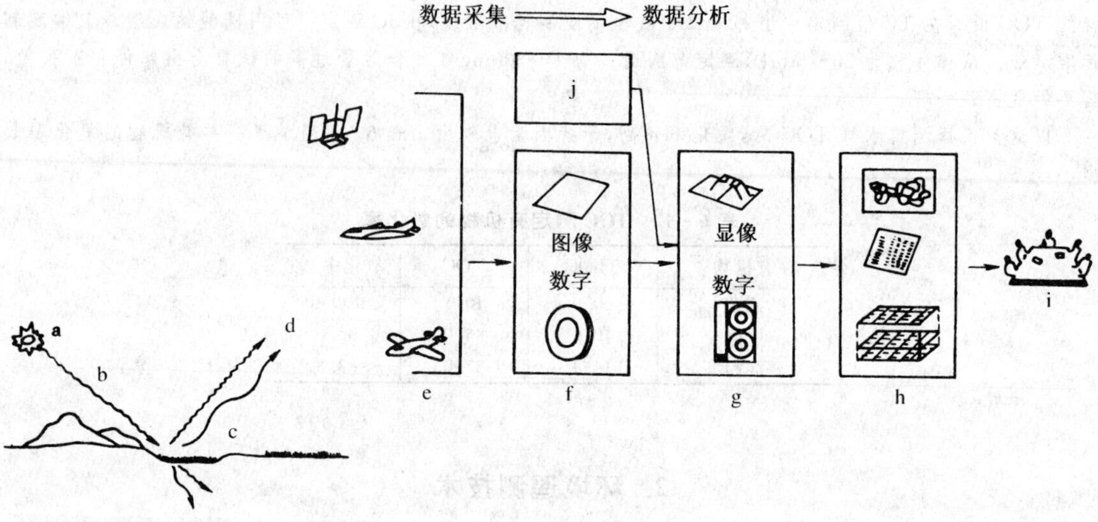

图 6－4′　遥测系统示意图

a—辐射源；b—能量经大气传输；c—监测对象；
d—能量经大气再次传播；e—传感系统；f—产生数据；
g—判读和分析；h—汇集信息；i—使用；j—标准数据

数据分析部分及其过程则包括：g 将由传感器得到的数据，对照标准数据并应用电子计算机技术等进行判读和分析；h 将判读和分析结果以计算机文件或硬拷贝图表等形式汇集；i 将汇集后的有关环境质量的资料交付环境保护或管理部门使用。

遥测技术主要可用于监测水体温度、浊度、油膜、悬浮颗粒物、生物量、放射性以及确定水体污染范围等；在大气监测方面，主要用于 NO_x、SO_x、O_3 等化学污染物的浓度测定以及确定烟羽的扩散所及范围和它的不透明度等。

遥测技术的主要优点是可以对污染源或污染流进行无干扰监测，而且可以监测三维空间的环境质量参数，其范围可遍及边远、偏僻地区和大气上层空间。该技术的主要局限性有：(1) 可监测的大多是一些简单的物理性环境参数；(2) 对水体的监测局限在水体表面层；(3) 监测灵敏度差，结果准确度也较差。

7 环境无机污染物化学

与其他实用性的化学学科一样，环境化学是一门“有关化学物质”的学科。各类污染物在环境中的源和汇，迁移和转化，治理和分析技术等都是环境化学中要着重研究的重要内容。本章内容涉及无机类和放射性核素污染物。

7.1 无机酸、碱和盐类污染物

7.1.1 概述

大气中存在的酸性污染物主要与酸雨相关联（详见 9.3）。含有 Ca^{2+}、Mg^{2+} 离子的悬浮粒子通常带碱性。由地面扬起的飞尘或进入大气的海水喷沫中都含有一定数量的盐。

污染水体中的酸主要来自酸雨、矿山排水和各类工厂特别是化工厂的生产废水。碱主要来源于碱法造纸、化学纤维、制碱、制革以及炼油等工业废水。酸性废水或碱性废水中和处理后可产生盐，而且这两类废水与地表物质相互反应也能生成一般无机盐类，所以酸和碱的污染必然伴随着无机盐类的污染。

土壤中存在的酸、碱和盐类污染物主要通过地表侵蚀、土壤中含有物化学转化、大气和水中污染物迁移、肥料施用、垃圾堆放等过程引入。

酸、碱或盐类污染物通常以水溶液形态存在于环境，它们溶于水中后会通过离解或进一步水解产生各种相应的阳离子和阴离子，这些离子又会更进一步地发生配合、氧化还原、酸碱、沉淀等反应。这方面的性质大多已在 3.6 中述及，在此仅以表格方式予以归纳。见表7－1。

表 7－1 酸碱盐组成离子的性质

反应类型		反应趋势强者	反应趋势弱或无反应者
配合反应		Cu^{2+}、Fe^{2+}、Fe^{3+}、Mn^{2+}、Pb^{2+}、Zn^{2+}、Al^{3+}、Tl^{+}	K^{+}、Na^{+}、NH_4^{+}、Mg^{2+}、Ca^{2+}、Sr^{2+}、Ba^{2+}
化学氧化还原反应	阳离子	Cu、Cr、Fe、Mn、Tl 等变价元素离子	碱金属离子 碱土金属离子 NH_4^{+}、Zn^{2+}、Al^{3+}
	阴离子	CrO_4^{2-}、$Cr_2O_7^{2-}$、MnO_4^{-}、AsO_4^{3-}、SeO_3^{2-}	Cl^{-}、F^{-}、NO_3^{-}、CO_3^{2-}、SO_4^{2-}
酸碱（平衡）反应	阳离子	Al^{3+}、Cu^{2+}、Fe^{2+}、Fe^{3+}、Mn^{2+}、Pb^{2+}、Tl^{3+}、Zn^{2+}	碱金属离子 碱土金属离子 Cu^{+}、Tl^{+}
	阴离子	CO_3^{2-}、CrO_4^{2-}、$Cr_2O_7^{2-}$、AsO_4^{3-}、SeO_3^{2-}、MoO_4^{2-}、CH_3COO^{-}、$C_2H_5COO^{-}$	SO_4^{2-}、F^{-}、Cl^{-}、NO_3^{-}

续表

反应类型		反应趋势强者	反应趋势弱或无反应者
产生气体的反应		CO_3^{2-} ($\rightarrow CO_2$) F^- ($\rightarrow HF$) S^{2-} ($\rightarrow H_2S$)	Cl^-、NO_3^-、SO_4^{2-}、SeO_3^{2-}、AsO_4^{3-}、CrO_4^{2-}、$Cr_2O_7^{2-}$、MoO_4^{2-}、MnO_4^-
沉淀反应	阳离子	Ca^{2+}、Sr^{2+}、Ba^{2+} 及氧化数≥+3的 金属阳离子	碱金属离子、NH_4^+
	阴离子	CO_3^{2-}、SO_4^{2-}、CrO_4^{2-}、MoO_4^{2-}、AsO_4^{3-}	NO_3^-、Cl^-

酸、碱和盐污染水体后使pH值发生变化，由此破坏水体的自然缓冲作用，消灭或抑制细菌和微生物的生长，妨碍水体自净，还可腐蚀金属船体。若水体长期受到污染，将对水体的整个生态系统产生不良影响，并使水的硬度逐渐提高，危及工业用水的水质。这类污染物对于土壤的污染会产生土壤酸化、盐渍化等劣化土性的不良作用，并进一步危及土壤的生态系统。

对于酸、碱、盐类污染物的治理重点在于控制含酸、碱工业废水的排放，常用的治理方法是中和法。对酸性废水常用的碱性药剂有：苛性钠、生石灰、纯碱、石灰石、氨、碳酸氢钠和含钙动物贝壳等，在比较这些药剂中和酸的能力时常用碱度因数作指标，所谓碱度因数是以纯CaO为基准而计得的给定药剂的中和容量。除碱度因数外，药剂的溶解度也是决定中和能力的一个重要因素。一些碱性药剂的碱度因数列举如下：

药剂	碱度因数(g CaO/g 药剂)
高钙生石灰 CaO	0.941
熟石灰 $Ca(OH)_2$	0.710
苛性钠 NaOH	0.687
纯碱 Na_2CO_3	0.507
高钙石灰石 $CaCO_3$	0.489
碳酸氢钠 $NaHCO_3$	0.325

以中和法治理碱性工业废水时常用药剂有硫酸、盐酸、二氧化碳等，其中硫酸较便宜，但如废水中含钙时会产生沉淀。

治理酸碱废水的其他方法还有蒸发、浓缩、冷却、结晶和膜分离等。

例 1 某工业废液含 10^{-1} mol/L NaOH，在排放前用 1 mol/L H_2SO_4 中和到 pH=9.0，问每升这样的废水需耗用多少升 H_2SO_4 溶液？(解题时略计离子强度效应)

解 设需加入 H_2SO_4 溶液 V L，则混合液中各离子浓度为：

$$[Na^+]=\frac{(10^{-1})\times 1}{1+V}$$

$$[SO_4^{2-}]=\frac{1\times V}{1+V}$$

$$[H^+]=10^{-9} \text{和} [OH^-]=10^{-5}$$

将以上各浓度值代入如下电荷平衡式：

$$[Na^+]+[H^+]=2[SO_4^{2-}]+[OH^-]$$

$$\frac{0.1}{1+V}+10^{-9}=2\,\frac{V}{1+V}+10^{-5}$$

考虑到 $10^{-9}\ll\frac{0.1}{1+V}$，则上列等式可简化为：

$$0.1-2V-10^{-5}(1+V)=0$$

由此式可解得 $V=0.05\text{L}$

例 2 计算 1L 0.5mol/L 硫酸与 1L 1.0mol/L 氢氧化钠混合后，混合液的温度将上升几度？已知混合液比热为 4.18 J/(g·C)。

解 酸碱中和反应式为

$$\frac{1}{2}H_2SO_{4(aq)}+NaOH_{(aq)}\longrightarrow H_2O_{(aq)}+\frac{1}{2}Na_2SO_{4(aq)}$$

$$\Delta_f H_m^{\ominus}\quad \frac{1}{2}\times(-907.5)\quad(-469.6)\quad(-285.8)\quad\frac{1}{2}\times(-1386.9)\,(\text{kJ/mol})$$

中和热效应为 $\Delta_r H_m^{\ominus}=\left[(-285.8)+\frac{1}{2}(-1386.9)\right]-\left[(-469.6)+\frac{1}{2}(-907.5)\right]$

$$=-55.9\ \text{kJ/mol}\ (\text{负值表示反应放热})$$

若酸液和碱液在混合过程中体积变化可以忽略，即混合液体积为 2L，且假定其密度为 1g/cm^3，则混合后温度上升

$$\Delta T=\frac{55.9\times1\,000}{2\,000\times4.18}=6.69℃$$

7.1.2 矿山含酸排水

在现用或废弃矿层(特别是煤矿)的排水中含有相当多量的酸、氧化铁和锰、锌、铜、镍、钴等金属离子。这种排水使河流污染、鱼群死灭、饮水供应发生困难，氧化铁的存在又使水体生色，有碍旅游地区景观。矿山排水中的酸主要由硫化物矿(黄铁矿)受氧化作用而产生，其中发生的反应如下：

$$FeS_2+7/2O_2+H_2O\longrightarrow Fe^{2+}+2SO_4^{2-}+2H^+$$

富氧条件下，溶解性 Fe^{2+} 进一步被氧化：

$$Fe^{2+}+1/4O_2+H^+\longrightarrow Fe^{3+}+1/2H_2O$$

Fe^{3+} 可经水解后发生沉淀：

$$Fe^{3+}+3H_2O\longrightarrow Fe(OH)_3\downarrow+3H^+$$

或与 FeS_2 反应产生更多 Fe^{2+}：

$$FeS_2+14Fe^{3+}+8H_2O\longrightarrow15Fe^{2+}+2SO_4^{2-}+16H^+$$

硫铁矿中硫的组分也可与 Fe^{3+} 和 O_2 进一步反应产生更大的酸度：

$$S+6Fe^{3+}+4H_2O\longrightarrow6Fe^{2+}+SO_4^{2-}+8H^+$$

$$S+3/2O_2+H_2O\longrightarrow SO_4^{2-}+2H^+$$

由以上反应所示，矿井排水的酸度由 Fe^{2+} 的化学氧化过程控制。但另一方面也还存在着生物因素的控制作用，即 pH>4.5 时，氧化反应是纯粹化学性的；而 pH<4.5 时，由铁-氧化类细菌所引起的氧化作用及细菌生态演替起着决定作用。如图 7-1 所示，当中性水流过矿层时，先是由化学氧化产生 Fe^{3+}，并引起水酸化；当 pH 值降到4.5时生金菌属发生作用，可使水的 pH 值降到3.5，达到这个 pH 值时，生金菌开始受毒害死亡，代之氧化

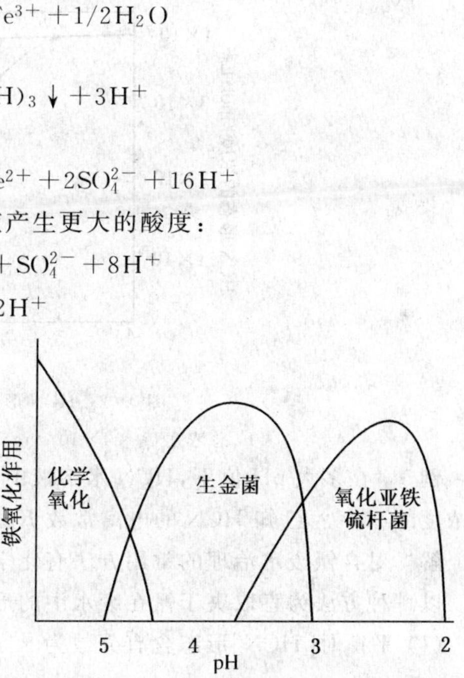

图 7-1 铁氧化的生态学演替

亚铁硫杆菌，由这类细菌引起的催化氧化反应使水的 pH 值最终能达到 2 左右。

为对矿井水的酸化进行控制，可采用包括生态管理在内的以下一些措施：

(1) 封闭废矿井，或向其中充入惰性的氮气；

(2) 将流过矿井的地表水旁引到别处；

(3) 用化学杀菌剂杀灭铁细菌；

(4) 引进能与铁细菌发生拮抗的其他微生物种群；

(5) 向水中加入过量的三价铁盐，可抑制生金菌的生长。

7.1.3 氰化物

7.1.3.1 环境中的来源和主要性质

氰化物污染主要发生在地表水体环境。有时也见于土壤污染，并可转入地下水。氰化物在工业上有广泛用途，水体中氰化物主要来源于工厂排放的含氰废水，例如电镀废水、焦炉和高炉的煤气洗涤冷却水、选矿和矿石冶炼废水、合成纤维工业和某些化工行业废水等。

氢氰酸(HCN)是一种弱酸，离解常数 $pK_a=9.21$(25℃)，沸点 25.7℃，蒸气压 98.8 kPa(25℃)。除了 HCN 外，在水中有最大溶解度的 NaCN 和 KCN 是水中氰污染物的初始形态。水中 CN^- 离子能与许多重金属离子形成配合物，这些配合物的稳定性有很大差别，锌、镉、铅与氰生成配合物最不稳定，铜氰配合物较稳定，银、金、镍、钴与氰生成非常稳定的配合物，由铁和亚铁与氰生成的配合物最为稳定，只在阳光照射下才发生少量分解。

在含氰化物的水溶液中，呈 HCN 化学形态的浓度大小与 pH 之间的关系如图 7-2 中的曲线 1 所示。在 pH 值小于等于 7.5 时，有大于 99% 的氰化物呈 HCN 形态。但如果在溶液中另含一定量的镍盐时，因其与 CN^- 间形成了稳定的配合物，由此引起水溶液中 HCN 形态的浓度大为降低(见图中曲线 2)。

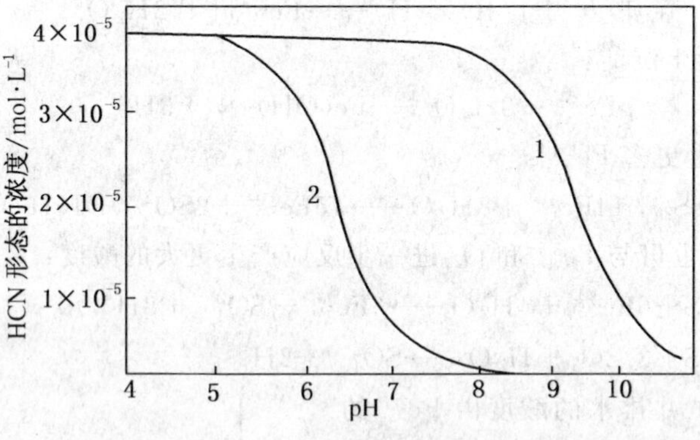

图 7-2 HCN 形态的浓度与 pH 值之间的关系

1. 总浓度 $C_T=4\times10^{-5}$ mol/L；2. 水溶液中另含 10^{-5} mol/L 镍盐

例 3 在多大 pH 值下，HCN 水溶液中(1) HCN 形态占总氰浓度的 90%；(2) CN^- 形态占总氰浓度的 90%？已知 HCN 的电离常数 $K_a=5.0\times10^{-10}$。

解 对含氰废水治理的常用方法有化学氧化法、生物化学氧化法、蒸馏法或离子交换回收法等。以哪种方法为宜取决于氰在废水中的形态和各形态间浓度比例。

(1) 平衡时[HCN]形态含有分数为

$$\alpha_0=\frac{[H^+]}{[H^+]+K_a}$$

代入已知数值，得

$$\frac{[H^+]}{[H^+]+(5.0\times10^{-10})}=0.9$$

则 $[H^+]=4.5\times10^{-9}$

$pH=9-\lg4.5=8.4$

(2) 平衡时$[CN^-]$形态含有分数为

$$\alpha_1=\frac{K_a}{[H^+]+K_a}$$

代入已知数值，得

$$\frac{5.0\times10^{-10}}{[H^+]+(5.0\times10^{-10})}=0.9$$

则 $[H^+]=5.6\times10^{-11}$

$pH=11-\lg5.6=10.25$

氰化物可被黏土、生物性颗粒或水底沉积物吸附，但吸附力相当弱，且与吸附剂的性质有关。所以受污染土壤中的氰化物容易转入地下水，并通过配合等作用使之具有比较确定的化学形态。

水体对所受纳氰化物有较强自净作用，自净途径可能为：

氰化物的挥发　氰化物与酸性物质例如溶于水的 CO_2 作用产生气态 HCN 排向大气。

$$CN^- + CO_2 + H_2O \longrightarrow HCN + HCO_3^-$$

化学氧化和微生物分解　水中氰化物可在细菌参与下，首先被溶解于水中的氧气氧化，然后通过细菌的作用继续分解到产生 NO_3^- 或 CO_2 为止：

$$HCN \longrightarrow CNO^- \begin{cases} \nearrow NH_4^+ \longrightarrow NO_2^- \longrightarrow NO_3^- \\ \searrow (HCOOH) \longrightarrow CO_2 + H_2O \end{cases}$$

氰化物是剧毒物质，一般人只要一次误服 0.1g 左右氰化钠就会死亡，敏感的人甚至口服 0.06g就可致死。氰化物在体内抑制细胞色素氧化酶的正常功能，造成组织内部窒息。急性中毒者口中有苦杏仁味、恶心呕吐、头昏耳鸣、全身乏力、呼吸困难并出现痉挛等症状。如表 7-2 所示，氰化物对鱼类及水生生物等也具有极大毒性。利用重金属离子与 CN^- 可生成低毒配合物的性能，制成口服解毒剂。如碱性氢氧化亚铁制剂适用于实验室工作人员氰化物中毒之急救。

表 7-2　氰化物对鱼的毒性

化学形态	$LC_{50}(24h)/\mu g CN^- \cdot L^{-1}$
KCN	800
$[Zn(CN)_4]^{2-}$	740
$[Cu(CN)_4]^{2-}$	1 920
$[Hg(CN)_4]^{2-}$	1 400
$[Ni(CN)_4]^{2-}$	165 000

7.1.3.2　含氰工业废水的治理方法

高浓度工业废水中的氰都以配合形态存在，故考虑含氰废水治理时一般应设法(如电解法)先使配合物分解，然后将金属用沉淀法等除去，余下氰化物再用各种方法使之转化为无害的 CO_2、N_2 等形态。对于含氰浓度较低的废水，其中必定含有部分自由态氰(CN^-)且与配合态氰共处平衡状态，在用除 CN^- 法处理过程中，由平衡移动使配合物不断离解，处理过程得以继续进行。

1）碱性氯化法

碱性氯化法是化学氧化法之一种（另有电解氧化法、臭氧或过氧化氢氧化法以及活性炭催化氧化法等），也是处理含氰工业废水中最常用的方法。该法使用氯气作为处理药剂（也可用次氯酸钠溶液，因使用简便而被一些小厂采用），第一阶段的反应为：

$$Cl_2 + H_2O \rightleftharpoons HClO + HCl$$

$$CN^- + ClO^- + H_2O \rightleftharpoons CNCl + 2OH^-$$

反应中产生高毒性的中间产物 CNCl 在碱性介质中进一步反应：

$$CNCl + 2OH^- \rightleftharpoons CNO^- + Cl^- + H_2O$$

这一阶段反应生成物氰酸根离子 CNO^- 毒性很小且要求不高时，水处理到此即可终止，否则需作第二阶段处理。

在第二阶段反应过程中，CNO^- 与过量 ClO^- 在具备足够反应时间的条件下，最终转化为 N_2 和 CO_2。反应式为：

$$2CNO^- + 3ClO^- \longrightarrow CO_2 + N_2 + 3Cl^- + CO_3^{2-}$$

第一阶段的反应在高 pH 值下进行较为有利，所以废水在处理前先要用苛性钠将 pH 值调至 10.5～11，反应时间约 30 分钟至 2 小时。第二阶段的反应，则在略低的 pH 值下更有利，所以在反应进行前先用硫酸调 pH 值至 8.0～9.0，反应时间约为 1 小时。应用本方法可使处理残液中含氰浓度降至 0.5 mg/L。

2）臭氧氧化法

臭氧氧化时发生如下反应：

$$CN^- + O_3 \longrightarrow CNO^- + O_2$$

$$2CNO^- + 3O_3 + H_2O \longrightarrow 2HCO_3^- + N_2 + 3O_2$$

臭氧氧化在碱性介质中进行较快，但碱性越强，臭氧消耗越多，因而采用弱碱性介质并连续调节 pH 值可使臭氧耗量降低。

臭氧氧化不产生污泥，无二次污染，能增加水中溶解氧和杀死病毒或细菌，从多方面达到改善水质的目的，但该方法操作费用较高。

3）综合回收法

综合回收法适合于高浓度含氰废水处理。

利用含氰废水在酸性条件下容易挥发出氢氰酸的特点，可对废水直接用水蒸气蒸馏，回收得到稀氢氰酸。

利用氢氰酸与铁屑和 K_2CO_3 溶液反应生成 $K_4[Fe(CN)_6]$（黄血盐）的原理，可以处理和回收废水中所含的氰。相关的反应式为：

$$4HCN + 2K_2CO_3 \longrightarrow 4KCN + 2CO_2 + 2H_2O$$

$$2HCN + Fe \longrightarrow Fe(CN)_2 + H_2$$

$$4KCN + Fe(CN)_2 \longrightarrow K_4[Fe(CN)_6]$$

除上述三类方法外，近来还采用了生化处理法，该法的常用构筑物形式有塔式生物滤池、生物转盘、表面加速曝气池等，中间规模试验的结果表明，应用本法氰去除率可达 95%。

7.1.3.3 水样分析方法

氰化物在水体中存在的形态是多样的。有简单的盐类，如钠、钾、铵的氰化物等，溶解度很大，毒性很强；也有复盐或铜、锌、铁、钴等配合物，它们的物理化学性质和毒性也各不相同。一般称前者为“游离氰”，而所谓“总氰化物”是指除前者外还包括在测定条件下可产生 CN^- 的复盐和配合物的总和。以下介绍的容量法和比色法均是适用于此两类氰化物分析测定的国家标准法。测定浓度在 1 mg/L 以上时，用容量法为适宜；浓度低于 1 mg/L 时，可采用比色法。

不管是容量法还是比色法，在测定前还需要将水样预先蒸馏，使氰化物以 HCN 形态蒸出，再经碱液吸收后，以待测定。水样中不同形态氰被蒸出的能力各异，所以不同蒸馏条件也将产生不同的最终分析结果。

水样中大多数形态的氰化物还是易被破坏的，所以采样后应尽早分析，否则应向水样加 NaOH 溶液，使 pH 值提高到 11 以上并保存于阴凉处。

1）硝酸银容量法

在碱性溶液中，以试银灵（对二甲胺基亚苄基绕单宁）作指示剂，用 $AgNO_3$ 滴定，形成 $Ag(CN)_2^-$ 配合物，到达终点时，多余的银即与指示剂生成橙红色配合物，终点比较鲜明。

2）异烟酸-吡唑啉酮比色法

在中性条件下，水样中的氰离子先与氯胺 T 反应生成氯化氰，再与异烟酸作用，经水解生成戊烯二醛，最后与吡唑啉酮进行缩合反应而生成蓝色染料。可应用 638 nm 波长光进行比色测定。

7.1.4　铵盐、硝酸盐和亚硝酸盐

7.1.4.1　环境中的来源和主要性质

氮化合物共有 9 种价态，列举如下：

N_{org}，NH_3（−3）	N_2O（+1）	HNO_3（+5）
N_2H_4（−2）	NO（+2）	
NH_2OH（−1）	HNO_2（+3）	
N_2(0)	NO_2（+4）	

铵盐、亚硝酸盐和硝酸盐是环境中常见的三类含氮无机化合物①。污染主要发生在地表水中，其来源有大气（如废弃有机物氨化和化石燃料燃烧过程中分别产生 NH_3、NO_x，经转化后汇入地表水）、土壤（如施用氮肥流失到水体）及生活污水、工业废水的排放。

铵盐、亚硝酸盐和硝酸盐是氮元素在生物圈内进行循环的三个重要节点。循环中发生的与之相关的主要过程列举如下（多数过程有生物参与其间）：

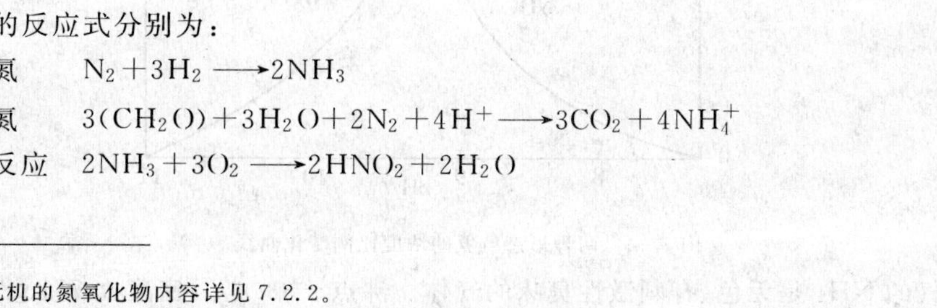

以上各过程的反应式分别为：

化学固氮　$N_2+3H_2 \longrightarrow 2NH_3$

生物固氮　$3(CH_2O)+3H_2O+2N_2+4H^+ \longrightarrow 3CO_2+4NH_4^+$

亚硝化反应　$2NH_3+3O_2 \longrightarrow 2HNO_2+2H_2O$

① 有关无机的氮氧化物内容详见 7.2.2。

硝化反应 $2HNO_2 + O_2 \longrightarrow 2HNO_3$

同化反应 $NH_3 + 2CO_2 + H_2O \longrightarrow CH_2NH_2COOH + 1.5O_2$

$\quad\quad\quad\quad\quad\quad\quad\quad\quad\quad$ └— — → 蛋白质

反硝化反应 $(CH_2O) + 4/5NO_3^- + 4/5H^+ \longrightarrow CO_2 + 2/5N_2 + 7/5H_2O$ 和
（厌氧条件）

$(CH_2O)_{106}(NH_3)_{16}H_3PO_4 + 84.8HNO_3 \longrightarrow$
（水中藻类）

$106CO_2 + 42.4N_2 + 148.4H_2O + 16NH_3 + H_3PO_4$ 等反应

氨化反应 $RCHNH_2COOH + \frac{1}{2}O_2 \longrightarrow RCOCOOH + NH_3$

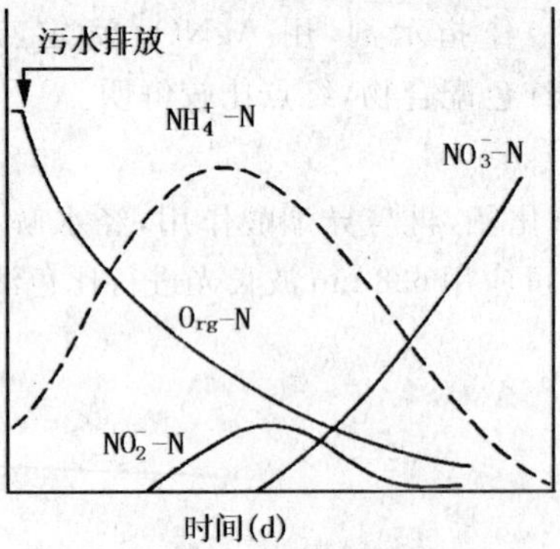

图 7－3 含氮化合物的形态随时间变化

若有未经处理的生活污水排入水体，因其中含氮组分主要是有机氮化合物（蛋白质及其局部降解产物），就会相继发生氨化反应、亚硝化反应和硝化反应，使污染水体随时间推移而发生自净化（无机化）作用，其过程如图 7－3 所示。

如果从一污染水体中采得水样并实际测定图中所示各含氮组分的相对含量，则可根据分析结果推断水体受有机氮化合物的污染程度及随时间推移而发生自净的程度。

由 NH_4^+－NH_3 形成共轭酸碱对，在水溶液中平衡方程为：

$$NH_3 + H_2O \rightleftharpoons NH_4OH \rightleftharpoons NH_4^+ + OH^- \quad pK_b = 4.74$$

这两种形态浓度分配随 pH 而发生变化的关系显示在图 7－4 之中。在 $pH < 8$ 的天然水体中多数以对鱼类等水生生物无毒的 NH_4^+ 形态存在。当有碱性污水排入水体，或藻类繁生等原因使水体 pH 上升时，会使 NH_3 形态的浓度相对增大，造成对水生生物有毒的生态环境。

水厂原水中含氨量过多时会影响生产过程。在通氯气杀菌工段，氯与氨发生反应生成有毒性的氯胺，且增大了需氯剂量。

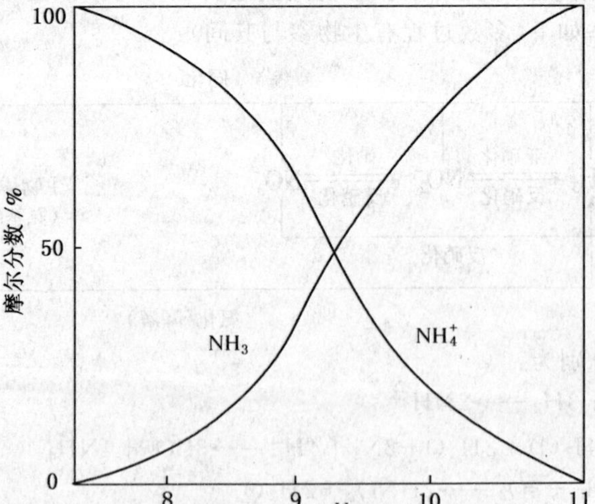

图 7－4 两种形态氨氮的浓度比例变化曲线

进入空气的 NH_3 是无色、有刺激性臭味的气体。沸点 -33.4℃，密度 0.771 g/L（常温条件下比空气轻），易溶于水，常温下较稳定。吸入少量 NH_3 对人体无害，会通过代谢作用从尿和汗中排出。多量吸入时会呈现因剂量而不同的种种症状，如表 7-3 所示。

表 7-3　空气中 NH_3 对人体的作用

浓度/$mg\cdot m^{-3}$	作　用
60	无明显症候
70	长时间接触会中毒
200～350	可耐受 0.5h～1h
284	明显的刺激作用
485	眼受刺激
1 130	咽喉受刺激，咳嗽
1 500～2 700	连续 0.5h～1h 吸入会发生危险
2 500～4 500	短时间吸入会致命
3 500～7 000	极短时间内致死

例 4　经分析测定某地表水水样 $t=25℃$，$pH=7.5$，总氨浓度 $c_T=0.89\times10^{-4}$ mol/L，问其中所含非离子氨（NH_3）的浓度是否超出Ⅰ类地表水标准？

解　在酸性或中性溶液中氨的主要形态是 NH_4^+，在 pH 值较高的溶液中则主要形态是 NH_3。两种形态中 NH_3 对水生生物体有毒，所以在地表水水质标准中对其浓度有所限定。

按 25℃时氨的碱电离常数 $K_b=1.8\times10^{-5}$，由此求得

$$K_a=\frac{K_w}{K_b}=\frac{10^{-14}}{1.8\times10^{-5}}=5.6\times10^{-10}$$

应用共轭酸碱组分浓度间的关系式（参阅本书参考资料 2 中有关章节），可解得

$$\begin{aligned}[NH_3]&=\alpha_1 c_T=\frac{\alpha_0 K_a}{[H^+]}\cdot c_T\\&=\left\{\left(1+\frac{K_a}{[H^+]}\right)^{-1}\cdot\frac{K_a}{[H^+]}\right\}\cdot c_T\\&=\frac{K_a}{[H^+]+K_a}\cdot c_T\\&=\frac{(5.6\times10^{-10})}{10^{-7.5}+(5.6\times10^{-10})}\times(0.89\times10^{-4})\\&=1.6\times10^{-6}\ mol/L\ 或\ 2.6\times10^{-2}\ mg/L\end{aligned}$$

转为 NH_3-N 浓度为 2.1×10^{-2} mg/L。

与Ⅰ类地表水中对 NH_3-N 浓度限定值 0.15mg/L 相比较，结果未超标。

在近中性土壤中所含氨呈 NH_4^+ 化学形态，可被土中具有阳离子交换基团的胶粒所滞留。所以氮肥一般都制作成铵盐（碳酸氢铵、硫酸铵、氯化铵等）形态使用。

水中亚硝酸盐是氮循环的中间产物，不稳定，在天然水体中浓度不高。进入人体的亚硝酸盐可将正常的血红蛋白（低铁血红蛋白）氧化为高铁血红蛋白，并由此丧失其在体内输氧的能力，导致有组织缺氧症状的高铁血红蛋白症。亚硝酸盐还可与仲胺类反应生成具有致癌性的亚硝胺类物质，且在 pH 值较低的酸性条件下，有利于此类物质的形成。亚硝酸盐兼有还原性和氧化性，作为氧化剂，可氧化 I^-、S^{2-}、SO_3^{2-} 等。

释入地表水体的硝酸盐，因 NO_3^- 不易与金属离子配合，又不生成难溶沉淀物，更由于 NO_3^- 虽属强氧化剂，但在天然水体低浓度兼常温的条件下，氧化动力学过程十分缓慢，所以不能发挥

其氧化能力，因此水中生物同化作用成为控制水体中 NO_3^- 浓度变化的重要因素。释入河流的硝酸盐若不被生物同化，就会随即转归流入海洋。

不同水体中硝酸盐含量相差悬殊，从每升数十 μg 至每升数十 mg（以 $NO_3^- -N$ 计），清洁地表水中含量较低，受污染水体及一些深层地下水中的含量较高。制革废水、酸洗废水、某些生化处理设施的出水和农田排水可含大量硝酸盐。

人体摄入过量硝酸盐后，经肠道中厌氧微生物作用转变成亚硝酸盐而出现毒性作用。重症状表现为目眩、呕吐、便血、腹部乃至全身痉挛、昏睡以至死亡。硝酸盐毒性对健康成年人作用较弱，但婴幼儿对它的敏感性特别强烈。土壤中存在过高浓度的硝酸盐也会对植物产生致毒作用。

存在于土壤中的硝酸盐因其高水溶性而容易被土壤水所沥取。又因 NO_3^- 带有负电，它就难以被通常条件下带有同种电荷的土壤胶粒所滞留。土中 NO_3^- 若不被生物摄取，则其在土中的迁移能力与在水体中无异。过多施用氮肥或长时间用生活污水灌溉的农田中积留了多量硝酸盐，会通过农田排水或土壤渗滤等作用转入地表水或地下水体。

7.1.4.2 含氨氮废水的治理方法

这类废水主要来自煤气制造、焦炭生产、有机化学合成工业、洗毛工业、纺织工业等。在一般水域中则主要来自生活污水，其中大部分含氮有机污染物在微生物作用下，均可分解生成氨氮。在水中所含多种含氮化合物中，氨氮是藻类择先摄取的含氮营养物，由此引起水体富营养问题。NH_3 对鱼类的毒性、对加工原水时产生不良作用等已在上一节中有所述及。

常用的废水治理法有如下几种，即气提法、生物脱氮法、土壤渗滤法、转效点氯化法和离子交换法等。

1）气提法

氨在水中存在着如下溶解平衡关系：

$$NH_{3(aq)} + H_2O \rightleftharpoons NH_3 \cdot H_2O \rightleftharpoons NH_4^+ + OH^-$$

在提高废水 pH 至 10.0 的条件下，氨氮主要以 NH_3 形态存在并可用空气将其从水中吹出。该过程一般在塔内进行，工艺简单，操作方便，氨氮去除率最高可达 80%～98%，缺点是为调节 pH 加入的消石灰可能与通入空气中所含 CO_2 反应而结垢。此外，在寒冷地区操作时吹脱效率很低。再者，逸出的氨气有臭味会引起空气污染。

2）生物脱氮法

该法由生物硝化和生物脱氮过程组成。硝化过程中，游离的氨在亚硝酸菌和硝酸菌作用下被氧化为 NO_3^- 形态；脱氮过程中，脱氮菌在缺氧条件下进行反硝化作用使 NO_3^- 形态转为气态 N_2O 和 N_2，从水中逸散到大气。在实际操作中一般需加入甲醇作为细菌生长所需的碳源，反应如下：

$$6NO_3^- + 5CH_3OH + 6H^+ \xrightarrow{\text{反硝化细菌}} 3N_2(g) + 5CO_2 + 13H_2O$$

用这种方法，水中氨氮去除率可达 80%～90%，主要优点是水处理后不产生二次污染物，且可同时除去有机氮和无机氮。缺点是反应时间长，对温度敏感，且产生污泥。

3）其他方法

土壤渗滤法是将废水自上而下流经土层，使其中氨氮通过物理吸附和生物作用得以除去的方法。转效点氯化法是利用具有强氧化性的氯气将水中氨氧化成氮逸出的方法。离子交换法常用经改性后的天然沸石装柱，通过交换吸附以除去废水中的氨氮。这些方法都各有其优缺点，大多因缺点较多目前还未推广使用。

7.1.4.3　水样分析方法

对水样中铵盐、亚硝酸盐和硝酸盐作分析的结果分别以氨氮(NH_3-N)、亚硝酸盐氮(NO_2^--N)和硝酸盐氮(NO_3^--N)计值。

1）氨氮分析法

对于带色、浑浊或含干扰物质的水样需作样品预处理。预处理方法有凝聚沉降法(对较清洁水样)和蒸馏法(对污染严重的废水)。列为国家标准法的氨氮分析法有三种，简单分述如下：

纳氏试剂光度法　水样中游离态或离子态氨与纳氏试剂(碘化汞和碘化钾的碱性溶液)反应生成淡红棕色胶态化合物，此颜色在较宽的波长范围内具有强烈的光吸收，通常采用410 nm～425 nm范围波长进行测定。

水杨酸-次氯酸盐光度法　在亚硝基铁氰化钠存在下，NH_4^+ 与水杨酸盐和次氯酸离子反应生成蓝色化合物，在697 nm波长处进行测定。

滴定法　经过蒸馏预处理后从水样中释出的氨被硼酸溶液吸收，以甲基红-亚甲基蓝为指示剂，用酸标准液滴定吸收液中的铵。

2）亚硝酸盐氮分析法

亚硝酸盐在水中不稳定，采样后应尽快分析，必要时应在冷藏条件下贮存样品。列为国家标准法的分析方法有以发色剂命名的N-(1-萘基)-乙二胺光度法。该方法系在磷酸介质中($pH=1.8\pm0.3$)，亚硝酸盐离子先与对氨基苯磺酰胺反应，生成重氮盐，再与发色剂偶联，生成粉红色染料，采用540 nm波长进行测定。

3）硝酸盐氮分析法

水样采集后应及时测定。必要时应加入硫酸使 $pH<2$，保存在4℃温度下，并在24 h内完成分析。

水中硝酸盐的测定方法颇多，作为国家标准法的有酚二磺酸光度法。此外还有镉柱还原法、戴氏合金还原法、离子色谱法、紫外法、离子选择性电极法等。

酚二磺酸法系预先蒸干水样，然后在无水条件下硝酸盐与酚二磺酸反应，生成硝基二磺酸酚，又在碱性溶液中进一步转成黄色化合物，采用410 nm波长进行测定。

7.1.5　硫化物

7.1.5.1　环境中的来源和主要性质

硫化物污染主要发生在具备厌氧条件的水体沉积物和土壤深层。在此，由硫酸还原细菌(或称反硫化细菌)降解有机物(CH_2O)，同时以 SO_4^{2-} 为电子受体，经以下生物还原反应生成 H_2S：

$$SO_4^{2-}+2[CH_2O]+2H^+\longrightarrow 2CO_2+H_2S+2H_2O$$

在此过程中还可能产生一些中间价态的化合物如 SO_3^{2-}、$S_2O_3^{2-}$ 等，而作为主要反应产物的 H_2S 又可能与沉积物或土壤中所含金属(如 Fe^{2+}、Fe^{3+} 等)反应生成难溶硫化物沉淀。图7-5所示为在夏季一个湖泊内各种化学成分的化学行为，包括在湖底沉积物内所发生的上述反应过程。

地下水(特别是温泉水)及生活污水通常也含多量硫化物，其来源大体与上相同，即在厌氧条件下由细菌还原硫酸盐(或分解含硫有机物)而产生。某些工矿企业如焦化、造气、选矿、造纸、印染、制革等行业的废水中亦含有硫化物。

存在于空气中的 H_2S 主要来源于火山爆发、有机物腐烂等天然过程和各种工业废气(燃料加工、人造丝、橡胶、硫化染料等行业)，由污染水体经挥发迁移而转入空气的 H_2S 也不在少数。

H_2S 是最富有环境活性的硫化物之一，是一种无色、有毒、有腐蛋臭感的气体。密度

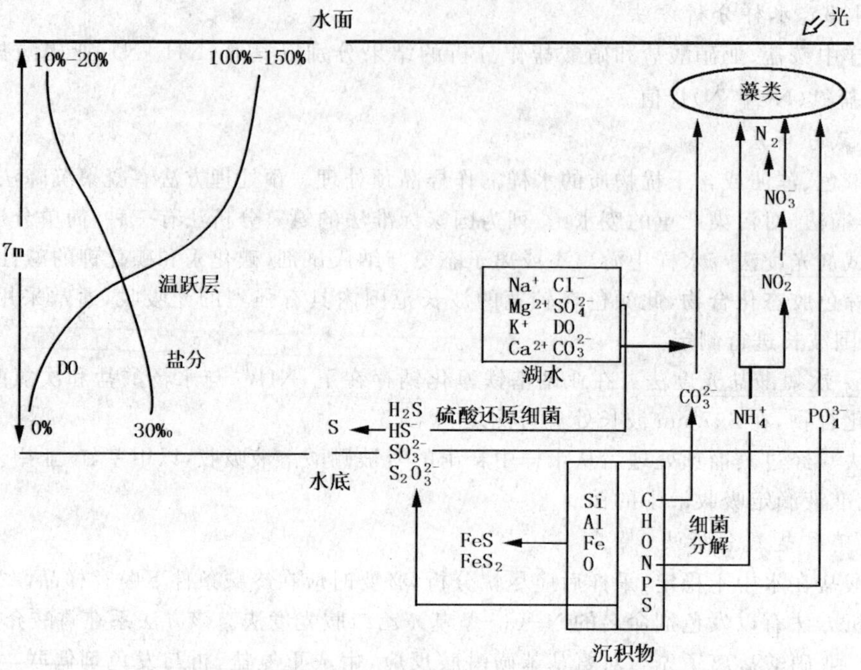

图 7-5　夏季湖泊中硫化物的生成过程

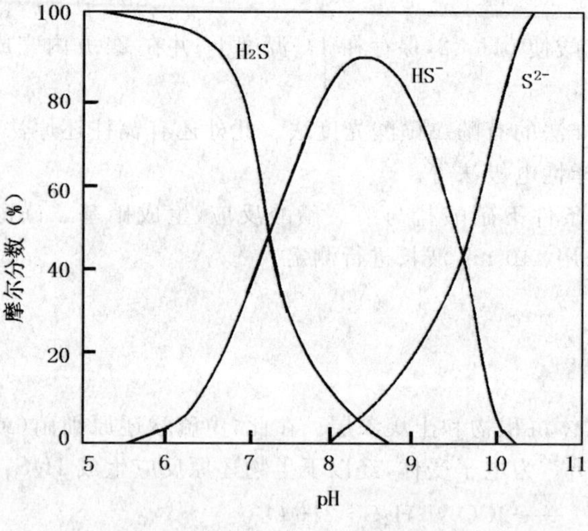

图 7-6　H_2S—HS^-—S^{2-} 浓度比例变化曲线
($c_T = 10^{-3}$ mol/L)

1.5392 g/L(0℃)，沸点 −60.2℃，在水中溶解度 186 mL/100g(40℃)。其水溶液对水泥和 Cu、Pb、Fe 等金属材料有腐蚀作用。H_2S 是一种弱二元酸，离解常数 $pK_{a1} = 7.1$，$pK_{a2} = 12.0$。在天然水系正常 pH 下，可离解为 HS^-，在更高 pH 下，会进一步离解为 S^{2-}。H_2S—HS^-—S^{2-} 三种形态在水中分配比例与 pH 的关系如图 7-6 所示。在 pH=7 时，约有半数呈 H_2S 形态，当 pH 由 8 升至 10 时，S^{2-} 形态逐渐见长，就会感觉不到其水溶液所特有的 H_2S 臭味。

H_2S 因挥发而由水中转入空气，其在空气中的浓度与其在水中浓度及温度三者间的关系如图 7-7 所示。不言而喻，随着水溶液浓度和温度的升高，H_2S 在空气中浓度也升高。进入空气的 H_2S 会很快被氧化而转成 SO_2（见7.2.3.1）。

在好氧的水体或土壤环境中，H_2S 也能借助微生物作用而被快速氧化：

$$2H_2S + O_2 \longrightarrow 2H_2O + 2S$$

$$H_2S + 2O_2 \longrightarrow 2H^+ + SO_4^{2-}$$

H_2S 还可能通过其他反应过程生成 $S_2O_3^{2-}$、SO_3^{2-}、S_4^{2-} 等。

H_2S对人体有毒，起端于其与人体内细胞色素、氧化酶等物质中的二硫键发生作用，从而影响细胞氧化过程，造成组织缺氧。在空气中H_2S浓度超过700×10^{-6}(体积分数)时，开始侵袭神经系统而引起全身性中毒，症状表现为呼吸急促，意识模糊，引起虚脱乃至呼吸突然停止。在此情况下，若能将受毒者转移到空气清洁的处所，并施行人工呼吸，或许还可获救。

水中硫化氢浓度达到μg/L水平时即可能对鱼类等水生生物产生毒害作用，其受害程度还与水温和水中溶解氧浓度有关。水温越低(例如低于15℃)或DO值越大(例如大于5 mg/L)，受害越轻。

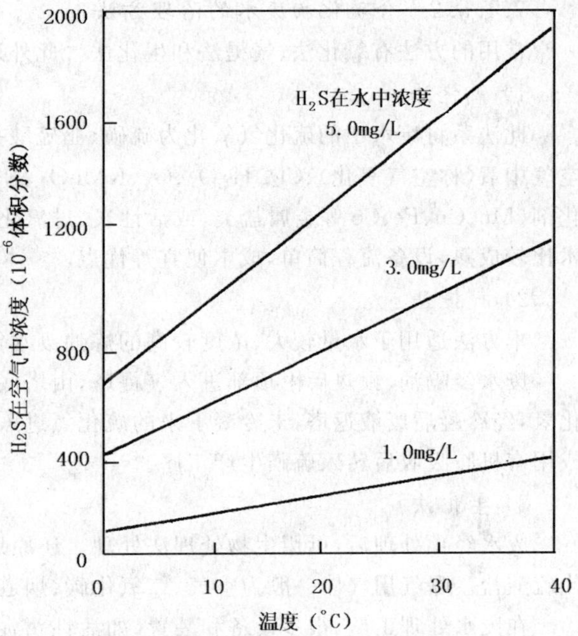

图7-7 水温及水中H_2S浓度与其在空气中浓度的关系

在浅层水体中生成的H_2S易挥发进入空气，但在具有相当深度水体沉积物中生成的H_2S可与存在于介质中的金属离子反应生成硫化物沉淀。相反的过程是在一定条件下，沉积物中硫化物溶解，生成S^{2-}随之被氧化为SO_4^{2-}，并释出H^+，使水转为酸性(见7.1.2)。周期表中主族元素凡价态较低者(如Na^+、K^+、Mg^{2+}、Ca^{2+}、Al^{3+})与S^{2-}不能通过反应生成沉淀物。但高价态者(如Mo^{6+}、W^{6+})易形成硫化物沉淀，有时还会形成硫代阴离子(如MoS_4^{2-}、WS_4^{2-})，它们在水中也是稳定的。过渡金属硫化物的溶解度通常都很小，大体上顺周期表从左到右或从上到下的次序递减，如

FeS		NiS
3.9×10^{-10}		1.2×10^{-11}
ZnS	CdS	HgS
3.5×10^{-12}	6×10^{-15}	6.3×10^{-27}

(单位 mol/L)

配合作用对硫化物溶解度有很大影响，且越是难溶的硫化物(以K_{sp}值衡量)越易形成硫代配合物。如Ag_2S的$K_{sp}=10^{-50}$，通过计算，在pH=7的水溶液中$[Ag^+]<10^{-20}$ mol/L，但实际上，由于在溶液中形成了可溶性的AgSH、$Ag(SH)_2^-$和$Ag_2S_3H_2^{2-}$等配位化合物，Ag_2S的真实溶解度为10^{-7} mol/L。

在配位化学中S^{2-}属于软碱型配位体，易与软酸型金属离子(Cu^+、Ag^+、Au^+、Tl^+、Cd^{2+}、Hg^{2+}、Sn^{2+}等)结合成稳定配合物。其与一些非软酸型金属离子形成配合物的稳定性次序为：

$$\underbrace{Cu^{2+}>Ni^{2+}>Zn^{2+}\approx Co^{2+}>Fe^{2+}}_{\text{(中间酸)}}>\underset{\text{(硬酸)}}{Mn^{2+}}$$

非金属硫化物(如CS_2、P_2S_5、As_2S_3等)大多是共价型的固态或液态的化合物，但具有一定的蒸气压。如CS_2是一种易挥发易燃的液体，其沸点46.25℃、蒸气压39.66 kPa(20℃)。非金属硫化物在环境化学中无显著的重要性。

7.1.5.2 含硫化物废水的治理方法

常用的方法有氧化法、气提法和生化法。此外还有活性炭吸附、离子交换等方法。

1）氧化法

此法系将废水中的硫化氢氧化为硫磺、亚硫酸盐、硫酸盐或硫代硫酸盐。所用氧化剂主要是空气中氧（称空气氧化）、Cl_2、H_2O_2、O_3、$KMnO_4$、NaClO（称化学氧化）。在用空气氧化时若与催化剂（Mn、Cu、Fe、Co 等金属盐类，或活性炭、过氧化物等）并用，则称为催化氧化。氧化法具有技术比较成熟，设备流程简单，成本便宜等优点。

2）气提法

本方法适用于水量较大、浓度较高的炼油废水等，特点是废水中硫化物可得回收。

废水经隔油、预热后由顶部进入气提塔，由塔底部通入的蒸汽在上升时夹带了挥发出来的硫化氢，经冷凝后废液返塔，未冷凝下来的硫化氢进入回收系统，用苛性钠吸收得到副产物硫化钠，或用有机胺吸收后转入硫磺生产工序。

3）生化法

废水经预处理后，可用生物处理法处理。还原形的硫经生物好氧氧化，可转化为硫酸盐或硫代硫酸盐。曝气用气体一般为空气、二氧化碳、烟道气等。

在废水处理工厂，很多设备和装置（如活性污泥池、气提塔、氧化塔等）在运转时都可能成为 H_2S 气体的发生源。所以要对这些设备和装置作定时清洗，有的还要加上罩盖，在厂房内应加设通风装置及臭气收集、处理设备等，以免产生二次污染。

7.1.5.3 水样分析方法

水样采得之后即加入一定量的乙酸锌溶液和适量氢氧化钠溶液，使水样中 S^{2-} 转成 ZnS 沉淀而不致从水样中逸出。至于空气中硫化氢的分析，要在采样时用碱性锌氨配盐溶液吸收 H_2S 以形成稳定配合物，即将气样转为水样后再作分析。水底沉积物中无机硫化物需在采样后酸化生成 H_2S，再以氮气为载气驱出，并吸收于乙酸锌溶液中使生成 ZnS 沉淀物。至此，原试样被转化为水样，然后进行分析。

对经过以上预处理后的水样进行分析的方法主要有两种，简单分述如下。

对氨基二甲基苯胺光度法　在硫酸溶液中，硫化氢与对氨基二甲基苯胺及三氯化铁作用，生成亚甲基蓝，在 665 nm 波长处进行测定。

碘量法　硫化物在酸性条件下与过量碘作用，剩余的碘用淀粉指示剂，以硫代硫酸钠标准液滴定。由所消耗的滴定液量，间接求出水样中硫化物的含量。

7.1.6 氟化物

7.1.6.1 环境中的来源和主要性质

氟化物在自然环境中分布广泛，但数量很少。在化石燃料燃烧和铝冶炼过程，钢厂和磷酸、磷肥生产厂及砖瓦制造行业有较多量气态或颗粒状物态氟化物释入空气。此外，火山灰和扬尘等也可能含氟化物。在电镀、铸造、焊接等金属加工业及玻璃、陶瓷、农药生产等工厂排放的废水中有较多量氟化物释入水体。此外，水体中氟化物还来源于土壤或大气的圈层间迁移。进入水体的氟化物又可能以 HF 等形态转入大气，或以 CaF_2 等形态转入沉积物。土壤中氟化物主要来自含氟岩石和矿物的风化和溶解，以及大气和水体中氟化物的圈层间迁移。土壤中所含天然氟化物的 90% 以上呈非游离状态，如 CaF_2 被黏附在土壤颗粒物上，或在酸性土壤中 F^- 被吸附在 FeOOH 胶粒上等。表土中氟化物的量常低于深土，这又表明，在某些场合和条件下，土壤中水分渗滤下移时可将土中含氟淋溶下来。

元素氟具有强烈获取电子的能力，是电负性最大的元素，因而 F_2 是已知的最强氧化剂，在天然水体中离子态 F^- 是唯一的化学存在形态（$F_2+2e=2F^-$，$E^{\ominus}=2.87V$）。

氟化氢（HF）是无色、具刺激臭味兼有毒性和强腐蚀性的气体。密度 0.991 g/L，沸点 19.4℃，可无限地溶解于水。HF 能与许多金属反应生成氟化物，其水溶液可用于蚀刻玻璃，但从化学上来说氢氟酸是一种弱酸（$pK_a=3.2$）。气态 HF 溶于空气中水分后呈气雾状形态存在，而很多挥发性氟化物也能受空气中水分的水解作用后生成相应的酸，如：

$$3SiF_{4(g)}+2H_2O \longrightarrow SiO_{2(s)}+2H_2SiF_{6(g)}$$

F^- 易与 Al^{3+}、Be^{2+}、Fe^{3+} 等配合，例如在 pH<7 的水中，可有 $Al^{3+}-F^-$ 配合物存在，但在一般天然水体中 Al^{3+} 的浓度比 F^- 小，所以水中存在着的是多配位体的配合物。一般海水中 $[F^-]\doteq 8\times10^{-5}$ mol/kg，可通过计算知道，其中 51% 是 F^-，47% 是 MgF^+，2% 是 CaF^+。难溶性的氟化物有 CaF_2、Na_3AlF_6、$Ca_5(PO_4)_3F$ 等，它们分别是天然矿物萤石、冰晶石和氟磷灰石中的主要组成物。

氟化物对人体的利弊随摄入量而异。摄入适量氟化物可预防儿童龋齿发病及预防老年人骨质变脆。但过量时又可影响细胞酶系统功能，破坏人体内钙磷代谢平衡。某些地区饮水中含氟量过高会引起地方性氟中毒，表现为氟斑釉齿和氟骨症。牲畜食用草料中含有的氟多数来自空气中含有的气态或颗粒态氟化物，空气中过多含氟可能比其他空气污染物对牲畜更为有害。如含 30 mg/kg～40 mg/kg 氟化物的草料对牛有剧毒，但对羊、猪等家畜较轻微。植物通过根部汲取土壤溶液中氟化物，当溶液中含氟超过 1.5 mg/L 时，不但危害作物，还会在作物中累积。如受氟污染田地中种植的小麦会有发芽率低、叶子枯黄等症状，玉米是作物中对氟有较强富集能力者。

7.1.6.2 含氟化物废水的治理方法

常用的方法有沉淀法、混凝沉降法、吸附法等。

1）沉淀法

含氟化物废水用 Na_2CO_3 调节 pH 值至 8～9 后加钙盐（常用石灰），搅拌使之生成 CaF_2 沉淀，然后过滤除去之。

CaF_2 理论溶解度是 16.8 mg/L，相当于 $[F^-]=8.2$ mg/L，所以该法处理后出水含 F^- 一般在 10mg/L～30 mg/L。对照国家制订标准（三级），允许排污水中含氟浓度为 20 mg/L，则使用该法处理出水水质若能达标，即可经中和后予以排放，否则还需作深度处理。

2）混凝沉降法

可用硫酸铝（明矾）为药剂在 pH 值 6.5～7.5 范围施行混凝沉降，操作时各工序（混合、絮凝、液固分离）皆应快速进行。该法可将废水中含氟浓度降至 1 mg/L，缺点是药剂耗量大，污泥量也大。

3）吸附法

有效吸附剂的种类很多，有活性氧化铝、离子交换树脂（强酸型、强碱型皆可用）、磺化煤、活性炭、过磷酸钙等。采用不同吸附剂在去污效果、操作简繁、药剂再生、经济效益等方面各有优缺点，应视具体情况择优而取之。但一般而言，吸附法是深度脱氟的较理想方法。

例 5 以 $Ca(OH)_2$ 为药剂，将含氟酸性废水调节到 pH=4.0，通过生成 CaF_2 沉淀来除去水中 F^-。计算水中残余 Ca^{2+} 为 40mg/L 时水中最小理论含氟浓度。

解 体系中各平衡关系式为：

$$CaF_{2(s)} \rightleftharpoons Ca^{2+} + 2F^- \qquad K_{sp} = 4.0\times10^{-11}$$

$$Ca^{2+} + F^- \rightleftharpoons CaF^+ \qquad K_1 = 10$$

$$H^+ + F^- \rightleftharpoons HF \qquad K_2 = 1.5\times10^3$$

$$HF + F^- \rightleftharpoons HF_2^- \qquad K_3 = 3.9$$

由此可得溶液中总氟浓度

$$\begin{aligned}[F]_T &= [F^-] + [CaF^+] + [HF] + [HF_2^-] \\ &= [F^-] + K_1[Ca^{2+}][F^-] + K_2[H^+][F^-] + K_3K_2[H^+][F^-]^2 \\ &= \left\{\frac{K_{sp}}{[Ca^{2+}]}\right\}^{1/2}\left\{1 + K_1[Ca^{2+}] + K_2[H^+] + K_3K_2[H^+]\left[\frac{K_{sp}}{[Ca^{2+}]}\right]^{1/2}\right\} \\ &= \left\{\frac{10^{-10.4}}{[Ca^{2+}]}\right\}^{1/2}\left\{1 + (10)[Ca^{2+}] + (1.5\times10^3)[H^+] + 3.9\times1.5\times10^3[H^+]\left[\frac{10^{-10.4}}{[Ca^{2+}]}\right]^{1/2}\right\}\end{aligned}$$

题给 pH=4.0 相当于$[H^+]=10^{-4.0}$，$[Ca^{2+}]$=40mg/L 相当于 10^{-3} mol/L，将此二者代入上式，可求得

$$[F]_T = 2.314\times10^{-4}\ \text{mol/L}$$

7.1.6.3 水样分析方法

对于污染严重的生活污水和工业废水以及含氟硼酸盐的水样须在分析前用蒸馏法(直接蒸馏法或水蒸气蒸馏法)作预处理。处理后所得试样中的氟以氢氟酸或氟硅酸的形态被测定。空气中氟化物在采样过程中以用化学试剂浸渍处理过的滤件吸附，再经酸溶解转为水样后分析。被列为国家标准法的氟化物分析方法有三种。

1) 离子选择性电极法

水样中加入总离子强度调节缓冲剂(TISAB)以保持总离子强度不变，并加入配合剂以排除某些阳离子干扰，调整适当 pH 值(5～8)后，即可直接用氟电极予以测定。

2) 氟试剂分光光度法

氟试剂的化学名为 3-甲基胺-茜素-二乙酸($C_{14}H_7O_4\cdot CH_2N(CH_2COOH)_2$)。氟离子在 pH 值 4.1 的乙酸盐缓冲液中，与氟试剂和硝酸镧反应，生成蓝色三元配合物，颜色的强度与试样中 F^- 离子浓度成正比，可应用 620 nm 波长光进行测定。

3) 茜素磺酸锆目视比色法

在酸性介质中，茜素磺酸钠($C_{14}H_7O_7SNa$)与氯氧化锆($ZrOCl_2$)反应生成红色配合物，当样品中有 F^- 离子存在时，能夺取该配合物中锆离子，生成无色的氟化锆配离子$(ZrF_6)^{2-}$，并释放出黄色的茜素磺酸钠，根据溶液由红退至黄色的色度不同，与标准色列比色定量原试样中的含氟量。

7.2 氧化物类污染物

除 He、Ne、Ar 等惰性元素外，周期表中几乎所有元素都可与氧组成氧化物。由于种类繁多，氧化物间的物理性质和化学性质可有十分悬殊的差异。在通常条件下，它们可能呈固态、气态或少数呈液态；它们可能是离子化合物或是共价化合物；可能是高度挥发的或非挥发的；可能是水溶性的或非水溶性的；按其水溶液的化学性质，又可分为酸性、碱性、两性和中性的氧化物。面对如此众多又性质各异的氧化物，不可能在此一一尽述。以下仅就燃烧过程中产生的三种(类)非金属氧化物，即 CO、NO_x、SO_2 作一简介。作为污染物，它们都有相当大的环境重要性。它们的污染主要发生在大气圈，而地表则是它们的基本汇点。

7.2.1 一氧化碳(CO)

7.2.1.1 大气中一氧化碳的源和汇

大气中现有一氧化碳量约460百万吨，由人为污染源或天然污染源释至大气的一氧化碳量约为270百万吨/年和3 500百万吨/年(后一数量的一氧化碳仅由地球北半球供出)。将这些数字进行比较，不免引起人们很大忧虑。但实际上，在各种源和汇之间作自然循环的一氧化碳，其在大气中的浓度基本上还是恒定的。图7-8显示了大气上层及各地理区域空气中CO的大致浓度范围。CO大致浓度在对流层中为$0.1\times10^{-6}\sim0.15\times10^{-6}$(体积分数)；工业城市上空为$1\times10^{-6}\sim10\times10^{-6}$(体积分数)；交通繁忙地区空气中可高达$120\times10^{-6}$(体积分数)以上。

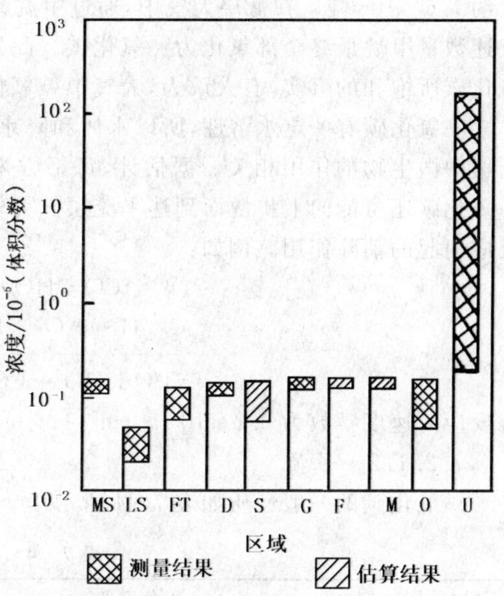

MS—中平流层(~25 km)；LS—下平流层(~15 km)；FT—自由大气层(~5 km)；D—沙漠；S—干草原、山脉；G—草地；F—森林；M—沼泽地；O—海面；U—都市

图7-8 CO在大气上层及各地理区域上空边界层内的浓度

人为污染源中最主要的是各种类型燃料在各种燃烧装置中发生不完全燃烧所产生的一氧化碳，其中尤以交通工具为甚。燃着的烟草释出相当高浓度的一氧化碳。此外，在炼焦过程、煤气和水煤气生产过程中也可能有较多量的一氧化碳释入大气。

在汽车行驶过程中，当辅助汽油(C_nH_m)燃烧的空气量不足，即空燃比小于14.8时，则由于不完全燃烧而产生CO：

$$C_nH_m+\left(\frac{n}{2}+\frac{m}{4}\right)O_2=nCO+\frac{m}{2}H_2O$$

即使在燃烧完全情况下，由于燃烧温度很高，已生成的CO_2也会有一小部分被分解为CO和O_2。此外，高温条件下，H_2O也会部分被分解为H_2和O_2，生成的H_2又有将CO_2还原为CO的能力，所以汽车排气中总是或多或少地含有CO成分，而其量的多少主要由空燃比决定。其他因素还有：(1) 道路上运行车辆的数量；(2) 车油种类和动力大小；(3) 行驶速度(在突然变速瞬间，CO排放量陡增)。此外，城市气候条件(风速、风向、气温等)以及建筑物外形、高度和街道宽度等都会对城市空气中CO浓度水平产生影响。

例6 在一定温度和10^6 Pa压力条件下，汽车排气管内发生如下反应：$2CO_{(g)}+O_{2(g)}\rightleftharpoons 2CO_{2(g)}$($K_P=10^8$)。经测定，排气中含有(按分压百分比)：0.2%CO，12%CO_2，3%O_2，问此反应是否已达到平衡？

解 在题给条件下，产物和反应物的浓度商为：

$$Q_P=\frac{P_{CO_2}^2}{P_{CO}^2\cdot P_{O_2}}$$

$$=\frac{(0.12)^2}{(0.002)^2\times(0.03)}\times\frac{1}{10^6/1.013\times10^5}=1.2\times10^4$$

由于Q_P远小于K_P，所以体系没有达到平衡状态，反应有向正方向进行的趋势。若能获得可加速达成平衡的催化剂，即可使排气中CO浓度降低。

天然污染源包括火山爆发、森林火灾、闪电过程、植物生长过程和各种天然有机化合物的光化学分解。例如甲烷是沼泽、稻田、热带地区水体中有机物的分解产物，世界范围内年发生量估计约 1.6×10^9 吨。在低层大气中，通过甲烷分子与自由基 HO·或亚稳态氧原子间的氧化反应，上述数量甲烷最终全部氧化为一氧化碳。此外，根据某些地区海洋(如西太平洋)表面的水为一氧化碳所饱和的事实，有人认为，大气中一氧化碳主要是靠洋面上的微生物产生的。

一氧化碳有一定水溶性，所以水体和降水成为大气中一氧化碳的汇。但更主要的汇可能与土壤中微生物的作用相关。据估计，每平方米的土壤每年可将81g一氧化碳转化成二氧化碳。一氧化碳还可能向上扩散而到达平流层。另外一个汇则是通过与平流层中含氧自由基等的化学反应引起的消除作用。例如：

$$CO + HO\cdot \longrightarrow CO_2 + H\cdot$$

$$H\cdot + O_2 + M \longrightarrow HO_2\cdot + M$$

$$CO + HO\cdot + O_2 \longrightarrow CO_2 + HO_2\cdot$$

总反应的速度常数为 $2.2\times10^{-13}\ cm^3/(molec\cdot s)$。

7.2.1.2　性质

一氧化碳的一般性质如表7-4所示。

表7-4　一氧化碳的性质

外观	无色无臭气体	溶解度(20℃,mL/100mL水)	2.3
密度/$g\cdot L^{-1}$	1.250	与酸碱的作用	不与酸或碱作用
临界温度/℃	−140	可燃性	可燃
临界压力/MPa	3.5	还原性	有
凝固点/℃	−205.1	毒性	有毒
沸点/℃	−191.5		

以异核原子组成的CO分子轨道为

$$CO[KK(\sigma_s)^2(\sigma_s^*)^2(\pi_y)^2(\pi_z)^2(\sigma_p)^2]$$

所以CO分子中含有三重键，即一个 σ 键，两个 π 键。其中一个 π 键为配键，电子对来自氧原子。其结构式为：

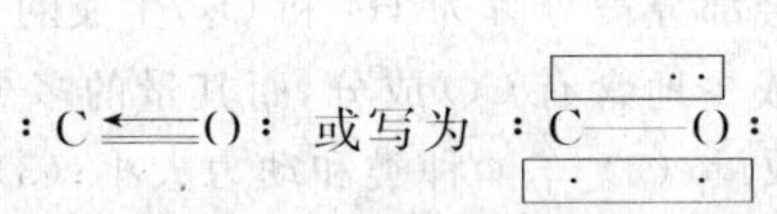

实测键长113 pm，键能为1071.1 kJ/mol，偶极矩近于零。

一氧化碳是一种化学性质比较稳定的气体(在大气中的滞留时间为0.2年～0.5年)，但在城市中，因受当地源和汇的影响，它却成为非常易变的气体。如上所述，一氧化碳容易被含氧自由基氧化，转化为二氧化碳。此外，一氧化碳在空气或氧气中可燃，生成二氧化碳并放出大量热；一氧化碳在工业上还常被用作还原剂，例如高炉中用焦炭作还原剂，实际上起作用的是一氧化碳。

一氧化碳对人体有毒，因为它能与血液中携带氧的血红蛋白(Hb)形成稳定配合物COHb。一氧化碳与血红蛋白的亲和力约为氧的230倍～270倍。COHb配合物一旦形成，就使血红蛋白丧失了输送氧气的能力，所以一氧化碳中毒将导致组织低氧症。如果血液中50%血红蛋白与一氧化碳结合，即可引起心肌坏死。对由一氧化碳中毒者，可采用纯氧呼吸方法予以急救。中毒和解救中发生的反应如下：

中毒　　$Hb + CO \longrightarrow COHb$

解救　　$COHb + O_2 \longrightarrow HbO_2 + CO$

正常人体中COHb水平约0.5%，大致安全的阈值约10%，达到25%～30%时，显示症状(脉慢、头痛、呕吐、呼吸困难)，几小时后昏迷。血液中COHb浓度达到70%时即刻死亡。

人体血液中COHb浓度与空气中CO浓度[10^{-6}体积分数]及接触时间t(min)之间的关系可用以下经验公式表示：

$$\log COHb(\%) = 0.85753\lg[CO] + 0.62995\lg t - 2.29519 \qquad (7-1)$$

当空气中一氧化碳浓度大于100×10^{-6}(体积分数)时，三者间的关系可用图7-9来表示。由图可见，人体吸入一氧化碳对健康的影响程度由空气中一氧化碳浓度和吸入时间等因素决定。

由汽车发动机中排放出的废气中一氧化碳引起中毒的危险特别大。一个小发动机所产生的一氧化碳足以使逗留在密闭汽车内的人在5分钟内死亡。一氧化碳中毒的多发案例常见诸于炉灶通风不良和煤气供应管道漏气，但一氧化碳对植物体几乎没有危害作用。

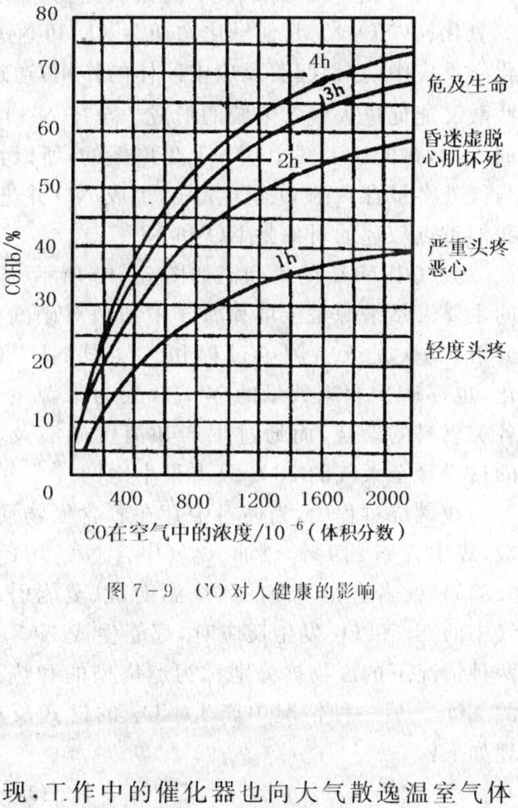

图7-9　CO对人健康的影响

7.2.1.3　CO污染的防治

内燃机是量大面广的CO主要污染源，所以控制CO排放的措施集中在汽车方面。可能采取的方法有以下三种：

<u>行车时采用高空燃比(大于14.8)</u>　这样可使油料燃烧趋于完全，为达此目的可采用先进的电脑控制汽油喷射等技术。

<u>装备尾气催化反应器</u>　在此，利用排气中CO、HC(还有H_2)将NO还原为N_2，同时使CO、HC被氧化为CO_2和H_2O。其中发生的主要反应为：

$$2NO + 2CO \longrightarrow N_2 + 2CO_2$$

$$2CO + O_2 \longrightarrow 2CO_2$$

$$HC + xO_2 \longrightarrow yCO_2 + zH_2O$$

应用的催化剂一般为贵金属(Pt、Pd等)。但近期发现，工作中的催化器也向大气散逸温室气体N_2O和贵金属微粒，成为新的大气污染源。此外，为使催化器正常运行，即避免催化剂铅中毒，又要求以价贵的无铅汽油替代原用车油。实际上，含铅量小于5 mg/L的即是所谓的“无铅汽油”。因为对汽油无铅化还有着另一制约因素，如美国汽车行业规定汽油必须有一定含铅量，借以抑制排气门和气门导管磨损。排气门磨损不仅影响发动机功率，而且因气门黏着的原因，会引起碳氢化合物排放量增多。综上所述，要减少汽车尾气中CO量的排放涉及诸多因素。这些因素又是相互制约、难以兼顾的。

<u>实行淘汰制度</u>　对耗油量大、排放严重及已超过法定行程的旧车实行淘汰制度。

7.2.1.4　分析方法

1986年中国国家环境保护局颁布的《环境监测技术规范》中，规定了将监测点按工作方式分为实验室分析系统和自动监测系统两类。在这两类系统中，大气中CO被分别列为选测项目和必测项目。测定大气中CO污染物浓度的方法有非分散红外法(国家标准法)，还有气相色谱法和汞置换原子吸收分光光度法等。

非分散红外法。在该方法中，由光源产生的红外辐射被分成两光束，分别导经一个用作对照的参比池和一个样品池。在样品池中含有一定量的CO时，即能吸收以4.67 μm为中心的特征波长红外辐射，从而导致检测器产生与样品中CO浓度成比例的输出信号。目前已有连续操作自动控制型式的非分散红外分析仪应市，优质仪器的检出限可达1 mg/m³。CO_2 和水蒸气可产生干扰，但采取某些技术措施可将干扰减至最低程度。

7.2.2 氮氧化物(NO_x)

7.2.2.1 大气中氮氧化物的源和汇

以同一化学式 NO_x 表示的氮氧化物，一般包括大气中两种主要的氧化物：一氧化氮(NO)和二氧化氮(NO_2)。其他氧化物如 N_2O_3 和 N_2O_5 的量很少，但在大气中发生的一些重要的复杂的化学反应中，它们起着反应中间体的作用，通过这些反应生成 HNO_2、HNO_3 以及这些酸的盐，这些酸又能促进大气气溶胶的形成。至于 N_2O 大多是土壤和水体中微生物对 NO_3^- 进行脱氮作用的产物，在低层大气中基本上是惰性的，所以在对流层中没有它的汇，当它扩散进入平流层后，能与彼处多量存在的 $O(^1D)$ 反应，生成NO并进一步参与破坏臭氧层中 O_3 分子的反应。在这里，我们重点叙述的对象是NO和 NO_2。

大气中 NO_x 的源和汇如图7-10所示。NO_x 的主要天然来源是土壤和海洋中细菌对硝酸盐的分解，其次是天空闪电过程和大气中 NH_3 的氧化，也都产生相当数量的 NO_x。人为来源主要是各类燃料的燃烧，而通过生产和消费硝酸及其盐的过程释至大气的 NO_x 只占很小比例。

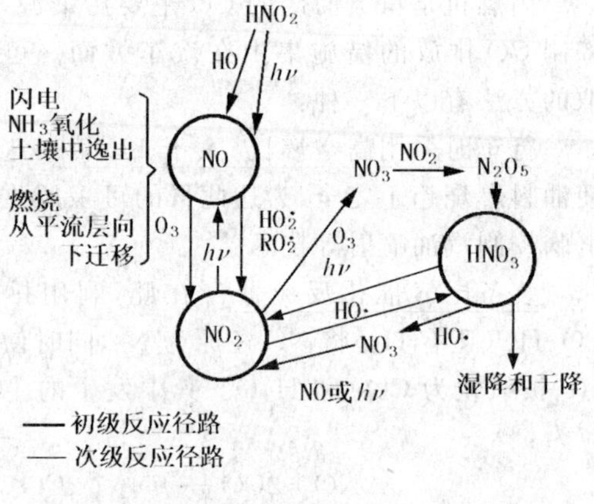

图7-10 对流层中氮化合物间的反应

在燃烧过程中，当燃料中存在着含氮物质(一般，煤中含N约1%，燃油、燃气中含N约0.2%～0.3%)，或者有相当高的燃烧温度，以至能引起空气中的 N_2 和 O_2 发生反应时，都能生成 NO_x。这两种情况下的产物被分别称为燃烧型的和热力型的 NO_x。后一种情况中产生 NO_x 的链式反应机理如下：

$$O_2 = 2O$$

$$N_2 + O = NO + N$$

$$N + O_2 = NO + O$$

$$N + HO\cdot = NO + H \text{(助燃空气中 } O_2 \text{ 不足时发生)}$$

NO在燃烧炉中的生成速度较慢，不足以在火焰中达到平衡。所以，反应的进行由动力学因素控制，而不取决于平衡常数。

在燃烧过程中，通过以下反应还能生成 NO_2：

$$2NO + O_2 = 2NO_2$$

这是一种三分子气相反应，反应物浓度对反应速率有决定性意义，当空气中NO浓度低至 $1\times10^{-6}\sim5\times10^{-6}$(体积分数)时，这种反应即可予以忽略。但在一般燃烧条件下，首先可产生大量NO，随后即按此反应生成 NO_2(NO_2 的含量约占 NO_x 的5%～10%)。另一方面，NO还可以非常迅速地被空气中的 O_3、$RO_2\cdot$ 等氧化成 NO_2。NO_2 又可进一步与 $HO\cdot$ 自由基(或 O_3

等)反应生成 HNO_3,HNO_3 再以其高度水溶性溶入雨滴降落地面,也可能黏结在气溶胶或悬浮颗粒上,最后干降于地表。所以 NO_x 最终的汇是地面或地表水系。

NO_x 的各类人为发生源及它们之间排污的大体比例如图 7-11 所示。在 1989 年世界范围约 2 000 万吨的排放量①中,由固定源排出者大于 50%,而其中的 93%左右又是化石燃料燃烧的产物,各种工业生产过程释出量仅占 5%左右;在燃烧类污染源中,为数众多的燃煤锅炉又是主要的污染源。

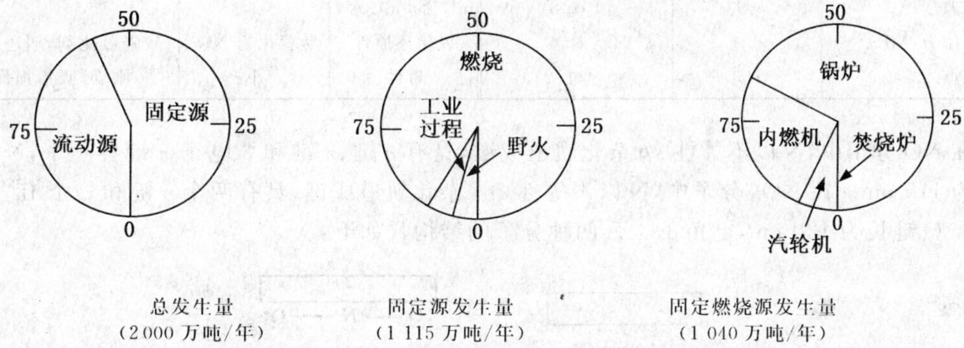

图 7-11 NO_x 人为发生源的排污量(世界范围,1989 年)

大气上层及各地理区域空气中 NO 浓度范围(测量结果)如图 7-12 所示。都市中 NO 浓度可高达 1×10^{-6}(体积分数)。草原地区也有很高浓度,表明土壤是 NO 的重要发生源。一般说来,大气中 NO 本底浓度约 $0.01\times10^{-6}\sim0.05\times10^{-6}$(体积分数),$NO_2$ 的本底浓度约 $0.1\times10^{-9}\sim0.5\times10^{-9}$(体积分数)。

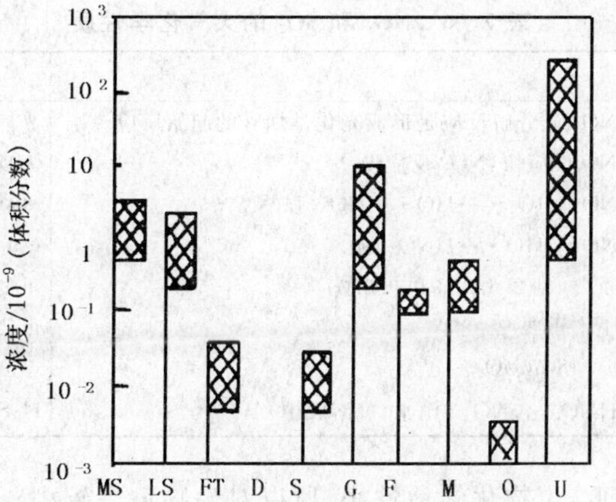

MS—中平流层(~25 km);LS—下平流层(~15 km);
FT—自由大气层(~5 km);D—沙漠(缺数据);
S—干草原、山脉;G—草地;F—森林;M—沼泽地;
O—海面;U—都市

图 7-12 NO 在大气上层及各地理区域上空边界层内的浓度

① 1994 年排放量已跃升到 16~39.4 千万吨(以 NO_2 计),此后上升趋势减缓。

7.2.2.2 性质

一氧化氮和二氧化氮的一般性质如表 7-5 所示。

表 7-5 氮氧化物 NO 和 NO_2 的性质

性质	NO	NO_2	性质	NO	NO_2
外观	无色无臭气体	褐色、有刺鼻臭气	沸点/℃	−151.7	21.2
密度/$g \cdot L^{-1}$	1.340	2.057	溶解度(20℃, mL/100mL 水)	4.7	易溶
临界温度/℃	−93	157.8			
临界压力/MPa	6.4	10	氧化还原性	易氧化为 NO_2	较强氧化剂，弱还原剂
凝固点/℃	−163.6	−11.2	毒性	小	眼、呼吸道损伤

在 NO 分子中，N 以不等性 sp 杂化轨道成键，具有 σ 键、π 键和 3 电子 π 键各一个，N—O 单键长为 115 pm。在 NO_2 分子中，N 以不等性 sp^2 杂化轨道成键，具有两个 σ 键和一个 Π_3^3 离域 π 键，N—O 键长为 120 pm，键角 134°。两种分子的结构式如下：

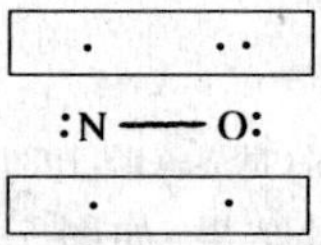

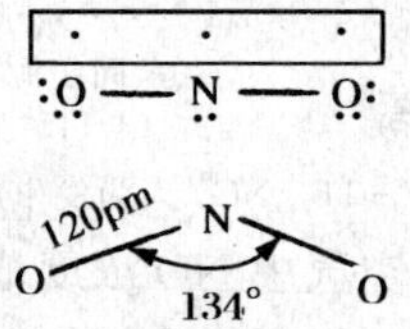

NO_x 连同 SO_2 的大气化学性质如表 7-6 所示。由此可见，NO_x 在形成光化学烟雾和酸雨以及破坏臭氧层这几个极为重大的环境问题中有着主导性的意义。有关这些方面的内容详见第 9 章。

表 7-6 NO_x 和 SO_2 的大气化学性质

性 质	NO_x	SO_2
光化学行为	NO_2 光分解反应是形成光化学烟雾的起始反应	光照不产生化学效应
与 O_3 反应	NO 反应快，NO_2 反应慢	无反应
与自由基作用	$NO + HO_2 \cdot \rightarrow HO \cdot + NO_2$(强) $NO_2 + HO \cdot \rightarrow HNO_3$(强)	$SO_2 + HO \cdot \rightarrow HSO_3 \cdot$ (弱，SO_2 是被动反应者)
溶于大气中液滴转成酸雨	重要(见 2.6.3.3 和 9.3.3)	重要(见 2.6.3.2 和 9.3.3)
干沉降	不太重要	重要
化学反应半衰期	6～48 h(NO_2)	～3 d
大气反应终产物	$HNO_{3(g)}$，NO_3^-(雨水、气溶胶中)	$H_2SO_{4(g)}$，SO_4^{2-}(雨水、气溶胶中)

NO 在大气中浓度较低，生物化学活性小，所以对生物危害较小。相反，近期科学家发现由人体的内皮细胞所产生的 NO 可以作为机体的信息分子而具有调节细胞的功能，并在抵抗感染、调节血压、促进大脑记忆等方面发挥作用。此前(1977 年)也已发现作为治疗心绞痛首选药物的硝酸甘油在进入人体后能分解产生 NO 气体，真正产生扩张血管平滑肌作用的恰是 NO。

NO_2 对人体有害，其对人体的大致安全浓度为 5×10^{-6}(体积分数)，在 0.1×10^{-6}(体积分数)左右时已能为嗅觉所感知，1×10^{-6}～4×10^{-6}(体积分数)时有恶臭感，在此以上的浓度会强烈刺激眼睛和肺部，引起头晕、头疼、咳嗽、心悸等症状；低浓度长时间吸入能诱发儿童支气管炎疾患。对植物而言，空气中低浓度 NO_2 即能引起叶子产生斑点、组织受到破坏，如低浓度长时间曝露，能使柑桔等落叶、萎黄和减产。NO_2 对织物、棉花、尼龙等有损坏作用，能使染料褪色，使很多金属材料腐蚀。

NO_2 作用于人体的机理主要表现为蛋白酶和氨基酸分子发生了如下所示的转化，从而破坏了它们的正常生理机能。

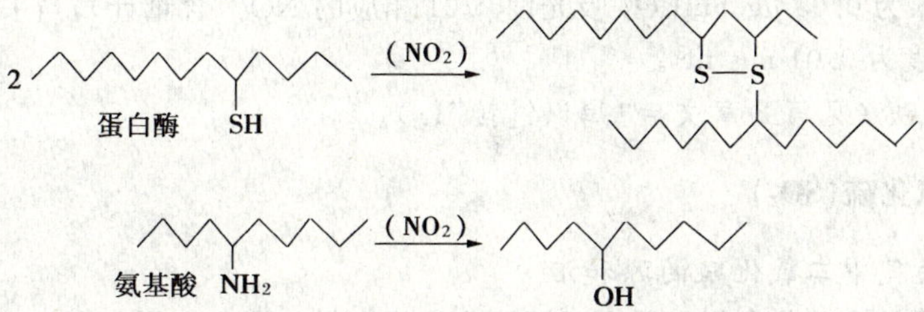

7.2.2.3 NO_x 污染的防治

本节主要内容涉及由固定式燃烧装置产生烟道气的去污治理方法。如前述，化石燃料燃烧是大气中 NO_x 的主要污染源。由燃烧产生 NO_x（主要是 NO）的原因有两方面：(1) 在燃烧过程中，燃料中原先含有氮化物被氧化为 NO_x 释出；(2) 空气中 N_2 和 O_2 在高温条件下发生化合作用，其中反应可简单地写作 $N_2+O_2 \longrightarrow 2NO$，是吸热反应，高温燃烧条件下有利于反应进行。

针对以上两方面原因，可采用的消除污染对策有：(1) 燃料使用前预先脱氮，但这种方法在技术上还有一定难度；(2) 改变燃烧条件，如降低燃烧温度、减小空气-燃料比、缩短烟气在炉膛中的滞留时间等，但由此也会引起燃烧不完全、热效率下降等问题。

一般说来，精制燃料或改变燃烧条件仍被认为是两种有效去污措施，但由于对 NO_x 排气标准要求很高，所以还是需要生产部门配用排烟脱氮的技术和装置。

适用于固定燃烧源的各种排烟脱氮技术要点列举在表 7-7 之中。由于 NO_x 在液相中溶解度相对较低，且采用湿法的投资和操作费用较高，所以目前工厂以采用干法，特别是催化还原法为多。

目前我国排烟脱氮技术尚处于试验研究阶段。在 NO_x 废气控制方面，仅在化工生产、金属表面处理等少数工业部门安装了净化回收装置。

表 7-7 固定发生源用排烟脱氮技术

	方法	技术要点
干法	催化还原法	有催化剂存在的条件下，NO_x 与还原剂反应生成 N_2
	非催化还原法	在燃烧室出口高温区通入 NH_3，使 NO_x 还原为 N_2
	吸附法	NO_x 被活性炭化学吸附后进一步被还原为 N_2
	电子束照射法	向排气中加入 NH_3，在电子束照射下，同时脱氮、脱硫
湿法	氧化吸收法	以 O_3 氧化剂使 $NO \longrightarrow NO_2$，再用吸收液吸收之
	直接吸收法	以有机金属配合物为吸收液吸收 NO

7.2.2.4 分析方法

对 NO_x 的主要测定对象是大气中具 NO 和 NO_2 形态的氧化物。作为标准分析法而被采用的有盐酸萘乙二胺比色法（又名 Saltzman 法），这种方法可兼用手工操作和自动连续操作。可用作自动连续监测方法的还有化学发光法等。

1) 盐酸萘乙二胺比色法

在测定 NO_x 浓度时，先用三氧化铬氧化管将 NO 氧化成 NO_2。这样，最后测得的 NO_x 浓度是以 NO_2 的形态计量的。

二氧化氮吸收液由对氨基苯磺酸、盐酸萘乙二胺和乙酸等配制而成。NO_2 进入吸收液后即生成亚硝酸，与对氨基苯磺酸起重氮化反应，再与盐酸萘乙二胺偶合，生成玫瑰红色偶氮染料，用分光光度计在 540 nm 处作吸光度测定。

本方法检出限为 0.05 μg/5mL（按吸光度 0.01 相应的 NO_2^- 含量计），当采样体积为 6L 时，NO_2 最低检出浓度为 0.01 mg/m³。

2）化学发光法（见第 2 章文后“知识链接”1.）。

7.2.3 二氧化硫(SO_2)

7.2.3.1 大气中二氧化硫的源和汇

存在于大气中的含硫化合物可分为还原性化合物和氧化性化合物两类。还原性化合物有硫化氢、二硫化碳、二甲基硫、二甲基二硫、硫醇等，其中的硫都是最低价态的（化合价为－2）。还原性化合物的自然来源，主要是平坦沿海地区和沼泽地等的有机物质的细菌分解。例如在厌氧条件之下，某些种类的细菌为了获取氧而将周围环境中的 SO_4^{2-} 还原为 H_2S；也有些细菌能降解有机生物体中含硫的氨基酸，而产生还原性含硫化合物，海洋中某些原生动物也在体内形成有臭味的还原性硫化物，以抵御捕食者的掠食。以上这些过程都向大气提供还原性硫化物。氧化性硫化物在大气中的主要形态有 SO_2、SO_3、H_2SO_4、MSO_4。还原性硫化物在大气中被氧化的过程以及人为活动都产生大量 SO_2，此后又通过 $SO_2 \rightarrow SO_3 \rightarrow H_2SO_4 \rightarrow MSO_4$ 的转化，使大气中硫化物通过酸雨或气溶胶复归地面。在这里，我们可以提出大气中硫的三种主要形态即：H_2S、SO_x (SO_2 和 SO_3）和 SO_4^{2-}。很显然，大气中发生的化学变换，使它们彼此相联，因而它们都是同一个循环的组成部分。讨论 SO_2 的源与汇时，就不可避免地要与另外这几种大气含硫化合物相联系。据估计，每年出入大气进行循环的硫量达 10^8 吨，其中约 6.5×10^7 吨是由人为因素而进入大气的，其主要形态是 SO_2，所以我们在以下叙述中将以 SO_2 为中心。

各种硫化物在大气中相互反应和转化的情况如图 7－13 所示。

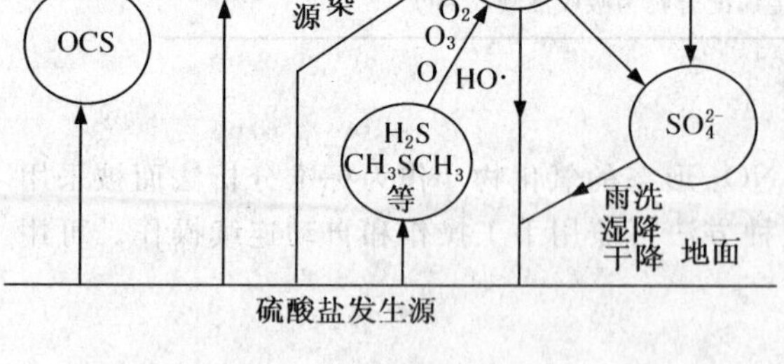

图 7－13 大气层中硫化合物间的反应

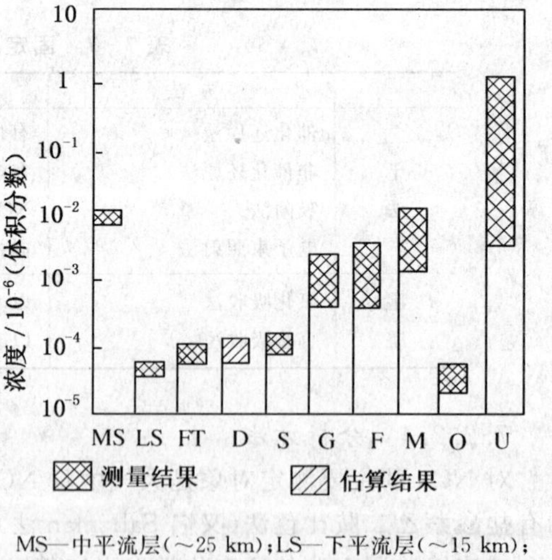

MS—中平流层（～25 km）；LS—下平流层（～15 km）；FT—自由大气层（～5 km）；D—沙漠；S—干草原、山脉；G—草地；F—森林；M—沼泽地；O—海面；U—都市

图 7－14 SO_2 在上层大气及各地理区域上空边界层内的浓度

就大气总体来说，SO_2 背景浓度约 0.2×10^{-9}（体积分数），上层大气及各地理区域空气中 SO_2 浓度范围如图 7-14 所示。SO_2 的最大天然源是 H_2S。H_2S 又来源于火山爆发、硫酸盐生物还原、有机物腐烂等天然过程和各种工业废气（燃料加工、人造丝、橡胶、硫化染料等行业）。H_2S 在大气中很快被氧化为 SO_2：

$$H_2S \xrightarrow{HO\cdot} HS\cdot \xrightarrow{O_2} SO \xrightarrow[\text{或 } NO_2]{O_2} SO_2$$

以上，$HO\cdot$ 自由基从 H_2S 中取得一个 H 原子的反应是全反应中控制速度的一步，速度常数为 $6.4\times10^4\,s^{-1}$，由此计得 H_2S 在对流层中平均滞留时间为 16h。在溶液中（云中水滴）H_2S 可被臭氧所氧化：

$$H_2S+O_3 \longrightarrow SO_2+H_2O$$

化石燃料燃烧后产生烟气，这是大气中 SO_2 的最大人为污染源。煤中一般含硫 0.1%～6%；重油 2%～5%，燃料油 0.75%～3%，原油约 0.04%，柴油约 0.22%。天然气和柴薪等含硫量少，SO_2 污染问题也可能较轻微。

煤中硫主要以有机物和黄铁矿形态存在，也还有少量硫酸盐形态。其中约 95% 在燃烧后以 SO_2 形态排出，还有少量 SO_3。煤中不燃性硫酸盐则最终以灰分形式排出。各种液体燃料中可能含有的硫化物有：硫醇（RSH）、硫醚和二硫醚（RSR′、RSSR′）、环状硫化物 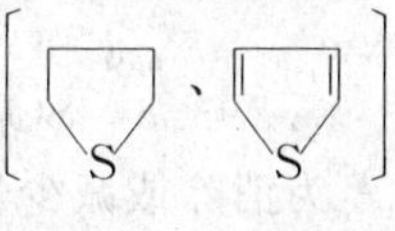、多环硫化物 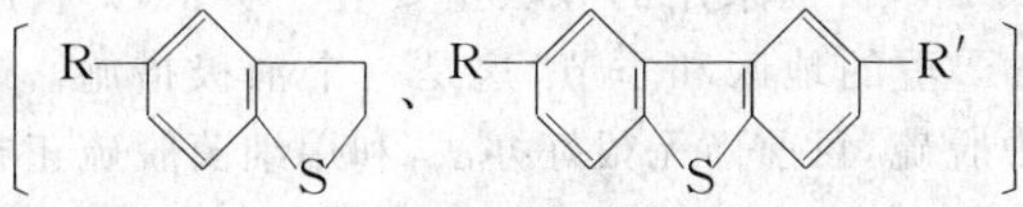 等。这些燃料组分一经燃烧，大部分转化为 SO_2 向大气排出。也有少量在火焰中被进一步氧化为 SO_3 排出，或更进一步与水结合成 H_2SO_4，黏附在烟黑中形成所谓酸炭黑。

工业过程中 SO_2 发生源主要有非铁金属冶炼、石油精炼、硫酸工业、炼铁、造纸等行业。

地面是大气中 SO_2 的汇，SO_2 在大气中转化为 SO_3、H_2SO_4、MSO_4 后以干或湿的沉积物形态降落地面。这种转化主要通过以下两种途径发生：一是在气相中，主要氧化剂是 $HO\cdot$ 自由基，氧化反应以较快速度进行，反应产物 SO_3 溶于水生成 H_2SO_4。二是在液相中（即水滴），SO_2 可被溶于水中的 H_2O_2、O_3 等直接氧化，也可能在一些金属离子 Fe^{3+}、Mn^{2+} 等存在条件下，很容易地被催化氧化后转为 H_2SO_4，生成的硫酸进而在 NH_4^+、Na^+、Ca^{2+} 等离子存在下，再转化为硫酸盐。当大气湿度较低时，水滴在空中蒸发后就剩下硫酸盐固体微粒。

7.2.3.2 性质

广而言之，以 SO_x 表示的硫氧化物是多种多样的，其中包括 SO、S_2O_3、SO_2、SO_3、$S_2O_7^{2-}$、SO_4^{2-} 等。但与大气污染问题相关的主要是 SO_2。SO_2 的一般性质如表 7-8 所示。SO_2 分子呈三角形，键角为 119.5°，S—O 键长为 143 pm。其中硫原子采用不等性 sp^2 杂化轨道与两个氧原子各形成一个 σ 键，还有一个 p 轨道与两个氧原子相互平行的 p 轨道形成一个 Π_3^4 的离域 π 键，所以两个 S—O 键具有双键的特征。SO_2 分子的结构可表示如下：

SO_2 的大气化学性质已列举在表 7-6 之中。它的最突出的环境特性是它在大气中的氧化，最终生成硫酸或硫酸盐，是酸雨或化学烟雾的成因之一。SO_2 对环境的最大危害也正表现在这

些方面。SO_2 对于人体的直接危害表现在，对眼、鼻、咽喉、肺等器官有强刺激性；能引起黏膜炎、嗅觉和味觉障碍、倦怠无力等慢性疾患。空气中 SO_2 浓度达到 $0.03\times10^{-6}\sim2.7\times10^{-6}$（体积分数）时，多数人可感觉到，对人体的大致安全浓度约 5×10^{-6}（体积分数）。

表 7-8　二氧化硫的一般性质

外观	无色，窒息性臭气	沸点/℃	-10.02
密度/$g\cdot L^{-1}$	2.927	溶解度(20℃，g/100 mL 水)	11.5
临界温度/℃	157.5	氧化还原性	弱氧化性，稍强还原性
临界压力/MPa	7.87	毒性	强烈刺激呼吸器官
凝固点/℃	-75.48		

对 SO_2 危害敏感的植物有甜菜、棉花、小麦等。SO_2 能使这些植物叶脉间缺绿、变白、呈褐色；且幼嫩而完全展开的叶片更易受害，供水紧缺状态下受害程度较小。对 SO_2 危害有较强抵抗能力的有玉米、芹菜、柑橘等。

大气中的 SO_2 对金属、涂料、纤维、皮革、纸张、建筑材料等都有不同程度损害作用，主要是通过空气中水分作媒体，经生成 H_2SO_4 后引起的。例如含大理石、石灰岩等碳酸盐的建筑材料，通过下列反应受到损害：

$$CaCO_3 + H_2SO_4 \longrightarrow CaSO_4 + CO_2 + H_2O$$

7.2.3.3　SO_2 污染的防治

为消除或减少烟气中排至大气的 SO_2 量，目前采用的方法主要有三类：(1) 利用低硫的燃料。因低硫燃料数量有限，只能用于污染严重的地区和季节，这是一个消极措施。(2) 燃料脱硫。消费量最大的燃料是煤和重油。煤中脱硫，目前尚无很好办法，利用细菌脱硫正在试验研究之中。重油脱硫已取得了较大进展。(3) 烟气脱硫。这方面研究已有 50 多年历史，脱硫方法在 50 种以上。由于烟气量大，含硫低，烟温高，脱硫的技术还存在许多问题，不少方法处在中间试验阶段。以下仅对重油脱硫和烟气脱硫作进一步阐述。

1) 重油脱硫

重油一般含硫比原油高，其中硫分大多是有机环状硫化物。要使重油中硫分降低，可采用的方法有催化加氢、溶剂萃取、吸收等方法。属于化学类方法的原理是将硫化物中 C—S 键切断，使硫变成简单的固体或气体化合物从重油中分离出来。例如催化加氢脱硫法是在催化剂参与下，使 H_2 切断 C—S 键，并与碳发生置换反应，形成 H_2S。目前，加氢脱硫法是在技术上和经济上唯一可行并被广泛采用的方法。

在加氢脱硫过程中，有机硫化合物发生的有关反应如表 7-9 所示。这些反应都是放热反应，并需要耗费大量氢气。由于有催化剂参与，所以反应又是在气、液、固三相之间进行的。常用的催化剂有镍-钼、钴-钼、镍-钴-钼等系列，并以 γ-氧化铝为载体。

表 7-9　加氢脱硫反应

化合物类型	反　应	需氢量/mol
硫醇	$RSH + H_2 \longrightarrow RH + H_2S$	1
硫醚	$RSR' + 2H_2 \longrightarrow RH + R'H + H_2S$	2
二硫醚	$RSSR' + 3H_2 \longrightarrow RH + R'H + 2H_2S$	3
噻吩	 $+ 4H_2 \longrightarrow C_4H_{10} + H_2S$	4

续表

化合物类型	反应	需氢量/mol
苯并噻吩	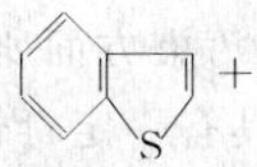 $+\begin{cases}3H_2 \longrightarrow C_6H_5C_2H_5 + H_2S \\ 4H_2 \longrightarrow C_6H_6 + C_2H_6 + H_2S \\ 7H_2 \longrightarrow C_6H_{12} + C_2H_6 + H_2S\end{cases}$	3 4 7
二苯并噻吩	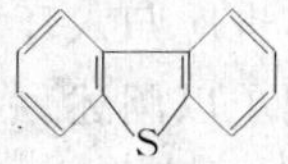 $+5H_2 \longrightarrow C_6H_5C_6H_{11} + H_2S$	5

2）烟气脱硫

烟气脱硫是将烟气中 SO_2 和 SO_3 转化为液态或固态化合物，从而把它们从排出的烟气中分离出来。一般按操作方式可将烟气脱硫分为干法和湿法两类，按投加试剂能否回收返用，又可分为再生法和非再生法两类。具体方法繁多，但对效果和经济等方面作综合考虑之后，可付诸实用的方法仅有四五种，现将这些方法要点归纳在表 7-10 之中。

表 7-10 常用的烟气脱硫法

方法	原理	SO_2 去除效果/%
石灰石/石灰-石膏法 （湿法、非再生法）	用石灰石或石灰浆液吸收 SO_2	80～95
亚硫酸钠循环法 （湿法、再生法）	用 Na_2CO_3 吸收 SO_2， 用加热法再生循环吸收液	85～95
双碱法 （湿法、再生法）	用 Na_2CO_3 吸收 SO_2， 用石灰石再生循环吸收液	85～95
氧化镁法 （湿法、再生法）	用 MgO 浆液吸收 SO_2， 用加热法再生循环吸收浆液	85～95
氨法 （湿法、非再生法）	用 NH_4OH 液吸收 SO_2， 产出硫胺和回收浓 SO_2	90～97

20 世纪 70 年代以来，我国一些单位进行了烟气脱硫方法的试验研究，其中有些方法已有工业装置进行运转，有些方法正在进行中间试验。有关大型电站中高烟气量低浓度 SO_2 的净化和利用问题，通过进一步试验研究，已经掌握了脱硫装置的研制开发技术。

7.2.3.4 分析方法

测定二氧化硫最常用的化学方法是作为标准分析法的盐酸副玫瑰苯胺比色法，吸收液是四氯汞钾溶液，与 SO_2 形成稳定的配合物。为避免使用有污染性的汞盐，也可考虑用三乙醇胺代替汞盐作吸收剂，但是其样品稳定性和采样效率的问题还有待进一步研究。

二氧化硫自动监测仪器类型很多。可用火焰光度法测定总硫量，如再配上色谱柱，可对二氧化硫、硫化氢、硫醇和硫醚等分别测定。这种仪器最大优点是选择性好，检测下限量可达 5×10^{-9}（体积分数）。另外根据电导原理和库仑滴定的原理而制成的二氧化硫测定仪现被广泛使用。这两类仪器，结构简单，使用方便，但在抗干扰方面不及火焰光度法。

盐酸副玫瑰苯胺比色法。按本法，试样中 SO_2 被四氯汞钾溶液吸收后，生成稳定的二氯亚硫酸盐配合物，由此保护了二氧化硫不被氧化，然后再与甲醛及盐酸副玫瑰苯胺（即对品红）作用，生成紫红色配合物，以分光光度计在 575 nm 处作吸光度测定。本方法检出限为 $0.30\mu g/10mL$。

7.3 重金属类污染物

对什么是重金属，目前尚没有严格的统一定义。在环境污染方面所说的重金属主要是指汞、镉、铅、铬以及类金属砷等生物毒性显著的重元素。至于对具有一定毒性且环境中广为分布的如锌、铜、钴、镍、锡、铝等金属及它们化合物的环境行为研究，也应归入环境化学内容，限于篇幅，下面仅对汞、镉、铅三种重金属元素的有关环境化学问题分别予以阐述。

重金属污染主要发生在水体和土壤，有关重金属在土壤中的环境化学行为已在4.6中作过介绍，本节内容拟以水体环境为主展开论述。

7.3.1 汞(Hg)

7.3.1.1 汞及其化合物的基本性质

汞的元素丰度在地壳中占第63位(80 μg/kg)，在海洋中居第40位(0.15 μg/L)，所以汞在各圈层中的储量及在各圈层间迁移通量都较小。

汞在周期表中与锌、镉两元素同处第Ⅱ副族。汞的化学性质、地球化学性质与镉比较相近，但与锌比却有较大差异。在与同族元素比较中，汞的特异性表现在：(1) 氧化还原电位较高，易呈金属状态；(2) 汞及其化合物具有较大挥发性。汞蒸气压随温度变化的数据如表7-11所示；各种无机汞化合物挥发性强弱次序为：$Hg > Hg_2Cl_2 > HgCl_2 > HgS > HgO$；烷基汞化合物的饱和蒸气浓度为：$CH_3HgCl$(94 mg/m³)、$CH_3HgBr$(94 mg/m³)、$CH_3HgI$(90 mg/m³)、$CH_3HgOH$(10 mg/m³)、$C_2H_5HgCl$(8 mg/m³)、$C_2H_5HgI$(9 mg/m³)。(3) 单质汞是金属元素中唯一在常温下呈液态的金属(m. p. −38.9℃)，具有很大流动性和溶解多种金属而形成汞齐的能力(如钠、钾、金、银、锌、镉、锡、铅等都易与汞生成汞齐)；(4) 能以Hg_2Cl_2一价形态存在；(5) 与相应的锌化物相比，汞化合物具有较强共价性，且由于上述较强挥发性和流动性等因素，使它们在自然环境或生物体间有较大的迁移和分配能力。

表7-11 汞的蒸气压

温　度/℃	蒸气压/Pa	温　度/℃	蒸气压/Pa
0	0.025	30	0.371
10	0.065	40	0.810
20	0.160	50	1.689

在25℃温度下，元素汞在纯水中溶解度为60 μg/L，在缺氧水体中约为25 μg/L。水溶性的汞盐有氯化汞、硫酸汞、硝酸汞和氯酸汞等；一些汞化合物的溶解度数据如表7-12所示：

表7-12 一些汞化合物的溶解度

化合物	溶解度/g·$(100gH_2O)^{-1}$	温　度/℃	溶度积/K_{sp}	温　度/℃
$HgBr_2$	0.5	20	8×10^{-20}	25
Hg_2Cl_2	3.8×10^{-5}	25	2.0×10^{-16}	25
$HgCl_2$	6.1(g/100g溶液)	20	2.6×10^{-15}	25
$Hg_2(OH)_2$			7.8×10^{-24}	18
$Hg(OH)_2$			1×10^{-26}	18
Hg_2S			5×10^{-45}	25
HgS	1.5×10^{-25}	18	4×10^{-53}	18
Hg_2SO_4			4.8×10^{-7}	25

有机汞化合物中，乙基汞 $HgEt_2$ 和 EtHgCl 不溶于水，乙酸苯基汞 PhHgAc 微溶于水，乙酸汞 $HgAc_2$ 具有最大溶解度(0.97 mol/L)。

Hg^{2+} 易在水体中形成配合物，配位数一般为 2 和 4；Hg_2^{2+} 形成配合物的倾向比 Hg^{2+} 小得多。在一般天然水体中，Hg^{2+} 可能与 Cl^- 形成相当稳定的配合物，在图 7-15 中显示了水体中 Hg 可能呈现的各种化学形态。在含$[Cl^-]<10^{-5}$ mol/L 的水溶液中，pH≥4 时，Hg^{2+} 以水解产物 $Hg(OH)_2$ 为其主要存在形态；在$[Cl^-]\approx0.01$ mol/L 的水溶液中，则 $Hg(OH)_2$ 为主要形态时的 pH>6。

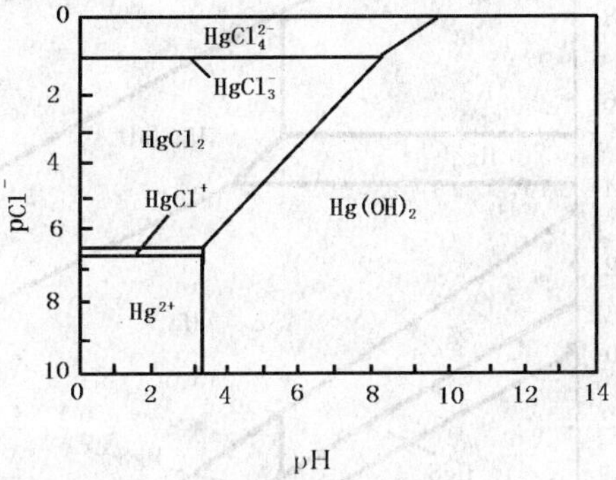

图 7-15 pH 和 Cl^- 浓度对水体中 Hg 存在形态的影响

汞与水体中各种常见无机配位体的配合物稳定常数数据见表 7-13。

表 7-13 Hg^{2+} 与无机配位体生成配合物的稳定常数

配位体	稳定常数对数值			
	K_1	K_2	K_3	K_4
Cl	6.72	6.51	1.00	0.97
NH_3	8.8	8.7	1.0	0.8
OH	10.3	11.4		

汞还能与各种有机配位体形成稳定的配合物。例如与含硫配位体的半胱氨酸形成极强的共价配合物；与其他氨基酸及含—OH 或—COOH 基的配位体也都能形成相当稳定的配合物。汞离子和甲基汞离子形成各种有机配合物的稳定常数如表 7-14 所示。此外，汞还能与微生物生长介质强烈结合，这表明 Hg^{2+} 能进入细菌细胞并生成各种有机配合物。

表 7-14 Hg^{2+} 和甲基汞与有机配位体生成配合物的稳定常数

配位体	K 的对数值		配位体	K 的对数值	
	CH_3Hg^+	Hg^{2+}		CH_3Hg^+	Hg^{2+}
—OH	9.5	10.3	半胱氨酸	15.7	14
组氨酸	8.8	10	白蛋白	22.0	13

在酸性溶液中汞的电位图如下：

$$E^{\ominus}/V \qquad Hg^{2+} \xrightarrow{+0.905} Hg_2^{2+} \xrightarrow{+0.7961} Hg \qquad (Hg^{2+} \xrightarrow{+0.851} Hg)$$

用金属汞或其他还原剂(其 $E^{\ominus}$ 值在 0.905 V 与 0.851 V 之间)，可将 Hg(Ⅱ)还原为 Hg(Ⅰ)，反应平衡常数较大($K\approx70$)，平衡强烈偏向于生成 Hg_2^{2+} 一方；若要反方向的歧化反应得以进行，则必须使 Hg^{2+} 变为难溶物或难离解的配合物（如 HgO、HgS、$Hg(NH_2)Cl$、$Hg(CN)_2$ 等），从而减低溶液中 Hg^{2+} 的浓度。

汞的 E-pH 图如图 7-16 所示。从中可以看出，在变动的环境条件下，各种无机汞化合物的相对稳定状态。

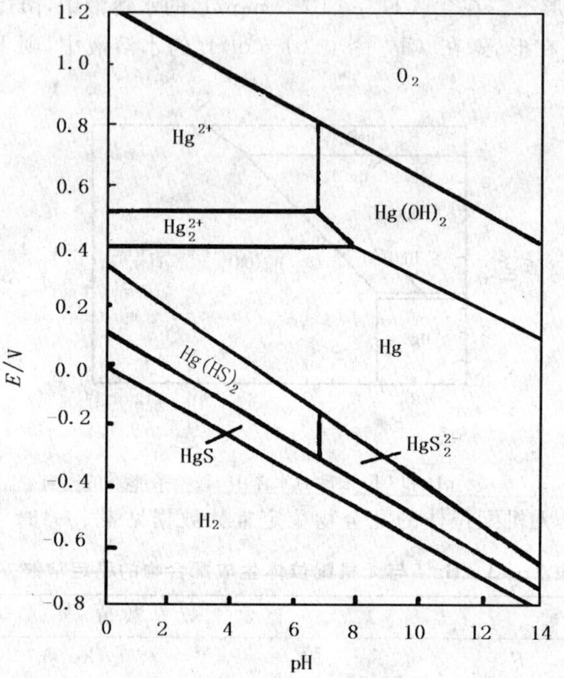

图 7-16 汞的 E-pH 图（25℃、1.013×10^5 Pa、水中含 36 μg/L Cl^- 和 96 μg/L 呈 SO_4^{2-} 的硫）

7.3.1.2 水体中汞污染物的来源

汞在包括水系在内的环境整体中的循环如图 7-17 所示（在图中还未将环境汞污染的各种

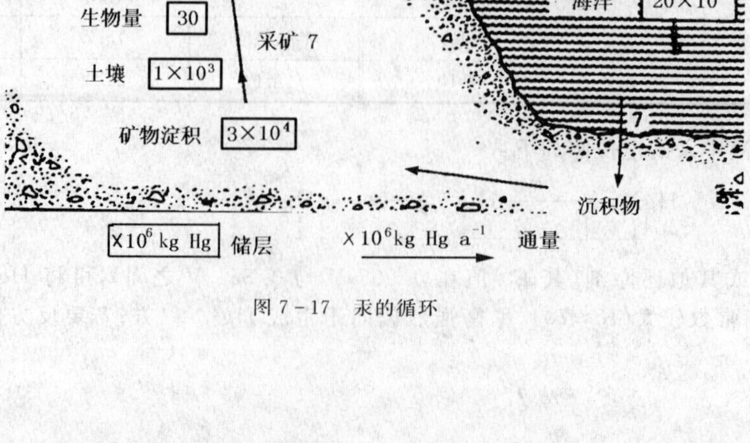

图 7-17 汞的循环

人为因素明白显示出来）。在天然水中的汞浓度约为 0.03 μg/L～2.8 μg/L。水中汞污染物的来源可追溯到含汞矿物的开采、冶炼、各种汞化合物的生产和应用领域，见图 7-18。因此，在冶金、化工、化学制药、仪表制造、电气、木材加工、造纸、油漆颜料、纺织、鞣革、炸药等工业的含汞生产废水都可能是环境水体中汞的污染源。表 7-15 列举了一些工业排水中的含汞量，值得注意的是氯碱工业中由水银电极电解工段中排出的水中含有较高浓度的汞。

表 7-15　某些工业排水中含汞水平

排水	溶解性汞/mg·L⁻¹	悬浮颗粒汞/mg·kg⁻¹①
造纸厂沉降池	0.000 08	10
造纸厂排水	0.002～0.003 4	5.6
肥料制造厂	0.000 26～0.004	32.0
冶炼厂	0.002～0.004	—
氯碱生产厂	0.080～2.0	14.0

① 每 kg 残渣中含汞 mg 数。

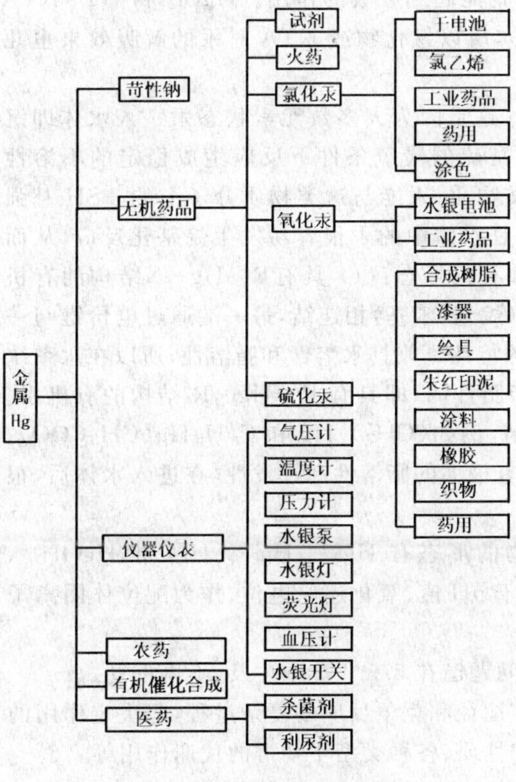

图 7-18　汞及其化合物的应用领域

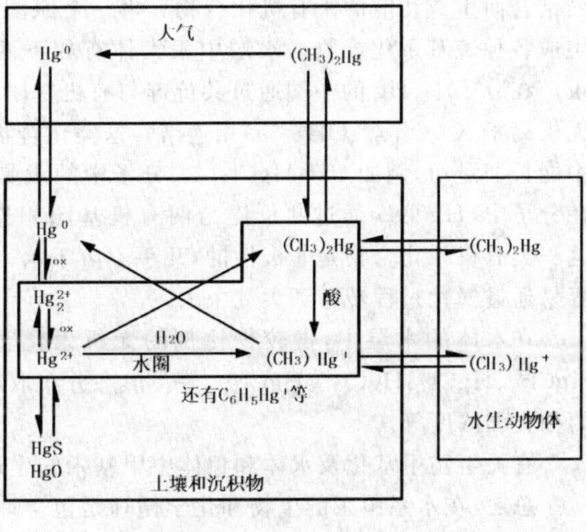

图 7-19　各种化学形态的汞在环境中的存在和迁移

7.3.1.3　汞在水体中的形态

就化学形态而言，汞的各种形态化合物在包括水体在内的各环境要素中的迁移、转化如图 7-19所示。进入天然水体汞的主要形态有 Hg^0、Hg^{2+} 和 $C_6H_5Hg(CH_3COO)$（乙酸苯汞，商品名赛力散，作为杀菌剂使用后散入水中），经过一段时间后，相当部分的汞被富集于底泥和水生生物体内。一般汞在悬浮颗粒物和水体间的分配系数为 1.34×10^5～1.88×10^5，Hg^{2+} 的生物浓集因子约为 5 000，而甲基汞为 4 000～85 000。

不论是淡水或是海水，一旦含汞污染物排入水体，汞就与水中大量存在的悬浮颗粒物牢固地结合，结合程度由 pH、盐度、氧化还原电位及颗粒物上有机配位体性质和数量等因素确定。汞与悬浮颗粒物间的相互作用力的大小介于弱的范德华引力和强共价键力之间。二者结合后，生成相对密度更大的颗粒物而下沉。

进入水体底部的汞，可能进一步被原先淤积在该处的底泥所吸附。其吸附速率主要取决于底泥的物理化学特性，具体的影响因素(依其重要性顺序)是：表面积、有机物含量、阳离子交换容量、粒度大小；影响吸附结合常数的因素是：有机物含量、粒子大小、阳离子交换容量、表面积。对于砂床底质，吸附汞的有效深度不到 1mm，且在好氧或厌氧条件下，对汞的吸附速率无大差异。

在河水底泥中的汞常处于含硫化合物的—S—键位上，但它们的结合是不足化学计量的，这可能是由于：(1) 键合位置的不均衡分配；(2) 汞量不足，不能饱和所有的键位；(3) 在键合位置上的汞通过化学或生物过程解吸。

被底泥所吸附的汞，其解吸速率非常缓慢，甚至在切断污染源之后，也还要经过非常长的一段时期，才能使底泥中的汞重返水中。但在某些过程中，如微生物甲基化以及加入无机或有机的配合剂，可能加速汞的解吸。当向水体中加入氯化钠、氯化钙、氮三乙酸(NTA，是常用洗涤剂组分中的一种表面活性剂，也是一种强的氨羧配合剂)就能起到解吸的作用。$HgCl_2$ 和 Hg - NTA 的配合物稳定常数很接近(分别为 $10^{13.23}$ 和 $10^{14.60}$)，所以氯化物或 NTA 对汞的解吸效果也几乎相等。

在水体的水层中，相当比例的汞呈有机汞形态。这是因为大多数元素状态汞一入水体即沉入水底，并进一步与底泥中的有机颗粒物结合或在富硫的厌氧条件下反应生成稳定的不溶性 HgS(已如上述)。再则，在天然水体中不乏蛋白质类物质，汞能与这类物质分子上的—SH 基强烈结合而生成相应的汞有机化合物。再一个原因就是水体中的汞很容易发生烷基化反应，从而生成各种烷基汞化合物。水层中汞大体有如下两种有机形态：(1) 具有R—Hg—X结构的有机汞。在分子中，Hg 的一端通过共价键与有机基团 R(烷基、苯基)相连结，另一端通过电价键与一无机离子 X^-(卤素、OH^- 等)相连结。这类化合物的特性是兼具水溶性和脂溶性，所以在水系统中能长期滞留，例如 CH_3HgCl；(2) 分子中的汞是亲脂性的，即具有 R—Hg—R′结构的有机汞。在分子中，Hg 两端通过共价键与两有机基团相连结，例如$(CH_3)_2Hg$ 和 $C_6H_5Hg(CH_3COO)$。这一类有机汞化合物是非极性的，几乎不溶于水，但有极大的脂溶性和挥发性，在进入水体后，很容易通过气化过程转移到大气中去。

在水体的水层中，占较少比例的无机汞化合物的形态有 Hg^{2+}、Hg_2^{2+}、Hg^0 和 $HgOH^+$、$HgCl^+$、$HgCl_2^0$、$HgCl_3^-$、$HgCl_4^{2-}$ 等。形态分布取决于 pH 值、氧化还原电位、作为配位体阴离子的种类和浓度等。

有关生物甲基化及水体和鱼体中甲基汞的生成问题已在 5.5.4.2 中述及，不再重复。

总之，在水系中汞的生物和化学循环是包含许多途径和竞争反应的复杂过程，起决定作用的因素有水系的物理化学组成、水系中汞的化学形态和性质、各种类型生物群的代谢作用等。

7.3.1.4 汞及其化合物的毒性

汞的毒性因其化学形态的不同而有很大差别。经口摄入体内的元素汞基本上是无毒的，但通过呼吸道摄入的气态汞是高毒的；单价汞的盐类溶解度很小，基本上也是无毒的，但人体组织和血红细胞能将单价汞氧化为具有高度毒性的二价汞；有机汞化合物是高毒性的，例如 20 世纪 50 年代和 60 年代在日本的水俣市和新潟市分别出现的水俣病即是由甲基汞中毒引起的神经性疾病。这种疾病是由于工厂(如乙醛生产工厂)废液中甲基汞排入水系，又通过食物链浓集于鱼体内，最后被人经口摄取所致。水俣病在日本曾引起近千人死亡。因甲基汞致人死命的事件还曾在伊拉克、巴基斯坦等国发生过。

汞及其化合物的毒性主要出自于它们对含硫化合物的高度亲和能力，因此在进入生物体后，就会破坏酶和其他蛋白质的功能并影响其重新合成，由此引起各种有害后果(见表7-16)。甲基汞的毒性表现还有其特异之处，进入人体度过急性期后，可有几周到数月的潜伏期，然后显示脑和神经系统的中毒症状，而且难以痊愈。此外，甲基汞还能通过母体影响胎儿的神经系统，使出生婴儿有智能发育障碍、运动机能受损、流涎等脑性小儿麻痹样症状。

例7 在一个密闭的(20℃，1.013×10^5 Pa)化学实验室中，倾翻了盛汞容器。求达到平衡时，空气中汞的浓度是多少？(1)以[10^{-6}(体积分数)]为计值单位；(2)以 mg/m^3 为计值单位(汞原子量为 200.5)。

解 (1)已知汞在 20℃下的蒸气压为 0.160Pa(表 7-11)，则平衡浓度

$$c=\frac{p_i}{P}=\frac{0.160}{1.013\times10^5}\times10^6=1.58[\times10^{-6}(\text{体积分数})]$$

(2)应用理想气体方程并代入已知值，求得平衡浓度

$$c=\frac{n_i}{V}=\frac{p_i}{RT}=\frac{0.160}{8.314\times293}=6.57\times10^{-5}\,\text{mol/m}^3$$

或 $6.57\times10^{-5}\times200.5\times10^3=13.2\text{mg/m}^3$

表 7-16 汞化合物中毒症状

	无机汞		低级烷基汞
	金属汞	无机离子型汞	
急性中毒	糜烂性支气管炎 肺炎	消化道溃疡 循环性休克 局部肾炎	知觉异常 视野狭窄 运动失调 重听 语言障碍 步行障碍 战颤 痉挛 腱反射异常 流涎 发汗 轻度精神障碍
慢性中毒	食欲不振，体重减轻 乏力症 记忆力减退，丧失自信，不眠症 战颤 过敏症 精神障碍		

7.3.1.5 含汞废水治理方法

对含汞废水可能有很多种可供选择的处理方法。这些方法的有效性和经济性取决于汞在废水中的化学形态、初浓度、其他存在组分的性质和含量、处理深度等因素。常用的处理方法有沉淀法、离子交换法、吸附法、混凝法以及将离子态汞还原为元素态后再过滤的方法。其中离子交换法、铁盐或铝盐混凝法和活性炭吸附法都可使废水中含汞量降到小于 0.01 mg/L 水平；硫化沉淀法配以混凝法可使废水含汞量达到 0.01mg/L～0.02 mg/L 水平；还原法一般只用于排污量较小的废水处理，最终流出液中含汞量可达到相当低的水平。

1) 沉淀法

沉淀法中以加入硫化物生成 HgS 沉淀为最常用的方法，这种方法还常与重力沉降、过滤或空气浮上等分离法联用。后续操作只能加速相分离，不能提高除汞效率。在碱性 pH 条件下，对原始含汞浓度相当高的废水，用硫化物沉淀法可获得大于99.9%的去除率。但流出液中最低含汞量不能降到 10 μg/L～20 μg/L 以下。为减少药剂用量，可在接近中性条件下进行沉淀，仍具有较好的效果；也有人提出最佳 pH 值为 8.5。

本方法的缺点是：(1)硫化物用量较难控制，过量的 S^{2-} 能与 Hg^{2+} 生成可溶性配合物；(2)硫化物残渣仍有很大毒性，较难处置。

2）离子交换法

本方法通常是在废水中通入氯气，使元素态 Hg 氧化为离子态。此后加入氯化物，使汞进一步转化为配阴离子状态，再用阴离子交换树脂除去之。由于氯碱制造工业废水中含相当高浓度的 Cl^-，就很适宜用这种方法去除汞污染物。如果废水中含 Cl^- 量不高，则应用阳离子交换树脂也是可行的。还有一些带有—SH 基团的聚巯基苯乙烯类树脂对从废水中除去汞离子有特别强的专一性。

不论采用阳离子交换树脂还是阴离子交换树脂，交换后流出液中无机汞的含量不大可能再低于 1 μg/L～5 μg/L。一般在中性或微酸性介质条件下，采取二级交换可望得到最佳结果。

至于对废水中有机汞污染物的处理，只有乙酸甲基汞的离子交换研究工作进行得较多。所使用的树脂有 Dowex A－1 螯合型树脂、国产大孔巯基树脂等。

3）混凝法

本方法可适用于从废水中除去无机汞，有时还能去除有机汞。常用的混凝剂有明矾、铁盐和石灰等。某些中间试验工厂的研究结果表明，铁盐对去除废水中所含的无机汞有较好效果；对于甲基汞来说，铝盐和铁盐都不显效。混凝剂最大剂量为 100mg/L～150 mg/L，继续提高剂量时，无助于除汞效率的提高。

4）吸附法

最常用吸附剂是活性炭。其有效性取决于废水中汞的初始形态和浓度、吸附剂用量、处理时间等。增大用量和增长时间有利于提高对有机汞和无机汞的去除效率。一般有机汞的去除率优于无机汞。某些浓度颇高的含汞废水经活性炭吸附处理后，去除率可达 85％～99％，但对含汞浓度较低的废水，虽则处理后流出液中含汞水平已相当低，但去除百分数却很小。

除了以活性炭作吸附剂外，近来还常用一些具有强螯合能力的天然高分子化合物来吸附处理含汞废水，如用腐殖酸含量高的风化烟煤和造纸废液制成的吸附剂；又如用甲壳素（是甲壳类动物外壳中提取加工得到的聚氨基葡萄糖），经再加工制得的名为 Chitosan 的高分子化合物，也可作为含汞废水处理的吸附剂。

5）还原法

呈离子状态的无机汞化合物可通过还原的方法，将其转为金属汞形态，然后再用过滤或其他固液分离的方法予以分去。可采用的还原剂有 Al、Zn、$SnCl_2$、$NaBH_4$、N_2H_4 等。本方法的主要优点是最终可将汞予以回收，但当废水含汞初浓度小于 100 μg/L 时，就不能有效地使用本法。

7.3.1.6　水样中汞的分析方法①

在一般正常的天然水样中，含汞浓度都很低，经常涉及到痕量分析所必要的一些特殊要求。例如对采样容器的要求、对样品保存及样品前处理的要求等。

对水样中汞的标准分析法有冷原子吸收分光光度法、双硫腙光度法等。有条件的实验室还可采用非分散原子荧光法、活化分析法等。此外，对有机汞进行分析的有气相色谱法等。

1）冷原子吸收分光光度法

本方法灵敏度高，是目前最常用的汞分析方法。用强氧化剂在加热条件下预处理水样，使其中所含汞全部转化为二价汞，然后采用还原气化法使汞原子化，即以氯化亚锡作还原剂，通过下列反应使 Hg^{2+} 转化为 Hg^0：

$$2Hg^{2+} + Sn^{2+} \longrightarrow Hg_2^{2+} + Sn^{4+}$$

① 对土壤或沉积物，经采样、样品预处理转为水样后再作分析。

$$Hg_2^{2+} + Sn^{2+} \longrightarrow 2Hg^0 + Sn^{4+}$$

反应完成后，用氮气通入反应器，将原子状态汞从中引出并导致测汞仪中，在 253.7 nm 波长处进行测定。本方法的检出限为 1×10^{-4} mg/L。

2）双硫腙光度法

双硫腙与 Hg^{2+} 能形成橙色螯合物，经萃取进入有机相后，再作分光光度测定。即水样用双硫腙-氯仿萃取后以碱溶液反复多次洗涤有机相，除去其中未反应而过剩的双硫腙。经洗涤后的有机相以 $CHCl_3$ 为空白，于 485 nm 处测定吸光度。这种方法的灵敏度比冷原子吸收分光光度法差。

3）烷基汞化合物的分析测定（气相色谱法）

水样用 HCl 调到 2 mol/L 酸度后，以苯作溶剂进行萃取，然后用 1% 半胱氨酸反萃取，再用苯萃取一次。在气相色谱仪中，用丁二酸二甘醇浸渍已经硅烷化处理过的Chromosorb W担体，并用它装填色谱柱；以氮气或氦气为载气，电子俘获检测器进行定量测定。根据所得谱图上的峰的面积或峰高，对照以氯化甲基汞或氯化乙基汞水溶液制作的标准曲线，求得水样中有机汞的含量。类似的方法对有机汞中毒者头发样品的定量测定也很有效。本方法的检出限为 0.5 μg/L。

7.3.2 镉(Cd)

7.3.2.1 镉及其化合物的基本性质

镉的元素丰度在地壳中占第 64 位（0.2 mg/kg），在海洋中居第 22 位（11 μg/L）。地球上的镉属于分散元素，其在各圈层中的储量及在各圈层间迁移通量都较小。

镉是银白色有光泽的金属，质地柔软，抗腐蚀、耐磨，稍经加热即易挥发，其蒸气可与空气中氧结合，生成氧化镉。一旦形成氧化镉保护层，其内层就不再被氧化。

镉在周期表中与锌、汞共处第Ⅱ副族，具有 $4d^{10}5s^2$ 电子层结构，氧化数为 +2 和 +1，通常以 Cd^{2+} 为稳定。Cd^+ 有 CdCl、CdOH 等少数几种化合物。

金属镉易溶于稀硝酸，在热盐酸中渐渐溶解，在稀或冷的硫酸中不溶解，但溶于浓热硫酸。镉不如锌那样因显两性而能溶于碱水溶液，但可溶于 NH_4NO_3 溶液。

难溶镉化合物的溶解度数据如表 7-17 所示。挥发性化合物有 $Cd(CH_3)_2$ 等。

表 7-17 难溶镉化合物的溶解度

化合物	溶解度/g·$(100gH_2O)^{-1}$	温度/℃	溶度积(K_{sp})	温度/℃
$CdCO_3$			3.5×10^{-12}	25
$CdC_2O_4\cdot3H_2O$	2.0×10^{-3}	18	1.53×10^{-8}	18
$Cd(IO_3)_2$			2.3×10^{-8}	25
$Cd(OH)_2$	2.6×10^{-4}	25	6.5×10^{-14}	25
CdS	8.6×10^{-14}	18	3.6×10^{-29}	18

在没有任何阴离子配位体（如 PO_4^{3-}、S^{2-}）存在下，当 pH≤8 时，水体中 Cd 仍全部呈 +2 价离子态；在 pH=9 时开始水解，形成 $Cd(OH)^+$；在一般环境水体的 pH 范围内，不存在多羟基配位的镉水解产物。

镉及其化合物的化学性质近于锌而异于汞，与邻近的过渡金属元素相比，Cd^{2+} 属于较软的酸，在水溶液中与 CN^-、Cl^- 等能生成配离子。在 pH=8.5 及不同[Cl^-]浓度下，镉在水溶液中所呈的化学形态如图 7-20 所示。镉还易与许多含软配位原子（S、Se、N）的有机化合物组成中等稳定的配合物，特别能与含—SH 基的氨基酸类配位体强烈螯合。因此，镉类化合物具有较大脂溶性、生物富集性和毒性，并能在动植物和水生生物体内蓄积。

7.3.2.2 水体中镉污染物的来源

镉在包括水系在内的环境整体中的循环如图 7-21 所示（在图中还未将引起环境镉污染的各种人为因素明白显示出来）。

未污染河水和污染河水的镉浓度分别小于 0.001 mg/L 和在 0.002 mg/L～0.2 mg/L 范围，海水中镉浓度平均约 0.11 μg/L，海洋沉积物中一般为 0.12 mg/kg～0.98 mg/kg，而锰结核中为 5.1 mg/kg～8.4 mg/kg。

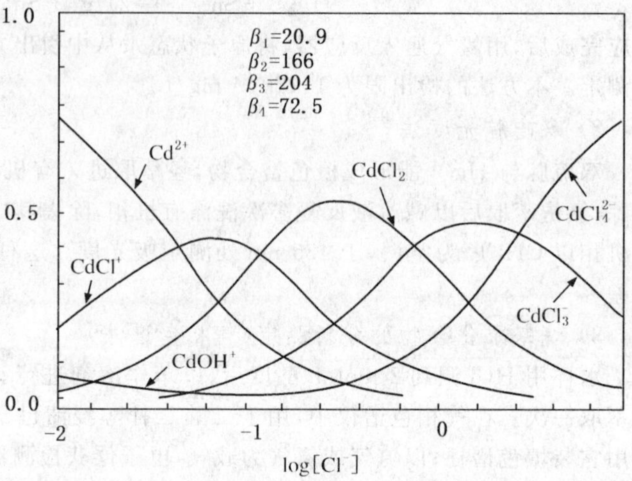

图 7-20 Cd^{2+}与Cl^-生成各级配合物在水中形态分布(pH=8.5)

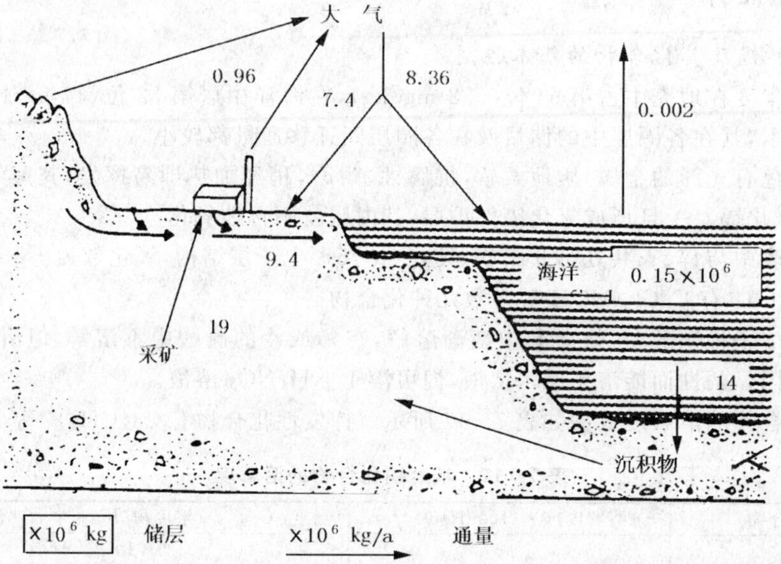

图 7-21 镉的循环

水体中镉污染物来源可追溯到含镉矿物开采冶炼、各种镉化合物的生产和应用领域。

镉及其各种化合物应用广泛，归纳起来大致有以下几个方面：(1) 电镀工业；(2) 颜料工业；(3) 作塑料稳定剂；(4) 电池和电子器件；(5) 合金。如图 7-22 所示各应用领域都可能存在着镉污染源。

早先在日本发生的骨痛病源于矿山含镉废水对水体的污染。20 世纪 20 年代起，在日本北部富山县镉锌矿采掘过程中，产生浮选废渣，内含 1.5%锌，其中约 1/200 是微粒状镉，通过河川水从山区运载到下游平地，流动缓慢发生沉积而污染水田。早期污染使田中水稻不能结实，游入水田中的幼鲤鱼入泥而死；后来水体中的镉通过稻米进入人体，引起历年累计死亡 100 多人的重大公害事件。

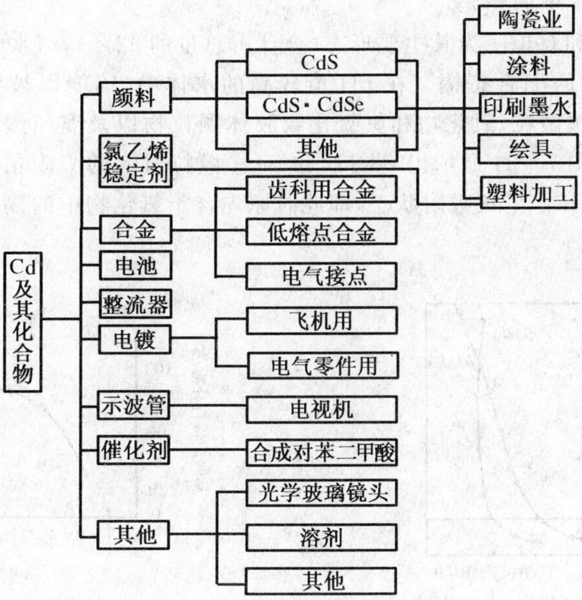

图 7-22 镉及其化合物的应用领域

锌、镉金属冶炼中的排出废水是另一重大水体污染源，废水中主要含有 $CdSO_4$。镉冶炼及废物产生过程如图 7-23 所示。在该过程中以干法炼锌工程的中间产物烟灰作原料，经硫酸溶解后除去料液中铁、铅、锌、铜等，随后用锌板或锌粉将镉置换析出，析出的海绵状镉再溶解并进一步净化后，作电解精炼。从水洗工段排出废水中的镉来源于沾在电解极板上的电解液以及管路、法兰、泵中泄漏出来的料液等。

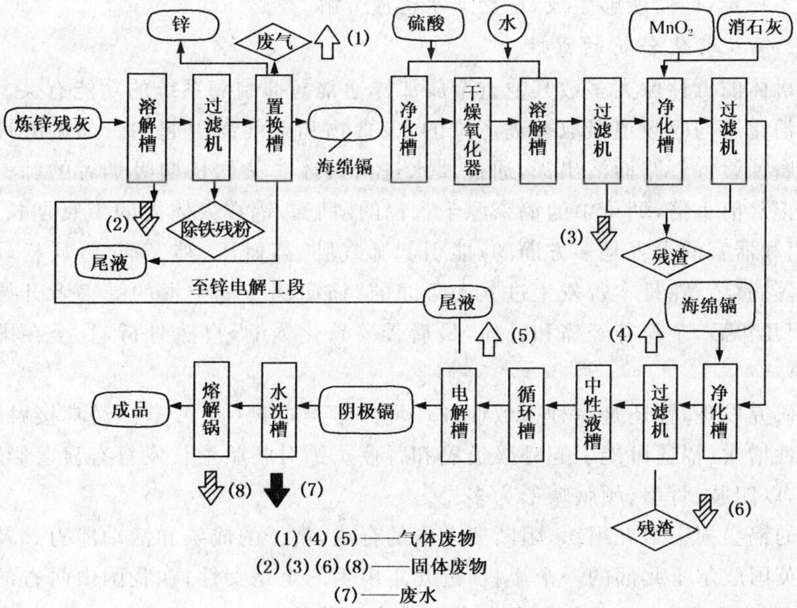

图 7-23 镉的冶炼和三废发生过程

7.3.2.3 镉在水体中的形态

海水中镉以 $CdCl^{+}$ 和 $CdCl_2$ 为其主要形态(合计占总量的92%),河水中的主要形态为 Cd^{2+} 和 $CdCO_3$ 及稳定性很小的配合态镉。在 pH 值较高的水体中,镉能以被颗粒物吸附的形态存在。例如水体中所含土壤微粒、氧化物和氢氧化物胶体颗粒物以及腐殖酸等都对水体中的镉化合物有强烈吸附作用。图 7-24 显示出 Al_2O_3 和 SiO_2 微粒对镉的吸附情况,由图可以看出,当水体 pH 值降到一定范围时,呈负吸附状态,即此时原先含于氧化物中的镉被解吸而重新溶解。

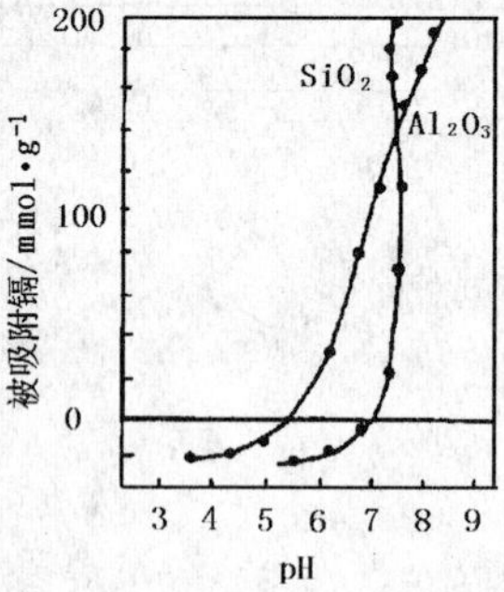

图 7-24 水体中 Al_2O_3 和 SiO_2 对镉的吸附

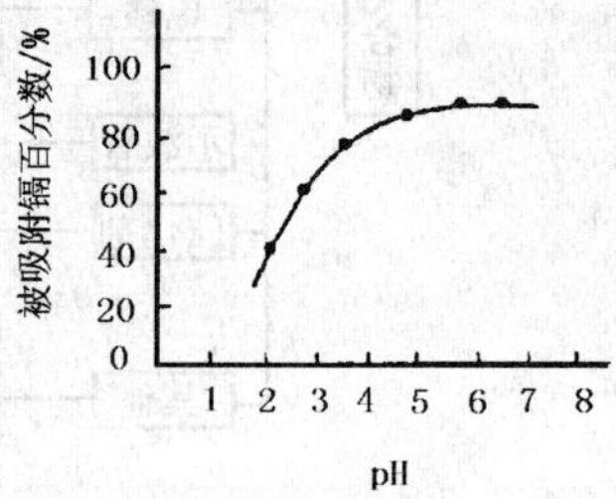

图 7-25 水体中腐殖酸对 Cd^{2+} 的吸附

水体中有机腐殖质对镉的吸附作用随 pH 增大而加强,见图 7-25。腐殖酸对镉的吸附能力与含羧基的合成吸附剂的吸附能力相近。

镉在水体中状态分布也受水环境氧化还原电位影响,随水体氧化性增强,吸附在沉积物表面的镉化物会逐渐解吸而释放到水体中;相反,水体还原性提高,将有利于沉积物对镉的吸附。

与汞的情况相异,在水体(包括底泥)、水生生物中未发现烷基镉存在,被认为这类化合物在环境条件下极不稳定,即使能够生成,也会遇水迅速分解。

7.3.2.4 镉及其化合物的毒性

镉对生物机体的毒性像大多数其他重金属那样通常与抑制酶系统的功能有关。人体的镉中毒主要是通过消化道与呼吸道摄取被镉污染的水、食物和空气而引起的。如偏酸性或溶解氧值偏高的供水易腐蚀镀锌管路而溶出镉,通过饮水进入人体。又如长期吸烟者的肺、肾、肝等器官中含镉量超出正常值1倍,烟草中的镉来源于含镉的磷肥。镉在人体内的半衰期长达10年～30年,对人体组织和器官的毒害是多方面的,能引起肺气肿、高血压、神经痛、骨质松软、骨折、肾炎和内分泌失调等病症。在日本曾发生过骇人听闻的"痛痛病",镉中毒的受害者开始是腰、手、脚关节疼痛,延续几年后,全身神经痛和骨痛,最后骨骼软化萎缩,自然骨折,直至在虚弱疼痛中死亡。

大量调查研究发现,镉还是一种三致性和环境激素类毒物(见9.8)。经常接触镉的人,患前列腺癌的可能性增大,镉还可能引起呼吸道癌和肾癌。镉对胚胎生长发育有显著影响,由此引发的畸变有多种,以四肢、骨骼、颅脑畸形为多见。

进入人体的镉会损害睾丸组织,阻断睾丸酮的合成,精子的成熟和活动能力并及生育率都会受到影响。在英国威尔士北部的一个小村,近几年出生的全是女性;在我国山西省的一个偏僻村庄,十多年来无一家生男,而且成年妇女个个患头疼和骨痛的怪病。调查下来,在这类"女儿村"内饮水中的镉含量都偏高。此外,有关研究人员曾以猪和白鼠作为试验对象,在饲料中加入一定量的镉,结果在繁殖的动物中,雌性明显多于雄性。

例 8　有一名受镉中毒的"骨疼病"病人，得病时体内含镉 5 000mg/kg，经 2.6 年死亡时含镉 4 350mg/kg，若镉在人体内代谢以一级反应方式进行，求镉在人体中的生物半衰期。

解　按半衰期定义，有

$$4\,350=5\,000\times(0.5)^{(2.6/t_{1/2})}$$

解得　$t_{1/2}=13$ 年。

7.3.2.5　含镉废水治理方法

含镉废水治理方法很多，但迄今为止，国内外对此还没有较完善的方法，除沿用老方法外，大多处于研究和探索阶段。最常用的治理方法是沉淀法（硫化物、氢氧化物）和吸附法。应用电解和蒸发等方法处理含镉浓度较大废水，能使镉得以回收。

1）化学沉淀法

在碱性条件下，能形成高度稳定的不溶性氢氧化镉。有效的沉淀 pH 值范围为 9.5～12.5。当 pH=8 时，刚经沉淀的新鲜残留液中$[Cd^{2+}]$约 1 mg/L；但在 pH=10 时，可降至 0.1 mg/L 左右；pH >11 时可达 0.000 75 mg/L。残液经沙滤后，出水中镉浓度还可进一步降低。如废水中含 Fe^{2+} 或 Al^{3+}，则在 pH=8.5 时，使镉与 $Fe(OH)_2$ 或 $Al(OH)_3$ 发生共沉淀，除镉效果更好。

用石灰处理含镉废水效果较差，且需要很高的 pH 条件。为此可采用石灰和 Na_2S 分步二级沉淀的方法，例如对原 pH=2.6 的酸性废水，可用石灰中和到 pH=5.0～6.5，再用 Na_2S 将 Cd 和其他金属以硫化物形态沉淀下来。经过这样过程的处理，水中含镉量可从 440 mg/L～1 000 mg/L降至 0.008 mg/L。

2）吸附法

活性炭吸附具有吸附力强、比表面积大、去除效率高的特点，但价格昂贵，所以一般选用草灰、风化煤、磺化煤等代用品，据国内某些单位使用结果表明，均有很高的处理效率。据资料报道，对于含铅、镉、锌等离子的浓度各为 20 mg/L、且 pH=5.3～5.4 的废水，当草灰投加量为 5 g/L时，其去除效率为：铅离子 99%、镉离子 98%、锌离子 96%。当草灰投加量为1 g/L、pH 为 7.2 时，镉离子去除率为 93%。

例 9　对某一酸性含镉废水，(1) 当用碱性药剂将其调节到 pH=11 时，即产生 $Cd(OH)_2$ 沉淀，求此时水中残留 Cd^{2+} 浓度为多少？(2) 假如含镉废水的排放标准为 0.1mg/L，求水处理时相应 pH 控制值为多少？已知 $Cd(OH)_2$ 的 $K_{sp}=4.0\times10^{-14}$，$M_{Cd}=112.4$

解　由 $K_{sp}=[Cd^{2+}][OH^-]^2$ 表达式，可得

$$\lg[Cd^{2+}]=\lg K_{sp}-2\lg K_w-2pH$$

(1) 将 pH=11，$K_w=10^{-14}$ 和 K_{sp} 值代入上式，得

$$\lg[Cd^{2+}]=\lg(4.0\times10^{-14})-2\times(-14)-2\times11$$
$$=-7.4$$

$$[Cd^{2+}]=10^{-7.4}\,mol/L，或\ 4.5\times10^{-3}\,mg/L$$

(2) 排放标准 0.1mg/L 相当于 8.9×10^{-7}mol/L，将此和有关已知值代入上式，得

$$2pH=\lg K_{sp}-2\lg K_w-\lg[Cd^{2+}]$$
$$=\lg(4.0\times10^{-14})-2\times(-14)-\lg(8.9\times10^{-7})$$
$$=20.65$$
$$pH=10.33$$

7.3.2.6 水样中镉的分析方法①

含镉水样的各种分析方法及它们的检出限列于表 7-18 之中。其中最常用的是作为标准法的原子吸收分光光度法和双硫腙分光光度法。后者对技术要求较高,且分析时间长。为了提高原子吸收分光光度法的灵敏度,一般也需先用萃取法将试样预作浓集处理。

表 7-18 水样中镉的分析方法

方 法	检出限/mg·L⁻¹	方 法	检出限/mg·L⁻¹
双硫腙分光光度法	0.001	光谱法	0.005
原子吸收分光光度法	0.001	配合物形成色层法	0.000 2
阳极溶出伏安法	0.003	荧光法	0.02
配合物剩余量滴定法	0.01		

1) 原子吸收分光光度法

水样中被测 Cd^{2+} 与吡咯烷基二硫代氨基甲酸氨(APDC)螯合后,萃取转入甲基异丁基酮(MIBK),然后吸入空气-乙炔火焰中,在 228.8 nm 波长处测定吸光度定量镉。方法适用于分析地下水和清洁地表水。对于工业废水等含镉浓度较大的水样,可用直接吸入法。

2) 双硫腙分光光度法

Cd^{2+} 与双硫腙在碱性溶液中生成红色螯合物,用氯仿萃取后,在 518 nm 波长处测定吸光度定量镉。

7.3.3 铅(Pb)

7.3.3.1 铅及其化合物的基本性质

铅在地球上属分散元素,它的元素丰度在地壳中占第 35 位(13 mg/kg),在海洋中居第 46 位(0.03 μg/L)。

铅是淡黄带灰的柔软金属,切削面有金属光泽,但在空气中很快生成黯灰色氧化膜。铅是除金和汞之外常见金属中最重的金属,它容易机械加工,熔点低、密度高,又能抗腐蚀,这些优良性质使它获得了广泛的应用。

铅在活泼性顺序中位于氢之上,能缓慢溶解在非氧化性稀酸中,也易溶于稀 HNO_3 中,加热时溶于 HCl 和 H_2SO_4;有氧存在的条件下,还能溶于醋酸,所以常用醋酸浸取处理含铅矿石。

易溶于水的铅盐有硝酸铅、醋酸铅等。但大多数铅化合物难溶于水,如硫化物、氢氧化物、磷酸盐、硫酸盐等皆为难溶铅盐,它们的溶解度数据如表 7-19 所示。作为汽车排气的一种重要成分,$Pb_xCl_yBr_z$ 在水中有较大溶解度,表 7-20 所示的溶解度数据可根据热力学关系式通过计算求得。溶解度数据是一个十分重要的环境参数,它关系到空气中含铅化合物的湿降、土壤中含铅化合物的溶解迁移等环境过程,也关系到沉积在人体肺内铅化合物的生理特性等。

表 7-19 难溶铅化合物的溶解度

化合物	溶解度 g·(100gH₂O)⁻¹	温 度/℃	溶度积(K_{sp})	温 度/℃
$PbCO_3$	4.8×10^{-6}	18	3.3×10^{-14}	18
$PbCrO_4$	4.3×10^{-6}	18	1.8×10^{-14}	18
$Pb(OH)_2$			2.8×10^{-16}	25
$Pb_3(PO_4)_2$	1.3×10^{-5}	20	1.5×10^{-32}	18
PbS	4.9×10^{-12}	18	3.4×10^{-26}	18
$PbSO_4$	4.5×10^{-3}	18	1.1×10^{-8}	18

① 对土壤或沉积物,经采样、样品预处理转为水样后再作分析。

表 7-20 $Pb_xCl_yBr_z$ 在水中的溶解度

温度(℃)	化合物	溶解度/g·L^{-1}	溶解度/mol·L^{-1}
40	$PbCl_2$	14.5	5.21×10^{-2}
	$PbBr_2$	15.3	4.17×10^{-2}
	PbBrCl	9.55	2.96×10^{-2}
20	$PbCl_2$	9.9	3.56×10^{-2}
	$PbBr_2$	8.5	2.31×10^{-2}
	PbBrCl	6.64	2.06×10^{-2}
0	$PbCl_2$	6.73	2.42×10^{-3}
	$PbBr_2$	4.55	1.24×10^{-3}
	PbBrCl	4.38	1.36×10^{-3}

铅在周期表中位于第Ⅳ族。原子外层轨道有四个价电子,其中两个是 s 电子,另两个是 p 电子。所有四个价电子很难从原子中完全失去,而常与电负性较大元素的原子共用电子,形成共价键。在许多铅的化合物中,两个 s 价电子不参加成键,而是作为稳定的电子对与原子实相结合着,此时铅表现出+2 氧化态。由于四价铅具有高氧化性,所以也可以说+2 氧化态是它的特征氧化态,二价化合物比四价更稳定。此外铅还可能有+1 和+3 氧化数。在简单化合物中,只有少数几种+4 价化合物(如 PbO_2)是稳定的。

含铅的盐类多能水解。铅的氢氧化物有两性,既能形成含有 PbO_3^{2-} 和 PbO_2^{2-} 的盐,又能形成含有 M^{4+} 和 M^{2+} 的盐。这两种形式的盐都能水解。由于 H_2PbO_3 和 H_2PbO_2 都是弱酸,碱金属铅酸盐在水溶液中呈强碱性,而亚铅酸盐在水溶液中更能发生强烈水解作用。$PbCl_4$ 之类的四价铅盐在水溶液中也强烈水解而产生 PbO_2。

水溶液中,铅与配位体反应时,显示出介于硬酸和软酸之间的性质。铅与一些无机配位体生成配合物的稳定常数如表 7-21 所示。由表列数据可见,Pb^{2+} 与 OH^- 配位体生成 $Pb(OH)^+$ 的能力比与 Cl^- 配位体配合的能力大得多,甚至在 pH=8.1~8.2,$[Cl^-]$=20000 mg/L 的海水中,$Pb(OH)^+$ 的形态还能占据优势;在 pH>6 时,$Pb_3(PO_4)_2$ 和 $PbSO_4$ 等难溶盐也会发生水解生成可溶性 $Pb(OH)^+$;pH<10.0 的条件下,不会形成 $Pb(OH)_2$ 沉淀。

表 7-21 铅无机配合物的稳定常数

配位体	$\log\beta_1$	$\log\beta_2$	$\log\beta_3$	$\log\beta_4$
Cl^-	1.6	1.78	1.68	1.38
SO_4^{2-}	2.7	3.47	—	—
OH^-	6.2	10.9	13.9	16.3
HCO_3^-	2.9	—	—	—
CO_3^{2-}	7.5	—	—	—

铅还能与含硫、氮、氧原子的有机配位体生成中等强度螯合物。

铅的氧化还原电位图如下:

$$E_A^{\ominus}/V \quad PbO_2 \xrightarrow{1.46} Pb^{2+} \xrightarrow{-0.1263} Pb \quad (PbO_2 \xrightarrow{1.685} PbSO_4 \xrightarrow{-0.3588} Pb)$$

$$E_B^{\ominus}/V \quad PbO_2 \xrightarrow{0.28} PbO \xrightarrow{-0.576} Pb$$

Pb(Ⅳ)有较强氧化性,如 PbO_2 在酸性介质中可以将 Cl^- 氧化为单质氯,还可以将 Mn^{2+} 氧化成紫红色的 MnO_4^-。

与同族元素碳、硅相比,铅的金属性强,共价性显著降低,在许多碳、硅化合物中,相同原子能连结成键,铅则不能。所以含铅有机化合物的数量不多,且有机铅化合物的稳定性也较差,如烷基铅加热时就能分解,这就证明了C—Pb间的键力很弱。各种铅有机化合物的稳定程度由分子中有机基团性质和数目决定,一般芳基铅化合物比烷基铅化合物稳定,且随有机基团数增多,稳定性提高。

烷基铅是一类重要的有机铅化合物。四甲基铅在常温下是密度为1.995 2(20℃)的无色、带芳香的油状液体,沸点110℃,可溶于苯、醇、醚而不溶于水。四乙基铅$(C_2H_5)_4Pb$在常温下是密度为1.660 0(18℃)的无色、带特殊臭气的油状液体,沸点199℃,可溶于苯、醚、微溶于乙醇而不溶于水。这两种化合物还能以任何比例与汽油互溶。在含铅汽油中,这类烷基铅被用作抗震剂,使汽车排气成为当今城市空气中铅的最大污染源。

某些Pb^{2+}化合物(如乙酸铅)在厌氧条件下能生物甲基化而生成$(CH_3)_4Pb$,反应条件为:(1) Pb^{2+}浓度控制在1 μg/mL～10 μg/mL;(2) 含S^{2-}浓度不能太高以免生成PbS;(3) 培养液使用期不超过6～7周。在上述条件下,反应速率约2.5 μg/d,且实验室内进行的生物甲基化试验有很好的重现性。将含铅的水底沉积物在恒温箱中保存一段时间之后,也会产生$(CH_3)_4Pb$。

$(CH_3)_2PbX_2$能在环境条件下发生不可逆歧化反应,

$$2(CH_3)_2PbX_2 \longrightarrow (CH_3)_3PbX + PbX_2 + CH_3X$$

X的种类和反应物浓度不影响反应的化学计量性;反应是一级的,随反应物浓度增大,反应速率加快;X的种类对反应速率的影响按下列次序递增:

$$Ac^- < ClO_4^- < NO_3^- < Cl^- < NO_2^- < Br^- < SCN^- < I^-$$

$(CH_3)_3PbX$也能发生歧化反应:

$$3(CH_3)_3PbX \longrightarrow 2(CH_3)_4Pb + PbX_2 + CH_3X$$

歧化反应进行很慢,X的种类对反应速率的影响也较小。

7.3.3.2 水体中铅污染物的来源

铅在包括水系在内的环境整体中的循环如图7-26所示(在图中还未将引起环境铅污染的各种人为因素明白显示出来)。

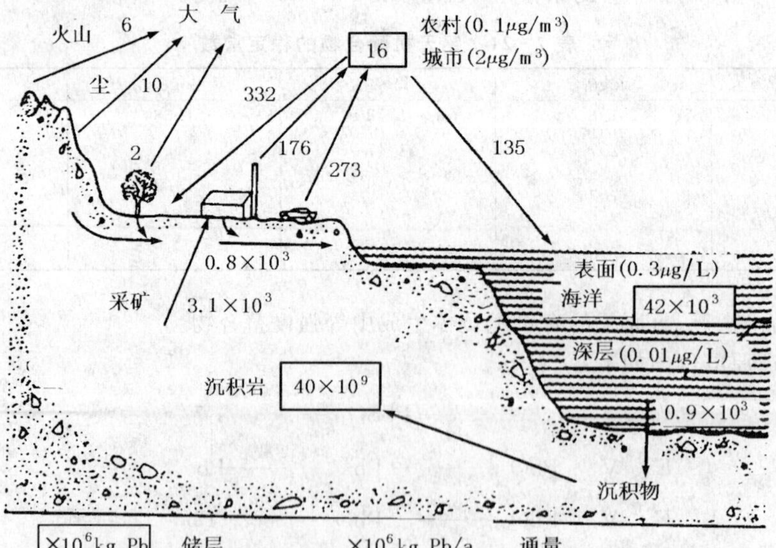

图7-26 铅的循环

未污染海水中的铅浓度约 0.03 μg/L。海滨地区或表层海水中的浓度可能是此值的 10 倍，被认为是大气中所含较多量的铅降落海面所致。图 7－27 所示为不同深度海水中含铅浓度的分布示意图。

未污染淡水中含铅量比海水中高得多，有人提出河水中含铅浓度的代表值为 3 μg/L。甚至，在北极地区的冰层中也发现了铅的踪迹，并且其浓度在近代有急剧增长的趋势，见图 7－28①。这些情况表明：随着近代世界范围工业的发展，进入大气中的粒子状态的铅量迅速增多，由于滞留时间长，这些粒子状态的铅能参与全球性分配，并导致水体中铅浓度的逐年增长。近期，表面冰层中含铅浓度有所下降，据认为该现象与当前世界各国相继推广使用无铅汽油有关。

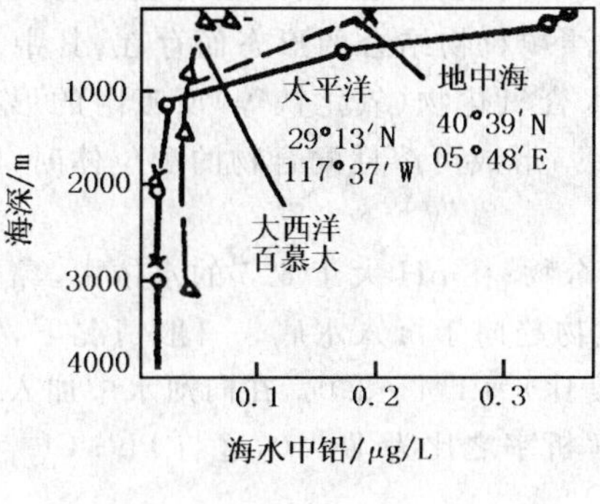

图 7－27 铅在海洋中浓度的垂直分布(示例)

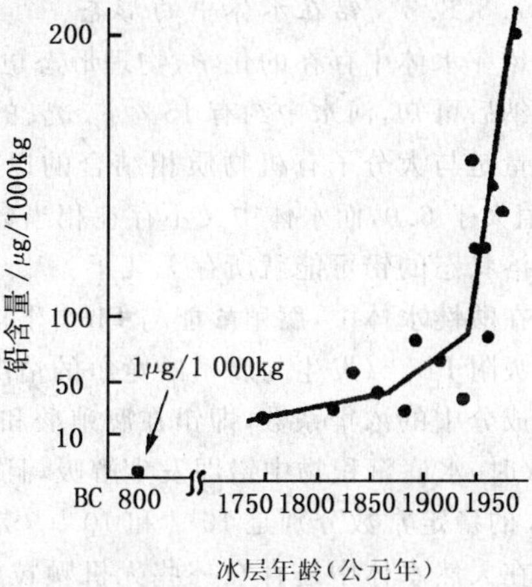

图 7－28 格陵兰冰层中铅的浓度

水体中铅污染物的主要来源有两个方面：(1) 大气向水面降落的铅污染物；(2) 向水体排放的工业废水。

大气降尘或降水(含铅可达 40 μg/L)通常是海洋和淡水水系中最重要的铅污染源。据统计，全世界每年由空气转入海洋的铅量为 40×10^6 kg。20 世纪以来，各产业部门向大气排放含铅污染物量激剧增多。在大气中铅的各类人为污染源中，油和汽油燃烧释出的铅占半数以上。汽油中添加烷基铅作防震剂，常用的化合物有：$Pb(CH_3)_4$、$Pb(C_2H_5)_4$、$Pb(CH_3)_3(C_2H_5)$、$Pb(CH_3)_2(C_2H_5)_2$ 和 $Pb(CH_3)(C_2H_5)_3$。此外还掺入一些有机卤化物，如二氯乙烷、二溴乙烷作为清除剂，用以避免铅化合物在汽油燃烧后淀积在气缸之中。在汽车排气中所含有的铅，大多数是颗粒度为 0.2 μm～1.0 μm 的细小微粒，还有一些是未发生反应的残余有机铅烟气。在微粒中的 80%～90% 是 $Pb_xCl_yBr_z$ 化合物，其余为 NH_4Cl 及其与 $Pb_xCl_yBr_z$ 的加合物。此外，还可能产生一些由光化学反应引生的单质卤元素：

$$Pb_xCl_yBr_z \xrightarrow{h\nu} Pb_xCl_yBr_{z-1} + 1/2Br_2$$

排气中的挥发性 $Pb_xCl_yBr_z$ 又能在大气中进一步生成 $PbCO_3 \cdot Pb(OH)_2$ 和氧化铅的细粒气溶胶物质。大气中所含微粒铅的平均滞留时间为 7 天～30 天。较大颗粒可降落于距污染源不远的地面或水体，但细粒的或水合离子态的铅可能在大气中飘浮相当长的时间。降落在公路路基近旁的铅污染物，很容易流散，经阴沟而流到淡水源中。这种污染在经过一段干旱期后会特别严重，这种情况下，铅积累在路基及其近旁，当干旱季节过后，就被降水带到河面。

铅及其化合物以其优异的性能，在国民经济各领域获得了非常广泛的应用，因而也使得多种

① 冰层随年代而厚积，由此可辨别其年层。例如冰层 411 m 深处相应于公元 934 年。

工业废水成了水体中铅的污染源。其中能造成环境铅污染的最主要工业部门有：(1) 矿石的采掘和冶炼；(2) 铅蓄电池制造、汽油添加剂生产；(3) 铅管、铅线、铅板生产；(4) 含铅颜料、涂料、农药、合成树脂生产；(5) 其他各种铅化合物生产。

饮用水中所含有的铅很可能来自以铅作管材的管道系统。在供应 pH 值较低的软水的地方，采用铅管系统是一个特别严重的问题。这种水是铅溶剂，能从管线中溶下大量铅。而 pH 值高且含有溶解的钙盐和镁盐的硬水，在系统中形成一层"水垢"，能阻止铅的溶解。在现代城市，已很少使用铅管和铅罐，它们已被其他材料的制件取代。以聚氯乙烯等塑料制造的管件中也含有作为稳定剂的铅盐，但它溶入流水中的数量很少。

7.3.3.3　铅在水体中的形态

铅在水体中存在的化学、物理形态也是十分多歧的。对世界范围内众多河流的有关资料进行归纳后可知，河水中约有 15%～83% 的铅是呈与悬浮颗粒物结合的形态而存在，其中又有相当数量是与大分子有机物质相结合的以及被无机的水合氧化物（氧化铁等）所吸附的形态。在 pH 值大于 6.0，而水体中又不存在相当数量的能与 Pb^{2+} 形成可溶性配合物的配位体时，则水体中可溶状态的铅可能就所存无几了。

在酸性水体中，腐殖酸能与 Pb^{2+} 生成较稳定的螯合物；在 pH 大于 6.5 的水体中，黏土粒子强烈吸附 Pb^{2+}（发生与腐殖酸竞争的情况），吸附生成物趋向于沉入水底。一般情况下，铅在腐殖酸成分中的浓集系数（即铅在腐殖酸和沉积物中浓度比）为 1.4～3.0。在向河水中加入 Cl^- 或 NTA 时，水底沉积物中铅即发生解吸，且两种情况下解析率之比为 1 : 10，这与 $Pb-Cl^-$ 和 Pb-NTA 的稳定常数分别是 $10^{1.6}$ 和 $10^{11.47}$ 是相应的。

在天然水体中还存在一些无机颗粒状态的铅化合物，如 PbO、$PbCO_3$ 和 $PbSO_4$ 等。此外还有各种水解产物形态：$PbOH^+$、$Pb(OH)_2$、$Pb(OH)_3^-$、$Pb_2(OH)^{3+}$、$Pb_4(OH)_4^{4+}$ 等。据测定，在 pH 值等于 8.5 的海水中，各种无机形态铅配合物的分配为：88% $PbOH^+$、10% $PbCO_3$、2%($PbCl^+ + Pb^{2+} + PbSO_4$)。

有机铅化合物在水体介质中溶解度小、稳定性差，尤其在光照下容易分解。但在鱼体中已发现含有占总铅量 10% 左右的有机铅化合物，包括烷基铅和芳基铅。

7.3.3.4　铅及其化合物的毒性

铅是人类最早发现并予以应用的金属之一。在应用过程中，人们对其毒性也逐渐地有所了解。古罗马贵族、富豪用铅管导水，用铅制器皿作盛器，结果大量铅进入人体，引起中毒，导致了罗马帝国的中途衰亡。

四甲基铅和四乙基铅本身不具有毒性。在肝脏中通过去烷基化生成三烷基化合物才是毒性的根源。表观上四甲基铅的毒性明显低于四乙基铅，这是因为前者去烷基化速率较慢的缘故。一般可溶性无机铅盐都有毒，其毒性发端于 Pb^{2+} 易与蛋白质分子中半胱氨酸内的巯基（—SH）发生反应，生成难溶化合物，中断了有关的代谢径路。

铅在体内代谢情况与钙相似，易蓄积在骨骼之中。另一个特点是儿童对铅的吸收率要比成人高出 4 倍以上。当人体中摄入多量铅后，主要效应与四个组织系统相关：血液、神经、肠胃和肾。急性铅中毒通常表现为肠胃效应，在剧烈的爆发性腹痛后，出现厌食、消化不良和便秘。有异食癖的儿童可能经口摄入多量铅化合物（如舔食乳母脸上胭脂或食品罐头上的油漆剥落碎片），而引起慢性脑病综合症，具有呕吐、嗜睡、昏迷、运动失调、活动过度等神经病学症状。铅中毒后对中枢神经系统和周围神经系统产生不良影响也是常见的。职业上接触铅的工人容易患贫血症，这是由于铅进入人体后截断了血红素生物合成途径的缘故。在农村由于长期饮用从含铅油漆房顶收集来的天落水，可能引起慢性肾炎，这种情况也是很多见的。

7.3.3.5 含铅废水治理方法

大多数工业废水中的铅以无机的颗粒态或离子态存在。但从烷基铅生产工厂排出的废水中含有很高浓度有机铅化合物，对这种废水的处理，在技术上是有一定难度的。某些工业废水的含铅水平如表 7－22 所示。

表 7－22 各生产企业废水中的铅含量

生产企业	铅浓度/$mg \cdot L^{-1}$	生产企业	铅浓度/$mg \cdot L^{-1}$
铅-锌厂	5.0～7.0	铅联合企业：	
铜厂	5.0～7.0	矿井水	0.8
锡加工厂	0.4～1.0	选矿厂的一般尾矿废水	1.1
各种选矿厂（精选浓缩机溢流）	0.58～3.7	多种金属冶金联合企业：	
钼-钨厂：		选矿厂：	
澄清水	0.0～16.0	尾矿池澄清后废水	0.16～0.78
过滤水	0.00～0.25	铅厂废水	0.06～9.7
铜厂尾矿池流出水	0.01	铅-锌选矿厂尾矿废水	5.5
有色轧件厂，试剂车间	0.14	选矿厂尾矿废水	0.12
铅-锌选矿厂：		铜-钨选矿厂尾矿废水	16.0
处理前废水	11.0	机床厂：	
氧化矿浮选排放水	0.0	废酸洗液	4.0
硫化物浮选排放水	0.16	洗涤水	0.5～1.0
尾矿池流出水	0.28	锻压厂	0.07～5.25
		石油化工企业一般废水中铅的平均浓度	8 204.0

含铅废水的有效处理方法有沉淀法、混凝法、离子交换法等。应用沉淀法和离子交换法，处理效果都可达到99%以上。

1）沉淀法

从废水中沉淀 $Pb(OH)_2$ 的适宜 pH 值视废水种类而异，可在 6.0～10.0 范围之内。已经工厂试验证实的理论最佳 pH 值为 9.2～9.5。经沉淀处理后流出液中铅浓度为 0.01 mg/L～0.03 mg/L，还可能从沉淀泥渣中回收铅。

除了用碱调节 pH，使废水中 Pb^{2+} 呈 $Pb(OH)_2$ 沉淀外，其他的沉淀剂还有 Na_2CO_3、白云石（$CaCO_3 \cdot MgCO_3$）、Na_3PO_4 等。在产生沉淀后，往往还能将颗粒状的铅也夹带沉下；如果在沉淀、沉降之外，再加上过滤操作单元，将会使除铅效果更好。例如将含铅废水流经事先焙烧处理过的白云石充填床层，就可同时产生沉淀和过滤的作用。用磷酸盐作沉淀剂时，常需要在 pH 值大于 7.0 和 3 倍剂量沉淀剂条件下进行操作，这样会引起处理后出水中含有相当多量的 PO_4^{3-}。

2）混凝法

在四烷基铅生产废水处理中，常用沉淀剂先除去其中无机铅，再用 $FeSO_4$ 或 $Fe_2(SO_4)_3$ 作混凝剂将其中含有的有机铅除去。由此得到的含铅泥渣，可送至冶炼厂精炼回收铅。这种方法也适用于城市供水的处理。

3）离子交换法

这种方法已成功地用于从废水中除去无机铅和有机铅。例如对弹药生产厂的废水，先用沉淀法，使废水中含铅量从 6.5 mg/L 降到 0.1 mg/L。再用磷酸型树脂吸附处理后，含铅浓度降到 0.01 mg/L。

例 10 考虑用加碱沉淀法处理酸性含铅废水。试计算为使处理液中铅残余浓度达到最低水平时所需控制的理论 pH 值。已知 $Pb(OH)_2$ 的溶度积值 $K_{sp}=1.0\times10^{-16}$。此外，该化合物沉淀还可按以下反应方程溶解：$Pb(OH)_2 \rightleftharpoons HPbO_2^- + H^+$，$K=10^{-15}$。

解 $Pb(OH)_2$ 的溶解度可表示为

$$S=[Pb^{2+}]+[HPbO_2^-]$$

$$=\frac{K_{sp}}{[OH]^2}+\frac{K}{[H^+]}$$

$$=\frac{K_{sp}}{(10^{-14})^2}[H^+]^2+\frac{K}{[H^+]}$$

$$=\frac{10^{-16}}{10^{-28}}[H^+]^2+\frac{10^{-15}}{[H^+]}=10^{12}[H^+]^2+\frac{10^{-15}}{[H^+]}$$

为求 S 的极小值，可对其取导数，并令取导结果为零：

$$\frac{dS}{d[H^+]}=2\times10^{12}[H^+]-(10^{-15})[H^+]^{-2}=0$$

由此解得 $[H^+]=0.79\times10^{-9}$

$pH=9.10$

在此 pH 值下，处理液中以 Pb($M=207$)计的残存铅的浓度为

$$S=\left[10^{12}\times(10^{-9.1})^2+\frac{10^{-15}}{10^{-9.1}}\right]\times207\times10^3$$

$$=0.39\ mg/L$$

7.3.3.6 水样中铅的分析方法①

含铅水样的各种分析方法及它们的检出限列于表 7－23 之中，其中最常用的是作为标准法的原子吸收分光光度法和双硫腙分光光度法。后者对技术要求较高，且分析时间长，灵敏度尚高；为了提高原子吸收分光光度法灵敏度，一般也需先用萃取法将试样预作浓集处理。

表 7－23 水样中铅的分析方法

方 法	检出限/$mg\cdot L^{-1}$	方 法	检出限/$mg\cdot L^{-1}$
双硫腙分光光度法	0.01	阳极溶出伏安法	5×10^{-4}
原子吸收分光光度法	0.01		

1）原子吸收分光光度法

分析方法、步骤与镉相同，只是分析线波长取 283.3 nm。

2）双硫腙分光光度法

在 pH 值为 8.5～9.5 的氨性柠檬酸盐-氰化物的还原性介质中，Pb^{2+} 与双硫腙形成淡红色螯合物，用氯仿萃取后，在 510 nm 波长处测定吸光度定量铅。

7.4 放射性核素

7.4.1 环境中放射性核素的来源

环境中到处分布着天然的或人为的放射性核素，生活在环境中的生物体也就时时刻刻地受

① 对土壤、沉积物或空气，经采样、样品预处理转为水样后再作分析。有关血铅分析方法可见本书参考资料 4 中 14.4 节。

到电离辐射的作用。

环境中放射性和电离辐射的来源有以下几个方面。

7.4.1.1 宇宙射线及由其引生的核素

宇宙射线是在探测天然放射性本底时发现的。宇宙射线可分为初级和次级两类。在地球大气层外者为初级宇宙射线，其来源至今还不十分清楚，主要成分为质子(83%～89%)、α 粒子(10%～15%)以及电荷数 $z \geqslant 3$ 的轻核和高能电子(1%～2%)，射线能量很高，可达 10^{20} eV 以上。初级宇宙射线进入大气层以后与空气中原子核发生碰撞，引起核反应并产生一系列其他粒子，通过这些粒子自身转变或进一步与周围物质发生作用，就形成次级宇宙射线。次级宇宙射线的主要成分(在海平面上)为介子(约 70%)、核子和电子(约 30%)，其特点是强度低、能量高，它的"硬性"部分可穿透 15 厘米铅层。

由宇宙射线与大气、土壤、水中存在的核素发生反应所引生的放射性核素约有 20 余种，其中具有代表性的有 $^{14}N(n,T)^{12}C$ 反应产生的氚(T)、$^{14}N(n,p)^{14}C$ 反应产生的 ^{14}C。

宇宙射线对生物体的辐照是不可避免的，其剂量率随地球纬度和地面高度等因素而变化。

7.4.1.2 天然系列放射性核素

有些天然放射性核素是在地球起源时就存在于地壳之中的，经过天长日久的地质年代，母子体间已达到放射性平衡，从而建立了放射性核素系列。

天然存在的放射性系列有 3 个(图 7-29，图中略去了少数次要核素)，即：

铀系，母体是 ^{238}U($T_{1/2}$ 为 4.51×10^9 年)，系列中有 19 种核素；

锕系，母体是 ^{235}U($T_{1/2}$ 为 7.1×10^8 年)，系列中有 17 种核素；

钍系，母体是 ^{232}Th($T_{1/2}$ 为 1.41×10^{10} 年)，系列中有 13 种核素。

这些天然放射性系列具有如下共同特点：(1) 母体具有极长半衰期，其值可与地球年龄(46 亿年)相当；(2) 各代母子体间都达成了放射性平衡，有 $\lambda_1 N_1 = \lambda_2 N_2 = \cdots = \lambda_m N_m$，即系列中各组成核素的衰变率全都相等；(3) 每一系列中都含有放射性气体 Rn 核素，且系列的末端都是稳定的 Pb 核素。

7.4.1.3 自然界中来历不明的单独存在的核素

这类核素约有 20 种，如存在于人体中的 ^{40}K($T_{1/2}$ 为 1.26×10^9 年)即是其一。它们的特点是具有极长的半衰期，其中最长者为 ^{209}Bi，$T_{1/2}$ 大于 2×10^{18} 年，而 ^{40}K 是其中半衰期最短者。它们的另一个特点是强度极弱，只有凭借极端灵敏的检测技术才能发现它们。

7.4.1.4 人为放射性核素

引起环境放射性污染的主要来源是生产和应用放射性物质的单位所排放出的放射性废物以及由核武器爆炸、核事故等产生的放射性物质。现对人为放射性核素的来源作归纳如表 7-24。

表 7-24 环境中人为放射性核素的来源

来 源	核 素
· 含核燃料矿物的开采、冶炼及各类核燃料加工厂	含铀、钍、镭的废水。氡、钍射气及其子体(进入大气)
· 反应堆、原子能电站、核动力舰艇	含各种核裂变产物(^{131}I、^{60}Co、^{137}Cs 等)的三废排放物
· 工农业、医学、科研各部门使用放射性核素	含所使用放射性核素如 ^{131}I、^{32}P、^{198}Au、^{65}Zn 等的废物
· 大气层核试验、地下核爆炸冒顶、外层空间核动力航具事故	含裂变产物(^{131}I、^{90}Sr、^{137}Cs 等)的放射性气溶胶和放射性沉降物

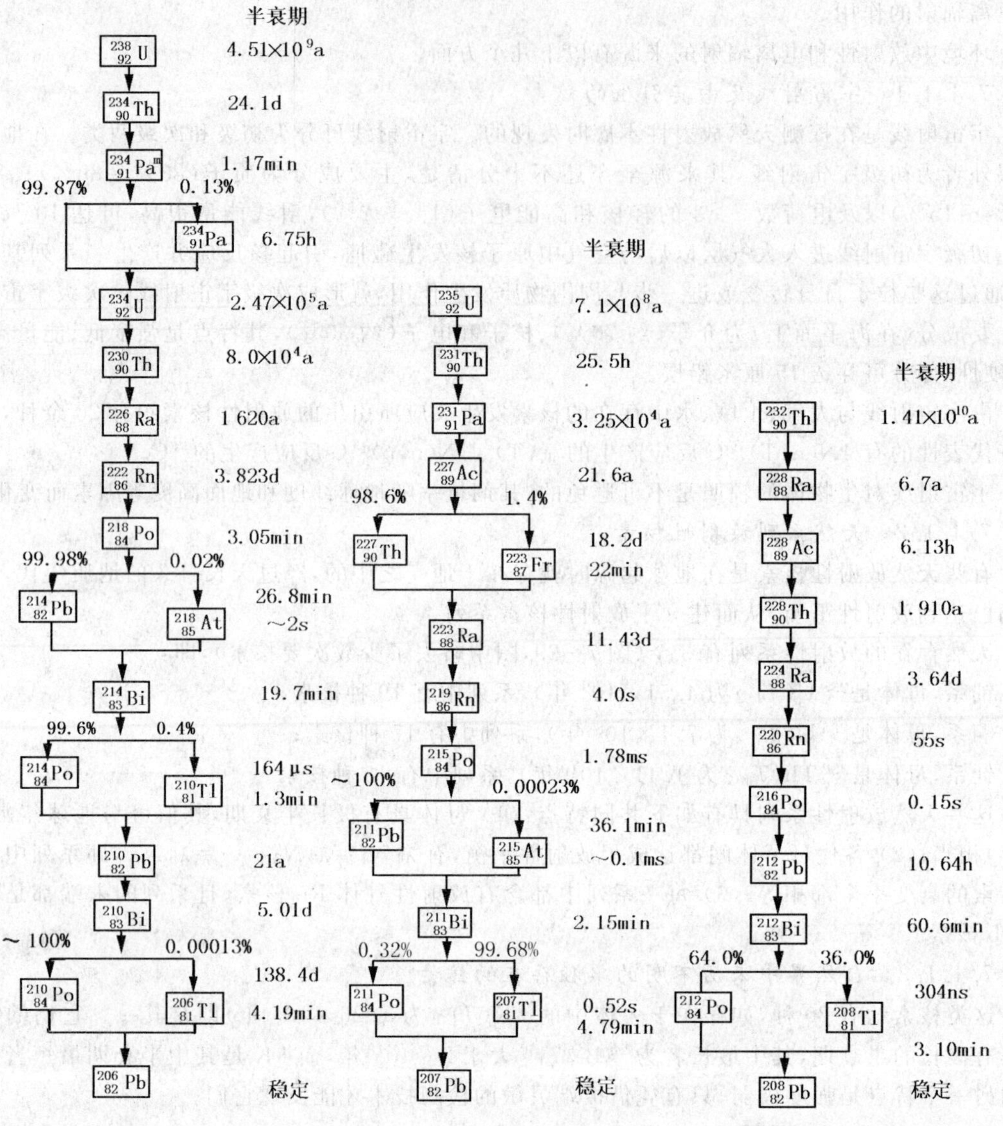

图 7-29 天然放射性系列

由大气核试验所产生的裂片是环境中最主要的放射性来源。自 1945 年美国初次核爆炸试验到 1962 年美、苏两国签订大气层部分禁止核试验条约为止，世界范围内共进行过大约 400 次大气核试验，释放能量相当于 400 百万吨 TNT 炸药爆炸，进入大气层的主要放射性核素有：^{131}I、^{89}Sr、^{90}Sr 和^{137}Cs。除^{131}I 半衰期相对较短（$T_{1/2}$ 为 8.05 天），通过自然衰变很快消亡外，这些核素的迄今尚未衰变部分由大气降落到地面或水域，并在地球北纬 30°～60°间有最大累积量。

7.4.2 放射性核素在环境和人体中的分布①

7.4.2.1 岩石和土壤

主要是含于铀系和钍系天然放射性系列中的核素及^{40}K、^{87}Rb 等。一般火成岩含放射性量

① 在本节中涉及的有关放射性单位的定义见 7.4.3。

多于水成岩且随岩石种类而异，例如花岗岩是放射性含量较多的一种。

表 7－25 所示为岩石和土壤中天然放射性核素平均含量的估计值(用放射性活度的单位计值)。

表 7－25　岩石和土壤中天然放射性核素平均含量的估计值

(pCi/g①)

核　素	岩　石	土　壤	核　素	岩　石	土　壤
U	1	0.33	^{40}K	2.5×10^{-3}	1.3×10^{-3}
Th	0.87	0.65	^{87}Rb	2.15	0.425
Ra	1×10^{-9}	0.8			

① $1pCi=3.7\times10^{-2}Bq$

土壤中天然放射性核素的浓度随很多因素变化，如地理区域、土壤形成的地质条件、气候因素、水利条件及土地的农用情况等。其中施用肥料是一个很重要因素，如施用钾肥会使土壤中^{40}K含量大为增多；在某些肥料中还含有高浓度镭；肥料还影响土壤中放射性核素的存在形态，从而影响它们的环境迁移、生物摄取等方面的性质。

7.4.2.2　水体

陆地水或海水中天然放射性核素含量随水样不同，可能会有很大差异。例如，花岗岩地带的地下水域中含铀浓度较高，特别是温泉、矿泉。

表 7－26 所示为海水和水体沉积物表面物质中天然放射性核素平均含量的估计值。

表 7－26　海水和水体沉积物表面物质中天然放射性核素平均含量的估计值

核素(初生的)	浓　度		核素(次生的)	浓　度	
	海水/$g\cdot L^{-1}$	沉积物/$g\cdot g^{-1}$		海水/$g\cdot L^{-1}$	沉积物/$g\cdot g^{-1}$
^{238}U	3.0×10^{-6}	1×10^{-6}	^{35}S	$<1.8\times10^{-18}$	—
^{235}U	2.1×10^{-8}	7.1×10^{-9}	^{32}P	$<1.5\times10^{-18}$	—
^{234}U	1.6×10^{-10}	8.1×10^{-11}	^{33}P	$<3.1\times10^{-18}$	—
^{232}Th	$<2\times10^{-8}$	5.0×10^{-6}	^{32}Si	5×10^{-19}	$0\sim2\times10^{-16}$
^{226}Ra	1.0×10^{-13}	4.0×10^{-12}	^{14}C	$2\times10^{-11}\sim3\times10^{-11}$	$0.1\times10^{-13}\sim1\times10^{-13}$
^{222}Rn	6.3×10^{-19}	2.5×10^{-17}	^{10}Be	$0.7\times10^{-17}\sim8\times10^{-17}$	$1\times10^{-13}\sim3\times10^{-13}$
^{210}Po	2.2×10^{-17}	8.8×10^{-15}	^{7}Be	$<4.9\times10^{-17}$	—
^{210}Pb	4.4×10^{-8}	—	^{3}H	$0.7\times10^{-16}\sim5\times10^{-16}$	—
^{142}Ce	4.4×10^{-1}	—			
^{40}K	4.2×10^{-5}	$0.8\sim4.5\times10^{-5}$			

影响海水和沉积物中放射性核素浓度的因素也很多，主要有地理区域、海水流动状态、淡水和淤泥入海情况等。

在由天然水净化成饮用水的过程中，不可避免地发生放射性核素转移，同时放射性核素的化学、物理形态也可能发生各种变化，最终所得饮用水中核素的含量可能有所减少，也可能有所富集。

7.4.2.3　大气

大多数放射性核素都可能出现在大气之中，但氡的同位素(特别是^{222}Rn)及它们的子体是最重要的。作为母体镭的衰变产物氡，能从含镭岩石、土壤、水体和建筑材料中逸散到大气。此外，在天然气或其他化石燃料中也有氡的踪迹。大气中氡的浓度可随时随地发生变化，主要与气象条件有关，在昼夜之间、日出前浓度最高，日中为低，两种情况间可能有10倍以上的变动幅度。一般说来，大洋表面和地球表面的氡浓度分别在 2×10^{-5} Bq/L～2×10^{-3} Bq/L 和 10^{-3} Bq/L～10^{-2} Bq/L 的范围。

7.4.2.4 人体

天然放射性核素可通过呼吸或食物等途径为人体所摄取并积累在体内。其中最多的是 ^{40}K，体重为 60 kg 的成人中约含 4 000Bq 的 ^{40}K，还可能含约 3 000Bq 的 ^{14}C。此外，^{226}Ra、^{210}Po 等能积累在骨骼之中。由上述核素产生的内辐照剂量，外加宇宙射线、地表 γ 射线所引起的外辐照剂量等组成了总剂量当量，其值约为 1mSv/a。

人体经受环境放射性电离辐射的概略情况如前文中图 5 - 37 所示。

7.4.3 放射性核素的基本性质

7.4.3.1 核衰变、放射性和电离辐射

有关核衰变的定义见 5.6.1.2。作为实例，如核素 ^{226}Ra、^{60}Co 的衰变可用图 7 - 30 表示。

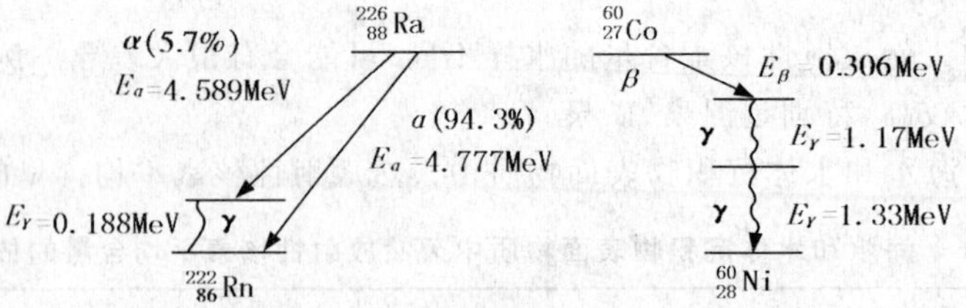

图 7 - 30 ^{226}Ra 和 ^{60}Co 的核衰变

图中数字分别标明了分枝衰变的强度百分数和以百万电子伏特(MeV)为单位的发射粒子能量。

如图 7 - 30 所示，在核衰变过程中，不稳定原子核能自发放出 α、β、γ 射线，这种现象称为放射性。就本质而言，α、β、γ 射线分别是氦核、负电子和短波长的电磁波。

天然存在的放射性核素能自发放出射线的特性称为"天然放射性"；人为地通过核反应制造出来的核素的放射性称为"人工放射性"。

除了放射性类型(基本上有 α、β、γ 三种衰变类型)，放射性核素的最基本性质还有其放射性活度和半衰期。

放射性活度即核素的衰变率，也就是单位时间内核衰变数，可表示为：

$$A=\frac{-\mathrm{d}N}{\mathrm{d}t} \tag{7-2}$$

式中 N ——某一时刻的核素数；

t ——时间。

活度的 SI 单位为每秒，用符号秒$^{-1}$(s^{-1})表示。单位的专门名称为贝可，用符号 Bq 表示，1 贝可=1 秒$^{-1}$($1Bq=1s^{-1}$)。

放射性活度 A 的大小与 N 成正比，可写成

$$A=\frac{-\mathrm{d}N}{\mathrm{d}t}=\lambda N \tag{7-2'}$$

式中 λ ——衰变常数，表示放射性核素在单位时间内的衰变几率。

解微分式(7-2′)可得

$$N=N_0 e^{-\lambda t} \tag{7-3}$$

或

$$\log\frac{N_0}{N}=\frac{\lambda t}{2.303} \tag{7-3′}$$

当放射性核素由于衰变使其原有质量(或原有核数)减少一半所需的时间称为半衰期,用$T_{1/2}$表示。由式(7-3′)可得

$$T_{1/2}\cdot\lambda=0.693 \tag{7-4}$$

放射性对物质的主要作用是电离。广而言之,凡与物质直接或间接作用时能引起物质电离的一切辐射都称电离辐射。某些带电粒子如快速电子、β射线、质子、α粒子及一些被加速的轻元素核,它们的动能足够大,能引起被辐照物质电离者称直接电离粒子;某些非带电粒子如光子、中子、X射线和γ射线等,它们能与被辐照物质作用,引起核反应,从而产生电离粒子者称间接电离粒子;有些射线如红外线、微波等,它们的能量低,不足以引起被辐照物质电离者称非电离辐射。

例 11 放射性物质衰变依一级反应方式进行,且在漫长地质年代期间天然铀矿中的镭(^{226}Ra)和铀(^{238}U)按 $N_U\lambda_U=N_{Ra}\lambda_{Ra}$ 达成平衡(N 为原子数,λ 为衰变常数)。又据测定,矿中(铀量/镭量)$=3\times10^6:1$,求两种核素的半衰期之比。

解 按题意

$$铀量/镭量=\frac{238N_U}{226N_{Ra}}=1.053\frac{\lambda_{Ra}}{\lambda_U}=1.053\frac{t_{1/2(U)}}{t_{1/2(Ra)}}$$
$$=\frac{3\times10^6}{1}$$

由此求得

$$\frac{t_{1/2(U)}}{t_{1/2(Ra)}}=\frac{3\times10^6}{1.053}=2.85\times10^6$$

7.4.3.2 辐照量和剂量

辐照量被定义为

$$X=\frac{dQ}{dm} \tag{7-5}$$

式中,dQ是X或γ射线的粒子在空气中完全被阻止时,引起质量为dm空气电离,并产生带电粒子的(正的和负的)总电量值。辐照量X的SI单位为库仑每千克,用符号C/kg表示。

在定量考虑电离辐射的能量为被辐照物质吸收时,需要引用剂量的单位。剂量可以通过理论计算或实际测量求得。现将有关剂量的一些基本概念叙述如下。

1) 吸收剂量

自从发现放射性以来,剂量的概念有其发生、发展和修正的历史。目前,所谓"剂量",实际上就是指吸收剂量。

吸收剂量是当电离辐射与物质相互作用时,用来表示单位质量的物质吸收电离辐射能量大小的物理量。它的定义可用下式表示

$$D=\frac{d\,\overline{E}_D}{dm} \tag{7-6}$$

式中,d $\overline{E}_D$ 是电离辐射给予质量为 dm 的物质的平均能量。吸收剂量的SI单位为焦耳/千克(J/kg),单位的专门名称为戈瑞,简称戈,用符号Gy表示,即

$$1Gy=1\ J/kg$$

吸收剂量单位可适用于内辐照和外辐照。现已广泛用于放射生物学、辐射化学、辐射防护等学科,在诸如射线治疗疾病、防御射线有害作用等方面有其实用意义。

2）吸收剂量率

吸收剂量率被定义为单位时间内的吸收剂量

$$\dot{D}=\frac{\mathrm{d}D}{\mathrm{d}t} \tag{7-7}$$

相应于吸收剂量，吸收剂量率的单位为戈瑞/秒（Gy/s）。

吸收剂量率概念在剂量监测、放射性屏蔽设计等方面有其实用意义。

3）剂量当量

剂量当量概念在辐射防护等方面有其实用意义。它的意义在于将吸收剂量作修正，使其与生物体受害效应更好地联系起来（因为吸收剂量不是决定受害效应大小的唯一因素）。

剂量当量定义为在生物体组织内被考虑的一点上 D、Q 和 N 的乘积，用下式表示：

$$H=DQN \tag{7-8}$$

式中 D——吸收剂量（/Gy）；

Q——品质因数，其值取决于致电离粒子的初始动能、种类及照射类型等（表7-27）；

N——所有其他修正因素的乘积。

剂量当量 H 的SI单位为焦耳每千克（J/kg），单位的专门名称为希，用符号Sv表示，

$$1\mathrm{Sv}=1\ \mathrm{J/kg}$$

用剂量当量来描述人体所受各种电离辐射的危害程度，可以表达不同种类和不同能量的射线，在不同辐照条件下，所引起生物效应的差异。在计算剂量当量时，也就必须预先指定这些条件。

表7-27 品质因数与辐照类型、射线种类的关系

辐照类型	射线种类	品质因数
外辐照	X、γ、电子	1
	热中子及能量小于0.005MeV的中能中子	3
	中能中子（0.02MeV）	5
	中能中子（0.1MeV）	8
	快中子（0.5MeV～10MeV）	10
	重反冲核	20
内辐照	β^-、β^+、γ、e^-、X	1
	α	10
	裂变碎片、α 发射中的反冲核	20

4）剂量当量率

剂量当量率定义为单位时间内的剂量当量

$$\dot{H}=\frac{\mathrm{d}H}{\mathrm{d}t} \tag{7-9}$$

相应于剂量当量，剂量当量率的单位为希/秒（Sv/s）。

5）其他有关剂量的概念

尚有累积剂量、最大容许剂量、致死剂量等，限于篇幅而从略。

7.4.3.3 放射性核素的环境行为

环境的本底放射性是无所不在的，所以几乎所有环境组分中都或多或少地含有天然或人为的放射性。外加的放射性核素进入环境后，可能在水体表面、大气、土壤或生物圈内迁移、分散或稀释，某些情况下也会在有生命或无生命的环境组分中累积和浓集。它们最终的环境归宿由许

多物理的、化学的或生物的因子综合决定。这些因子一部分属于对象核素本身的物理化学性质方面(最重要的是自发衰变规律),另一些应归入环境各圈层的性质和功能。在研究放射性核素的环境化学行为时,应着重考虑这样一些问题:对象核素在某圈层内或各圈层间发生迁移的速率和机理以及达到相对平衡状态后在各圈层中(特别是生物体内)的浓度分布。

一般说来,放射性核素与其稳定同位素之间不存在很大的物理化学性质差异,而且周期表中同族元素行为间也有许多相似之处。所以,如^{90}Sr、^{89}Sr、^{140}Ba、^{226}Ra、^{45}Ca与钙稳定同位素的行为相近;又如^{137}Cs、^{86}Rb、^{40}K与钾稳定同位素,^{131}I、^{133}I与碘稳定同位素,^{3}H与氢稳定同位素之间也分别有它们相似之处。由此可知,研究稳定同位素环境化学行为所得结果一般可适用于相应的放射性核素。另一方面,也经常运用放射性示踪的方法来研究其相应稳定同位素的环境化学行为。但另有一些核素如^{144}Ce、^{106}Ru、^{95}Zr、^{85}Kr等因与其相应稳定同位素间存在着显著的同位素效应,所以性能间有较大差别。

许多放射性核素容易在大气和水体表面间迁移,而在土壤或沉积物中较易被黏土矿物和有机碎屑所吸附。例如黏土组分含量高的土壤对^{137}Cs有很大亲和力,^{137}Cs一旦被土壤颗粒吸附就不易因降水、淋溶或生物摄取而迁移。经过长时期,土壤中就会累积高浓度^{137}Cs,而生长在这类土壤中的植物体内放射性浓度很低,甚至达到不可检测水平。但在潮湿、多沙、少黏土、带酸性的土壤中,^{137}Cs易被植物的根所摄取,从而发生生物循环。作为惰性气体的^{85}Kr的行为和^{137}Cs不同,基本上只在大气圈内流动,并同时发生自发衰变。^{3}H也不易被固体表面牢固吸附,而大多以HTO形态参与H_2O的生物地球化学循环。

土壤或沉积物中的颗粒组分粒度越小,比表面积越大,则吸附浓集放射性核素的能力也越大。相似地,与细枝状的或表面粗糙的植物体相比,表面光滑的植物体不太容易滞留放射性核素。放射性核素在固体表面的累积量随时间变化,并取决于许多别的因素。这些因素包括环境介质的化学组成和对象核素在介质中的浓度及核素的半衰期、降雨、淋溶、光照、温度等。

放射性核素一般通过呼吸、饮水、摄食等途径进入生物体内;另又通过排泄、分泌、死亡、分解、溶出等过程从生物体内排出而复归自然环境。此外,进入生物体的放射性核素又将通过食物链在生物体间发生迁移和浓集。一般具有易溶化学形态的核素较容易广泛而又迅速迁移。如进入水体中的^{137}Cs,可很快地转入自养生物体内(如固着型植物或浮游植物),水中浮游动物或大型非脊椎动物摄食了这些自养生物,也就将^{137}Cs引入了自身体内,此后通过一系列食物链网可能归入人体。实际上,对^{137}Cs之类放射性核素在天然水中的行迹及其在食物链中迁移的研究是一类难度很大的课题。

放射性核素在某一生物体中累积和浓集的程度与对象核素、生物机体及其生活环境三者特性有关。其中自发衰变的半衰期是最重要的因素,如果$T_{1/2}$特别短(小于1小时),那么生物浓集速度就会赶不上衰变速度,如果$T_{1/2}$特别长(大于10^5年),那么放射性比度极小,机体由此受到损害的问题也可予以忽略。此外,放射性核素的一些物理化学性质,如溶解度、与营养物质性质的相似程度,以及与机体内有关物质分子键合的能力等,也都是决定机体摄取、保留、累积各对象核素能力的重要因素。

放射性核素在机体生物膜中的穿透能力、在机体内各部位间的传递速率以及某些部位或特定器官滞留放射性核素的特殊亲和力(如锶在骨骼中、碘在甲状腺中)等都对对象核素在机体中的最终归宿产生影响。此外机体或其组织的寿命也是很重要的因素,如长寿命的地衣和苔藓能长时期地累积放射性。与之相比,落叶松和灌木之类植物的本体虽也有相当长的寿命,但在落叶季节,累积在叶上放射性物质就大量地转移到土层表面,为微生物所获取。

生态环境的某些特定自然条件可促使放射性核素分散,另一些自然条件则可能起相反作用。

例如经常刮风的山顶、山脊、兼受风和水流作用的海滨地区、具有无限稀释能力的广大海域都不可能滞留或累积大量放射性核素；相反，自然条件相对静止的山谷、水池、海湾则容易聚集放射性沉积物，形成较高放射性水平的污染区。在污染区活动和生活的各种生物的体内显然更容易受放射性物质侵入。此外，不同生物因有不同食物种类和进食习惯，所以具有同一生境的各种生物体所接受的剂量也是不同的。

7.4.4 放射性废物处理和放射性监测概要

可对人体或其他生物体产生辐照危害的主要是来自环境中存在的人工放射性核素，它们大多又来源于放射性物质生产加工工厂及放射性同位素的研究和应用单位等的放射性排出物。为减轻放射性对环境污染，一方面要在这些工厂、单位内部严格控制生产和应用过程，特别是在发生事故的情况下要启用预先筹划的种种去污应急措施，防止污染向外环境扩散传播。另一方面，在这些工厂、单位内部应对生产和应用过程中产生的放射性废物作处理至达标后始能向外排放。针对废物的物理状态(固、气、液态)的不同及内含放射性种类和强度的差异，宜采用不同处理方法。这些方法与前几章中已述及过的对一般化学污染物的处理方法大抵相同。此外，由于除自发衰变外，核素的放射性不能通过任何手段予以消除，所以可将各种不同方法归纳为浓缩储存法和稀释分散法两类。通常还需要考虑在处理过程中回收有用放射性物质。经回收后的残留物中仍含一定水平放射性，需作进一步处理。例如对半衰期较短者($T_{1/2}<15d$)可将其放置在专用容器内，经 10 个半衰期后待其自然衰变殆尽。对于半衰期长的废物，可放在坚实的容器内投弃深海或山区洞穴，也可用黏土将其吸收后烧结固定，最终填埋在国家规定的地点。

放射性监测的任务是对某环境地区(或个人)中放射性污染物量、辐照量或电离辐射剂量作周期或连续的测定。

放射性监测的类别按被监测的对象可分为：(1) 现场监测，即对放射性生产或应用单位内部工作区域所作的监测；(2) 个人剂量监测，即对专业工作人员或公众作内辐照和外辐照的剂量监测；(3) 环境监测，即对从事放射性生产或应用单位外部环境包括空气、水、土壤、生物等所作的监测。

若以核素为考虑对象，则环境放射性监测的主要对象有：

α 放射性核素：^{239}Pu、^{226}Ra、^{224}Ra、^{222}Rn、^{210}Po、^{232}Th、^{235}U 和 ^{238}U；

β 放射性核素：^{3}H、^{90}Sr、^{89}Sr、^{134}Cs、^{137}Cs、^{131}I 和 ^{60}Co。

之所以列举这些核素，是考虑到它们在环境中出现可能性较大而且毒性较大。

环境放射性监测的主要内容有三个方面：(1) 监测放射性核素时所使用的方法、技术和仪器；(2) 监测工作的组织安排，如设定监测网络和监测点、确定监测项目及周期等；(3) 对监测结果进行环境评价。就被监测的某对象核素而言，放射性监测的内容又应包括：(1) 测量放射源活度；(2) 判定射线类型；(3) 测定放射源半衰期；(4) 测定射线能量；(5) 测量放射源周围环境空间的辐照量及人体所受到的剂量。这些内容分别属于定量测量、定性测定(鉴别放射性核素)和剂量监测。

环境放射性监测最终目的在于保护专业人员和公众的健康。具体说来可列举如下：(1) 确定民众日常所受辐照剂量(实测值或推算值)是否在容许剂量之下；(2) 对放射性生产或应用单位的不合法排放从外部进行监督；(3) 把握环境放射性物质累积的倾向。

放射性监测的方法有物理法和放射化学法两类。这两种方法经常需要结合使用。环境放射性非连续监测的一般步骤是取样、样品前处理、样品的弱放射性测定。连续监测则是通过现场、在线、自动化等手段将这些步骤合而为一。

习　题

一、思考题

1. 对于含硫酸工业废水，拟使用块状石灰石中和处理，问由此是否能达到处理水 pH=6 的排放标准？为什么？
2. 矿山酸性排水如何形成？引起什么环境问题？对一个废矿井，考虑用什么方法可以避免其继续产生酸性排水？
3. 水体中氰化物来源何方？氰化物在水体中有哪些自净过程？以碱性氯化法处理含氰废水为何要分步调节 pH 值？
4. 全面考虑地表水中氨的危害性有哪些？说出水体中 NH_4^+ 可能通过怎样的系列过程转化为 N_2。
5. 分析水样中总氨浓度时，需先调高水样的 pH 值至 9.5，然后用蒸馏法使氨释出并吸收于硼酸溶液之中。试问这样的预处理过程有何意义？其中的原理是什么？
6. 天然水体在什么情况下会产生 H_2S 或 NH_3 气体？为什么 H_2S 多发生于海洋沉积物？NH_3 又多发生于土壤溶液？
7. 湖泊沉积物中硫化物是通过什么过程形成的？为什么在冬天季节易在湖底生成黑色硫化物沉积，在夏天则易生成白色碳酸钙沉积？
8. 分别阐述 CO、NO_x 和 SO_2 在大气中的主要发生源和迁移转化途径，写出有关化学反应方程式。
9. NO_x 在哪些方面的环境化学行为显示出其比 SO_2 具有更为广泛的不良环境效应？
10. CO、NO_x、SO_2 对人体的危害性分别表现在哪些方面？它们分别对哪些职业性或非职业性群体的健康构成威胁？
11. 对烟气中所含 NO_x 和 SO_2 污染物的治理方法有哪些？为什么含 NO_x 废气的治理多用干法而含 SO_2 废气的治理多用湿法？为什么对这两类污染物的治理迄今还缺少十分完满的方法？
12. 为处理汽车排气所使用的催化剂针对排气中什么有害组分？试阐明其中的化学原理。
13. 分析测定空气样品中 CO、NO_x、SO_2 浓度的主要方法有哪些？简述这些方法的原理。
14. 有关重金属在水体中的存在形态方面有何共性？列举影响重金属在水体中迁移的主要因素。
15. 含重金属废水的治理方法一般有哪些？它们的各自特点是什么？含重金属废水的分析方法一般有哪些？它们的各自特点是什么？
16. 为分析水底沉积物中的汞含量，可先用王水将试样中的 HgS 溶出，试问在溶解过程中发生了哪些化学反应？
17. 环境中放射性来源于哪些方面？分别举例说明之。
18. 放射性活度、辐照量和剂量三者在概念上有何区别和联系？降低人体外辐照剂量和内辐照剂量的途径有哪些？
19. 多数放射性核素的 α 射线能量在(2～8)MeV 范围间，而 β、γ 射线能量大多小于 1MeV。相比之下，为什么 α 射线穿透机体的能力反而小？一般 α 射线可被皮肤阻挡，是否由此可以认为 α 射线没有危险性，为什么？
20. 试述放射性监测的目的和内容。哪些核素是环境放射性监测的主要对象？
21. 向所在地的市级大医院作社会调查，了解该院使用医用同位素的以下情况：来源、管理、应用(及与之相关的原理)、防护措施、监测方法、剂量控制、废弃物处理等。

二、计算题

1. 有一股含 0.4%NaOH 的工厂废水，现考虑加水调至 pH=9.0 后稀释排放，求稀释倍数为多少？试问这种水处理方法是否可取？
2. 用氯气处理某工业含氰废水。已知水量为 10 m^3/d，含[CN^-]浓度为 500 mg/L，为将水中全部氰转为氮气，需用多少氯气？

3. 据实验测定结果，1 mg 氨氮氧化为 NO_2^-，耗氧 3.22 mg，进一步氧化为 NO_3^- 时，又耗用 1.11 mg O_2，试将此结果与理论值相比较。

4. 氨的硝化反应：$NH_3 \xrightarrow[\text{细菌}]{O_2} NO_2^- \xrightarrow[\text{细菌}]{O_2} NO_3^-$ 在动力学上属连串反应，若已知(1) 反应起始 $t=0$ 时，NH_3 的浓度计作 1，NO_2^- 和 NO_3^- 浓度为零；(2) 前后两反应的速率常数 $k_1=1.47/\text{d}$，$k_2=4.90/\text{d}$；(3) 两反应都是一级反应，求经过一天、两天后，三者的浓度分别为多少？

5. 以下是由某二级水处理工厂提供的有关含氮废水处理的数据(其中基氏氮是有机氮和氨氮的总和)。试确定水处理过程中总氮和有机氮的去除百分数各为多少？

	进水浓度/mg·L^{-1}	出水浓度/mg·L^{-1}		进水浓度/mg·L^{-1}	出水浓度/mg·L^{-1}
基氏氮	40	8.2	NO_2^-	0	4
NH_3	30	9	NO_3^-	0	20

6. 温度为 25℃近中性水中含硫总浓度 $c_T=2\ \mu g/L$(以 H_2S 形态计)，求水面上方空气中 H_2S 的分压。已知 H_2S 的一级电离系数 $K_1=10^{-7.1}$，亨利常数 $K_H=1.0\times10^{-6}$ mol/(L·Pa)。

7. 汽车每 km 行程耗用密度为 0.57 kg/L 的汽油 2.35 L，该汽油中含铅 0.5 g/L，又行驶时有 9.0%的燃料按以下不完全燃烧反应生成 CO：$2C_8H_{18}+17O_2 \longrightarrow 16CO+18H_2O$，求全年行车 19 000 km，由尾气泄出铅和一氧化碳各为多少？

8. 在一个模拟燃烧的研究性反应器中，含有 1.00 molCO，0.55 molO_2 和 2.05 molN_2。求在 $CO+\frac{1}{2}O_2 \rightleftharpoons CO_2$ 反应达到平衡时反应器中各组分的摩尔数。已知上述反应在 2 000 K 和 1.013×10^5 Pa 条件下进行，反应平衡常数 $K_p=766$。

9. 焦炭炼铁过程中产生 CO 和 CO_2 气体，其中反应方程为：

$Fe_3O_4(s)+CO(g) \rightleftharpoons 3FeO(s)+CO_2(g)$，反应平衡常数 K_{p1}

$FeO(s)+CO(g) \rightleftharpoons Fe(s)+CO_2(g)$，反应平衡常数 K_{p2}

已知 K_{p1} 和 K_{p2} 与温度间关系式为：

$$\ln K_{p1}=4.411-\frac{3\,731.4}{T}$$

$$\ln K_{p2}=-2.5857+\frac{2\,137}{T}$$

求在多高温度下两反应平衡常数相等，此时烟气中 p_{CO_2}/p_{CO} 之比为多少？

10. 在游泳池畔抽烟的管理员会同时吸入有害的 CO 和 Cl_2 气体，并在肺中引发下列反应而发生光气中毒：$CO+Cl_2=COCl_2$(在 37℃体温下，反应的自由焓变 $\Delta G^{\circ}=-5.82\times10^4$ J/mol)。假定两种气体在肺内的分压 $p_{CO}=0.1$Pa，$p_{Cl_2}=10^{-4}$ Pa，试通过计算并从热力学角度来探讨中毒的危险程度。已知肺内含 1×10^{-6}(体积分数)光气即开始产生中毒症候。

11. 已知大气中引生 NO 的反应 $N_2+O_2=2NO$，试用热力学方法计算此反应产生 NO 在大气中的本底浓度。设定反应温度为 25℃，NO 的标准生成自由焓为 86.6 kJ/mol。

12. 按上题中给出的反应，计算在 $p_{N_2}=0.9\times10^5$ Pa，$p_{O_2}=0.1\times10^5$ Pa 和 2 000℃燃烧条件下，生成 NO 的平衡浓度。已知作为温度函数的反应平衡常数 $K_p=21.9\exp\left(\frac{-181\,542}{RT}\right)$。

13. 锅炉燃煤产生 NO 的排放率为 11.95 kg/min(假定无 NO_2 排放)，若用煤的热值为 26 MJ/kg，又某排放标准规定 NO_2 的排放率不得超过 260g[NO_2]/10^6 kJ，问为使锅炉不超标排放，应将其氮氧化物的排放量削减多少？

14. 燃烧过程中发生反应 $N_2+O_2 \rightleftharpoons 2NO$，已知反应速度由下式给定：

$d[NO]/dt = 7.07 \times 10^{13} \exp(-642\,000/T)[N_2][O_2]^{1/2}$。

在反应温度 T、压力 P 和反应时间 t_e 一定的条件下，求生成最大浓度 NO 时，与之相应的$\frac{[N_2]}{[O_2]}$浓度比。

15. 大气中 NO_2 生成速率可用速率方程 $d[NO_2]/dt = k[NO][O_2]$估算。已知 $k = 10^4 L^2/(mol^2 \cdot s)$，如果在某空间区域$[NO] = 0.05 \times 10^{-6}$（体积分数），$[O_2] = 21.0\%$（体积分数），计算 NO_2 生成速率且(1) 用"mol/(L·s)"作单位；(2) 用"分子数/(L·s)"作单位(按 0℃和 1.013×10^5 Pa 条件下计)。

16. 由实验测得反应 $2NO + O_2 = 2NO_2$ 的反应速度常数 k 与温度 T 之间的关系如下表所列：

T/K	k	T/K	k	T/K	k
143	1.48×10^5	273	1.04×10^4	514	3.0×10^3
195	2.58×10^4	333	5.50×10^3	613	2.8×10^3
254	1.30×10^4	414	4.00×10^3	663	2.5×10^3

求反应活化能 E_a。

17. 某工厂排出烟气量为 3×10^5 m^3/h，其中含 500×10^{-6}（体积分数）NO，现用基于如下反应原理的氨接触还原法脱氮：$4NO + 4NH_3 + O_2 \longrightarrow 4N_2 + 6H_2O$，脱氮率为 88%，求氨的消费量为多少(按 0℃和 1.013 $\times 10^5$ Pa 条件下计)？

18. 一家发电量为 1 000 MW 的燃煤电厂，煤中含 3%S，热值为 25 080 kJ/kg，热效率为 35%，如排出烟气量为 64 000 m^3/min，求烟气中 SO_2 的以 10^{-6}（体积分数）作单位的浓度为多少？假定 SO_2 密度为 1 920 g/m^3。

19. 某种燃煤含硫 2%，现将 4 吨煤燃烧后产生的烟气用湿式石灰石-石膏法处理以脱除 90%的硫。处理过程中实耗 1 吨 $CaCO_3$，计算石灰石转为硫酸钙的百分率。

20. 1975 年美国燃煤总量为 550×10^6 吨，如煤中平均含硫 2%，且燃烧后全部转为 SO_2，又用催化氧化法将这些 SO_2 全部转为 H_2SO_4，则全年可产浓度为 98%的硫酸多少吨？美国化工行业当年产出硫酸总量为 25 百万吨，试将此值与计算结果比较，并对比较结果提出你的见解。

21. 在以下配合反应中，已知 $\Delta_r H_m^{\ominus} = -57.3$kJ/mol，$\Delta_r S_m^{\ominus} = -67.3$J/(mol·K)，试计算生成配离子的稳定常数。

$$Cd(H_2O)_4^{2+} + 4NH_2CH_3 \rightleftharpoons Cd(NH_2CH_3)_4^{2+} + 4H_2O$$

22. 在 $CdCl_2$ 溶液中通入电流 30 min，电流强度为 1.50 安培，求由此可沉积出多少克镉？

23. 设定地球年龄为 4.5×10^9 a，问目前地壳中^{235}U 的残存量是原始量的百分之几？

24. 作为 β 发射体的^{42}K 可用于治疗脑瘤，它的衰变常数 $\lambda = 0.0561$/h。求它的半衰期及在经过 62 h 后残留百分率为多少？

知识链接

1. 准金属元素砷

一、一般介绍

砷在自然界广泛分布，但含量很低。它的元素丰度在地壳中占第 52 位(1.8mg/kg)，在海洋中居第 28 位(2.6μg/L)。一般干净空气和土壤中浓度范围分别为 1.5～53ng/m^3 和 0.1～40mg/kg。

存在于地表中的含砷矿物超过 150 种，主要含砷矿物有雄黄(As_2S_2)、雌黄(As_2S_3)、毒石(FeAsS)、砒石(As_2O_3)等。地表水中一般含砷量很低，但某些地下水和某些矿区煤中含砷量甚高。前者可达 280mg/L，而如捷克和斯洛伐克的一些产煤中最高含砷量可达 1 500mg/kg。

单质砷是一种呈钢灰色、脆性、晶状的准金属固体，在空气中会失去光泽，加热时迅速氧化成三氧化二砷(As_2O_3)，并散发出蒜臭味。单质态砷没有很大毒性，但自古以来，一说起砷就会令人想起这是一种"毒

图 7-1′ 古时用以代表砷的符号

名昭著”的东西，因为几乎所有砷的化合物都有很强毒性。再则，古代罗马人和希腊人就是将雄黄称为砷的。在我国将氧化砷俗称为砒霜，这个“砒”字就是由古代传说中的一种猛兽——貔貅之名转来，借以比喻砒霜毒性之猛烈。在欧洲17世纪的炼金术士则用一条盘旋着的毒蛇(图7-1′)作为砷的符号。

含砷化合物的性能表现有其致毒的一面，也有以毒治病或以毒攻毒的一面。我国唐代名医孙思邈(581～682)在《千金要方》中提出，可用“光明皎洁如雪”的人造砒霜(以雄黄、雌黄、丹砂、磁石等加热升华而得)来治疗疟疾。近期我国的医者则提出可用砒霜治疗白血病。德国化学家保尔·埃尔利希(Paul Ehrlich，1854～1915)于1911年开始用人工合成含砷制剂(二氨基二氧偶氮胂苯)治疗梅毒。这种化合物药名胂凡纳明或洒尔佛散，俗名六〇六，是埃氏人工合成大量有机含砷化合物中编号为606的一种(曾传此化合物为历经606次试验后的产物，此说不符化学史实)。此外，在近代几百年来，特别是19世纪中后期，含 As_2O_3 溶液还被用于治癫痫、气喘及皮疹。

看来，“天生我才必有用”，数千年间，砷在人类的医药和罪恶活动中发挥着各种各样的有害作用或有益作用。

在近代，由于砷化物的毒性早就为人所识，并且逐步深化，所以其应用范围和数量已有所缩减。特别在上述的医用方面，需取更加慎重的态度。除严格限制用量，尽量避免内服外，外用也要慎重，尽可能取用其他替代药物。此外，孕妇或幼者皆不宜服用含砷药物。

单质砷多用于合金制造，它还是半导体材料砷化镓的组成元素，而后者又被用于制造电子计算机芯片以及能显示色彩的数字式手表等。三氧化二砷则多用于制造催化剂、玻璃脱色剂、皮革和渔网之类的防腐剂，牙科医生还将其作为治疗牙疾的辅助药物。单质砷还是合成、制备和生产其他砷化物的起始物或原料，且多数量被用于生产诸如砷酸铅、砷酸钙、亚砷酸钠和有机砷制剂等农药。这些农药又被用于控制水果、烟草、棉花和蔬菜的虫害及鼠害，也被用作羊毛浸剂、木材防腐剂等。不过目前它们的应用范围和应用数量都已渐趋缩小。可作为家畜饲料添加剂的对氨基苯胂酸的目前应用状况也是如此。

除单质砷和三氧化二砷之外，其他的重要砷化物及它们的主要用途列举在表7-1′之中。

表 7-1′ 砷化物的用途

砷化物	主要用途
五氧化二砷	有色玻璃生产、金属黏结剂、杀菌剂
三氯化砷	其他含氯砷化物合成、陶瓷业
砷酸	医药、染料、木材防腐剂
亚砷酸钠	消毒用药皂制造、白蚁杀灭剂
砷酸钙	农药
亚砷酸铅	杀虫剂
砷酸铅	杀虫剂
希尔绿($CuHAsO_3$)	船底涂料

二、进入人体中的砷

存在于环境中的砷及其化合物可经呼吸而由肺、经溶解而由皮肤、经饮食而由消化道进入人体，还可由母体胎盘进入胎儿体内。

火山爆发、化石燃料(煤、石油)燃烧过程中都可能有一定量的砷化物逸入空气，再经呼吸进入人体。若以砷酸铅作为农药施于烟草种植地，则含砷烟草吸食者可通过香烟烟雾同时吸入砷和铅。此外，含砷化物颜料的彩色壁纸在室内潮湿且带酸性的氛围中，可能通过化学作用缓慢散发剧毒的气体胂(砷化氢)。据后人对拿破仑死因作推测，认为他因吸入由室内壁纸透出的砷化氢气体中毒而死。拿破仑于1915年兵败后被囚于圣赫勒拿岛小室，近人对他遗留的头发中的砷浓度作了分析，其结果竟高达39.56mg/g，近于正常人的100倍。

通过皮肤渗入人体的砷可能发生于这样一些场合，(1) 某些地区的地下水中含较多量砷化物，用井水擦脸、洗澡等过程；(2) 通过对含砷化物有色纸张等的触摸；(3) 古代有砷能生发之说，至今尚存影响，所以某些生发剂中含砷。在某些化妆品中也可能含有一定量作为防腐剂的砷化物。

在生活中含毒砷化物大多还是通过饮食进入人体。表7－2′列举了一些未污染食物中的含砷数据。使用含砷饲料添加剂或农药，都有可能使其中砷化物经家禽家畜的肉类和瓜果类悄然进入人体。

表7－2′　未受污染食物中的砷含量

食物	砷含量/$mg \cdot kg^{-1}$	食物	砷含量/$mg \cdot kg^{-1}$
谷类	0～2.4	肉类	0～1.4
水果	0～0.17	乳制品	0～0.23
蔬菜	0～1.3	海产品	1.5～15.3

正常成人体内砷的总量约14～20mg，可遍布于人体所有组织。骨骼和肌肉是体内砷的主要贮存组织。虽然其中浓度不一定很大，但这两种组织在人体总质量中的比率是最大的。正常人体中血液、头发和尿的含砷量分别为0.036mg/kg、0.460mg/kg和小于0.5mg/L。一般地说，含蛋白量多的组织较易富集砷，而酸溶性的类脂质中含砷量较少。

一次性进入人体内的砷化物在血液中存留时间较短，可蓄积于肝脏、肌肉、毛发、指甲和皮肤内。砷化物经代谢后转为砷酸，一般为1～2天内即可经肾脏排出大部分，而通过粪便的排出量极少。尿砷完全排除需7～10天。此外，也可能通过汗腺、乳腺及毛发和指甲等部位排出砷。发砷一般在摄入砷2周后显现，且能长期存留，可作为过去接触、摄入砷的历史指证。

三、中毒案例

由于急性砷中毒致死的命案容易被司法机关侦破，所以近代以砒霜之类毒物谋命的案例已极少见。近代和现时发生的典型砷中毒案例可列举如下。

1900年英国曼彻斯特曾发生过7000多人中毒、1000多人死亡的砷中毒案例，肇事物是用含砷葡萄糖制的啤酒。

1955年日本西部突发一种症状为呕吐下痢、皮肤色素沉积的流行病。经过深入调查，始知位于德岛的奶粉生产厂为保持奶粉酸度，在奶粉中添加了含氧化砷的工业级磷酸氢钠，这起事件引起1.2万名婴儿中毒，约130人死亡。

2000年初，发生于湖南郴州的集体砷中毒事件是近期见到的急性中毒事件之一，且在当地连续发生过数次。祸首是一家砷制剂厂和一家土法炼金厂。两厂排出废水和废气不但毒死了当地大批鱼苗、庄稼，且被污染的井水中含砷量超过标准100倍，引起数百名村民集体中毒。其中重者死亡，稍轻者手脚浮肿，不能行走，要靠输氧维持生命。

在我国台湾省西海岸狭长地区，自古以来就有所谓"乌脚病"的风土病。该地区淡水较少，随着人口增长，在20世纪初掘了很多深井。后经测定井水中有很高的含砷量。曾对10万居民中的约4万人进行病情调查，发现每千人中患皮肤癌者10.6人，色素过度沉积者183.5人，角化症和乌脚病患者分别为71.0人和8.9人。

近期披露的慢性砷中毒事件发生在孟加拉国(见5.6.2.3)。据联合国儿童基金委员会2000年8月27日提出的一份报告指出，该国目前已有2500万人面临死亡或致残的危险。

四、毒性及中毒症状

单质砷几乎无毒性，有机砷化合物的毒性也相对较低，很多无机砷化合物有很大毒性。常见剧毒的无机砷化物是三氧化二砷，它的外形如小麦粉，可溶于温水。中毒量为10～50mg，致死量60～200mg。在致死剂量下，重症者1h内死亡，平均致死时间12～24h。五价化合物比三价的As_2O_3毒性低得多。人们喜食的水生甲壳类食物(小虾、对虾)含有较高浓度五价砷化合物，只要不食之过量，对人体全然无害。但如在食后服用多量具有还原性的维生素C，则在其作用下，进入体内的五价砷化物会转为低价砷化物而危害健康。

进入人体的砷会与体内酶分子(例如丙酮酸脱水酶的分子)中与酶活性相关的巯基结合,由此抑制酶的活性,特别表现在细胞代谢和呼吸作用受阻,其药理作用是扩张和增加毛细血管的渗透性,并出现水肿。砷化氢的毒性表现与其他砷化物不同。其经呼吸被机体吸收后,可与血红蛋白结合成氧化砷,由此发生溶血作用,会引起结核膜出血、黄疸、溶血性贫血等病情,急性死亡率甚高。

砷急性中毒多由事故、下毒引发。其口服摄入的症状有恶心、呕吐、口腔和喉部烧灼感及腹部剧痛;可出现循环性虚脱并于数小时内死亡。其症状外观表现在古典小说《水浒传》第25回"药鸩武大郎"中有过极惟妙惟肖的描写:"油煎肺腑,火燎肝肠,心窝里如雪刃相侵,满腹中似钢刀乱搅,浑身冰冷,七窍血流"。又是"牙关紧咬,喉管枯干",最终"肠胃迸断,呜呼哀哉"。死后火化,其"毒药身死的证见"便是"骨殖酥黑"的表象。

砷慢性中毒一般由职业性接触引发。其症状初时表现为不适和疲劳,恶心呕吐,皮肤黏膜干燥或炎症。进一步的症状有头痛、末梢神经炎、知觉神经障碍、内脏脂肪变性、高度衰弱、心脏麻痹以至死亡。

现有充分的流行病学证据表明,无机砷是人体皮肤和肺部位的致癌物,还可使染色体发生畸变。

五、简易检毒方法、急救和治疗

急性中毒者的呕吐物、剩余的食物、死者胃内容物都是较好的检材。在有铜片和含氯化亚锡的酸性溶液中,检材中含有的砷化物可与之作用后生成砷化铜而沉积于铜的表面。其间发生的反应如下:

$$As_2O_3 + 8Cu + 6HCl \longrightarrow \underset{\text{(灰色或黑色)}}{Cu_5As_2 \downarrow} + 3CuCl_2 + 3H_2O$$

依此呈色反应作为检毒的判据。

对急性中毒者应先用温水或温水加活性炭洗胃,用药催吐或导泻。对度过危险期的病人或原先是慢性中毒者,可取以下治疗方法:(1) 使用二巯基丙醇(BAL)药物作驱砷治疗;(2) 静脉注射10%硫代硫酸钠溶液;(3) 对严重肾衰者作人工透析;(4) 对休克脱水者作人工输液,并用升压药或类固醇类药物治疗。

2. 放射性元素铀

一、地球上最重的金属铀

1789年德国化学家克拉普罗德(M. H. Klaproth)在沥青铀矿中发现铀,并命之与天王星(Uranus)同名,借以向天王星发现者英国人赫舍尔(Herschel, F. W.)表示敬意。

铀是一种重要的放射性元素,它位于周期表中第92位,是地球上所存在元素中最"重"的一个。铀在地壳中的元素丰度占第51位(1.8mg/kg),在海洋中居第27位(3.3μg/L)。含铀的重要矿物有沥青铀矿、晶质铀矿、钒钾铀矿、钙铀云母矿、铜铀云母矿,都属于贫铀矿。所以要获取大量金属铀,在技术上需很复杂的工艺流程。

天然铀有三种同位素,即^{238}U、^{235}U和^{234}U。它们的原子核内都同样地含有92个质子,还分别含有(238－92)、(235－92)和(234－92)个中子。天然铀矿物中一般3种同位素的分配比率是:99.27%^{238}U、0.72%^{235}U和0.0056%^{234}U。可见^{234}U含量是极微的,而且也还没有发现它有什么实用意义。^{238}U是铀系大家族中的第一代,在其后还有18代子体;^{235}U是锕系大家族中的第1代,在其后还有16代子体。

二、铀核裂变反应

少量金属铀被用于电子管制造业中作为除氧剂,又可用于提纯惰性气体。在这些方面,"大材"的铀被小用了。在第二次世界大战后期,美国将以铀为原料制造的原子弹核武器用作战争工具,此后又被和平利用于核燃料发电。有关这两方面应用的历史要事有:(1) 1942年12月2日,在美国芝加哥大学足球场上建成了第1个以铀为燃料的反应堆,实现了核燃料的自持链式反应;(2) 1945年7月16日,在美国新墨西哥州进行了第1次原子弹爆炸试验;(3) 1945年8月6日,在日本广岛第1次使用了实战原子弹;(4) 1954年6月,前苏联建成世界上第1座原子能发电站;(5) 1955年,美国第1艘核动力潜艇下水。1kg铀用于战事相当于2万吨TNT炸药的爆炸力,用于发电则相当于3000t优质燃煤发出的热量。目前世界上已有核电站约450座,核发电量占世界总发电量的17%。

含铀矿石经过冗长的加工工序，主要地用化学法使铀与矿石中其他元素分离而得到纯铀，又主要地用物理法使铀中^{235}U和^{238}U分离，由此得到富集了^{235}U的纯铀。^{235}U含量达到93.5%以上的铀被用作核武器，仅达到2.5%～4%的则可被用于反应堆发电。在核燃料加工过程终端产生的铀残留部分(即铀-235丰度更低于矿石的部分)称为贫铀，在现代被用于制作另一种核武器的贫铀弹。

在供发电用的反应堆中，由中子引发的链式反应使^{235}U核裂变为许多“碎片”，由此而产生各种放射性同位素。如通过以下两种方式的裂变，除释出裂变能之外，还各自得到两种放射性同位素：

$$^{235}U+^{1}n \longrightarrow ^{142}Ba+^{91}Kr+3\,^{1}n+\text{能量}$$

$$^{235}U+^{1}n \longrightarrow ^{140}Xe+^{94}Sr+2\,^{1}n+\text{能量}$$

这类^{235}U核裂变的方式还有很多种，在反应堆中总共可产生30多种元素的300多种同位素。通过核燃料后处理工艺过程，将它们逐个分离开来后，被作为商品用于工业、农业、医疗等许多方面。

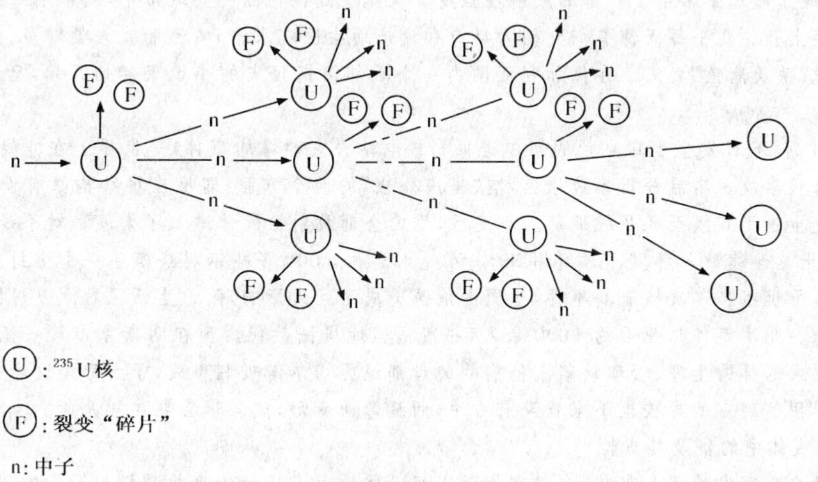

图 7-2′ 铀核裂变反应(链式反应)

由以上裂变反应式可见，^{235}U吸收一个中子后发生裂变反应，每一反应又能平均再生出2.5个中子，所以由1次裂变会依次引起2.5次、6.25次、15.6次……核裂变反应。即通过如图7-2′所示的链式反应，将释放能量的过程不断进行下去。链式反应进行的速度极快，一次核裂变经历的时间约0.1ms。也就是说，在7ms间可发生2.5^{70}次铀核裂变，耗用2.8t^{235}U，同时释放出2.5×10^{17}焦耳的能量。对于在一瞬间如此大量释放能量的反应，如让其不加控制地进行下去，必然会像原子弹一样发生强烈爆炸。事实上，在核能发电过程中必须采用多项措施，使链式反应转为可控制的核反应，即让核裂变所产生的能量缓缓释放出来，为电站发电所用。

三、重大的核事件和核事故

由铀及其裂变产物引起的最大一次事件是美国在第二次世界大战后期于1945年8月6日对日本广岛投掷了原子弹(铀弹)。由此产生的强放射性(加上热辐射和冲击波)使这个当时仅有34.3万市民的城市中的7.8万人立即死于非命，在此后不长时间内又有13万人相继死亡。

1991年美英等国发动海湾战争，1999年北约军事集团发动科索沃战争，在这两次战事中都使用了核武器贫铀弹。这种武器弹药中铀的密度为18.7g/cm^3(钢的2.8倍)，是含富^{238}U和含钛99.25%的铀-钛合金，具有硬度高、强度大、韧性好的机械性能，对于摧毁坦克装甲具有极强的攻击效果(图7-3′)。

图 7-3′ 中子弹的构造

在两次战争中投放贫铀弹所产生的毒性包括放射性毒和化学毒。贫铀弹在撞击到标的物(坦克)后发生爆炸,由此产生铀和氧化铀的粉尘,变为细微颗粒随空气四处飘散,从而被人体通过呼吸道摄入,在体内产生毒性。

在海湾战争中使用贫铀弹致使数千名参战英国士兵日后出现四肢无力、全身疼痛、甚至大量脱发、呼吸困难和记忆力衰退等"海湾战争综合症"的症状。但受害最多和最深的还是伊拉克普通百姓。战后十年间,当时战区内伊拉克人患癌症的人数比战前增加了约10倍;130多万名伊拉克儿童早死,主要是患癌,加上营养不良和缺医少药。

科索沃战争结束后,曾被派往巴尔干地区进行维和行动的士兵中有越来越多的人患上了"巴尔干综合症"。其主要症状表现为疲劳、头痛、失眠、腹泻,还有精神压抑、记忆衰退、呼吸障碍等。甚至有不少人患上白血病和癌症,并有多人死亡。战后对南斯拉夫地面国土作放射性测量,证明由于战争期间投放的31000枚贫铀弹,造成了超过正常值110倍的放射性强度。在处于战区内的一些城市中,战事刚一结束,就发现癌症患者数突然上升。几乎每天都有妇女因为早产和流产而去医院求治,畸形胎儿大量增多。连南联盟的邻国也未能逃脱"殃及池鱼"之灾。在保加利亚国内一个毗邻南斯拉夫的小镇莱赫切瓦镇,已发现50%的新生儿是畸形的。

1986年4月26日发生于乌克兰的切尔诺贝利核电站火灾和爆炸事件,是世界上在非战争期间发生的最严重的一起核事故。事后分析事故原因,有"里应外合"的两个方面:即反应堆结构原有设计上的缺陷和当时当地曾发生过1.6级至3.2级地震。事发后,堆内全部放射性气体进入了大气。对于残存的100多吨核燃料,为防止其继续散入环境。只好用30多万吨水泥和5000多吨钢材浇筑了一个全封闭式的石棺,掩埋了出事的4号机组。这次核泄漏事件,给周围地区造成了巨大影响,附近生活区数十万居民撤离,还波及到大半个欧洲。此次事件总死难约4000余人,并遗祸当地居民后代。现在明斯克市第一托儿所里全托的儿童都有这样或那样的生理、心理缺陷。他们的父母都经历切尔诺贝利事故,子女都是这场灾难的受害者。例如一个名叫伊戈列克的男孩生下来就没有右手,两腿弯曲变形,被父母丢弃在托儿所。

四、进入人体中的铀及其毒性

除非是战事或突发性职业事故,在日常生活中经人体摄入多量铀的事故是极为罕见的。在发生战争或事故情况下,吸入含铀的难溶性颗粒物是接触铀的最重要途径。进入人体的铀颇难从体内排出,由它发射α射线所引起的体内辐照损伤是高度累积性的。铀进入人体后易蓄积在骨骼、肾脏和肝脏,尤其是肾,其抗铀化学毒性的能力最弱。据报道,铀在骨及肾中的生物半衰期为300天。铀在体内显示的化学毒性与汞相似,会产生肝障碍和慢性的肾障碍。对动物试验的结果表明,铀的毒性症状还表现有肝硬化。

8 环境有机污染物化学

存在于地球环境中的有机物有几百万种，多数源于自然过程，即由生物体的活动过程产生。上世纪以来人们开始致力于合成和生产众多自然界所没有的有机化合物，在合成和产品降解过程中又产生很多中间产物。由于社会对这类产品的普遍需求，至今人工合成化合物已达1 800万种，每年约有25万种新的化合物问世，又有约300～500种投产。目前世界年产各类有机物总量已近5×10^8吨。估计产出的各类有机物中有1/3数量会在短期内进入环境，随即在各圈层内或圈层间迁移，同时以各种形式的降解过程发生转化，并产生各种环境效应。其中又以对生态环境和人类健康影响最大的有机化合物备受人们关注。

8.1 酚类污染物

8.1.1 环境中的来源和基本性质

酚类污染主要发生在水体中。

酚类是指苯环或稠环上带有羟基的化合物。酚及其衍生物组成了有机化合物中的一个大类，包括在这个大类中的酚类化合物总数有几百种之多。最简单的是苯酚C_6H_5OH，俗称石炭酸，它的浓溶液对细菌有高度毒性，广泛用作杀菌剂、消毒剂。甲酚有3种异构体，比苯酚有更强杀菌能力，可用作木材防腐剂和家用消毒剂等。在用氯气氧化处理用水时，水中的酚容易被次氯酸氯化生成氯酚，这种化合物对嗅觉和味觉具有强烈的刺激性，对饮用水的水质影响很大。天然水中的腐殖酸组分是一种多元酚，其分子能吸收一定波长的光，使水呈黄色，并降低水中生物的生产力。单宁和木质素都是植物组织中的成分，也都是多酚化合物，分别在制革工业和造纸工业中经废水载带进入天然水系。以上述及的这些都是天然水系中常见的酚类化合物。

酚可从煤焦油中提取回收，但现在大量的酚是用合成方法制造的，它们又大量、普遍地用于木材加工和各类有机合成工业，所以天然水体中若含有多量的酚，就可能来自于石油、炼焦、木材加工及化学合成(包括酚类本身、塑料、颜料、药物等合成)等工业的排放废水。一些工业废水中含酚浓度范围如表8-1所示。除工业废水外，粪便和含氮有机物在分解过程中也产生酚类化合物，所以城市污水中所含粪便物也是水体中酚污染物的主要来源，如人尿和人粪中含酚量可分别达6.6 mg/(kg体重·d)和0.3 mg/(kg体重·d)。

表8-1 一些工业废水的含酚浓度

废水种类	含酚浓度/$mg\cdot L^{-1}$	废水种类	含酚浓度/$mg\cdot L^{-1}$
炼焦		(a)低温炭化	1 000～8 000
(a)回收酚后的废液	900～1 000	(b)高温炭化	800～1 000
(b)焦炉流出液	35～250	石油精炼	2 000
煤的炭化		酚醛树脂生产	800～2 000

苯酚在水和非极性溶剂中都有一定的溶解度，其碱金属盐也易溶于水，苯酚的氯代衍生物随环上氯原子数增多，熔点和沸点升高，挥发性下降，但其水溶性也是下降的，而在非极性溶剂(苯、

石油醚）中的溶解度却随之增大。氯酚是比苯酚强的酸，且随取代氯原子增多而酸性增强。对含硝基的酚来说，也有与氯代苯酚相似的行为。以下叙述有关酚类化合物的环境化学性质。

1）吸附

水体中的悬浮颗粒或水底沉积物能吸附酚类化合物。因为吸附剂中所含有机组分与吸附质间有一定的亲和力，所以酚类化合物被吸附的能力与其在正辛醇/水体系中的分配系数 P_{oct} 值相关。如苯酚的 $P_{oct}=10^{1.46}$，这是一个较小的数值，表明它被水体中悬浮颗粒或沉积物所吸附的能力较弱。一氯苯酚三种异构体的 P_{oct} 值都大于 10^2，表明氯酚有较大的被吸附能力。一般认为吸附作用对水体中酚类的迁移和归宿只产生很小的影响。

2）挥发

苯酚的蒸气压低、水溶性大，在大气压下气液两相分配比是 1.8，这些都表明它在水中只有很小的挥发能力。2-氯苯酚在 20℃下蒸气压为 293.3Pa，表明它有较强挥发能力，但它同时具有很大水溶性和被溶剂化能力，使其又不易从水中逸出。一般地说，除非伴有强烈的曝气作用，酚类从水环境向大气挥发并不是一个影响其迁移的重要因素。

3）氧化

苯酚在水溶液中可受分子氧氧化，但速度很慢。在高度曝气的水中，可加速这种氧化作用的进程。如果有紫外线或过氧化物参与，也能加速天然水体中酚的氧化。化学氧化有两个主要方向，或者循序形成一系列的氧化物，最终分解为碳酸、水和脂肪酸；或者由于缩合和聚合反应的结果，形成腐殖质或其他更复杂的稳定的有机化合物。在一般的天然水体中酚的化学氧化速度不能与生化降解速度相比拟。

4）生物降解

利用微生物降解酚类化合物是工业废水处理中的早期研究课题。用活性污泥法易于分解一元酚和二元酚，难于分解三元酚。氯代或硝基代一元酚大多是易生物降解的，五氯苯酚需较长时间才能降解完全，而 4,6-二硝基-邻甲苯酚是在实验条件下唯一难降解的化合物。一般说来，当导入甲基时，分解性能变得良好。甲基在对位比在邻位或间位者分解更迅速。具有分解酚能力的微生物种类很多，包括细菌中的多个属及酵母、放线菌等。通常经过富集和选择培养方法，进行分离，可望获得能用于水处理工艺的具有高分解能力的菌株。苯酚在好氧条件下按以下过程降解：

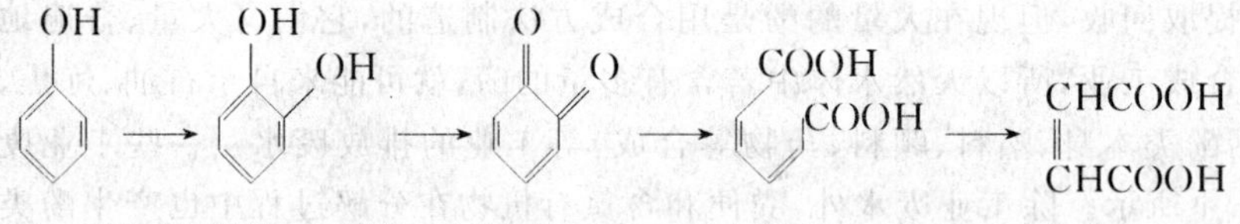

$\longrightarrow CH_3COOH \longrightarrow CO_2+H_2O$

在厌氧条件下，苯酚先还原为环已酮，然后水解成正已酸，最终的降解产物是甲烷，因此其厌氧降解和好氧降解的途径、产物是全然不同的。

5）毒性

水体遭受酚污染后严重影响水产品的产量和质量，水体中低浓度酚就能影响鱼类的回游繁殖，浓度为 0.1～0.2 mg/L 时鱼肉有酚味，浓度更高时可引起鱼类大量死亡，酚及其衍生物对鱼类和藻类引起急性毒害的浓度见表 8-2。

表 8-2 苯酚类化合物对水生藻类和鱼类的毒性/$mg \cdot L^{-1}$,(96h LC_{50}①)

化合物	淡水绿藻类	多种鱼类	化合物	淡水绿藻类	多种鱼类
苯酚	10～30	4.2～44.5	间甲苯酚	—	12.6～23.2
2-氯苯酚	500	8.1～58.0	对甲苯酚	—	12～19
4-氯苯酚	4.8	3.8～14.0	4-氯-6-甲基苯酚	92.6	—
2,4-二氯苯酚	—	2.0～13.7	2,4-二氯-6-甲基苯酚	—	—
2,4,5-三氯苯酚	1.2	0.4～0.9	2,4-二甲基苯酚	500	5～17
2,4,6-三氯苯酚	5.9	0.3～9.0	4-硝基苯酚	4.2	7.8～17
2,3,5,6-四氯苯酚	2.7	—	2,4-二硝基苯酚	9.2	0.3～17
2,3,4,6-四氯苯酚	0.6	0.1～0.5	2,4,6-三硝基苯酚	41.7	—
五氯苯酚	1.0～2.7	0.06～1.7	2,4-二硝基-6-甲基苯酚	50	

① 96 小时试验半致死浓度。

对人体来说,酚类属高毒物质。长期饮用含酚水可引起头昏、出疹、瘙痒、贫血及各种神经系统疾患。体内过量摄入时会出现急性中毒症状,如引起腹泻和口疮等。

苯酚或大多数氯代酚可能对人体并没有致癌或致畸作用,但对各种细菌和酵母菌有显著的致突变作用。甲基衍生物是致癌和致突变的,而多数硝基酚无致癌性而有致突变性。

8.1.2 含酚废水的治理方法

治理方法可分为两类,即回收法和无害化法。通常将两类方法结合使用且回收法用之在先。无害化的方法,一般是用化学氧化剂如 H_2O_2、ClO_2 或 O_2 使酚氧化,或用生物降解法使酚降解为 CO_2 和 H_2O。回收法多用于原始含污浓度高的废水,常用的方法有气提、溶剂萃取和吸附/离子交换法。

1) 气提法

可用水蒸气在 100℃左右通入废水将酚吹出,然后用 15%NaOH 作化学吸收。此方法适用于高浓度废水(含酚大于 100 mg/L)。估计每 1 000 m^3 废水需用 200 吨蒸汽和 2 吨 NaOH,处理后残余酚浓度接近 50 mg/L,回收率可达 95%。本方法设备投资费用较高。进一步可用生物法或吸附/离子交换法作后续处理。此外,也可用热空气代替水蒸气进行操作。

2) 萃取法

本法多用于高浓度(含酚 1 000 mg/L 以上)含酚废水的回收,具有处理水量大、占地面积小、运转费用低等优点。

应用溶剂萃取时,可选用芳香或脂肪烃类、酯类、醚类、酮类、醇类等溶剂作为萃取剂。可根据分配系数、价廉易得、不溶于水、不乳化、蒸气压小、毒性小及稳定性强等条件选用。此外,还可以选用工厂生产排出的废油等,做到以废治废。

应用以溶剂稀释过的萃取剂处理废水时,常用萃取剂有酰胺类萃取剂 N_{503} 和叔胺类萃取剂 N_{235} 等,它们都是国产的高效萃取剂,化学结构如下:

N_{503}(N,N-二甲庚基乙酰胺)

$$CH_3\overset{\overset{\displaystyle O}{\|}}{C}—N(C_8H_{17})_2$$

N_{235}

$$R_3N \quad (R:C_8 \sim C_{10})$$

酰胺类萃取剂可单独使用,亦可与其他溶剂混合使用。此类萃取剂广泛地用于染料化工厂、焦化厂、农药厂、制药厂等含酚废水的萃取处理。其处理特点是,进水浓度越高越好,能处理带微量油状物或悬浮物的废水。与煤油相混合的萃取剂，一次脱酚率达95%左右，可采用混合澄清槽或萃取塔进行间歇式或连续式操作，操作费用不高。其缺点是少量萃取剂可能溶入废水，造成二次污染。

叔胺类萃取剂相当于一种液体交换树脂，具有一定碱性，与酸生成叔胺盐，反应为：

$$2R_3N + H_2SO_4 \longrightarrow (R_3NH)_2SO_4$$

$$R_3N + HCl \longrightarrow R_3NH^+Cl^-$$

成盐后对酚类物质有很高分配系数，即可达到高效率萃取的目的。

N_{235}-煤油溶液与水的相对密度差大，常温下溶解度小，沸点高，受热不分解，反萃取条件平易，且可多次重复使用，所以是一种较为理想的处理含酚废水的萃取剂。

3）吸附/离子交换法

吸附法适用于处理含酚浓度较低（低于300 mg/L）的废水。所用吸附剂主要有磺化煤、吸附树脂以及活性炭。

磺化煤装塔并采用半连续式操作时，一次脱酚率可达95%左右。处理时进料酚浓度不宜太高，过高则吸附剂再生频繁，耗用酸碱过多；也不宜处理带油状物或悬浮物的废水，以防堵塞。

应用大孔吸附树脂法的特点是对废水中有机物具有选择吸附性，吸附不受无机盐的影响；解吸再生容易，回收产物质量高；树脂稳定，经久耐用。

大孔吸附树脂的孔径与吸附质分子比以6：1最好（对苯酚而言）。其吸附脱酚过程包括吸附、溶胀反冲、解吸及水洗。

活性炭吸附法对酚类物质有很高吸附效率，几乎可完全除去酚和TOC，但存在对料液洁净度要求高，解吸手续繁杂，活性炭再生困难等问题。

例1 在用国产萃取剂N_{235}以萃取法处理含酚废水时，若分配比$D=10$，则当相比R由1/10增大到1时，萃取百分率的变化是多少？

解 在萃取过程中的重要操作参数有分配比和萃取百分率。分配比被定义为被萃取对象物在平衡两相中各种化学形态总浓度之比，即

$$D=\frac{c_o}{c_a} \tag{1}$$

式中，c为浓度，下标o和a分别代表有机相和水相。

萃取百分率被定义为被萃取对象物于平衡条件下，其在有机相中的数量与其在两相中总量之比的百分率，即

$$E\%=\frac{M_o}{M_o+M_a}\times 100\% \tag{2}$$

在E和D之间有关系式如下：

$$E\%=\frac{RD}{1+RD}\times 100\% \tag{3}$$

按式(3)

$$\Delta E(\%)=\left[\frac{1\times 10}{1+(1\times 10)}-\frac{0.1\times 10}{1+(0.1\times 10)}\right]\times 100\%$$

$$=[90.91-50]\times 100\%=40.91\%$$

结果表明，相比增大10倍时，萃取百分率相应增大40.91%。

8.1.3 水样分析方法

近几十年来发展了各种分析酚的方法，如光度法、纸上层析法、薄板层析法、气相色谱、液相

色谱和气相色谱-质谱联用法等。最常用并被列为标准分析法的是 4 -氨基安替比林直接光度法,该法具有灵敏、选择性高和结果稳定等优点。

在碱性条件和氧化剂铁氰化钾存在下,酚类和 4 -氨基安替比林反应生成橘红色吲哚酚安替比林染料,在 510 nm 处有最大吸收。酚的检出限为 0.1 mg/L。为进一步提高分析灵敏度,可将水样作蒸馏预处理,再将馏出液用氯仿提取浓集,则方法最低检测浓度可达0.002 mg/L(实测波长改取 460 nm)。

应用本方法测得的是水样中沸点较低的“挥发性酚”。由于对位取代基酚不能发生上列显色反应,所以实测的只是苯酚和邻、间位取代酚。此外,本方法选用苯酚为标准以作出标准曲线,而邻位和间位取代酚发色后的吸光度都低于等量苯酚的吸光度,因此所测结果偏低于水中挥发酚的实际浓度。

8.2 芳烃类污染物

8.2.1 环境中的来源和基本性质

芳烃是芳香族化合物的母体,大多数芳烃含有苯的六碳环结构。对含苯环的芳烃根据所含苯环数目和联结方式不同,又可分为:(1)单环芳烃,其分子中只含一个苯环,如苯及苯的氯、硝基、甲基、乙基等取代衍生物;(2)多环芳烃(简写为 PAHs),其分子中含有两个或两个以上苯环,如联苯、萘、蒽等。

存在于环境中的单环芳烃基本上只有人为来源,且主要来源于含多量单环芳烃的化石燃料。煤干馏、石油裂解或芳构化等加工过程中可产得多种单环芳烃,它们在生产、运输、销售、应用等过程中又会转入大气(单环芳烃多具有发挥性)或水体环境。水体中单环芳烃主要来源于工业废水、城市污水及倾翻入水体的原油。

存在于环境中的多环芳烃有天然和人为的两种来源。前者包括:(1)某些细菌、藻类和植物的生物合成产物;(2)森林、草原燃起的野火及火山喷发物;(3)从化石燃料、木质素、底泥等散发出多环芳烃,是长期地质年代间由生物降解物再合成的产物。人为来源主要有:(1)废物焚烧和化石燃料不完全燃烧产生的烟气(包括汽车排气);(2)工厂(特别是炼焦、炼油、煤气厂)排出物。特别值得提及的是从吸烟者喷出的烟气中迄今已检测到 150 种以上多环芳烃,且其含量比饮水高得多。水体中多环芳烃主要来源于各类工业废水、大气降落物、表面敷沥青道路的径流及污染土壤的沥滤液等。与地下水、湖水相比,河水更易受污染,其中多环芳烃的浓度水平可能高于 0.05 μg/L,且多量被吸附在悬浮粒子上,仅少量呈溶解态。

芳烃类化合物的物理性质及化学稳定性主要由其分子结构中共轭 π 电子体系决定。环境中常见芳烃类化合物的一些特性参数列举在表 8 - 3 之中。

表 8 - 3 芳烃类化合物的物理常数

化合物	分子式	相对分子质量	熔点/℃	沸点/℃	相对密度(d_4^{20})	蒸气压①(Torr②)	水溶解度/mg·L^{-1}(25℃)	分配系数($\lg P_{oct}$)
苯	C_6H_6	78	5.5	80.1	74.3	1780(20℃)	2.13	
氯苯	C_6H_5Cl	113	−45.6	131.7	1.11	8.8	472	2.84
1,2 -二氯苯	$C_6H_4Cl_2$	147	−17.0	180.5	1.31	1	156	3.55
1,3 -二氯苯	$C_6H_4Cl_2$	147	−24.8	173.0	1.29	3	111(20℃)	3.44
1,4 -二氯苯	$C_6H_4Cl_2$	147	53.1	174.1	1.25	0.5	79(20℃)	3.38
甲苯	C_7H_8	92	−95	110.6	0.87	22.4	535	2.69

续表

化合物	分子式	相对分子质量	熔点/℃	沸点/℃	相对密度(d_4^{20})	蒸气压[①](Torr[②])	水溶解度/$mg \cdot L^{-1}$(25℃)	分配系数$\lg P_{oct}$
邻二甲苯	C_8H_{10}	106	−25.1	144.4	0.88	5.2	175(20℃)	3.15
乙基苯	C_8H_{10}	106	−95	136.2	0.86	7.1	140(15℃)	3.15
硝基苯	$C_6H_5NO_2$	123	5.7	210.9	1.20	0.27	205.7(20℃)	1.85
萘	$C_{10}H_8$	128	80.2	211	1.14	0.05	31.7	3.37
蒽	$C_{14}H_{10}$	178	216.2	340	1.25	1.7×10^{-5}(25℃)	0.045	4.45
菲	$C_{14}H_{10}$	178	100	340	1.025	9.6×10^{-4}(25℃)	1.00	4.45
䓛	$C_{18}H_{12}$	228	254	488	1.274	6.3×10^{-9}(25℃)	1.8×10^{-3}	5.61
苯并[a]芘	$C_{20}H_{12}$	252	179	310～312(1.3kPa)	—	5.6×10^{-9}(25℃)	3.8×10^{-3}	6.06

① 20℃；② 1Torr＝133.3Pa。

一些单环芳烃化合物仅微溶于水，在天然水体中滞留时间很短。随着苯环上取代氯原子数增多，化合物在水中溶解度降低，而在正辛醇/水体系中分配系数 P_{oct} 增大。一般在苯环上引入氯原子还可引起熔点降低，沸点升高，所以邻位和间位的二氯取代物呈液态的温度范围变宽。但对位的取代物呈相反的趋向。被氯取代后的苯环有较大化学反应性，但所有氯苯化合物都是热稳定性的。

多环芳烃类化合物具有大的相对分子质量和低的极性，所以大多是水溶性很小的物质，但若水中存在有阴离子型洗涤剂(如月桂酸钾)时，其溶解度可提高到 10^4 倍。含 2 至 3 个环且较低相对分子质量的 PAHs(萘、芴、菲、蒽)有较大挥发性以及对水生生物有较大毒性；含 4 至 7 个环的高相对分子质量的 PAHs 化合物(䓛-晕苯)虽然不显示出急性毒害，但大多具致癌性。

芳烃化合物在化学性质上表现惰性。一旦发生反应趋向于保留共轭环体系，即较容易发生与—Cl、—NO_2、—SO_3H、—CH_3 等基团间的亲电子取代反应，而难以发生加成或氧化反应。此外，PAHs 可与水中存在的胶体形成复合物，并以此形式在整个天然水系中迁移。因此曾在远离密集人群活动的海洋生物体组织中检测到了 PAHs。

对于芳烃类污染物的各种环境化学性质进一步分述如下。

1) 吸附

单环芳烃特别是氯代苯有较大 P_{oct} 值(正辛醇-水分配系数)，这表明它们能被沉积物中的有机组分强烈吸附。例如实验室研究表明，六氯苯在沉积物相和水相中的平衡浓度分别为 332 μg/kg 和 8.3 μg/L，浓集因子约 40。由于单环芳烃及其衍生物具有易被吸附的性能，致使其在水层中的浓度维持在较低的水平，并可使单环芳烃在水体中所发生的其他迁移或转化过程(如挥发)也有所减慢。

多环芳烃水溶性和蒸气压都很小，进入水体后容易被水中悬浮粒子或沉积物所吸附。在水生生物中的浓度虽然比水中浓度要高几个数量级，但与沉积物中浓度相比还是较低的。低相对分子质量 PAHs 化合物通过沉积、挥发、微生物降解等过程而从水相中迁走；高相对分子质量 PAHs 化合物主要通过沉积和光化学氧化过程发生迁移和转化。人们受芳烃化合物具有易被吸附性能的启发，在废水处理中采用了混凝、沉降、过滤或活性炭吸附等方法，通过实践也的确证实了这些方法的有效性。

大气中多环芳烃主要来源于各种化石燃料或废弃物的不完全燃烧和热解过程。按照 9.6.3.2中将述及的 PAHs 在焚烧炉中的生成机理，由此类过程产生的 PAHs 大多呈被烟黑颗粒(通常粒径＜1 μm)吸附的形态散入大气，所以大气中 PAHs 的迁移、分布、转化、归宿(通过干沉积或湿沉积进入地面)等性质受其颗粒大小和气象等条件的制约。

2) 挥发

对存在于水体中的大多数单环芳烃化合物来说,决定其环境归宿的另一途径是朝大气方向的挥发。在挥发过程仅由气相动力因素控制的前提下,苯的挥发速率仅取决于水的温度。表8-4列举了一些典型单环芳烃化合物因挥发而迁移的半衰期数据。但实际水体中对象物的半衰期数据还与天然水体中水的深度及水的流速等因素有关。

表8-4 典型单环芳烃因挥发而迁移的半衰期

化 合 物	半衰期/h	化 合 物	半衰期/h
苯	4.81	乙苯	5～6
氯苯	9.0	硝基苯	～200
1,2-二氯苯	<9.0	甲苯	5.18
1,3-二氯苯	～10	2,4-二硝基甲苯	～数百天
1,4-二氯苯	<9.0	2,6-二硝基甲苯	～数百天
六氯苯	～8		

对于具有两个环的PAHs化合物来说,有较大挥发性。例如飘浮海面的原油中所含的萘很容易在一定水温、水流、风速条件下挥发逸散到大气中去,但存在于水体中具有4或4个以上苯环的PAHs化合物在任何环境条件下都是不易挥发的。

包括很多芳烃(苯、甲苯、二甲苯、乙苯等)在内的许多有机物都具有易挥发特性。由此组成了一个有机化合物大类,被称为挥发性有机化合物类(VOCs)。按世界卫生组织定义,凡有机化合物(不包括金属有机化合物和有机酸类)其在标准状态(293K和101.3kPa)下的蒸气压大于0.13kPa者即属VOCs类化合物。所以除芳烃外还包括诸如四氯化碳、三氯乙烯等挥发性非芳烃类化合物。① VOCs类化合物因其低极性和高疏水性而易穿透土壤,进入地下水。且因地下水所具有的特殊环境条件,有可能使其进一步积聚到很高浓度水平,成为一组高危险性的污染物类。目前对VOCs类化合物的研究已经成为环境化学学科的一个专题。

例2 有一废水塘,表面积 $S=25\times40m^2$,水中含苯浓度 $c=100mg/L$,估算苯的挥发率(ER)为多少?假定在 $t=25℃$,风速为3.0m/s等条件下总传质系数 $K_{OA}=3.03\times10^{-4}$ mol(cm²·s)。

解 Thomas(1982)提出计算废水塘中有机污染物挥发率的公式为*:

$$(ER)=18\times10^{-6}(K_{OA}\cdot S\cdot c)\ g/s$$

式中 18×10^{-6}——单位转换因数;

K_{OA}——总传质系数/$mol\cdot(cm^2\cdot s)^{-1}$;

S——挥发表面积/cm^2;

c——污染物浓度/$mg\cdot L^{-1}$。

(*公式来源:J. Air Poll. Contr. Assoc. 1982/1—79)

将已知数值代入上式,得苯的挥发率为:

$$(ER)_{Bz}=(18\times10^{-6})\times[(3.03\times10^{-4})\times(25\times40\times10^4)\times100]$$
$$=5.5\ g/s$$

3) 水解、化学分解和光化学分解

在天然水体条件下,大多数单环芳烃不容易发生水解、化学分解或光化学分解。但

① 在非甲烷挥发性有机化合物(NMVOCs)名称之下还包括在常温常压下呈气态的各种烷烃和烯烃。

2,4-二硝基甲苯是一个例外,在高度曝气的水中,它分子上的甲基能被水中溶解氧所氧化。在为处理废水而作的实验室研究中,应用 Fenton 试剂($H_2O_2+Fe^{2+}$ 催化剂)能有力地使单环芳烃类化合物化学降解。若再外加紫外光照,则更能提高降解速率和降解程度。一般认为只是波长小于 280 nm 的入射紫外光才有可能引起分子光分解。

存在于大气中的 PAHs 化合物较容易发生化学氧化或光化学氧化,但在溶液中就较难发生。表层水中的苯并[a]芘受光化学降解的能力主要取决于水中溶解氧浓度、温度和太阳光在水面上的辐射强度。在水下层,光化学降解能力显著减弱,因为一则光强减弱,再则温度和溶解氧浓度下降。至于被吸附在沉积物中的 PAHs 化合物,其光化学降解就完全可以不计了。

4) 生物降解

一些土壤和水生微生物能利用某些单环芳烃化合物作为碳源,所以苯、氯苯、1,2-二氯苯、六氯苯等都可能在水中为生物所降解。存在于土壤、污泥、海水中的微生物能对 PAHs 化合物起降解作用,降解反应按一般芳烃化合物的降解机理进行,即先引入两个羟基,使 PAHs 化合物转为二酚类化合物后再开环。此后,对低相对分子质量 PAHs 化合物可彻底降解转化为 CO_2 和 H_2O;对高分子 PAHs 化合物则能产生各种代谢物酚和酸。

在哺乳动物的肝、脊椎动物或非脊椎动物的其他器官中存在着一种"多功能氧化酶(MFO)",PAHs 化合物能在这种酶的作用下降解,但由此产生的中间产物是具有致癌和致畸性的芳烃氧化物,需进一步降解才可转化为低毒的产物。

5) 毒性

芳烃类化合物是高度脂溶性的,容易在人体富脂肪器官和乳液中累积。许多单环芳烃包括含 1 至 5 个氯原子的氯代苯、甲苯、乙苯、硝基苯都无致癌性。致癌或可能致癌的化合物有苯、2,6-二硝基甲苯、2,4,6-三硝基甲苯、偶氮苯、十二烷基苯等。大鼠口摄六氯苯的试验表明,该化合物能引起肝肿、甲状腺腺瘤等症。此外,六氯苯还有致突变和对胎儿产生毒性等生理行为。

多环芳烃及其衍生物中很多具有致癌和致突变性,且致癌性与致突变性间有很好的相关关系。表 8-5 列举了某些致癌和不致癌的多环芳烃。除致癌性外,多环芳烃还可能损伤造血系统和淋巴系统。

表 8-5 多环芳烃的致癌性

致癌或可能致癌的化合物	苯并[a]芘,苯并[e]芘,苯并[a]蒽,苯并[a]荧蒽 苯并[b]荧蒽,苯并[j]荧蒽,苯并[k]荧蒽, 苯并[g,h,i]苝,苯并[a]芴,䓛、芴、苝、芘	不致癌化合物	苊烯,蒽,荧蒽 萘,菲

8.2.2 含芳烃废水和废气的治理方法

含芳烃化合物的废水,例如石油化工废水都具有组分复杂(往往同时含有非芳烃类有机化合物,有时组分可多达上百种)、总有机碳量值高、水质变动大等特点。采用何种处理方法为合适不能一概而论,常因对象而异。一般情况下都需要进行三级处理方能达到最终净水目的,即达到地表水水质标准予以排放,或转为循环冷却水予以回收再用。

一级处理所用方法有沉淀、隔油、浮选、中和、均质、混凝沉降和气提等。隔油、浮选、混凝的主要目的是除油(内含多量不溶于水的芳烃),气提能除挥发性芳烃。二级生物处理可去除废水中可溶性芳烃。好氧生化处理法对大多数芳烃基本有效,它们能被活性污泥吸附并进一步分解。当芳烃上有取代基存在时会加快生化降解速度,例如甲苯要比苯更容易生化降解。某石油裂解工业废水中含致癌多环芳烃 1 200 μg/L，经生化处理后，其去除率约在 30%以上。三级处理方法主要有活性炭吸附、臭氧或过氧化氢氧化、萃取、离子交换等。

含芳烃工业废气的处理常用活性炭吸附法。此法工艺简单、效率高，特别适用于含低浓度芳烃的工业废气，而且有可能使其中有用组分得以回收。

例 3 含甲苯的工业废气在温度 $T=298$K 和总压 $p=1.013\times10^5$ Pa 条件下用活性炭吸附法处理之。已知甲苯平衡浓度为 $1\,000\times10^{-6}$（体积分数），吸附等温线符合 Freundlich 式 $y=K(p^*)^n$，且在本题给定条件下，$K=0.20842$，$n=0.110$，求活性炭对甲苯的平衡吸附率。

解 由题给条件，甲苯的平衡分压为

$$p^*=(1\,000\times10^{-6})\times(1.013\times10^5)=101.3\ \text{Pa}$$

将此值和其他已知值代入 Freundlich 公式，得甲苯在活性炭上的平衡吸附率为：

$$\begin{aligned}y&=0.20842\times(101.3)^{0.110}\\&=0.346\ \text{kg(甲苯)/kg(活性炭)}\end{aligned}$$

8.2.3 水样分析方法

有关芳烃类化合物的分析和检测一般都具有很大复杂性和技术难度，在此只能就水样的分析作示例性或归纳性的阐述。

1）单环芳烃的分析检测（示例）

对含 12 种单环芳烃化合物的水样用盐酸酸化后用苯萃取，再经过色层柱净化浓集，最后用气相色谱法（电子俘获检测器）分别定量。必要时还需要用气相色谱-质谱联用法（GC－MS）对单环芳烃组分作鉴定。12 种化合物的名称、它们的分析程序和分析结果分别见表8－6和图 8－1、图 8－2。

表 8－6 水样中待测组分

编 号	名 称	分 子 式	相对分子质量	标准液浓度/mg·L⁻¹
1	硝基苯	$C_6H_5NO_2$	123.11	0.2
2	邻硝基甲苯	$C_7H_7NO_2$	137.14	0.1
3	间硝基甲苯	$C_7H_7NO_2$	137.14	0.25
4	对硝基甲苯	$C_7H_7NO_2$	137.14	0.2
5	间硝基苯甲醚	$C_7H_7NO_3$	153.14	0.05
6	邻硝基苯甲醚	$C_7H_7NO_3$	153.14	0.2
7	对硝基苯甲醚	$C_7H_7NO_3$	153.14	0.4
8	2,6-二硝基甲苯	$C_7H_6N_2O_4$	182.14	0.05
9	间二硝基苯	$C_6H_4N_2O_4$	168.11	0.5
10	2,4-二硝基甲苯	$C_7H_6N_2O_4$	182.14	0.2
11	邻二硝基苯	$C_6H_4N_2O_4$	168.11	0.1
12	3,4-二硝基甲苯	$C_7H_6N_2O_4$	182.14	0.15

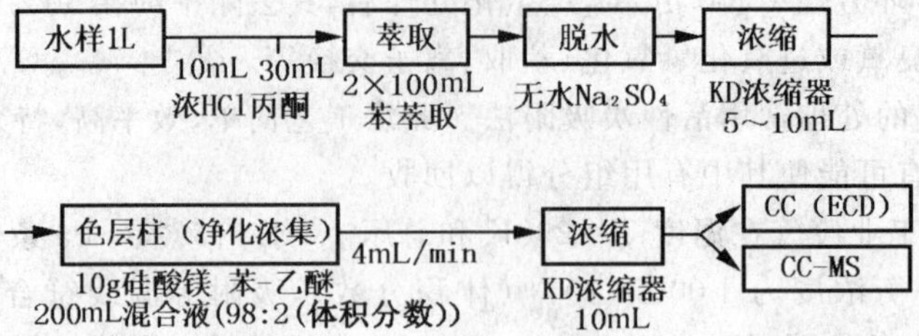

图 8-1 单环芳烃的分析程序

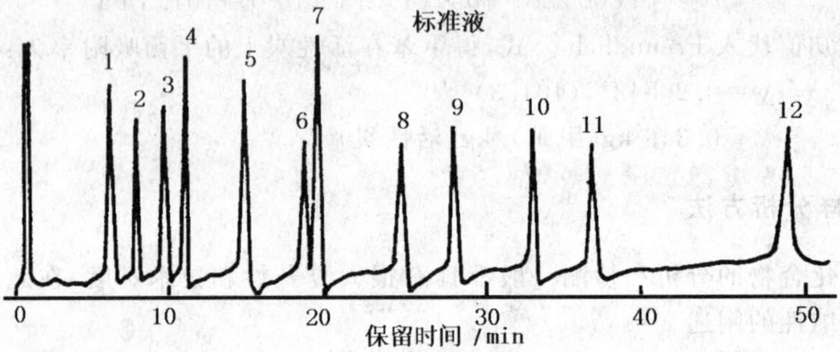

图 8-2 单环芳烃的分析结果

2）多环芳烃的分析检测

水体或废水中多环芳烃浓度低、种类多、分析技术复杂。以下 6 种常见化合物相对比较容易检测和分析，被定作为水中多环芳烃指示物。

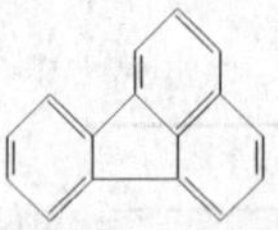
荧蒽 [FI] $M=202$

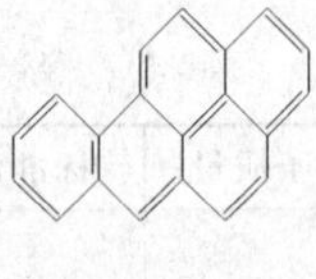
苯并[a]芘 [B(a)P] $M=252$

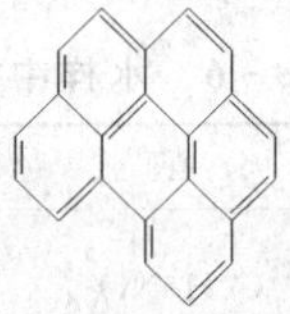
苯并[ghi]芘 [B(ghi)P] $M=276$

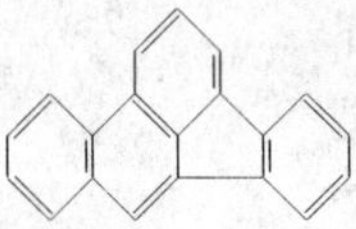
苯并[b]荧蒽 [B(b)F] $M=252$

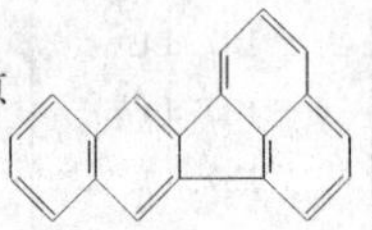
苯并[k]荧蒽 [B(k)F] $M=252$

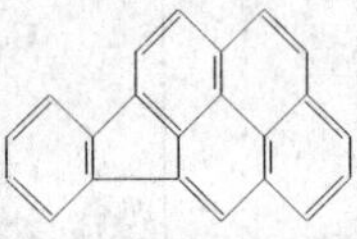
茚并[1,2,3-cd]芘 [IP] $M=276$

测定多环芳烃的主要方法有薄层层析法、气相色谱法和高效液相色谱法。近年来高效液相色谱法在国内外取得了最广泛的应用。对于水样先用环己烷萃取其中的 PAHs，将萃取液以层析法通过硅胶柱作预分离。在以十八烷基硅烷（ODS）为固定相的液相色谱柱中，以甲醇/水为流动相，把经预处理过的 PAHs 分离成单个化合物，再用荧光分光（或紫外分光）检测器测定各化合物的峰高或峰面积，最后以外标法进行定量。应用此法测定 6 种多环芳烃指示物，它们的检测下限都可达到 ng/L 的数量级。

另一种可用于分析水样中苯并[a]芘的方法是乙酰化滤纸层析-荧光分光光度法。系用环己烷对水样作萃取处理，继后用 K-D 浓缩器浓集、乙酰化滤纸分离。B(a)P 斑点用丙酮溶解后，以荧光分光光度法定量。

上述两种方法也都适用于空气中呈气态或颗粒物态多环芳烃的分析。只是在正式分析前需将气样转化为水样。

8.3 二噁英和二苯并呋喃类污染物

8.3.1 环境中的来源

在城市固体废弃物焚烧过程或某些含氯有机化合物生产过程中会产生一类名为二噁英的环境污染物。这类化合物的母核为二苯并-对二噁英，具有经两个氧原子联结的二苯环结构。在两个苯环上的1,2,3,4,6,7,8,9位置上可有1～8个取代氯原子，由氯原子数和所在位置的不同，可能组合成75种异构体(或称同族体)，总称多氯二苯并-对-二噁英(PCDDs)。经常与之伴生且与二噁英具有十分相似的物理和化学性质及生物毒性的另一类污染物是二苯并呋喃，或全称为多氯二苯并呋喃(PCDFs)，它的氯代衍生物可能有135种。这两类污染物(合称 PCDD/Fs)①的共计210种异构体在毒性、致癌性、致畸性的强度方面可有几个数量级差别，毒性最强的可能是2,3,7,8-四氯二苯并-对二噁英(2,3,7,8-TCDD)。以上所述及各物质的化学结构如下：

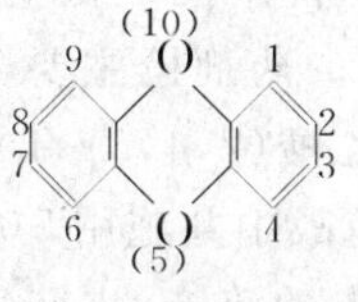

(a) 二噁英母核

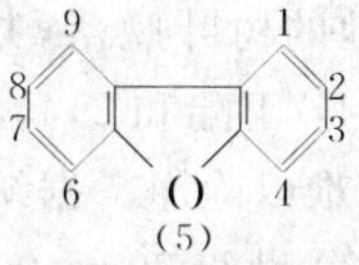

(b) 二苯并呋喃母核

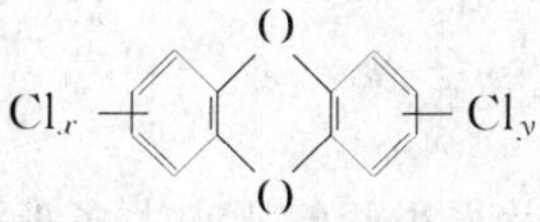

(c) PCDDs

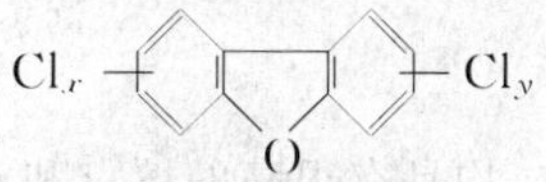

(d) PCDFs

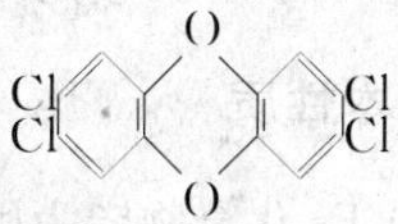

(e) 2,3,7,8-TCDD

两类化合物位置异构体的名称(缩写)和可能数如表8-7所示。

表8-7 PCDDs和PCDFs的位置异构体

氯原子取代数	异构体名称(可能数)
1	MCDD(2) MCDF(4)
2	DCDD(10) DCDF(16)
3	T_3CDD(14) T_3CDF(28)
4	T_4CDD(22) T_4CDF(38)
5	P_5CDD(14) P_5CDF(28)
6	H_6CDD(10) H_6CDF(16)
7	H_7CDD(2) H_7CDF(4)
8	OCDD(1) OCDF(1)

在焚烧炉内焚烧城市固体废弃物或野外焚烧垃圾是这两类污染物发生的主要大气污染源。例如存在于垃圾中的某些含氯有机物，如聚氯乙烯类塑料废物在焚烧过程中可能产生酚类化合物和强反应性的氯、氯化氢等，从而成为进一步生成PCDD/Fs类化合物的前驱物(见9.6.3.2)。据报道，大型焚烧炉烟气中的颗粒物含PCDDs浓度为45 μg～200 μg/kg，含PCDDs的颗粒物随

① 在某些国外文献资料中将此二者(甚至还包含多氯联苯类化合物)泛称为二噁英(dioxin)。

废气一起在大气中扩散。估计由50万人在生活过程中产生的垃圾经燃烧后每天可产生350 mg～1600 mgPCDDs。

除生活垃圾外，燃料(煤、石油)、枯草残叶(含除草剂)、氯苯类化合物等燃烧过程及森林火灾中也会产生PCDD/Fs类化合物。

在氯酚类(2,4,5-三氯苯酚、1,2,4,5-四氯苯酚、五氯苯酚)、多氯联苯类化学品及某些农药(如2,4,5-T)生产过程中，PCDDs和PCDFs是属于混在产品之中的无利用价值的副产品，所以在这些化工产品的生产厂及以这些产品为生产原料或药剂的木材加工厂、纸浆厂、制革厂等的排水、污泥、废渣中也可能出现污染物，并随排污而转移到水体或土壤环境。

污染还起端于一些意外性事故和战争。如1970年在美国密苏里，为防止扬尘而在道路和某赛马场喷洒含PCDDs的废油，污染事故发生之后由政府耗资约1亿美元作善后处理，其间还焚烧处理了全部受污土地。1976年意大利塞维索附近一家化工厂发生爆炸，引起周边约7.8 km^2地面受PCDDs污染，家畜大量死亡，此后自然流产和畸形儿增多。1999年在比利时发生“鸡污染”事件系一些饲料生产厂在加工饲料过程中，掺加了被污染的工业废机油，导致肉鸡受污染和幼鸡大量死亡的后果。1962～1970年越南战争期间，美国空军曾用飞机低空喷洒一种名为“药剂橙”的除草剂，致使越军丛林驻地的树叶脱落，并使农田荒芜。药剂橙主要含有两种等量的粗品成分：2,4-二氯苯氧乙酸(2,4-D)丁酯和2,4,5-三氯苯氧乙酸(2,4,5-T)丁酯，但副产于生产过程中的少量2,3,7,8-TCDD难以除净。据统计，美军在越战中共施用5 000万升药剂橙，其中含二噁英的量约为170 kg。自20世纪70至90年代，越南人的流产、皮肤病、癌症、新生儿先天性畸形的发生病例剧增。有资料报道，这些疾病都起因于药剂橙内所含的二噁英。

8.3.2 基本性质

所有PCDD/Fs化合物皆为固体，均具有很高的熔点和沸点及很小蒸气压。大多难溶于水和各种有机溶剂，但易溶于油脂，又易被吸附于沉积物、土壤和空气中的飞灰上。它们在人体脂肪等富集部位中的本底由不可检测水平至20 pg/kg，生物半衰期约7年。多于98%的人通过食物(特别是牛肉、牛奶)摄取引入体内，系由存在于空气中的PCDD/Fs沉积于土壤(或饲料)，转食物链引进。估计在水体沉积物和土壤中的半衰期分别约为1年和100年。生物浓集因子可高达10^4。所有PCDD/Fs都具有很高程度的热稳定性、化学稳定性和生物化学稳定性。它们都被归属于“持久性有机污染物(POP)”类(见本章文后“知识链接”8.1)。

2,3,7,8-TCDD的熔点为305℃，沸点421℃，蒸气压仅2.27×10^{-4} Pa(25℃)，其在水、正辛醇和苯中的溶解度分别为0.2 μg/L、4.8 mg/L和0.57 g/L。在700℃高温下还能保持其热稳定性。对雄豚鼠$LD_{50}\approx0.6$ μg/kg，比NaCN更毒10 000倍，并有强烈胚胎毒性和致畸作用。2,3,7,8-TCDD还是一种环境激素类(见9.8)化合物，对于实验雌猴体内雌甾激素及子宫的功能皆有不良的生理效应，也已发现其对雄鼠体内精子产率有抑制作用，即具有危及生物生殖能力的性能。

PCDD/Fs类化合物是一类“无用物”，对其性能研究的一大重点在于它们的毒性。为了比较各种异构体毒性的相对强弱，在多量生化和毒理学数据的基础上，提出“毒性当量因子”TEF的概念。将认为具有最大毒性的3,4,7,8-TCDD的TEF值定为1，则如1,2,3,7,8-PCDD为0.5，其他五氯代PCDD的异构体为零；2,3,4,7,8-PCDF为0.5，而1,2,3,7,8-PCDF为0.05，但其他五氯代PCDF的异构体及具有1,2,3个氯原子的PCDD/Fs取代物的TEF值皆为零。考虑到污染源中常有几种不同异构体混杂在一起，则又提出“毒性当量(值)”TEQ的概念，以便衡量多种化合物的综合毒性。例如某污染源中含有以天计的排放量：

0.75g(2,3,7,8-TCDD)+2g(2,3,4,7,8-PCDF)=2.75 g/d,则

TEQ=(0.75×1)+(2×0.5)=1.75 g/d(1 和 0.5 分别为两种异构体的 TEF 值)

还可取 g/a 作 TEQ 的计量单位。如 1994 年英国境内焚烧炉总排放 PCDD/Fs 的 TEQ 值为 460～560 g/a,因奉行从严的新排放标准,至 1998 年 TEQ 值降为 15 g/a。

由以上提供的一些 TEF 数据可见,不是 PCDD/Fs 中所有的化合物皆有强烈毒性,至少含 1～3 个氯原子的衍生物是相对低毒无害的。过去毒物学专家以最富毒性的 2,3,7,8-TCDD对特别敏感的实验动物所作研究得到的结果可能已被人为地渲染过度。例如在 1976 年意大利一家化工厂爆炸事件中,因直接接触 PCDDs 而死亡的动物有 1 100 多只。但当地36 000名居民中无一丧命,仅有 193 人患一种名为氯痤疮的皮肤疹,且其中多数人不久后即痊愈。对多年接触 PCDDs 工人的流行病学研究表明,高剂量接触致癌的作用也是微弱的,而低剂量接触几乎无任何作用。有人认为一般地接触 PCDDs 比与石棉、氡或香烟雾气的类似接触所引起的致癌危险性更小。至于其对哺乳动物的广泛而又令人不解的其他毒效应,推想起来可能是由于生物机体细胞内的蛋白质中介受体易与被摄入的 PCDDs 反应,造成免疫系统功能减弱或受损害的缘故。有关 PCDD/Fs 毒理问题,尚有很多需作进一步研究的课题。

8.3.3 防治方法和分析方法

对于 PCDD/Fs 污染防治方法的最一般性考虑就是“断源”。即对于作为其主要污染源之一的焚烧过程采取多种措施,以尽量减少 PCDD/Fs 排放(见 9.6.3.2)。此外,目前大多数国家已禁绝生产可作为 PCDD/Fs 前驱物的很多有机氯代化合物(如 2,4,5-T、PCBs 等),也就自然地断绝了这方面的污染源。

PCDD/Fs 在各类样品中含量(浓度)甚低,分析基体效应显著,又因异构体多,不易获得可作为分析标准的异构体纯品,所以若非具备非常先进的技术,是不能圆满完成其分析任务的。在对 PCDD/Fs 样品作分析之先,需要预订缜密的分析方案,同时要求配用非常灵敏和高度专一的分析技术。此外,定性鉴别样品中被测对象物的化学结构也是非常重要的。近代的分析方案包含一步或多步的柱层析法对样品预作分离,继之使用玻璃毛细管柱的高分辨气相色谱法与质谱法的联用技术(GC^2—MS),对样品作定性和定量的分析。此外,高效液相色谱法也是分析测定 PCDD/Fs的一种有效手段。近代分析技术的灵敏度已能达到测定 1 kg 牛奶中 9×10^{-12} g 痕量 TCDD 的水平。①

8.4 三卤代甲烷类污染物

8.4.1 环境中的来源和主要性质

三卤代甲烷类(THMs)污染物的化学通式为 CHX_3,其中 X 代表 F、Cl 或 Br 原子。具有重要环境意义的是以下(一组)四种化合物:

氯仿(三氯甲烷) $CHCl_3$

一溴二氯甲烷 $CHCl_2Br$

① 近期,国外已开发和正在试用某些简易的生物分析法,如固定酶免疫测定法等。详情可参阅《资源環境对策》(日文)vol. 39 No. 6(2003)和 vol. 40 No. 9(2004)

二溴一氯甲烷　　$CHClBr_2$

溴仿(三溴甲烷)　$CHBr_3$

在一些化学工业排放废水中可存在三卤代甲烷,但THMs在当前之所以备受关注还由于THMs有可能引起致癌性的饮用水污染问题。大多数水处理工程中为了各种目的而装备了氯化处理单元。一般在自来水、工业用水和废水、生活污水等的处理过程中广泛使用氯气或次氯酸盐作为水处理药剂,用以除去自来水中铁、锰和待排放废水中的硫化氢、氰化物及杀灭水中细菌、藻类、病毒等有害微生物。这类药剂还用于众多有机合成工业和纸张之类工业产品的漂白。上述各种行业和生产过程都有可能导致水体环境受THMs污染的后果。例如在日本大阪湾周边水域中曾有过浓度为12 μg/L～927 μg/L的THMs检测记录。水中所含THMs中通常以氯仿所占比例为最大(可达80%)。

水中THMs的生成系是氯气之类水处理药剂与水中所含有机物(前驱物)及溴化物反应的结果。凡具有羟基、氨基的芳香族化合物及具有羰基的非环化合物均有可能成为水中THMs生成的前驱物。各种有机物按其对THMs生成率(定义为1摩尔该化合物可生成氯仿的摩尔数)作分类的情况如表8-8所示。石油化学工业排放废水中所含的多种有机化合物是重要的前驱物,水体中天然存在的腐殖质、藻类、叶绿素等也是潜在的前驱物。

表8-8　各种化合物按其THMs生成率作分类

生成率0.10～0.19	生成率0.20～0.30
对羟基安息香酸	间苯二酚
3,5-二甲基苯酚	1-甲氧基苯酚
1-氯苯酚	腐殖酸①
2,4-二氯苯酚	2,6-二甲基苯酚
4-氨基苯酚	五氯苯酚
苯胺	对苯二酚
N,N-二甲基苯胺	N,N-二乙基苯胺
3-羟基丁醛	
2,4-戊二酮	

① 1 mg腐殖酸可生成25μg±4μg氯仿。

曾提出过含羰基化合物经氯化后生成THMs的机理。在图8-3所示的反应过程中包含了水解及分子末端基团—CH_3中三个H原子被渐次氯化等过程。整个过程进行得非常缓慢,并取决于pH值、氯的剂量及含溴量、温度以及水中有机物的组成和浓度。一般说来,随上列各参数的提高(或增大),反应速度及THMs生成量会有所提高。在河水所具备的环境条件下,THMs生成浓度可近似地用下式表示:

$$[THMs]=k[TOC][Cl_2]_T^m(pH-2)t^n \tag{8-1}$$

式中　[TOC]——以含碳浓度表示的有机前驱物总浓度;

$[Cl_2]_T$——游离氯浓度;

m和n——数值均为0.3～0.4的经验性参数;

k——由有机前驱物种类和温度t所决定的系数。

在其他条件固定不变情况下,测得k随温度变化的关系,由此计得反应活化能约为37.6 kJ/mol。相当水温每升高10℃,THMs生成量提高1.6倍,所以冬季水体中THMs浓度较夏季低。当自来水经加热后用作洗澡水或饮用水时,则在短时间内可产生多量THMs(浓度可能是原冷水中的5倍),且因这类污染物容易挥发,可能大部分从沸腾了几分钟后的水中逸散到室内空气中去。对一个热水淋浴者来说,则有全身受THMs有害蒸汽侵袭之虞。

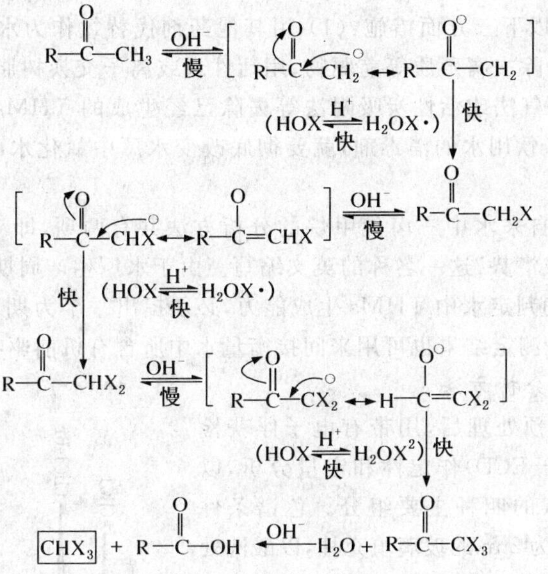

图 8-3 水中 THMs 生成机理

（X—卤原子）

在表 8-9 中列举了 THMs 的主要性质。

表 8-9 THMs 污染物的主要性质

	氯 仿	一溴二氯甲烷	二溴一氯甲烷	溴 仿
分子式（相对分子质量）	$CHCl_3$(119.4)	$CHBrCl_2$(163.8)	$CHBr_2Cl$(208.3)	$CHBr_3$(252.8)
熔点（沸点）/℃	−63.5/61.7	−57.1/89	>(−20)/116～122	4.8/149～150
相对密度(d_4^{20})	1.4890	1.971(d_{25}^{25})	2.451	2.847(d_{25}^{25})
蒸气压/Pa	3.3×10^4(25℃)	6665(20℃)	2 000(10.5℃)	666.5(22℃)
水中溶解度/mg·L^{-1}	8 200(20℃)	4700(22℃)	4 400(22℃)	3 190(30℃)
亨利系数/mol·$(m^3\cdot kPa)^{-1}$	2.3	6.25	11.8	20
分配系数 $\lg p_{oct}$	1.97	2.10	2.09	2.30
生物浓集因子 lgBCF	6(蓝鳃太阳鱼)	0.72～1.37	0.74～1.47	(?)
生物可降解性（试验）	①	①	②	①
毒性 LD_{50}/mg·kg^{-1}（大鼠，经口）	908	450(小鼠，经口)	800	1147

① 微生物逐渐适应生物可降解性试验的实验条件，化合物随后降解；

② 试验条件下不易降解。

8.4.2 防治方法和分析方法

为减轻环境受 THMs 污染的主要措施是减少有关生产和应用单位的废物排放，也更应着重考虑如何限制 THMs 在饮水中的水平。

净化含氯仿废水的方法有应用泡沫塑料的吸附法、应用亲油性滤料的粗粒化法、在高 pH 和高温条件下的水解法及生化处理法等，但处理效果大多不够理想。如应用生化法时，低相对分子质量卤代烃在需氧阶段即可能因挥发而逸散至大气。

在美国和日本等国家都限定饮用水中 THMs 的浓度不超过 100 μg/L。为实现这一目标，可在水厂生产中考虑采用以下三方面措施：(1) 用其他药剂代替氯作为水消毒剂，如臭氧、高锰酸盐等；(2) 用凝聚沉降法除去腐殖质等前驱物，用活性炭或离子交换树脂等吸附除去其他有机化合物类前驱物；(3) 用曝气法或活性炭吸附法等去除已经生成的 THMs。以上这些方法大多还在探索中，例如为要更换饮用水的消毒剂，就要彻底改变水厂中氯化水的传统作法，但付诸实施是很不容易的。

由美国制订的有关自来水中三卤代甲烷的分析方法共有两项，即 THMs 和THM－FP。后者系是“三卤代甲烷生成潜势”这一名称的英文缩写。由于水厂生产周期内所发生的氯化反应是一个不完全反应，为正确判定水中 THMs 生成能力，必须提出一个为期 7 天的试验方法，此即为 THM－FP。THM－FP 测定结果也可用来间接衡量水中所含有机前驱物的含量水平。

8.4.2.1 THMs 分析方法

水样用戊烷作萃取预处理后，用带有电子俘获检测器的气相色谱仪(GC－ECD)作定性和定量分析，以测得水样中所含 THMs 的四种主要组分。色谱条件为：用直径为 2 mm 和长为 2 m 的玻璃填充柱，以酸洗处理过的 ChromosorbW(80～100 目)为担体，10％角鲨烷为固定液，取柱温 67℃和 Ar 载气流速为 25 mL/min。

8.4.2.2 THM－FP 测定方法

用缓冲液调节水样 pH＝7.0，然后用过量的氯气氯化水样，再在 25℃温度下保存 7 天，待反应完全后，按 8.4.2.1 中所提出的方法分析测定 THMs，所得结果即为 THM－FP。

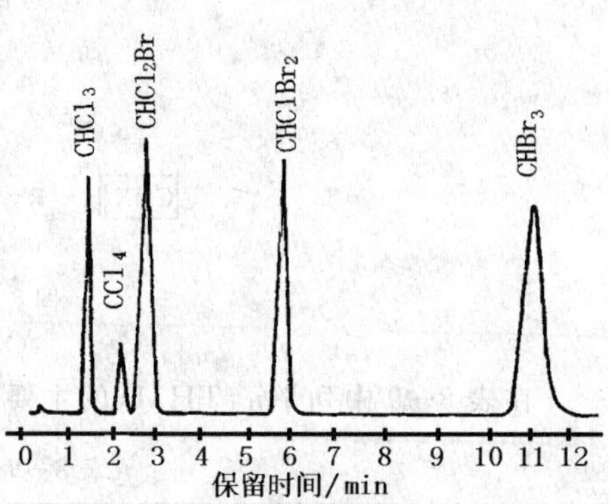

图 8－4 THMs 的色谱图

上述方法适用于分析自来水厂原水和加工过程及产出自来水中的 THMs 含量。典型的色谱图如图 8－4 所示。

8.5 合成洗涤剂类污染物

由于合成洗涤剂的普遍使用，所以经常引起部分水质污染，同时可能影响到饮用水和环境生物。

家庭用洗涤剂的常用配方如表 8－10 所示。按用途的不同，可分为“轻洗涤剂”与“重洗涤剂”，其配合成分有所不同。轻洗涤剂用于厨房及各种合成纤维的洗涤。重洗涤剂常配以多量的缩聚磷酸盐，以提高其洗涤能力。

表 8－10 家用粉状合成洗涤剂配方

组 分	轻洗涤剂/％	重洗涤剂/％	组 分	轻洗涤剂/％	重洗涤剂/％
表面活性剂	20～30	17～35	荧光增白剂	0～0.5	0.5～1.0
$Na_4P_2O_7$	0～10	0～30	羧甲基纤维素		1.0～4.0
$Na_5P_3O_{10}$	0～10	25～50	芒硝	余量	余量
泡沫稳定剂	1～5	0～3			

从上列配方可见，合成洗涤剂引起水体污染的化学物质主要是表面活性剂和缩聚磷酸盐。后者在水体中经藻类等微生物催化后，很容易水解而转化为正磷酸盐，成为能引起水体富营养化的污染物。

用于配制合成洗涤剂的表面活性剂主要是阴离子型烷基苯磺酸钠，按分子中烷基是带支链的或是直链的，这类表面活性剂又可分为(支链)烷基苯磺酸钠 ABS 和直链烷基苯磺酸钠 LAS 两类。它们分别有多种异构体和链长有差别的多种化合物，下列结构式只是其中之一。

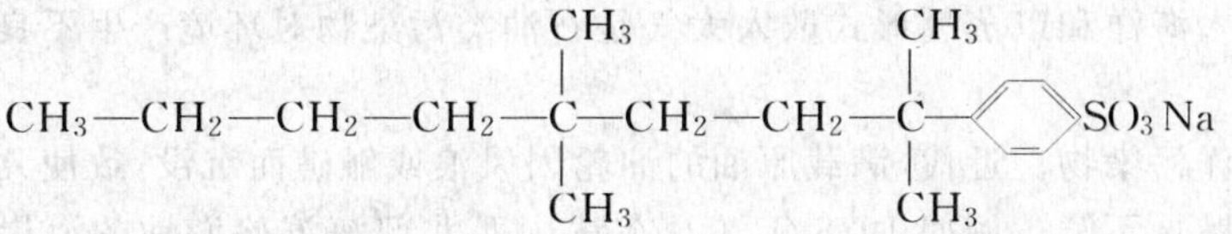

(ABS)

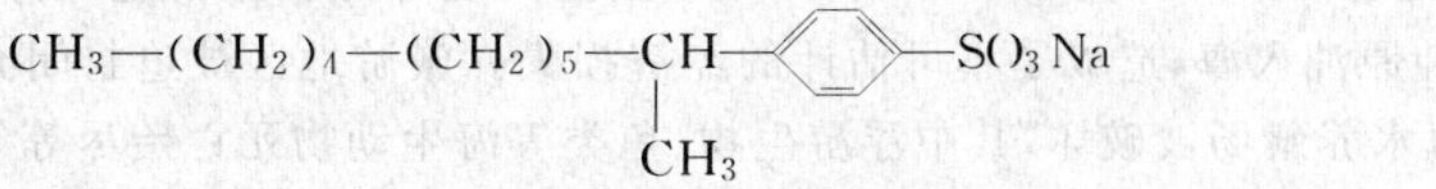

(LAS)

这类表面活性剂的生产始于 1940 年，由其组成的洗涤剂具有很强发泡和洗涤的能力(即使浓度低至 1 mg/L 的合成洗涤剂溶液也能发泡)。过多发泡而且所产生的大量泡沫长久积蓄在下水道、河流、湖泊等处是这类合成洗涤剂引起环境水体污染的一个方面，由此会滋生有害细菌及阻碍氧气由大气向水体传输。合成洗涤剂配方中含有较多磷酸盐组分，具有很强的配合钙、镁离子的能力，所以免除了使用过程中会产生大量的盐泥之弊，但磷酸盐组分排入水体后会引起富营养化的问题，这是这类合成洗涤剂引起环境水体污染的另一个方面。

早先，合成洗涤剂中配用的是生物不易降解的 ABS，发泡问题十分严重，后来将容易发生生物降解的直链烷基缩合在苯环上，改良成为直链烷基苯磺酸钠(LAS)。这种组分进入水体后，在有氧状态下，可经生物降解使支链碳数降到 5～6，发泡性即告消失，于是人们认为发泡污染问题已经解决。对于合成洗涤剂中助剂三聚磷酸盐引起的污染问题的解决，则采用代用品次氮基三乙酸、丁二酸、硅酸盐等以减少或完全不用磷酸盐，或在下水处理工厂进行充分脱磷后再排放到水体。不过最近人们发现，随着世界上许多地区人口向城市急剧集中和工业化程度的提高，生活污水、人畜的排泄物、工厂排放的废水及土壤肥料等所引起的磷污染远比洗涤剂中磷的作用大。

关于 LAS 的生物降解，其分子首先受 ω 氧化，然后 β 氧化，断裂，脱硫。不过因直链的长短、苯基位置等不同，其降解速度也不同。至于苯基和磺酸钠基之间键的断裂机理，首先是生成邻苯二酚，在两个 OH 基的中间开环，生成二羧酸，然后变成 β-酮己二酸，又进一步分解成醋酸盐和丁二酸盐。LAS 的生物降解速度虽不能与肥皂相比，但与同类物质 ABS 相比，还是相当快的。在 LAS 的生物降解过程中，既不产生有毒中间产物，也无蓄积的倾向。当分子通过降解变小(相应于水的表面张力系数复升到 0.05N/m 以上)，就很难与鱼体中的鳃蛋白形成复合体，对鱼类的不良作用也就逐渐减弱。

经常与合成洗涤剂接触的皮肤会引起皮肤炎，诱发湿疹并发生继发性霉菌感染等。使用合成洗涤剂后的手感与肥皂的情况略有不同，会产生一种涩感，这是由于 RSO_3Na 系合成洗涤剂与手的皮肤蛋白形成了复合物所致。一般认为，家用合成洗涤剂在日常生活中，只要正确使用，是不会对人体有毒害作用的。

作为水样中阴离子洗涤剂的标准分析法使用的是亚甲基蓝比色法。水中阴离子洗涤剂(主要是烷基苯磺酸钠，还有烷基磺酸钠和脂肪醇硫酸钠)能与亚甲基蓝反应，生成蓝色的盐或离子对化合物，这类能与亚甲基蓝配合的物质称为亚甲基蓝活性物质(MBAS)。所生成的配合物易溶于氯仿，用氯仿萃取后其色度与浓度成正比，可用分光光度计在波长 652 nm 处测定氯仿层的吸光度，以定量水样中的洗涤剂含量。本法测得的亚甲基蓝活性物质以 LAS 的浓度值(mg/L)来表示。方法的最低检测浓度为 0.05 mg/L。

8.6 石油类污染物

以"溢油"形式排入海洋和以蒸气形式散入大气是石油类污染物对环境产生不良影响的两个主要起始过程。

油类是常见的海洋污染物。近代,满载原油的油轮因风浪或触礁而沉没,致使几十万吨原油流入大海的事故已是屡见不鲜。例如1978年3月在法国西北部海滨旅游地的海岸线外一艘巨型油轮沉没,22万吨原油入海,造成了不可估计的经济损失。旅游地区被迫封闭弃之不用,数百万只海鸟被毒死,海水养殖场被破坏,其中浮游生物、鱼类等海生动物死亡殆尽等等。除此之外,其他污染源向海洋水体传输的油类每年达500万~1 000万吨(包括油轮漏油和清洗,钻井、油管和贮器泄漏,工业废水等)。

原油是含有几百种组分的复杂混合物,其中所含主要组分有直链烃类(C_7以上烷烃和烯烃)、环烷烃(环己烷、甲基环己烷等)、芳香烃(苯、甲苯、二甲苯等)、重金属(Fe、Ni、V、Cu等)及带—SH基团的多种含硫化合物等。此外原油中还含多种多环芳烃,已知其中有七八种具致癌作用,特别是苯并[a]芘有强致癌性。

烃类化合物的密度一般小于水,所以原油的大多数组分飘浮在海面之上。也有一些组分(例如含重金属者)可能因重力沉降到海底,对栖息在海底的生物发生影响。

浮在水面上的油分能否铺展为单分子层(2 nm)?关于这个问题可从两方面来考虑,从分子结构看,带有极性基团的分子易在水面铺展;另一方面也可从表面张力看,即液体的铺展系数为

$$S_{BA}=r_A-r_B-r_{AB} \tag{8-2}$$

式中 r_A、r_B、r_{AB}分别为水的表面张力、油组分的表面张力和水油间的界面张力。如$S_{BA}>0$,则该组分能铺展。否则,油分B在水体A中呈滴状。能铺展的化合物有正庚醛、正辛醇、油酸(S_{BA}分别为32.2,35.7和24.6)等;呈滴状分散的化合物有正庚烷(−0.4)、正十六烷(−9.52)等。

就典型的原油而言,如将它加热至100℃则体积可能减少12%;若加热到200℃则可能减少25%,这间接地表明,飘浮在水面的油分在几天之内可能因挥发减量1/4。残留的油分会以更慢速度挥发或被微生物慢慢降解或被水生动物所吞食。约经过三个月,最终残留物约只有原有数量的15%左右,是原油中沥青组分的残留物,以油状小团块形态飘浮在世界范围的海水之中。

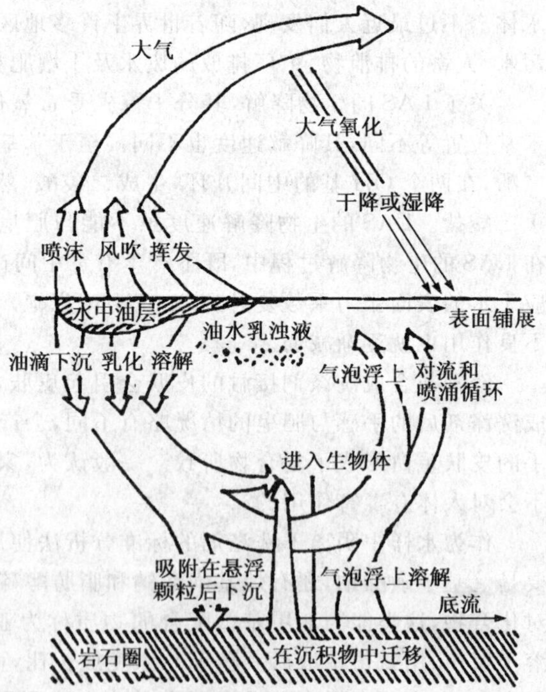

图8-5 油类在海洋中的分布和迁移

进入海水水体的油类,其在水体中迁移、分布的过程和途径如图8-5所示。由图可见油在水体中存在形态主要有:飘浮在水表面的油、溶于水中的油、乳化细滴状态的油及吸附于悬浮粒子或底泥中的油。

一般说来,飘浮在水面上的油类容易发生微生物作用下的生物降解。一些海洋细菌、丝状真

菌能在自身体内合成并向外界分泌一种乳化剂，使油分在水中能以微小胶体粒子状态分散，然后渗入细胞体内发生消解。油分的生物降解还有以下几个特点：(1) 耗氧特别大。如1升原油降解过程中可将320 000升海水中的全部溶解氧消耗殆尽；(2) 降解速度缓慢。在低温、低溶解氧或重金属存在等条件下，不易发生降解；降解速度还常受水体中硝酸盐、磷酸盐含量的制约；(3) 对毒性强的组分不能降解。

油类污染物对海洋水体(还有其他水体)所发生直接的不良影响约有两个方面。其一，降低水体中的溶解氧值。浮在水表面的石油，形成光滑的油膜，并进一步因水流而扩展成薄膜，每升石油的扩展面积可达1 000 m^2～10 000 m^2。这种大面积的浮油在矿物质、阳光及微生物的催化作用下能发生氧化耗氧，而且由于油膜的阻隔作用，会使大气通过界面向水体补给耗氧也难以进行。其二，油类对水生生物有毒杀作用。油容易填塞鱼的鳃部，使之呼吸困难，引起窒息死亡。石油的油臭成分侵入鱼、贝体内，通过其血液或体液扩散到全身，将使鱼、贝失去食用价值。油膜和油滴能黏住大量鱼卵和幼鱼，造成鱼卵大批死亡、孵化出来的幼鱼也会带有畸形，成长不良。石油污染使水鸟受到祸害也是灾难性的。鸟的羽毛直接污染而产生缠结时，它们变得游不动也飞不起，结果衰竭而死。石油通过消化道进入鸟类机体以后，引起肠胃、肾、肝等器官病变，并使水鸟繁殖率下降。石油中各种组分对水生生物的直接毒性如图8-6所示。

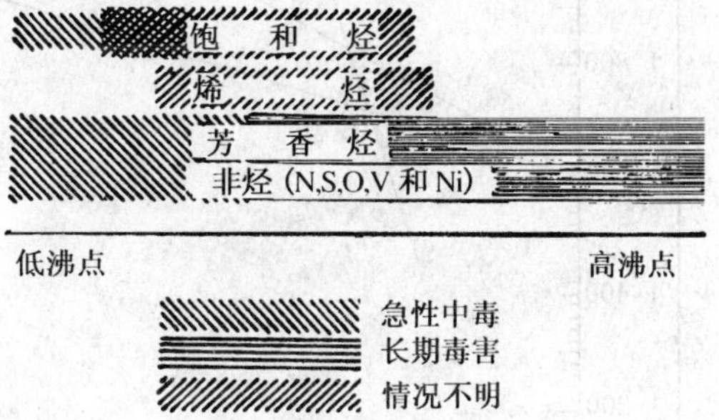

图8-6 石油组分对水生生物的毒性

要处理散入海洋的油类污染物不是一件轻而易举的工作，只有海面浮油或分散在海涂上的油相对比较容易处理。常用处理方法有：(1) 吸附法，使用的吸附剂有稻草、米壳、软质泡沫聚氨酯塑料等，也可用颗粒状白垩为吸附剂，吸油后沉入水底；(2) 吸入法，利用浮动吸油装置，通过其浮于水面的吸口将水面浮油吸入分油器，然后在装置中分去空气和水，回收得油；(3) 凝固法，在油面上喷洒固化剂或胶凝剂，使浮油凝成油块回收；(4)磁性分离法，在污染处洒布含铁的油溶性药剂，然后用电磁铁吸除含油磁性物；(5) 生物法，利用假单胞细菌属(Pseudomonas)能有效降解油中烃类化合物。试验表明，用这种方法在两昼夜间可分解50%～75%的水中含油，且产物无毒性。

测定水中含油量的方法有重量法、非分散红外法和荧光法等。重量法不受水样中油品种限制，但测定的灵敏度差。非分散红外法适用于测定0.1 mg/L～200 mg/L的含油水样，结果的可比性好，但非烃类有机物对测定产生干扰。荧光法是诸方法中最灵敏的一种方法，测定范围为0.002 mg/L～20 mg/L，但水样中含油成分不同时，所产生的荧光强度有很大差别。

通过挥发进入大气的油类污染物主要来源有石油开采和加工企业、城市中加油站及各类用油的机动车辆。例如在汽车排出的废气中约有20%来自于油箱和汽化器内汽油的挥发。由城市空气中所含石油烃引发的光化学烟雾问题将在9.4.2中再作详述。

例4 有一设置在顶棚内的敞口油罐处于夜间 $T_1=10$℃和白天 $T_2=50$℃的环境温度条件下。罐中油的蒸气压随温度变化的关系式为 $\lg P=A-\dfrac{B}{T}$。式中，$A=7.30$，$B=1\,600$，T 为绝对温度，求罐中油的挥发速率。已知油的平均相对分子质量为 $MW=110$。

解 Adam (1977)在进行了有关本题的理论计算基础上，给出了如下两列线图。由列线图1，求得与 T_1 和 T_2 相应的油蒸气压 P_1 和 P_2，再进一步在列线图2中求得罐中油的挥发率为：

$$N=3.40\ \text{mol/d},或\ Q=375\ \text{g/d}$$

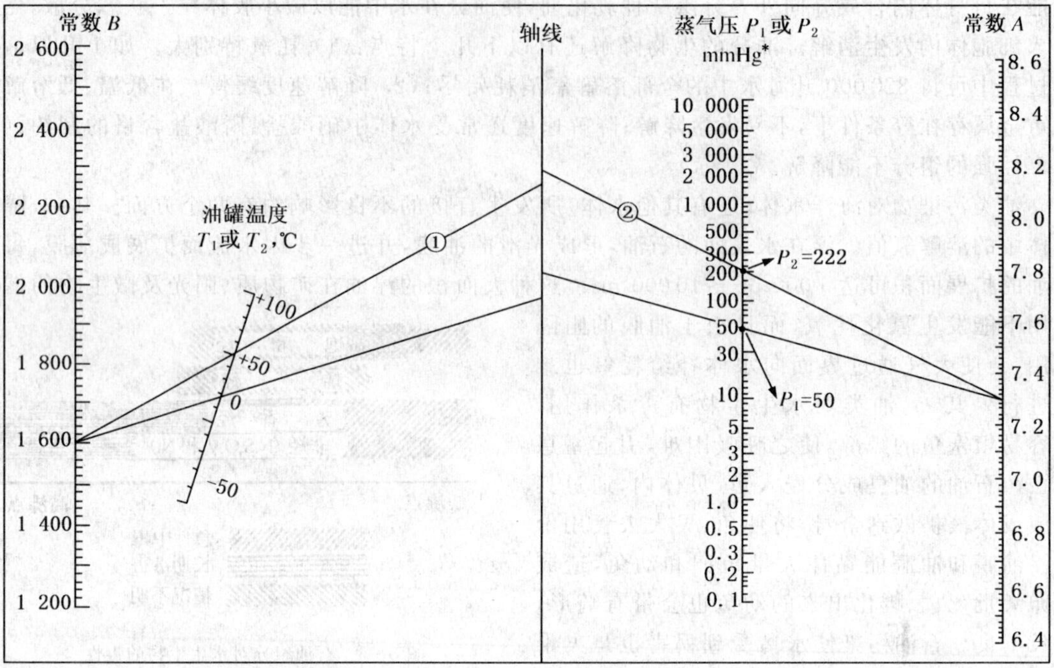

* 1mmHg=133.3Pa

图 1

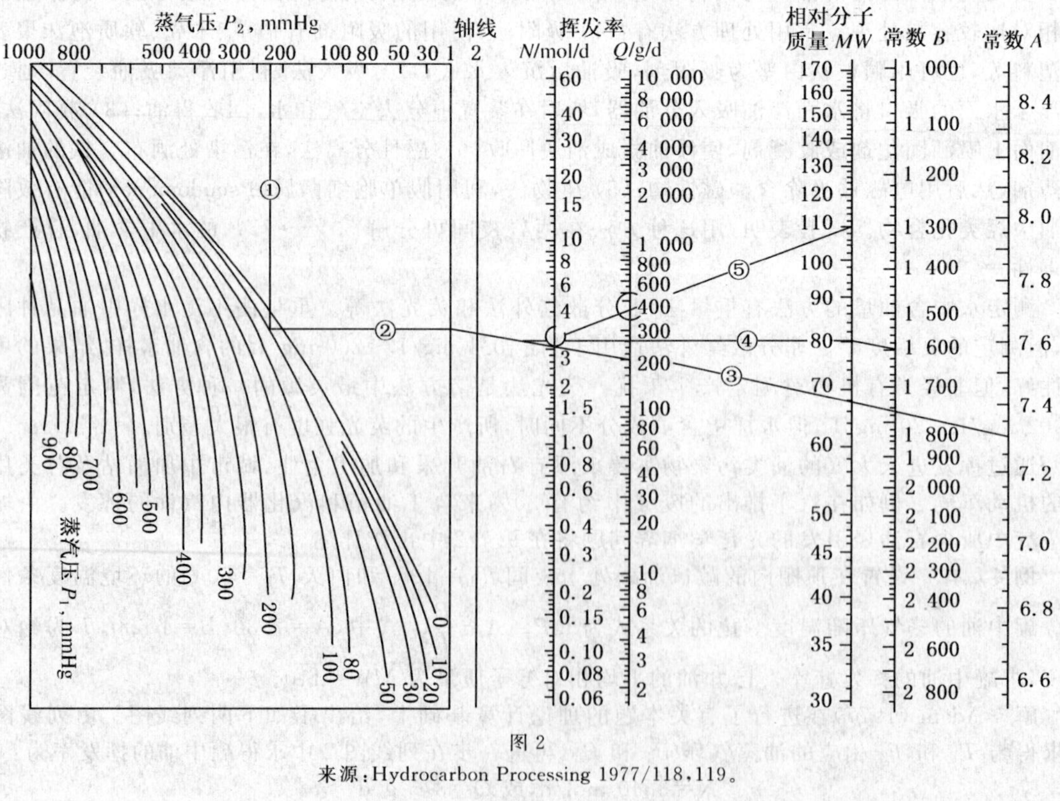

图 2

来源：Hydrocarbon Processing 1977/118,119。

习 题

一、思考题

1. 什么是酚类化合物？水体中酚的天然和人为的来源有哪些？在水体中酚类化合物显示什么环境特性？
2. 从方法适用对象看，4-氨基安替比林比色法分析测定水样中的酚有什么局限性？某电镀厂为确定已处理过的含间苯二酚废水是否可达标排放而使用了该分析方法，试问方法和测定对象物间是否适配？
3. 存在于自然环境中的单环芳烃和多环芳烃化合物主要有哪些？它们来源于何方？存在于水体中的芳烃类污染物显示什么环境特性？
4. 你认为去除污染水中多环芳烃的最简单有效的方法是什么？为什么？
5. 何谓水中多环芳烃指示物，提出这些指示物有何意义？
6. 按照 VOCs 类化合物定义，以下哪几个化合物可归入此类：1,3-二氯苯、1,4-二氯苯、邻二甲苯、硝基苯、萘？
7. PCDD/Fs 污染物来源于何方？这两类化合物具有怎样的化学结构和环境特性？
8. 有关 PCDD/Fs 类化合物的毒性当量因子和毒性当量(值)的含义分别是什么？它们以什么作为基准来计值？
9. 原水中存在以下物质：蔗糖、安息香酸、2,4-二甲基苯胺和 1,2-乙二醇，估量它们中哪一个可能是生成水中 THMs 的前驱物。
10. 水体中油类污染物会产生什么不良环境效应？

二、计算题

1. 苯酚在异丙醚中溶解度约是在水中溶解度的 12 倍。某含苯酚废水用异丙醚萃取法予以处理，已知废水含酚 2 000 mg/L，萃取相比 $V_o/V_A=0.2$，则为使水中酚降至 100 mg/L，需萃取几次？
2. 将 3.0 g 活性炭放入含苯酚浓度 $c_0=0.05$ mol/L 的 500 mL 水溶液中，使用吸附等温线 $\frac{x}{m}=5.2c^{0.21}$ (mmol/g)计算达到平衡时苯酚浓度可降为多少？
3. 根据读者自查外文资料(Atmos. Environ. 1974/8—915)提供的方法，估算 25℃时芘($C_{16}H_{10}$)蒸气在空气中的平衡浓度值是多少？
4. 某工厂每天排放 1g 2,3,7,8-TCDD 和 4g 1,2,3,7,8-PCDD，求毒性当量(值)TEQ。
5. 求一盛氯仿敞口容器上方空气中氯仿的平衡浓度(g/L)。假定空气和容器的温度皆为 26℃，在此温度下氯仿的蒸气压为 2.67×10^4 Pa，容器上方总压力为 1.013×10^5 Pa。
6. 查找有关数据，计算苯在 20℃水面上的铺展系数，并由此判定苯在水中是否呈液滴状态。
7. 有 16 L 含 1 g 油的废水，若用 9L CCl_4 进行一次萃取或 3×3 L CCl_4 进行三次萃取，问萃取百分率分别为多少？已知分配系数 $D=85$。

知识链接

1. 持久性有机污染物

一、概况

经过近 3 年谈判，2001 年 5 月 22 日，世界上 127 个国家环境部长或高级官员聚会瑞典斯德哥尔摩。在这里举行的联合国环境会议通过了《关于持久性有机污染物的斯德哥尔摩公约》，从而正式启动了人类向有机污染物宣战的进程。公约内容涉及 12 种持久性有机污染物(POP)的生产、使用、进出口、废物处置、科研开发、宣传教育、技术援助、财务机制等方面。这 12 种物质包括艾氏剂、氯丹、狄氏剂和异狄氏剂、滴滴涕、七氯、六氯代苯、灭蚁灵、毒杀芬、多氯联苯、多氯对苯并二噁英和多氯对苯并呋喃。前 9 种是农药，第 10 种是工业化学品，最后两种是无用的工业副产品或焚烧排污物。这 12 种物质都可归入环境毒物类，而且都是含氯的有机化合物。

氯是一种非常活泼的元素，成为近4万种人造化学物质的基本组成元素。但一旦与其他原子结合为分子，其中氯原子又能起到增强分子的稳定性和持久性的作用，并使其更有可能在生物中累积。由POP公约提出管制的这“一打”含氯有机污染物是一类最危险的化学物质，它们一般具有极高毒性（包括致癌、致畸和致突变的毒性），它们的化学性质又非常稳定，难以在环境条件下或在生物体内发生自然分解或生物降解，以至能在环境中长时期存留，并通过空气、水体和迁徙物种作跨越国际边界的迁移而不变态。它们还兼有很强的生物蓄积和生物放大作用，对全球范围内的人群健康和全球生态系统的正常运行造成严重的威胁。

POP物质的化学名称、结构式和毒性列举在表8-1′之中。它们在世界范围内的生产和应用情况列举在表8-2′之中。

表8-1′ POP物质的毒性

简称（俗称）	化学名称	化学结构式	毒性
艾氏剂	六氯-六氢-二亚甲基萘	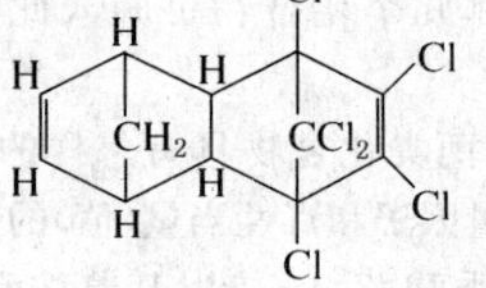	神经系统和肝功能障碍，致癌
氯丹	八氯-六氢亚甲茚	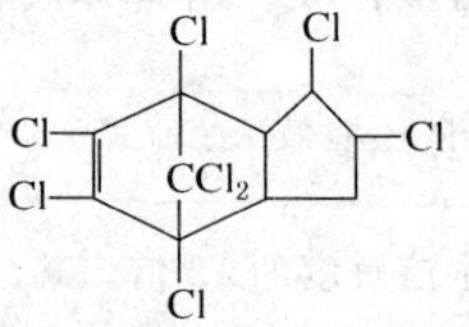	毒害中枢神经系统及肝、肾、肺和消化道，致癌
狄氏剂和异狄氏剂（二者互为立体异构体）	六氯-环氧八氢-二亚甲基萘	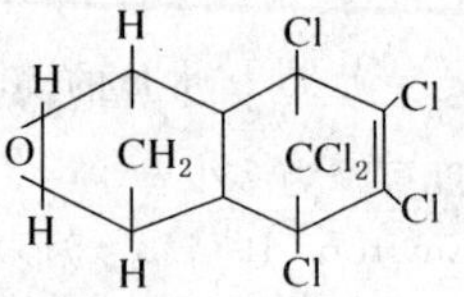	神经系统和肝功能障碍，致癌 影响人体发育，致癌
滴滴涕	双对氯苯基三氯乙烷	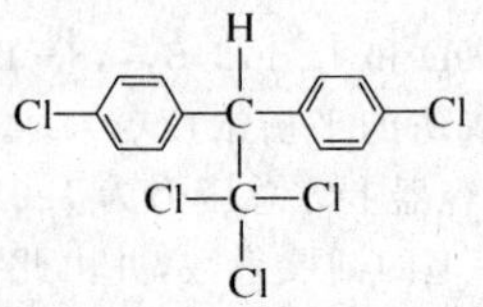	影响肝、肾功能，致突变
七氯	七氯化茚	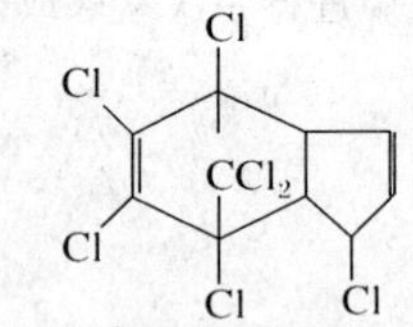	毒害中枢神经系统和肝脏，影响生殖，致癌
六氯苯	六氯代苯	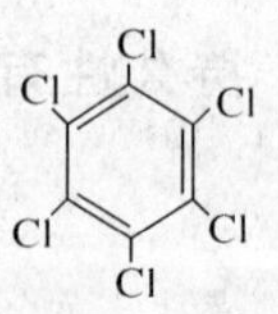	神经毒性、影响肝功能
灭蚁灵	十二氯八氢化-1,3,4-甲桥-2H-环丁并[*cd*]戊搭烯	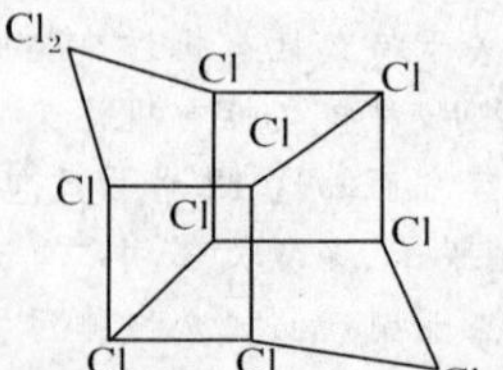	致癌、致畸

续表

简称(俗称)	化学名称	化学结构式	毒性
毒杀芬	氯化莰烯	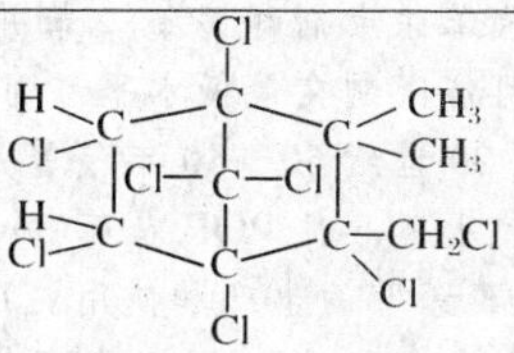	全身抽搐，致癌
二噁英①	多氯联苯(PCBs)	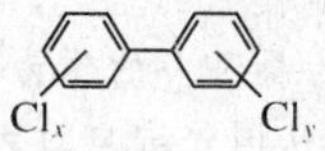	痤疮，肝损伤，致癌
二噁英	多氯二苯并对二噁英(PCDDs)	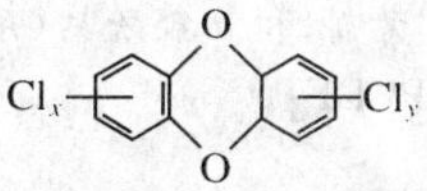	剧毒，致癌，致畸，致突变
二噁英	多氯二苯并呋喃(PCDFs)	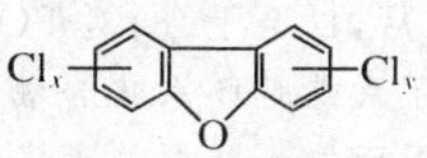	剧毒，致癌，致畸，致突变

表 8-2′ 持久性有机污染物的产量和用途

持久性有机污染物	首次生产年份	世界累积产量/万吨	用途
艾氏剂	1949	24	杀虫剂，用于控制玉米、棉花和马铃薯虫害(主要是白蚁)；熏蒸剂
氯丹	1945	7	杀虫剂，用于各种作物，控制白蚁
狄氏剂	1948	24	杀虫剂，用于水果、土壤和种子作物(包括玉米、棉花和马铃薯)
异狄氏剂	1951	(1977 年 0.3119)	杀鼠剂和杀虫剂，用于棉花、水稻和玉米
滴滴涕	1942	280～300	家用和农用灭蚊剂
七氯	1948	(1974 年美国使用 0.9)	杀虫剂，用于杀灭土壤昆虫和白蚁。用于火蚁控制。也用于疟疾控制
六氯环苯	1945	100～200	用作杀真菌剂。也是农药生产中的一种副产品和其他农药产品中的污染物
灭蚁灵	1959	(无数据)	杀虫剂，用于控制火蚁、切叶蚁和秋白蚁，也是一种阻燃剂，是最稳定和最耐久的农药之一
毒杀芬	1948	133	杀虫剂，专门用于防治棉花上的蝽、螨和蛆
多氯联苯	1929	100～200	主要以液体形态使用，用作电容器和大型变压器的介质液体、液压液体和传热系统。非流体形态用于抗老化剂、无碳复印纸、涂料、黏结剂和合成树脂增塑剂
多氯二苯并对二噁英	1920 前后	(1995 年合计 10.5tTEQ②)	燃烧，特别是塑料燃烧产物，生产含氯制品和纸漂白的副产物
多氯二苯并呋喃	1920 前后		副产物，特别是多氯联苯的副产物，通常和二噁英一起产生

① 在某些国外文献资料中将此和其下二类化合物泛称为二噁英。

② 毒性当量(参见 8.3.2)。

按POP公约,9种杀虫剂中除滴滴涕和六氯代苯外的其余7种将被禁止生产和使用。由于滴滴涕仍是一些国家目前所使用的暂时难有替代物的杀虫剂,所以作为暂时性的应对措施,它将被严格限制使用,并尽快用其他杀虫剂取代之。对于六氯代苯杀虫剂和多氯二苯并对二噁英及多氯二苯并呋喃等3种污染物,各国应采取措施将其环境排放量尽可能限制在最低水平。而多氯联苯将在2025年之前被禁用。

我国是农业大国,有机氯农药在20世纪60～80年代曾是我国行市的主要农药品种,曾大量生产和使用过滴滴涕、毒杀芬、六氯代苯、氯丹、七氯5种POP农药(另4种未曾生产过)。1982年我国开始实施农药登记制度后,先后停止了氯丹、七氯、毒杀芬的生产和使用。1984年又一度停产、禁销和禁用滴滴涕和六氯代苯。目前虽保留滴滴涕农药登记和六氯代苯的生产,但已分别禁止和限制它们作为农药使用。

我国在1965年至1981年曾生产过为量不多的作为油漆添加剂和电容器绝缘介质的多氯联苯(PCB),至20世纪80年代初停产。此外,我国曾从国外进口过大量含PCB的电容器,这些设备现已大多报废。

在我国生产的五氯酚(用作木材防腐剂)和五氯酚钠(用作杀虫剂)产品中曾检测出多量的多氯二苯并对二噁英(PCDD)和多氯二苯并呋喃(PCDF)。

二、继续搜寻POP

在2001年联合国有关会议召开前后,以至于今,对POP污染物的搜寻工作一直在不断进行着。目前认定,大多潜在POP污染物属于芳香环系或脂环系化合物,且多数(但不是全数)含C—X(碳—卤)链。它们均不易受化学、物理、生物等因素作用而发生降解。大多是固态或近于固体状物。具有低的蒸气压,在油脂中的溶解度是水中溶解度的好几个数量级。典型的POP通过气体或气溶胶形态直接发散至空气,或从水、土、植物体表经挥发进入空气,在空气中借风力作远距离迁移。迁移的趋向在北半球是南西方向,在南半球则为北西方向。在高纬度或高经度区域,可因气温偏低而使它们容易以细粒子形态从空气中析出,从而沉积于水、土或植物体表,且可滞留相当长的时间。此外,在寒冷地区生活的温血动物及鱼类的体内含有厚层脂肪,可能成为POP的主要储层。大型肉食动物(也包括人)需要多量脂肪类食物以御寒,所以也容易通过食物链富集POP类污染物。

鉴于以上认识,对更多POP污染物的搜寻和认定工作按“斯德哥尔摩公约”提出的如下原则进行:

1) 环境持久力

在各种环境介质(空气、水、土、底质)中抗降解能力用半衰期$T_{1/2}$表征,POP的$T_{1/2}$值在水体中应大于2个月,在土壤或底质中则大于6个月。

2) 极大的生物富集能力

被判定为POP的化合物其生物浓集因子BCF应大于5000或正辛醇/水分配系数的对数值$\log P_{oct}>5$。

3) 远距离迁移能力

通过生物样实测或模型估算,POP化合物在环境空气或水介质中传播距离可达数千或数百km。其在空气中的$T_{1/2}>2d$。

4) 毒性和危害

对人体或其他生物机体可产生急性、慢性或远期毒性;对其所及环境产生各种化学的或物理性的危害。

2. 三致性毒物

三致性毒物是指那些进入人体后能致癌、致畸或致突变的毒物。虽然由这些毒物致病、致残、致死的效应是远期性的,但对人类生存的威胁甚大。

一、代表性毒物

三致性毒物在环境中普遍存在,其种类多得不可胜数。幸好在容量极大的环境介质中,它们的数量或浓度还是相当稀少的。但若在人体和其他生物体内长期累积,积少成多而又潜移默化,极有可能造成巨大的无法估量的后果。对于这一点,也只是在最近人们才有了一些粗浅的认识。

存在于环境介质、生物体乃至人体中的三致性毒物列举在表8-3′之中。应指出,这还仅是从一长串名单中选取出来的一小部分而已,而且名单中多数是有机物质。其中苯并[a]芘和二甲基亚硝胺还是集三致性于一身的环境毒物。

表 8-3′　存在于环境介质、生物体乃至人体中的三致性毒物(部分)

致癌物	艾氏剂、苯、苯并[a]芘、双(2-氯乙基)醚、氯乙烯单体、氯仿、四氯化碳、氯乙烯、狄氏剂和异狄氏剂、二噁英、亚硝胺、石棉、铬酸盐、砷化物、放射性核素、霉素、病毒
致畸物	2,4,5-T、二噁英，苯并[a]芘、有机汞、苯二甲酸酯、砷酸钠、硫酸镉、醋酸苯汞、亚硝胺
致突变物	DDT、2,4-D、2,4,5-T、甲醛、烷基汞、二噁英、苯并[a]芘、苯、臭氧、砷酸钠、亚硝胺和亚硝酸盐、硫酸镉、铅盐

二、致癌、致畸和致突变性

1）致癌性

致癌性是环境毒物诱发人体内滋生恶性肿瘤或良性肿瘤的一种远期性作用。虽然肿瘤的病因学十分复杂，其中有些问题还不十分清楚，但可以确定的是多数肿瘤的发病与不良生活环境因素有关，而其中化学性毒物因素又占有重要地位。

对环境中致癌物质的注意已有 200 多年的历史。1775 年，英国医生 Pott 发现扫烟囱工人易患阴囊皮肤癌，后来找到了原因是烟灰中含有强烈致癌性的多环芳烃类化合物苯并[a]芘，从此引起人们对化学致癌物的重视。19 世纪 60 年代，国外开始发展煤焦油化工，以煤焦油为原料的染料行业尤为兴旺发达，在开发和生产出各种苯胺类染料的过程中，不断发生染料厂工人患膀胱癌的案例。直到 20 世纪初，才肯定在合成染料的原料中含有多种致癌性芳香胺类。嗣后的研究还陆续发现了许多其他类型的致癌性化学物质和一些致癌性非化学性物质(例如目前已认定幽门螺旋杆菌可引发人体胃癌和大肠癌)。致癌化学物质遍布于人类生活环境，甚至在食品、香烟、药物、化妆品、天然植物、动物和微生物体内都可找到它们的踪迹，简直是无所不在又随时可能作祟。

化学致癌的机理十分复杂。简而言之，乃是化学性毒物经机体吸收并活化后，与细胞内大分子作用，例如与 DNA(脱氧核糖核酸)结合引起基因突变，或与蛋白质作用改变细胞的基因控制，此后可使细胞恶变而产生最初的肿瘤细胞(参见图 8-1′)。反常的病变细胞摆脱体细胞的免疫监视，从而加速其生长、增殖、分裂、浸润、转移而产生肿瘤。自 1944 年以来，致癌物已被分成两个研究分支。其一是对于会引发癌的“诱发剂”或称为“致癌原”的研究，另一方面是对于本身并无致癌性，却会促进癌化的“促长剂”，或称为“促癌剂”的研究。不过最奇特的是某些致癌性的毒物(如砒霜)还有治癌的功效，可以制成药物“以毒攻癌”。

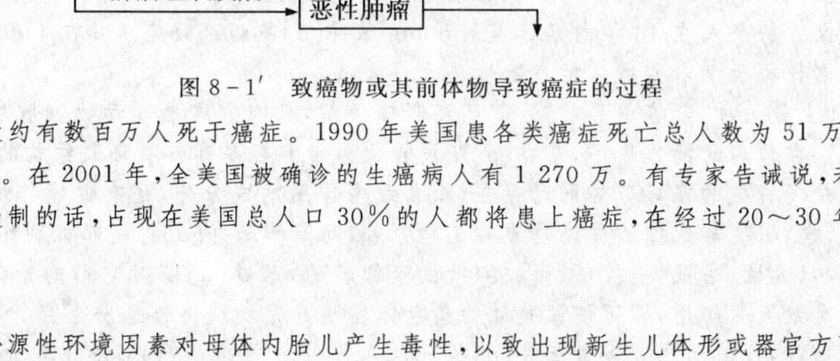

图 8-1′　致癌物或其前体物导致癌症的过程

世界上每年大约有数百万人死于癌症。1990 年美国患各类癌症死亡总人数为 51 万人，约是 2 亿 5 千万总人口数的 2‰。在 2001 年，全美国被确诊的生癌病人有 1 270 万。有专家告诫说，若当前环境污染的势头得不到有效遏制的话，占现在美国总人口 30％的人都将患上癌症，在经过 20～30 年存活期后逐渐死去。

2）致畸性

致畸性是指外源性环境因素对母体内胎儿产生毒性，以致出现新生儿体形或器官方面畸变的现象。卵在受精后，准确地进行着细胞增殖、分化、移动和器官形成的过程。胎儿在出生之前也需经历一系列的形态结构改变和发育过程。在孕卵转为胎儿(妊娠的第 2 周至第 8 周间)的胚胎阶段，对外来致畸物最为敏感，如果这个时期受到致畸物影响，就可能造成各种类型的畸形。如小头、无脑、耳聋、先天性心脏病、肢体残缺等。

1961年在日本发生一则“怪胎”事件，惊煞了天下为父者和为母者。新生儿罹患了具有四肢短小外形的海狗症。依据调查结果表明，在妊娠初期的5～7周间，母亲曾服用作为肇事物的安眠药“反应仃”(thalidomide)。这种药物1957年起开始在德国的医院和家庭使用，看来并无任何毒副作用，以致不需医师处方就可在药房购得。直至1961年德国一名小儿科医师提出警告，指出这种新的镇痛催眠剂于妊娠初期服用，很有可能产生畸形儿。在此后两年内，包括德国和日本在内的十多个国家先后采取了停止市场供应和收回散出药品的措施，但为时已晚。日本患海狗症的婴儿达1000名之多，而世界上患者总数达10000名。患疾者除发生海狗肢畸形外，还有无外耳或外耳畸形、双眼融合性缺陷，上唇毛细血管瘤，胃肠道无正常开口等病例。

可引起致畸性的其他药物或化学毒物还有很多。除安眠药、镇痛药外，尚有抗菌素、激素(不足)、维生素(不足或过量)及农药、甲基汞、硫酸镉等化学毒物。据报道，2001年9月10日，在四川省南部县永定村惊现一名“双面男婴”。生产孕妇在怀孕期间曾因患皮肤疾病而较多服用了以中草药为主的抗真菌类药物，最后剖腹产产出的婴儿的头上长着两张紧挨着的脸、两张嘴、两个鼻子、四只眼睛，出生时胎儿已经死亡。

放射性作用也是致畸的一种重要的外源性因素。1945年美国对日本投掷原子弹，在距爆炸中心1200米处的7名孕妇因受核辐照，日后都产下了畸形儿。在1999年的南斯拉夫战事中，北约军事集团以3000枚炸弹和1000枚导弹连续78天轰炸南联盟国土，除造成全域化学污染外，弹头中所含23吨贫铀产生强烈的放射性污染，近期内已威胁到南联盟及其邻国50万人的健康和生命。有关专家提出经过几年之后，流产孕妇、患癌症者的人数将明显增加，先天性残缺婴幼儿也会多量出现，并由此发出警告，告诫该地域的妇女在最近几年内避免怀孕和生育。劝告怀胎不足九周的孕妇堕胎，以避免产出畸形儿。

3）致突变性

致突变性是指生物体中细胞的遗传性质在受到外源性化学毒物低剂量(或是慢性中毒水平)的影响和损伤时，以不连续的跳跃形式发生了突然的变异。许多致癌性化学毒物也都具有致突变的作用。如致突变作用发生在一般体细胞时，则不具有遗传性质，而是使细胞发生不正常的分裂和增生，其结果表现为癌的形成。致突变作用如影响生殖细胞而使之产生突变时，就有可能产生遗传特性的改变而影响下一代，即将这种变化传递给子代细胞，使之具有新的遗传特性。为了与致癌性相区别，一般所说的致突变性指的是上述的后一种情况。凡能直接或间接影响机体的遗传物质从而导致基因结构发生永久性变化的化学物质，都可称为遗传毒物。具有致突变性的遗传毒物与致癌剂一样，广泛地分布在人们的生活环境之中。

由于人群和环境之间关系的复杂性，环境中致突变物的种类繁多(参见前表)，致突变作用的潜伏期又很长(因为生殖细胞突变，即使是显性的也只能在子代方始能表现出来。若是隐性的，即使在子2代、子3代也不一定会表现出来)，因此致突变作用在人群中的调查是极其复杂的工作，现有研究结果大多系以试验动物为对象而作出。

三、苯并[*a*]芘

苯并[*a*]芘是熔点为252℃的黄色结晶物。它是一种最典型的三致性环境毒物，因为其存在极普遍，在环境中又极稳定，故被认作环境样品中多环芳烃类化合物存在与否的指示物。苯并[*a*]芘在煤焦油中多量存在，还存在于有关厂区的空气中及汽车尾气、香烟烟雾、熏鱼和熏肉等食品之中。它对很多种动物和人体的致癌作用已无疑义。一个人在40年内累计摄入80mg苯并[*a*]芘即可致癌。其在1000支香烟中含量为1.22～2.0μg，吸烟者比不吸烟者得肺癌的危险性要大得多。

苯并[*a*]芘实际上是一种“致癌前身物”。即已经明确了解，只有它在哺乳动物细胞中经代谢后的产物才能诱发恶性肿瘤。在体内酶的作用下，苯并[*a*]芘被转化为带有羟基和具有环氧结构的“最终致癌物”。

在环境中往往是多种类的多环芳烃同时存在，除有致癌作用的成分外，还有促癌作用和抑癌作用的成分。对苯并[*a*]芘来说，引使其致癌的促癌物质有芘和荧蒽，而菲和苯并[*a*]蒽则起抑制作用。

对于很多种动物(大鼠、小鼠、土拨鼠、兔、猴)做试验都表明，苯并[*a*]芘对它们的子代有致畸作用。此外这种致癌物也还有致突变作用，即可使试验动物染色体发生异常和遗传信息发生突变等。

根据上述有关内容，可提出防范多量苯并[*a*]芘进入人体的一些措施：(1) 防止职业性接触(如熔化沥青时产生的烟尘)；(2) 不多食熏制食品(熏鱼、腊肉、火腿等)、烘烤食品(饼干、面包等)和煎炸食品(油条、煎饼、方便面等)；(3) 吸烟者及早戒烟。此外，加强有关工厂三废排放物处理及饮水的净化处理，改进汽车燃油过程，如将加热炉中燃煤改换为石油或天然气等措施，都可能降低城市环境中苯并[*a*]芘的含量水平。

四、二甲基亚硝胺

具有 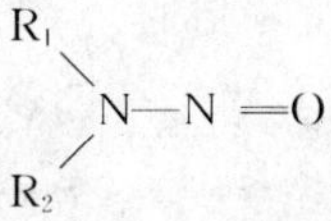 化学结构式的化合物称为亚硝胺。例如 R_1 和 R_2 都是甲基($-CH_3$)的化合物被称为二甲基亚硝胺(DMNA)。由 R_1 和 R_2 的不同可引生很多种亚硝胺化合物,其中具致癌性的有数十种之多。特别是 R_1 和 R_2 中有一个是或两个皆是小分子基团(甲基或乙基)者具有强致癌性,所以 DMNA 是其中致癌作用最强的一种化合物。

目前认为,亚硝胺类化学物质是人体的最主要致癌物,幸好它们在自然环境中不甚多见。但另一方面,它们却又很容易通过人体内的生物化学反应合成产生。其前驱物是硝酸盐、亚硝酸盐和蛋白质、氨基酸等。有人提出,日本人患胃癌者众多,与日本人多吃腌菜和海鱼有关。因为咸菜中含较多硝酸盐和亚硝酸盐,而海鱼中含有较多胺类化合物,进入人体内的这两类化合物可通过亚硝基化作用后结合成亚硝胺而致癌。

二甲基亚硝胺在常态下是沸点为 152℃的黄色油状液体。它是一种典型的三致性毒物,即使是微量进入机体,也会使各种鼠类、家兔、鳟鱼、鸟类等动物的体内诱发肝癌、肾癌、肺癌、血管瘤等。胚胎对二甲基亚硝胺的致癌作用非常敏感,给怀孕动物饲以一定量的二甲基亚硝胺可导致胚胎产生良性或恶性肿瘤,且兼有致畸和致突变作用。由于它的主要体内代谢部位在肝脏,首先会表现出肝中毒,即引起肝小叶中心坏死,以至引发肝癌。

二甲基亚硝胺对大鼠经口摄入的半致死剂量 LD_{50} 为 26mg/kg。其对人体也有急性的毒作用。首次急性中毒的案例见报道于 1937 年。一名 26 岁美国男性化学工作者在手部接触从容器中溢出的该化学物质后 6 天,感觉恶心和上腹胀痛,后又出现黄疸和肝脾增大,48 天后死亡。经尸检发现其肝脏有实质性病变。

为防范多量二甲基亚硝胺进入体内或在体内生成,可提出以下几项措施:(1) 防止职业性接触(如橡胶硫化车间空气中可含有多量 DMNA);(2) 避免食用含多量硝酸盐和亚硝酸盐的工业盐或劣质盐;(3) 不多食海鱼、罐头鱼、鲸肉等;(4) 不多食经添加亚硝酸盐的食品(如腌肉),或虽不添加但作熏制的食品(因在熏制过程中产生的氮氧化物也会带来同样的结果);(5) 常食大蒜、饮茶和服用维生素 C;(6) 低温保存肉类、蔬菜,以抑制其中所含硝酸盐转化为亚硝酸盐的反应。

9 环境化学专题

本章主要涉及内容是由环境污染物引起的种种重大环境问题，包括温室效应，臭氧层破坏、酸雨、光化学烟雾、水体富营养化、废弃物及其处理。此外，还就污染物形态分析、环境激素和室内环境污染三专题作简要介绍。由本章内容安排可见，大气污染乃是当前全球面临的重大环境问题。

9.1 温室效应和地球暖化

按原先的含义，温室效应是有利于全球生物体生长繁衍的。由大气中存在的气体（特别是臭氧层中 O_3）吸收过强太阳辐射所产生的冰室效应，以及由大气中存在的颗粒物反射和散射太阳辐射所产生的阳伞效应都有降低地表气温的作用。例如，在公元 1550～1900 年期间，由于地球上火山频繁爆发引起过强的阳伞效应而形成了延续 330 年的“小冰期”。与之相对的是温室效应。温室效应抵消了冰室效应和阳伞效应的作用，使得地球表面温度宜人。但是，在近代由于人为因素造成的“过犹不及”的过度温室效应又开始成为一个全球性的重大环境问题。

最早言及温室效应的是法国数学家兼传热学专家傅立叶（Fourier J.，1827）。在后人对 H_2O、CO_2 吸收光谱研究结果基础上，由瑞典化学家阿仑尼乌斯（Arrhenius S. A.，1896）建立有关温室效应基本理论。日本学者真鍋（Manabe，1967）首先利用电子计算机模型推算大气中 CO_2 浓度增大与气温升高间所存在的定量关系。

9.1.1 太阳和地球辐射间的能量平衡

地球表面在白天受日照后温度升高，地面就成为一个长波辐射体。太阳、地球和大气低层的云层在各自的温度范围内都可近似看作为黑体，即能全部吸收外来电磁辐射而毫无反射和透射的理想物体。黑体的辐射度（即每单位面积和单位时间内发射的辐射能）可用普朗克定律表达式表示：

$$E_{\lambda b}=\frac{2\pi c^2 h}{\lambda^5}\frac{1}{e^{hc/\lambda kT}-1} \tag{9-1}$$

式中 $E_{\lambda b}$——一定波长 λ 的辐射度（脚标 b 表示黑体）；
c——光速；
h——普朗克常数（6.63×10^{-34} J·s）；
k——波尔茨曼常数（1.38×10^{-23} J/K）；
T——绝对温度。

将式（9-1）按辐射度对波长的全波谱积分，可得到累积辐射度 E_b 的表达式。E_b 应该是温度的单一函数，经实验确定为

$$E_b=\sigma T^4 \tag{9-2}$$

式中 σ——为斯蒂芬-波尔茨曼常数，$\sigma=5.67\times10^{-8}$ W/(m²·K⁴)。

E_b 表达式称为斯蒂芬-波尔茨曼辐射定律，并可用图 9-1 所示曲线来表示，在图中的每一条曲线下面的面积等于绝对黑体在一定温度下、单位时间内、单位面积上所发生的累积辐射度。每条曲线中，辐射度最大值所在位置的波长 λ 可按下式确定：

$$\lambda_m\cdot T=常数=0.288\ \text{cm}\cdot\text{K} \tag{9-3}$$

根据此式或图 9-1 所示的各曲线相对位置，可引出维恩位移定律。该定律指出：当绝对黑体（地球是一个辐射体，且可以粗略地视之为黑体。）温度升高时，最大发射能力向短波方向移动。

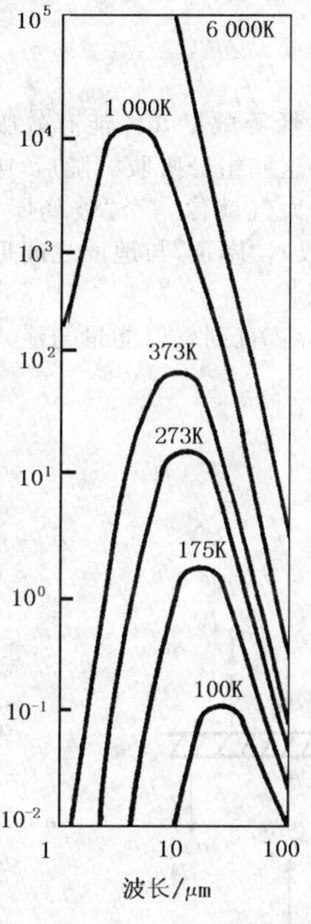

图 9-1　黑体的辐射度与波长、温度的关系

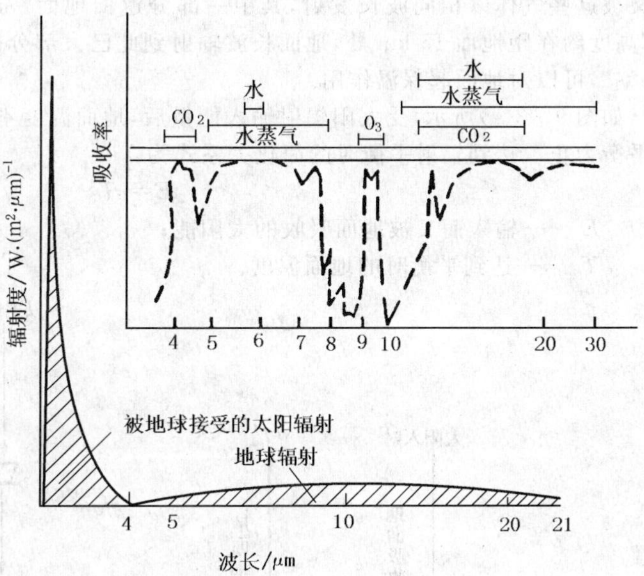

图 9-2　地球辐射及大气层对它的吸收

根据以上理论，我们可以说，由极高温度的太阳（有效温度约 6 000 K）所发的是短波辐射；由甚低温度的地球表面（平均温度约 289 K）所发的是长波辐射。由于两者温度差别甚大，因而这两种辐射波谱实际上不会互相重叠。如图 9-2 所示，整个太阳辐射波谱是在 λ 小于 4 μm 范围，而整个地球辐射波谱在 4 μm～30 μm 范围，因此 $\lambda=4$ μm 是为区分这两种辐射的界限。就总辐射度而言，地球当然不能与太阳比拟，其比率近似等于 $(6\,000/289)^4\approx 2\times10^5$。但太阳辐射仅以很小的立体角度投射到地球上，并且在射向地面的途中很大一部分被大气层吸收、反射，所以从年平均情况来说，为地球所吸收的能量和发射的能量正好抵消。因此，图 9-2 中太阳和地球辐射的两波谱曲线下的面积也应是相等的。

现考虑地球-大气系统与太阳辐射间的能量平衡，有

系统接收到的太阳能　$E_1=(1-\alpha)\pi r^2 s$

系统向外发射的能量　$E_2=4\pi r^2\sigma T^4(1-\beta)$

式中　α ——系统对太阳能的反射率；

r ——系统半径，即地球至大气层边缘的距离；

s ——太阳常数，其值为 1 360 W/m²；

σ ——斯蒂芬-波尔茨曼常数；

T ——系统温度；

β ——温室效应系数，即系统辐射被自身大气部分吸收的份额。

由 $E_1=E_2$，可得地球-大气系统温度 T 的表达式：

$$T=\left[\frac{(1-\alpha)s}{4\sigma(1-\beta)}\right]^{1/4} \tag{9-4}$$

由确定的 s、σ 值并取 $\alpha=0.34$，$\beta=0.50$，则可计算得系统温度 $T=300$ K，即 27℃。

9.1.2 温室效应

大气中 CO_2、CH_4、水蒸气、悬浮水滴和云层中冰晶以及卤代烃等微量气体能有效吸收地面辐射中的各波段谱线（图 9－2），即有相当一部分能量被大气中的这些组分吸收。随后，吸收的辐射又被这些气体以相同波长发射，其中一部分返回地面。这样，大气就像一个“玻璃屋顶”（“屋顶”高度约在距地面 15 km 处，地面长波辐射到此已大部分被吸收），“屋顶”与地面之间形成一个“温室”，可以对地面起保温作用。

如图 9－3(a)所示，受太阳辐射输入能量后，地面温度不断升高，直到发射能量与注入的太阳能平衡为止。达到辐射平衡时的简化关系式为：

$$E=\sigma T_0^4 \tag{9-5}$$

式中 E ——输入而又被地面吸收的太阳能；

T_0——达到平衡时的地面温度。

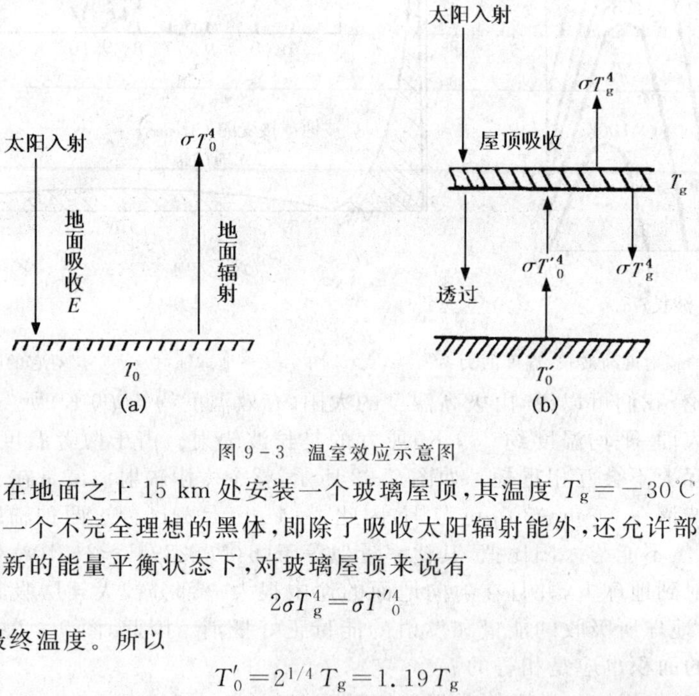

图 9－3 温室效应示意图

现在我们假设在地面之上 15 km 处安装一个玻璃屋顶，其温度 $T_g=-30$℃，如图 9－3(b)所示。假定该屋顶是一个不完全理想的黑体，即除了吸收太阳辐射能外，还允许部分太阳辐射透过而进入地面。考虑新的能量平衡状态下，对玻璃屋顶来说有

$$2\sigma T_g^4=\sigma T'^4_0$$

其中 T'_0 为地面最终温度。所以

$$T'_0=2^{1/4}T_g=1.19T_g$$

由此可计算得 $T'_0=289$ K，即 16℃。这一计算过程与以上地球-大气系统温度的计算过程都很粗略，所得结果也不甚一致。到目前为止，所有关于温室效应的深层研究都依赖于数学模型，且基于大气中各种温室气体的有关数据而建立。

9.1.3 温室气体

能吸收地表辐射并产生温室效应的大气气体组分称为温室气体。地表热以红外线形式散入大气，多数被大气中所含水汽吸收。只是在 7 μm～13 μm 波段部分，水的吸收能力弱，而其他温室气体在此有强烈吸收带，从而引起温室效应。表 9－1 列举了大气中各种温室气体浓度历来递增及它们效应的相对强弱数据。

表 9-1 温室气体及其效应

气体	平均浓度/10^{-6}(体积分数)			效应(大气温升/K)	
	工业革命前	1987 年	2050 年(预计)	1987 年①	2050 年(预计)②
CO_2	270	340	440	0.54	0.67
CH_4	1.0	1.7	4.0	0.21	0.38
N_2O	0.28	0.30	0.35	0.03	0.11
CO	0.10	0.13	0.40	0.01	0.09
SO_2	0.0	2×10^{-3}	5×10^{-3}	0.02	0.05
NH_3	0.0	6×10^{-3}	14.5×10^{-3}	0.06	0.17
C_2H_4	0.0	2×10^{-4}	5×10^{-4}	0.01	0.02
CFCs	0.0	1.5×10^{-4}	10×10^{-4}	0.07	0.48

① 与工业革命前比；② 与 1987 年比

由表 9-1 所列数据可见，CO_2 是各种气体中浓度最高因而也是温室效应最强的气体。如果目前空气中的 CO_2 浓度再增加 1 倍，那么这个变化就足以使地球平均温度上升 3 度，从而使大陆冰川全部融化。同时也已发现，在一亿年来的地质年代间，大气中 CO_2 含量与气温间有着大体同步变化的规律。以下就近期大气中 CO_2 浓度变化趋势作一番叙述。

18 世纪工业大革命前，CO_2 循环大体处于平衡状态。呼吸作用产生 CO_2，而光合作用需要 CO_2，这是达成平衡的一个重要因素；由海水上下层之间流动，引起海水中溶解 CO_2 的吞吐不息，这是达成 CO_2 平衡的另一个重要因素。所以认为，近几千年来，地球大气中 CO_2 浓度还是大致恒定的。

例 1 已知大气中 CO_2 分压 $p_{CO_2}=35\text{Pa}$，海洋表层溶解 CO_2 浓度 $[CO_2]=0.01\text{mol/m}^3$，$CO_2$ 对海水的 Henry 常数 $K_H=3.4\times10^{-4}\text{mol/(m}^3\cdot\text{Pa)}$ 及海洋总面积 $S=3.60\times10^{14}\text{m}^2$。求 CO_2 由大气溶入海水的通量。

解 海洋表层吸收大气中 CO_2 的传质速度由液膜一侧的阻力控制。其速度 R 的表达式为

$$R=k_L\{K_H p_{CO_2}-[CO_2]\}$$

式中，k_L 为液膜传质系数，已知 $k_L=5.5\times10^{-5}\text{m/s}$。将各已知值代入速度表达式，得

$$R=5.5\times10^{-5}\{(3.4\times10^{-4})\times35-0.01\}=1.05\times10^{-7}\text{mol/(s}\cdot\text{m}^2)$$

则海洋全部表面在一年中接受 CO_2 的通量为

$$\begin{aligned}F&=R\cdot S\cdot t\\&=(1.05\times10^{-7})\times(3.60\times10^{14})\times(365\times24\times3\,600)\\&=1.2\times10^{15}\ \text{mol/a}\end{aligned}$$

由于工业发展和森林覆盖面积减少，引起大气中 CO_2 增加，估计目前世界范围每年释入大气中 CO_2 的量(以碳计)为 220 亿吨。对夏威夷的冒纳罗亚(海拔高度 3 400 m)地区大气中 CO_2 浓度逐年检测的结果如图 9-4 所示。图中随季节而周期变化的曲线表明，夏天(曲线底部)森林地区光合作用增强，而在冬天(曲线顶部)燃料耗用量增多，曲线整体呈逐年上升的趋势表明，化石燃料用量越来越多，而森林作用在逐渐消失。

从全球范围看，近代大气中 CO_2 浓度以每年约 1×10^{-6}(体积分数)的平均速度递增。1958 年至 1968 年，浓度由 315×10^{-6} 提高到 322×10^{-6}(体积分数)，至 1974 年为 330×10^{-6}，而 1980 年为 338×10^{-6}(体积分数)。当前的浓度水平约 365×10^{-6}(体积分数)。

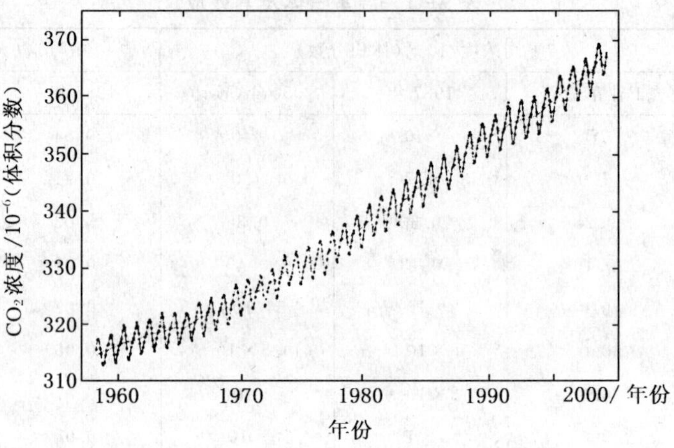

图 9-4 大气中 CO_2 浓度逐年增长趋势

9.1.4 地球温暖化及防治对策

近几十年来全球气温总体呈上升趋势,1998 年成为自 1860 年开展全球气温记录工作以来迄今气温最高的一年。同年 12 月联合国宣布人类活动导致全球变暖已是不争的事实。此后气温更进一步逐年攀升,至 1998 年全球平均气温创下近千年来最高记录。据估计,近百年来全球气温已上升了 0.7℃。由温室效应导致地球气温逐渐上升及未来全球性气候改变,进一步引起农业、渔业减产,促使南北两极冰雪融化,从而淹没许多沿海城市和广大陆地,这是环境科学者近来一再发出的警告。近期,世界范围内由细菌、病毒等引发的病害增多,高温、台风、暴雨等气象灾害频发,这些现象也都被认为与地球暖化有关。

实际上,除温室效应外,引起全球气温逐年升高的原因还有很多,其中主要的有:(1) 近期太阳黑子活动周期缩短,太阳输出能量增多;(2) 近 10 年来海水对流减弱,影响地球热量和 CO_2 向海底传送;(3) 周期性发生的厄尔尼诺现象产生不良影响。这种现象是由于东太平洋海面温度异常提升而引起赤道洋流和东南信风发生变化,从而导致全球气候反常,局部地区气温升高。为了抑制全球气温继续上升势头,又由于上列因素都是非人力所能控制,人们就只能将目光转向温室气体。近年来国际上频频召开会议,提出通过国际协力控制温室气体特别是 CO_2 人为排放量的具体数字和日程。此外,由于 CO_2 的主要人为来源是化石燃料的燃烧,所以也已研究和提出了如何从火力发电站烟气中脱除 CO_2 的很多方法。这些方法包括:(1) 物理法,有膜分离法、用甲醇胺的湿式吸收法、用分子筛的干式吸附法等;(2) 化学法,系用 NaOH 吸收 CO_2 后生成 Na_2CO_3,再将其电解产生 NaOH、O_2 和 H_2、CO_2,后两者可经催化合成得到 CH_3OH 产品;(3) 物理化学法,是利用电子束照射使 CO_2 得以分解的方法。以上方法大多处于研究阶段,要在工业上得到实施还有许多技术难点和经济问题尚待解决。

抑制温室效应的其他方法还有植树造林、节能和转变能源种类(改用原子能、自然能)等。

9.2 臭氧层破坏

从太阳方向射来地球的紫外线可分为三个波段:UV-A(320 nm～400 nm),UV-B(290 nm～320 nm),UV-C(<290 nm)。这些紫外线,特别是其中能量高的短波部分可被臭氧吸收。如果臭氧层遭受破坏而消失,强烈的紫外辐射将无阻挡地到达地面,杀伤地球上大多数现存生物。

大气中臭氧层的另一直接效应是由于强烈吸收了紫外线使平流层中温度上升。平流层温度范围在 210 K～275 K 之间。

9.2.1　平流层大气的组成

早先人们认为平流层里可能存在多量的氢和氦，它们漂浮在较重的下层气体之上。20 世纪 30 年代中期，苏联气球驾驶员从平流层上部采得空气样品表明，同对流层一样，那里的空气也是由氧和氮按 1∶4 的比例组成的。

平流层中另一重要组分是臭氧，在距地面 10 km～40 km 处存在着一个臭氧层。图 9－5 所示为低纬度区（北纬 10 度）和高纬度区（北纬 60 度）臭氧的浓度分布。横坐标为臭氧浓度，其单位是 cm/km，也就是将臭氧层内温度、压力转成标准状态（即 273 K 和标准气压）后，以厘米厚度为测度单位，计得每千米高度内的纯臭氧质量。应注意到这样一个实际情况，即在标准条件下，平流层中臭氧总量仅在 0.15 cm～0.4 cm 范围内。以 0.01 mm 作为 1 个 Dobson 单位（DU），则此总量相当于 150 DU～400 DU。

在平流层中所含的其他少量组分有 CO、CO_2、CH_4、N_2O 和卤代烃等。它们在平流层中长时期内的浓度变化趋势一方面反映了日益强化的人类活动对环境影响的加剧，另一方面也可能对大气整体和全球气候产生直接或间接影响。

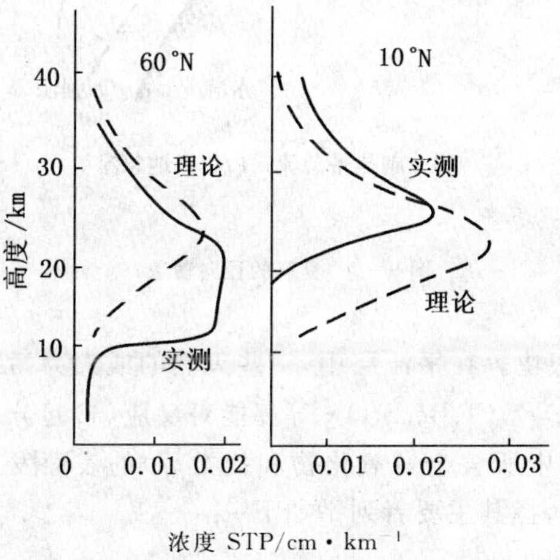

图 9－5　臭氧浓度的垂直分布

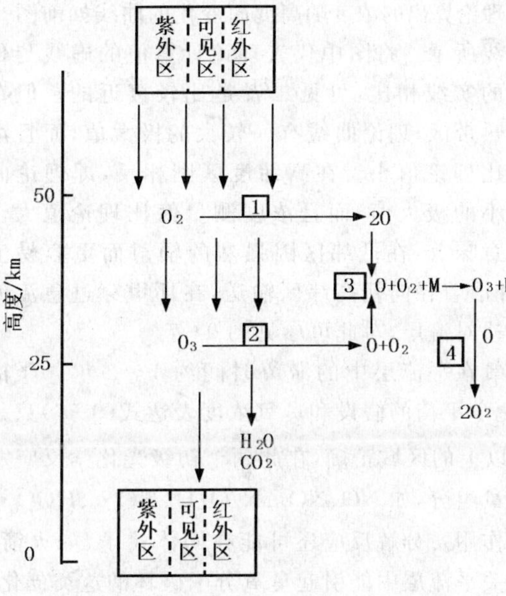

图 9－6　大气中 O_3 对紫外辐射的吸收及 O_3 的自然平衡机理

9.2.2　臭氧层中的臭氧消除反应

臭氧在平流层中的产生和消除都是通过光化学过程进行的，其中发生的主要反应如图 9－6 所示。

初级光化学反应式：　　　　反应速度常数　　　　O_x 个数变化

(1) $O_2 \xrightarrow{h\nu} 2O$　　　　k_1　　　　$+2$

(2) $O_3 \xrightarrow{h\nu} O_2 + O$ k_2 0

次级光化学反应式：

(3) $O + O_2 + M \longrightarrow O_3 + M^*$ k_3 0

(4) $O + O_3 \longrightarrow 2O_2$ k_4 -2

在式(3)中，M是一个不起反应的分子（如 N_2 或 O_2），它作为第三体带走剩余能量，可免 O_3 过快分解；O_x 代表具有单数个氧原子的同素异形体（即 O 和 O_3），O_x 的生成和消失由反应(1)和反应(4)决定，氧(O)与臭氧(O_3)的存在比例则由反应(2)和反应(3)决定。比较四个反应的速度常数，有 $k_2 \gg k_1$，$k_3 \gg k_4$。如假设体系处于光化学平衡的稳定状态，那么能够导出一个臭氧浓度随高度而变化的理论表达式：

$$[O_3] = [O_2]\sqrt{\frac{k_1}{k_2} \cdot \frac{k_3}{k_4}[M]} \qquad (9-6)$$

式中，k_1、k_2 和 $[O_2]$ 都是高度的函数，k_1 和 k_2 的值还取决于入射光的波长和强度。k_3 和 k_4 有比较确定的数值（以下 molec 表示分子数）：

$k_3 = 6 \times 10^{-34}\ cm^6/(molec^2 \cdot s)$

$k_4 = 1.9 \times 10^{-11}\ exp(-2\,300/T) cm^3/(molec \cdot s)$

如果取臭氧层平均温度 $T = 253$ K，则 $k_4 = 2.14 \times 10^{-15}\ cm^3/(molec \cdot s)$。

由理论算出的浓度随高度而变化的曲线如前图 9-5 中的虚线所示。将图中代表理论计算值的虚线与代表实测值的实线相比，可见二者是比较接近的。但在低纬度的热带区，理论曲线有一较大的极大值，而且浓度测量值比理论值小。在高纬度区则相反，即理论曲线有一较小的极大值，而且浓度测量值比理论值大。这些差异意味着，在低纬区因强烈的辐射而更容易生成臭氧，并沿着径向朝高纬区输送，在那里穿过急流的断裂处到达对流层，对此可参见图 9-7。

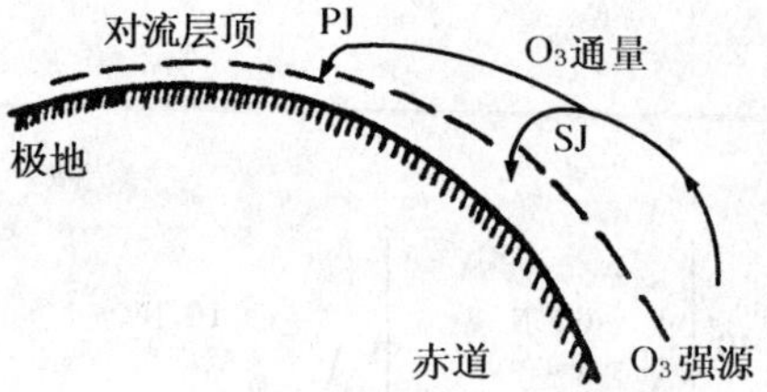

SJ—副热带急流；PJ—极地急流

图 9-7 臭氧的径向输送

臭氧在平流层中的滞留时间约 1～2 年。严格地说，光化学平衡的假设和臭氧浓度表达式(9-6)只是对 30 km 以上的区域正确，在此两个初级光化学反应发生很快。在平流层中，一些天然的或人为污染的微量组分，如 NO、NO_2、N_2O、H、HO·、HOO·、ClO·、Cl、Br、BrO·等都能对反应(4)起分解催化作用。分解反应还可能在固体粒子（如火箭排气中所含金属氧化物和盐类等）的表面发生。有关平流层中能引起臭氧分子破坏的这类催化反应，择其主要者列举如下①：

(5) $H + O_3 \longrightarrow HO\cdot + O_2$

(6) $HO\cdot + O \longrightarrow H + O_2$

(7) $HO\cdot + O_3 \longrightarrow HO_2\cdot + O_2$

(8) $HO_2\cdot + O \longrightarrow HO\cdot + O_2$

以上(5)～(8)称 HO_x 链式反应($x=0,1,2$)

(9) $NO + O_3 \longrightarrow NO_2 + O_2$

(10) $NO_2 + O \longrightarrow NO + O_2$

以上(9)～(10)称 NO_x 链式反应($x=1,2$)

---

① 以下所述催化反应机理主要由 F Sherwood Rowland、Mario Molina 和 Paul Crutzen 三位环境化学家阐明，由此荣膺 1995 年诺贝尔化学奖。此类奖项授予环境科学者尚属首次。

(11) $Cl+O_3 \longrightarrow ClO\cdot +O_2$
(12) $ClO\cdot +O \longrightarrow Cl+O_2$ } 称 ClO_x 链式反应 ($x=0,1$)

以上四组反应有相似之处，对此可用下列通式表示之：

$$Y+O_3 \longrightarrow YO+O_2$$
$$YO+O \longrightarrow Y+O_2$$
$$(4) \quad O+O_3 \longrightarrow O_2+O_2$$

在这里，O 由反应(1)和反应(2)供出。Y(自由基、原子或分子)对平流层中臭氧分子的破坏起着特别重要的催化作用，因为由 Y 引发的链式反应系列首尾相联，原先消耗的反应物 Y 到后来又产生了出来，且反应的最终结果与反应(4)一致。

以上各组链式反应中控制反应速度的分别是反应(5)、(8)、(10)和(12)，图 9-8所示为这些反应的速度随高度而变化并与反应(4)的速度作比较的情况。

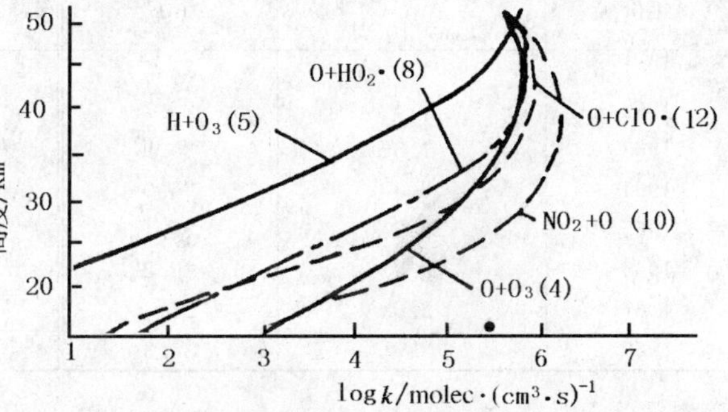

图 9-8 各种 O_3 消除反应的反应速度常数值与高度的关系

由图示曲线可见，在平流层下部，NO_x 链式反应对 O_3 分子破坏起最主要作用，随着高度上升，ClO_x 和 HO_x 链式反应逐渐显示出它们的作用。在近 30 km 处，ClO_x 链式反应消除 O_3 的速度与反应(4)相当，这表示臭氧在这个高度受破坏是与人造化学物质氟利昂的作用有关。如氟利昂 11($CFCl_3$)和氟利昂 12(CF_2Cl_2)是平流层高空中 ClO_x 的人为来源，它们受光(200 nm 左右)分解产生原子 Cl 的反应分别为：

$$CFCl_3 \xrightarrow{h\nu} CFCl_2\cdot +Cl$$

$$CF_2Cl_2 \xrightarrow{h\nu} CF_2Cl\cdot +Cl$$

上层大气中 NO_x 主要来源是土壤中发生的 N_2O 升至上空后与 O 反应的产物(其次还有高空超音速飞机排气)。HO_x 则主要通过 $H_2O+O \longrightarrow 2HO\cdot$ 反应和 $H_2O \xrightarrow{h\nu} HO\cdot +H\cdot$ 反应生成。

例 2 Freon-12(CCl_2F_2)正常沸点 $T_b=243.4K$，摩尔蒸发热 $\Delta H_v=19\,970J/mol$，求其在大气臭氧层(假定温度为 233.0K)内的蒸气压。

解 迄今已有很多方法被用来估算化合物的蒸气压，这些方法多是基于 Clausius-Clapeyron 方程式：

$$\frac{d(\ln P)}{dT}=\frac{\Delta H_v}{RT^2} \tag{1}$$

式中 P——物质蒸气压/Pa；
T——温度/K；
R——气体常数(8.314 J/(K·mol))；
ΔH_v——摩尔蒸发热/J·mol⁻¹。

在方程导出中作了蒸气是理想气体的假定。又若假定 ΔH_v 是不随温度变化的常数，则上式的定积分的形式为

$$\ln\frac{P_2}{P_1}=\frac{\Delta H_v}{R}\left(\frac{T_2-T_1}{T_1T_2}\right) \tag{2}$$

以 P_2 代表所求蒸气压，P_1^0 代表正常大气压，即 $P_1^0=1.013\times10^5\,\text{Pa}$，并将式(2)改写为

$$P_2=P_1^0\exp\left[\frac{\Delta H_v}{R}\left(\frac{T_2-T_b}{T_bT_2}\right)\right]$$

代入已知数值得

$$\begin{aligned}P_2&=\left\{1.013\times10^5\exp\left[\frac{19\,970}{8.314}\left(\frac{233.0-243.4}{243.4\times233.0}\right)\right]\right\}\times10^{-3}\\&=65.2\text{kPa}\end{aligned}$$

例 3 已知 CCl_2F_2（$M=120.93$）在对流层中浓度为 0.80×10^{-9}（质量分数），历年排放量递增情况如下，求其在对流层中滞留时间。

年份	年排放量 E ($g/a\times10^{-11}$)	$\ln E$	年份	年排放量 E ($g/a\times10^{-11}$)	$\ln E$
1961	1.0	25.3	1969	3.2	26.5
1962	1.4	25.7	1970	3.4	26.6
1963	1.8	25.9	1971	3.6	26.6
1964	2.0	26.0	1972	4.3	26.8
1965	2.2	26.1	1973	4.6	26.8
1966	2.3	26.2	1974	5.0	26.9
1967	2.6	26.3	1975	5.5	27.0
1968	2.7	26.3		$\sum=45.6$	

解 将 $\ln E$ 对年份标绘，可得如图所示直线，这表明，排放率按指数关系历年递增。对于这种情况 H. B. Singh(Geophys. Res. Lett.，1977/4-101)曾提出如下的滞留时间计算公式：

$$\tau=\frac{\theta}{b(1-\theta)}$$

式中 b——系数，即为图中直线斜率，在此 $b=0.10\text{a}^{-1}$；

θ——为对流层中污染物总量 Q 与累积排放量 A 之比。

由题给条件及对流层空气质量为 $4\times10^{21}\,\text{g}$ 可得

$$A=45.6\times10^{11}\,\text{g}$$

$$Q=(4\times10^{21})\times\frac{0.80}{10^9}=3.2\times10^{12}\,\text{g}$$

则 $$\theta=\frac{Q}{A}=\frac{3.2\times10^{12}}{45.6\times10^{11}}=0.70$$

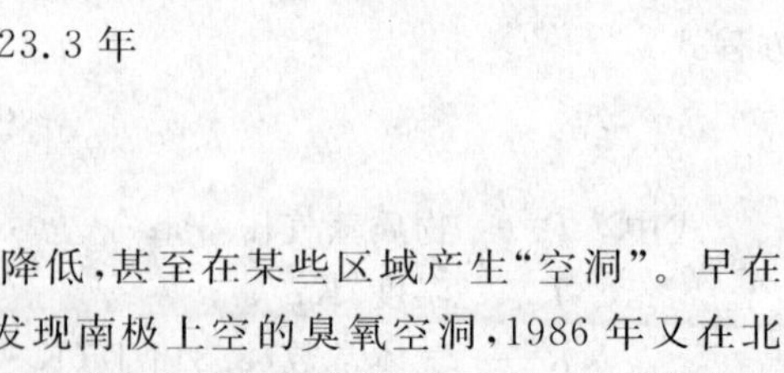

将 b 和 θ 值代入上列 τ 表达式，可得

$$\tau=\frac{0.70}{0.10(1-0.70)}=23.3\text{ 年}$$

9.2.3 臭氧空洞及其危害

由于上述各类臭氧消除反应，使平流层中臭氧浓度降低，甚至在某些区域产生“空洞”。早在1983年前后，科学家通过气球和气象卫星的监测，首先发现南极上空的臭氧空洞，1986年又在北极上空发现臭氧薄层区和空洞。近年来又有更多报道显示薄层区还在扩展，日益迫近人类密集的中纬度区，包括美、欧、亚洲各国上空。

经研究人员对臭氧层的破坏进程所作长期观测和分析，发现了很多规律性现象：如臭氧层上部(距地面 30 km 以上)的损耗比下部严重；地球中、高纬度区上空的损耗比其他地区严重，尤其以两极地为甚。此外，与南极相比，北极上空臭氧的耗损程度要小得多。

当前臭氧层的逐渐衰竭或消失会引起太阳紫外线直贯地面，从而对人、对动植物乃至自然生态系统产生极大危害。强烈的紫外线照射会使人患上白内障眼疾甚至失明，人体的免疫功能也会衰退，因而滋生包括皮肤癌在内的各种疾病；对植物来说，光合作用将受到抑制，抵抗环境污染物的能力变差，粮食作物的产量和质量由此下降；生活在海洋浅层的浮游生物和鱼苗也会因受强烈辐射而退出水生王国，扰乱和破坏水生生态系统。

紫外线直接的生物作用包括引起血球溶解和发红，促进蛋白质凝固，并有强烈的杀菌作用。表 9-2 列出 UV-B 和 UV-C 两波段紫外线的生物学作用强度与波长间的关系。大体说来，波长越短的紫外线，其生物学作用越强烈。

表 9-2 紫外线的生物效应①

波长/nm		血球溶解	红疹	蛋白质凝固	杀菌作用
UV-B	320	0	0	2	—
	315	—	1	—	—
	310	4	11	10	—
	305	—	33	—	0
	300	6	83	23	3
	295	—	98	—	7
	290	7	31	40	20
UV-C	285	—	9	—	28
	280	8	6	60	43
	275	—	7	—	53
	270	10	14	80	65
	265	—	25	—	80
	260	12	42	100	92
	255	—	54	—	100
	250	15	56	90	96
	245	—	57	—	82
	240	25	56	60	65
	235	—	—	—	—

① 取最大效应为 100 个单位，“—”表示数据尚缺。

9.2.4 氯氟烃及对其破坏臭氧作用的防治

在前节述及的许多反应中，以 ClO_x 环式反应对臭氧层破坏的能力最强。如进入平流层的一个氯原子能通过环式反应破坏 10 万个 O_3 分子。此外，对于作为 ClO_x 主要来源的氯氟烃类(CFCs)化合物，也已有了比较成熟的控制措施、技术和方法。CFCs 或商品名为氟利昂的化合物是 20 世纪 30 年代问世的一类人工合成产物。长期以来，人们片面地利用这类化学物质无毒、化学稳定和容易液化等优点，大量生产并在日常生活中将它们用作空调、冰箱的致冷剂，化妆品和医药品中掺加的喷雾剂，衣料、器件的洗涤剂以及建筑隔热材料；在工业上又多用来清洗电气、机械、金属制品及生产泡沫塑料等。在生产和使用过程中，因其较强挥发性而易逸散到大气，并飘浮到臭氧层上空，成为破坏臭氧分子的一大污染物。而且，CFCs 类化合物还从属于含卤素的挥发性有机化合物类(VOCs)，可在其他方面显示其环境危害性。CFCs 化合物还是主要的温室气体，在推进地球暖化的过程中也起着重要的不良作用。虽然当前 CFCs 化合物在全球大气中的平均浓度只处于 10^{-10}(体积分数)数量级，但上述破坏正常环境的多种作用却是不容小觑的。

表 9-3 列举了 CFC-11(CCl_3F)、CFC-112($C_2Cl_4F_2$)和 CFC-113($C_2Cl_3F_3$)的各种物性参数。包括 CFC-11、CFC-113 在内的 7 种卤代烃的臭氧损耗潜势值(ODP),列举在表 9-4 之中。ODP 值被用来定量比较各种化合物破坏臭氧分子的能力,其定义为

$$ODP=\frac{\text{单位质量物种引起的 } O_3 \text{ 损耗}}{\text{单位质量 CFC-11 引起的 } O_3 \text{ 损耗}} \tag{9-7}$$

表 9-3 CFCs 化合物的物理性质

化合物	分子式(相对分子质量)	熔点 /℃	沸点 /℃	液体比密度 (25℃)	黏度 (C.P. 25℃)	蒸气压 /kPa(20℃)	蒸气比密度 (空气=1)	溶解度 /g·L⁻¹(25℃)	空气中的扩散系数 /cm²/s(25℃)
CFC-11	CCl_3F (137.37)	-111	23.8	1.476	0.42	88.8	4.77	1.1	0.081
CFC-112	$C_2Cl_4F_2$ (203.83)	26	92.8	1.634 (30℃)	1.21	—	7.08	0.12	0.065
CFC-113	$C_2Cl_3F_3$ (187.38)	-35	47.6	1.565	0.70 (20℃)	36.18	6.51	0.17	0.068

比较表 9-4 中所列举各化合物的 ODP 值之后可以发现,不含氯卤代烃的 ODP 值为零;含氢氯氟烃的 ODP 值也较小。此外,含 C 多的化合物比含 C 少的化合物有更小的 ODP 值。基于这样的认识,已研制得到如附于表 9-4 之下的 8 种 CFCs 替代物(列在沸点标尺的右侧)。HFC-225cb、HFC-225ca、HCFC-142b 和 HCFC-124 分子式分别为 $C_3HCl_2F_4$、$C_3HCl_2F_5$、$C_2H_3ClF_2$ 和 C_2HClF_4。其他化合物的分子式见表 9-4。

表 9-4 卤代烃化合物的 ODP 值

化合物	CFC-11 (CCl_3F)	CFC-12 (CCl_2F_2)	CFC-113 ($C_2Cl_3F_3$)	HCFC-22 ($CHClF_2$)	HCFC-123 ($C_2HCl_2F_3$)	HCFC-141b ($C_2H_3Cl_2F$)	HFC-134a ($C_2H_2F_4$)
ODP 值	1.0	1.0	0.8	0.05	0.02	0.1	0

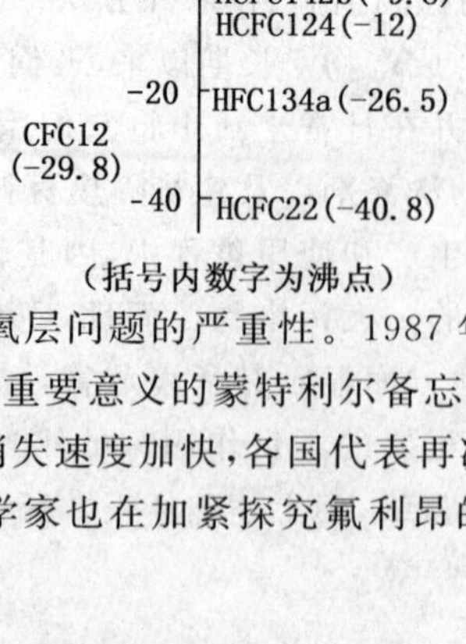

(括号内数字为沸点)

当前,有识之士都已认识到臭氧层问题的严重性。1987 年在加拿大蒙特利尔由数十国政府首脑、官员和科学家聚会,签订了有重要意义的蒙特利尔备忘录,呼吁各国在 20 世纪末之前将氟利昂减产 50%。此后由于臭氧层消失速度加快,各国代表再次聚会伦敦,一致同意到 1999 年全面停止氟利昂生产。另一方面,科学家也在加紧探究氟利昂的不良环境效应和相应对策。如对

废弃的氟利昂可采用冷凝、吸收或吸附等回收方法，或采用燃烧、加水分解的破坏方法予以处置。目前，世界各国还在努力寻求节用氟利昂的措施或研制可尽氟利昂之利而避其害的替代物。

臭氧层破坏问题受到了各国政府部门和社会公众的普遍关注，有关研究工作日益深入。但学术界对这个问题还有不同看法。如有人认为，高层大气中的臭氧只是薄薄一层，在阻挡太阳紫外辐射方面起不了那么大的作用。再者，目前臭氧层中 CFCs 的浓度大约是千万分之几的体积分数，它在破坏臭氧层方面也起不了那么大的作用。这样的看法虽属少数，但从另一方面显示，这里涉及的是一个大环境问题，对此还有许多方面尚处于感性认识阶段，有待人们进一步深入研究。

9.3 酸 雨

9.3.1 概述

大约在 1950 年前后，西欧和北欧的研究工作者就已提出要对酸雨现象就其分布和程度方面拟订监测的规划。但“酸雨”一词最早见之于 1872 年英国人史密斯(R. A. Smith)的著书之中。当前酸雨现象已经遍及全球范围，成为举世瞩目的环境问题。

空气中所含的某些微量气体和微粒物质通过云中雨洗和云下洗脱作用，随降水降落到地表的过程称为湿沉积。污染物通过重力沉降或被地面建筑物、树木等阻留的过程称为干沉积。这两种沉积对环境的影响往往是很难予以区分的。广义地说，酸雨(酸沉积)的概念应包括酸性的湿沉积和干沉积。

造成酸雨现象的原因有天然的和人为的，酸雨的形成与以下大气污染物有关。

含硫的化合物和基团　SO_2、SO_3、CS_2、H_2SO_4、硫酸盐(MSO_4)、二甲基硫[$(CH_3)_2S$ 即 DMS]、二甲基二硫[$(CH_3)_2S_2$ 即 DMDS]、羰基硫(COS，它是 CS_2 在大气中的光化学反应产物)、甲硫醇(CH_3SH)等。

含氮的化合物和基团　NO、N_2O、NO_2、NH_3、硝酸盐(MNO_3)、铵盐(NH_4^+)等。

含氯的化合物和基团　HCl、氯化物(MCl)等。

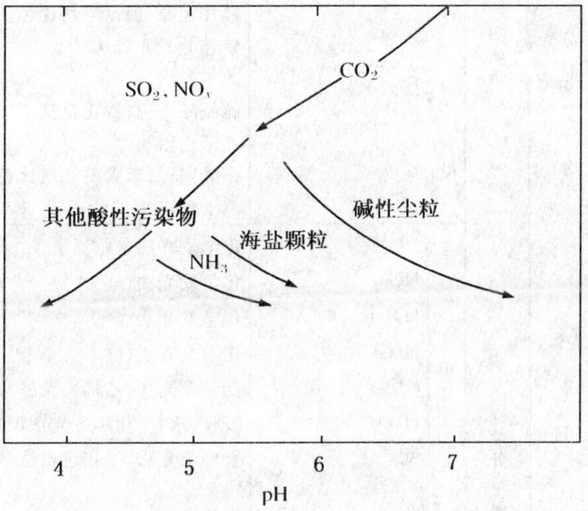

图 9-9　大气中各种酸、碱组分对降水 pH 值的影响

在以上列举的污染物中，SO_x 和 NO_x 及与它们的大气化学相关的化合物是构成酸雨的主要组分。此外，在大气中也包含着某些酸雨形成的抑制剂，例如 NH_3、海盐颗粒、碱性尘粒等。含于大气中的各类酸、碱组分对降水 pH 值的影响情况如图9-9所示。

一般说来，pH<7 的水溶液被称为酸性水。20 世纪 70 年代初，环境大气中存在约 330×10^{-6}(体积分数)CO_2，其溶解于纯水并达到平衡状态的 pH 值约为 5.6。我们可以将由 CO_2 溶解平衡所造成降水的低值 pH 看作为降水的本底 pH 值，从而将酸雨定义为 pH<5.6 的降水。对于这样的定义，目前学术界中存在着争议。例如，有人经测定证实，降落在某些边缘地区的未污染的降水，其本底 pH 值也低于此数值。

北美、西欧等工业发达地区是酸雨多发区。1970年美国某地曾有pH=1.5的酸雨记录。我国酸雨大多发生在长江以南，尤以贵州、四川、湖南、广西等省频度为高；华东地区时有发生，但尚未达到危及生态系统的程度；长江以北地区大体无酸雨。对我国一些主要城市的降水成分分析结果表明，酸雨主要由煤烟型污染引起，SO_4^{2-}是阴离子中的主要成分。

近期，世界范围内有成千上万个湖泊变为鱼类绝迹的死湖，数以千万公顷计的森林衰败枯萎，大片土地荒漠化、露天建筑和雕塑损蚀加剧……将这些现象与频繁降落的酸雨相联系，人们认为，酸雨是肇事主因。但也有人提出酸雨有利的一面，例如雨中含有适量硫、氮化合物会给森林生长带来有益影响。要弄清酸雨对地面生态系统或系统中某一对象物究竟产生何等程度的影响，还是一个十分困难的课题，但至少已普遍地认为酸雨对于环境和人类活动所发生的影响是弊大于利。事关利弊的因素同时包括pH值的大小和酸雨的化学组成，所以在作常规性的酸雨监测工作时，其测定项目应包括pH值和雨水中有关化学组分的定性、定量分析；在作酸雨研究工作时，还应着重对大气或气溶胶中某些有关化学物质作连续的实时监测。对酸雨作分析监测的化学项目和方法列举在表9-5之中。

表9-5 酸雨中所含化学物质的分析监测方法

项目			分析监测方法	检出限
项目	常规分析监测项目	pH	电极法	—①
		电导率	电极法	—
		Na^+	原子吸收法	0.008
		K^+	原子吸收法	0.013
		Ca^{2+}	原子吸收法	0.02
		Mg^{2+}	原子吸收法	0.0025
		NH_4^+-N	纳氏试剂比色法	0.05
		NO_3^--N	镉柱还原-偶氮染料比色法	<0.1
			紫外分光光度法	0.2
			离子色谱法	—②
		Cl^-	硫氰酸汞-高铁比色法	0.15
			离子色谱法	—②
		SO_4^{2-}	铬酸钡-二苯碳酰二肼比色法	0.1
			离子色谱法	—②
	研究性分析监测项目 气相	NO	化学发光法(O_3)	10③
		NO_2	化学发光法(O_3)	10
		HNO_3	化学发光法(O_3)	~50
		NH_3	化学发光法(O_3)	100
		O_3	化学发光法(乙烯)，紫外吸收法	1~2*
		H_2O_2	吸收(水)+化学发光法(鲁米诺+催化剂)	50
		SO_2	紫外荧光法，气相色谱法(FPD检测器)	1*
	液相	NO、NO_2	比色法	1*
		HNO_3、NH_3	(1)离子色谱法，(2)液相还原⟶气体NO，(3)离子选择性电极法	5*，1*；10
		O_3	比色法	10*
		H_2O_2	化学发光法(鲁米诺+催化剂)	0.2*
		SO_2	化学发光法(Ce^{4+}，$KMnO_4$)	0.2*

① 这一栏内数字的单位是10^{-6}(体积分数)；② 依所使用仪器而定，一般为10^{-6}(体积分数)数量级；

③ 这一栏内标有*号数字的单位是10^{-9}(体积分数)，其余为10^{-12}(体积分数)

酸雨问题直接与 SO_2、NO_x 的排放有关，控制和减少这类污染气体源（燃煤、燃油等设施）的排放是最有效的防治手段（见 7.2.2.3 和 7.2.3.3）。针对我国能源污染特点，还可提出以下几方面防治措施：(1) 调整工业布局，对污染大户企业施以"关停并转治迁"的改造手段；(2) 改进生产工艺，以提高能源利用效率，杜绝能源浪费和减少燃料单耗；(3) 加强环境监测，强化监督管理，严格执行相应的标准和规范。

9.3.2　酸雨 pH 值的计算法

这里所要阐述的问题是通过检测求得酸雨中所含各种无机阴、阳离子的浓度，由此再用计算的方法来求得酸雨的 pH 值。这样做的目的，一是如前所提及，对酸雨作监测的工作只有一个 pH 测定项目是不够的，必须同时测定酸雨的化学组成；二是将实测 pH 值与经测定化学组成后而计算得到的 pH 值两相印证，实际上也是控制和检验监测质量的一种方法；三是某些监测站早期数据中缺漏了酸雨 pH 值的实测数据，但又具备了酸雨中主要无机离子浓度的实测数据，则可通过计算的方法，将缺漏的 pH 数据补足。

pH 值计算法是基于电中性原理（即酸雨中所有正离子总电量与所有负离子总电量相等）确定的。对于大多数降水试样，其中主要离子的浓度若以化学计量的浓度单位表示时，则有

$$[H^+]+[Ca^{2+}]+[Mg^{2+}]+[NH_4^+]+[Na^+]+[K^+]$$
$$=[SO_4^{2-}]+[NO_3^-]+[Cl^-]+[OH^-]+[HCO_3^-] \tag{9-8}$$

当 $T=25℃$、$pH=8$，据计算：

$$\frac{[HCO_3^-]}{[CO_3^{2-}]}=\frac{[H^+]}{K_{C_2}}=\frac{10^{-8}}{4.69\times10^{-11}}=213$$

由此可知，与$[HCO_3^-]$相比，$[CO_3^{2-}]$可以忽略，而且对酸性降水来说，更是如此。这也就是式(9-8)中不包含$[CO_3^{2-}]$项的缘故。至于式(9-8)中$[HCO_3^-]$项，一般是通过平衡计算求得，而毋须对试样作实际测定。

在式(9-8)中，由于牵涉的离子种数多，在测定上又有误差，所以等号两侧间有 10%的偏差还属正常情况。当偏差大于10%时，表明其中一个或多个离子的测定准确度太差，或者漏检了实际试样中的某一个重要离子。例如在某些地区的酸雨水样中含有较多量 Al^{3+}，在式(9-8)中就没有将它包容在内。此外，如果已知某一对阴、阳离子来源于同一个化合物，例如水样中含有的 Na^+ 和 Cl^- 都单一地源于 NaCl 的离解，则我们可以将式(9-8)中的$[Na^+]$和$[Cl^-]$项消去而不影响下面的计算。

为了进一步检验是否漏计了某些对水样 pH 值有贡献的离子（如上述的 Al^{3+} 等），可先用计算法算出已经计入式(9-8)的所有离子的电导率总值，再测定实际水样的电导率值，若计算值小于实测值，说明尚有漏计的离子有待检测；若计算值与实测值相近，则可进入以下的计算步骤。

根据表 3-6 所列举的碳酸系统 K_{HC}、K_{C_1}、K_{C_2} 等平衡常数表达式可导得：

$$[HCO_3^-][H^+]=K_{HC}\cdot K_{C_1}\cdot p_{CO_2}$$

即

$$\frac{[HCO_3^-]}{[OH^-]}=\frac{K_{HC}\cdot K_{C_1}\cdot p_{CO_2}}{K_w}=K \tag{9-9}$$

再将式(9-8)改写为

$$\{[H^+]-[OH^-]-[HCO_3^-]\}=\{[SO_4^{2-}]+[NO_3^-]+[Cl^-]\}-\{[Ca^{2+}]+[Mg^{2+}]$$
$$+[Na^+]+[K^+]+[NH_4^+]\}=[\Sigma I]$$

经与 $K_w=[H^+][OH^-]$及式(9-9)相联，式(9-8)可进一步改写作二次方程形式：

$$[H^+]^2-[\Sigma I][H^+]-K_w(K+1)=0$$

解方程得：

$$2[H^+]=[\Sigma I]+\{[\Sigma I]^2+4K_W(K+1)\}^{1/2}$$

即

$$pH=-\lg\{\{[\Sigma I]+\{[\Sigma I]^2+4K_{HC}K_{C_1}p_{CO_2}+4K_W\}^{1/2}\}/2\} \tag{9-10}$$

据式(9-10)，由降水中各阴阳离子实测浓度值可计算其 pH 值。若假定 $p_{CO_2}=330\times10^{-6}$（体积分数），又如果水样中不存在除溶解 CO_2 之外的任何其他离子，即$[\Sigma I]=0.0$ 的情况下，则计算得 pH 值为 5.6，此 pH 值就是酸雨定义下的 pH 限值。

例 4 求每升雨水中 CO_2 的溶解量。已知空气中 $p_{CO_2}=33.4$Pa，CO_2 的 Henry 系数 $K_H=3.36\times10^{-7}$ mol/(L·Pa)。

解 假定雨水中只有 CO_2 溶入，按上文，其 pH=5.6，且这时雨水中所含 CO_2 有两种形态，即

$$\begin{aligned}c_T&=[H_2CO_3^*]+[HCO_3^-]\\&=K_Hp_{CO_2}\left[1+\frac{K_1}{[H^+]}\right]\\&=(3.36\times10^{-7})\times33.4\times\left[1+\frac{10^{-6.3}}{10^{-5.6}}\right]\\&=1.35\times10^{-5}\ \text{mol/L}\end{aligned}$$

9.3.3 酸雨形成机理

由各种天然的和人为的污染源发生、进入大气的 SO_x、NO_x 等污染物，经过扩散、迁移、化学转化、干和湿的沉积等过程，最后以酸雨形态复归地面。图 9-10 显示了酸雨形成的概略情况。

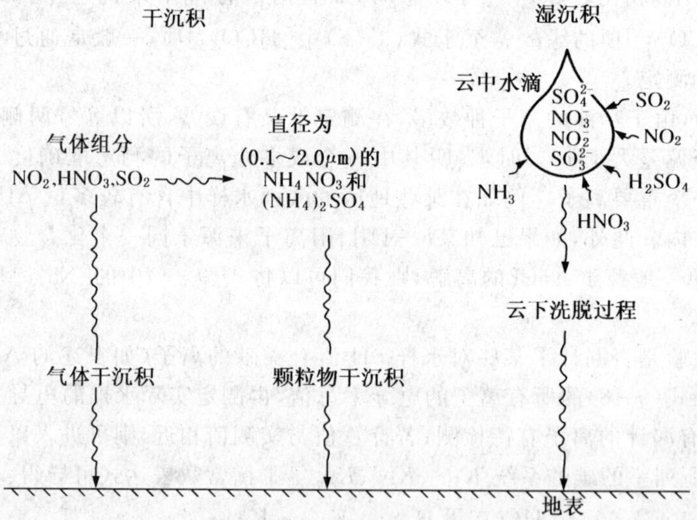

图 9-10 酸雨形成过程

以下将着重介绍 SO_2 和 NO_x 在大气中发生氧化反应的机理。鉴于大气是一个复杂的非平衡的动力学体系，氧化反应的机理研究就是一个很艰难的专门课题了。氧化反应可能在不同的相内和相际发生，由此可将其分为三类：(1) 单一气相内发生的均相氧化反应；(2) 水溶液（云、雾或雨滴）中发生的氧化反应；(3) 固体微粒表面上发生的氧化反应。

9.3.3.1 SO_2 和 NO_x 的均一气相氧化反应

在大气中能氧化 SO_2 的化学物质的浓度和它们的生成反应汇集于表 9-6 之中，根据它们的

存在浓度大小以及与 SO_2 的反应速度快慢来考虑，可以认为 HO・自由基对 SO_2 的氧化具有最大的意义。其反应过程如下：

$$SO_2 + HO\cdot \longrightarrow HSO_3\cdot \xrightarrow{O_2} HSO_5\cdot \xrightarrow{NO} HSO_4\cdot \xrightarrow{NO_2+H_2O} H_2SO_4 + HNO_3$$

由以上主反应式的速度常数，并已知大气中 SO_2 和 HO・浓度的条件下，就可以计算 SO_2 从大气中除去的速度。例如通过计算，夏季晴天时 SO_2 去除速度约 3.7% h^{-1}；冬季晴天时约 1% h^{-1}。

表 9-6 大气中具有反应活性的物质的生成反应及其浓度

物 质	生成反应	浓 度/个数・$(cm^3)^{-1}$
氧 $O(^3P)$	$NO_2 \xrightarrow{h\nu} NO + O(^3P)$	2×10^5
$O(^1D)$	$O_3 \xrightarrow{h\nu} O(^1D) + O_2$	10^8
O_3	$O(^3P) + O_2$	5×10^{12}
克里奇中间体	O_3 + 烯烃(暗反应)	/
HO・	$O(^1D) + H_2O$, $HO_2\cdot + NO$, $HONO \xrightarrow{h\nu}$	5×10^6
$HO_2\cdot$	$HO\cdot + CO(O_2)$, $RO\cdot + O_2$	6×10^9
$RO_2\cdot$, $RCOO_2^-$, $RO\cdot$	$HO\cdot$ + (RH, RCHO),	/
$RCO_2\cdot$	NO + ($RO_2\cdot$, $RCOO_2^-$)	/
NO_2	NO + O, $HO_2\cdot$ + NO, ($RO_2\cdot$, $RCOO_2^-$) + NO	5×10^{12}
HNO_2	NO + OH・	5×10^{10}(夜间)
NO_3	$NO_2 + O_3$	2.5×10^7
N_2O_5	$NO_2 + NO_3$	2.5×10^9
H_2O_2	$HO_2\cdot + HO_2\cdot$	10^{10}

O_3 与 SO_2 相混合，几乎不能发生氧化反应，必须另有烯烃参与反应才得以进行。实际上，O_3 先与烯烃反应生成克里奇中间体，该中间体就能与 SO_2 发生进一步反应(见9.4.3.1)。但应指出克里奇中间体也很容易与 NO 反应或与水反应生成羧酸，因此烯烃存在下 O_3 氧化 SO_2 的可能性究竟有多大，就成了一个难以搞清的问题。但一般认为，在无光照、湿度低而烯烃浓度高的场所，这种氧化反应还是能以相当快的速度进行的。

至于 NO_x 的氧化，由下列前后相继的两步反应来完成：

$$NO + O_3(\text{或 } HO_2\cdot \text{ 或 } RO_2\cdot) \longrightarrow NO_2 + O_2(\text{或 } HO\cdot \text{ 或 } RO\cdot)$$

$$NO_2 + HO\cdot + M \longrightarrow HONO_2 + M$$

当 M 为 N_2 时，后一反应的反应速度常数约 10^{-11} $cm^3/(mol\cdot s)$，是 HO・与 SO_2 反应速度的 10 倍左右。经计算 NO_x 转化为 HNO_3 的速度在夏季晴天和冬季分别为 34% h^{-1} 和 18% h^{-1}。NO_x 在后述的水溶液或固体颗粒表面上的被氧化能力都没有在气相中被氧化的能力大。

9.3.3.2 *SO_2 和 NO_x 在水溶液中的氧化反应*

SO_2 和 NO_x 在水滴中氧化反应可分为有催化剂和无催化剂反应两类。其反应速度受温度、pH 值、水滴中其他组分等因素影响。

SO_2[S(Ⅳ)]的无催化剂氧化反应 SO_2 溶于水后，受水解而生成 $SO_2\cdot H_2O$、HSO_3^-、SO_3^{2-} 三种形态物质，三者比例随水滴 pH 值变化。通常，云、雾、雨滴的 pH 值在 3～6 范围，这时，

HSO_3^- 的比例可达 90%以上。SO_2 溶于水后，这三者间达成平衡的速度要比它们被氧化的反应速度快得多。综合水中 SO_2 诸存在形态，用 S(Ⅵ)表示。由 S(Ⅳ)氧化为 SO_4^{2-}（或表示为 S(Ⅳ)）是大气中硫酸盐的主要生成途径，在过程中起作用的氧化剂可能有溶解的 O_2、O_3、H_2O_2、HO·、HO_2·。不存在催化剂的条件下溶解氧与 S(Ⅳ)之间的氧化反应可以忽略。

O_3 在大气中浓度通常为 $30\times10^{-9}\sim70\times10^{-9}$（体积分数）。在 pH 值为 3～6.5 间，$O_3$ 在水滴中氧化 S(Ⅳ)的反应速度符合下式：

$$-\frac{d[O_{3(aq)}]}{dt}=4.19\times10^5[O_{3(aq)}][S(IV)]+100[S(IV)][O_{3(aq)}][H^+]^{-1}\ \text{mol/(L·s)} \quad (9-11)$$

由于反应速度与 H^+ 浓度成反比，所以在酸性强的溶液中，S(Ⅳ)不易被 O_3 氧化。

大气中 H_2O_2 浓度通常在 10^{-9}（体积分数）的数量级上下。H_2O_2 的水溶性比 O_2 或 O_3 大得多，所以在云雾雨滴中浓度可达 $10^{-8}\sim10^{-6}$（体积分数）数量级。H_2O_2 氧化 S(Ⅳ)的反应过程及速度表达式如下：

$$SO_2 \xrightarrow{H_2O} H^+ + HSO_3^- \xrightarrow{H_2O_2} 2H^+ + SO_4^{2-}$$

$$-\frac{d[S(IV)]}{dt}=\frac{8\times10^4[H_2O_2][SO_2\cdot H_2O_{(aq)}]}{0.1+[H^+]}\ \text{mol/(L·s)} \quad (9-12)$$

当$[H^+]$远小于 0.1 mol/L 时，与 O_3 氧化 S(Ⅳ)情况不同，反应速度不随酸性增强而变慢。

HO·和 HO_2·自由基在溶解进入水滴后，前者能与 HSO_3^-、SO_3^{2-} 反应生成 SO_4^{2-}，后者则能转化为 H_2O_2，然后再将溶解在水滴中的 SO_2 氧化为 SO_4^{2-}。

S(Ⅳ)在水相中被 O_3，H_2O_2，HO·和 HO_2·氧化的过程如图 9-11 所示。图中也显示了S(Ⅳ)通过气相反应而被氧化的过程。据认为，在干空气中 SO_2 和 HO·间反应占主导地位，在晚间或有云、雾的气象条件下，则以液相氧化为主。

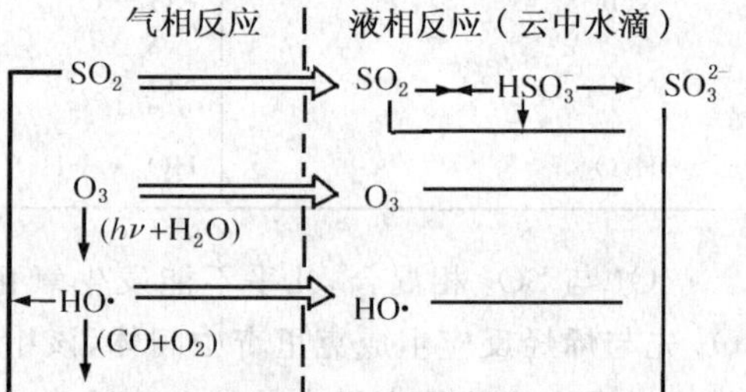

图 9-11 SO_2 在液相中和气相中的反应历程

<u>SO_2[S(Ⅳ)]的催化氧化反应</u>　人们对有金属离子催化剂存在下水中溶解氧氧化 S(Ⅳ)的反应进行了很多的研究，但有关反应速度常数数值和反应表达式的研究结果都很不一致。这是因为各研究工作者的实验条件与大气环境实际情况有很大差异的缘故。在有关催化剂研究中，属 Mn^{2+} 和 Fe^{3+} 最受人注目，研究得也最多，这是因为 Mn^{2+} 具有高催化活性，而 Fe^{3+} 在大气水滴中浓度较高。表 9-7 汇集了实验室中各种氧化条件下，S(Ⅳ)在水滴中的氧化反应速度数据。从表列数据可见，催化剂 Mn^{2+} 和 Fe^{3+} 的作用具有协同效应。实验结果还表明，两者总浓度是影响速度的主要因素，而个别浓度的大小对速度影响不大。

<u>NO_x 在水相中的氧化反应</u>　按照以下反应和环境大气中 NO_x 的浓度通过计算可知，NO_x 溶于水滴并转化为硝酸的速度是非常慢的（10^{-9} mol/(L·h)～10^{-8} mol/(L·h)）。与气相氧化反应速度相比，慢到可以忽略的程度。有关这方面的研究远不如对 SO_2 氧化的研究来得多。

$$2NO_{2(g)}+H_2O_{(l)}\longrightarrow 2H^+ + NO_{3(aq)}^- + NO_{2(aq)}^-$$

$$R_1=k_1[NO_{2(aq)}]^2$$

$$NO_{(g)} + NO_{2(g)} + H_2O_{(l)} \longrightarrow 2H^+ + 2NO_{2(aq)}^-$$

$$R_2 = k_2[NO_{(aq)}][NO_{2(aq)}]$$

表 9-7 水滴中 S(Ⅳ)氧化反应速度比较①

氧化剂	气相浓度 /10^{-9}(体积分数)	液相浓度 /$mol \cdot L^{-1}$	氧化速度 /$mol \cdot L^{-1} \cdot s^{-1}$	除去速度 /$\%h^{-1}$
			pH=4	pH=5
H_2O_2	0.1	7.1×10^{-6}	7.0×10^{-8}	7.0×10^{-8}
O_3	50	4.7×10^{-10}	1.4×10^{-9}	1.0×10^{-7}
Fe^{3+}+DO		1.1×10^{-6}	1.9×10^{-8}	2.0×10^{-8}
Mn^{2+}+DO		1.2×10^{-7}	2.6×10^{-9}	2.6×10^{-8}
Fe^{3+}+Mn^{2+}+DO		1.22×10^{-6}	9.0×10^{-8}	1.0×10^{-7}

① 每 m^3 空气中含 1 mL 水,SO_2 在气相中浓度为 10×10^{-9}(体积分数)

9.3.3.3 SO_2 和 NO_x 在固体粒子表面的氧化反应

都市空气中悬浮粒子浓度经常超过 100 $\mu g/m^3$,颗粒物中含碳、各种金属氧化物和 NaCl 等。大气中的 SO_2 或 NO_x 分子在颗粒物表面扩散、吸附后再化学氧化生成 H_2SO_4 或 HNO_3。吸附和氧化过程受诸多因素控制,如颗粒物的物理和化学性状,气体浓度、温度、湿度等。由于反应在异相界面上发生,研究反应机理并导出一般性的反应速度表达式并非易事。

二氧化硫在固体表面吸附和氧化 二氧化硫在炭粒上被吸附和氧化的研究表明,在炭粒表面不形成水膜的条件下,随氧浓度和相对湿度的提高,二氧化硫的氧化速度加快,但在表面生成 H_2SO_4 被覆层后,反应速度随时间急剧减慢。此外,如有 NO_2 共存,则也能促进二氧化硫氧化。一般说来,这种类型的氧化反应速度还是相当慢的。例如炭粒浓度约为10 $\mu g/m^3$、相对湿度 80%、$[SO_2]=0.1\times10^{-6}$(体积分数)、$[NO_2]=0.12\times10^{-6}$(体积分数)条件下,经测定的 SO_2 除去速度不过 $9\times10^{-4}\% \cdot h^{-1}$。

化石燃料燃烧后产生的飞灰,其中含有多量铁、钙、镍等金属元素,吸附在飞灰颗粒上的 SO_2,可能在金属氧化物的催化作用下,有很高的氧化反应速度。

NO_x 在固体表面的吸附和氧化 这种类型的氧化反应的速度是相当慢的。例如在相对湿度为 75%以上,有炭粒、Fe、Pb、Ti、飞灰等共存条件下,初始浓度为 1×10^{-6}(体积分数)的 NO_2,其转化为 HNO_3 的量微小到难以计量的程度。

9.3.4 酸雨中各组分的分析方法

为测定酸雨中微量组分的含量,需要采用快速、连续、精密的分析方法。在表 9-5 中已经汇集了各种组分及它们的分析方法。

以 NO 和 O_3 间发生的化学发光反应为基础,可以测定气相中 NO、NO_2、HNO_3 和 NH_3。检测限可小于 10^{-9}(体积分数)数量级。液相中 NO 和 NO_2 用比色法测定,而 HNO_3 和 NH_3 可用离子色谱法测定。只是离子色谱法的灵敏度还嫌不足,为此可换用离子选择性电极法测 NH_3。而对于 HNO_3,则可在溶液中将其还原为 NO,并通 N_2 将其吹出,然后分析之。

气相中 O_3 分析可用化学发光法(与乙烯反应而发光),也可用紫外吸收法;液相中 O_3 分析常用比色法,但灵敏度较差。

液相中 H_2O_2 分析可用化学发光法(与鲁米诺反应而发光),这种方法用于气相中 H_2O_2 测定时，O_3、SO_2 和微量金属离子会产生干扰。

气相中 SO_2 测定可用紫外荧光法或气相色谱法（用火焰光度检测器），灵敏度可达 10^{-9}（体积分数）数量级。液相中 SO_2 测定可用 Ce^{4+} 与 SO_2 反应而产生化学发光的方法，对实际雨水水样测定很是适用。

9.4 光化学烟雾

9.4.1 概述

20 世纪 30～60 年代，世界上发生过无数次公害事件，危害最大的所谓"八大公害事件"中有四起是化学烟雾所致。此后，这类事件在世界各地屡有发生。化学烟雾有两种基本类型，即还原型和氧化型。引起还原型烟雾的主要污染源是燃煤的各类工矿企业，初生污染物是 SO_2、CO 和粉尘，次生污染物是硫酸和硫酸盐气溶胶。氧化型烟雾形成过程中光化学反应起了主导作用，所以又称光化学烟雾。引起氧化型烟雾的主要污染源是燃油汽车、锅炉和石油化工企业排气，所以事件多发生在工厂集中区和具有众多数量汽车的大城市。对上述两种化学烟雾的特点作比较如下：

还原型烟雾	氧化型烟雾	还原型烟雾	氧化型烟雾
大多在晚间始发	只在白天发生	对大理石建筑有损伤	对谷物、莴苣、菠菜有损害，使橡胶开裂
有烟味	有 O_3 臭气、刺激眼和鼻		
灰至黑色	蓝或黄至棕色	又称伦敦型烟雾（1952 年）	又称洛杉矶型烟雾（1943 年）

引起光化学烟雾的初生污染物有 NO_x、反应性烃、颗粒物，间或包含 SO_x。其他的起始物和生成条件包括：空气中 O_2、紫外辐照、多云或遇雾天、逆温气层、高气温（超过 18℃）和低风速等。表9－8列举了在光化学烟雾形成过程中可能存在的大多数起始物、中间产物和最终产物。表 9－9 则列举了某种类型光化学烟雾中所含主要污染物的典型浓度。

例 5 若大气中 NO_2 的浓度为 1×10^{-6}（体积分数），求其在日照下的分解速率。

解 大气中 NO_2 受日照分解的反应式为：$NO_2 \xrightarrow{h\nu} NO + O$。分解反应速率为：$-\frac{d[NO_2]}{dt}=\varphi c\sum_{\lambda} ka(\lambda)$。其中 φ 为量子产额，c 为浓度，$\sum_{\lambda} k_a(\lambda)$ 是在 λ 为 290nm～400nm 范围内作为波长函数的反应速率常数之和。

根据第 2 章图 2－17 中曲线可得 λ 为 290nm～400nm 范围内的平均量子产额为 0.9，由本题下给附表可得在同样波长范围内的 $\sum_{\lambda} k_a(\lambda)=5.0\times10^{-3}$ 光子・s^{-1}。

所以
$$\frac{-d[NO_2]}{dt}=0.9\times1\times(5.0\times10^{-3})$$
$$=4.5\times10^{-3}[10^{-6}(\text{体积分数})/s]，或 16.2[10^{-6}(\text{体积分数})/h]$$

附表如下：

波长 λ/nm	$ka(\lambda)$/光子・s^{-1}
290	2.0×10^{-8}
320	2.7×10^{-4}
340	7.1×10^{-4}
360	8.9×10^{-4}
380	1.3×10^{-3}
400	1.8×10^{-3}

$\sum=5.0\times10^{-3}$ 光子・s^{-1}

表 9-8 参与光化学烟雾形成过程的物质

	初生污染物	NO_x、C_xH_y、卤素及其颗粒态化合物，间或还包含 SO_x
氧化性物质	次生污染物	O_3、NO_x、H_2O_2、Cl_2、ClO_2 RNO_2(CH_3NO_2、$C_2H_5NO_2$) $RONO_2$(CH_3ONO_2、$C_2H_5ONO_2$) CH_3COO_2H RO_2H($C_2H_5O_2H$，$C_3H_7O_2H$，$n-C_4H_9O_2H$，$i-C_4H_9O_2H$) $H_3CCOO_2OCCH_3$ $B_zO_2B_z$① PAN_s(PAN、PPN、P_nBN、PB_zN)②
自由基		O・、O_2^-・、H・、HO・、SO・、SO_2・、CO・、RO・(CH_3O・) RO_2・(CH_3O_2・)、CH_3CO_2・ CH_3CO_3・

① B_z——苯基。

② PAN_s——过氧酰基硝酸酯($RCOO_2NO_2$)。当 R 为甲基、乙基、正丙基和苯基时，则分别为 PAN、PPN、P_nBN、PB_zN。

表 9-9 则列举了某种类型光化学烟雾中所含主要污染物的典型浓度。

表 9-9 光化学烟雾中主要污染物的典型浓度(示例)

污染物	浓度/10^{-8}(体积分数)	污染物	浓度/10^{-8}(体积分数)
CO	200～2 000	总烃(不包括 CH_4)	20～50
NO	1～15	烯烃	2～6
NO_2	5～20	芳香烃	10～30
O_3	2～20	醛	5～25
		过氧乙酰硝酸酯	1～4

研究光化学烟雾的生成机理需要具备大气光化学反应的理论知识，有关这方面的最基本内容已在 2.6.4 中作过简略介绍，不再重复。以下拟对作为光化学烟雾发生源和组成物的一些大气污染物的性质展开论述，随后再对发生机理作一简单介绍。

9.4.2 空气中烃类污染物

光化学烟雾属于次生污染物，作为其发生源的 NO_x 在前面有关章节(7.2.2)已经详述了它们的环境化学行为，在此介绍光化学烟雾的另一个重要发生源，即反应性烃类污染物。

作为空气中存在的污染性碳氢化合物，主要是那些包括甲烷、乙烷、乙烯、乙炔在内的气体状化合物。另外也有一些吸附在固态颗粒上的化合物，如具有致癌作用的苯并芘类化合物。此外，在森林大气中含有大量的萜烯类化合物。

城市空气中烃类的天然来源主要是各类有机物的微生物分解，而人为污染源包括：(1) 在各类工厂和企业中对溶剂和其他化学试剂进行加工、贮存、销售和应用；(2) 汽车内燃机中汽油不完全燃烧；(3) 各种废物燃烧等。据估计，进入大气的各种烃类总量的三分之一是反应性的，其中有约 50％反应性烃来源于汽油燃烧。

以下阐述烃类的反应性和烃类在形成光化学烟雾中的作用这两个问题。

1) 烃类的反应性

有关这方面的知识可通过以下两种途径获取：(1) 在实验室建立一套烟雾反应器装置，向其中引入空气、NO_x、HC，然后用紫外光辐照，测定各反应产物浓度随时间变化的曲线；(2) 预想各种可能发生的反应过程，基于各反应的速度常数，借助计算机算出各种反应产物的浓度。根据这类实验或计算，可以推算出光化学反应的反应机理以及不同种类烃和自由基在反应中的相对重要性，并归结出各种烃类的相对反应性强弱。

以下几个方面可作为判定烃类实际反应性强弱的依据：(1) 被判定对象烃的浓度降低速率；(2) 将 NO 转换为 NO_2 的能力；(3) 光化学氧化剂(主要是 O_3)生成速率；(4) 所生成烟雾对眼睛的刺激强度；(5) 所生成烟雾对植物损害能力。

目前，人们已对各种烃类光化学反应性的相对强弱得到了某些规律性的了解。其递减顺序为：环戊烯＞环己烯＞三或四烷基苯及双键在端处的烯烃＞单烷基苯＞丙烷＞苯＞乙烷＞甲烷。还可用“光化学臭氧生成能力 POCP”值的大小来比较各类烃的反应性(见9.4.3.1)。

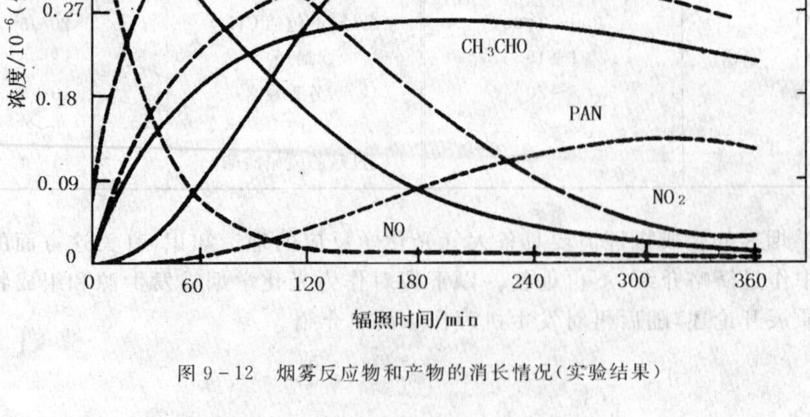

图 9-12 烟雾反应物和产物的消长情况(实验结果)

2）烃类在形成光化学烟雾中的作用

以简单的丙烯为例，向烟雾反应器引入空气、丙烯和NO作试验，反应起始物与生成二次污染物的浓度随时间消长的情况如图9-12所示。由于反应机理较复杂，还可能存在一些图中未显示的产物。对于汽车排气作类似试验的结果如图9-13所示。

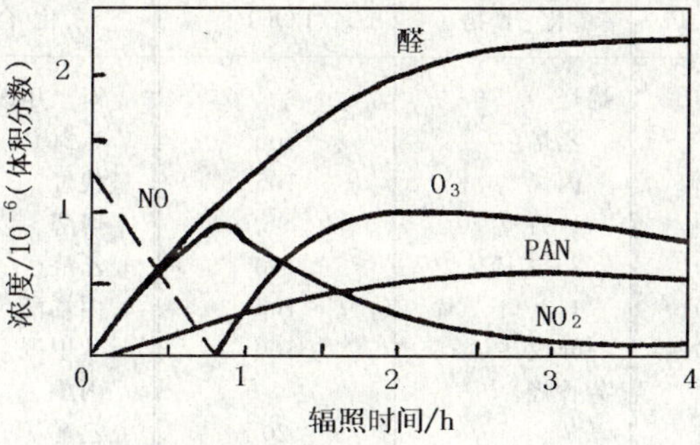

图9-13 汽车排气试验结果

9.4.3 光化学氧化剂

大气光化学氧化剂包括二次污染物 O_3、PANs、NO_2、H_2O_2、HNO_3 等。本节内容主要涉及前二者。它们都是光化学烟雾的组成物。

9.4.3.1 臭氧（O_3）

臭氧是大气中普遍存在的氧化剂，它在对流层中平均浓度约 1.7×10^{-9} mol/L。在汽车、燃煤电厂、石油化工厂等排气中含有 NO_x，并可由其通过进一步光化学过程产生 O_3，随后又容易导致光化学烟雾的发生。除此之外，对流层中臭氧还来源于以下几个方面：(1) 从平流层扩散而下；(2) 工程电器和民用电器设施高压放电；(3) 自然界雷雨时节闪电等过程中，大气中部分氧气转为 O_3；(4) 森林地区空气中含少量 NO_2、HCHO、萜烯等，由光化学反应生成 O_3；(5) 化学工业中将 O_3 作为强氧化剂，以代替高温氧化、催化氧化；也可作为纤维织物的漂白剂、脱臭剂，或作水处理净化剂等。在应用过程中可能有部分 O_3 散逸到大气中去。

对流层大气中的臭氧又是主要地通过均相光化学反应和非均相氧化反应消除。与臭氧层中情况相似（参见9.2.2），均相光化学反应包括 ClO_x、NO_x 和 HO_x 链式反应。此外，如下式所示的气相反应也是对流层中 O_3 的主要汇：

$$O_3 + H_2O_{(g)} \xrightarrow{h\nu} O_2 + 2HO\cdot$$

非均相反应是空气中 O_3 先溶于水，然后氧化诸如S(Ⅳ)的反应（见9.3.3.2），其氧化速率与大气中 O_3 浓度成正比。估计通过非均相反应消除的量约为臭氧汇总量的1/3。

臭氧是最强的氧化剂之一，它的某些物理性质列于表9-10。O_3 的分子结构型式与 SO_2 分子类同（见7.2.3.2），键角为116.8°，键长127.8 pm。在 O_3 分子中没有单电子，所以分子是反磁性的。

表9-10 臭氧的物理性质

外观	无色，有鱼腥臭味	凝固点/℃	−192.7
密度（以空气为1）	1.658	沸点/℃	−111.9
蒸气密度（25℃，101.3 kPa）/g·L^{-1}	1.96	溶解度（0℃）/mL·(100 mL 水)$^{-1}$	0.494
临界温度/℃	−5		

通常，臭氧在空气中浓度很低，但在光化学烟雾发生过程中，臭氧浓度很快升高，可与各种烃类化合物发生反应。在此用“光化学臭氧生成能力（POCP）”大小来衡量烃的反应性，并取乙烯的POCP=100作为参照。烯烃类和苯的多甲基衍生物一般有较大POCP值，参见表9-11。

表9-11 烃类化合物的POCP值

化合物	POCP	化合物	POCP	化合物	POCP
烷烃		烯烃		对二甲苯	90
甲烷	1	乙烯	100	1,2,4-三甲基苯	120
乙烷	10	丙烯	105	氧代烃	
丙烷	40	1-丁烯	95	甲醛	40
正戊烷	40	2-丁烯	100	乙醛	55
异戊烷	30	1,3-丁二烯	105	丙烯醛	120
正己烷	50	异戊二烯	100	苯甲醛	-35
2,3-二甲基丁烷	40	芳香烃		丙酮	20
环烷烃		苯	20	乙醇	25
环戊烷	50	甲苯	55	氯代烃	
甲基环戊烷	50	邻-二甲苯	65	二氯甲烷	1
环己烷	25	间-二甲苯	105	氯仿	1

O_3 与烯烃作用的反应通式如下：

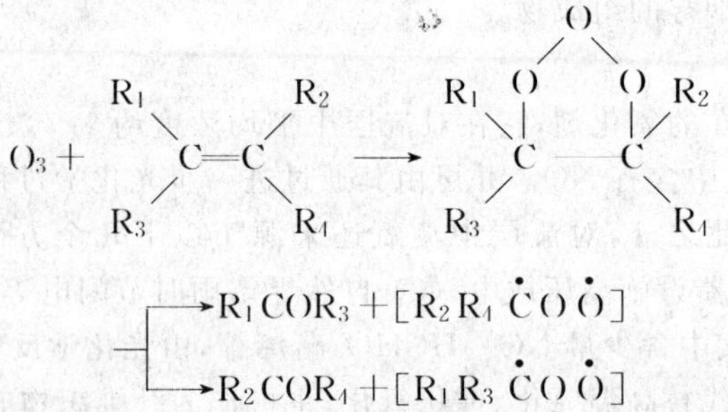

经产生臭氧加成物后，反应的初级生成物是羰基化合物和具双自由基的克里奇中间体，后者具有较高能量，有可能发生分解或结构重排而得到新的产物，也可能经“热化”后再与醛、SO_2、H_2O 等发生如下反应：

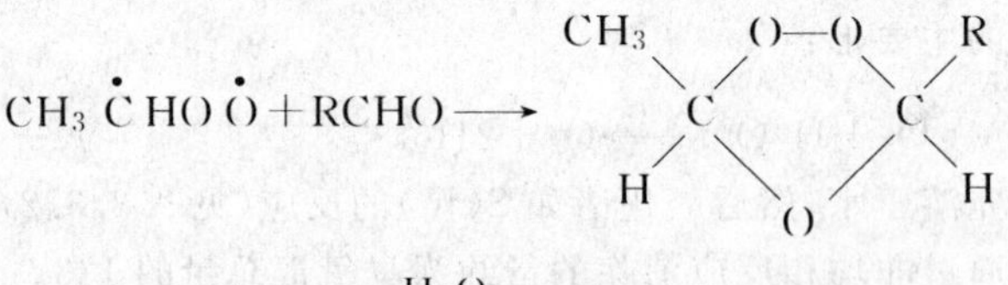

$$CH_3\dot{C}HO\dot{O} + SO_2 \xrightarrow{H_2O} CH_3CHO + H_2SO_4$$

$$CH_3\dot{C}HO\dot{O} + H_2O \longrightarrow CH_3COOH + H_2O$$

空气中过高浓度臭氧对植物是有害的，对 O_3 感受灵敏的有番茄、豆类、烟草等。在臭氧作用下植物表面或树叶显现斑点。作为强氧化剂，O_3 能使橡胶、织物等褪色、开裂，缩短它们的使用寿命；对人的眼、鼻、咽喉等产生刺激，影响肺部正常功能，更高浓度 O_3 会导致动物生命缩短。

9.4.3.2 过氧酰基硝酸酯（PANs）

前已述及，PANs是一类化合物，但目前还只能使用气相色谱法（GC—ECD）对此类化合物之一的过氧乙酰硝酸酯（PAN）进行大气监测，也只是对这一化合物的性质（表9-12）略有所知。

表 9-12 过氧乙酰硝酸酯(PAN)的物理性质

化学式	$CH_3C(=O)OONO_2$	沸点	达到沸点前分解
物理状态(25℃,101.3 kPa)	无色液体	室温时蒸气压	约为 2 000 Pa

PAN 没有天然源,只有人为源,即全部由初生污染物通过反应产生,因此测得大气中有 PAN 即可作为发生光化学烟雾的依据。PAN 通常由大气中乙醛和氮氧化物反应生成:

$$CH_3CHO + HO\cdot \longrightarrow CH_3CO\cdot + H_2O$$

$$CH_3CO\cdot + O_2 \longrightarrow CH_3\overset{\overset{O}{\|}}{C}OO\cdot$$

$$CH_3\overset{\overset{O}{\|}}{C}OO\cdot + NO_2 \longrightarrow CH_3\overset{\overset{O}{\|}}{C}OONO_2$$

PAN 的主要的汇是热分解产物 $CH_3COOO\cdot$ 和 NO_2。

9.4.3.3 分析方法

从分析测定目的出发,一般将光化学氧化剂分为三类:总氧化剂、臭氧和过氧乙酰硝酸酯。后两者都能分别测定,而总氧化剂通常作为一类化合物来测定。

分析测定总氧化剂时,将气体试样通过中性缓冲碘化钾溶液(NBKI),该吸收剂能与 O_3、NO_2、PAN 反应后析出 I_2,然后在 352 nm 下比色定量;或者用淀粉溶液显示蓝色,在波长 575 nm 下比色定量。

分析测定臭氧可用化学发光法,这是由世界卫生组织和很多国家组成全球环境监测系统所制订的标准方法。其工作原理是基于臭氧和乙烯在气相反应中能发生光子的事实。反应式如下:

$$2O_3 + 2C_2H_4 \longrightarrow 4HCHO^* + O_2$$

$$HCHO^* \longrightarrow HCHO + h\nu$$

光子被光电倍增管接受,转为电流,再经放大后被测量。电流大小与臭氧浓度成正比。

测定过氧乙酰硝酸酯通常用带有电子俘获检测器的气相色谱仪,检出限可达 $0.5\ \mu g/m^3$。

9.4.4 光化学烟雾形成机理

图 9-14 所示是光化学烟雾形成机理的概略图。这是一个大大简化了的图像,12 个反应只是代表了其中最重要的反应,而相当多数量的次要反应或不十分确定的反应都略去了。此外,有一些反应产物在图中也没有表现出来(如 CO、CO_2 等)。尽管如此,通过对此图的分析,我们还是能够大体了解光化学烟雾的生成机理,而且还能启发我们寻求防治和监测光化学烟雾的方法。例如设法减轻 NO_x 和烃类对大气污染,能避免光化学烟雾的发生;又如对大气中 O_3、PAN 浓度进行连续、实时监测,就能判断大气受光化学烟雾污染的程度。

对于图中标出的 12 个反应列举如下:

(1) $NO_2 + UV \longrightarrow NO + O$

(2) $O + O_2 \longrightarrow O_3$

(3) $O + C_xH_y \longrightarrow C_xH_yO\cdot$

(4) $O_3 + NO \longrightarrow NO_2 + O_2$

(5) $O_2 + C_xH_yO\cdot \longrightarrow C_xH_yO_3\cdot$

(6) $C_xH_yO_3\cdot + C_{x'}H_{y'} \longrightarrow R-\overset{\overset{\displaystyle O}{\|}}{C}-H + R-\overset{\overset{\displaystyle O}{\|}}{C}-R'$

(7) $C_xH_yO_3\cdot + NO_2 \longrightarrow R-\overset{\overset{\displaystyle O}{\|}}{C}-O-O-NO_2$

(8) $C_xH_yO_3\cdot + NO \longrightarrow C_xH_yO_2\cdot + NO_2$

(9) $C_xH_yO_3\cdot + O_2 \longrightarrow C_xH_yO_2\cdot + O_3$

(10) $C_xH_yO_2\cdot + NO \longrightarrow NO_2 + C_xH_yO\cdot$

(11) $SO_2 + O \longrightarrow SO_3$

(12) $SO_3 + H_2O \longrightarrow H_2SO_4$

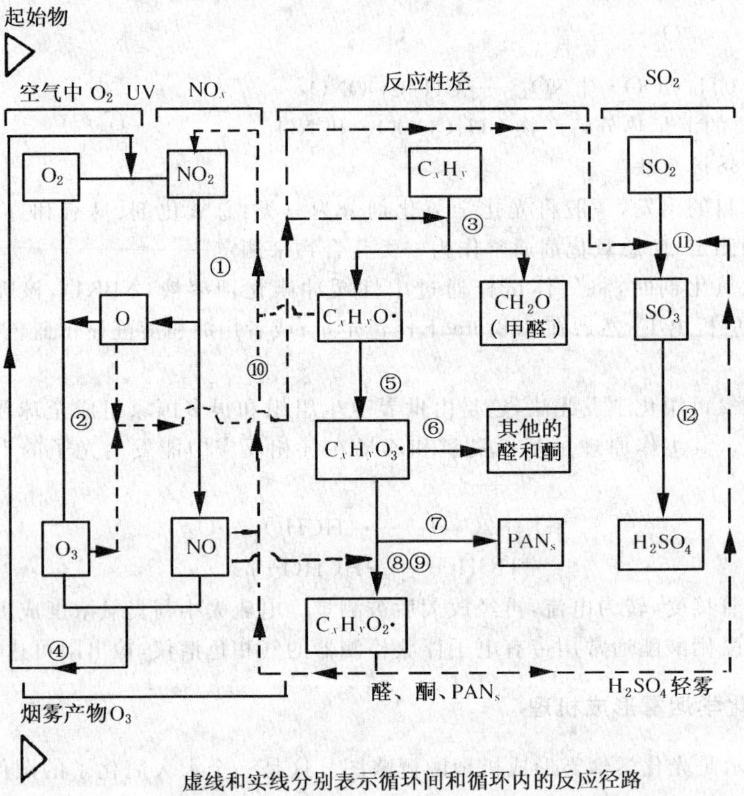

虚线和实线分别表示循环间和循环内的反应径路

图 9-14 光化学烟雾形成机理

9.4.5 光化学烟雾的危害及防治

光化学烟雾的特征是外观通常呈蓝色，具有强氧化性，能使橡胶开裂，刺激人们眼睛，伤害植物叶子，并使大气能见度降低。在 1943 年美国洛杉矶发生的首宗事件曾引起 400 多人死亡。市民患病或死亡实际上是多种组分综合作用的结果。以 O_3 组分浓度计的烟雾效应如表 9-13 所示。

表 9-13 光化学烟雾效应

烟雾中 O_3 浓度 /10^{-6}(体积分数)	效　　应	烟雾中 O_3 浓度 /10^{-6}(体积分数)	效　　应
0.02	5 分钟内多数人能感觉,1 小时内胶片脆化	1~2	2 小时内头痛,胸痛,肺活量减少,人慢性中毒
0.2	人肺机能减弱,胸部紧缩感,眼睛红疼	5~10	全身疼痛,麻痹,肺气肿
0.2~0.5	3~6 小时内人视力减弱	15~20	小动物 2 小时内死亡
0.1~1.0	1 小时内呼吸紧张,气喘	50 以上	人在 1 小时内死亡

为防止光化学烟雾发生,首要的措施是控制污染源。如改善汽车发动机工作状态和在排气系统安装催化反应器等。同时,也可以根据光化学烟雾形成机理,使用化学抑制剂,即诸如二乙基羟胺、苯胺、二苯胺、酚等对各种自由基可产生不同程度的抑制作用,从而终止链反应,达到控制烟雾的目的。但在使用前要慎重考虑抑制剂的二次污染问题,并避免其对人体和动植物的毒害作用。

9.5 水体富营养化

9.5.1 概述

在湖泊、水库、河口、港湾等水流较缓的区域,最容易发生富营养化问题。这是一种由磷和氮的化合物过多排入水体后引起的二次污染现象。主要表现为水体中藻类大量繁殖,严重影响了水质。

在水流相对静止的湖泊等发生的此类污染现象称为水华,在水流相对平缓的海湾等发生者称为赤潮。例如频发水华的太湖在每年夏天都出现蓝藻疯长的情景,1999 年 7 月份每升湖水含藻达 7 000 万个,而正常情况下应少于 100 万个。又如频发赤潮的渤海湾在 1999 年夏天曾发生多次赤潮,最严重的一次其发生水域面积被认定达 6 300 km^2。

在适宜的光照、温度、pH 值和具备充分营养物质的条件下,天然水体中藻类进行光合作用,合成本身的原生质,其总反应式可写为

$$106CO_2 + 16NO_3^- + HPO_4^{2-} + 122H_2O + 18H^+ + \text{能量} + \text{微量元素} \longrightarrow \underset{\text{(藻类原生质)}}{C_{106}H_{263}O_{110}N_{16}P_1} + 138O_2 \qquad (9-13)$$

从反应式可以看出,在藻类繁殖所需要的各种成分中,成为控制性因素的是磷和氮,所以藻类繁殖的程度主要决定于水体中这两种成分的含量,并且已经知道能为藻类吸收的是无机形态的含磷、氮的营养物。

藻类本身使水道阻塞,鱼类生存空间缩小,使水体生色,透明度降低,其分泌物又能引起水臭、水有异味,在给水处理中造成各种困难。更重要的是富营养化还可能破坏水体中生态系统原有的平衡。藻类繁生将使有机物生产速度远远超过有机物消耗速度,从而使水体中有机物积蓄,其后果:(1) 促进细菌类微生物繁殖,一系列异养生物的食物链都会有所发展,使水体耗氧量大大增加;(2) 生长在光照所不及的水层深处的藻类因呼吸作用也大量耗氧;(3) 沉于水底的死亡藻类在厌氧分解过程中促使大量厌氧菌繁殖;(4) 富氨氮的水体开始使硝化细菌繁殖,在缺氧状态下又会转向反硝化过程。综合上述作用,富营养发生后,将先引起水底有机物消耗速度超过其

生长速度，处于腐化污染状态，并逐渐向上层扩展，在严重时可使一部分水体区域完全变为腐化区。这样，由富营养而引起有机体大量生长的结果，倒过来又走向其反面，藻类、植物及水生物、鱼类趋于衰亡以至绝迹。这些现象可能周期性地交替出现，一些湖泊、水库的沉积就是由此造成的。

9.5.2 水体中的藻类

藻类作为富营养化污染的主体，可分为四种类别，它们是：蓝绿藻类①、绿藻类、硅藻类、有色鞭毛虫类。

蓝绿藻类呈蓝绿颜色，故得其名。一般在早秋季节，容易大量萌生，并以水体中有机物富集、硅藻类繁生等现象作为其产生的先兆。蓝绿藻体内含有气体乃至油珠，所以能飘浮在水面，并在水和大气界面间形成"毯子"状隔绝体。这种藻类体上不附有鞭毛，所以游动能力较差。当水体处于富营养化状态时，水面上原先占优势的硅藻逐渐消失而转为以蓝绿藻为主体的情势。蓝绿藻类含胶质外膜，不适于作鱼类食料，甚至还可能含有一定毒性。

绿藻类一般在盛夏季节容易大量萌生，这些藻类细胞中含有叶绿素，所以外观呈现绿色。由于同样原因，它们同蓝绿藻一样，常飘浮在水面上；这种藻类体上附有鞭毛，所以有一定的游动能力。

硅藻类是单细胞藻类，体上不长有鞭毛。一般在较冷季节容易繁生，也能在水下越冬生长。它们一般生长在水面处，但在水体的任何深度，甚至在水底都能发现它们的存在。硅藻还能依附在水生植物的茎叶表面，使这些植物外观呈现浅棕色。在另外一些情况下，还能与别的藻类混杂一起。在水底岩石或岩屑表面常有一层又黏又滑的附着层，这也是附生在其上的硅藻。

有色鞭毛虫类是因其有发达的鞭毛而得名，它除了具有通过光合作用合成原生质的藻类的固有本领外，还具有原生动物的游动本领。这种藻类的繁生季节一般在春天(可因水域而异)，可在任何深度的水体内活动，但多数生长在水面之下。

9.5.3 水体中的营养物质

对水体中藻类来说，营养物质指的是那些促进其生长或修复其组织的能源性物质，按原生质的合成反应式可见，关键性的营养物质是磷和氮的各种化合物。此外，微量的营养物质是指那些镁、锌、钼、钒、硼、氯、钴等元素的化合物。人们只是对水体中的氮、磷营养物质作了较长期的集中的深入研究，除了它们在富营养化问题方面起着关键作用这一原因外，还因为在农业生产中长期使用肥料，在近代生活中大量应用合成洗涤剂，其主要成分都是氮和磷的化合物。此外，以微量营养物质为研究对象时，其分析、测定、研究等方面还存在着许多困难，这也是原因之一。

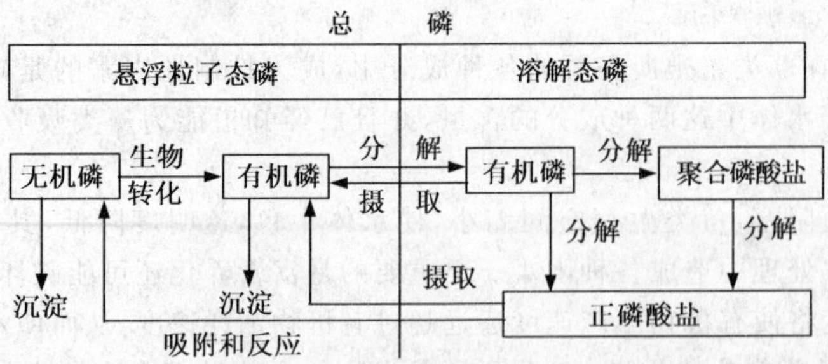

图9-15 水体中磷的主要存在形态及转化途径

① 根据其细胞结构为原核，现倾向于归入细菌类，称蓝细菌。

水体中所含氮化合物有多种化学形态,包括有机氮、氨氮、亚硝酸盐氮、硝酸盐氮等。且在水体环境下可能发生相互转化(见7.1.4.1)。但藻类择先摄取的可能是氨态氮。如图9-15所示,水体中所含磷化合物也有多种化学形态,且在水体环境下各形态间也会发生相互转化,但藻类择先摄取的可能是可溶性正磷酸盐。

水体中氮、磷营养物质的最主要来源有:(1) 雨水。众多统计资料表明,雨水中的硝酸盐氮含量在 0.16 mg/L～1.06 mg/L 间;氨氮含量在 0.04 mg/L～1.70 mg/L 间;磷含量在 0.01 mg/L 至不可检出的范围间。由此可见,大面积湖体或水库中,从雨水受纳氮营养物质的数量还是相当大的。(2) 农业排水。首先是由于天然固氮作用和农用氮、磷肥的使用,使在土壤中累积了相当数量营养物质,它们可随农田排水流入邻近的水体。当庄稼生长期很短而没有充分吸取农田中的肥料或农田有很大坡度时,这种流失就更为严重。含氮肥料进入土壤后,部分转化为硝酸形态,随后又可将土壤中所含有的一些微量营养元素溶出而进入水体。此外,饲养家畜过程所产生的废物中也含有相当高浓度和相当数量的营养物质,有可能通过排水进入邻近水体。(3) 城市污水。其中所含磷的主要来源是粪便、食品污物和合成洗涤剂。尤其是合成洗涤剂,在一些高消费的城市里,污水中50%～70%的总磷来自于此。在污水处理厂,污水中很大部分的磷通过金属磷酸盐(如磷酸钙)沉淀而被除去。城市污水中所含氮的主要来源是粪便和食品污物,在污水处理厂,通过厌氧处理污泥的方法,可除去污水中20%～50%的氮。在水处理厂中未能除去的污水中的氮和磷就随排出水流入近傍的受纳水体。此外,在污水处理过程中就已用到了许多种的含氮、磷的化学药剂,例如氯胺、有机聚电解质、无机絮凝助剂、磷酸三钠、多聚磷酸钠等,它们也可能进入受纳水体。(4) 其他来源。包括城镇和乡村的径流、工业废水、地下水等。

9.5.4 湖水的营养化程度

在湖泊水体中,凡生产者、还原者、消费者达到生态平衡者是属调和型的湖泊,这种类型的湖泊又可依据湖水营养化程度大小分为贫营养化湖、中营养化湖、富营养化湖和过营养化湖。在另一种所谓非调和型的湖泊中,不存在能生产有机物质的生产者。非调和型湖泊又可分为腐殖质营养湖和酸性湖两类,前者湖水呈弱酸性,水质褐色透明,含大量难分解腐殖质;后者是由于火山活动及酸雨等影响,使湖水呈较强酸性,因而导致水中大部分生物死亡或外逃。

调和型湖泊的营养化程度可用总磷含量、总氮含量、叶绿素 a 含量和透明度等指标来度量。具体数值见表9-14。应予指出,这类数据人为认定性强,并无绝对意义。

表 9-14 湖水的营养化程度

程度	总磷/mg·m^{-3}	总氮/mg·m^{-3}	叶绿素 a/mg·m^{-3}	透明度/m
贫	<15	<400	<3	>4.0
中	15～25	400～600	3～7	2.5～4.0
富	25～100	600～1500	7～40	1.0～2.5
过	>100	>1500	>40	<1.0

总磷含量指的是水体中正磷酸盐、聚合磷酸盐、可水解磷酸盐及有机磷的总浓度。其数值可用标准分析法予以测定,即用氧化剂加热消解水样后,再用钼蓝比色法测其含量。总氮含量指的是水体中氨氮、亚硝酸盐氮、硝酸盐氮及有机氮的总和。它们的数值可用各自的标准分析法予以测定,然后相加即为其总和。叶绿系 a 的含量实际上就是水体中绿色物质含量,可将经过滤后的水样残留物,用丙酮萃取其中绿色色素,然后在 665 nm 波长处测定吸光度的方法定量之。表

9－14中所列透明度指标是用白瓷盘法测得的，即将一定大小白色瓷盘（d＝30 cm）沉入水下至水面上人目恰不能看到时的深度。

9.5.5 对含磷酸盐废水的治理

对水体富营养化防治的各种方法可归纳如表9－15。含氨氮或磷酸盐的废水都是造成水体富营养化的主要污染物，含氨氮废水的治理方法已在7.1.4.2中作过叙述，以下对含磷酸盐废水的治理方法作一简单介绍。

表9－15 防治水体富营养化的各种方法

防止方法	治理方法
对废水作深度处理除去N、P	使用化学药剂或引入病毒杀藻
排水改道引流（如引作灌溉水）	打捞藻类
改变水体的水文参数（流速、含水量、温度等）	人工曝气
不用含磷洗涤剂	疏浚底泥
	引水（不含营养物）稀释

在磷矿石（磷酸钙）熔融，磷矿石与硫酸反应，红磷用浓硝酸氧化，五氧化二磷与水作用等过程中都产生含磷酸盐废水。

1）混凝法

可使用的混凝剂有消石灰、明矾、铁盐或聚电解质等，当用消石灰调节废水pH值达到10～11以上时，对磷去除率可达90％以上。增加消石灰投量，可提高去除率。沉淀物为碱式磷灰石[$Ca_5(OH)(PO_4)_3$]形式。

2）其他处理法

尚有活性污泥法、活性氧化铝吸附法和反渗透法等。这些方法在工艺上还不够成熟。少见有工业生产的规模。

例6 用$Al_2(SO_4)_3$以混凝法处理含磷酸盐废水，按每升废水加入13mg Al^{3+}的剂量处理后，废水中含磷浓度由6.3mg/L降到0.9mg/L。问每处理1L废水产生多少数量污泥？

解 过程中发生的沉淀反应为：

$$Al^{3+} + PO_4^{3-} \rightleftharpoons AlPO_4 \downarrow \tag{1}$$

$$27 \quad 31+(4\times16) \quad 122$$

$$Al^{3+} + 3OH^- \rightleftharpoons Al(OH)_3 \downarrow \tag{2}$$

$$27 \quad 3\times17 \quad 78$$

按反应(1)的化学计量关系，每除去31g磷产生122g $AlPO_4$污泥，所以每升废水处理后产生污泥量为

$$(6.3-0.9)\times\frac{122}{31}=21.3 \text{ mg/L}$$

由此消耗药剂中的Al^{3+}量为

$$(6.3-0.9)\times\frac{27}{31}=4.7 \text{ mg/L}$$

假定剩余Al^{3+}量按反应(2)全部转为$Al(OH)_3$污泥，这一份污泥量为：

$$(13-4.7)\times\frac{78}{27}=24 \text{ mg/L}$$

所以，两部分污泥总量＝21.3＋24＝45.3 mg/L

9.6 废弃物及其处理

"废弃物"一词的词义涵盖范围十分宽广，在此姑且将其定为包括生活废弃物(生活垃圾)和生产废弃物(生产垃圾)等看来暂时无用的可抛弃物①。还有一些废弃物，如化工行业中产出的很多工业垃圾还可能存在着潜在的危害性和现实的危险性。据1999年统计，我国城市人均垃圾年产量已达440 kg，全国历年垃圾堆存量已达60多亿吨，侵占土地面积多达5亿平方米，660座城市中约有1/3已被陷入垃圾包围之中，由垃圾产生的环境卫生负面影响自不待言，其对土壤、大气、地下水的污染问题也越来越严重。

9.6.1 废弃物分类

废弃物的产生过程大致已如第一章中图1-4所示。垃圾类的废弃物大多呈固态(内含一定量水分)，其分类如表9-16所示。其中一些主要成分的化学组成如表9-17所示。

表9-16 废弃物分类

分类	种类	发生源	主要含有物
生活废弃物	一般垃圾	住宅、办公楼 商业餐饮业	废纸、罐头盒、瓶子、食品废弃物、塑料、家具、家用电器、庭院植物残体、宠物尸体
工业废弃物	第一产业	农林牧、水产、矿业	庄稼的秸秆、稻壳、米(麦)糠、含残留农药的容器、菜皮、废塑料薄膜、落叶、畜粪、动物尸体、贝壳、废矿脉石
	第二产业	工业	渣块、灰渣、纸屑、玻璃屑、金属屑、合成树脂屑、废陶土、废沥青、纤维、碳酸钙、活性炭废渣
	第三产业	商业、运输业	废纸、破布、变质食物、废油、皮革、废轮胎
	土木建筑业	施工现场	木屑、三合土屑、废木材和钢材、碎砖、残土、废涂刷材、油漆

表9-17 某些废弃物成分的化学元素组成(示例)

废弃物成分	C/%	H/%	O/%	N/%	S/%	H_2O①/%	惰性物质②/%
杂纸	44.00	6.15	41.65	0.43	0.12		7.65
食品垃圾	49.06	6.62	37.55	1.68	0.20	78.29	1.06
皮革、橡胶	47.70	6.04	24.06	1.93	0.55		19.72
塑料(平均)	78.0	9.0	13.0				
油类、油漆	52.10	13.1	34.8				
落叶	52.15	6.11	30.34	6.99	0.16	9.97	3.82

① 水和干物质合计为100%，所有干物质又合计为100%；
② 惰性物质包括炉灰、玻璃、金属、石头、陶瓷等。

① 工业废水、生活污水、工业废气、放射性废物等不在本节叙述范围。

9.6.2 废弃物处理和“白色污染”的治理

通过自然净化过程来消除废弃物的速度大大低于当前社会产生废弃物速度，所以必须对废弃物作强化的人为处理，以防过多积聚而危害环境。对废弃物可使用各种物理、机械、化学、生物化学的方法通过处理使之减量化、资源化、安定化或无害化。如从经济角度考虑，能从废弃物中提取有用物质以达到资源回收目的者，则此过程可称为废弃物处置。对于处理和处置两过程综合一起的过程可称为废弃物管理，其中还包括对废弃物的收集、运输、分拣过程及后处理过程（例如在用焚烧法处理废弃物时可产生污染大气的恶臭物、颗粒物等二次污染物，必须通过后续处理再予以消除）。对废弃物作处理的方法有机械分离、蒸发、过滤、干燥、破碎、压缩、生物氧化、厌氧消化、堆肥化、吸收、吸附、离子交换、燃烧、焚烧、湿式氧化、烧结、填埋、深山或海洋投弃等。表9-18中列举了其中最常用的几种方法。

表9-18 常用的废弃物处理方法

方法	相对费用	适用对象物	优点和缺点
焚烧	高	含可燃性物料的废弃物	大大减缩体积，产热可利用
露天燃烧	低	农业废弃物，树叶	易实施，污染空气
填埋	低	除含有毒物之外的所有废弃物	初始费用低，有助土地垦殖
压缩紧固	中	除含有毒物之外的所有废弃物	有利于进一步填埋处理
投弃	最低	不会腐烂的废弃物	费用低，大多无法定依据
回收	高	经济和技术上均有回收可行性的废弃物	资源化和减量化，产生经济效益

在此特别予以提出的是表9-18中所列举的各种方法对于塑料类废弃物的处理均不太适用。塑料是一类非常难以处理的废弃物，需要采用多方面的综合措施予以妥善处置。

1868年和1907年赛璐珞（硝酸纤维素）和酚醛树脂相继问世，此后又发明了种种塑料新品，如聚乙烯、聚氯乙烯、聚苯乙烯、聚丙烯等。由于塑料制品具有耐腐蚀、相对密度小、易加工、价格低廉等优点，兼以近代石油化学工业迅速发展，促使塑料这一新型材料在各行各业和人民生活中得到了越来越广泛的应用。早在1985年，其世界总产量已接近于铁的产量。但在生产、加工、流通、消费各环节产生的废弃物量也与日俱增。例如在农业上大量使用塑料薄膜，每年每公顷农田中可残留数十千克的地膜覆盖物。又如上海市当前每天耗用塑料包装袋约600万个，一次性泡沫食品盒184万个，并产生770吨废旧塑料。这些废弃物的约90%混入垃圾，占垃圾总量15%左右。

塑料属高分子化合物。一般塑料废弃物在自然环境条件下可耐受100多年而不彻底分解，显示出其难以降解的特性。所以由应用量大和应用面广的塑料而产生的废弃物已形成了一种严重的“白色污染”，人们在受塑料制品之惠的同时也深切感受到了其害之所在。

若将废塑料随意丢弃而进入土壤，就将阻绝农作物和植物吸收水分和养料；进入陆地或水体之中，既有碍观瞻，也易被动物吞食后导致其死亡，或其中有害物（如邻苯二甲酸酯、金属等塑料添加剂）会被雨水、河水等浸出而污染水体。

若用焚烧或燃烧方法处理塑料废弃物，由此产生的熔融态塑料和腐蚀性气体都会损坏处理装置，还会产生污染空气的二次污染物（见9.6.3.2）。用填埋处理法的缺点是过多占用土地，且因塑料具有难降解性，在土中久存会影响土层结构。

从废塑料中进行部分回收，并实施开发利用，使废弃物成为可利用资源的研究工作已历时长久。例如以废塑料为原料，可由此生产出汽油、建筑材料、土壤改良剂等。由专家提出的一种构想是由此形成制造—加工—销售—使用—废弃—处理—再利用各环节相联的密闭循环系统。

以开发易降解（自然分解型）塑料新制品来替代老产品的途径看来也是解决“白色污染”的一个带有方向性的可行方法。这些新产品大体上可分为三种类型：(1) 微生物分解型，例如以土豆或玉米等为原料制成的生物塑料。这种替代物的缺点是成本较高，且塑料表面仍要由耐降解性物质制成。待过了使用期，即转为废弃物后，再设法破除外层，使之转为易被微生物降解的塑料，或作为牲畜饲料加以利用；(2) 水分解型，即在聚乙烯类塑料中引入 O（或 N）原子后制成聚乙烯醇等类型的塑料，它具有很大的水溶性和受水分解性，但缺点是容易由此导致废弃物对水体的污染；(3) 光分解型，是以光分解促进剂为添加剂制成的产品。例如添加 Zn、Fe、Ni 的有机配合物，在大约 300 nm 紫外光照下，塑料添加剂即被分解而产生可促进塑料分子被空气氧化进程的金属离子。另一种光分解型塑料是在聚合物结构中引入易分解基团，例如以聚乙烯与 CO 共聚，生成聚酮类型的塑料，它能按照如下光反应途径分解：

$$\sim CH_2-\overset{\overset{\displaystyle O}{\|}}{C}-CH_2-CH_2-CH_2\sim \xrightarrow{h\nu} \sim CH_2-\overset{\overset{\displaystyle O}{\|}}{C}-CH_3 + CH_2{=}CH\sim$$

这类新品塑料的使用期可通过控制 CO 含有量来调节。

总之，治理“白色污染”不是一个容易解决的问题。有关专家从我国国情出发提出“以宣传教育为先导，以强化管理为核心，以回收利用为手段，以产品替代为补充”的治理方针是适宜的。

9.6.3 废弃物焚烧处理法

9.6.3.1 焚烧法

生活垃圾多数来自城市，又多数呈固体状态，常称之为城市固体废弃物（MSW），它们是焚烧法的主要处理对象。焚烧法也常用于处理一些工业废弃物（如工业废渣、废塑料等）及畜牧业中产生的动物性残渣等。

在焚烧过程中，废弃物处于氧化性的高温条件下，焚烧所需热量来自物料中所含有机物的氧化过程（必要时需补加辅助燃料）：

$$(Org-C)+O_2 \longrightarrow CO_2+Q$$

$$4(Org-H)+O_2 \longrightarrow 2H_2O+Q$$

由此产生热量可供另外一些有机物（如分子中含 C—Cl 键的有机氯化物）作吸热分解之需。

焚烧处理法具有如下一些优点：

通过处理之后可大大缩减废弃物物料的体积和质量。对于含可燃成分多的物料，处理后可减容约 90% 及减重约 75%。

通过热分解，破坏物料中可燃性的含毒有机物、致癌物及带病原体的废物等，以利于进一步作堆肥、填埋等后续处理。

焚烧过程中产热可得回收。与煤的热值为 26×10^9 J/t～29×10^9 J/t 相比，MSW 和某些工业废弃物的热值可达到 10×10^9 J/t～16×10^9 J/t。

与燃煤相比，焚烧炉排气中 CO_x、NO_x、SO_x 污染成分含量较低。

焚烧法的主要缺点是易生成 PAHs、PCDD/Fs 等危害性大的二次污染物。

如图 9-16 所示，焚烧装置一般由三个部件（系统）组成：(1) 供料系统，在正式供料前需对物料预作破碎、分拣等处理；(2) 焚烧炉，主要型式有固定式炉膛、回转窑、沸腾床等；(3) 燃后处理系统，包括燃气冷却、热量回收、熄火、气态和颗粒态污染物去除及进一步处理等操作单元。

焚烧炉中应予控制的操作条件为：(1) 燃烧区有充分供氧；(2) 物料和供氧空气(有时还需补充燃料)需在紊流状态下充分混合；(3) 850℃～1 200℃高温，以保证具有反应热阻力的化合物充分分解；(4) 足够的反应停留时间(应不小于2秒)。

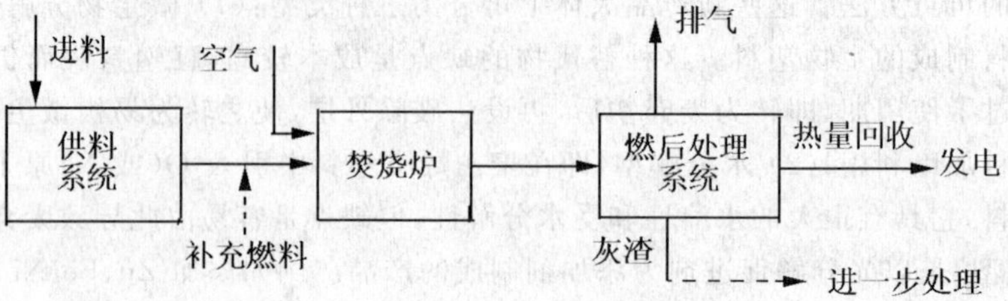

图 9-16　焚烧装置示意图

9.6.3.2　由焚烧产生的二次污染及其发生机理

1) 由焚烧产生的二次污染物

焚烧烟气中通常含有很多种污染物组分，其种类和数量取决于被处理废弃物类型和焚烧操作条件等。表9-19所示为示例性排气的污染物组成。其中二氧化硫和氮氧化物是属微量组分。前者是废弃物中原有的含硫物质经焚烧后的产物；后者是空气中氮参与燃烧的产物，其产生量取决于引入的空气量和温度。

表 9-19　焚烧炉排气中污染物及其浓度(示例)①

组　分	大致浓度	组　分	大致浓度
有机酸		甲醛	0.5 kg/1 000 kg 废弃物
甲酸	$25\times10^{-6}\sim133\times10^{-6}$(体积分数)	烃类	4 μg/g 颗粒状废弃物
十六烷酸	0.27 kg/1 000kg 废弃物	卤代烃	$6mg/m^3\sim120mg/m^3$
乙酸	$40mg/m^3\sim600mg/m^3$	氨	$0.15\times10^{-6}\sim1.5\times10^{-6}$(体积分数)
酯		NO_2	$0.15mg/m^3\sim5mg/m^3$
乙酸甲酯	$5\times10^{-6}\sim137\times10^{-6}$(体积分数)	NO_3	$4mg/m^3\sim100mg/m^3$
乙酸乙酯	?	HCl	$30mg/m^3\sim350mg/m^3$
醛		SO_2	$0.25\times10^{-6}\sim1.2\times10^{-6}$(体积分数)
乙醛	1.3×10^{-4} kg/1 000 kg 废弃物		

① CO_2、O_2、水蒸气等已通过燃后处理系统除去。

烟气中所含有机物组分可能有几十种，数量很少但有些是潜在的重要大气污染物。按它们来源大致可分为三类：(1) 被处理废弃物中原来就含有者及其在焚化炉中受轻度氧化者，如多氯联苯或苯酚类化合物，在焚烧分解大部分后仍有可能少量残留。这部分被称为重要有机有害组分(POHCs)；(2) 在焚烧过程因燃烧不完全并由热裂解产生的小分子化合物(如 CH_4、C_2H_4 等)，以及它们在温度较低的热交换或净气装置中通过"重新合成(de novo)"而转化成的多环芳烃(PAHs)二噁英和二苯并呋喃(PCDD/Fs)等相对分子质量较大的有机化合物。这部分被称为不完全燃烧产物(PICs)；(3) 由助燃空气、辅助燃料及洗涤塔用水等带入系统的有机物。

焚烧后产生的颗粒物大部分在设施内部被处理除去，也有部分逸入大气。颗粒物粒径大小悬殊，可在5 μm～35 μm范围内变动。示例性的化学组成如表9-20所示。随烟气散入大气的部分颗粒物被称为飞灰，在燃烧工程学中俗称烟黑，其粒径一般小于0.5 μm。

表 9－20　焚烧炉颗粒物(渣和灰)分析(示例)

SiO_2	46％	TiO_2	3％	Na_2O	3％	BaO	0.6％
Al_2O_3	21％	CaO	10％	K_2O	1％	SO_3	0.3％
Fe_2O_3	8％	MgO	3％	P_2O_5	2％	ZnO	0.5％

仅从外观看来，燃烧不完全所产生的烟黑形似小炭粒，其实它并非是纯粹的碳元素，而是由碳、氢、氧、硫等组成的复杂有机化合物。烟黑的柔软物部分含碳约80％，含氢约20％；硬块部分含碳约92.4％，含氢约1.6％，其余为氧和硫。烟黑中有很多如卵苯那样的稠合多环碳氢化合物(图9－17(a))，其中含氢3.2％。这样的卵苯化合物分子多个平行相叠构成分子团，再进一步通过碳链将许多分子团维系在一起，就构成了含碳原子数可达5万的烟黑颗粒(图9－17(b))。烟黑颗粒的空隙率大，表观密度较小。粒度因燃料、燃烧条件、粒度测定方法等而异，一般在0.01 μm～0.5 μm范围，在某些情况下也可能形成少数大颗粒，其粒径可达10 μm以上。

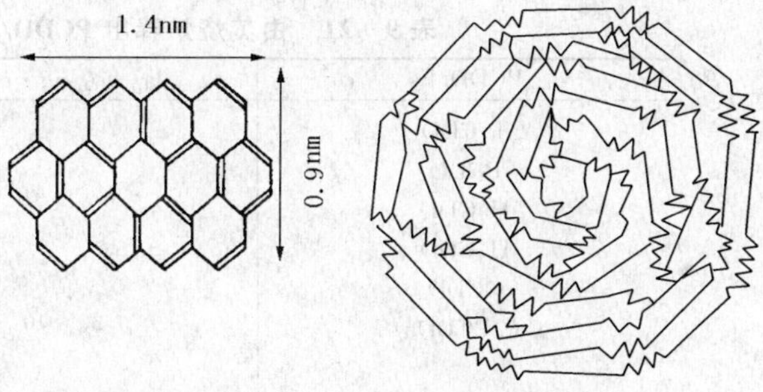

(a) 卵苯($C_{40}H_{16}$)　　(b) 烟黑的构造模型

图 9－17　烟黑的构造模型

2) 重要二次污染物的产生机理

有人提出烟黑生成的机理有如图9－18所示。按照这种机理，烟黑生成中包含了燃质分子裂解脱氢、加成、环化、聚合或缩合等过程。此后就生成各种芳香族多核自由基，在燃烧条件下，这些自由基又能非常迅速(约0.01秒)地结合成为约含5万个碳原子的大聚集体，这就是烟黑。

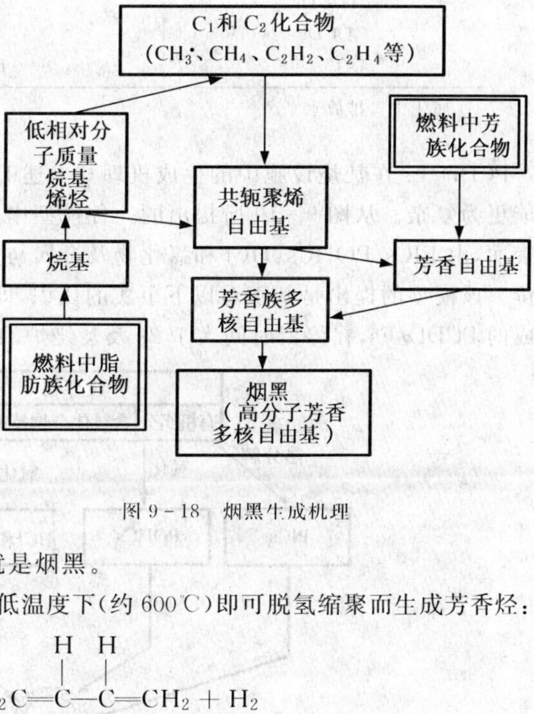

图 9－18　烟黑生成机理

例如，在焚烧炉中生成中间产物乙烯，其在稍低温度下(约600℃)即可脱氢缩聚而生成芳香烃：

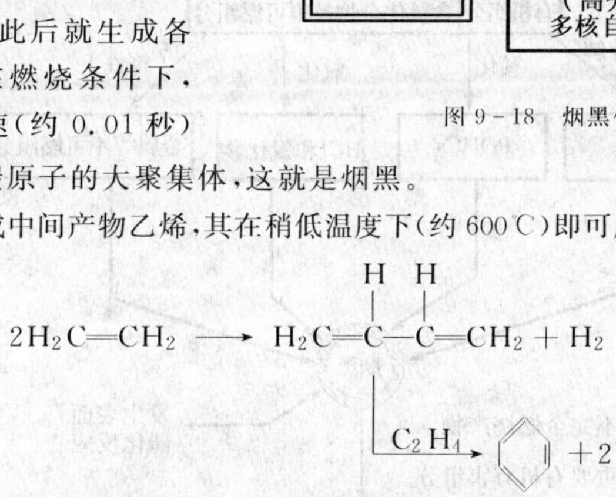

单环芳烃类化合物于400℃～500℃温度下可脱氢缩合成多环芳烃：

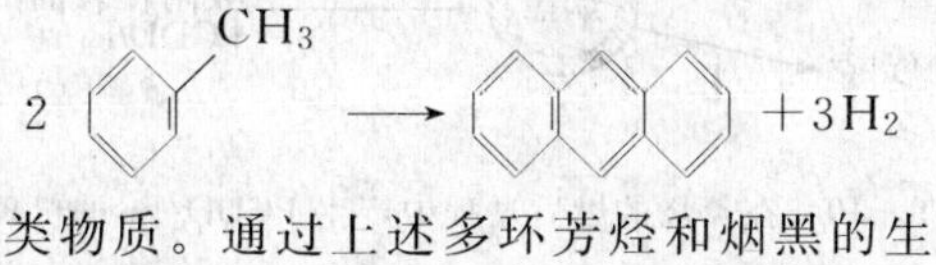

最终通过再缩合而转为烟黑类物质。通过上述多环芳烃和烟黑的生成机理可知，在焚烧过程中

生成多环芳烃，它又是稍后生成的烟黑的前驱物。此外，烟黑一旦生成，在其较大比表面上又可吸附多量的多环芳烃。

以下对焚烧过程中 PCDD/Fs 的生成机理等问题作一简要介绍。如表 9－21 所示，焚烧排放物中 PCDD/Fs 的含量水平很低，但普遍认为其排放会危及空气质量和生物健康，所以认清其生成机理，从而提出防治措施就显得很有必要了。

表 9－21　由焚烧炉释出 PCDD/Fs 的排放水平(示例)①

PCDD/Fs	排　气/ng·m⁻³	颗粒物/ng·g⁻¹
T_4CDD		11
PCDD		34
H_6CDD		50
H_7CDD		57
OCDD		65
总 $PCDD_s$	20～40	
T_4CDF		72
PCDF		95
H_6CDF		82
H_7CDF		56
OCDF		13
总 PCDFs	90～120	

① 属于中等排放水平。

PCDD/Fs 在焚烧设施中的生成机理与上述 PAHs 的生成机理间有相似之处，但前者的情况可能更为复杂。从图 9－19 所提出的一种模型中可看出，在 200℃～400℃的较低温度和烟黑颗粒表面，由 PICs、POHCs、HCl 和氯化物及金属与金属氧化物全体参与的催化合成反应占据主导地位。该模型的提出是基于对以下事实的认识，即物料带入的 PCDD/Fs 和即便在焚烧炉中暂时生成的 PCDD/Fs，在停留时间大于 2s 及焚烧炉的高温条件下，都会分解而不复存在。

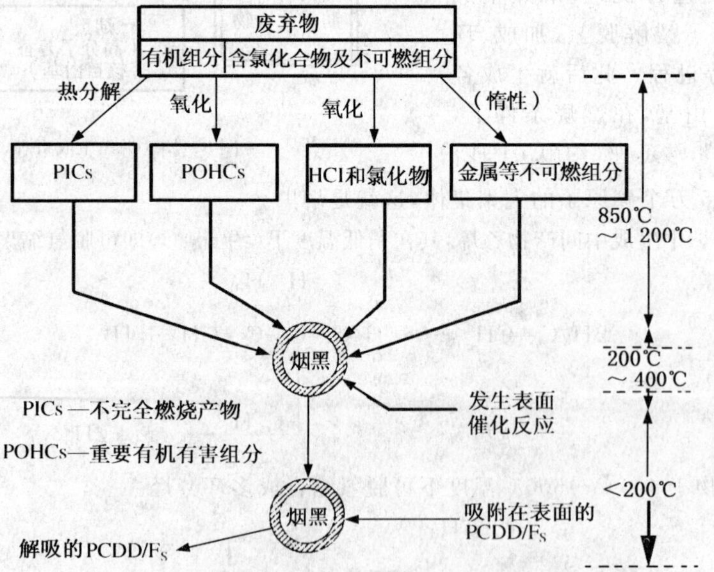

图 9－19　在焚烧的燃后过程中产生 PCDD/Fs 的机理

具体说来，PCDD/Fs 在较低温度下的烟黑表面生成的机理大致有两种类型。

重新合成机理　物料中所含金属（Cu、Zn、Na、K 等）及其氧化物一般是惰性的、不可燃烧的，在此起反应催化剂的作用。但含氯有机化合物 $C_xH_yCl_z$ 在高温下分解反应可产生 HCl：

$$a(C_xH_yCl_z)+bO_2 \longrightarrow mCO_2+nH_2O+pHCl$$

在有金属氧化物 MO 和金属氯化物 MCl_2 存在条件下 HCl 可进一步被催化还原为 Cl_2（Deacon 反应）：

$$MCl_2+1/2O_2 \longrightarrow MO+Cl_2$$

$$MO+2HCl \longrightarrow MCl_2+H_2O$$

$$2HCl+1/2O_2 \longrightarrow H_2O+Cl_2$$

所生成 Cl_2 即成为下一步重新合成氯化物的氯源。

重新合成所需有机物“碎片”来源于较大分子化合物在高温下的热裂解。例如通过以下反应可生成乙烯：

$$C_6H_4(COOC_2H_5)_2 \longrightarrow C_6H_4(COOH)_2+2C_2H_4$$

有机碎片加上可作为氯源的 Cl_2（或许还有 Cl 等），在具备不太高的温度和金属催化剂的条件下，可于烟黑粒子表面重新合成各种 PCDD/Fs 异构物。在此，PCDD/Fs 的生成反应和已生成物的脱氯分解反应互相竞争，恰在 200℃～400℃时，前者反应速率大于后者，在 300℃时产物生成速率达最大。

前驱物间反应生成机理　含氯前驱物或许是待焚烧废弃物中原先就存在的，也可能是其中别的含氯化合物在焚烧炉内经不完全的均一气相反应后产生的前驱物。具有代表性的前驱物是 1,2-二氯苯和邻氯苯酚。此两者被吸附在烟黑颗粒上，在较低温度下可通过以下反应历程生成 PCDD/Fs。其中包含了生成苯氧基、二苯基中间体的过程。

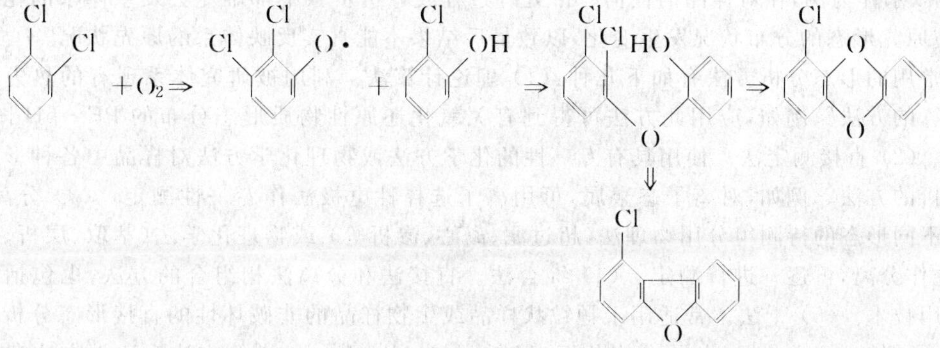

如图 9-19 所示，已经在烟黑上生成的 PCDD/Fs 可能就此从处理系统排出，也可能经过解吸后转气相排出。

根据以上 PCDD/Fs 生成机理，可提出如下几项控制其多量排放的措施：(1) 在焚烧处理前拣除物料中含氯制品；(2) 强化焚烧条件，使过程在温度大于 1 000℃，停留时间大于 2 s 及强紊流状态下进行，由此提高燃烧效率，以减少不完全燃烧产物及烟黑的生成量；(3) 控制除尘设备进气温度低于 200℃，以切断重新合成反应持续进行；(4) 燃后处理，包括强化除尘，用活性炭吸附法或石灰浆吸收法处理废气等。

9.7 环境污染物形态分析

9.7.1 概述

有关"形态"一词的含义及环境污染物形态分析的实践意义已在3.3.3中作过叙述,不再重复。

环境污染物的形态研究是当前环境监测学科中的一个研究热点,也是相关工作者面临的最棘手的技术性课题。这方面的研究工作及分析技术的开发对于深入了解污染物的环境行为及准确评价其对环境的影响、周密设计污染物分析监测方案和寻求最佳治理方法等有着非常重要的意义。

从20世纪50年代起,为测定样品中痕量元素含量,开发了多种灵敏的分析技术。诸如X-荧光、等离子体发射光谱、中子活化、原子吸收等方法的检出限都已达到10^{-9}g/g的水平。但这些方法都只能测定样品中所含元素的总浓度,而不具备从中区分各个形态并予以分别测定的本领。与此相应,现有的大多数环境质量标准也只能对某污染物的元素总浓度作出限定。目前,人们已经意识到传统的元素分析方法已不能引导我们正确而又充分地认识很多重要污染物的环境行为,而必须对其存在于环境中的诸物理形态及分子级化学形态予以区分,然后才能作出更进一步的深刻研究。

9.7.2 形态分析方法

与一般元素分析相比,形态分析有很大难度。这是因为:(1) 环境体系极为复杂,样品中待测污染物具有很低浓度和形态易变的特点;(2) 形态分析是一项细致的工作,有较多环节和较长周期;(3) 以水样为例,在对样品的任何一个处理过程或分析步骤中都难免会发生体系的化学平衡移动,使原先形态的分布状况发生变化,以致最后结果不能真实反映体系的原先状况。

目前常用的形态分析方法有如下几种:(1) 理论计算法。利用被研究体系现有的热力学数据进行计算的方法。例如,应用此方法可得到有关氧化还原性物质形态分布的PE-pH图(见3.6.6.5)。(2) 直接测定法。使用具有专一性的化学方法或物理化学方法对样品中各种形态分别进行分析的方法。例如,对离子态金属,可用离子选择性电极法作专一性测定。(3) 分离法。将试样中不同形态的待测组分用物理法(超过滤、离心、渗析等)或物理化学法(萃取、层析、离子交换等)先作分离,再逐一进行测定。(4) 综合法。直接法和分离法相组合的方法,也包括各种仪器的联用技术。(5) 干法。常适用于颗粒状样品或生物样品的非破坏性的直接形态分析。如X衍射、电子探针、核磁共振、电子自旋共振、穆斯堡尔(Mössbauer)谱等方法。这类方法费用昂贵、技术要求高。在下文中将择要介绍一些常用的方法。

为了得到试样中某污染元素的完整而又客观的形态分布图像,常需运用多种方法相互印证所得的结果。根据"质量守恒"原则,在实际工作中,要求分别测定各种形态组分的浓度,同时测得元素的总浓度,如果两者在质量上不符,则表明在样品中还存在未知物,需要进一步检测,并识别其形态。此外,利用质量守恒原则,还有助于运用减差法进行形态分析。无疑,预先掌握被分析对象有关形态的环境化学知识,也将有利于形态分析工作。

例7 计算含磷酸盐且pH=7,t=25℃的水溶液中各种磷酸盐化学形态的分数。

解 磷酸是三元酸,按下列方程分三步离解(同时标出25℃下的K值):

$$H_3PO_4 \rightleftharpoons H_2PO_4^- + H^+ \qquad K_1=[H_2PO_4^-][H^+]/[H_3PO_4]=7.52\times10^{-3}$$

$$H_2PO_4^- \rightleftharpoons HPO_4^{2-} + H^+ \qquad K_2=[HPO_4^{2-}][H^+]/[H_2PO_4^-]=6.23\times10^{-8}$$

$HPO_4^{2-} \rightleftharpoons PO_4^{3-} + H^+ \qquad K_3 = [PO_4^{3-}][H^+]/[HPO_4^{2-}] = 2.2\times10^{-13}$

总磷酸盐浓度

$$c_T = [H_3PO_4] + [H_2PO_4^-] + [HPO_4^{2-}] + [PO_4^{3-}]$$
$$= [H_3PO_4](1 + K_1/[H^+] + K_1K_2/[H^+]^2 + K_1K_2K_3/[H^+]^3)$$

则　　$[H_3PO_4]/c_T = 1 + K_1[H^+] + K_1K_2/[H^+]^2 + K_1K_2K_3/[H^+]^3$

还可推导出：

$$[H_2PO_4^-]/c_T = K_1/(1 + K_1/[H^+] + K_1K_2/[H^+]^2 + K_1K_2K_3/[H^+]^3)[H^+]$$

$$[HPO_4^{2-}]/c_T = K_1K_2/(1 + K_1/[H^+] + K_1K_2/[H^+]^2 + K_1K_2K_3/[H^+]^3)[H^+]^2$$

$$[PO_4^{3-}]/c_T = K_1K_2K_3/(1 + K_1/[H^+] + K_1K_2/[H^+]^2 + K_1K_2K_3/[H^+]^3)[H^+]^3$$

将已知 K_1、K_2、K_3 值及$[H^+]=10^{-7}$ mol/L 代入以上四公式，并令 $c_T=100\%$，则可得到如下解题结果

$$[H_3PO_4] = 8.2\times10^{-4}\%$$
$$[H_2PO_4^-] = 61.6\%$$
$$[HPO_4^{2-}] = 38.4\%$$
$$[PO_4^{3-}] = 8.4\times10^{-5}\%$$

在 0～14pH 值范围内分取许多个 pH 数值，重复上述计算，由所得结果可作成如下图所示的磷酸盐的形态随 pH 值的变化图。

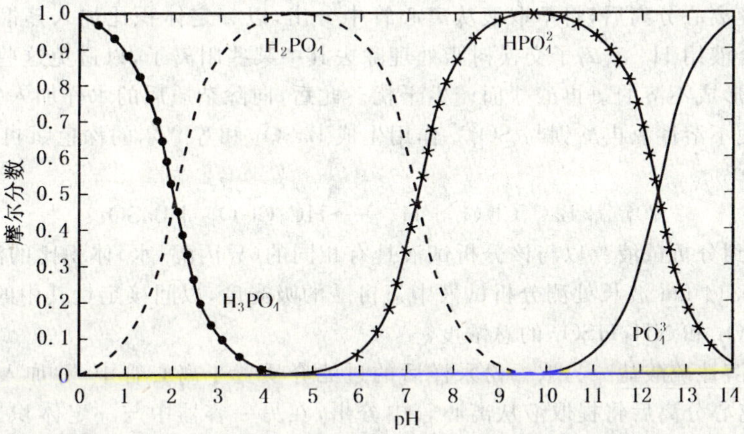

9.7.2.1　物理分离法

对水样中物理形态相异的各组分可用物理分离法（如过滤、离心、超离心、渗析等）作为其形态分析的先行步骤。例如，用渗析法可将呈离子态的元素从天然水水样中分离出来，并进一步予以测定。其操作过程简述如下。

将一个长 20 cm、直径为 3.8 cm 的膜材料制渗析袋，内充 100 mL 高纯水（经全石英蒸馏器二次蒸馏后，再通过 0.45 μm 过滤介质滤去颗粒物），安放在待测定的实际水体中，经一定时间后，取出渗析袋，用中子活化法分析其中呈离子态的 Cr、V、Zn、Al、Fe、Co、Cl、Br、I 等 20 种元素的浓度，同时测定上述元素在原水样中的总浓度。由此就可确定原水体中各元素呈离子形态的浓度比率。采用这种现场方式的渗析分离法具有很大的优点，因为渗析袋内液体体积与实际水体的体积相比可以忽略不计，实际上可将受测水体的组成视为始终不变的，也就是说，受测水体中各元素形态分布未因分离过程的进行而受到扰乱和变化。该法的缺点是膜材料对被测对象的吸附难以避免，由此会影响测定结果。

9.7.2.2 化学分离法

常用的化学分离法有离子交换法和萃取法。离子交换法中经常使用 Chelex－100 型螯合树脂(基体为亚氨基乙酸酯,树脂孔径约 1.5 nm)对 Zn、Cd、Pb、Cu 等金属在水样中的形态进行研究。因为该树脂只强烈吸附离子形态金属而排除颗粒或大分子,借此可将金属离子从水样中分离出来。

在一定条件下使用适宜的试剂进行萃取,可使某待测组分的某一化学形态按相平衡关系浓集在萃取相中,从而达到分离和进一步测定该形态化合物的目的。现以 SO_x 产生的大气二次污染物为例,说明萃取法在形态分析中的应用。

由 SO_x 产生的大气污染物的化学形态大体有三种:H_2SO_4、NH_4HSO_4、$(NH_4)_2SO_4$。使用萃取法可将三者分离分别测定。萃取分离的基本原理是用苯甲醛萃取样品中的 H_2SO_4,异丙醇萃取 H_2SO_4 和 NH_4HSO_4,纯水可溶解萃取样品中的全部硫酸和硫酸盐。现将分离、分析三种形态化合物的程序简述如下。

采样　用聚四氟乙烯膜或酸洗过的石英纤维作过滤介质,进行大气采样。采得样品后的过滤介质经干燥脱水后均分为三份待用。

提取 H_2SO_4　取一份采样后的过滤介质,置于离心管中,再加入一定体积的刚经真空蒸馏纯化过的苯甲醛进行萃取,经离心分离后将萃取液从离心管中分出,用一份蒸馏水将 H_2SO_4 从萃取液中反萃取出来,最后用比浊法或离子色谱法对 H_2SO_4 作定量测定。

提取($H_2SO_4+NH_4HSO_4$)　另取一份采样后的过滤介质置于离心管中,并加入一定体积异丙醇进行萃取,经离心分离后,将萃取液从离心管中分出,以一定体积比加入蒸馏水和新鲜异丙醇,然后将此混合液用 H^+ 型离子交换树脂处理除去其中某些阳离子,以避免这些阳离子与后来加入的氯冉酸根形成不溶的氯冉酸盐而产生干扰。此后,向除杂质后的水样加入氯冉酸钡试剂,摇动一定时间,使不溶性氯冉酸钡与 SO_4^{2-} 作用生成 $BaSO_4$ 和等摩尔的深色氯冉酸(2,5－二氯-3,6－二羟基对醌)

$$SO_4^{2-}+BaC_6Cl_2O_4+H^+\longrightarrow HC_6Cl_2O_4^-+BaSO_4$$

用离心分离法得到分析试液。以与该分析试液具有相同的(异丙醇/水)体积比的溶液作参比液,用分光光度计于 314 nm 波长处测分析试液中氯冉酸的吸光度,以间接定量其中的硫酸盐。所测得的结果是 H_2SO_4 和 NH_4HSO_4 的总浓度。

提取全部水溶性硫酸盐　另取一份采样后的过滤介质置于离心管中,并加入一定体积蒸馏水进行提取,经离心分离后将提取液从离心管中分出,在另一容器中与一定体积异丙醇相混合。然后通过离子交换除去杂质,用氯冉酸钡法进行分析,其步骤同提取($H_2SO_4+NH_4HSO_4$)步骤。所得结果是试样中包括 H_2SO_4 在内的总硫酸盐浓度。

通过上述形态分析获得的结果,对于阐明大气中硫酸盐气溶胶形成机理、酸雨中硫酸盐组成及其危害等均有很大意义。

9.7.2.3 气相色谱分离法

配置特定检测器的气相色谱仪具有形态分析功能,可对大气中烃类、水中酚类、水或生物体中砷化物等进行形态分析。下面以水样中砷化物形态分析为例,阐明其方法原理和分析过程。

由多方面研究结果可知,环境试样中可能存在多种形态的砷化合物。在前图 5－32 所示的砷的生物转化图中显示了这些形态。其中包括无机的砷酸盐、亚砷酸盐以及各种含甲基的胂酸和胂化合物。在近期的研究工作中,人们还从环境试样中检测和鉴定了在图中没有显示的另一种胂化物$(CH_3)_3AsO$,即三甲基氧化胂。

使用 $NaBH_4$ 之类还原剂可将水样中所含的微量而又形态各异的多种砷化物转化为砷化氢

或相应的胂化物，这是在分析测定前对各种形态砷化物进行分离浓集的有效方法。表 9-22 列举了与环境样品中各种胂化物相应的氢化反应产物及它们的检测特性。由此可见，各种含甲基胂化物经转化后，产物分子中所含甲基数没有发生变化，所以这种方法特别适用于形态分析。又因为生成物容易挥发而又不溶于水，所以也容易用气提的方法将它们从反应器中逐出，转而被冷凝捕集在收集器之中。

表 9-22 各种砷(胂)化合物的检测特性[1]

元素/化合物	氢化产物(沸点)	分析法或检测器(检出限)/ng
As(III)，$HAsO_2$	AsH_3(−55℃)	AES(0.02)，AA(0.05)
As(V)，H_3AsO_4	AsH_3(−55℃)	AES(0.02)，AA(0.05)
$CH_3AsO(OH)_2$ (MMAA)	CH_3AsH_2(2℃) (MMA)	AES(0.2)，ECD(0.4)
$(CH_3)_2AsO(OH)$ (DMAA)	$(CH_3)_2AsH$(36℃) (DMA)	AES(1.0)，ECD(0.2)
$(CH_3)_3AsO$ (TMAO)	$(CH_3)_3As$(52℃) (TMA)	AES(1.0)，ECD(15)，FID(1.0)

① 有关各缩写词的注释见附录 A。

在如图 9-20 所示的分析装置中，将待分析试样(50 mL)置于还原反应器中，用缓冲液调节 pH≈6，再加入一定量的 4% $NaBH_4$ 溶液，在氦气鼓泡条件下反应 6 min～10 min，水样中的 As(Ⅲ)形态化合物由此转化为 AsH_3。该反应产物经氦气载带而出，在受液氮冷却的捕集器 A 中汇集。需进行分析时，可撤去冷阱，AsH_3(沸点−55℃)便经挥发而被引入原子吸收分光光度计作测定。

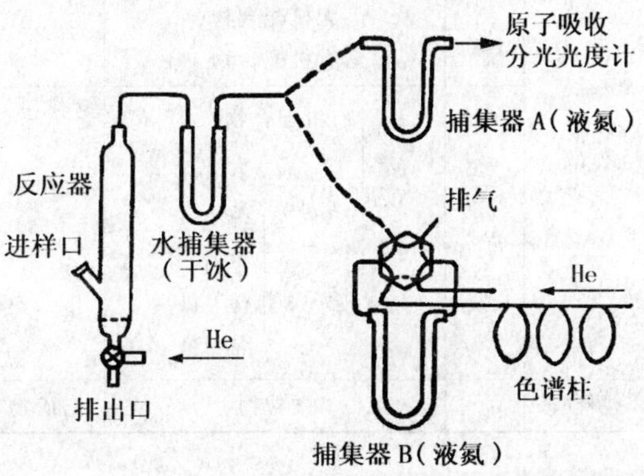

图 9-20 含多种砷化物样品的分析装置

水样的 pH 值经以上反应后上升到 8，向反应器中加入一定量 6 mol/L HCl，调节 pH≈1，此后再分批加入一定量的 4% $NaBH_4$ 溶液，使 As(Ⅴ)、MMAA、DMAA、TMAO 都还原为各自相应的胂化物，由氦气将它们从溶液中逐出，汇集在用液氮冷却的捕集器 B 中。需进行分析时，可撤去冷阱，用适当温度的热水温热捕集器，从而使这些胂化物挥发，并被氦气载带入气相色谱仪的分离柱进行分离。作为气相色谱检测器，可用火焰离子化检测器、电子俘获检测器或作为与气相色谱仪联用的原子吸收分光光度计等。当应用电子俘获检测器对某水样进行分析时，在一定操作条件下，AsH_3、MMA、DMA、TMA 的保留时间分别为 29，96，176，206s。这些化合物的检出限都可达到 ng/L 数量级水平。

9.7.2.4 综合法

综合法又可分为仪器联用法和方法组合法两类。仪器联用法一般是以气相色谱仪或液相色谱仪与别的仪器，如质谱仪、原子吸收分光光度计等联用的方法。特别是气相色谱仪与质谱仪联用，在形态分析中发挥的作用最大。具体说来，这种作用包括两个方面，其一是气相色谱-质谱联用法能调查和鉴定环境样品中许多有机物，并具有相当高的灵敏度，其他方法不能与之媲美；其二是通过质量碎片一类专用技术，能以极大的可靠性和灵敏度对样品中某些超微量未知化合物作定性和定量分析。

仪器联用在环境分析中应用很广，如用气相色谱-质谱联用技术对大气样品中氟利昂作形态分析；用气相色谱-原子吸收分光光度联用技术对各类环境样品中金属有机化合物（如上述砷化物）作形态分析等。限于篇幅，在此不作深入的介绍。

方法组合法是将前述分离法和直接法加以组合运用的方法。例如，如表 9-23 所示，金属在水中可分为溶解态和颗粒态，又可分为不稳定态和稳定结合态，或离子态和非离子态，或有机化合物态和无机化合物态。若同时运用膜过滤法、阳极溶出伏安法、螯合树脂吸附法和光化学氧化法，可区分水样中不同形态金属组分。这四种方法的操作条件和功能分别为：(1) 用孔径为 0.45 μm 的滤膜进行过滤，借以区分颗粒态金属和溶解态金属；(2) 在 0.016 mol/L 醋酸盐缓冲液（pH=4.7）中以阳极溶出伏安法区分不稳定态和稳定态金属；(3) 用 Na^+ 型 Chelex-100 树脂（100 目～200 目）制作 10×0.8 cm 离子交换柱，以离子交换法区分离子态金属（包括金属配离子）和呈胶体结合态的金属；(4) 在石英管中放 100 mL 试样，加入 0.05 mL 的 30% H_2O_2 溶液，然后用 550 W 紫外光灯管辐照 6h，以使水样中有机态金属彻底氧化成无机形态，随即对水样中金属总量进行测定，将所得结果与不作光氧化分解处理水样的分析结果比较，就可获知原水样中有机态金属和无机态金属的含量。

表 9-23 金属在水体中可能的存在形态

形态				实例	大致粒径/nm
溶解态	不稳定态	水合离子		$Cd(H_2O)_6^{2+}$、$Fe(H_2O)_6^{2+}$	1
		无机配合物		$Al(H_2O)_5F^{2+}$、$CuCO_3^0$	1～2
		有机配合物		Al-柠檬酸	2～4
	稳定结合态	有机配合物		Cu-富里酸	2～6
		胶粒	无机	$Cu^{2+}-Fe_2O_3$	10～450
			无机	$Pb^{2+}-MnO_2$	
			有机	Cu^{2+}-腐殖酸	
			混合	Cu^{2+}-酸殖酸/Fe_2O_3	
颗粒态		颗粒物		与矿物、黏土、细菌、藻类等碎屑的结合物	>450

9.8 环境激素

9.8.1 环境激素及其代表性化学物质

激素的英文名称是荷尔蒙（hormone）。此词源于希腊语，原意为“刺激”。激素的现代定义为：由机体内分泌腺中特定细胞合成的一种机体调节物质。激素在极低浓度下即有活性，通过血液运送到靶器官或靶组织，在那里发挥其直接或间接的影响，并有助于调节机体的整个生理过程，如代谢、生长和繁殖。从本质上来说，人体内激素是诸如多肽、蛋白质或类固醇之类的物质。主要的有性激素、生长激素、甲状腺激素、促红细胞生成素、肾上腺皮质激素等。

环境激素（environmental hormone），或称外因性扰乱内分泌化学物质（EDC，eudocrine disrupting chemicals），是存在于环境中的类激素物质，它们与存在于人体内的激素具有相近的分子结构，一旦进入人体，就会顺当地与相关受体结合，产生一系列生物反应，诱使人体组织和内脏器官发生不同程度的病变。最常见的是引发人体内分泌失调，危害人体生殖系统，易出现生殖器病变，并殃及后代。具体表现有男性精子数下降；母体不孕、早产、流产；子体死亡率提高；新生儿性别异化，由免疫系统异常导致的过敏体质及畸形儿的产率增加（如手足畸形儿、无脑儿、二重体儿）等。此外，甲状腺激素、副肾皮质激素分泌受到外来激素影响后会导致人体神经系统障碍，产生人体大脑活动异常，行为失控、歇斯底里，甚至产生犯罪冲动等症。小儿则表现为痴呆多动、智能低下等。这些不良作用间还存在着一定的联系，如图 9－21 所示。

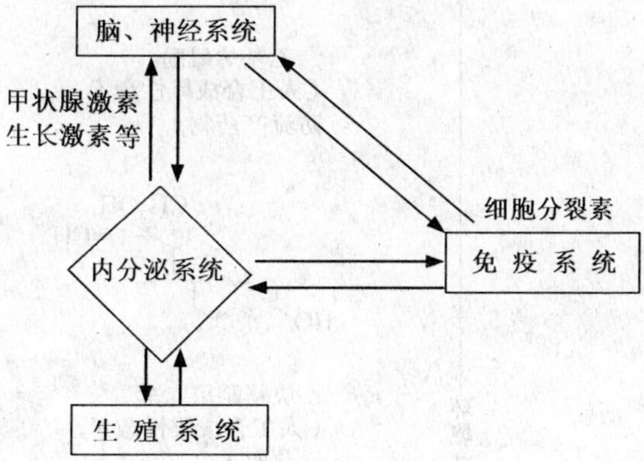

图 9－21 环境激素对人体的影响

有关环境化学物质对于野生动物生殖影响的议题，首先由世界自然保护基金组织在 1991 年召开的一次会议中提出。此后，环境激素及其对人体健康产生危害的问题备受世人瞩目。例如，在发行于 1996 年的《人类的未来已被盗走（Our Stolen Future）》（T. Colborn）一书中，作者曾就 DDT、氯丹、壬基酚（表面活性剂原料）等化学品对人类及野生动物生殖健康的影响问题提出过质疑。由日本环境厅于 1997 年发表的一份关于环境激素问题的报告中列出了 67 种与环境激素有关的物质。同年，日本化学工业学会和日本化学物质安全、情报中心的一份有关报告，则将与环境激素有关物质的名单扩展至 145 种。在日常生活中常见的环境激素大多属于人工合成的药物或有机化学品，它们通过相关工厂排放三废物进入环境，再辗转地被摄入人体。多数环境激素与正常人体分泌激素间具有相似的化学结构。如：

人体激素

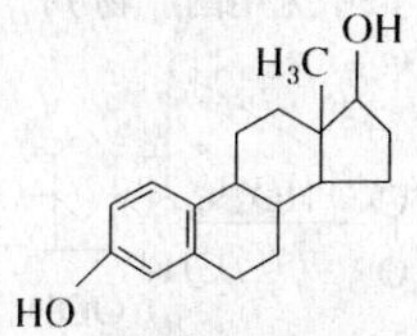
雌甾二醇
（人体内雌性激素）

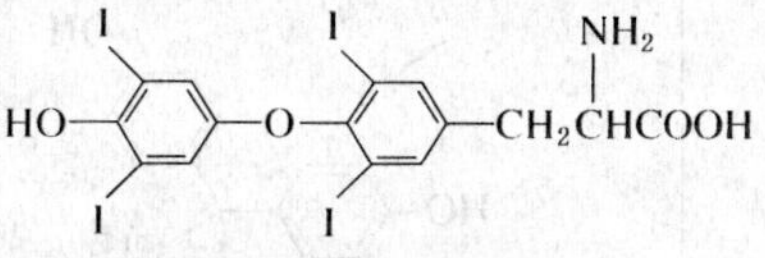
甲状腺素
（人体内分泌的激素）

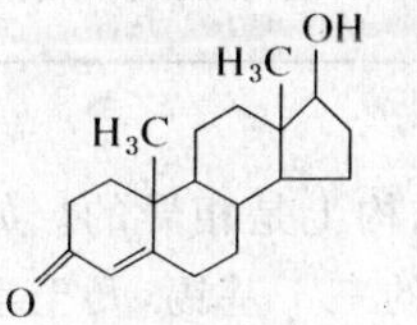
睾酮
（人体内雄性激素）

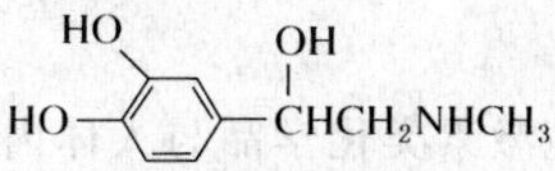
肾上腺素
（人体内分泌的激素）

环境激素

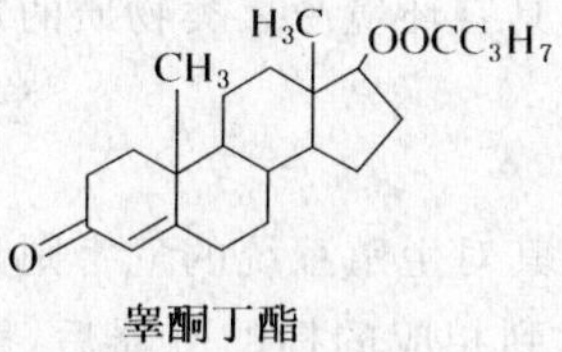
睾酮丁酯
（人工合成同化性激素，
运动员违禁服用兴奋剂）

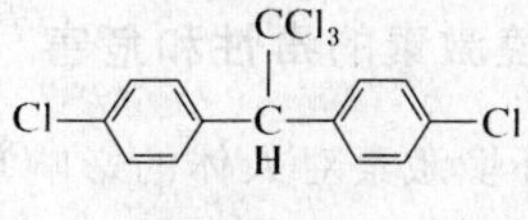
滴滴涕（DDT）
（杀虫剂）

续表

环境激素	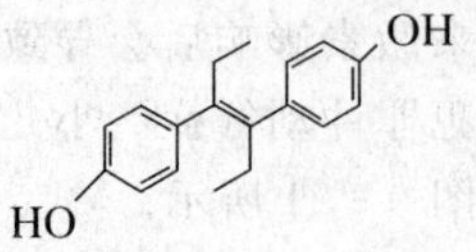 二乙基烯雌酚 （人工合成雌性激素，防流产药物）	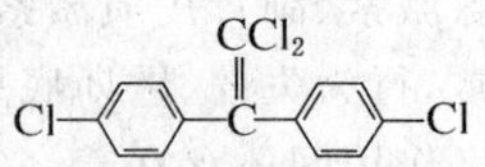 滴滴伊（DDE） （DDT 在环境中的降解产物）
	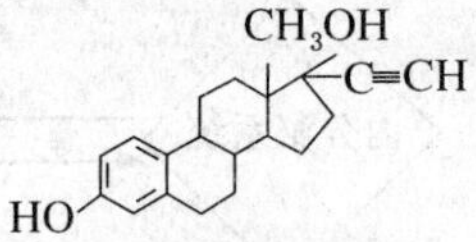 乙炔基雌甾二醇 （人工合成雌性激素，避孕药）	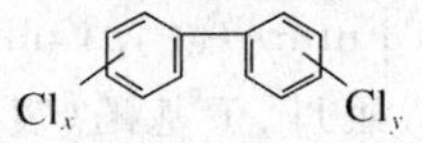 多氯联苯（PCB） （电器绝缘油、机械油、增塑剂、涂料）
	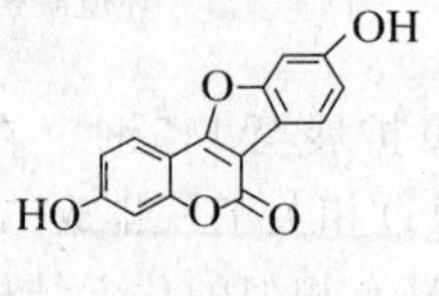 拟雌内酯 （植物体内雌性激素）	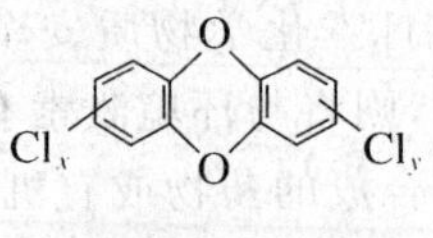 二噁英（PCDD） （垃圾焚烧产物，农药生产中无用副产物）
	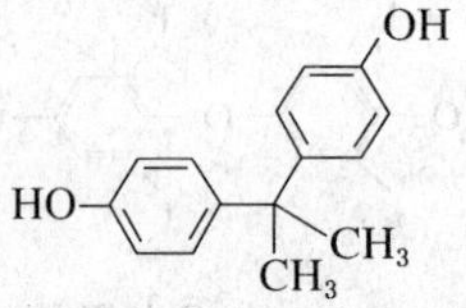 双酚 A （制作塑料哺乳瓶、饮水桶、食具等，食品罐内涂层）	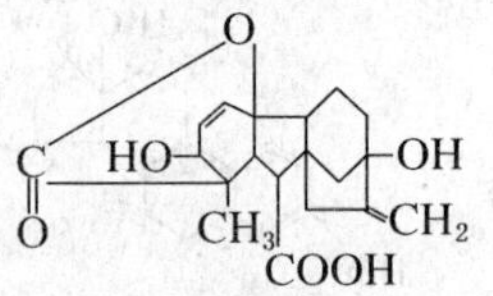 赤霉素 （植物生长调节剂）

另有一些环境激素类化学品与人体内激素在化学结构上是相异的。如可用作塑料增塑剂的邻苯二甲酸酯和壬基苯酚，可作船底涂料或织物防腐剂的三丁基锡，乃至重金属汞、镉、铅的某些化合物等，它们也都具有扰乱人体内分泌功能的作用。

值得提出，同一种物质可能兼有多种毒性。例如持久性有机污染物 2,3,7,8-TCDD 不但具有强烈的急性生理毒性，而且还是三致性毒物，并且具有环境激素类物质的毒性。

9.8.2 环境激素的毒性和危害

如上所述，环境激素对人体的影响是多方面的，其对生殖系统的危害则是其中的一个主要方面。在正常人体内，由内分泌腺合成性激素，当其达到相应的标的脏器后，就会与存在于脏器内的受体相结合，以启动遗传物质 DNA 的作用，来合成蛋白质。激素的种类与受体是两两对应的，它们之间存在着“门锁与钥匙”之间的关系，即“一把钥匙开一把锁”的关系。如果有外来环境激素介入，并与相应受体“硬性”结合，那么遗传物质就会受到错误的指令，打乱原先正常的生物合成过程，从而产生种种异象。这种情况如图 9-22 所示。

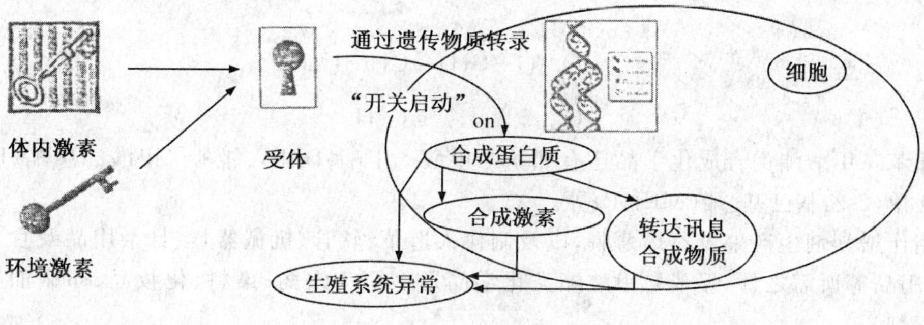

图 9-22　环境激素作用机理(示例)

存在于环境介质(空气、水体、土壤)中的环境激素虽然微量低浓，但大都具有生物富集作用，容易通过食物链(网)在人体中浓集，所以对它们于人体的危害作用是不可低估的。目前在人类的局部地区已开始发生生存危机，如在发达国家有 20%的家庭没有子女，隐睾、阴茎发育不全、尿道下裂和睾丸癌的患者明显增加、男子精子量在过去 50 年内减少了 30%等。

当前国内儿童性早熟发病率显著上升，即男女孩子在 10 岁以下即出现乳房发育、睾丸阴茎增大等性征。专家认为摄入多量环境激素类污染物是这种假性性早熟的直接病因。如含有蜂皇浆、花粉、鸡胚、蚕蛹的食品或制剂中均存在较多性激素或促性腺激素样物质，如长期食用，可引起体内性激素水平上升，导致假性性早熟。

近期，令人感到不安的有关连体婴儿的消息也接二连三地从国内外传来。在我国，自 2000 年 5 月河南省濮阳市产生一对胸腹腔相连的男婴以来的一年间，在四川、浙江、上海、江苏、福建等省市产下不少于 6 对连体婴儿。连体双胞胎是一种极为罕见的妊娠现象，发生几率约为 5 万至 8 万分之一。它是由单独的一个受精卵分裂而成。连体双胞胎的存活率一般为 5%～25%，在过去 500 年间，世界范围内有史料可稽的存活连体婴儿只有 600 对。

生存于地球生物圈内的各类生物与人类命运休戚相关。环境激素对于人类之外的其他动物的影响更为显著。如鱼、鸟和哺乳动物大量死亡、雌雄异变、生育和发育紊乱、免疫力下降等现象在动物界不断发生。

在 1980 年前后美国某造纸厂废水排放口下游，发现雌性鱼雄性化。雄性化后的雌鱼可与原先正常的雌性鱼进行交尾。而原来的雄性鱼出现超雄性化后，会采取攻击性的交尾行为。此后又发现雌海螺长有雄海螺的生殖器(日本)；雄性美洲狮雌性化(美国)；海豚在生殖周期出现卵巢异常(加拿大)；雌企鹅产下无精卵(南极)，多时多处发现有 5 条腿或 6 条腿的畸形青蛙(日本和美国)。在世界各国还经常出现连体动物，如双头龟、双头蛇、双头马、双头鹦鹉等。

在当今世上发生于人类和动物的种种生殖怪相，其产生原因可能是多重的，但有关研究人员认为，环境激素被摄入体内可能是其中的主要原因。

9.8.3　邻苯二甲酸酯

邻苯二甲酸酯是人工合成有机化合物的一个类别(约有 30 种之多)。被用作为塑料增塑剂的这类化学物质还被认为是在生活环境中普遍存在的一种环境激素，且几乎没有一个人能与它们完全避免接触。在这一类塑料增塑剂中，又以邻苯二甲酸双(2-乙基己基)酯(DEHP)更为常用，其化学结构式如下：

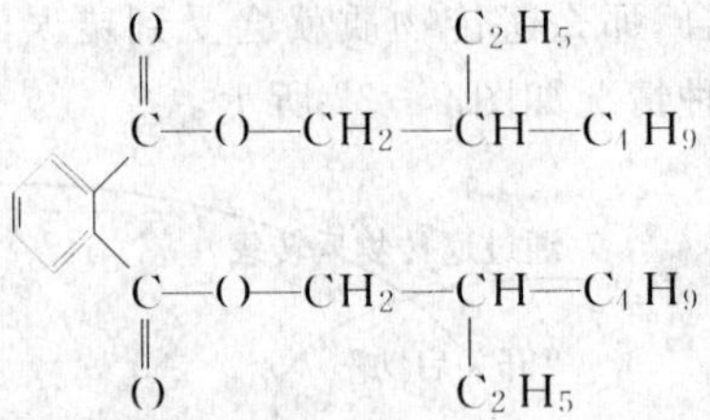

其他的邻苯二甲酸酯类合成化学品还有邻苯二甲酸二丁酯(DBP)、邻苯二甲酸二庚酯(DHP)、邻苯二甲酸单(2-乙基己基)酯(MEHP)等。

除用作增塑剂生产聚氯乙烯薄膜,以及制作人造革、软管、机械器具、日杂用品及食品包装材料、医疗用品等所需之外,邻苯二甲酸酯类化学品还多用于农药、染料、化妆品、印刷油墨等的溶剂和保存剂。

作为增塑剂搀和在塑料聚合物中的邻苯二甲酸酯只不过以分子作用力而与聚合物两相结合,实际上增塑剂很容易从塑料中蒸发或溶出,从而有机会转入空气或水体环境,且持久存在而不易分解。目前,邻苯二甲酸酯类化学品在人们的生活环境中已几乎是无处不在了。

邻苯二甲酸酯在空气或饮水中的实测浓度一般都是很低的,进入人体的邻苯二甲酸酯主要来自于塑料(如聚碳酸酯)制食具或塑料(如聚乙烯)制食品包装袋的溶出物。此外,由于这类化合物有较大的脂溶性,所以奶酪、黄油等动物脂肪类食品中原先就含有较高含量水平,若将塑料包装容器内溶出的邻苯二甲酸酯一并计入,则会使此类食品中的含量进一步得到提高。例如根据测定,日本河水中邻苯二甲酸酯的平均浓度为每升含 1.26μg,又曾检测过一份奶酪样品中的浓度为 114mg/kg。相比之下,奶酪中含量竟是河水中的 10 万倍。

经口摄入人体的邻苯二甲酸酯的一部分被肠道吸收,并迅速代谢,其代谢产物是具有较大水溶性的单酯或二元酸。其中部分溶入胆汁而从粪便排出,另一部分通过肠管循环被再吸收,其中又有 90%随后从尿中排出。以 MEHP 对小鼠做试验的结果表明,积留在体内部分的存在比值按肝、肾、胰、血液的顺序逐渐升高。

总的说来,进入人体的邻苯二甲酸酯在人体内蓄积性小,其吸收、分布、排泄都能以很快速进行。

作为环境激素,邻苯二甲酸酯对人体发生直接影响的研究还做得很不充分。以 DEHP 对动物做试验发现,年轻雄性大白鼠接受一定口摄剂量后,会引发睾丸和输精管萎缩,精子形成能力下降及前列腺重量下降等症状。而雌性大白鼠则出现性周期延长和血清中雌性激素浓度降低等现象。对妊娠大白鼠用药后发现胎鼠死亡率上升,并出现畸形胎鼠,或胚胎中形成先天性肾囊肿。

邻苯二甲酸酯在环境介质中浓度水平低,摄入人体后又不易长期滞留在体内。再者,如 DEHP所具有的雌性激素作用仅是人体内雌甾二醇的十万分之一。尽管如此,下述的一个对比例子仍足以引起人们的高度警觉:一个妊娠妇女食用了以塑料-铝复合材料制成箔纸包装的黄油 50 克,平均摄入每 kg 体重 400mg 邻苯二甲酸酯。相比之下,妊娠大白鼠按每 kg 体重使之口摄 0.1~0.4mg DEHP,其后生下雄性鼠仔长大后,其精巢比正常者小得多,精子数也减少 20%。

为防范邻苯二甲酸酯多量进入人体,在日常生活中不要用塑料容器(如饭盒、婴儿奶瓶)加热食品;最好尽量少用塑料袋盛装食品(特别是油脂类食品及油煎高温食品),而改用玻璃或陶瓷制的器具。此外,在食物方面,应控制肥肉、乳制品和动物内脏等的食用量。

9.9 室内环境污染

室内环境属于人们生活的小环境。多数人(特别是老人和婴儿)以多数时间生活在室内,所以室内环境质量很大程度上决定了人们生活质量的优劣。"室"的含义很广泛,包括居室、办公室、图书室、医院、超市、旅馆、浴室、候车(机)室以及供人们进行文体娱乐活动的各种室内公共场所。室内环境质量主要取决于室内气象和室内污染程度,此外的因素还有辐射、噪声、空间拥挤程度、人间关系及个人的心理因素等。

9.9.1 室内气象

由室内气象决定人体对寒暖的体感,它是由温度、湿度、气流三气象要素及与之有关的采光、日照等因素决定的。

22℃~25℃是人体感到舒适的室温范围,室温过高会使人因体表热发散不良而提高心跳呼吸次数,皮下血管扩张,出汗过多等,从而引发食欲不振、怠惰的感觉,相反,室温太低又会引起人体代谢功能下降,呼吸脉搏减弱,皮下血管收缩,呼吸道黏膜抵抗力减弱,从而诱发各种呼吸道疾病。

相对湿度在45%~65%是人体感到舒适的湿度范围。在低湿度且有风的条件下,即使室温高达30℃,人体尚无不适之感。但在高温又高湿的房间里活动的人就会有暑热难当的感觉。

室内空气流动速度因素对于人体的寒暑感也是至关重要的,夏天气流速度不小于0.15m/s,冬天不大于0.3m/s是适宜的。

综合气温、气湿和气流三室内气象要素,可给出一个人体体感范围图(图9-23)。在图中标示出人体感到舒适的"感觉温度"范围约在17℃~22℃。

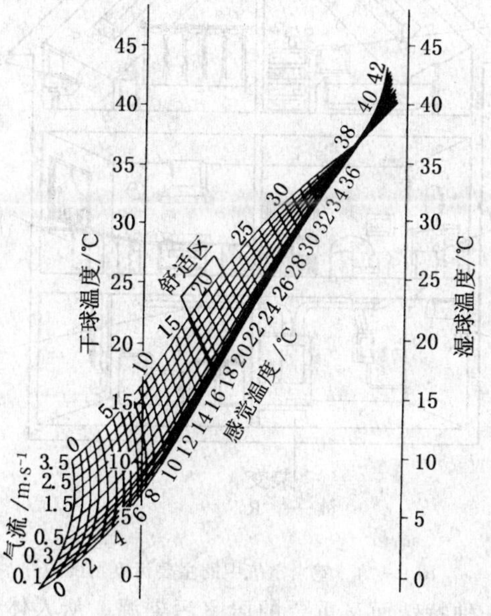

图9-23 人体"感觉温度"

对于居室来说,为了不使二氧化碳等污浊气体过度积累,并为了给人以良好的空间感,居室净高不应小于2.8m,窗户有效采光面积和房间地面面积之比不应小于1∶15。此外,居室每天至少受日照 2 小时，以得到良好采光和利用太阳辐射杀灭室内致病微生物，并进一步提高人体的免疫能力。

9.9.2 室内污染

室内污染主要是指室内空气污染（IAP），其污染物组成和浓度主要取决于以下三方面因素：(1) 污染源在室内还是室外；(2) 污染源强度随时间（昼夜）变化情况；(3) 室内外空气流通或交换程度。

室外空气污染当然会影响、波及定内，例如由机动车排出的含铅尘粒是室内铅污染的主要污染源。与室外相比，室内污染源更加多样，其污染物种类也多得不可胜数，最常见的有如图 9－24 所示的一些方面：(1) 甲醛（从家具镶饰板或胶合板及地毯、墙面中释出）；(2) 碳、氮和硫的氧化物及油烟（炊事、取暖）；(3) 氡（从石料、水泥等建材释出）；(4) 微生物（由不良居室条件孳生）；(5) 家用化学物质（如化妆品、油漆和地板蜡中可释出挥发性有机物）；(6) 石棉（从墙体衬料，绝热材料中散发）。此外还可举出如烟草、室内排污、花卉，甚至人体和宠物的排出物和散发物等。如香烟烟雾中含焦油、尼古丁、一氧化碳、氰化氢等数百种危害人体的化合物；在卫生间、下水道内可引发臭气异味的有硫化氢、甲硫醇、乙胺、吲哚等。作为室内摆饰的花卉所散发的花粉也可能成为诱发儿童呼吸道疾病的过敏源。放在卧室中的花卉入夜之后，会与人争吸氧气，吐出二氧化碳，提高卧室空气的污浊程度。

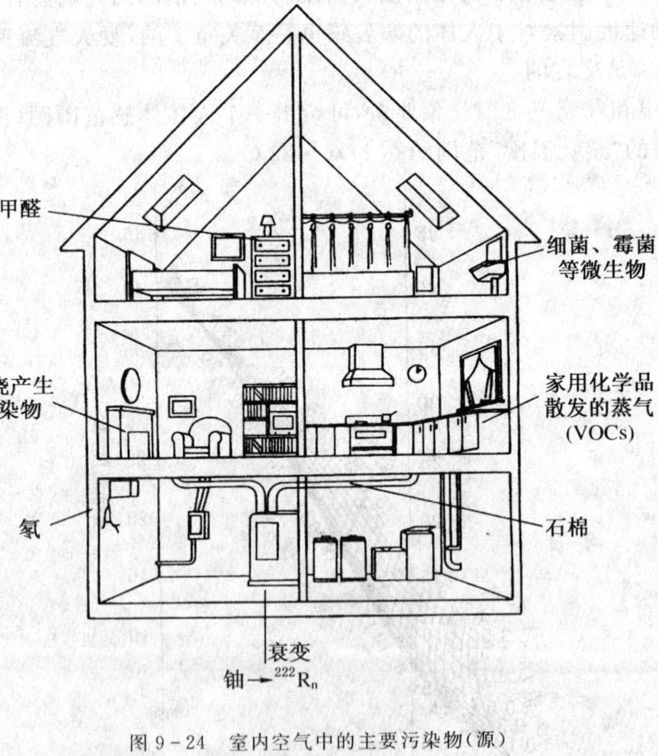

图 9－24 室内空气中的主要污染物(源)

生活在室内的人还是一种特殊而又重要的居室污染源。从人体呼吸、排便、出汗等过程排出的污染物可能有上千种。此外，还有肠道的气体排泄物及人体受细菌感染而产生的气体和液体。在这些排出物中又有不少是被称为“人味毒”的有害有毒物质。如一氧化碳、硫化氢、氨、甲烷、丁烷、甲醇、丙酮、醋酸、丁二烯、氮氧化物、甲基乙酮等。

实际上，在上述这么众多的室内污染源和为数更多的室内污染物中，危害人体健康最甚的要数由建筑材料、装饰材料和家具所释出的各类有害气体和蒸气。为了保障人们身体健康，从源头上控制室内污染，国家质检总局和国家标准化管理委员会于2001年底发布了有关室内装修装饰材料中所含有害有毒物限量的10项标准。标准涉及的装修装饰材料包括：人造板、内墙涂料、木器涂料、胶黏剂、地毯、壁纸、家具、地板革、混凝土外加剂、有放射性的建筑装饰材料等。相应涉及有毒有害物质包括：甲醛、氨、三苯（苯、甲苯和二甲苯）、游离甲苯二异氰酸酯、氯乙烯单体、苯乙烯单体及可溶性的铅、镉、铬、汞、砷等有害金属等。

有关室内装修装饰材料的上述10项控制标准已于2002年起正式实施，由此可将室内污染物危害降至最低限度，基本上满足人身健康和安全的需要。

中国室内环境监测中心和健康医疗中心曾总结出室内环境污染对人体造成危害的症状，有以下诸多方面：清晨起床时，感到憋闷、恶心、甚至头晕目眩；家里人经常容易感冒；虽不吸烟，但是经常感到嗓子不舒服；家里小孩常咳嗽、打喷嚏、免疫力下降；家里人常有皮肤过敏等毛病，而且是群发性的；家人共有一种疾病，离开这个室内环境后，症状会有明显好转；新婚妇女长时间不孕，又查不出原因，孕妇在正常怀孕情况下发现胎儿畸形；室内植物不易成活；家养宠物莫名其妙地死亡等。

除非是毗邻交通干道或其他高强度污染源的居室，一般来说，室内空气质量总要比室外差，所以可采取室内外换气的方法来改善室内空气质量。在有通风换气设施的室内，其污染物浓度随换气次数增多而降低的程度可用以下文字式表示。

（污染物即时浓度）=（污染物初始浓度）+（发生强度）-（换气次数）×（室内容积）

一般人的习惯总是在清晨起床后即开窗，让新鲜空气进入室内以替换室内隔夜的浊气，这或许是最经济的改善室内空气质量的措施。但在冬季、无风、少云的城市夜晚，很容易出现辐射逆温气象，即在距地面一二百米空气层中的气温随高度递增，而空气密度随之下降的现象（与在正常气象条件下的情况相反）。处于逆温层内的空气比较稳定，不易发生上下方向的对流扩散，即近地面空气中有害气体和烟雾等在经过一夜之后仍积聚原处不散。须待日出过后，逆温现象逐渐消失，空气中污染才会减弱或消失。所以城市居民在冬天早晨起身后稍迟开窗或许是适宜的。

国家环境保护总局等部门于2002年发布了《室内空气质量标准》(GB/T 18883—2002)，标准中所涉及各参数及对它们的分析方法见表9-24。

表9-24 室内空气质量标准(GB/T 18883—2002)

序号	参 数	检 测 方 法	来 源
1	二氧化硫	(1) 甲醛溶液吸收—盐酸副玫瑰苯胺分光光度法	GB/T 16128
2	二氧化氮	改进的 Saltzman 法	GB 12372
3	一氧化碳	(1) 非分散红外法 (2) 不分光红外线气体分析法 (3) 气相色谱法 (4) 汞置换法	GB 9801 GB/T 18204.23
4	二氧化碳	(1) 不分光红外线气体分析法 (2) 气相色谱法 (3)容量滴定法	GB/T 18204.24
5	氨	(1) 靛酚蓝分光光度法、纳氏试剂分光光度法 (2) 离子选择电极法 (3) 水杨酸分光光度法	GB/T 18204.25 GB/T 14669 GB/T 14679

续表

序号	参　　数	检　测　方　法	来　　源
6	臭氧	(1) 紫外光度法 (2) 靛蓝二磺酸钠分光光度法	GB/T 15438 GB/T 18204.27
7	甲醛	(1) AHMT分光光度法 (2) 酚试剂分光光度法、气相色谱法 (3) 乙酰丙酮分光光度法	GB/T 16129 GB/T 18204.26 GB/T 15516
8	苯	气相色谱法	GB 11737 GB/T 18883
9	甲苯、二甲苯	气相色谱法	GB 11737 GB/T 14677
10	苯并[a]芘	高效液相色谱法	GB/T 15439
11	可吸入颗粒	撞击式称重法	GB/T 17095
12	TVOC	气相色谱法	GB/T 18883
13	细菌总数		GB/T 18883
14	温度	(1) 玻璃液体湿度计法 (2) 数显式温度计法	GB/T 18204.13
15	相对湿度	(1) 通风干湿表法 (2) 氯化锂湿度计法 (3) 电容式数字湿度计法	GB/T 18204.14
16	空气流速	(1) 热球式电风速计法 (2) 数字风速表法	GB/T 18204.15
17	新风量	示踪气体法	GB/T 18204.18
18	氡	(1) 空气中氡的闪烁瓶法 (2) 双滤膜法 (3) 活性炭盒法	GB/T 16147 GB/T 14582

由于室内空气中污染物种类十分多样，在某些场合下常以二氧化碳浓度作为评价居室和公共场所空气质量的综合性指标。当前全球大气中二氧化碳含量略大于0.03%，室内含量为0.07%时，就是多数人感觉上能够接受的上限；达0.2%时室内空气较污浊；达0.3%时空气质量相当不良；1%时人就会出现头痛等不适感；20%时会引起人体中毒死亡。

已经提出一些可分析室内二氧化碳浓度的简易分析技术，并具有携带方便、使用简便快速、成本低廉，即使非技术人员也能熟练掌握使用的特点。其中有试纸比色法和检气管法两类。前者的工作原理是以室内空气作用于被试剂(酚酞加碱)浸渍处理过的滤纸时，空气中二氧化碳与酚酞作用后会使滤纸发生由红变白的颜色变化。检气管法的工作原理是将以试剂(百里酚酞加氢氧化钠)浸泡过的颗粒状多孔氧化铝充填在一根细长的玻璃管中(图9-25)，当室内空气作为试样以一定速度通过此管时，二氧化碳与试剂发生化学反应而使填充物显示颜色，根据颜色深浅或填充柱生色部分的长度就可以确定室内空气中二氧化碳的浓度。

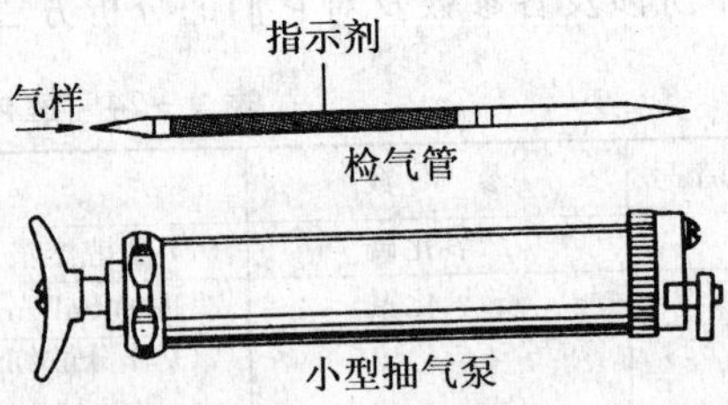

图9-25　检气管和小型抽气泵外形图

检气管技术还适用于测定室内空气中许多其他气体污染物的浓度。包括无机物CO、SO_2、H_2S、NO_x、NH_3、Cl_2、HCN和有机物甲醛、乙醛、氯仿、苯、苯酚、萘、三氯乙烯、丙烯腈等。

9.9.3　室内环境中的主要污染物

在GB/T 18883—2002内指定的各室内空气污染物中，多数已在此前的有关章节中作过或简或详的介绍，这里仅对室内空气中可能存在的甲醛和放射性氡作一简单介绍。

9.9.3.1　甲醛

甲醛是一种无色、具刺激性的气体，能溶于水和醇中，有强还原性和可燃性，与空气混合(4.0%～13.6%)后易发生爆炸。

在日常居室中，甲醛散入环境或被人体摄入的情况大致发生于这样一些场合：(1) 在一些板材(三夹板、刨花板、密度板)塑料和涂料、油漆等的制造生产过程中，为防腐、防蛀和快干等目的，向这些材料中添加了甲醛。所以新居室的地板、家具、塑料贴面等都可能随时散发甲醛气体，造成居室污染，甲醛从中释出的期限可达3～15年；(2) 甲醛可用作纤维助剂，在将棉、人造丝等纤维加工为衣料的工序中掺加甲醛，可使二方形成桥链结合而具有防止衣物皱折的作用。但在有酸或碱存在，且在热水洗涤条件下，又会使衣服中的这种结合物缓慢分解而重新释出甲醛，由此渗入皮肤或通过呼吸道进入人体；(3) 在香烟的烟雾中含有甲醛，可被吸烟者和被动吸烟者引入人体。一支含500mg烟叶的纸烟可释出甲醛70μg～100μg。

甲醛是一种强还原性毒物。它还能与蛋白质中的氨基结合生成甲酰化蛋白而残留体内。亦可能转成甲酸，强烈刺激黏膜，并逐渐排出体外。甲醛蒸气能引起眼睛、上呼吸道和肺部损伤，表现为眼痛、流泪、引起眼结膜炎；鼻塞、喉痒、咳嗽、胸闷，引发支气管炎；重症者有肺部化脓性炎症。经口摄入甲醛时有腹痛、呕吐、肝和肾功能受损等症。皮肤接触甲醛有致敏，发疹等作用，重症者组织凝固坏死。长期低浓度摄入甲醛会引起食欲减退、体重减轻、衰弱失眠等症状。对婴幼儿的毒性则表现在气喘、气管炎、染色体异常、抵抗力下降等。

对于甲醛的一种简易检毒方法是取患者呕吐物为检样，加入多量稀硫酸后置于蒸馏器中蒸馏，取馏出液数滴于试管中，加鲜牛奶数毫升，再沿试管壁加入含微量铁的硫酸，在两液面交界处生成紫色环，示有甲醛存在。

为预防甲醛中毒事故发生，在设计居室装修时，尽量考虑多用实木或不锈钢等材料，多使用水性涂料。装修竣工后，不要马上入住，要多开窗通风。还可考虑在室内养些花卉。发生急性中毒时，要给中毒者吸氧和注射葡萄糖。对黏膜受损者，用2%碳酸氢钠溶液洗涤受损部位。

9.9.3.2　氡

氡是元素周期表中第88号元素，在地壳中含量约4×10^{-13}mg/kg，是作为地壳中所含放射性铀、钍的子体存在。氡有三种同位素，即^{222}Rn、^{220}Rn和^{219}Rn。三者的放射性半衰期分别为3.82d、55.6s和3.96s。由此可见，可能对人体产生放射毒性的仅是^{222}Rn。而另两种同位素因生灭周期太短，一旦生成又很快衰变，所以对人体无能为害。

与铀或其他放射性核素情况不同，几乎每个人都可能在日常生活中时时受到氡的照射。因为从他们居室中含铀、钍的建筑材料中不断地会有氡气体释放出来，而作为放射性母体的氡又会通过自发衰变，相继产生多种有放射性的子体。

$$^{222}Rn \xrightarrow[\alpha,3.82d]{} {}^{218}Po \xrightarrow[\alpha,3.05min]{} {}^{214}Pb \xrightarrow[\beta,\gamma,27\ min]{} {}^{214}Bi \xrightarrow[\beta,\gamma,20min]{} {}^{214}Po \xrightarrow[\alpha,\gamma,164\mu s]{} {}^{210}Pb$$

(在箭头下标示出放射性类型和衰变半衰期值)

^{222}Rn及其子体(尤其是α放射性发射体^{218}Po和^{214}Po)是特别有害于人体的，因为它们可依附于空气中的水汽或灰尘，进入人体呼吸道，沉积于肺中，对肺组织及其邻近部位发射α射线，导致癌变。例如目前在美国，每年死于肺癌的人群中约有14 000人，其致癌要因据信是出于空气中多量的氡气。此外，在香烟中也含有铀及其子体氡等，所以香烟致癌的原因之一也在于氡。氡已被世界卫生组织列为19种重要致癌物之一。

氡是一种无色、无臭、无味又没有化学反应性的气体，所以它对人体基本上不产生化学毒性。又由于它比空气重6.5倍，所以居室中的氡多积聚在底层或地下室内。

地壳岩石中所含放射性物质的量随岩石种类而异，一般火成岩(特别是花岗岩)中含量为高。在选用房屋建筑材料时应择其含量低者而用之。对于新建屋或新居屋最好请专业人员对室内空气中含氡浓度进行检测，检测结果应不超过国家标准中所规定的限值。即新建房室内氡最高允许浓度相应于400Bq/m^3。如果实测值超标很多，就不可贸然入住。为防范现住屋中氡气的放射性发难，可采取以下一些简易可行的措施：加强室内通风；修补墙壁和地面裂缝；在地板上加铺聚乙烯防护层。

9.9.4 建筑物综合征

世界人口向城市集结而形成城市化。由于城市土地有限，又造成城市楼层化的趋势。

从20世纪80年代开始出现的"建筑物综合征"(sick building syndrome, SBS)就是由高度楼层化引发的一种新型疾病，它的出现直接与室内环境污染有关。美国职业安全和卫生研究所(NIOSH)曾对建筑物综合征下过一个定义，虽然这个定义"含义不明"，但也可见"一斑"。该定义为："在处于同一室内空间中有20%以上的人有不舒适感；其症状很难被归入任何一类疾病；当人们离开这一空间后，症状会自然消失或减轻"。建筑物综合征的症状五花八门，轻则眼、鼻和喉黏膜干燥，皮肤出现红斑、湿疹；重则呼吸不畅、头晕目眩、上吐下泻，直至精神紊乱。

除了室内污染为主因外，建筑物综合征的诱因还包括室内不良的气象因素及照明、噪声、辐射、空间拥挤、人际关系，心理因素等。为了防止建筑物综合征的发生，有关专定提出了以下(并非十全)的措施：

- 在房屋装修中尽量不使用含化学物质(如甲醛、苯)的材料；
- 在室内(特别是厨房、吸烟室)安装和使用排气装置；
- 控制室内温度在17℃～27℃；
- 控制室内相对湿度在40%～70%；
- 控制室内二氧化碳浓度低于0.1%，悬浮颗粒物含量低于0.15mg/m^3。

大城市中高楼林立，其中摩天大楼更是不尽地向天际延伸，看来固然雄伟壮观，但除了容易引发楼内活动人群产生建筑物综合征外，也还显得大而无当。2001年9月11日，纽约世界贸易中心大楼受恐怖分子袭击而轰然倒地之后，就有很多人对日甚一日的城市楼层化趋势提起质疑。甚至世贸中心设计者之一的美籍华人王昭藩先生也在痛惜之余提出"在尺度上，创造如此高的建筑物，使用如此多的材料，创造如此多的人工环境，产生如此多的废物，创造如此大的广场，却显得大而无当，毫无人性。一切只为了在此16英亩土地上集中14万人"。此言概括了城市高楼的诸多弊端。

习 题

一、思考题

1. 什么是温室效应？为什么说温室效应是一个全球性环境问题？详述温室效应对环境的影响。
2. 为什么地面辐射红外线一般不能引起大气化学反应？
3. 什么是温室气体？除CO_2外，还有哪些温室气体？水蒸气不在表9-1之列，是否可以认为它不是一种温室气体？为什么？
4. 为什么说臭氧层消失是一个全球性环境问题？详述臭氧层消失对环境的影响。

5. 分别叙述臭氧层消失的天然原因和人为原因。
6. 臭氧层中 N_2O 受光分解的产物具有破坏 O_3 分子的作用。写出 N_2O 光分解的两种反应式，并指出哪一反应的产物具有这种作用。
7. 作为一名身负环境保护职责的高层行政官员，此人应如何从自身工作立场出发来认识臭氧层消失问题？应聘用哪些方面专业人才组成专家小组？在制订防治规划时又应考虑哪些方面问题？
8. 用文字表述酸雨的定义限值是基于怎样的考虑作出的？列举三种(由繁及简)计算此定义限值的方法。
9. 全面比较由大气中 NO_x 或由 SO_x 转成酸雨的机理。
10. 对沈阳和贵阳两城市降水成分的分析结果表明，沈阳市降水中含 SO_4^{2-} 和 NO_3^- 的浓度都大于贵阳市，但前者的 pH 值反而比后者的高，可能的原因是什么？
11. 化学烟雾有哪两种基本类型？它们的起因和特征分别是什么？
12. 光化学烟雾的主要起始物和生成物有哪些？主要的反应有哪些？
13. NO_2 与自由基 R·间的反应能导致反应链终止，为什么？
14. 水体营养化程度太低或太高会对水生态系统产生什么不良影响？
15. 在引起水体富营养化的各种无机营养物质中，为何磷是最主要的指标？在含氮营养物中，为什么氨氮形态又是需要着重考虑的？
16. 提出对水体富营养化问题施行防治的各种对策。
17. 通过查阅有关资料，试对湖泊富营养问题提出不少于 10 个具体的研究课题。
18. 常用的废弃物处理方法有哪些？试评述各方法的优缺点。
19. 焚烧过程和燃烧过程有何区别？用焚烧法处理废弃物的过程有何特点？
20. 试阐明焚烧废弃物过程中烟黑、多环芳烃、二噁英等二次污染物的生成机理，并由此提出减轻此类二次污染的可能措施。
21. 试述应用理论计算法对环境污染物作形态分析时应具备哪些基础知识、应做什么假设、掌握哪些有关数据？述评该方法的优缺点。
22. 对水环境样品中重金属所赋存形态作分析的主要程序和方法有哪些？试述各种方法的基本原理。
23. 什么是环境激素？环境激素类物质有哪些突出的环境特征？
24. 查阅有关资料，检索和制作一份环境激素类物质的名单(在册的化合物不少于 30 种)。
25. 室内环境中主要化学性污染物有哪些？分述它们的来源、危害及它们的共有特征。

二、计算题

1. 太阳辐射光谱中相应于辐射度具有最大值的波长为 500 nm，求地球辐射光谱中与之相对应的波长。
2. 如果地球-大气系统与太阳辐射间达到能量平衡，但(1) 假如系统中不存在温室效应，即温室效应系数 $\beta=0$；(2) 假如 β 值由 0.500 增大到 0.549，则两种情况下系统的温度 T_0 各为多少？
3. 为了减轻温室效应，有关专家提出可用人工方法多量繁殖海洋藻类，以通过其光合作用来摄取大气中 CO_2。如果在光照条件下生物固碳的速率是 10 g[C]/(m^2·d)，那么要将 1985 年全年释入大气的 CO_2 ($4\,979\times10^6$ t/a)从大气中全部除去，需要培育多少以受光面积计的高效能藻类？
4. 已知反应 $O_{2(g)} \longrightarrow 2O_{(g)}$ 在 25℃时 $\Delta G^0=460$ kJ，计算反应平衡常数 K_p。
5. O_3 分解的一级反应为 $O_{3(g)} \longrightarrow O_{2(g)}+O_{(g)}$，25℃时的反应速率常数为 $k=3\times10^{-26}\,s^{-1}$，计算 O_3 的半衰期及浓度减少 10%所需时间。
6. 在大气臭氧层中，NO 和 O 的浓度分别是 3×10^{-12} mol/L 和 2×10^{-12} mol/L，并已知 NO 与 O_3 及 O 与 O_3 气相反应的速率常数分别为 1×10^7 L/(mol·s)和 5×10^6 L/(mol·s)，求两反应的反应速率之比。
7. 在大气臭氧层中，在有 NO 作催化剂的条件下，O_3 的气相消除反应为：

$$NO+O_3 \longrightarrow NO_2+O_2 \qquad (快)$$
$$\underline{NO_2+O \longrightarrow NO+O_2 \qquad (慢)}$$
$$总反应\quad O_3+O \longrightarrow 2O_2$$

以上总反应速率取决于两反应中慢的一步，其速率常数为 5.4×10^9 L/(mol·s)。无催化剂时总反应的

速率常数为 5.0×10^{6} L/(mol·s)。如果这两种过程中 O_3 被消除速率之比为 4∶1，那么臭氧层中 $\frac{[NO_2]}{[O_3]}$ 的浓度比是多少？

8. 曾有研究人员提出，大气中 NO_x 转化为酸雨的过程可看作为准一级化学反应，其速率常数 $k=0.18h^{-1}$，求 NO_x 在大气中的半衰期。

9. 25℃大气中 SO_2 的浓度为 0.1×10^{-6}（体积分数），求与之达到平衡的雨水的 pH 值为多少？假定平衡前未溶入气体的雨水可视为纯水，又已知 SO_2 气体的亨利系数 $K_{HS}=1.2\times10^{-5}$ mol/(L·Pa)，酸电离常数 $K_{s_1}=1.32\times10^{-2}$M。

10. 某城市空气中 SO_2 的浓度为 0.1×10^{-6}（体积分数），如果其中 50%转化为酸雨，计算每 1 000 m^3 空气中的 SO_2 能转化为多少 kg H_2SO_4？已知空气温度为 300K，压力为 10^5Pa。

11. 某城市空气中 SO_2 的浓度为 0.1×10^{-6}（体积分数），含水浓度为 0.2 g/m^3，其中半数水滴含有能氧化 SO_2 从而转为 H_2SO_4 的催化剂 $MnSO_4$，该催化剂在水中的浓度为 500 mg/L。试计算 SO_2 转化为 H_2SO_4 速率。已知空气温度为 300K，压力为 10^5Pa，适用于解题的速率方程为 $R_{SO_2}=0.006\,7[SO_2]$，R_{SO_2} 的单位是 μg(SO_2)/(min·mg $MnSO_4$)。

12. 溶解于雨滴中的 SO_2 在大气环境中氧化成 S(Ⅵ)的反应速率表达式一般可写作：

$$\frac{d[S(\text{Ⅵ})]}{dt}=k[x][S(\text{Ⅳ})]V(\text{mol/m}^3\cdot\text{s})$$

式中 k 是速率常数（L/(mol·s)），[x]和[S(Ⅳ)]分别为氧化剂 x 和 S(Ⅳ)在水相中浓度（mol/L），V 是每 m^3 空气中所含雨水的体积(L)。试将此速率表达式转为以每小时去除百分数(%/h)为单位的表达式。

13. 由 NO_2 受光分解产生的原子氧可即刻与空气中 O_2 进一步反应生成 O_3，求在 300K 和 1.013×10^5Pa 条件下原子氧的生存期。已知生存期的计算式为 $r=\frac{1}{k[O_2]}$，其中 k 为反应速率常数，$k=1.5\times10^{-11}$ cm^3/(molec·s)。

14. 通过有关计算确定，在氮、磷质量比为 14∶1 的某水域中，磷的含量是否成为藻类得以良好繁殖的单一制约因素？

15. 藻类死亡后，在水中被彻底氧化产生无机磷酸盐，求每 g 生物态有机磷被氧化时需氧多少 g？

16. 对一种催化焚烧炉的焚烧性能作了研究性试验。将含 88%C 和 12%H 的液体燃料经焚烧后产生了组成如下的烟气（干基）：$[CO_2]=13.4\%$，$[O_2]=3.6\%$，$[N_2]=83.0\%$。试计算：(1) 100 kg 燃料焚烧后产生多少量的烟气（以干基计）；(2) 使用空气量为理论数量的多少倍？

17. 城市垃圾焚烧过程中会产生 NO、HCl 和多氯代二噁英(PCDDs)等多种有害有毒气体。有关研究人员指出，在 560K～620K 温度条件下，向烟气注入 NH_3 就可消除 NO 和 HCl 并抑制 PCDDs 的生成。现有烟气 50 400m^3/h，并已知其中含 NO 800×10^{-6}（体积分数），含 HCl 1 520 mg/m^3，求为除去 98%NO 和全部 HCl 所需氨量（按 25℃和 1.013×10^5Pa 条件下计）。

18. 在含 CaF_2(s)的已处理过的中性废水溶液中，其所含 Ca^{2+}、CaF^+ 和 $CaOH^+$ 的浓度分别为多少？已知

$$K_{sp}=[Ca^{2+}][F^-]^2=5\times10^{-11}$$

$$K_1=\frac{[CaF^+]}{[Ca^{2+}][F^-]}=10$$

$$K_2=\frac{[CaOH^+]}{[Ca^{2+}][OH^-]}=25$$

知识链接

1. 废弃生物质的回收和资源化

如前文图5-1中所示，生物质的种类极多，但不外乎植物性和动物性两类。植物性生物质大多数原是 CO_2 和 H_2O 通过光合作用所发生反应的产物（也有部分是化能合成作用产物），动物性生物质则是通过食物链由植物性生物质转化而得。在以往自给自足型社会中，人们利用这两类生物质获取食物、饲料、建材、家具、衣料乃至药物、化妆品等基本生活用品，最后将其残渣作为肥料（堆肥）或燃料加以利用。在当今的消费型社会中，由于石油、化学工业快速发展，为人们提供了大量的动力燃料及多种类的化学合成产品（塑料、纤维、树脂、橡胶、涂料等），来补充可利用生物质的种类和数量。但追根寻源，石油也是由淀积在地下的生物残骸历经千万年变异而生成的。因此，从本质上讲，所有生物质都是“含碳营养物”，都是具有再生性的和可利用性强的资源。当前随着人们生活水平的提高，对生物质需求量越来越大，废弃生物质的数量也与日俱增。因此（特别是自1973年世界面临石油危机以来），废弃生物质再生和资源化的议题也就提上了世界各国的议事日程。

以日本国为例，每年废弃生物质（废纸、禽畜排泄物、食品工业废弃物等）的年赋存量约5600万吨，这个数量相当于2400万 m^3 石油，对日本这样一个资源缺乏的国家来说，实在“弃之可惜”。所以历年来日本在这方面作了很多研究和技术开发，取得了许多令世人瞩目的成果。

值得一提的是废弃生物质的回收和资源化也是关系到削减 CO_2 排放和抑制地球暖化的重要手段之一。如上述日本国废弃的5600万吨生物质中含碳量为2240万吨，折算成 CO_2 为8213万吨，也就是说如果将这么多量的生物质作焚烧处理（或任其自然地彻底分解），那么单日本国每年就会多产出8000多万吨 CO_2 进入大气。

废弃生物质资源化的途径大体有如下三个方面：

1）回收后转成饲料和肥料

如在一个城市中收集家家户户产出的厨余，并将生熟荤素分开后集中处理。荤食厨余加上部分果蔬残渣可调配成营养均衡的潲水，用于喂猪。生的果蔬菜叶集中在塑料桶中，加酵母菌封桶发酵可产出堆肥。从中流出的厨余水，还具有杀菌洁净效果，可用于清洗家居污垢。

2）转化为能量

将废弃生物质充作生活垃圾的一部分作焚烧处理，可以发电（参见9.6.3.1）。发电过程中产生部分废热又可再加利用。为尽量提高发电和发热效率，国外已研制出一种固形化垃圾燃料RDF（refuse derived fuel），是将具有一定热值的废弃物经破碎干燥后加工制成含水率约10%的固体形（外形似煤块）的燃料。目前这种燃料离实用化尚有“一箭之遥”，即还需解决品质均一、成本核算等方面的问题。

3）转化为化学资源

图9-1′明示了废弃生物质化学资源化技术的类别。如热化学变换法还有多种，其中气化技术可用以产出低分子CO、H_2、CH_4 等化工原料，以便进一步用于催化合成甲醇、二甲醚、汽油等。热分解法系在无氧或低氧浓度条件下加热分解生物质，由此产出的焦油和液化油还可通过沸石裂解或加氢处理转为精制油品。水热气化法和水热液化法实际上也是热分解法。但采用的加热介质分别是超临界水和亚临界水（超过或接近临界点的高温高压水），超临界流体变换法则是用甲醇等有机溶剂代替水作为加热介质的方法。

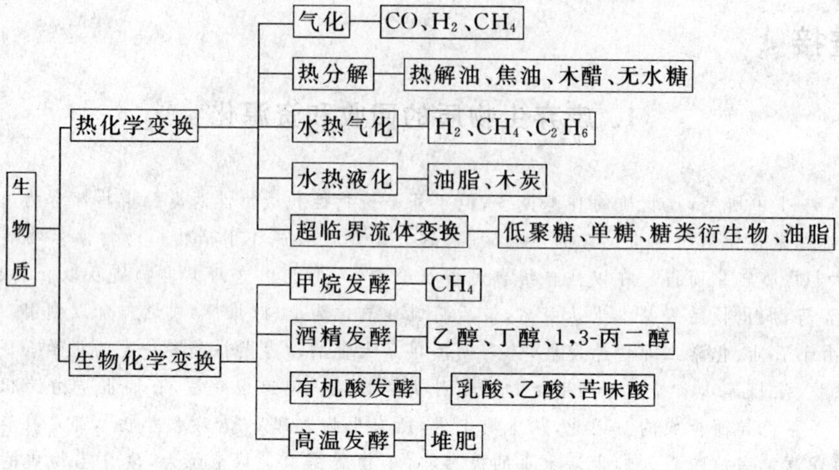

图 9-1′ 生物质化学资源化技术的类别

水的相图见于图 9-2′。其临界温度为 374℃，临界压力为 22.1MPa。加压条件下且水温在 100℃～500℃以上范围内变动时，生物质物态变化的过程如图 9-3′所示。

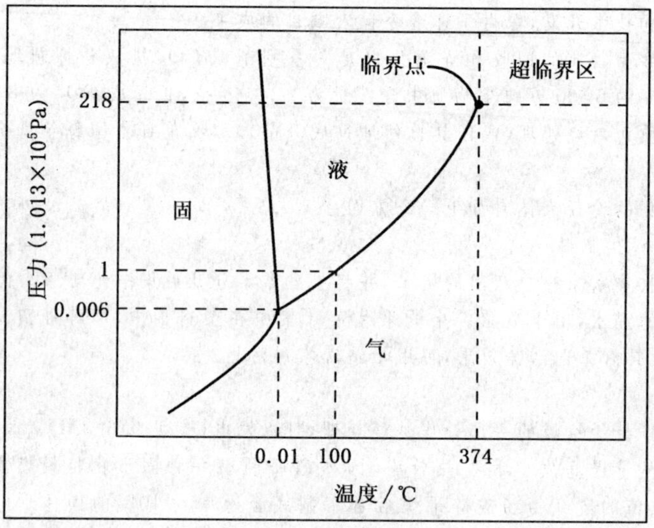

图 9-2′ 水的相图

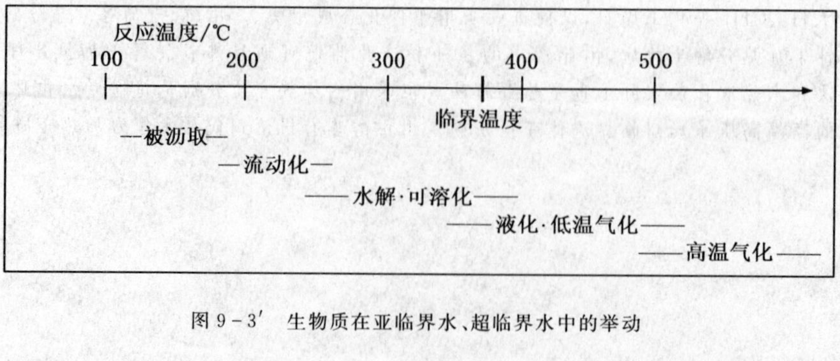

图 9-3′ 生物质在亚临界水、超临界水中的举动

超临界水处理废弃生物质的技术尚处于研究阶段，一些试行研究的结果表明：将研成粉末的纤维素用超临界水予以水解，可高得率获取葡萄糖等产物，将其继续水解，还可得到丙酸、环戊烯酮、5-羟甲基糠醛(5-HMF)等产物。此外，用超临界甲醇为介质，可使木质类的生物质在短时间内转化为液态，有利于进一步处理和回收有用物质(糖、糖类衍生物、油脂等)。

废弃生物质资源化技术的另一大类是生物化学变换法。对其进一步作分类及每种方法可获取的产物仍如图9-1′所示。例如以秸秆、禽畜粪便等废弃物为原料，经厌氧发酵即可产出以CH_4为主要成分的沼气。将其作为能源，可用以照明或充作燃料。发酵残余物又可用作肥料，不但提高作物的产量和品质，还兼有改良土壤的作用。此外这种残余物还可用作优良的饲料添加剂等。应用甲烷发酵技术，一方面解决了农村大量废弃物污染环境的问题，而且为农村提供了廉价而又清洁、方便的能源，兼带优质的有机肥料和饲料添加剂。一举而可数得，成为生态农业的核心环节。

最后还应指出，由于废弃生物质具有多样性、分散性等特点，所以在其收集、处理、再利用等环节上经济耗费较大，是其不易付诸实用的难点。

2. 香烟烟雾

点燃的香烟会产生两组毒物，合称烟毒。其一是焦油，系含多环芳烃、吡咯烷、尼古丁、亚硝胺和重金属的液-固混合物。另一是化学组成更为复杂的气溶胶烟雾。组成这两类毒物的化学物质约有4000种，可产生致癌作用的大约有50种。在空间狭小的居室环境内，香烟烟雾或许是一种最常见、最有害的环境毒物。

一、一般介绍

提起香烟就会令无数人痛心疾首而又无可奈何。由于巨大经济利益驱使，烟农和烟商都不肯舍弃他们种植烟草和经销香烟的行当。连各国政府当局也不肯放弃他们管辖烟草专卖的权力。通常吸烟者由对烟草的心理趋求转向精神上的依赖，也使绝大多数烟民对这“入毒细无声”的小白棍情有独钟而欲戒不能。

烟草属茄科植物，栽培最多的是“红花种”(见图9-4′)和黄花种。通常所说的烟草又指这类植物的叶经加工后所制成的烟丝、卷烟(即香烟)、鼻烟、嚼烟等。烟草原产墨西哥和西印度群岛。1492年，意大利人哥伦布(Columbus, C)越洋到达今南美洲的圣萨尔岛，看到当地土著人有一种吸“和平烟”的仪式，其吸烟方式与现代人几乎完全一样。随后，烟草被传入欧洲。1550年，驻葡萄牙首都里斯本的法国大使让·尼科(Jean Nicot)将烟草种子携回巴黎，用烟草治疗皮肤病，并将其献给法国女王用以治疗她的偏头痛。后来又由瑞典植物学家林奈(Linne, Carl von)定烟草的属名为Nicotiana，借以纪念尼科其人。烟草引入欧洲后，其栽培范围逐步扩大，几乎遍及世界各地。

图9-4′ 红花烟草

在我国明朝后期，由葡萄牙人经通商船只将烟草传入我国，迄今已有300多年历史。目前，我国是全球最大的烟草生产国和消费国，全国烟民数已达3.5亿之众，并以3%的速度逐年递增。另有约4亿以上的被动吸烟人群，受到二手烟的毒害。更令人感到寒心的是青少年中吸烟者日众，人数已达到5000万，相当于目前乌克兰全国人口总数。当前我国控烟工作面临很多难题。除烟民队伍十分庞大这一因素之外，还存在着诸如烟草生产和消费与国民经济关系密切、控烟工作缺乏良好的社会环境、香烟走私十分猖獗等问题。

1993年，美国环境保护局(EPA)在经过广泛的调查研究基础上，将香烟烟雾列入“人群A级致癌物”。世界卫生组织从1989年起将每年的5月31日定为世界无烟日。在新世纪第1年(2001年)“无烟日”提出的主题和口号是“清洁空气，拒绝二手烟”。按吸烟者每吸一口烟分为吸、停、呼三步，吸气时，将香烟烟雾全数吸入体内，这股烟气称为主流烟；停吸时，烟支自行燃烧，散发至周围空气中的烟雾称为侧流烟；呼气时，吸烟者将主流烟的一部分呼出，进入空气环境中，与侧流烟一起形成环境中的二手烟，造成近旁不吸烟者被动吸烟。

二、香烟烟雾的组成

烟草燃着时释出化合物的种类和数量与吸烟场所的环境条件、烟种、是否带过滤嘴、吮吸强度和持续时间以及吸烟频度和吞吐量等因素有关。但一般说来,一支400～500mg的香烟产生烟雾的主要成分如表9－1′所示。由表列最右侧数据可见,烟雾中一些危害性最大的组分中尼古丁、苯并[a]芘、4-甲基亚硝胺-1-(3-吡啶)-1-丁酮(NNK)、一氧化碳、二氧化氮、甲醛、二甲基亚硝胺等在侧流烟中的浓度大大超过其在主流烟中的浓度,所以吸进二手烟者受害更甚。

表9－1′ 香烟烟雾中的主要成分

成分	含量/μg(支烟)		(侧流烟/主流烟含量比)
	主流烟	侧流烟	
总悬浮粒子	36 200	25 800	0.7
焦油	<500～29 000	44 100	2.1
尼古丁	100～2 500	2 700～6 750	2.7
总酚	228	603	2.6
芘	50～200	180～420	3.6
苯并[a]芘	20～40	68～136	3.4
萘	2.8	40	16
甲基萘	2.2	60	28
苯胺	0.36	10.8	30
亚硝基降烟碱	0.1～0.55	0.5～2.5	5
NNK	0.08～0.22	0.8～2.2	10
镉	0.13	0.45	3.6
镍	0.08		
砷(As_2O_3)	0.012		
2-萘胺	0.002～0.028	0.08	39
氰化氢	74		
一氧化碳	1 000～20 000	25 000～50 000	2.5
二氧化碳	20 000～60 000	160 000～480 000	8.1
丙醛	18～1 400	40～3 100	2.2
氯甲烷	650	1 300	2.1
丙酮	100～600	250～1 500	2.5
氨	10～150	980～150 000	98
吡啶	9～93	90～930	10
丙烯醛	25～140	55～300	2.2
一氧化氮	10～570	2 300	4
二氧化氮	0.5～30	625	20
甲醛	20～90	1 300	15
二甲基亚硝胺	10～65	520～3 380	52
亚硝基吡咯	10～35	270～945	27

据美国马萨诸塞州官方检测,一支万宝路香烟可使一个普通吸烟者摄入尼古丁1.63mg、焦油25.9mg和一氧化碳24.9mg。而一支骆驼牌香烟的此三项数据分别为1.8mg、30mg和33.3mg。但相比之下,烟草公司在烟盒上标示的数据要比此小得多,其意图不言自明。

三、香烟烟雾中的尼古丁和自由基

在此仅对香烟烟雾中尼古丁和自由基两组分的毒性作一番介绍。其他组分,如砷、甲醛、一氧化碳、苯并[a]芘、二甲基亚硝胺、农药、放射性等已在前文有关章节中有所述及。

1) 尼古丁

尼古丁(又名烟碱)是烟草中所含主要有毒组分,遍布烟草全株而富集于烟叶。烟叶中尼古丁含量占全株质量的约 5%。在 1828 年制得纯尼古丁，1843 年确定分子式($C_{10}H_{14}N_2$)，1904 年报道首次实验室合成获得成功。尼古丁及其燃烧后部分产物的结构式如下：

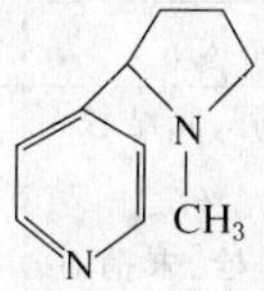

尼古丁

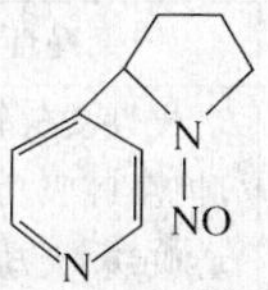

亚硝基降烟碱

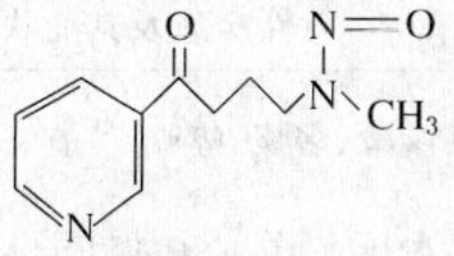

NNK

尼古丁是一种液体生物碱，即能对人体生理作用产生影响的一种有机氮化合物。纯态尼古丁为无色、无臭易挥发的油状液体，在阳光下或空气中会转成棕色，并发出强烈的烟草味。尼古丁有剧毒，人的致死量为 40mg～75mg，约相当于 2 包香烟中尼古丁总量。多量摄入时可引起呕吐、恶心乃至麻痹和震颤。尼古丁又是烟草中主要上瘾成分，少量尼古丁可促使人体释放肾上腺素和去甲肾上腺素及儿茶酚胺等体内物质，具有兴奋提神的功效，此时吸烟者呼吸加快、血压升高、心脏输出血量增加。

尼古丁极易被口腔、消化道和呼吸道吸收，但吸收量最多的是肺部黏膜。被吸收的尼古丁直接进入血液，再随血液循环传输到各组织器官，仅 7s 内就可通过血脑屏障进入脑部，与该处乙酰胆碱受体相结合，而产生上述生理效应，即有短暂的兴奋提神的作用。具有长期吸烟史的人，其大脑已习惯于尼古丁的刺激作用，部分受体与尼古丁的结合能力减弱，则需要供给更多量的尼古丁才能获得原有的欣快感受，于是对烟的需求量会越来越多。一旦停吸或戒烟，就会产生“戒断综合症”。此时，吸烟者可出现乏力、头痛、失眠、肌肉痛、暴躁易怒、饮食无味、精力分散、便秘等症状，同时渴求吸烟，一旦满足，症状立即消失，戒烟的一番努力也随之烟消云散。

尼古丁也有有益于人的一面。工业上用碎烟草制取尼古丁，可用作杀虫剂和兽用驱虫药。将尼古丁加工为烟酸(旧名维生素 PP)可用作食品添加剂，以补充人体维生素之不足，具有促进细胞新陈代谢和扩张血管等作用。

2) 自由基

在香烟燃着的条件下，会产生多量的自由基，在由每支烟生成的烟雾中含有约 10^{15} 个自由基，产生的焦油中含有约 6×10^{14} 个自由基。其中多数是含氧的羟自由基，或许还有少量的超氧阴离子自由基 $O_2^-\cdot$ 和有机自由基。焦油中大部分自由基可在经过过滤嘴后被除去，而烟雾中的自由基无法用现有的过滤嘴滤掉，即随之被吸入人体。

随烟雾吸入人体的自由基可引起体内脂质过氧化，从而破坏细胞内很多重要组成物如线粒体、酶和蛋白质的正常功能，还可引起 DNA 损伤、染色体畸变和基因结构变化，使正常细胞突变而恶化为癌细胞。此外，细胞 DNA 或基因的损伤也是导致人体衰老的重要原因。如长年吸烟的人脸色发黑、声音嘶哑、皮肤干燥并出现各种斑点和皱纹，显示出一种早衰的迹象。同时自由基对血管壁的损害可造成血脂沉积，形成血栓，并进一步影响血液循环，造成大脑缺血缺氧，加速人脑老化过程。

四、香烟烟雾的危害

全世界每年约有 500 万人直接或间接地死于香烟烟毒。我国每年新致癌症病人约 180 万，其中近 1/3 是烟民。

香烟烟雾对人体健康的危害是多方面的(见表 9－2′)，对其中女性(并殃及胎儿)和未成年人的遗患更加无穷，这些人群大多是二手烟受害者。

表 9-2′ 香烟烟雾对人体健康的影响

人体受影响的部分	对吸烟者自身的影响		对被动吸烟者的影响
	急性疾患及其症状	慢性疾患及其症状	
呼吸系统	咳嗽、多痰、哮喘	慢性支气管炎、肺气肿、肺结核、肺癌、呼吸功能障碍	呼吸功能障碍、肺癌
循环系统	血压上升、心律加快、末梢血管收缩、手脚麻木、颈肩酸痛、中风	心脏病、大动脉瘤、脑血栓、末梢血管阻塞、动脉硬化	缺血性心脏疾病
消化系统	口臭、食欲下降	牙周炎、口腔炎、黏膜白斑病、肠胃炎、十二指肠溃疡、肝硬化及消化系统任一部位癌症	
生殖系统	月经失常	精子致孕能力下降、阳痿、不孕、宫外孕、子宫癌、卵巢癌、乳腺癌、膀胱癌	胎儿流产、早产、死产、畸形和低体重儿
中枢神级及感觉系统	学习能力低下、睡眠不良	中枢神经麻痹和萎缩、视网膜黄斑退化、白内障、听觉障碍、中耳炎	
其他		免疫功能下降、骨质疏松、体重下降、脸色发黑、皮肤干燥、更易染上酒瘾或毒瘾	耳部感染

当前全球 11 亿吸烟者中女性约占 1/3，且有逐年增多的趋势，烟草商也将女性当作巨大的潜在消费市场。吸烟致癌已是不争的事实，作为女性特有的乳腺癌、卵巢癌、子宫癌，其患疾几率及死亡危险性也与吸烟数成正比。女性吸烟者每次排卵后的妊娠率相对较低，出现宫外孕或不孕的危险性也较高，同时服用避孕药的吸烟妇女容易患缺血性心脏病和心肌梗塞。

孕妇由于吸烟而将尼古丁、一氧化碳等毒物引入体内，可进一步引起子宫和胎盘的循环障碍，使胎儿处于氧气和营养物供给不足状态，使新生儿体重和智力下降，并为孩子将来可能出现各种癌症埋下祸根。吸入二手烟的婴幼儿易患支气管炎、气喘等疾病。吮吸含尼古丁的母乳将可能引发"婴幼儿猝死症"，即婴幼儿在睡眠中突然死亡的惨事。

未成年人正处于生长发育阶段，对香烟烟雾中所含毒物也更为敏感。吸烟的未成年人更容易引发咳嗽、感冒、咽喉炎等疾病，并影响肺部正常发育，甚至罹患肺癌。吸烟的未成年男性往往在进入青春期后出现精子数异常增多的现象；女性则可能引起继发性无月经的危险。无论男女，都会产生日后生殖功能受阻的可能性。此外吸烟还会造成青少年学习和运动能力减退等症状。

在我国，每年有 73 万人(在美国则是 43 万人)因患与吸烟相关的疾病而死亡。全球平均每 10s 就有 1 人因吸烟而提早离开人间。凡每天吸烟支数越多，开始吸烟年龄越低，持续吸烟年份越长，吸入体内烟雾越浓，香烟中尼古丁含量越高，则死亡率也相应越高。

附录A

专业用词缩写和注释

A

A	absorbance 吸光度
AA	ammonium alum 铵明矾
AAQS	Ambient Air Quality Standard 环境空气质量标准
AAS	atomic absorption spectometry 原子吸收光谱法
ABS	alkyl benzene sulfonate 烷基苯磺酸盐
AC	aluminium chloride 氯化铝
accum.	accumulation 累积;蓄积
Acy	acidity 酸度
ADP	adenosine diphosphate 二磷酸腺苷
AEC	anion exchange capacity 阴离子交换容量
AER	anion exchange resin 阴离子交换树脂
aera.	aeration 曝气;充气
AES	atomic emission spectrometry 原子发射光谱法
AH	aromatic hydrocarbon 芳(香)烃
AHMT	4-amino-3-hydrazino-5-mercapto-1,2,4-triazole 4-氨基-3-肼基-5-巯基-1,2,4 三唑
AIDS	acquired immune deficiency syndrome 获得性免疫缺陷综合征(艾滋病)
Ala	alanine 丙氨酸
aliph.	aliphatic 脂肪族(的)
Alk	alkalinity 碱度
ALK	alkyl 烷基
Amm-N	ammonia nitrogen 氨氮
AMP	adenosine monophosphate 一磷酸腺苷
An	anthracene 蒽
AN	anaerobic 厌氧的
APDC	ammonium pyrrolidine dithiocarbamate 吡咯烷基二硫代氨基甲酸铵
API	air pollution index 空气污染指数
aq.	aquatic 水;含水的
arom.	aromatic 芳香(的)
artif.	artificial 人造的;人工的
AS	aluminium sulfate 硫酸铝

asb.	asbestos	石棉
ASP	activated sludge process	活性污泥法
ASV	anodic stripping voltammetry	阳极溶出伏安法
atm.	atmosphere(pressure); atmospheric	大气(压);大气的
ATP	adenosine triphosphate	三磷酸腺苷
AWT	advanced wastewater treatment	废水深度处理;废水高级处理
AX	anoxic	缺氧的
Az	azotobacter	固氮菌

B

B[a]A	benzo[*a*]anthracene	苯并[*a*]蒽
BAC	basic aluminium chloride	碱式氯化铝
bac.	bacteriology	细菌学
BAL	British Anti-Lewisite(dimercaptopropanol)	英国抗路易氏毒气剂(二巯基丙醇)
B[a]P	benzo[*a*]pyrene	苯并[*a*]芘
BAS	basic aluminium sulfate	碱式硫酸铝
B[b]F	benzo[b]fluoranthene	苯并[b]荧蒽
B[k]F	benzo[k]fluoranthene	苯并[k]荧蒽
BCF	bioconcentration factor	生物浓集因子
bcgd	background	本底
BET	Brunner-Emmett-Teller	布朗诺尔-埃麦特-特勒(方程)
BFC	basic ferric chloride	碱式氯化铁
BFS	basic ferric sulfate	碱式硫酸铁
B[ghi]P	benzo[g,h,i]perylene	苯并[g,h,i]苝
BHC	benzene hexachloride	六氯化苯;六六六
biol.	biological	生物学(的)
BOD	biochemical oxygen demand	生物化学需氧量
BOD_5	five-day BOD	五天生物化学需氧量
BOD_{20}	twenty-day BOD	20天生物化学需氧量
BOD_u	ultimate BOD	最终生物化学需氧量
b. p.	boiling point	沸点
Bp	biphenyl	联苯
Bq	becquerel	贝可
Bu	butyl	(正)丁基
Bz	benzene	苯
Bz	benzoyl	苯甲酰

C

CA	cancer	癌

CAAA	Clean Air Act Amendments	(美国)清洁空气法修正案
CBOD	carbonaceous biochemical oxygen demand	碳(生物)化(学)需氧量
CCE	carbon-chloroform extractives	碳-氯仿提出物
CEC	cation exchange capacity	阳离子交换容量
cellu.	cellulose	纤维素
CER	cation exchange resin	阳离子交换树脂
CFCs	chlorofluorocarbons	含氯氟烃
CH_3-B_{12}	methyl cobalamin	甲基钴氨素
CHO	calcium hydroxide	消石灰
Ci	curie	居里
CL	chemiluminescence	化学发光
CMAQ	community multiscale air quality	多元空气质量的一体化
CoⅠ	coenzyme Ⅰ	辅酶Ⅰ
CoⅡ	coenzyme Ⅱ	辅酶Ⅱ
CoA	coenzyme A	辅酶 A
COD	chemical oxygen demand	化学需氧量
COHb	carbon monoxide hemoglobin	一氧化碳血红蛋白
CoM	coenzyme M	辅酶 M
Cys	cysteine	半胱氨酸

D

2,4-D	2,4-dichlorophenoxyacetic acid	2,4-滴;2,4-二氯苯氧基乙酸
DBP	dibutyl phthalate	邻苯二甲酸二丁酯
DBS	dodecyl benzene sulfonate	十二烷基苯磺酸盐
D. C.	dust collector	集尘器
DCDD	dichlorinated dibenzo-*p*-dioxin	二氯二苯并-对-二噁英
DCDF	dichlorinated dibenzofuran	二氯二苯并呋喃
DCP	direct current plasma	直流等离子体
DDA	dichlorodiphenyl acetic acid	二氯二苯基醋酸
DDD	dichloro-diphenyl-dichloroethane	滴滴滴;双对氯苯基二氯乙烷
DDE	dichloro-di(chloro)phenyl-ethylene	滴滴伊;双对氯苯基二氯乙烯
DDT	dichloro-diphenyl-trichloroethane	滴滴涕;双对氯苯基三氯乙烷
decon.	decontamination	去污(作用);净化作用
degrdn	degradation	降解
DEHP	di(2-ethylhexyl)phthalate	邻苯二甲酸双(2-乙基己基)酯
dep.	deposit	沉积;沉积物
DeR	degradation reaction	降解反应
deriv.	derivative	衍生物
det.	detector	检测器;检测
detn	determination	测定

DF decontamination factor 去污因子
DHP diheptyl phthalate 邻苯二甲酸二庚酯
disin. disinfection 消毒(作用);灭菌作用
dissoc. dissociation 离解(作用)
DL detection limit 检出限
DMA dimethylarsine 二甲基胂
DMAA dimethylarsinic acid 二甲基次胂酸
DMDS dimethyl disulfide 二甲基二硫
DMNA dimethyl nitrosoamine 二甲基亚硝胺
DMS dimethyl sulfide 二甲基硫
DNA deoxyribonucleic acid 脱氧核糖核酸
DO dissolved oxygen 溶解氧
DOC dissolved organic carbon 溶解性有机碳
drain. drainage 排水;排水系统;污水
DU Dobson units 多布森单位
Dz dithizone 双硫腙;二苯基硫卡巴腙

E

ECD electron capture detector 电子俘获检测器
ecol. ecology 生态学
E Coli Escherichia Coli 大肠杆菌;大肠埃希氏菌
ED electrodialysis 电渗析
EDC endocrine disrupting chemicals 外因性扰乱内分泌化学物质
Em. emission 排放;发射
EPA Environmental Protection Agency (美国)环境保护局
ER evaporation rate 挥发率
Et. ethyl 乙基
ETA electrothermal atomization 电热原子化
expos. exposure 暴露;辐射;接触
extn extraction 萃取;提取

F

f-11 freon-11 氟利昂-11
f-12 freon-12 氟利昂-12
FA fulvic acid 富里酸;灰黄霉酸
FAAS flame atomic absorption spectrometry 火焰原子吸收光谱法
FAD flavine-adenine dinucleotide 黄素腺嘌呤二核苷酸
FAES flame atomic emission spectrometry 火焰原子发射光谱法
FAFS flame atomic fluorescence spectrometry 火焰原子荧光光谱法

FC ferric chloride 三氯化铁
FD fatal dose 致死剂量
FDA Food and Drug Administration (美国)食品与药物管理局
FDS fixed dissolved solid 不可挥发溶解性固体物
fermn fermentation 发酵
FGD flue gas desulfurization 烟气脱硫
FID flame ionization detector 火焰电离检测器
Fl fluoranthene 荧蒽
Fl fluorene 芴
floc. flocculation 絮凝
FMN flavin mononucleotide 黄素单核苷酸
FPs fission products 裂变产物
FPD flame photometric detector 火焰光度检测器
FS ferric sulfate 硫酸铁
FSS fixed suspended solid 不可挥发悬浮固体物
FW fresh water 淡水

G

GB guojia biaozhun (汉语拼音)国家标准
GC gas chromatography 气相色谱(法)
GC^2 glass capillary gas chromatography 毛细管气相色谱(法)
GC-MS gas chromatography-mass spectrometry 气相色谱-质谱(联用法)
GEMS Global Environmental Monitoring System 全球环境监测系统
GFC gel filtration chromatography 凝胶过滤色谱法
GLC gas - liquid chromatography 气液色谱法
Gly glycine 甘氨酸
GPC gel permeation chromatography 凝胶渗透色谱法
GSC gas - solid chromatography 气固色谱法
GW ground water 地下水
Gy gray 戈瑞

H

HAPs hazardous air pollutants 有害空气污染物
Hb hemoglobin 血红蛋白
HC hydrocarbon 烃;碳氢化合物
HCB hexachlorolbenzene 六氯苯;六氯代苯
H_6CDD hexachlorinated dibenzo-*p*-dioxin 六氯二苯并-对-二噁英
H_7CDD heptachlorinated dibenzo-*p*-dioxin 七氯二苯并-对-二噁英

H_6CDF	hexachlorinated dibenzofuran 六氯二苯并呋喃
H_7CDF	heptachlorinated dibenzofuran 七氯二苯并呋喃
HCFC	hydrochlorofluorocarbon 含氢氯氟烃
HDS	hydrodesulfurization 加氢脱硫法
HIV	human immunodeficiency virus 人类免疫缺陷病毒,艾滋病毒
HLD(LD_{50})	half lethal dose 半数致死量
HMF	hydroxymethyl furaldehyde 羟甲基糠醛
HPIEC	high pressure ion exchange chromatography 高压离子交换色谱法
HPLC	high performance liquid chromatography 高效液相色谱法
HPLC	high pressure liquid chromatography 高压液相色谱法
hyd.	hydrolyzed 水解

I

I&A	ice age 冰期;冰河时代
IAP	indoor air pollution 室内空气污染
IAQ	Indoor Air Quality 室内空气质量(标准)
IC	inorganic carbon 无机碳
IC	ion chromatography 离子色谱(法)
ICP	inductively coupled plasma 感应耦合等离子体
IDOD	immediate oxygen demand 瞬时需氧量
IEC	ion exchange chromatography 离子交换色谱法
IEP	isoelectric point 等电点
IEPC	ion exclusion partition chromatography 离子排阻分配色谱法
In(1,2,3-cd)P	indeno[1,2,3-cd]pyrene 茚并[1,2,3-cd]芘
incin.	incinerator 焚烧炉
infl.	inflammable 易燃的
inorg.	inorganic 无机(的)
inter.	intermediate 中间体
IP	indeno(1,2,3－c,d)pyrene 茚并(1,2,3－c,d)芘
IP	inhalable particulate 可吸入颗粒物
IP	induced period 诱导期
IR-A	infrared A A波段红外线(0.75μm～1.4μm)
IR-B	infrared B B波段红外线(1.4μm～3μm)
IR-C	infrared C C波段红外线(3μm～25μm)
irradn	irradiation 辐照;放射
IRS	infrared spectrometer 红外光谱仪
IX	ion exchange 离子交换

J

JE	jet exhaust	喷气式飞机排气
JEE	jet engine exhaust	喷气式飞机排气
JW	juvenile water	岩浆水

K

K	kelvin	凯氏温标;绝对温度
KA	potassium alum	钾明矾
K-D condenser	Kuderna-Danish condenser	库德纳-丹尼希冷凝器
kJ	kilojoule	千焦尔
Kow	(正)辛醇/水分配系数,即 P_{oct}	
Ks. p.	solubility product constant	溶度积常数

L

LAS	linear alkyl benzene sulphonate	直链烷基苯磺酸盐
LASER	light amplification by stimulated emission of radiation	激光;激光器
LC	lethal concentration	致死浓度
LC	liquid chromatography	液相色谱(法)
LC_{50}	medium lethal concentration	半数致死浓度
LCL	local	区段的;当地的;局部的
LD	lethal dose	致死剂量
LD_{50}	medium lethal dose	半数致死剂量
leth.	lethal	致死的;致命的
LFD	least fatal dose	最小致死剂量
LLC	liquid - liquid chromatography	液液色谱法
LLE	liquid-liquid extraction	液-液萃取
LS	low-sulfur	低硫(的)
LS	low sulfur heavy oil	低硫重油
LSC	liquid - solid chromatography	液固色谱法
LT	lethal time	致死时间
LWC	liquid water content	含水量

M

MBAS	methylene blue active substance	亚甲基蓝活性物质
MC	magnesium carbonate	碳酸镁

MCDD	monochlorinated dibenzo-*p*-dioxin 一氯二苯并-对-二噁英
MCDF	monochlorinated dibenzofuran 一氯二苯并呋喃
Me	methyl 甲基
MEHP	mono(2-ethylhexyl)phthalate 邻苯二甲酸单(2-乙基己基)酯
metab.	metabolism 新陈代谢
meteo.	meteorology 气象学
MeV	million electron volt 百万电子伏(特)
MF	mass fragmentography 质量碎片法
MF	microfiltration 微滤
MFO	mixed function oxidase 多功能氧化酶
MIB	2-methyl isoborneol 2-甲基异莰醇
MIBK	methyl isobutyl ketone 甲基异丁基酮
MIC	methyl isocyanate 甲基异氰酸酯
MIP	microwave induced plasma 微波诱导等离子体
MLD	minimum lethal dose 最小致死剂量
MMA	monomethylarsine 一甲基胂
MMAA	monomethylarsonic acid 一甲基胂酸
MO	magnesium oxide 氧化镁
m. p.	melting point 熔点
MS	mass spectrography 质谱法
MSW	municipal solid waste 城市固体废弃物

N

NAA	neutron activation analysis 中子活化分析法
NAD	nicotinamide adenine dinucleotide 烟酰胺腺嘌呤二核苷酸
NADP	nicotinamide adenine dinucleotide phosphate 烟酰胺腺嘌呤二核苷酸磷酸
NB	nitrobenzene 硝基苯
NBOD	nitrogenous biochemical oxygen demand 含氮生物化学需氧量
n. d.	not detected 未被检测
NDIR	non-dispersive infrared analyzer 非分散红外分析仪
NDOC	non-dissolved organic carbon 非溶解性有机碳
NF	nanofiltration 纳滤
NIOSH	National Institute for Occupational Safety and Health (美国)国家职业安全与卫生研究所
NMHC	non-methane hydrocarbon 非甲烷烃
N_{min}	mineral nitrogen 无机氮
NMVOC	non-methane volatile organic compound 非甲烷挥发性有机化合物
NNK	nicotine-derived nitrosaminoketone 由尼古丁衍生的亚硝胺酮(4-甲基亚硝胺-1-(3-吡啶)-1-丁酮)
NO_2^--N	nitrite nitrogen 亚硝酸盐氮

NO_3^--N nitrate nitrogen 硝酸盐氮
NOD nitrogen oxygen demand(与 NBOD 同)
non-vol. non-volatile 非挥发的
N_{org} nitrogen-organic 含氮有机化合物(的)
NO_x nitrogen oxides 氮氧化物
NPC normal phase chromatography 正相色谱法
NPOC non-purgeable organic carbon 不可吹出有机碳
NTA nitrilotriacetic acid 次氮基三乙酸

O

OC organic carbon 有机碳
OCDD octachlorinated dibenzo-*p*-dioxin 八氯二苯并-对-二噁英
OCDF octachlorinated dibenzofuran 八氯二苯并呋喃
ODP ozone depletion potential 臭氧损耗潜势(值)
ODS octadecylsilane 十八烷基硅烷
O-R oxidation-reduction 氧化-还原
org. organic 有机的
orig. origin 起源
ORP oxidation-reduction potential 氧化-还原电位
OX oxic 好氧的
oxidn oxidation 氧化
OZ ozone 臭氧

P

P plasma 原生质
P porosity 孔隙率
Pa pascal 帕(斯卡)
P. A. preferential adsorption 选择吸附
PAA polyacrylamide 聚丙烯酰胺
PAC polyaluminum chloride 聚合氯化铝
PAE phthalic acid ester 苯二甲酸酯
PAHs polycyclic aromatic hydrocarbons 多环芳烃;稠环芳烃
PAHs polynuclear aromatic hydrocarbons 多核芳烃;多环芳烃
PAN peroxyacetyl nitrate 过氧乙酰硝酸酯
PAS polyaluminum sulfate 聚合硫酸铝
PBzN peroxy benzoyl nitrate 过氧苯甲酰硝酸酯
PCBs polychlorinated biphenyls 多氯联苯
PCDDs polychlorinated dibenzo-*p*-dioxins 多氯二苯并-对-二噁英

P_5CDD	pentachlorinated dibenzo-*p*-dioxin	五氯二苯并-对-二噁英
PCDFs	polychlorinated dibenzofurans	多氯二苯并呋喃
P_5CDF	pentachlorinated dibenzofuran	五氯二苯并呋喃
PC_i	picocurie	皮居里
Ph	phenanthrene	菲
Ph	phenyl	苯基
PhOH	phenol	苯酚
phos.	phosphate	磷酸盐
PIC	products of incomplete combustion	不完全燃烧产物
$PM_{2.5}$	particulate matter(<2.5μm)	(可吸入)颗粒物
PM_{10}	particulate matter(<10μm)	(可吸入)颗粒物
P_nBN	peroxy butyryl nitrate	过氧(正)丁酰基硝酸酯
POC	particulate organic carbon	颗粒有机碳
POC	purgeable organic carbon	可吹出有机碳
POCP	photochemical ozone creating potential	光化学臭氧生成能力
P_{oct}	octanol/water distribution coefficient	(正)辛醇/水分配系数
POHC	principal organic hazardous constituent	重要有机有害组分
pois.	poison	毒物;布毒
POM	particulate organic matter	颗粒有机物
POPs	persistent organic pollutants	持久性有机污染物
POX	purgeable organic halogen	可吹出有机卤
ppb	part per billion	十亿分之一(10^{-9})
ppm	part per million	百万分之一(10^{-6})
PPN	peroxy propionyl nitrate	过氧丙酰硝酸酯
ppt	part per trillion	万亿分之一(10^{-12})
ppt	precipitate	沉淀物
Pr	propyl	丙基
proc.	process	方法;过程
prot.	protection	保护
PV	permanganate value	高锰酸盐指数
PVA	polyvinyl alcohol	聚乙烯醇
PVC	polyvinyl chloride	聚氯乙烯
Pyr	pyrene	芘

Q

QF	quality factor	品质因数
Q. I.	quality index	质量指标
qt.	quality	质量
qual. anal.	qualitative analysis	定性分析
quant. anal.	quantitative analysis	定量分析

R

r. a.	radioactive	放射性的
RAD	radiation-absorbed dose	辐射吸收剂量
RAD HAZ	radiation hazard	辐射危险性
RAE	raw auto exhaust	未净化的汽车排气
RBC	rotating biological contactor	生物转盘
RC	red cell	红血球;红细胞
RDC	rotary disc column	转盘塔
RDC	rotary disc contactor	生物转盘
RDF	refuse derived fuel	(固形化)垃圾燃料
RE	rare earth	稀土(元素)
red.	reducing	还原
redn	reduction	还原
redox	reduction-oxidation	还原-氧化(作用)
reg.	region	区域;范围
reprodn	reproduction	繁殖
resid.	residue	残渣;滤渣;残留
RH	relative humidity	相对湿度
RI	radioactive isotope	放射性同位素
RNA	ribonucleic acid	核糖核酸
RO	reverse osmosis	反渗透
RPC	reversed phase chromatography	反相色谱法
RT	radioisotope tracer	放射性同位素示踪剂
RT	residence time	滞留时间
RW	raw water	原水

S

S	sol	溶胶;液胶
S	solid	固体物
salv.	salvage	废弃物处理
SARS	severe acute respiratory syndrome	重症急性呼吸器症候群
SBS	sick building syndrome	建筑物综合征
scav.	scavenger	净化剂;食腐动物
SCS	soil conservation	土壤保持(护)
SD	slow degradation	缓慢降解作用
SEC	steric exclusion chromatography	空间排阻色谱法
sens.	sensitivity	灵敏度
sepn	separation	分离

SETS settleable solid 可沉降固体物
SI stable isotope 稳定同位素
SI System International 国际单位制,公制
sl. sol. slightly soluble 微溶的
SMP sampler 采样器
soly solubilily 溶解度
SO_x sulfur oxides 硫氧化物
SPF spectrophotofluorometer 荧光分光光度计
sp. gr. specific gravity 比重
SS suspended solid 悬浮固体物
STP standard temperature and pressure 标准温度和压力
suspd suspended 悬浮的
SUW surface water 地表水
Sv sievert 希(辐射剂量当量单位)
SW sea water 海水
SW solid waste 固体废弃物
syndet synthetic detergent 合成洗涤剂
synth. synthetic 合成的

T

$T_{1/2}$ half-life 半衰期
2,4,5-T 2,4,5-trichlorophenoxyacetic acid 2,4,5-涕;2,4,5-三氯苯氧基乙酸
TAN total ammonia nitrogen 总氨氮
TC total carbon 总碳
TCA cycle tricarboxylic acid cycle 三羧酸循环
TCD thermal conductivity detector 热传导检测器
2,3,7,8-TCDD 2,3,7,8-tetrachlorinated dibenzo-*p*-dioxin 2,3,7,8-四氯二苯并-对-二噁英
T_3CDD trichorinated dibenzo-*p*-dioxin 三氯二苯并-对-二噁英
T_4CDD tetrachlorinated dibenzo-*p*-dioxin 四氯二苯并-对-二噁英
T_3CDF trichlorinated dibenzofuran 三氯二苯并呋喃
T_4CDF tetrachlorinated dibenzofuran 四氯二苯并呋喃
TCE trichloroethylene 三氯乙烯
TD tolerance dose 容许剂量
TDS total dissolved solid 总溶解性固体物
TEF toxic equivalent factor 毒性当量因子
TEL tetraethyl lead 四乙基铅
TEQ toxic equivalent 毒性当量
TFS total fixed solid 总不可挥发固体物
TG tail gas 尾气
TH total hardness 总硬度

THMs trihalomethanes 三卤代甲烷
THM-FP trihalomethanes-formation potential 三卤代甲烷生成潜势
ThOC theoretical organic carbon 理论有机碳
ThOD theoretical oxygen demand 理论需氧量
TIC total inorganic carbon 总无机碳
TISAB total ionic strength adjustment buffer 总离子强度调节缓冲液
TLC thin layer chromatography 薄层色谱法
TMA trimethylarsine 三甲基胂
TMAO trimethylarsine oxide 氧化三甲基胂
TML tetramethyl lead 四甲基铅
TN total nitrogen 总氮
TOC total organic carbon 总有机碳
TOD total oxygen demand 总需氧量
TON threshold odor number 臭阈值
tox. toxic 有毒的;中毒的
TOX total organic halogen 总有机卤
TP total phosphorus 总磷
tr. trace 痕量,迹量
trans. transfer 迁移
TS total solid 总固体物
TSP total suspended particulate 总悬浮颗粒物
TVOC total volatile organic compound 总挥发性有机化合物
TVS total volatile solid 总可挥发固体物

U

U urea 尿素
UF ultrafiltration 超滤
UG underground 地下
unsat. unsaturated 不饱和的
unst. unstable 不稳定的
UOD ultimate oxygen demand 最终需氧量;总需氧量
UV ultraviolet 紫外线
UVA ultraviolet absorption 紫外线吸收
UV-A ultraviolet A A 波段紫外线（320 nm～400 nm）
UV-B ultraviolet B B 波段紫外线（290 nm～320 nm）
UV-C ultraviolet C C 波段紫外线（＜290nm）

V

v. d. vapor density 蒸气密度

VDS volatile dissolved solid 可挥发溶解性固体物
vir. virus 病毒
VOCs volatile organic compounds 挥发性有机化合物
volat. volatile 挥发性的
v. p. vapor pressure 蒸气压
VS volatile solid 挥发性固体物
VSS volatile suspended solid 可挥发悬浮固体物

W

WBC white blood cell 白血球;白细胞
we. weathering 风化(作用)
WHO World Health Organization 世界卫生组织
WQI water quality index 水质指数
WQM water quality monitoring 水质监测
WWT wastewater treatment 废水处理

X Y Z

XR X-rays X射线
xyl. xylene 二甲苯
yr year 年
ZDP zero discharge of pollutants 污染物零排放

附录 B

环境管理

B.1 环境管理基础

B.1.1 概述

随着人们对环境问题认识的不断深入，环境管理的概念也有一个不断发展的过程。

在环境保护工作开展的初期，人们将环境管理简单地理解为环保职能部门采用各种措施和手段控制污染的行为。这种简单的理解，仅将环境管理停留在片面上，并且仅将环保部门放在环境管理的主体位子上，仅把污染物作为环境管理的对象，并没有将环境与发展协调起来，将经济的发展与社会的进步相协调，因此，初期对环境管理的简单理解不能从根本上解决环境问题。

到了 20 世纪 90 年代，环境问题日益广泛地暴露出来，并且涉及的面也越来越广，人们对环境问题的认识也就更加不断地深入，已不再仅仅停留在表面了。人们发现，对环境管理的传统理解已跟不上形势的变化，甚至限制或制约了环境管理理论与实践的发展。人们清醒地认识到，要想从根本上解决环境问题，必须站在经济、社会共同发展的战略高度采取对策和控制措施，从区域发展的综合考虑，来解决环境问题。

环境管理是指依据国家的环境政策、环境法律、法规和标准，坚持宏观综合决策与微观执法监督相结合，从环境与发展综合决策入手，运用各种有效管理手段，调整人类的各种行为，协调经济、社会发展同环境保护之间的关系，限制人类损害环境质量的活动，以维护区域正常的环境秩序和环境安全，实现区域社会可持续发展的行为总体。其中，管理手段包括：法律、经济、行政、技术和教育。人类行为包括自然、经济、社会三种行为。

环境管理是针对次生环境问题而言的一种管理活动，主要解决由于人类活动所造成的各类环境问题；环境管理的核心是对人的管理。人是产生各种环境问题的要源，只有解决人的问题，从人的三种基本行为入手开展环境管理，环境问题才能得到有效解决。环境管理是国家管理的重要组成部分。环境管理包括宏观环境管理和微观环境管理两部分。概括地说，宏观环境管理是从综合决策入手，解决发展战略问题，实施主体是国家和地方政府。微观环境管理是从执法监督入手，解决具体的污染防治和生态破坏问题，实施主体是环保部门。

B.1.2 环境管理的一般概念

由于环境管理是国家管理的重要组成部分，所以其性质是国家意志的体现，是政府行为。环境管理具有行政管理的权威性和强制性特征。

环境管理的特点表现在环境管理的区域性、综合性、社会性和决策的非程序化特点。

环境管理的类型依据划分方法的不同而不同。如按照范围来分，包括：流域的环境管理、区域环境管理、行业环境管理和部门环境管理等；如按照环境管理的属性来分，包括：资源环境管理、质量环境管理和技术环境管理；如按照环保部门的工作领域分，包括：计划环境管理、建设项目环境管理和环境监督管理等。

环境管理是一个具有对象性、目的性的管理过程。为了实现管理目标,需要运用一定的手段对管理对象加以控制和管理。环境管理的手段是指为实现环境目标,管理主体针对客体所采取的必需、有效的手段。这些手段包括法律手段、经济手段、行政手段和教育手段。

环境管理的法律手段是指管理者代表国家和政府,依据国家环境法律、法规所赋予的,并受到国家强制力保证实施的、对人们的行为进行管理以保护环境的手段。法律手段的特点具有强制性、权威性、规范性、共同性和持续性。

经济手段是指管理者依据国家的经济法规和环境经济政策,利用各种经济杠杆来调节各方面的经济利益关系,规范人们的宏观经济行为。经济手段的特点是具有利益性、间接性、有偿性。

行政手段是指在国家法律监督之下,各级环保行政管理机构运用国家和地方政府授予的行政权限开展环境管理的手段。它的特点是具有强制性、具体性、无偿性。

技术手段是指管理者为实现环境管理目标所采用的专业技术,如:环境工程、环境监测、环境预测、评价、决策分析等。

教育手段是指运用各种形式开展环境保护的宣传教育,以增强人们的环境意识和环境保护专业知识的手段。这些教育包括学历环境教育、基础环境教育、公众环境教育和成人环境教育等方面。

B.2 环境管理方法

环境管理的方法很多,这其中主要的有环境预测方法、环境评价方法、环境决策方法及其他一些方法。

B.2.1 环境预测方法

环境管理不可能离开环境决策,而预测是决策的前提。关于环境预测的方法很多,以下介绍几种主要的预测方法。

1. 回归预测方法

在生态—经济—社会这个大系统中,系统中的各要素间存在着不可分割的依赖关系,其中任何一个要素的变化都会引起其他各要素的相应改变。为了能定量地掌握各要素之间的变化规律,就要找出它们之间的函数关系,而回归预测法就是其中的一种。回归预测法是一种数理统计方法,它对于具有非确定性关系或具有相关关系的两个或两个以上变量之间,通过数理统计的方法使之转化为具体确定的关系。

2. 马尔可夫链状预测方法

该方法是一种概率预测方法。它通过对不同状态的初始概率及其状态之间的转移概率的研究,来确定状态的变化趋势,以达到对未来进行预测的目的。

3. 灰色系统预测方法

灰色系统是指既含已知信息,又含未知信息和非确定信息的系统。灰色系统预测方法就是依据过去和现在的信息,通过对原始数据的数学处理,建立起一个新的数学模型,并用这个数学模型进行环境预测的方法。

B.2.2 环境评价方法

环境评价是环境管理的重要方法之一。不同时期有不同的环境管理目标,而围绕不同的环境目标,就应有相应的对策和措施,这些目标、对策和措施的建立都要以环境预测和评价为依据。另外,环境管理效果的检验也离不开环境评价。环境评价的基本类型有两种,它们分别是经济环境评价和政策环境评价。

1. 经济环境评价

人们在进行各种经济活动时,不可避免地要对环境产生各种不良后果或影响,对这种结果的定量判断就是经济环境评价。经济环境评价又分为建设项目环境影响评价和区域经济开发环境影响评价。

2. 政策环境评价

政策环境评价就是评估区政策对环境可能产生的影响,简称政策评价。

环境决策的好坏直接影响着一个地区的可持续发展情况,从环境的角度对影响可持续发展的重大问题进行预测、评价,从而完成最佳方案的选择。

建设项目的环境评价有其局限性,它可能会从局部利益出发,对区域经济的全局考虑欠周全,因此无法对众多项目所引起的对该区域内的累积环境影响做出科学的判断。区域的环境评价也不能就区域政策对环境产生的影响进行科学的评估,因为它无法从区域发展战略高度上实现开发项目的合理布局与产业结构调整,进而无法满足宏观环境决策的需要。

要实施某个区域的可持续发展战略,必须有一系列与之配套的相关政策,如区域经济政策、产业政策等。而这些政策的制订与实施肯定会对区域环境产生重大影响,如果制定得不妥当,甚至会产生难以预料的环境问题。项目评价和区域环境评价不能全面、真实、系统地评价区域环境政策。所以,政策环境评价不仅是环境管理评价方法的重要组成部分,而且能够使各种环境评价形成一个不可分割的整体,可以满足不同层次环境决策的需要。

项目环境评价、区域环境评价、政策环境评价三者分别属于不同的层面。项目评价和区域评价属于微观层面的评价方法,它所着眼的范围和前瞻性不能和政策环境评价相提并论。政策评价属于宏观层面的环境评价方法。三种评价方法依次指导低层面的评价方法,其中区域评价与政策评价都包含累积效应分析方法。

累积效应是指"当一项行动与过去、现在以及可能合理预见的将来行动结合在一起时,所产生的对环境增加的影响"。有一些项目,当它单独进行时对环境的影响并不大,但当几个这样的行动共同进行时,其对环境的叠加影响就可能很大,不能忽视。到目前为止,所有累积效应的定义都立足于因果关系模型。

对区域政策所进行的环境影响评价(政策环境评价),主要是针对区域性政策在特定时间和空间范围内对环境的宏观影响进行判定。因此,模糊预测方法被广泛地应用于政策环境评价中。社会的公众参与机制和环境与发展综合决策机制的建立和完备是政策环境评价的社会基础。

开展政策环境评价必须坚持的三个原则是:可持续性原则、公众参与原则和整体性原则。

进行政策环境评价工作要按照下面的程序进行:

制定工作计划→确定评价的范围与限制→确定政策目标→评价环境要素→公众参与和政府部门政策→提出对策措施和建议→监督政策的实施并及时反馈。

政策环境评价指标体系由四类指标组成,它们分别是:环境指标、经济指标、资源指标和社会指标。

这四类指标分别由以下内容组成。

环境指标包括:区域环境质量、工业污染防治、农业环境保护、环保投入、生态建设等。

经济指标包括:经济总体实力、经济结构、经济外向度、产业结构、人均 GDP 增长率、消费水平、能源结构等。

资源指标包括:可再生资源开发与保护、非再生资源开发与保护、资源利用率等指标。

社会指标包括:投资环境、交通电力、生产力布局、基础设施建设、人群健康、公众满意度、再就业、人力资本和科技水平等指标。

B.2.3 环境决策方法

环境管理工作的好坏同环境决策的正确与否是无法分割的。环境管理的核心是环境决策,环境决策是决策理论与方法在环境保护领域的具体应用。它的特点是具有目标性、主观性、非程序化等。

环境决策按照具体情况的不同可以进行以下分类:

按照环境决策的影响程度来划分,可分为战略决策和战术决策;

按照环境决策问题出现有无规律性来划分,可分为程序化决策和非程序化决策;

按照环境决策问题的条件和后果来划分,可分为确定型决策和非确定型决策;

按照环境决策问题所包含的目标数量来划分,可分为多目标决策和单目标决策;

按照环境决策信息的精确度来划分,可分为定性决策和定量决策;

按照环境决策问题所包含的阶段数来划分,可分为多阶段决策和单一阶段决策。

现就其中的两种方法进行简单的介绍。

1. 多阶段决策法

多阶段决策方法也叫动态规划方法。在环境保持领域存在着各种各样的多阶段问题,因此,它也是环境管理中的主要决策方法。该方法是由美国数学家贝尔曼提出的。所谓多阶段决策问题是指一个决策问题包含若干个阶段或子过程,决策者需在每一个阶段都做出合适的选择,以使整个决策过程最优的一类决策问题。

在多阶段决策问题中,每一个过程可以用各阶段的状态演变来描述,这些状态具有如下的性质:如果给定某一阶段的状态,则在这一阶段以后,过程的发展不受以前各阶段状态的影响,而只与这一阶段的初始状态和状态演变规律有关,所有过去历史只能通过当前的状态去影响它的未来发展。

2. 多目标决策法

所谓多目标决策问题是指在一个决策问题中同时存在着多个目标,每个目标都要求达到最优值,并且各目标之间还常常存在着矛盾和冲突的一类决策问题。在环境管理中存在着许多的多目标决策问题,例如发展生产与环境保护之间的综合决策就是一个典型的多目标决策问题,人们物质生活水平的提高离不开生产的大力发展,而生产的发展在现有水平下往往不可避免地会产生一系列的环境问题,这样两个目标之间就会产生矛盾;还有区域内人口数量和资源的开发利用两个目标之间的矛盾,要满足大量人口的生活需求,就必须要有大量可供开发利用的能源,而在能源的开发和利用过程中又会产生环境问题。所以,这些目标之间充满了矛盾和冲突。

在多目标决策中要遵循"化多为少"的原则,在对问题进行全面分析的基础上,尽量减少目标的个数。常用的有以下一些方法。

对各个目标按重要性排序,决策首先考虑重要目标,依次考虑;将类似的几个目标合并;把次要目标转化为约束条件;把几个具有同度量的目标通过平均加权或构成新函数的方法形成一个综合指标。

主要的决策方法有目标优化方法、线性加权法、乘除法和目标规划法等十几种方法。

B.3 环境法规和标准

B.3.1 主要环境法简介

我国的环境法按照涉及的领域，又可以分为环境污染防治和自然资源保护两大类。

自从 1979 年我国的第一部环境法诞生以来，到现在为止已经颁布实施的主要环境污染防治方面的法律、法规有：

《环境保护法》于 1989 年 12 月 26 日颁布，自公布之日起施行。该法是对 1979 年《中华人民共和国环境保护法(试行)》的修订而重新颁布的。《环境保护法》是环境保护的综合性基本法，它全面地规定了环境保护的重要问题，同时，该法还规定了我国环境保护的基本原则和制度。如：环境影响评价制度、“三同时”制度、排污收费等制度。该法较为全面地规定了环境监督管理、保护改善环境、防治环境污染和其他公害以及违反环境法所应承担的法律责任等方面的内容。

《水污染防治法》于 1984 年 5 月 11 日颁布，自 1984 年 11 月 1 日开始施行。1996 年 5 月 15 日又对该法进行了修正。该法对水环境质量标准和污染物排放标准的制定、水污染防治的监督管理、防止地表水和地下水污染以及违法应承担的法律责任等方面做出了较为详细的规定，是我国水污染防治方面的综合性的法律。

《大气污染防治法》于 1987 年 9 月 5 日颁布，自 1988 年 6 月 1 日起实施，又于 1995 年 8 月 29 日进行了修订。该法对大气污染防治的监督管理、防治各种气体、气体中微小颗粒污染等内容做出了明确规定。该法是我国在防治大气污染方面综合性的法律。

《固体废物污染环境防治法》于 1995 年通过，自 1996 年 4 月 1 日起施行。该法适用范围是工业固体废物、城市垃圾以及危险废物环境管理，但不适用于固体废物污染海洋环境的防治和放射性固体废物环境的防治。该法规定了防治固体废物污染环境的监督管理体制、固体废物污染环境的防治(包括工业固体废物和城市生活垃圾)、危险废物污染环境防治以及法律责任等方面的内容。

《环境噪声污染防治法》于 1996 年 10 月 29 日颁布，自 1997 年 3 月1 日起施行。该法在吸收了国务院发布的《环境噪声污染防治条例》有关内容的基础上，对环境噪声污染防治的监督管理体制、工业噪声污染防治、交通运输噪声污染防治、社会生活噪声污染防治以及相应违法责任等方面的内容均做出了明确的规定。

《海洋环境保护法》于 1982 年 8 月 23 日颁布，自 1983 年 3 月 1 日施行。该法规定了许多内容，其中包括防止海岸工程对海洋环境造成的污染损害、防止海洋石油勘探开发对海洋环境造成的污染损害、防止陆源性污染物对海洋环境造成的污染损害、防止船舶对海洋环境污染损害、防止倾倒废弃物对海洋环境的污染损害等方面的内容。

从颁布的时间上看，我国水污染防治、大气污染防治工作起步相对较早，而对固体废弃物、噪声等污染防治工作的起步相对稍迟。

此外，还有《环境影响评价法》、《清洁生产促进法》、《排污费征收使用管理条例》等法律、法规。

关于自然资源保护和自然灾害防御方面的法律、法规也是我国环境法的重要组成部分。主要的自然资源保护法律有：

《森林法》于 1984 年 9 月 20 日颁布，自 1985 年 1 月 1 日起施行，此后于 1998 年 4 月 29 日第九届全国人大常委会第二次会议上对该法进行了修改。该法制定的目的是保护、培育和合理利用森林资源，增加森林生态系统的生物生产能力，改善和保护人类生活环境和生态环境，保障经济和社会的持续发展。该法主要规定了森林经营管理、森林保护、植树造林、森林采伐和法律责任等方面的内容。

《草原法》于1985年6月18日颁布，自1985年10月1日起施行。制定该法的目的是保护草原生态系统、增殖草原生态系统的生物生产能力，保护和改善人类环境和促进经济、社会的发展。该法对草原权属做了规定，同时规定了防止过牧、滥垦等破坏草原的行为措施、草原使用权和所有权争议的解决以及违反该法的法律责任等方面的内容。

《矿产资源法》于1986年3日19日颁布，自1986年10月1日起施行，1996年8月29日对该法进行了修正。制定该法的目的在于促进矿业发展，加强矿产资源的勘查、开发利用和保护工作，保障现代化建设的当前和长远的需要。该法主要规定了矿产资源勘查的登记和开采的审批、矿产资源的勘查、矿产资源的开采、集体矿山企业和个体采矿管理以及违反该法应当承担的法律责任等方面的内容。

《水法》于1988年1月21日颁布，自1988年7月1日起施行。制定该法的目的在于合理开发利用和保护水资源，防治水害，充分发挥水资源的综合效益，适应国民经济发展和人民生活的需要。该法主要规定了水资源的开发利用，水、水域和水工程的保护，用水管理、防汛与抗洪以及违反该法应当承担的法律责任等内容。

《节约能源法》于1997年11月1日颁布，自1998年1月1日起施行。制定该法的目的在于推进全社会节约能源，提高能源利用效率和经济效益，保护环境，保障国民经济和社会发展，满足人民生活的要求。该法对节能管理、合理使用能源、节能技术进步以及违反该法应当承担的法律责任等方面的内容均做了规定。

《水土保持法》于1991年6月29日颁布，同日生效施行。制定该法的目的是预防和治理水土流失，保护和合理利用水土资源，减轻水、旱、风沙灾害，改善生态环境。该法主要规定了预防水土流失、水土流失的治理、水土流失动态的监督预报以及相应法律责任等内容。

《防洪法》于1997年8月28日通过，1998年1月1日起施行。制定该法的目的是为了防治洪水，防御和减轻洪涝灾害，维护人民的生命和财产安全，保障现代化建设的顺利进行。该法对防洪规划、治理与防护、防洪区和防洪工程设施的管理、防汛抗洪、保障措施以及有关的法律责任做出了规定。

制定环境保护法的基本原则是我国环境保护方针在法律上的体现。它是针对环境保护实行法律调整的基本指导方针，是环境保护立法、执法和守法必须遵循的基本原则，是环境保护法本质的反映。这些基本原则贯穿在全部环境保护法中。我国环境保护法制定遵循如下六项基本原则：

1. 经济建设和环境保护协调发展的原则

2. 以防为主、防治结合、综合治理的原则

3. 谁开发谁保护的原则

自然资源的开发和保护是相互联系、相互制约、相互促进的。开发资源的目的是为了利用，而保护好自然资源，则为资源的持续利用创造了有利条件。

4. 谁污染谁治理的原则

凡是对环境造成污染危害的企事业单位以及个人，都应该根据法律的有关规定，积极地治理污染。这在国外也称为污染者支付费用原则。

5. 公众参与的原则

环境保护的本质是协调人与自然的关系，保证人类生活质量的不断改善。因此，公众环境意

识的提高，公众参与环境法律的制定、管理和监督法律的执行是实施环境法的保证。

6. 奖励与惩罚相结合的原则

B.3.2 环境保护法的重要制度

我国环境保护的基本制度在不断的实践过程中也经历了修改、完善和总结的过程，现在形成了重要的八项制度。它们分别是：(1) 环境影响评价制度；(2)“三同时”制度；(3) 排污收费制度；(4) 环境保护目标责任制度；(5) 城市综合整治定量考核制度；(6) 排放污染物许可证制度；(7) 污染物集中控制制度；(8) 限期治理制度。现分别就有关法律制度作简单介绍。

1. 环境影响评价制度和“三同时”制度

环境影响评价制度早在 1979 年颁布的《中华人民共和国环境保护法(试行)》中就提出了，后来又在 1980 年发布了《基本建设项目环境保护管理办法》。办法中详细规定了环境影响评价的具体要求和程序、评价的范围和内容等。以后又进行了几次修订，又陆续颁布了《建设项目环境保护设计规定》、《建设项目环境影响评价证书管理办法》等。2002 年 10 月 28 日第九届全国人民代表大会常务委员会第三十次会议通过《中华人民共和国环境影响评价法》，从 2003 年 9 月 1 日起执行。

环境影响评价是指对规划和建设项目实施后可能造成的环境影响进行分析、预测和评估，提出预防或者减轻不良环境影响的对策和措施，进行跟踪监测的方法与制度。在该法中还规定：“环境影响评价必须客观、公开、公正，综合考虑规划或者建设项目实施后对各种环境因素及其所构成的生态系统可能造成的影响，为解决这些影响提供科学依据。”“国家鼓励有关单位、专家和公众以适当方式参与环境影响评价。”该法也对规划的编制机关、规划审批机关和建设单位等的法律责任进行了详细的规定。

根据环境保护法和有关的法律法规，凡从事对环境有影响的建设项目，都必须执行环境影响报告书的审批制度，包括工业、交通、水利、农林、商业、卫生、文教、科研、旅游、市政等对环境有影响的一切基本建设项目和技术改造项目以及区域开发建设项目。

专项规划的环境影响报告书包括以下内容：

实施该规划对环境可能造成影响的分析、预测和评估；

预防或者减轻不良环境影响的对策和措施；

环境影响评价的结论。

对环境有重大影响的规划实施后，编制机关应当及时组织环境影响的跟踪评价，并将评价结果报告审批机关；发现有明显不良环境影响的，应当及时提出改进措施。

根据建设项目对环境影响程度的大小不同，建设项目的环境影响评价文件又分为三种情况：(1) 环境影响报告书；(2) 环境影响报告表；(3) 环境影响登记表。对可能造成重大环境影响的，应当编制环境影响报告书，对产生的环境影响进行全面评价；对可能造成持续环境影响的，应当编制环境影响报告表，对产生的环境影响进行分析或者专项评价；对环境影响很小、不需要进行环境影响评价的，应当填报环境影响登记表。

关于进行环境影响评价的时间，《基本建设项目环境保护管理办法》中规定，建设项目的环境影响报告书应当在可行性研究阶段完成。

为了加强对建设项目环境影响评价工作的管理，提高编制建设项目环境影响报告书的质量，《建设项目环境保护管理办法》中规定：“对从事环境影响评价工作的单位实行资格审查制度。”从事建设项目环境影响评价的单位，应申请领取“建设项目环境影响评价证书”，凭证开展建设项目环境影响评价工作。评价证书由国家环境保护局和各省、自治区、直辖市人民政府环境保护行政主管部门，按照各自职责审查核发并实行监督和管理。环境影响报告书(表)由建设单位负责提出，报建设项目的主管部门预审，主管部门提出预审意见后，转报负责审批的环境保护行政主管部门审批。环境影响报告书是环境影响评价的书面表现形式，其内容包括：(1) 建设项目概况；(2) 建设项目周围环境现状；(3) 建设项目对环境可能造成影响的分析、预测和评估；(4) 建设项目环境保护措施及其技术、经济论证；(5) 建设项目对环境影响的经济损益分析；(6) 对建设项目实施环境监测的建议；(7) 环境影响评价的结论。

在我国，另一项环境法制度是"三同时"制度。"三同时"制度的基本含义是对环境有影响的一切基本建设项目、技术改造项目和区域开发建设项目，其中防治污染和生态破坏的设施，必须与主体工程同时设计、同时施工、同时投产使用，简称"三同时"制度。基本建设项目，是指利用基本建设资金进行新建、改建、和扩建的工程项目。技术改造项目，是指利用更新改造资金进行挖潜、革新、改造的工程项目。区域开发建设项目，是指在特定空间地域的区域进行资源开发的建设项目，如矿产资源和水电资源的开发建设项目等。只有要求同时设计和同时施工，才能为同时投产使用创造条件，从而保证项目建成后企业排放的污染物符合国家或地方规定的排放标准。

"三同时"制度的主要内容有：建设项目的初步设计，必须有环境保护篇章，包括环境保护措施的设计依据、环境影响报告书(表)及审批规定的各项要求和措施、防治污染的处理工艺流程、预期效果、对资源开发引起的生态变化所采取的防范措施、绿化设计、监测手段、环境保护投资的概算、预算等；建设单位负责落实初步设计中的环境保护篇章的预审和监督建设项目设计中的环境保护措施的落实；各级人民政府的环境保护行政主管部门，负责初步设计中环境保护篇章的审查；建设项目在施工过程中，应当保护施工现场周围的环境，防止造成不应有的破坏和污染危害；建设项目竣工后，施工单位应当修整和复原在建设过程中受到破坏的环境；建设单位负责项目竣工后防治污染设施的正常运转；建设项目的主管部门，负责监督项目竣工后环境保护设施的正常运转；各级人民政府的环境保护行政主管部门，负责环境保护设施的竣工验收以及环境保护设施运转和使用情况的检查和监督。建设项目在正式投产或使用前，建设单位必须向负责审批的环境保护部门提交"环境保护设施竣工验收报告"，说明环境保护设施影响的情况、治理的效果和达到的标准。经验收合格并发给"环境保护设施验收合格证"后，方可正式投入生产和使用。

2. 排污申报制度和排污许可证制度

排污申报制度是排污许可证制度的前期性措施，即由于一些基础性工作的限制，在还不能实行排污许可证制度的情况下，先实行排污申报。排污单位需将所排放的污染物种类、数量、排放地点等主要内容向当地环境管理部门申报，由环境管理部门发放排污许可证。通常是经过总体规划，按总量控制办法科学地确定一个单位的排污量及有关事项，颁发许可证书，而排污申报只是排污单位向环境管理部门提交的一种简易的报告，作为环境管理部门掌握排污情况，实行初步控制。

排污许可证制度是我国一项行之有效的保护政策。但是从法律的角度来看，它仅是一项层次较低的行政法规和部门规定。在我国的《水污染物排放许可证管理办法》和《水污染防治实施细则》中规定："企业事业单位向水体排放污染物的，必须向所在地环境保护部门提交排污申报登记表。环境保护部门收到排污申报登记表后，经调查核实，对不超过国家和地方规定的污染物排放标准及国家规定的企业事业单位总量指标的，发给排污许可证。"但是，在以后修订的《中华人民共和国水污染防治法》中却又规定："直接或者间接向水体排放污染物的企业事业单位，应当按照国务院环境保护部门的规定，向所在地的环境保护部门申报登记拥有的污染物排放设施、处理设施和在正常作业条件下排放污染物的种类、数量和浓度、并提供防治水污染方面的有关技术资料。"在这修正后的法律中，仅对污染物的排放规定了申报登记的要求，却没有明确把排污许可证制度作为一项法律制度明确下来。因此可以说，排污许可证制度在我国环境法中的法律地位仍然有待进一步确立。

3. 征收排污费制度

征收排污费制度也可以归纳为经济刺激与限制制度。排污收费制度是指国家环境保护机关根据环境保护法的规定，对超标准排放污染物的单位征收的一定数额的费用。《环境保护法》中规定："排放污染物超过国家或者地方规定的污染物排放标准的企业事业单位，依照国家规定缴纳超标准排污费，并负责治理。水污染防治法另有规定的，依照水污染防治法的规定执行。"这里的所谓"水污染防治法另有规定"，是指《水污染防治法》中的规定："企业事业单位向水体排放污染物的，按照国家规定缴纳排污费；超过国家或者地方规定的污染物排放标准的，按照国家规定缴纳超标准排污费，并负责治理。"也就是说，《水污染防治法》的规定更为严格，只要企事业单位向水体中排放污染物，就要缴费；超标的话，则要采取更为严厉的惩罚措施，缴纳超标排污费。这样，企事业单位可以更积极、主动地根据法律规定的要求采取环境保护的措施，并保证其正常运转。

征收排污费的目的是为了促进企业、事业等排污单位加强经营管理，节约和综合利用资源，减少排污，保护环境。同时筹集部分资金，用来治理环境污染。缴纳排污费是排污单位对其造成污染给社会带来损失的一种补偿。所以，缴纳排污费之后，并不免除其应承担的治理污染，赔偿损害的责任和法律规定的其他责任。

同时，我国还制定和实施了一些经济鼓励政策。如国家规定，利用"三废"生产的产品，可以给予定期减税、免税照顾；综合利用项目的折旧基金，全部留给企业，专项用于综合利用设施的更新改造；对于企业综合利用产品的盈利，在投产三年内经同级财政部门审查批准，可以留给企业继续用于"三废"治理；对微利和生产国家急需原料的综合利用项目，各专业银行应当积极给予贷款扶持，还贷期可以适当延长，等等。

4. 限制治理制度

限制治理制度属于司法制度中的强制执行制度。限期治理制度是指为了解决环境问题和实现环境目标，各级政府发布的决定或命令，依法要求污染者在一定的期限内，对严重污染环境的污染源和污染严重的区域环境，完成治理任务，达到治理目标。限期治理的范围最早仅局限于点源，后来不断地发展到对行业的限期治理和区域环境的限期治理。决定哪些项目需限期治理，要在污染源及区域环境调查的基本上，选择最大污染源、污染严重的区域环境及群众反映强烈的项目，同时不要回避技术上是否可行、经济上是否合理、资金上是否可能。对于具体污染源的限期治理目标，要求排放的污染物达到国家或地方的排放标准；对于行业的限制治理目标，一般要求达到分期、分批做到所有污染源均达到排放标准；对于区域污染源的限期治理目标，要求达到该地区的环境质量标准。限期治理决定一般采用限期治理通知书的形式发布，也可以采用新闻发布会的形式发布，还可以利用环境保护部门与企业签订限期治理合同的形式发布。

5. 公众参与制度

在我国的《环境保护法》中规定："一切单位和个人都有保护环境的义务，并有权对污染和破坏环境的单位和个人进行检举和控告。"公众参与环境保护的义务也是同宪法中规定的公民参与国家管理的条款宗旨相符合的。

6. 法律责任制度

在我国的各项法律中，都对破坏环境与资源的法律责任进行了规定。环境法律责任一般包括警告、罚款、责令停止污染和破坏环境与资源的行为、限期治理、对有关责任人员进行行政处分，以及由《刑法》规定的有关刑事处罚。

B.3.3 环境保护法的原则

1. 预防为主的原则

预防为主原则的含义是，在环境保护和资源的合理利用中，要采取各种预防性手段和措施，防止环境问题的产生或将其限制在最小的程度和范围。尽可能早发现、早解决，而不是等环境污染和资源破坏产生以后再想办法治理。国内外的许多经验都证明，不能等到环境问题已经很严重了才进行治理，这样虽然花费代价很大，但效果不一定显著，甚至有些环境问题一旦产生了就很难得到恢复，有些环境问题还是不可逆转的。

在我国已经有一些法律措施着眼于源头控制，以利于达到源头控制的目的。如：把环境与资源保护纳入国民经济和社会发展计划；国家采取有利于环境与资源保护的经济、技术政策和措施；新建项目必须进行环境影响评价；"三同时"制度；在产业结构和产品结构的调整中，发展低消耗、轻污染、效益好的产业和产品；积极推广清洁生产工艺，把控制污染贯穿于整个生产过程之中，等等。

2. 协调发展的原则

协调发展是指经济建设与环境保护相协调，其含义为经济建设、城乡建设与环境建设必须同步规划、同步实施、同步发展，以实现经济效益、社会效益和环境效益的统一。

环境问题主要是人们从事生产活动和社会活动所造成的。由于没有协调好它们之间的关系，在发展生产的同时，产生了严重的环境问题，不仅使环境受到了污染，生态环境遭到了破坏，而且反作用的结果是影响经济建设的顺利进行和可持续发展。反过来说，也只有经济发展了，才能为保护环境和改善环境提供充足的资金和技术，为解决环境问题提供必须的物质基础。所以，保护环境和合理利用资源是保障人类健康，促进生产力发展的基础。但同时，进行环境保护工作要在经济上有所付出，可能在短时期里，在一定程度上约束经济的发展速度。因此，环境保护与经济发展是相互联系、相互促进、相互制约、不可分割的统一整体，两者必须协调发展。如何正确处理这两者之间的关系是保持经济社会持续、稳定、协调发展的关键。

协调发展的原则其目的是为了保护经济生活的健康、持续发展。既不能单纯为了追求经济的发展而忽视了环境保护工作，使我们的后代吃我们留下的苦果，同时也不能因为片面地强调环境保护而制约了生产的发展。

3. 全面规划的原则

这项原则在《环境保护法》和多部环境与资源保护的专项法律中得到体现。

全面规划、合理布局的原则是指，在经济和社会发展中把环境和资源保护作为国民经济和社会发展的重要组成部分来进行统筹安排、合理规划和布局，以实现经济、社会和环境的协调发展，达到最大限度地防止环境污染和生态环境的破坏，减少资源破坏和过度消耗，缩小污染危害范围。全面规划的原则既是环境与资源保护的一项重要原则，也是国民经济和社会发展的一项基本方针。

4. 各负其责的原则

各负其责的原则，是指与环境法有关的各个主体都必须承担其应负的责任和应履行的职责。各负其责包括以下内容。

其一，"谁开发谁保护"的原则，是指一切开发利用自然资源的单位和个人，都负有保护自然资源和自然环境的义务。该原则体现了开发利用与养护更新并重的指导思想。坚持这一原则，要求对可更新的资源不断增殖、永续利用，对不可更新的资源坚持节约使用与综合使用。

其二，"谁污染谁治理"的原则是指凡是造成环境污染危害的单位和个人，都负有治理环境污染和补偿损害的责任。实行“谁污染谁治理”原则，目的在于提高企业治理污染的责任感和紧迫感，推动排污者积极采取措施，治理环境污染。同时，使环境和资源保护与企业的生产经营有机地结合起来，促进企业把环境管理纳入经营管理与生产管理之中，推动企业开展技术改造和综合利用，提高资源、能源的利用率，改革工艺和设备，把污染消除在生产过程中，从而减少物耗、能耗和污染排放；另外，实施这项原则，还可以把环境保护责任与经济责任联系起来，并有利于筹集环境污染治理资金。

其三，各级政府对环境质量负责的原则是指各级政府对本辖区内的环境质量负有主要责任。这是因为一个地区的环境质量的好坏，除了自然因素以外，与该地区的社会经济发展密切相关，影响环境质量的因素涉及许多方面，工作涉及各个领域。所以，只有各级政府才有足够的权威和能力来宏观调控环境管理和环境保护工作。该原则明确了各级政府在环境管理和资源综合利用方面的法律职责和义务，保证环境管理和监督工作的正常进行。有了责任原则，如果各级政府机关有不履行法定职责和滥用职权的行为，法律就可以追究其法律责任，以利监督各级政府依法行政。

5. 可持续发展原则

以 1992 年联合国环境与发展大会为标志，世界各国开始接受可持续发展观，并很快成为环境与资源保护工作的一个主要原则。可持续发展观强调的是经济、社会和环境的协调发展。在 1987 年世界环境与发展委员会发表的《我们共同的未来》报告中对可持续发展的定义是：“既满足当代人的需求又不危及后代人满足需求的发展。”1992 年，在巴西里约热内卢召开的“环境与发展”大会通过的《里约宣言》中对可持续发展进一步阐述为：“人类应享有与自然和谐的方式过健康而富有成果的生活的权利，并公平地满足后代在发展和环境方面的需要，求取发展的权利必须实现。”我国的文件最早是在 1992 年 8 月的《中国环境与发展十大对策》中提出可持续发展原则的，该文件指同：“转变发展战略，走持续发展道路，是加速我国经济发展、解决环境问题的正确选择。”而《中国 21 世纪议程》则是我国第一个可持续发展方面的综合性文件。在此后出台的很多法律法规中，也在立法指导思想和法律条文中体现了可持续发展的原则。

B.3.4 环境标准

环境标准是有关控制污染、保护环境的各种标准的总称，它是环境保护立法的一个主要组成部分，是由政府制定的强制性法规。环境标准在环境保护和环境管理方面具有举足轻重的作用。它是执行环境法规的基本手段；是强化环境管理的技术基础，是环境立法、执法的尺度；是环境政策、环境规划所确定的环境质量目标的体现；是环境影响评价的依据；是监测、检查环境质量和污染源排放污染物是否符合要求的标尺。所以，环境标准是科学管理环境的技术基础，是评判环境质量优劣的依据，如果没有符合实际的环境标准，这些工作的效果就很难评定，也难以进行环境管理。

按照环境标准适用的范围，环境标准又分为国家环境标准和地方环境标准两级。国家环境标准是在全国范围内统一的环境保护技术要求，地方环境标准是根据当地的环境功能、污染状况和地理、气候、生态等特点，并结合经济、技术条件，在省、自治区、直辖市范围（或特定地区）内使用的环境保护技术要求。地方标准应增加国家标准中没有规定项目的标准，同时地方标准应严于国家标准。按照环境标准的性质和限制的对象来分，又可分为六类：(1) 环境质量标准；(2) 污染物排放标准；(3) 环境保护仪器设备标准；(4) 环境方法标准；(5) 环境标准样品；(6) 环境基础标准。这其中最重要的是环境质量标准和污染物排放标准。

环境质量标准是为保障人体健康，维护生态良性循环和保障社会物质财富，并考虑技术、经济条件，对一定时间和范围内环境中有关污染物允许含量所作的规定。它是环境保护和管理部门进行有效管理而制定排放标准的依据。

污染物排放标准是为保证环境质量，对人为污染源所排出或释放的污染物(或有害因素)浓度或总量所作的限量规定。污染物排放标准是进行环境监督管理的主要依据，目的是通过控制污染物的排放量来提高环境质量和实现环境目标。

环境质量标准既然是以保护人体健康、保障正常生活条件及保护自然环境为目的的，故在制定标准时，必须首先对环境中各种污染物浓度对人体、对生物及对建筑设施等的危害影响进行综合研究，分析污染物剂量、接触时间和环境效应之间的相关性。关于这种相关性的系统资料称为环境基础标准。我国现行的环境标准体系如下所示：

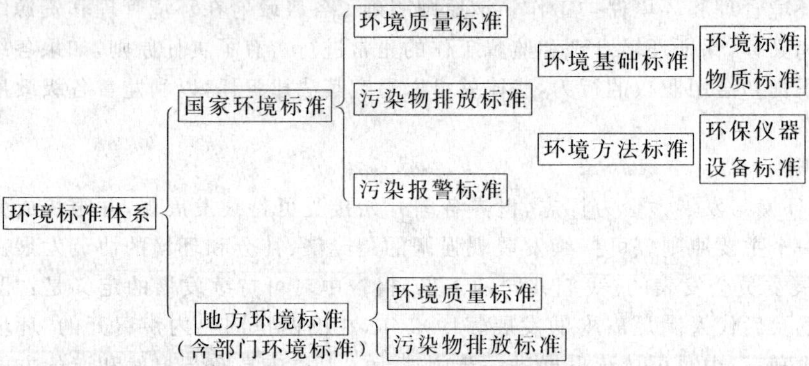

我国主要的环境质量标准包括：

GB3838—2002　中华人民共和国地表水环境质量标准

GB3095—1996　中华人民共和国环境空气质量标准

GB3096—1993　中华人民共和国城市区域环境噪声标准

GB15618—1995　中华人民共和国土壤环境质量标准

GB/T14848—1993　中华人民共和国地下水质量标准

GB3097—1997　海水水质标准

其他同类的环境质量标准包括：

CJ3020—1993　生活饮用水水源水质标准

GB5084—1992　农田灌溉水质标准

GB12941—1991　景观娱乐用水水质标准

GB11607—1989　渔业水质标准

GB9660—1988　机场周围飞机噪声环境标准

GB9137—1988　保护农作物的大气污染物最高允许浓度

GB10070—1988　城市区域环境振动标准

GB5749—1985　生活饮用水卫生标准

主要的卫生标准包括：

TJ36—1979　工业企业设计卫生标准

GBZ1—2002　工业企业设计卫生标准

GBZ2—2002　作业场所有害污染物限值

GB18054—2000　居住区大气中苯并[a]芘卫生标准

GB18056—2000　居住区大气中甲硫醇卫生标准

GB18057—2000　居住区大气中正己烷卫生标准
GB18058—2000　居住区大气中一甲基肼卫生标准
GB18059—2000　居住区大气中二甲基肼卫生标准
GB18060—2000　居住区大气中肼卫生标准
GB18066—2000　居住区大气中臭氧卫生标准
GB18067—2000　居住区大气中酚卫生标准
GB18061—2000　水源水中肼卫生标准
GB18063—2000　水源水中偏二甲基肼卫生标准

主要污染物排放标准包括：

GB16297—1996　中华人民共和国大气污染物综合排放标准
GB8978—1996　中华人民共和国污水综合排放标准
GB14554—1993　中华人民共和国恶臭污染物排放标准
GB12348—1990　中华人民共和国工业企业厂界噪声标准
GB13271—2001　锅炉大气污染物排放标准
GB18483—2001　饮食业油烟排放标准

B.4　环境管理体系审核

环境管理是将环境保护贯穿于企业各项活动的系统化管理方式，该方式的实施通常是一种企业志愿的过程。然而，公司在评估环境管理带来的好处时，不应该仅从带来的经济效益进行评估，而且要从没有充分重视环境因素所带来的风险的角度来评估。

人类的健康、福利和环境，取决于当今人类自身的行为。如果人类对现行的生活、工作、娱乐方式不做出重大改变，我们赖以生存的环境将持续恶化。

一般来讲，工业是造成地方和国际环境恶化的根源，尤其是那些直接向大气、水体和土壤排污的工业。这些环境问题迅速地或缓慢地影响人类健康，危及周围城市和地区，并且污染还会经大气、河流、地下水进行转移，从而严重影响下游、下风向人们的生活质量。

商界已意识到目前这种生产和消费模式的“不可持续性”，同时企业也意识到要使经济处于不败之地，必须越来越多地将环境保护纳入企业的经营战略和长期计划中，否则，就不能把握商机；就不能同注重环保的企业竞争，也无法满足各相关方日益增长的环境期望。

当然，一个环境策略和方针，只是企业将经营与环境因素相结合的起点。还有许多保证企业进行系统化管理后达到方针与目标的工具，例如环境管理体系和环境审核。它能使企业实施和改善环境行为，使之符合企业的环境方针。

不少国家和政府机构已在所在国向企业推广这些环境管理方式，但要着重说明的是，它不是用立法手段，而是由企业自决。

20 世纪 80 年代起，美国和欧洲的一些企业为提高公从形象，减少污染，率先建立起自己的环境管理方式，这就是环境管理体系的雏形。1992 年联合国召开世界“环境与发展”大会，183 个国家和 70 多个国际组织出席了大会。会议通过了“21 世纪议程”等文件，标志着在全球建立清洁生产，减少污染，谋求可持续发展的环境管理体系的开始，也是此后 ISO14000 环境管理标准得到广泛推广的基础。

1993 年，国际标准组织成立了序列编号为 ISO/TC207 的环境管理技术委员会，获得从 14001 到 14100 共 100 个号，统称为 14000 系列标准。

ISO/TC207 环境管理技术委员会下设 6 个分技术委员会及 2 个独立的工作组。即：环境管理体系(EMS)；环境审核(EA)；环境标志(EL)；环境行为评价(EPE)；生命周期评估(LCA)；术语和定义(T&G)；WQ1 直属工作组，用于战略咨询；WQ2 直属工作组，用于林业管理。

目前 ISO 颁布的标准有：

ISO14001 环境管理体系　　规范及其应用指南

ISO14004 环境管理体系　　原则、体系和支持技术通用指南

ISO14010 环境审核　　基本原则

ISO14011 环境审核　　审核程序　环境管理体系审核目的、作用和职责

ISO14012 环境审核　　环境审核员的资格要求

ISO14040 环境审核　　原理和实践

从已颁布的标准来看，主要集中在环境管理体系标准及环境审核标准。利用这两类标准的目的就是首先规范企业的管理行为，为使企业建立并保持具有自我约束、自我调节、自我完善的运行机制，为企业实施其他标准提供基本保证，并通过第三方审核认证向相关方、向全社会展示企业在环境保护、节约资源、协调环境与发展的关系，坚持走可持续发展道路的意图和宗旨。

环境管理体系的提出是环境管理发展到预防阶段的必然。环境管理体系的实施为企业清洁生产奠定了基础，为企业管理提出了新的思想、提供了新的管理模式。环境管理体系的基本思想是预防、控制、监督与监测。

B.4.1　对 ISO14000 环境管理体系的理解

环境管理体系是整个管理体系的一个组成部分，包括为制定、实施、实现、评审和保持环境方针所需的组织结构、计划活动、职责、惯例、程序、过程和资源。

一个组织的管理涉及到方方面面的内容，包括生产管理、质量管理、职业健康管理、信息管理、人力资源管理、财务管理、计量管理及环境管理等等，所以环境管理仅仅是其中的一个部分。

一般情况下，组织自身客观存在相应的组织机构、管理办法、活动、产品、过程、职责和资源，但有必要在原来的基础上进行策划、充实和完善。建立并实施一个有效的环境管理体系，可以给组织带来巨大的社会效益、经济效益和环境效益。

环境管理体系是由诸多相互关联、相互作用的要素组成的，它们是：环境方针、规划(策划)、实施与运行、检查与措施、管理评审等。

环境管理体系的基本要求包括：企业最高管理者的承诺；要作好环境规划；汇集相关环境法律、法规、环境标准及其他要求；建立有效的管理体系运行机制，明确职责权限；全员培训，提高员工环境意识、环境技能和能力；实施全过程控制。

环境管理体系的管理要素有：(1) 根据企业的环境问题，制定企业的环境方针、环境目标、指标及实施方案；包括最高管理者的承诺；(2) 建立实施环境管理体系的组织结构，明确管理职责和权限；(3) 实施运行控制；(4) 加强内部信息及外部信息交流；(5) 提高员工环境意识，加强员工环境保护技术和技能的培训；(6) 环境风险分析及应急准备；(7) 加强环境监测与测量；(8) 编制环境管理体系文件；(9) 环境管理体系审核；(10) 由企业最高管理者主持，定期召开管理评审。

环境管理体系的技术基础包括：(1) 环境管理体制；(2) 我国环境保护法律、法规体系；(3) 环境保护法律、法规；(4) 环境保护法规及规章制度；如：环境影响评价、三同时、征收排污费、污染源限期治理、排放污染物许可证、污染集中控制、环境保护目标责任、城市环境综合整治定量考核；(5) 环境标准。

ISO 14000 环境管理体系的特点：

第一，它的驱动力是市场。近年来，世界各国公众环境意识不断提高，对环境问题的关注也达到了前所未有的高度，“绿色消费”浪潮促使企业在选择产品开发方向时越来越多地考虑人们消费观念中的环境原则。由于环境污染中相当大的一部分是由于管理不善造成的，而强调管理，正是解决环境问题的重要手段和措施，因此促进了企业开始全面改进环境管理工作。ISO14000系列标准一方面满足了各类组织提高环境管理水平的需要，另一方面为公众提供一种衡量组织活动、产品、服务中所含有的环境信息的工具。

第二，ISO14000系列标准体现了国际环境保护领域由“末端控制”到“污染预防”的发展趋势。环境管理体系(ISO14001～ISO14009)强调对组织的产品、活动、服务中具有或可能具有潜在环境影响的环境因素加以管理，建立严格的操作控制程序，保证企业环境目标的实现。生命周期分析(ISO14040～ISO14049)和环境表现(行为)评价(ISO14030～ISO14039)则将环境方面的考虑纳入产品的最初设计阶段和企业活动的策划过程，为决策提供支持，预防环境污染的发生。这种预防措施更彻底有效、更能对产品发挥影响力，从而带动相关产品和行业的改进、提高。

第三，ISO14000系列标准体现了可持续发展战略思想，将先进的环境管理经验加以提炼浓缩，转化为标准化的、可操作的管理工具和手段。例如，已颁行的环境管理体系标准，不仅提供了对体系的全面要求，还提供了建立体系的步骤、方法指南。标准中没有绝对量和具体的技术要求，使得各类组织能够根据自身情况适度运用。

第四，ISO14000系列标准应用领域广泛，涵盖了企业的各个管理层次，生命周期评价方法(ISO14040～ISO14049)可以用于产品及包装的设计开发，绿色产品的优选；环境表现(行为)评价(ISO14030～ISO14039)可以用于企业决策，以选择有利于环境和市场风险更小的方案；环境标志(ISO14020～14029)则起到了改善企业公共关系，树立企业环境形象，促进市场开发的作用；而环境管理体系标准(ISO14001～ISO14009)则进入企业的深层管理，直接作用于现场操作与控制，明确员工的职责与分工，全面提高其环境意识。因此，ISO14000系列标准实际上构成了整个企业的环境管理构架。

ISO14000系列标准适用范围广泛。作为系列标准的核心，正如ISO14001标准的引言指出的那样，该体系适用于任何类型、规模，以及各种地理、文化和社会条件下的组织。各类组织都可以按标准所要求的内容建立并实施环境管理体系，也可向认证机构申请认证。

第五，ISO14000系列标准的应用是基于自愿的原则。国际标准只能转化为各国国家标准而不等同于各国法律法规，不可能要求组织强制实施，因而也不会增加或改变一个组织的法律责任。组织可根据自己的经济、技术等条件选择采用。

上述特点我们可以看出，ISO14000系列标准顺应了世界经济发展与环境保护的主流，符合可持续发展思想，为企业微观环境管理提供了一套标准化的模式，以改善我国宏观及企业的微观环境管理，提升企业环境形象，促进企业迈向国际市场将产生较大帮助。

环境管理体系的目的在于：识别并控制重大的环境薄弱环节和影响，识别重要的环境机遇，识别有关的环境法规要求，建立一个良好的环境方针和环境管理基础，建立优先项目、决定目标并为实现目标而努力，监测环境行为和评价该体系的效率，包括促进体系的改进和调整，以适应新的和不断变化的情况和要求。

ISO14000带给企业的效益在于：获取国际贸易的“绿色通行证”；增强企业竞争力，扩大市场份额；树立优秀企业形象；改进产品性能，制造“绿色产品”；改革工艺设备，实现节能降耗；污染预防，环境保护；避免因环境问题所造成的经济损失；提高员工环保素质；提高企业内部管理水平；减少环境风险，实现企业永续经营。

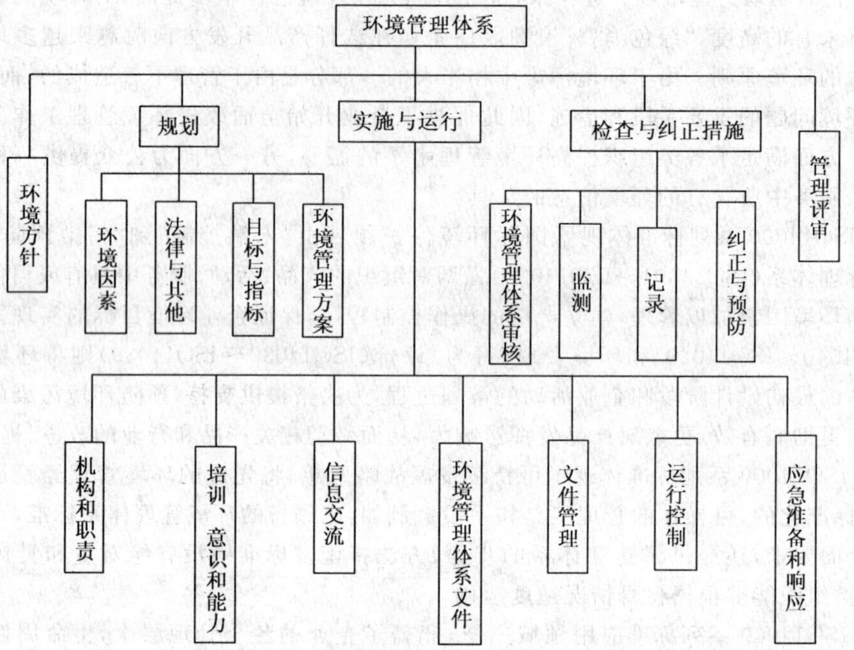

环境管理体系的结构如上图所示:环境管理体系运行模式与 ISO9001 质量管理体系运行模式相似,共分为四个阶段。

规划组织阶段——组织根据自身的特点确定方针,建立组织总体目标,并制定实现目标的具体措施。

实施阶段——实现组织总体目标,明确职责,根据活动的特点,制定相关的文件化管理程序及技术标准来对活动的全过程实施有效的控制。

检验阶段——在组织活动实施的过程中,应有计划、有针对性地对相关过程进行监督、监测和审核、加强预防,以纠正所出现的偏离组织总体目标的现象。

改进阶段——由组织的最高管理者定期对组织所建立的管理体系进行评定,确保体系的持续适用性、充分性和有效性以达到持续改进的目的。

实施和运行阶段的内容分别包括:

机构和职责的内容——最高管理者的承诺;环境管理者代表职责;分工和协调职责、权限。

培训、意识与能力的内容——确定培训要求;制订培训计划;培训的评价;保存培训记录。

信息交流的内容——交流的内容;实施;定期监督信息交流的工作;保存相关的记录。

环境管理体系文件——实际上是按照 ISO14001 环境管理体系标准条款的要求,针对组织活动、产品或服务的特点、规模、惯例以及人员素质等情况而编写的以文件支持的管理制度和管理办法,这套环境管理体系文件即作为组织加强环境管理工作的依据。

文件管理的内容包括——文件的批准和发布;文件的使用和管理;文件的评审与修订。

运行控制——指对组织活动、产品或服务过程中,凡是影响组织环境行为的所有活动都应处于受控状态。

应急准备和响应——指组织在活动、产品或服务过程中,由于某种主观或客观原因都有可能发生紧急情况或意外事故,如有毒、有害化学品泄露等,组织就应建立一套应急准备的措施,以尽可能减少或消除由于紧急情况或意外事故造成的损失和对环境造成的严重破坏。

B.4.2 环境管理体系的建立与实施

按ISO14001环境管理体系标准的基本要求所建立的环境管理体系是一个系统化、程序化和文件化的管理体系，它强调预防为主；强调遵守国家环境保护法律、法规及其他要求；强调全过程控制，有针对性地改善组织的环境行为，以期达到对环境持续的改善，切实做到经济发展和环境保护同步进行，走可持续发展的道路。

环境管理体系建立的原则——环境管理体系应充分结合组织的特点；应与组织现行的管理体系相结合；环境管理体系是一个动态发展，不断改进和不断完善的过程；各类管理体系的一体化。

环境管理体系建立的步骤——一个企业如果准备实施ISO14001环境管理体系，首先要做的工作就是按ISO14001标准的要求建立一个适合企业特点的环境管理体系。其建立的过程经过以下几个阶段：前期准备工作；初始环境评审；环境管理体系策划；环境管理体系文件编制；环境管理体系试运行；环境管理体系内部审核；环境管理体系申请认证。

前期准备工作的内容有以下几方面——实施环境管理体系的关键是组织最高管理者的承诺；任命专门的环境管理者代表，其职责是依据组织的特点建立与保持环境管理体系，定期进行环境管理体系的内部审核，向最高管理者汇报环境管理体系的绩效及审核发现，为管理评审，改进组织的环境管理体系提供依据；一定的人力、物力、财力及相关的技术资源的投入是实施环境管理体系的保障；建立环境管理体系初期的培训是必不可少的步骤，其培训内容主要是ISO14001标准的学习，培训对象包括最高管理层、部门领导及技术负责人的工作班子。

B.4.3 初始环境评审

1. 初始环境评审的理解

初始环境评审的目的是通过初始环境评审来了解组织的环境现状和环境管理现状。只有充分掌握了组织的环境现状和环境管理现状才能有效地确定组织的环境方针、目标和指标；制定组织环境管理实施方案；明确组织环境管理工作的职责和权限；加强环境因素的控制等。

初始环境评审的内容主要包括：调查并确定组织在活动、产品或服务过程中已造成或可能造成环境影响的环境因素，特别是重要的环境因素；结合组织类型、产品特点，以及针对企业识别出的环境因素，特别是重要环境因素，来收集，分类，整理国家、地方及行业所颁布的法律、法规及污染物排放标准；评价组织现行的环境管理机构设置、职责和权限以及管理制度的有效性；评价组织的环境行为与国家、地方及行业标准，规程的符合程度；评价组织环境行为对参与市场竞争的风险与机遇；了解相关方对组织环境管理工作的看法和要求等。

初始环境评审的步骤包括以下几个阶段。

准备工作阶段：界定初始环境评审范围、组成初始环境评审小组、制定初始环境评审计划。

实施评审阶段：在界定的评审范围内，识别出组织的活动、产品或服务过程中对环境造成的有害影响以及对人体健康产生危害的环境因素；依据组织的环境问题及识别出的环境因素，汇集相关的环境法律、法规及其他要求；收集组织原有环境管理体系中的管理制度、机构设置、职责权限、技术规程等管理文件；以及曾发生过的环境事故的调查及处理意见；收集组织相关方对其活动、产品或服务的有关信息，如相关方的抱怨和合理的要求等。

分析评价阶段：利用所确定的评价方法，评价环境因素的优先顺序，并列出对环境有重大影响的环境因素，也就是重要环境因素的清单；列出适用于组织环境问题及环境因素的法律、法规、环境标准及其他要求的清单并与相关部门建立获取环境法律、法规、环境标准及其他要求的信息及文件的渠道；依据 ISO14001 标准条款中的基本要求评价原有的环境管理体系中环境管理工作存在的问题，找出薄弱环节，为编制环境管理体系程序文件确定依据。

最后是编制初始环境评审报告。

初始环境评审包括以下几种方法。

A. 查阅文件及记录，包括：组织的环境管理文件；有关的法律、法规、环境标准等文件；污染物的产生、排放、处理及运输记录；运行及事故报告；相关方的要求及投诉等。

B. 利用、检查清单或调查表，内容包括：各种资源、能源的使用；原材料的使用及利用率；生产工艺技术水平及环境影响；废物的产生及处理；管理中的环境问题及影响；其他有关环境问题及环境管理问题。

C. 现场监测。

D. 现场调查，包括：面谈；专家座谈会；工艺流程（物料平衡）分析。

E. 水平对比法，与国内外同行业、同类性质组织比较，分析差距。

F. 问卷调查，对组织相关方进行问卷调查。

2. 识别环境因素

所谓环境因素是指一个组织的活动、产品或服务中能与环境发生相互作用的要素。

该项工作包括两方面的内容，一是分析界定范围内的环境影响因素，另一个是按照优先的顺序排序，确定重要因素。

识别环境因素的原则是：

A. 分析和选择组织所有的活动或过程——包括所有原料的采购；生产的工艺过程；产品的包装；设备的维修、保养和更新；检验、分析、检测设施；产品的使用；售后服务；产品的回收、利用及处置等。

B. 三种运行时态的环境因素均应考虑，包括目前的、过去的和将来的。过去的如：以往遗留的环境问题；泄漏事件造成的土地污染等。现在的如：现场活动、产品和服务的环境问题。将来的如：产品出厂后可能带来的环境问题，将来潜在法律法规变化的要求，计划中的活动可能带来的环境因素。

三种运行状态，包括正常状态、异常状态和紧急状态。正常状态如：生产连续运行；异常状态如：生产的开车、停机、检修等；紧急状态如：潜在火灾、事故排放、意外泄漏、洪水、地震等。

C. 除考虑在组织的活动、产品或服务过程中直接产生的环境因素外，也应考虑环境管理工作的缺陷而间接产生影响的环境因素。

3. 环境因素的评价

环境评价的依据从以下几个不同的方面来考虑。

A. 从环境方面的评价依据包括：环境保护法律、法规及标准的符合程度；环境影响的规模及范围；环境影响的严重程度；环境影响的持续时间；环境影响发生的频次。

B. 从技术方面的评价依据包括：改变环境影响的技术难度；改变环境影响的资源代价及组织承受能力；环境影响的可控制程度。

C. 从商业方面的评价依据包括：相关方关注的程度和要求；对组织社会形象的影响；影响组织参与市场竞争的机遇和风险；改变组织活动和过程可能带来的效益。

重要环境因素的评价方法有：与法律、法规及排放标准的符合程度；环境影响的严重程度；环境影响的规模和范围；水平对比法；相关方的投诉及要求；专家评估法等。

4. 初始环境评审报告

首先将初始环境评审所需的信息进行归类，这些信息包括：组织原有的组织结构；组织生产经营的平面图、工艺流程图；有关的法律、法规、标准清单；原材料、能源及污染物排放监测记录；全部环境因素及重要环境因素清单；原有的管理制度、技术规程及操作指导书；其他有关数据、信息和记录。

其次是编写评审报告，其内容包括：初始环境评审的目的；组织原有环境状况；组织原有环境管理状况；初始环境评审发现的重大环境问题，可能造成的影响，环境管理工作中存在的重要问题；依据评审的结果，提出组织制定环境方针的建立和目标、指标框架的建议；确定改善组织环境问题的优先顺序；其他需要报告的内容。

最后是整理、组织初始评审报告所需的附录材料，包括：环境影响评价报告；"三同时"报告；环境设施投产使用验收报告；环境监测报告。

B.4.4 初始环境管理体系策划

初始环境管理体系的策划内容包括：制定组织的环境方针；确定组织的环境管理组织结构和职责；制定组织的环境目标和指标；编制组织环境管理的实施方案；环境管理体系程序文件的策划。

在建立环境目标时，应充分考虑曾造成或可能造成重大环境影响的有关环境因素，也就是重要的环境因素。对所列出的环境目标和指标，要求任务明确、具体，要有针对性。目标要分解，指标要量化。其内容要包括实现环境目标和指标的技术措施及可选技术方案；实现环境目标和指标的责任部门及责任人；实现环境目标和指标所需经费概算；实现环境目标和指标的完成期限；其他有关经营和运行要求。

初始环境管理体系策划的依据包括：我国的环境法律、法规、标准及其他要求；识别出的环境因素及评价出的对环境产生有重大影响的重要环境因素；组织初始环境评审的结果；组织环境管理工作的现状及存在问题；当前环境工程技术的水平；组织现有的技术水平及经济实力。

环境管理实施方案的编制应依据每一项任务的类型、规模和特点来进行，一般应包括以下几项内容：实施计划设计书；人力资源，设备、材料及方案的预算表；实施的进度计划表；监督机制和管理制度。

环境管理实施方案包括以下几项基本内容：编制实施计划设计书；配备人力、物力及财力资源；确定实施的责任人及其职责和权限；落实财务预算；确定实施时间进度表；建立实施的监督与管理制度。

要想有效地实施环境管理体系，规范组织的环境行为，改善组织的环境绩效，必须建立一个组织机构，并赋予该机构一定的权限。组织机构的建立也是实施环境管理体系的基础和组织保证。组织机构应合理分工、加强协作、明确定位。

B.4.5 环境管理体系文件的编制

对企业来说，环境管理体系文件就是实施环境管理工作中的具有法规性的文件，必须遵照执行。标准要求的在文件中要写到；写到的，就要做到；是否做到要看效果和记录。

编写时要注意以下三点原则：(1) 符合 ISO14001 环境管理体系标准条款的要求；(2) 要同组织的活动、产品和服务的特点相结合；(3) 要努力做到管理体系文件的一体化。

环境管理体系文件从结构上包括这些内容：环境管理手册；环境管理体系程序文件；环境管理体系的其他文件。

编制环境管理体系文件时要注意做到以下几点：文件的系统性；文件的法规性；文件的不断完善性。

1. 环境管理手册

对环境管理体系文件的综合性总结描述是环境管理手册，它是组织根据 ISO14001 环境管理体系的要求，并结合组织在活动、产品和服务等方面的特点而编写的纲领性管理文件，也是组织申请认证的依据。

环境管理手册的主要内容包括：组织的环境方针，组织的目标和指标要求；环境管理实施方案的描述；组织结构及环境管理工作的职责和权限；根据 ISO14001 标准的要求，结合组织的特点，对全部管理要素的实施要点进行详细的描述；对环境管理手册的审批、管理和修改进行严格的规定。

环境管理手册的目录由四部分组成。

A. 前言部分主要是对组织的概况进行简单的描述，以便相关方和审核方对组织情况的了解。

B. 环境管理体系要素的描述，包括：定义；目的和适用范围；职责；管理要求和相关文件等。

C. 环境管理手册的管理。

D. 附录内容包括：企业所在社区的平面图；企业场区平面布置图；主要生产现场的工艺流程图；组织重要环境因素清单；组织适用的法律、法规、标准及其他要求清单；组织结构设置图；其他有关资料。

2. 程序文件

程序文件是指为进行某些环境活动所规定的途径，也可以理解为实施环境管理体系要素所规定的方法。程序文件更进一步、更具体地明确了组织实施环境管理工作的程序、方法和要求。

程序文件的内容包括：目的和适用范围；引用的标准及文件；定义；职责；工作程序；报告和记录格式；相关文件等。

程序文件的编写按下列步骤进行。

A. 清理和分析原有规章制度。对组织原有的各种企业标准、规章和制度等文件中有效部分加以吸收，不足之处进行修改。

B. 编制程序文件明细表。根据环境管理体系的总体策划，明确程序文件的明细表，确定主管部门和相关部门，对文件按不同情况进行采用、修改和编写。

C. 程序文件编写。由主管部门负责，相关部门参加，按有关管理规定编写。

D. 定期组织相关部门人员进行讨论、修改，并逐步扩大讨论范围。

E. 在组织内部选聘专人写稿。

B.4.6 环境管理体系审核

1. 环境审核与环境管理体系审核

初始评审是企业环境状况和影响的原始数据的收集过程，通常在建立环境管理体系之前实施。而审核是评价环境管理体系的功能是否完善。

环境审核的定义为：客观地获取审核证据并予以评价，以判断特定的环境活动、事件、条件、管理体系，或有关上述事项的信息是否符合审核准则的一个系统化、文件化的验证过程，包括将这一过程的结果呈报委托方。

环境审核分为这样几种：

A. 符合性审核是对照环境法律、法规，检查企业的环境活动与环境法律、法规的符合性。

B. 应负的责任审核，发生在企业需要兼并其他企业或购置新产业时对它将来可能承担的环境风险和责任进行评估。

C. 能源审核属于技术型审核,依据一般来自于与同行业技术水平的比较和与往年技术水平比较。

D. 废弃物最小化审核是在废弃物消除、回收、处理、处置上进行的审核。

E. 环境管理体系审核是客观地获取审核证据并予以评价,以判断一个组织的环境管理体系是否符合该组织所规定的环境管理体系审核准则的一个系统化、文件化的核查过程,包括将这一过程的结果呈报给委托方。

环境管理体系审核又分为三类。

A. 第一方审核又叫环境管理体系内部审核,是由组织管理者提出,并由组织内部人员或聘请的外部人员组成审核组,依据事先约定好的审核准则对组织的环境管理体系进行审核。

B. 第二方审核是针对某一合同或多个合同要求的情况下,由组织对其分供方或分承包方的环境管理体系进行审核,即顾客对供方的审核,目的是获取分供方或分承包方环境绩效的证据。

C. 第三方审核由国家认可委员会认可的审核机构,对组织进行的审核。这种审核是依据国家规定的审核准则,按规定的审核程序实施审核,其结果是对受审核方的环境管理体系是否符合审核准则的要求给予书面保证,又叫认证或注册。

环境管理体系审核具有以下特点:被审核的环境管理体系必须是正规的;必须是系统化的验证活动;必须是由经过专门培训,获取某种资格的人员进行;环境管理体系是一种抽样验证过程。

审核各方分别具有以下职责。

委托方决定是否需进行审核;与受审核方接触以取得后者的充分合作,而后启动审核;定审核目的;择审核机构,必要时对审核组的组成予以审批;提供开展审核所需的权限与资源;审核组长商定审核范围;对环境管理体系的审核准则;批准审核计划;接受审核报告并决定其分发范围。

受审核方在必要时向员工传达审核的目的与范围;向审核组提供所需的设施以保证审核的有效进行等等。

审核方与委托方或受审核方商定审核准则和审核范围;获取受审核方的环境管理体系文件及为实现审核目的所需要的背景材料;组建审核组;督促审核组按规定要求制定审核计划,实施审核;通报审核无法进行的原因;通报审核结论。

环境管理体系审核的依据包括:GB/T24001－ISO14001 环境管理体系规范使用指南;国家环境保护法律、法规及其他要求;组织编制的环境管理手册、程序文件及其他相关的环境管理体系文件。

环境管理体系审核要经过以下四个过程。

A. 审核提出阶段。委托方或受审核方提出申请,在提出申请时应完成以下工作:已建立环境管理体系;已进行试运行;已进行内部审核和进行了环境管理评审。在经审核方初步评审后,决定是否承担审核申请。

B. 审核准备阶段。签订认证合同;委托方或受审核方向审核方提交环境管理手册及必要的相关文件;任命审核组成,组成审核组。

C. 现场审核与审核报告阶段。包括文件审查、编制第一阶段审核计划、第一阶段现场审核和编写第一阶段审核报告等内容;制定第二阶段审核计划、第二阶段现场审核与编写审核报告等内容。

D. 纠正措施的跟踪与证后监督阶段。纠正措施的追踪;批准注册;颁发证书;证后监督审核。

2. 管理体系内部审核

内部审核是持续改善组织环境管理的需要,也是为实施第二方审核或第三方审核作好准备。

内部审核的基本要求：关键是最高管理者的重视；审核的保证是环境管理者代表的认真领导；要设置专门的职能部门负责内部审核的管理工作；要组建一支合格的环境管理体系内部审核员队伍；要制定适合组织活动、产品或服务特点的内部审核程序。

内部审核的准备工作包括：界定内部审核的审核范围，包括管理要素、产品的范围、场所的范围、活动的范围、环境的范围等。组成审核组，并确定一个合适的审核组长。编制审核计划，内容包括：审核目的、审核范围、审核依据、审核组成员、审核日期、审核日程、保密承诺和其他有关需要说明的问题、文件审查、编制审核工作文件。

3. 实施现场审核

现场审核的目的：检查环境管理体系文件是否符合环境管理体系标准的规定和要求；环境管理体系是否有效地实施；环境管理体系实施后的有效性和改进的领域。

现场审核的内容包括：环境目标、指标及环境管理方案；企业所识别出的环境因素；查阅体系运行后的环境监测记录，现场观察。

现场审核的程序：首次会议、现场查证、审核组内部会议、审核组与受审核方沟通会议（对现场查证中发现不符合项时，应得到受审核方的确认、签字）、末次会议。

审核报告内容包括：审核方、委托方和受审核方的名称；商定的审核目的，审核范围和审核计划；商定的审核准则，包括审核中引用文件的清单；审核持续的时间和进行审核日期；参与审核的受审核方代表名单；审核组成员名单；关于审核过程的简要说明，包括所遇到的障碍；审核结论。

4. 纠正措施及跟踪检查

审核员在现场发现不符合项、审核组对每项不符合项均应提出纠正措施要求，并由受审核方制定出纠正措施计划并加以实施，审核组应对纠正措施的实施情况进行跟踪检查。

相关名词解释

环境管理体系是一种运行机制，是通过相关的管理要素组成具有自我约束、自我调节、自我完善的运行机制来实现组织环境方针、目标和指标的需求。

环境管理体系审核是依据规定的审核准则，如 ISO14001 环境管理体系标准要求，按规定的审核程序，客观地获取证据、并证明组织所建立的环境管理体系的符合性和有效性，并将其审核结果呈报给委托方。

组织是指具有自身职能和行政管理的公司、集团公司、商行、企事业单位或社团，或是上述单位的部分或结合体，无论是法人团体、公营或私营。对于拥有一个以上运行单位的组织，可以把一个运行单位视为一个组织。

相关方是指组织的活动、产品和服务对健康、安全和环境所造成的影响由关联的人和其他组织，可以包括政府立法者、监督者、投资者（包括银行和股东）、保险公司、职工、当地居民、顾客、消费者、非政府组织、环境团体和公众。

环境绩效是环境管理体系运行的结果，是组织通过建立和实施环境管理体系，实现环境方针、目标和指标，控制重要环境因素所取得的实际成效。

生命周期思想要求组织（公司、企业）对产品设计、生产、使用、报废和回收全过程中影响环境的因素加以控制。ISO14000 基于“环境方针”应体现生命周期思想的思路。TC207 专门成立了生命周期评估技术委员会，用以评价产品在每个生产阶段对环境影响的大小，使组织（公司、企业）能够加以分析改进。

计算题参考答案

第 1 章 **1.** 25.03,24.58,49.91,0.27,7.6×10^{-2},3.4×10^{-2},2.7×10^{-2},2.4×10^{-2},3.2×10^{-2},1.7×10^{-2} **2.** 6.7℃ **3.** 22kPa(A=7.70,B=1633) **4.** 1.39×10^{-4} g/(cm·s) **5.** 0.847×10^{-3},0.153×10^{-3} mol/L ($k_a=7.2\times10^{-10}$) **6.** 1.85×10^{3} a

第 2 章 **1.** 0.0012 g/cm³,29 **2.** 608 Pa **3.** 2.60% **4.** 0.128×10^{-6}(体积分数) **5.** 6.4×10^{-6}(体积分数) **6.** 50 μg/m³ **7.** $\frac{2.44\times10^{7}\rho b}{MV}$ **8.** 0.2×10^{-9}(质量分数) **9.** 8.0×10^{-5} L/(mol·s) **10.** 116,Ⅲ **11.** 17.1%(CO_2),6.9%(H_2O),0.22%(SO_2),75.8%(N_2) **12.** $F=4.76x+1.19y,M=2x+\frac{3}{4}y,\lambda=\frac{10^{6}f}{M+f(1+F-M)}$ **13.** 3.04 kg/h **14.** 6.4×10^{-3} cm/s **15.** 60.0 g/(m²·a) **16.** 94% **17.** 不能(光量子 $E=4.12\times10^{5}$ J/mol)

第 3 章 **1.** $\frac{MV_p}{V_s}\times100$ mg/L **2.** 30,150,60,90 mg/L **3.** 4.0×10^{-4},2.0×10^{-3},1.0×10^{-6} mol/L **4.** 1.53×10^{-3},0,0.22×10^{-3},0.91×10^{-3} mol/L **5.** 3.68 **6.** 38.5 mg **7.** 92.5% **8.** 0.029 m/s **9.** 0.0015,3.56 **10.** 8.1×10^{-14},4.5×10^{-10},1.04×10^{-23} mol/L **11.** 1.08×10^{-6},5.8×10^{-10} mol/L **12.** 0.24 V **13.** 0.88 V,14.90 **14.** 7.16,22.03 **15.** $pE+pH=20.8+\frac{1}{4}\lg[p_{O_2}]$

第 4 章 **1.** $C_{2.2}H_{2.2}O$ **2.** 2350 mol **3.** 1.6×10^{-3} mol/L **4.** 4.65 **5.** 2.2×10^{8},−12%(相对偏差) **6.** 4.84 kg/ha **7.** $K_a=0.0013$ L/g,$n=1$(弗里德里胥方程) **8.** ~100% **9.** 2μg/g **10.** 38.8 m mol/100g **11.** 0.12 mol(C)/kg **12.** 353 kg/ha **13.** $10^{2.4}$,$10^{-9.6}$

第 5 章 **1.** 10 g/d **2.** 16 **3.** 55min **4.** 55.7 kJ/mol **5.** 293,60mg/L **6.** 50%,31.6%,1.0% **7.** 26.8 mg/L,0.10d⁻¹ **8.** 34.69kJ/mol **9.** 39.4g **10.** 1.29×10^{6} L **11.** 1.97mg/L **12.** 0.097mg **13.** 0.746mg

第 6 章 **1.** 0.0003mg/L,0.3%,±0.0005mg/L **2.** A=0.214c+0.025,2.2mg/L **3.** 1.2%

第 7 章 **1.** 10^{4}倍,不可取 **2.** 34.13 kg/d **3.** 3.43,1.14 mg/L **4.** 22.99%,9.53%,67.47%;5.28%,2.26%,92.45% **5.** 65%,95% **6.** 2.8×10^{-2} Pa **7.** 2.23×10^{4},4.5×10^{6} g **8.** 0.0549 mol(O_2),0.9903 mol(CO_2),2.05 mol(N_2),0.0097 mol(CO) **9.** 838.7 K,0.963 **10.** 6.2×10^{-6}(体积分数),有中毒危险 **11.** 2.6×10^{-16}(体积分数) **12.** 1.15×10^{-2}(体积分数) **13.** 63% **14.** 2∶1 **15.** 4.67×10^{-16} mol/(L·s),2.8×10^{8} molec/(L·s) **16.** −5.8 J/mol **17.** 100 kg/h **18.** 3388×10^{-6}(体积分数) **19.** 22.5% **20.** 3.44×10^{7} t **21.** 3.31×10^{6} **22.** 1.57 g **23.** 1.3% **24.** 12.4 h,3.1%

第 8 章 **1.** 3 次 **2.** 3.46×10^{-2} mol/L **3.** 74.3 μg/m³ **4.** 3 g/d **5.** 1.28 g/L **6.** 9.0 ($r_A=72.88$,$r_B=28.88$,$r_{AB}=35.0$),否 **7.** 98.7%,99.99%

第 9 章 **1.** 10.4 μm **2.** 252,308 K **3.** 3.7×10^{5} km² **4.** 1×10^{-81} **5.** 7.3×10^{17} a,1.1×10^{17} a **6.** 3∶1 **7.** 1∶270 **8.** 3.85 h **9.** 4.4 **10.** 197 kg/km³ **11.** 0.086 μg/(min·mg) **12.** 3.6×10^{5} $k[x][S(Ⅳ)]VRT/p_{SO_2}+K_H p_{SO_2}\eta VRT$ **13.** 13μs **14.** 是 **15.** 142.5 g **16.** 5.47×10^{4} mol,1.195 倍 **17.** 63.2 kg/h **18.** 2.32×10^{-4},1.08×10^{-6},5.8×10^{-10} mol/L

参考资料

1. 何燧源,金云云.环境化学.第1-3版.上海:华东理工大学出版社,1989,1996,2000
2. 何燧源,金云云,何方.环境化学计算.第1版.北京:中国环境科学出版社,1996
3. 何燧源.环境化学分类辞典(汉英俄日词目对照).第1版.上海:华东理工大学出版社,2000
4. 何燧源,何方,金云云.环境污染物分析监测.第1版.北京:化学工业出版社,2001年
5. 何燧源.环境毒物.第1版.北京:化学工业出版社,2002年
6. 国家自然科学基金委员会.环境化学(自然科学学科发展战略调研报告).第1版.北京:科学出版社,1996
7. 张世森等.环境监测技术.第1版.北京:高等教育出版社,1992
8. Manahan S E. Environmental Chemistry. 5th ed. Michigan:Lewis publishers,1991
9. O'neill P. Environmental Chemistry. 3rd ed. London:Blackie Academic 4 Professional,1998
10. 西村雅吉.環境化学.第1版.东京:裳華房,1991
11. 增島博.環境化学概論.第1版.東京:朝倉書店,2003
12. Sawyer C N, McCarty P L, Parkin G F. Chemistry for Environmental Engineering. 4th ed. New York: McGraw-Hill,1994
13. Tyagi O D, Mehra M. A Textbook of Environmental Chemistry. lst ed. New Delhi:ANMOL,1990
14. Bodek I, Lyman W J, Reehl W F. Environmental Inorganic Chemistry. lst ed. New York: Pergamon Press, 1988
15. Schwarzenbach R P, Gschwend P M, Imboden D M. Environmental Organic Chemistry. lst ed. New York:John Wiley & Sons, 1993
16. Hutzinger O. The Handbook of Environmental Chemistry. lst ed. Berlin:Springer-Verlag, 1980 2003 (Vol1-5)